程序员书库

Go语言权威指南

[英] 亚当·弗里曼（Adam Freeman） 著
顾全 杜金房 译

Pro Go

The Complete Guide to Programming Reliable and Efficient Software Using Golang

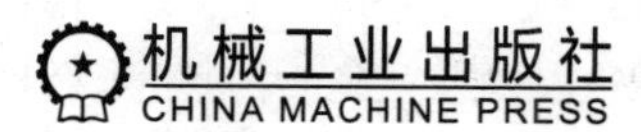

图书在版编目（CIP）数据

Go 语言权威指南 /（英）亚当・弗里曼（Adam Freeman）著；顾全，杜金房译. —北京：机械工业出版社，2024.7
（程序员书库）
书名原文：Pro Go: The Complete Guide to Programming Reliable and Efficient Software Using Golang

ISBN 978-7-111-75767-2

Ⅰ. ① G…　Ⅱ. ①亚… ②顾… ③杜…　Ⅲ. ①程序语言 – 程序设计　Ⅳ. ① TP312

中国国家版本馆 CIP 数据核字（2024）第 092552 号

机械工业出版社（北京市百万庄大街 22 号　邮政编码 100037）
策划编辑：刘　锋　　责任编辑：刘　锋　张秀华　冯润峰
责任校对：张雨霏　张　薇　　责任印制：郜　敏
三河市国英印务有限公司印刷
2024 年 8 月第 1 版第 1 次印刷
186mm × 240mm · 54.25 印张 · 1312 千字
标准书号：ISBN　978-7-111-75767-2
定价：229.00 元

电话服务
客服电话：010-88361066
010-88379833
010-68326294

网络服务
机　工　官　网：www.cmpbook.com
机　工　官　博：weibo.com/cmp1952
金　　书　　网：www.golden-book.com
机工教育服务网：www.cmpedu.com

封底无防伪标均为盗版

Contents 目　　录

第一部分　理解 Go 语言

第二部分　使用 Go 语言标准库

第一部分 Part 1

理解 Go 语言

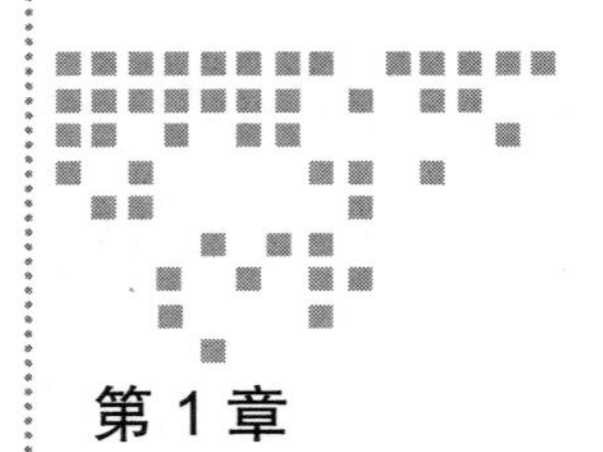

Chapter 1 第 1 章

第一个 Go 应用程序

开始学习 Go 的最好方法就是直接使用 Go 编程。在本章中，我将解释如何准备 Go 开发环境并创建和运行简单的 Web 应用程序。本章的目的是让你对 Go 语言程序的编写有个大概的了解，所以即使你不理解所使用的语言特性，也不用担心。我将在后面的章节中详细解释你需要知道的一切。

1.1 设置场景

假设一个朋友决定举办一场新年晚会，她要求我创建一个 Web 应用程序来让她邀请的人以电子方式回复。她要求应用程序具备这些关键功能：

- 一个显示晚会信息的主页。
- 一个可以用来回复（RSVP）的表单，填写并提交该表单将显示一个感谢页面。
- 确认表单被成功提交的验证功能。
- 一个显示谁将参加晚会的摘要页面。

在本章中，我将创建一个 Go 项目，并用它来创建一个包含所有这些功能的简单应用程序。

提示 你可以从 https://github.com/apress/pro-go 下载本章以及本书所有其他章节的示例项目。如果在运行示例时遇到问题，请查看第 2 章以了解如何获得帮助。

1.2 安装开发工具

第一步是安装 Go 开发工具。你可以从 https://golang.org/dl 下载适合你的操作系统的安装文件。安装程序支持 Windows、Linux 和 macOS。请遵循符合你使用的操作系统的安装说明，该说明可在 https://golang.org/doc/install 上找到。完成安装后，打开命令行窗口（command prompt）并运行代码清单 1-1 中所示的命令，这将通过输出版本信息来确认 Go 工具已经安装。

> **本书的更新**
>
> Go 正在不断发展，并且定期发布新版本，这意味着在你阅读本书时可能已有更高的版本。Go 有一个很好的保持兼容性的策略，所以即使是在更高的版本中，按照本书示例来做应该也没有问题。如果确实有问题，请参阅本书的 GitHub 存储库（https://github.com/apress/pro-go），我将在这里发布免费更新，以解决重大变化。
>
> 这种更新对我来说是一个正在进行的实验（对 Apress 来说也是），而且它还会继续发展——尤其是因为我不知道 Go 的未来版本会包含什么。我的目标是通过补充书中包含的例子来延长这本书的寿命。
>
> 我无法承诺更新会是什么样的、它们会采用什么形式，以及在我把它们添加到这本书的新版本之前，我会花多长时间来制作它们。请保持开放的心态，在新版本发布时检查这本书的存储库。如果你对如何改进更新有任何想法，请发送电子邮件至 adam@adam-freeman.com，告诉我。

代码清单 1-1　检查 Go 安装情况

```
go version
```

撰写本书时 Go 的版本是 1.17.1，它在我的 Windows 计算机上返回如下结果：

```
go version go1.17.1 windows/amd64
```

如果你看到的是不同的版本号或不同的操作系统信息，请不要担心，因为这并不重要，重要的是 go 命令是否可以工作并产生输出。

1.2.1　安装 Git

一些 Go 命令依赖于 Git 版本控制系统。你可以访问 https://git-scm.com 并按照对应操作系统的安装说明进行操作。

1.2.2　选择代码编辑器

最后一步是选择代码编辑器。Go 源代码文件是纯文本的，这意味着你可以使用任意编辑器。但是，有些编辑器为 Go 提供了特定的支持。Visual Studio Code 是最受欢迎的编辑器，它可以免费使用，并且支持最新的 Go 语言特性。如果你没有其他偏好，那么推荐你使用 Visual Studio Code。Visual Studio Code 可以从 http://code.visualstudio.com 下载，并且支持所有流行的操作系统。在下一节中，当你开始处理项目时，将提示你针对 Go 安装 Visual Studio Code 扩展包。

如果你不喜欢 Visual Studio Code，那么可以查看 https://github.com/golang/go/wiki/IDEsAndTextEditorPlugins 了解其他选项。本书中的所有示例并不要求使用特定的代码编辑器，创建和编译项目所需的所有任务都在命令行中执行。

1.3　创建项目

打开命令行窗口，导航到一个方便的位置，创建一个名为 partyinvites 的文件夹。导航到 partyinvites 文件夹，运行代码清单 1-2 所示的命令，启动一个新的 Go 项目。

代码清单 1-2 启动 Go 项目

```
go mod init partyinvites
```

正如我将在第 3 章中提到的，go 命令几乎可用于所有的开发任务。该命令创建一个名为 go.mod 的文件，该文件用于跟踪项目所依赖的包，如果需要，还可以用于发布项目。

Go 代码文件的扩展名为 .go。使用所选择的编辑器在 partyinvites 文件夹中创建一个名为 main.go 的文件，其内容如代码清单 1-3 所示。如果你使用的是 Visual Studio Code，并且这是你第一次编辑 Go 文件，那么系统会提示你安装支持 Go 语言的扩展包。

代码清单 1-3 partyinvites 文件夹中 main.go 文件的内容

```
package main

import "fmt"

func main() {
    fmt.Println("TODO: add some features")
}
```

如果你使用过 C 语言或类似 C 语言的语言（比如 C# 或 Java），那么你会觉得 Go 的语法很熟悉。我在本书中深入描述了 Go 语言，但是你可以通过代码清单 1-3 中代码的关键字和结构来发现很多相似之处。

特性以包的形式分组，这就是代码清单 1-3 中有 package 语句的原因。对包的依赖关系是使用 import 语句实现的，它允许在代码文件中访问它们所使用的特性。语句以函数形式分组，这是用 func 关键字定义的。代码清单 1-3 中有一个名为 main 的函数。这是应用程序的入口点，也就是说，当编译和运行应用程序时，这是程序开始执行的地方。

main 函数仅包含一条代码语句，该语句调用一个名为 Println 的函数，该函数由名为 fmt 的包提供。fmt 包是 Go 提供的巨大标准库的一部分，我们将在本书的第二部分介绍它。Println 函数的功能是输出一串字符。

即使你可能不熟悉细节，但是代码清单 1-3 中代码的目的很容易理解：当应用程序被执行时，它将写出一条简单的消息。在 partyinvites 文件夹中运行代码清单 1-4 所示的命令来编译并执行项目（请注意，在此命令中，run 后面有一个句点）。

代码清单 1-4 编译并执行项目

```
go run .
```

go run 命令在开发过程中非常有用，因为它将编译和执行任务简化为一个命令。该应用程序产生以下输出结果：

```
TODO: add some features
```

如果你收到一个编译错误，那么可能的原因是你没有完全按照代码清单 1-3 所示输入代码。Go 坚持以特定的方式定义代码。你可能更喜欢左大括号出现在它们自己的行上，并且你可能已经自动以这种方式格式化了代码，如代码清单 1-5 所示。

代码清单 1-5　在 partyinvites/main.go 文件中的新行上放一个大括号

```
package main

import "fmt"

func main()
{
    fmt.Println("TODO: add some features")
}
```

运行代码清单 1-4 中所示的命令来编译该项目，你将收到以下错误：

```
# partyinvites
.\main.go:5:6: missing function body
.\main.go:6:1: syntax error: unexpected semicolon or newline before {
```

Go 坚持一种特定的代码风格，并以不同寻常的方式处理常见的代码元素（比如分号）。Go 语法的细节将在后面的章节中描述，但是现在，请严格按照示例进行练习，以避免出现错误。

1.4　定义数据类型和集合

下一步是创建一个表示 RSVP 响应的自定义数据类型，如代码清单 1-6 所示。

代码清单 1-6　在 partyinvites/main.go 文件中定义数据类型

```
package main

import "fmt"

type Rsvp struct {
    Name, Email, Phone string
    WillAttend bool
}

func main() {
    fmt.Println("TODO: add some features");
}
```

Go 允许定义自定义类型，并使用 type 关键字为其命名。代码清单 1-6 创建了一个名为 Rsvp 的结构数据类型（struct）。struct 允许将一组相关的值组合在一起。Rsvp 结构定义了 4 个字段，每个字段都有一个名称和一个数据类型。Rsvp 字段使用的数据类型是 string 和 bool，它们是表示字符串和布尔值的内置类型（Go 内置类型将在第 4 章中描述）。

接下来，需要一起收集 Rsvp 值。在后面的章节中，我将解释如何在 Go 应用程序中使用数据库，但是对于本章来说，将响应存储在内存中就足够了，这意味着当应用程序停止时，响应将会丢失。

Go 内置了对固定长度数组、可变长度数组（称为切片）和包含键值对的 map 的支持。代码清单 1-7 创建了一个切片（slice），当预先不知道要存储的值的数量时，这是一个很好的选择。

代码清单 1-7　在 partyinvites/main.go 文件中定义切片

```
package main
```

```
import "fmt"

type Rsvp struct {
    Name, Email, Phone string
    WillAttend bool
}

var responses = make([]*Rsvp, 0, 10)

func main() {
    fmt.Println("TODO: add some features");
}
```

这个新语句依赖于几个 Go 特性，通过从语句的末尾开始并向后操作，很容易理解这些特性。

Go 提供了用于对数组、切片和 map 执行常见操作的内置函数。其中一个函数是 make，它在代码清单 1-7 中被用来初始化一个新切片。make 函数的最后两个参数是初始长度和初始容量。

```
...
var responses = make([]*Rsvp, 0, 10)
...
```

我将大小参数指定为零，创建了一个空切片。当添加新数据项时，切片的长度会自动调整，初始容量决定了在必须调整切片的长度之前可以添加多少数据项。在这个例子中，如果不调整切片长度，可以向切片添加 10 个数据项。

make 的第一个参数指定切片将存储的数据类型：

```
...
var responses = make([]*Rsvp, 0, 10)
...
```

方括号 [] 表示切片。星号 * 表示指针。类型的 Rsvp 部分表示代码清单 1-6 中定义的 struct 类型。总之，[]*Rsvp 表示指向 Rsvp 结构实例的指针切片。

如果之前学过 C# 或 Java，刚开始学习 Go 语言的时候，你可能会对“指针”这个术语感到害怕，因为它们不允许直接使用指针。但是请放心，因为 Go 不允许对指针进行可能给开发人员带来麻烦的操作。正如我将在第 4 章中解释的，指针在 Go 中的使用仅仅决定了值在被使用时是否被复制。通过指定切片里所含的只是指针，我告诉 Go 在我将 Rsvp 值添加到切片时不要为它们创建副本。

语句的其余部分将初始化的切片赋给一个变量，以便我可以在代码的其他地方使用它：

```
...
var responses = make([]*Rsvp, 0, 10)
...
```

var 关键字表明我正在定义一个新的变量，它被命名为 responses。等号 = 是 Go 的赋值运算符，它将 responses 变量的值设置为新创建的切片。我不必指定 responses 变量的类型，因为 Go 编译器会从分配给它的值中推断出它的类型。

1.5 创建 HTML 模板

Go 附带了一个全面的标准库，其中包括对 HTML 模板的支持。向 partyinvites 文件夹中添加一个名为 layout.html 的文件，其内容如代码清单 1-8 所示。

代码清单 1-8　partyinvites/layout.html 文件的内容

```
<!DOCTYPE html>
<html>
<head>
    <meta name="viewport" content="width=device-width" />
    <title>Let's Party!</title>
    <link href=
       "https://cdnjs.cloudflare.com/ajax/libs/bootstrap/5.1.1/css/bootstrap.min.css"
            rel="stylesheet">
</head>
<body class="p-2">
    {{ block "body" . }} Content Goes Here {{ end }}
</body>
</html>
```

这是一个包含应用程序生成的所有响应内容的通用布局模板。它定义了一个基本的 HTML 文档，包括一个 link 元素，该元素指定了来自 Bootstrap CSS 框架的样式表，该样式表将从内容分发网络（Content Distribution Network，CDN）加载。我将在第 24 章中演示如何在一个文件夹中通过 HTTP 服务提供这个静态文件，但是为了简单起见，本章使用了 CDN。示例应用程序仍然可以脱机工作，但是你将看到没有图中所示样式的 HTML 元素。

代码清单 1-8 中的双大括号 {{ 和 }} 用于在输出中插入由模板产生的动态内容。这里使用的 block 表达式定义了运行时将被另一个模板替换的占位符内容。

要创建欢迎用户的内容，需要在 partyinvites 文件夹中添加名为 welcome.html 的文件，其内容如代码清单 1-9 所示。

代码清单 1-9　partyinvites/welcome.html 文件的内容

```
{{ define "body"}}

    <div class="text-center">
        <h3> We're going to have an exciting party!</h3>
        <h4>And YOU are invited!</h4>
        <a class="btn btn-primary" href="/form">
            RSVP Now
        </a>
    </div>

{{ end }}
```

要创建允许用户回复 RSVP 的模板，需要在 partyinvites 文件夹中添加名为 form.html 的文件，其内容如代码清单 1-10 所示。

代码清单 1-10　partyinvites/form.html 文件的内容

```
{{ define "body"}}

<div class="h5 bg-primary text-white text-center m-2 p-2">RSVP</div>

{{ if gt (len .Errors) 0}}
```

```
    <ul class="text-danger mt-3">
        {{ range .Errors }}
            <li>{{ .  }}</li>
        {{ end }}
    </ul>
{{ end }}

<form method="POST" class="m-2">
    <div class="form-group my-1">
        <label>Your name:</label>
        <input name="name" class="form-control" value="{{.Name}}" />
    </div>
    <div class="form-group my-1">
        <label>Your email:</label>
        <input name="email" class="form-control" value="{{.Email}}" />
    </div>
    <div class="form-group my-1">
        <label>Your phone number:</label>
        <input name="phone" class="form-control" value="{{.Phone}}" />
    </div>
    <div class="form-group my-1">
        <label>Will you attend?</label>
        <select name="willattend" class="form-select">
            <option value="true" {{if .WillAttend}}selected{{end}}>
                Yes, I'll be there
            </option>
            <option value="false" {{if not .WillAttend}}selected{{end}}>
                No, I can't come
            </option>
        </select>
    </div>
    <button class="btn btn-primary mt-3" type="submit">
        Submit RSVP
    </button>
</form>

{{ end }}
```

要创建向与会者展示的模板，请将名为 `thanks.html` 的文件添加到 `partyinvites` 文件夹，其内容如代码清单 1-11 所示。

代码清单 1-11 partyinvites/thanks.html 文件的内容

```
{{ define "body"}}

<div class="text-center">
    <h1>Thank you, {{ . }}!</h1>
    <div> It's great that you're coming. The drinks are already in the fridge!</div>
    <div>Click <a href="/list">here</a> to see who else is coming.</div>
</div>

{{ end }}
```

要创建在邀请被拒绝时显示的模板，请将名为 `sorry.html` 的文件添加到 `partyinvites` 文件夹，其内容如代码清单 1-12 所示。

代码清单 1-12　partyinvites/sorry.html 文件的内容

```
{{ define "body"}}

<div class="text-center">
    <h1>It won't be the same without you, {{ . }}!</h1>
    <div>Sorry to hear that you can't make it, but thanks for letting us know.</div>
    <div>
        Click <a href="/list">here</a> to see who is coming,
        just in case you change your mind.
    </div>
</div>

{{ end }}
```

要创建显示与会者列表的模板，请将名为 list.html 的文件添加到 partyinvites 文件夹，其内容如代码清单 1-13 所示。

代码清单 1-13　partyinvites/list.html 文件的内容

```
{{ define "body"}}

<div class="text-center p-2">
    <h2>Here is the list of people attending the party</h2>
    <table class="table table-bordered table-striped table-sm">
        <thead>
            <tr><th>Name</th><th>Email</th><th>Phone</th></tr>
        </thead>
        <tbody>
            {{ range . }}
                {{ if .WillAttend }}
                    <tr>
                        <td>{{ .Name }}</td>
                        <td>{{ .Email }}</td>
                        <td>{{ .Phone }}</td>
                    </tr>
                {{ end }}
            {{ end }}
        </tbody>
    </table>
</div>

{{ end }}
```

加载模板

下一步是加载模板，这样它们就可以用来产生内容，如代码清单 1-14 所示。为此，我将分阶段编写代码，在此过程中，我将解释每一个更改做了什么（你可能会在代码编辑器中看到错误提示，但是随着我不断添加新的代码语句，这些问题将会得到解决）。

代码清单 1-14　将模板加载到 partyinvites/main.go 文件中

```
package main

import (
```

```
    "fmt"
    "html/template"
)

type Rsvp struct {
    Name, Email, Phone string
    WillAttend bool
}

var responses = make([]*Rsvp, 0, 10)
var templates = make(map[string]*template.Template, 3)
func loadTemplates() {
    // TODO - load templates here
}

func main() {
    loadTemplates()
}
```

首先，修改 import 语句，声明对 html/template 包提供的特性的依赖，这个包是 Go 语言标准库的一部分。这个包提供了加载和渲染 HTML 模板的支持，在第 23 章中有详细的描述。

下一条新语句将创建一个名为 templates 的变量。赋给此变量的值类型看起来非常复杂：

```
...
var templates = make(map[string]*template.Template, 3)
...
```

map 关键字表示一个键值映射，其键类型在方括号中指定，后跟值类型。此 map 的键类型是 string，值类型是 *template.Template，这意味着指向 template 包中定义的 Template 结构的指针。导入包时，使用包名的最后一部分来访问它提供的特性。在本例中，html/template 包提供的特性是使用 template 访问的，其中一个特性是名为 Template 的结构。星号表示指针，这意味着 map 使用 string 键，这些 string 键用于存储指向由 html/template 包定义的 Template 结构实例的指针。

接下来，我将创建一个名为 loadTemplates 的新函数，它还没有做任何事情，但是它将负责加载前面的代码清单中定义的 HTML 文件，并处理它们以创建 *template.Template 值，将之保存至 map 中。这个函数是在 main 函数内部调用的。你可以直接在代码文件中定义和初始化变量，但是大多数实用的语言特性只能在函数内部实现。

现在，我需要实现 loadTemplates 函数。每个模板都与布局一起被加载，如代码清单 1-15 所示，这意味着我不必在每个文件中重复编写基本的 HTML 文档结构。

代码清单 1-15 partyinvites/main.go 文件中加载模板的代码

```
package main

import (
    "fmt"
    "html/template"
)

type Rsvp struct {
    Name, Email, Phone string
```

```
    WillAttend bool
}

var responses = make([]*Rsvp, 0, 10)

var templates = make(map[string]*template.Template, 3)

func loadTemplates() {
    templateNames := [5]string { "welcome", "form", "thanks", "sorry", "list" }
    for index, name := range templateNames {
        t, err := template.ParseFiles("layout.html", name + ".html")
        if (err == nil) {
            templates[name] = t
            fmt.Println("Loaded template", index, name)
        } else {
            panic(err)
        }
    }
}

func main() {
    loadTemplates()
}
```

loadTemplates 的第一条语句使用 Go 的简明语法定义变量，这种语法只能在函数内部使用。此语法指定名称，后跟冒号（:）、赋值运算符（=）、然后才是值：

```
...
templateNames := [5]string { "welcome", "form", "thanks", "sorry", "list" }
...
```

该语句创建一个名为 templateNames 的变量，它的值是一个由 5 个 string（字符串）值组成的数组，这些字符串值用文字值表示。这些字符串名称对应于前面定义的文件名。Go 中的数组是固定长度的，赋给 templateNames 变量的数组只能保存 5 个值。

这 5 个值在 for 循环中使用 range 关键字进行枚举，如下所示：

```
...
for index, name := range templateNames {
...
```

range 关键字与 for 关键字一起使用可枚举数组、切片和 map。for 循环中的语句针对数据源中的每个值执行一次，在本例中，数据源是数组，这些语句会对两个值进行处理：

```
...
for index, name := range templateNames {
...
```

index 变量被赋予当前正在枚举的值在数组中的位置。name 变量被赋予数组中当前位置的值。第一个变量的类型总是 int，这是一个内置的 Go 数据类型，用于表示整数。另一个变量的类型对应于数据源存储的值。该循环中枚举的数组包含字符串值，这意味着 name 变量将被赋予数组中由 index 值指定的位置的元素。

for 循环中的第一条语句加载一个模板：

```
...
t, err := template.ParseFiles("layout.html", name + ".html")
...
```

html/template 包提供了一个名为 ParseFiles 的函数，用于加载和处理 HTML 文件。Go 最有用的——也最不寻常的——特性之一是函数可以返回多个结果值。ParseFiles 函数返回两个结果：一个指向 template.Template 的指针和一个 error（这是在 Go 中表示错误的内置数据类型）。使用创建变量的简明语法将这两个结果赋给变量，如下所示：

```
...
t, err := template.ParseFiles("layout.html", name + ".html")
...
```

我不需要为每个存放结果的变量指定类型，因为它们已经为 Go 语言编译器所知。模板被赋给名为 t 的变量，error 被赋给名为 err 的变量。这是 Go 语言中的一种常见模式，它允许我通过检查 err 的值是否为 nil（即 Go 语言的空值）来确定模板是否已被加载：

```
...
t, err := template.ParseFiles("layout.html", name + ".html")
if (err == nil) {
    templates[name] = t
    fmt.Println("Loaded template", index, name)
} else {
    panic(err)
}
...
```

如果 err 是 nil，那么向 map 添加一个键值对，使用 name 的值作为键，使用分配给 t 的 *template.Template 作为值。Go 使用标准的索引符号为数组、切片和 map 赋值。

如果 err 的值不为 nil，那么一定有什么地方出错了。Go 提供了一个名为 panic 的函数，当不可恢复的错误发生时可以调用它。正如我将在第 15 章中解释的，调用 panic 的效果有所不同，但是对于这个应用程序来说，它会产生写出堆栈跟踪信息和终止执行信息。

使用 go run. 命令编译并执行项目，当模板被加载时，你将看到以下输出结果：

```
Loaded template 0 welcome
Loaded template 1 form
Loaded template 2 thanks
Loaded template 3 sorry
Loaded template 4 list
```

1.6 创建 HTTP 处理程序和服务器

Go 语言标准库包括创建 HTTP 服务器和处理 HTTP 请求的内置支持。首先，我需要定义一些函数，无论当用户请求应用程序的默认 URL 路径（/）时，还是当用户得到与会者列表（使用 URL 路径 /list 请求）时，这些函数都将被调用，如代码清单 1-16 所示。

代码清单 1-16 在 partyinvites/main.go 文件中定义初始请求处理程序

```
package main

import (
    "fmt"
    "html/template"
    "net/http"
)
```

```
type Rsvp struct {
    Name, Email, Phone string
    WillAttend bool
}

var responses = make([]*Rsvp, 0, 10)
var templates = make(map[string]*template.Template, 3)

func loadTemplates() {
    templateNames := [5]string { "welcome", "form", "thanks", "sorry", "list" }
    for index, name := range templateNames {
        t, err := template.ParseFiles("layout.html", name + ".html")
        if (err == nil) {
            templates[name] = t
            fmt.Println("Loaded template", index, name)
        } else {
            panic(err)
        }
    }
}

func welcomeHandler(writer http.ResponseWriter, request *http.Request) {
    templates["welcome"].Execute(writer, nil)
}

func listHandler(writer http.ResponseWriter, request *http.Request) {
    templates["list"].Execute(writer, responses)
}

func main() {
    loadTemplates()

    http.HandleFunc("/", welcomeHandler)
    http.HandleFunc("/list", listHandler)
}
```

处理 HTTP 请求的功能是在 `net/http` 包中定义的，该包是 Go 语言标准库的一部分。处理请求的函数必须有特定的参数组合，如下所示：

```
...
func welcomeHandler(writer http.ResponseWriter, request *http.Request) {
...
```

第二个参数是指向 `Request` 结构实例的指针，定义在 `net/http` 包中，它描述了正在被处理的请求。第一个参数是一个接口实例，这就是为什么它没有被定义为指针。接口定义了一组方法，任何实现了这些方法的结构类型都被视为这个接口的实例，我将在第 11 章中详细解释这些内容。

常用的接口之一是 `Writer`，它可用在任何可以写入数据的地方，例如文件、字符串和网络连接。`ResponseWriter` 类型添加了专门用于处理 HTTP 响应的附加特性。

Go 对于接口和抽象有一个巧妙的、不寻常的方法，因此代码清单 1-16 中定义的函数接收的 `ResponseWriter` 可以被任何知道如何使用 `Writer` 接口写数据的代码使用。这包括由我在加载模板时创建的 `*Template` 类型定义的 `Execute` 方法，它使得在 HTTP 响应中使用渲染模板的输出变得容易：

```
...
templates["list"].Execute(writer, responses)
...
```

该语句从分配给 `templates` 变量的 map 读取 `*template.Template`，并调用它定义的 `Execute` 方法。第一个参数是 `ResponseWriter`，响应的输出将被写入其中，第二个参数是数据值，可用在 `template` 包含的表达式中。

`net/http` 包定义了 `HandleFunc` 函数，该函数用于指定 URL 路径和将接收匹配请求的处理程序。我使用 `HandleFunc` 注册了新的处理函数（handler function），这样它们将响应 `/` 和 `/list` URL 路径：

```
...
http.HandleFunc("/", welcomeHandler)
http.HandleFunc("/list", listHandler)
...
```

我将在后面的章节中演示如何自定义请求分派过程，但是标准库包含一个基本的 URL 路由系统，它将匹配传入的请求并将它们传递给处理函数进行处理。我还没有定义应用程序需要的所有处理函数，但是已经定义的功能足以使用 HTTP 服务器处理请求了，如代码清单 1-17 所示。

代码清单 1-17 partyinvites/main.go 文件中创建 HTTP 服务器的代码

```
package main

import (
    "fmt"
    "html/template"
    "net/http"
)

type Rsvp struct {
    Name, Email, Phone string
    WillAttend bool
}

var responses = make([]*Rsvp, 0, 10)
var templates = make(map[string]*template.Template, 3)

func loadTemplates() {
    templateNames := [5]string { "welcome", "form", "thanks", "sorry", "list" }
    for index, name := range templateNames {
        t, err := template.ParseFiles("layout.html", name + ".html")
        if (err == nil) {
            templates[name] = t
            fmt.Println("Loaded template", index, name)
        } else {
            panic(err)
        }
    }
}

func welcomeHandler(writer http.ResponseWriter, request *http.Request) {
    templates["welcome"].Execute(writer, nil)
```

```
}

func listHandler(writer http.ResponseWriter, request *http.Request) {
    templates["list"].Execute(writer, responses)
}

func main() {
    loadTemplates()

    http.HandleFunc("/", welcomeHandler)
    http.HandleFunc("/list", listHandler)

    err := http.ListenAndServe(":5000", nil)
    if (err != nil) {
        fmt.Println(err)
    }
}
```

新语句创建一个 HTTP 服务器，该服务器在端口 5000 上侦听请求，端口 5000 由 `ListenAndServe` 函数的第一个参数指定。该函数的第二个参数是 `nil`，它告诉服务器应该使用在 `HandleFunc` 函数中注册的函数来处理请求。在 `partyinvites` 文件夹中运行代码清单 1-18 所示的命令即可编译并执行项目。

代码清单 1-18 编译并执行项目

```
go run .
```

打开一个新的 Web 浏览器，访问 URL 地址 http://localhost:5000，这将产生如图 1-1 所示的响应结果。如果你使用的是 Windows，在服务器处理请求之前，Windows 防火墙可能会提示你进行批准。在本章的例子中，每次使用 `go run .` 命令时，都需要获得批准。后面的章节将介绍如何用一个简单的 PowerShell 脚本来解决这个问题。

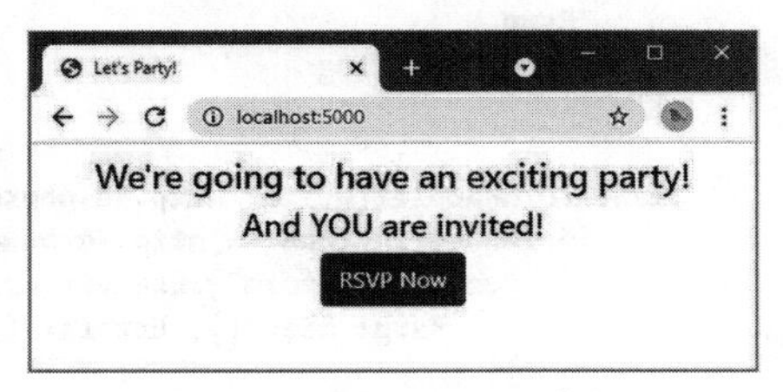

图 1-1 处理 HTTP 请求

在确认应用程序可以产生正确响应结果后，按〈Ctrl+C〉停止应用程序。

1.7 编写表单处理函数

单击 RSVP Now 按钮没有任何作用，因为它所指向的 `/form` URL 没有处理程序。代码清单 1-19 定义了新的处理函数，开始实现应用程序需要的功能。

代码清单 1-19 在 partyinvites/main.go 文件中添加表单处理函数

```
package main

import (
    "fmt"
    "html/template"
    "net/http"
)
```

```
type Rsvp struct {
    Name, Email, Phone string
    WillAttend bool
}

var responses = make([]*Rsvp, 0, 10)
var templates = make(map[string]*template.Template, 3)

func loadTemplates() {
    templateNames := [5]string { "welcome", "form", "thanks", "sorry", "list" }
    for index, name := range templateNames {
        t, err := template.ParseFiles("layout.html", name + ".html")
        if (err == nil) {
            templates[name] = t
            fmt.Println("Loaded template", index, name)
        } else {
            panic(err)
        }
    }
}

func welcomeHandler(writer http.ResponseWriter, request *http.Request) {
    templates["welcome"].Execute(writer, nil)
}

func listHandler(writer http.ResponseWriter, request *http.Request) {
    templates["list"].Execute(writer, responses)
}

type formData struct {
    *Rsvp
    Errors []string
}

func formHandler(writer http.ResponseWriter, request *http.Request) {
    if request.Method == http.MethodGet {
        templates["form"].Execute(writer, formData {
            Rsvp: &Rsvp{}, Errors: []string {},
        })
    }
}
func main() {
    loadTemplates()

    http.HandleFunc("/", welcomeHandler)
    http.HandleFunc("/list", listHandler)
    http.HandleFunc("/form", formHandler)

    err := http.ListenAndServe(":5000", nil)
    if (err != nil) {
        fmt.Println(err)
    }
}
```

form.html 模板期望接收特定数据结构的值来呈现其内容。为了表示这个结构，我定义了一个名为 formData 的新结构类型。Go 结构不仅仅是一组名称 - 值字段，它们提供的一个特性是支持使用现有结构创建新结构。在本例中，我使用指向现有 Rsvp 结构的指针定义了 formData 结构，如下所示：

```
...
type formData struct {
    *Rsvp
    Errors []string
}
...
```

结果是，我可以使用 formData 结构，就好像它定义了 Rsvp 结构中 Name、Email、Phone 和 WillAttend 字段一样，并且可以使用现有的 Rsvp 值创建 formData 结构的实例。星号表示指针，这表示我不想在创建 formData 值时复制 Rsvp 值。

新的处理函数检查 request.Method 字段的值，该字段返回已接收的 HTTP 请求的类型。对于 GET 请求，执行对应的 form 模板，如下所示：

```
...
if request.Method == http.MethodGet {
    templates["form"].Execute(writer, formData {
        Rsvp: &Rsvp{}, Errors: []string {},
    })
...
```

在响应 GET 请求时没有数据可以使用，但是我需要为模板提供预期的数据结构。为此，我使用其字段的默认值创建了一个 formData 结构的实例：

```
...
templates["form"].Execute(writer, formData {
        Rsvp: &Rsvp{}, Errors: []string {},
    })
...
```

Go 没有 new 关键字，值是使用括号创建的，对于没有指定值的字段，使用默认值。这种语句一开始可能很难解析，但它通过创建 Rsvp 结构的新实例和不包含任何值的 string 切片来创建 formData 结构。& 字符创建一个指向值的指针：

```
...
templates["form"].Execute(writer, formData {
        Rsvp: &Rsvp{}, Errors: []string {},
    })
...
```

formData 结构被定义为一个指向 Rsvp 值的指针，它可以用 & 符号来创建。在 party-invites 文件夹中运行代码清单 1-20 所示的命令来编译并执行项目。

代码清单 1-20　编译并执行项目

```
go run .
```

打开一个新的 Web 浏览器，访问 URL 地址 http://localhost:5000，然后单击 RSVP Now 按钮。新的处理程序将接收来自浏览器的请求，并显示图 1-2 所示的 HTML 表单。

图 1-2 显示 HTML 表单

处理表单数据

现在我需要处理 POST 请求并读取用户输入表单的数据，如代码清单 1-21 所示。该代码清单只显示了对 formHandler 函数的更改，main.go 文件的其余部分保持不变。

代码清单 1-21 partyinvites/main.go 文件中的表单数据处理代码

```
...
func formHandler(writer http.ResponseWriter, request *http.Request) {
    if request.Method == http.MethodGet {
        templates["form"].Execute(writer, formData {
            Rsvp: &Rsvp{}, Errors: []string {},
        })
    } else if request.Method == http.MethodPost {
        request.ParseForm()
        responseData := Rsvp {
            Name: request.Form["name"][0],
            Email: request.Form["email"][0],
            Phone: request.Form["phone"][0],
            WillAttend: request.Form["willattend"][0] == "true",
        }

        responses = append(responses, &responseData)

        if responseData.WillAttend {
            templates["thanks"].Execute(writer, responseData.Name)
        } else {
            templates["sorry"].Execute(writer, responseData.Name)
        }
    }
}
...
```

ParseForm 方法处理 HTTP 请求中包含的表单数据，并填充一个可以通过 Form 字段访问的 map。然后，将表单数据用于创建 Rsvp 值：

```
...
responseData := Rsvp {
    Name: request.Form["name"][0],
    Email: request.Form["email"][0],
```

```
        Phone: request.Form["phone"][0],
        WillAttend: request.Form["willattend"][0] == "true",
    }
    ...
```

这条语句演示了结构是如何用给定的字段值而不是代码清单 1-19 中使用的默认值来实例化的。HTML 表单可以包含多个同名的值，因此表单数据显示为值的切片。我知道每个名称只有一个值，并且我使用大多数语言使用的从零开始的标准索引符号来访问切片中的第一个值。

一旦创建了 `Rsvp` 值，就将它添加到赋给 `responses` 变量的切片中：

```
...
responses = append(responses, &responseData)
...
```

`append` 函数用于向切片追加值。请注意，我使用 & 符号创建了一个指向 `Rsvp` 值的指针。如果我没有使用指针，那么当 `Rsvp` 值被添加到切片时，它将被复制。

其余语句使用 `WillAttend` 字段的值来选择将向用户显示的模板。

在 `partyinvites` 文件夹中运行代码清单 1-22 所示的命令来编译并执行项目。

代码清单 1-22　编译并执行项目

```
go run .
```

打开一个新的 Web 浏览器，访问 URL 地址 http://localhost:5000，然后单击 RSVP Now 按钮。填写表单并单击 Submit RSVP 按钮，你将收到根据所使用 HTML `select` 元素选择的值选择的响应。点击响应中的链接，查看应用程序收到的响应汇总，如图 1-3 所示。

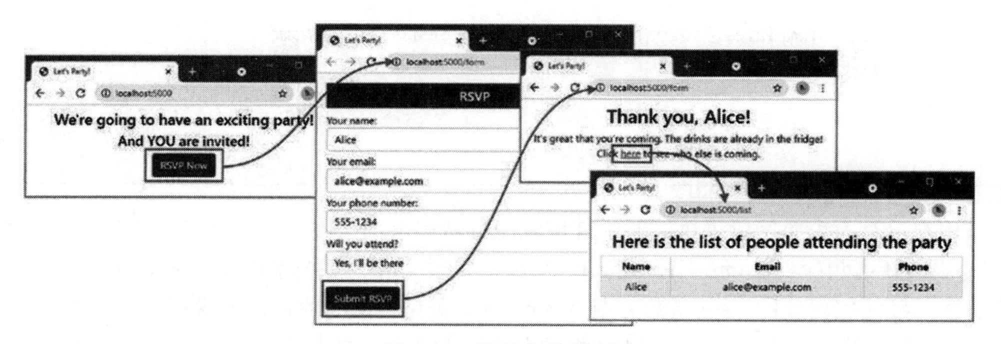

图 1-3　处理表单数据

1.8　添加数据验证功能

接下来需要做的就是进行一些基本的验证，确保用户已经填写了表单，如代码清单 1-23 所示。该代码清单显示了对 `formHandler` 函数的更改，`main.go` 文件的其余部分保持不变。

代码清单 1-23　partyinvites/main.go 文件中的数据验证代码

```
...
func formHandler(writer http.ResponseWriter, request *http.Request) {
    if request.Method == http.MethodGet {
        templates["form"].Execute(writer, formData {
```

```
            Rsvp: &Rsvp{}, Errors: []string {},
        })
    } else if request.Method == http.MethodPost {
        request.ParseForm()
        responseData := Rsvp {
            Name: request.Form["name"][0],
            Email: request.Form["email"][0],
            Phone: request.Form["phone"][0],
            WillAttend: request.Form["willattend"][0] == "true",
        }

        errors := []string {}
        if responseData.Name == "" {
            errors = append(errors, "Please enter your name")
        }
        if responseData.Email == "" {
            errors = append(errors, "Please enter your email address")
        }
        if responseData.Phone == "" {
            errors = append(errors, "Please enter your phone number")
        }
        if len(errors) > 0 {
            templates["form"].Execute(writer, formData {
                Rsvp: &responseData, Errors: errors,
            })
        } else {
            responses = append(responses, &responseData)
            if responseData.WillAttend {
                templates["thanks"].Execute(writer, responseData.Name)
            } else {
                templates["sorry"].Execute(writer, responseData.Name)
            }
        }
    }
}
...
```

当用户没有为表单字段提供值时，应用程序将从请求中接收一个空字符串（" "）。代码清单 1-23 中的新语句检查 Name、Email 和 Phone 字段，并为每个字段没有值的字符串切片添加一条消息。我使用内置的 len 函数来获取 errors 切片中值的数量，如果有错误，那么再次呈现 form 模板的内容，包括模板接收的数据中的错误消息。如果没有错误，则使用 thanks 或 sorry 模板。

在 partyinvites 文件夹中运行代码清单 1-24 所示的命令来编译并执行项目。

代码清单 1-24 编译并执行项目

```
go run .
```

打开一个新的 Web 浏览器，访问 URL 地址 http://localhost:5000，然后单击 RSVP Now 按钮。单击 Submit RSVP 按钮，在表单中不输入任何值，你会看到警告消息，如图 1-4 所示。在表单中输入一些数据并再次提交，你将看到最终的消息。

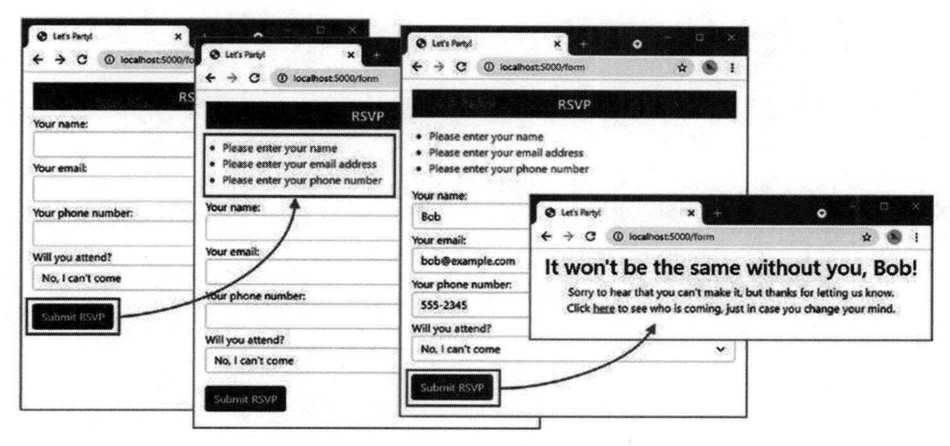

图 1-4　验证数据

1.9　小结

在这一章中，我安装了 Go 包，并使用它包含的工具创建了一个简单的 Web 应用程序，其间仅使用了一个代码文件和一些基本的 HTML 模板。现在，你已经了解了 Go 的运行过程，下一章将介绍本书的具体内容。

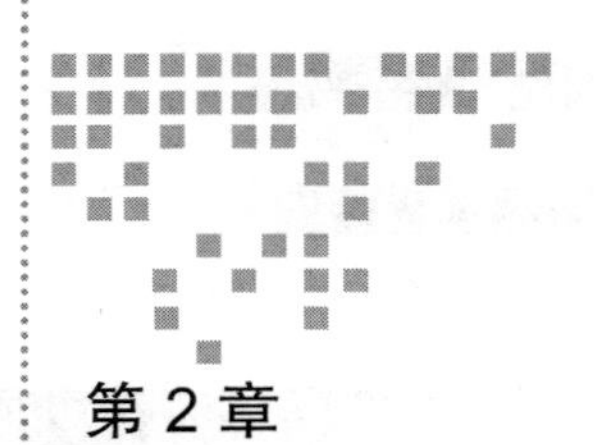

Chapter 2 第2章

本书概要

Go（也经常被称为Golang）是最初由Google开发的一种开发语言，现在已得到广泛使用。Go在语法上类似于C，但它有安全指针、自动内存管理功能，以及非常有用且写得非常好的标准库。

2.1 为什么应该学习Go

Go几乎可用于任何编程任务，但它最适合服务器开发或系统开发。它巨大的标准库包含了对大多数常见的服务器端任务（例如处理HTTP请求、访问SQL数据库以及渲染HTML模板等）的支持。它具有出色的线程支持，以及一个完善的反射（reflection）系统，通过反射系统我们可以为平台和框架编写非常灵活的API。

Go自带一套完整的开发工具，并具有良好的编辑器支持，很容易打造高效的开发环境。

Go是跨平台的。例如，你可以在Windows上编写程序并将之部署在Linux服务器上，也可以像我在本书中演示的那样，将应用程序打包到Docker容器中，轻松将其部署到一些公有云平台上。

2.2 Go有什么问题

Go可能很难学习，它是一种比较“固执”的语言，用起来可能会令人郁闷。这种固执体现在从其极具“洞察性”到“令人讨厌”的方方面面。洞察性体现在它提供了一些新鲜愉快的体验，如允许函数返回多个值，这样就可以避免用一个返回值既表示成功又表示失败的结果。Go有一些很出色的特性，包括但不限于简单直观的线程支持等。如果其他语言也能实现这些特性的话，将会大有裨益。

令人讨厌的方面体现在，用Go写程序就像是与编译器进行一场旷日持久的争论——一种编程和“另一件事”之间的争论。如果你的代码风格与Go设计者的风格不一致，你很可能看到很多编译器错误。如果你像我一样写了很多年代码并且从多种语言中养成了根深蒂固的习惯，那么当编译器反复拒绝你在过去30年的很多主流语言中都能正确编译的代码表达式和语句时，你会发现任何语言都无法表达你的愤怒。

此外，Go明显侧重于系统编程和服务器开发。确实有些包提供了对UI开发的支持，但UI开发并不是Go擅长的领域，而且你能找到更好的替代品。

2.3　真有那么糟糕吗

不要被误导。如果你正从事系统编程或服务器项目开发，那么Go非常优秀且值得学习。Go有许多创新且高效的特性。有经验的Go开发者可以以很少的代价和代码写出非常复杂的程序。

要明白，学习Go需要付出一些努力，写Go需要做出一些让步——当你的意见与Go设计者的相左时，听他的。

2.4　你需要了解什么

这是一本为经验丰富的开发者编写的高级书籍。本书不教大家如何编程，并且你需要了些一些相关的知识（如HTML等）才能理解本书所有示例。

2.5　本书的结构

本书分为三部分，每一部分都涵盖一组相关的主题。

2.5.1　第一部分：理解Go语言

本书第一部分描述Go开发工具和Go语言本身。我将介绍Go语言内置数据类型，演示如何创建自定义数据类型，介绍流控制、错误处理以及并发编程等特性。这些章节包含来自Go语言标准库的一些特性，Go语言标准库要么有助于解释这些Go语言特性，要么与我们要描述的特性密切相关。

2.5.2　第二部分：使用Go语言标准库

在本书第二部分，我将介绍Go的巨大标准库中提供的最有用的那些包（package）。你将学会如何进行字符串格式化、数据读写、HTTP服务器和客户端创建、数据库使用以及如何有效利用强大的反射功能。

2.5.3　第三部分：应用Go语言

在本书第三部分，我将使用Go语言创建一个自定义的Web应用程序框架，并将它作为名为SportsStore的在线商店的基础。这一部分将展示如何使用Go语言及其标准库来解决实际项目中出现的各种问题。本书第一部分和第二部分中的示例一次只关注一个特性，而第三部分则展示如何将多种特性结合在一起使用。

2.6 本书不包括什么

本书并没有覆盖 Go 语言标准库中所有的包。正如前面已经指出的那样，Go 语言的包太多了。此外，我还省略了一些在主流开发中不常用的包。本书中描述的特性都是大多数读者在大多数情况下都要用到的。

如果你想学习一个特性，但本书中没有提到，请与我联系。我会维护一个特性列表，并将呼声最高的一些主题加到未来的版本中去。

2.7 如果在本书中发现错误该怎么办

你可以发邮件至 adam@adam-freeman.com。当然在发邮件之前，建议先看一下本书的勘误表——见本书的 GitHub 存储库（https://github.com/apress/pro-go），很可能别人已经发现了同一个错误。

我会将勘误信息加到 GitHub 存储库中的 `errata/corrections` 文件中，特别是示例代码中的错误。非常感谢第一位汇报这些问题的读者。对于一些不严重的问题，比如示例代码外围的解释等，我也会维护一个列表，并将在新版本中更新它们。

2.8 有很多示例吗

是的，非常多。通过示例学习是最好的学习方法，我在本书中加入了尽可能多的示例。为了让示例更容易理解和阅读，我尽量遵循如下约定：当创建一个新文件时，我会列出完整内容，如代码清单 2-1 所示。所有代码清单都会在标题中包含相应代码所在文件的文件名及所属文件夹。

代码清单 2-1 store/product.go 文件内容

```
package store

type Product struct {
    Name, Category string
    price float64
}

func (p *Product) Price(taxRate float64) float64 {
    return p.price + (p.price * taxRate)
}
```

这些代码来自第 13 章。不必在意具体的内容，你只需要知道这是一个包含全部文件内容的完整的代码清单就好了，并且代码清单标题包含了对应的文件名及其在该项目中的位置。

当修改代码时，我会把修改的部分以黑体显示，如代码清单 2-2 所示。

代码清单 2-2 在 store/product.go 文件中定义构造函数

```
package store

type Product struct {
    Name, Category string
```

```
    price float64
}

func NewProduct(name, category string, price float64) *Product {
    return &Product{ name, category, price }
}

func (p *Product) Price(taxRate float64) float64 {
    return p.price + (p.price * taxRate)
}
```

上述代码清单来自后面的另一个示例，它需要对代码清单 2-1 中的代码进行修改。为了便于读者阅读，修改的部分以黑体显示。

有些示例需要对大文件进行很小的改动，为了不浪费篇幅，我不会列出未改动的部分，只列出更改的部分，如代码清单 2-3 所示。代码块开头和结尾的省略符号（...）表示该代码清单只是某个文件中的一部分。

代码清单 2-3　data/main.go 文件中的一个未匹配的扫描

```
...
func queryDatabase(db *sql.DB) {
    rows, err := db.Query("SELECT * from Products")
    if (err == nil) {
        for (rows.Next()) {
            var id, category int
            var name int
            var price float64
            scanErr := rows.Scan(&id, &name, &category, &price)
            if (scanErr == nil) {
                Printfln("Row: %v %v %v %v", id, name, category, price)
            } else {
                Printfln("Scan error: %v", scanErr)
                break
            }
        }
    } else {
        Printfln("Error: %v", err)
    }
}
...
```

在某些情况下，我需要对同一文件的不同部分进行修改，为了简洁起见，我会省略一些内容，如代码清单 2-4 所示。该代码清单在现有文件中添加了一个新的 using 语句并定义了一些新的方法，文件中大部分代码都没有变，因此在代码清单被省略了。

代码清单 2-4　在 data/main.go 文件中使用事务

```
package main

import "database/sql"

// ...statements omitted for brevity...

func insertAndUseCategory(db *sql.DB, name string, productIDs ...int) (err error) {
```

```
    tx, err := db.Begin()
    updatedFailed := false
    if (err == nil) {
        catResult, err := tx.Stmt(insertNewCategory).Exec(name)
        if (err == nil) {
            newID, _ := catResult.LastInsertId()
            preparedStatement := tx.Stmt(changeProductCategory)
            for _, id := range productIDs {
                changeResult, err := preparedStatement.Exec(newID, id)
                if (err == nil) {
                    changes, _ := changeResult.RowsAffected()
                    if (changes == 0) {
                        updatedFailed = true
                        break
                    }
                }
            }
        }
    }
    if (err != nil || updatedFailed) {
        Printfln("Aborting transaction %v", err)
        tx.Rollback()
    } else {
        tx.Commit()
    }
    return
}
```

通过这些约定，我可以在书中写更多示例，但这同时也意味着很难查找、定位某一特定技术。为了解决这一问题，本书中每章的开头都给出一个概要表格，以描述相应章涉及的技术。此外，第一部分和第二部分中大部分章都包含一个引用速查表，其中列出了实现特定特性的方法。

2.9 运行示例需要什么软件

Go 开发所需的软件都在第 1 章中讲过了。在后续的章节中，我会安装一些第三方软件包，但这些软件包可通过已经安装好的 go 命令获取。我在第三部分也用到了 Docker 容器工具，但这是可选的。

2.9.1 这些示例能在哪些平台上运行

所有示例均在 Windows 和 Linux（特别是 Ubuntu 20.04）上验证过，且所有第三方软件包都支持这些平台。Go 确实也支持其他平台，并且示例应该也可以在其他平台上运行，但如果你在其他平台上运行本书示例遇到问题时，我无法提供帮助。

2.9.2 在学习和运行示例时遇到问题该怎么办

首先就是回到章节的开头并重新开始。大多数问题是由忽略某个步骤或者没有完整地应用代码清单中的更改引起的。请密切关注代码清单中的黑体字部分，它们突出显示了所需的修改内容。

接下来，检查 `errata/corrections` 勘误表。技术书籍很复杂，虽然我和我的编辑都尽了最大努力，但错误也在所难免。勘误表会列出已知的错误，也许能解决你的问题。

如果仍有问题，那么请从本书 GitHub 存储库（https://github.com/apress/pro-go）下载你正在阅读的章节的代码，并将其与你写的代码进行比较。我在写每一章的同时写下了这些代码，所以你照着书中的代码清单做的话，你的项目中也应该有同样的文件和同样的代码。

如果仍然无法使这些示例正常工作，那么你可以通过电子邮件（adam@adam-freeman.com）与我联系，寻求帮助。请在电子邮件中写清楚你正在阅读哪本书以及哪一章的哪个例子时遇到了什么问题，最好能附上页码或代码清单编号。请理解我每天都会收到很多邮件，可能无法立即回复你。

2.9.3　从哪里获取示例代码

你可以从网址 https://github.com/apress/pro-go 下载本书所有章节示例项目的代码。

2.9.4　为什么有些示例代码看起来格式有些奇怪

Go 对代码格式有特别的要求，这意味着如果将一个很长的语句分成几行的话，只能在特定的位置换行。这在代码编辑器中没有任何问题，但如果印到书上就有问题了，因为后者会受限于页面的宽度。有一些示例，特别是最后几章中的示例，为了能适应排版要求，有一些长行的格式看起来就比较奇怪。

2.10　小结

本章概括了本书的内容和结构。学习 Go 语言最好的方式就是编写代码。下一章将介绍 Go 提供的编写代码的工具。

Chapter 3 第3章

Go 工具

在这一章中，我将介绍 Go 工具，其中大部分都在第 1 章中作为 Go 包的一部分安装了。我将介绍 Go 项目的基本结构，以及如何编译并执行 Go 代码，并展示如何为 Go 应用程序安装和使用调试器。我还将描述 Go 代码审查（linting）和格式化工具。

3.1 使用 go 命令

go 命令提供了编译和执行 Go 代码所需的所有功能，并且贯穿全书。通过与 go 命令一起使用的参数指定将要执行的操作，例如第 1 章中使用的 run 参数，它编译并执行 Go 源代码。go 命令支持大量参数，表 3-1 描述了常用的参数。

表 3-1 go 命令的常用参数

参数	描述
build	go build 命令编译当前目录中的源代码，并生成一个可执行文件，如 3.3 节所述
clean	go clean 命令删除由 go build 命令生成的输出，包括可执行文件和构建过程中创建的临时文件，如 3.3 节所述
doc	go doc 命令从源代码生成文档，参见 3.5 节的简单例子
fmt	go fmt 命令确保源代码文件中的缩进和对齐格式一致，如 3.7 节所述
get	go get 命令下载并安装外部软件包，如第 12 章所述
install	go install 命令下载软件包，通常用于安装工具包，如 3.4 节所述
help	go help 命令显示其他 Go 特性的帮助信息。例如，命令 go help build 显示有关 build 参数的信息
mod	go mod 命令用于创建和管理 Go 模块，如 3.3.3 节所述，第 12 章中有更详细的描述
run	go run 命令在指定文件夹中构建并执行源代码，而不创建可执行输出，如 3.3.2 节所述
test	go test 命令执行单元测试，如第 31 章所述
version	go version 命令写出 Go 版本号
vet	go vet 命令检测 Go 代码中的常见问题，如 3.6 节所述

3.2 创建 Go 项目

Go 项目没有复杂的结构，而且建立起来很快。打开一个新的命令行窗口，并在方便的位置创建一个名为 tools 的文件夹。将一个名为 main.go 的文件添加到 tools 文件夹，其内容如代码清单 3-1 所示。

代码清单 3-1　tools/main.go 文件的内容

```
package main

import "fmt"

func main() {
    fmt.Println("Hello, Go")
}
```

我将在后面的章节中详细介绍 Go 语言，但是首先，图 3-1 展示了 main.go 文件中的关键元素。

3.2.1 包声明

第一条语句是包声明。包用于对相关的代码进行分组，每个代码文件都必须声明其内容所属的包。包声明使用 package 关键字，后跟包的名称，如图 3-2 所示。该文件中的这条语句指定了一个名为 main 的包。

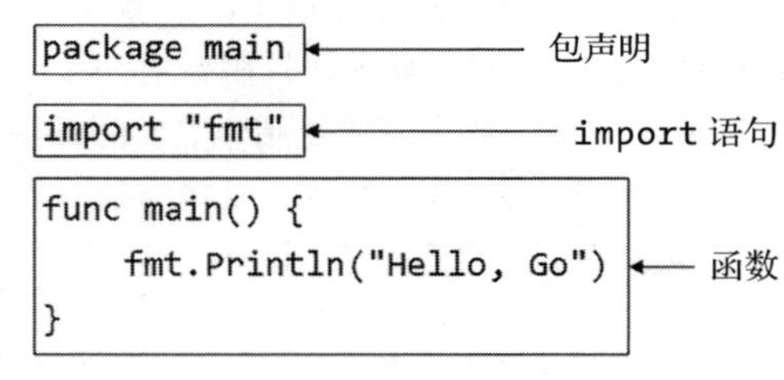

图 3-1　代码文件中的关键元素

3.2.2 import 语句

下一条语句是 import 语句，用于声明对其他包的依赖。import 关键字后面是包名，包名用双引号括起来，如图 3-3 所示。代码清单 3-1 中的 import 语句指定了一个名为 fmt 的包，这是用于读写格式化字符串的内置 Go 包（我将在第 17 章详细介绍）。

提示　Go 提供的内置软件包的完整列表可从网址 https://golang.org/pkg 获得。

3.2.3 函数

main.go 文件中接下来的内容定义了一个名为 main 的函数。我将在第 8 章详细介绍函数，但是 main 函数是特殊函数。当在名为 main 的包中定义名为 main 的函数时，就会创建一个程序入口点，这是命令行应用程序开始执行的地方。图 3-4 说明了 main 函数的结构。

图 3-2　指定代码文件中的包　图 3-3　声明包依赖关系

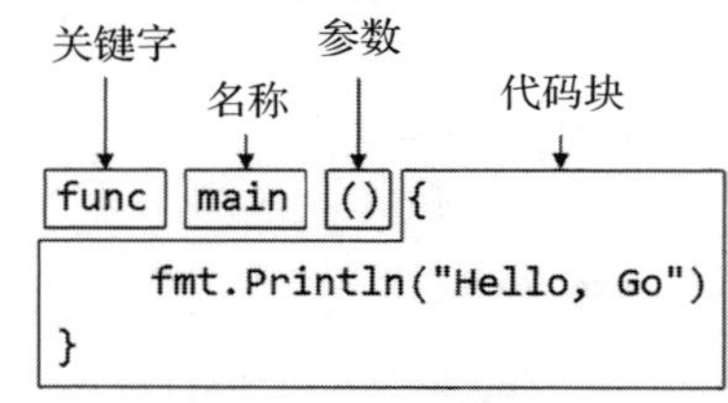

图 3-4　main 函数的结构

Go 函数的基本结构与其他语言的类似。func 关键字表示函数，后跟函数名——在本例中是 main。

代码清单 3-1 中的函数没有定义任何参数，这由空括号表示，并且不产生任何结果。我将在后面的示例中介绍更复杂的函数，但是我们先从这个简单的函数开始学习。

该函数的代码块就是调用该函数时将执行的语句。因为 main 函数是程序入口点，所以当执行项目的编译输出时，将自动调用该函数。

3.2.4 代码

main 函数包含一条代码。当使用 import 语句声明对某个包的依赖后，就会提供对这个包的某个特性的包引用。默认情况下，包引用通过包的名称实现，例如本例中的 fmt 包提供的特性就可以通过 fmt 包引用来访问，如图 3-5 所示。

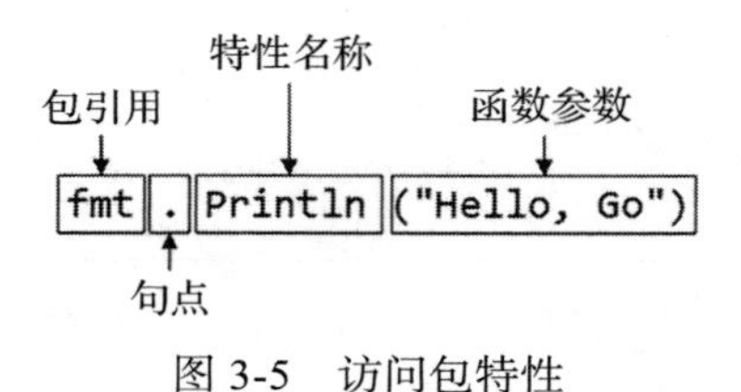

图 3-5 访问包特性

该语句调用 fmt 包提供的名为 Println 的函数。该函数可以将字符串写入标准输出，这意味着当在下一节中构建和执行项目时，它将显示在控制台上。

要访问该函数，需要使用包名，后跟一个句点，然后是函数：fmt.Println。这个函数被传入了一个参数，这个参数就是将要被写入的字符串。

在 Go 代码中使用分号

Go 对分号有一种不同寻常的处理方式：它们是代码语句结尾所必需的，但在源代码文件中却不是必需的。相反，Go 构建工具在处理文件时会计算出分号需要放在哪里，就好像它们是由开发人员添加的一样。

于是，分号可以在 Go 源代码文件中使用，但不是必需的，通常会被省略。

如果没有遵循预期的 Go 代码风格，就会出现一些奇怪的情况。例如，如果试图将函数或 for 循环的左大括号放在下一行，就会收到编译器错误，如下所示：

```
package main

import "fmt"

func main()
{
    fmt.Println("Hello, Go")
}
```

这些错误会报告意外的分号、缺少函数体。这是因为 Go 工具自动插入了一个分号，如下所示：

```
package main

import "fmt"

func main();
{
    fmt.Println("Hello, Go")
}
```

> 当你理解错误消息出现的原因时，它们就更有意义了，如果这是你偏好的大括号位置，这种错误将很难避免。
>
> 在本书中，我一直试图遵循不使用分号的约定，但是几十年来，我一直在用需要分号的语言编写代码，所以你可能会发现偶尔有这样的例子：我纯粹是出于习惯而添加了分号。我在3.7节中描述的 `go fmt` 命令将删除分号并调整其他格式问题。

3.3 编译并运行源代码

`go build` 命令编译Go源代码并生成可执行文件。在 `tools` 文件夹中运行代码清单3-2所示的命令来编译代码。

代码清单3-2 使用编译器编译 main.go 文件中的代码

```
go build main.go
```

编译器处理 `main.go` 文件中的语句并生成一个可执行文件，该文件在Windows上被命名为 `main.exe`，在其他平台上被命名为 `main`（我将在3.3.3节中介绍模块，以及编译器如何用更有意义的名称创建文件）。

在 `tools` 文件夹中运行代码清单3-3所示的命令来运行可执行文件。

代码清单3-3 运行编译后的可执行文件

```
./main
```

项目的入口点（`main` 包中的同名函数 `main`）被执行并产生以下输出结果：

```
Hello, Go
```

> **配置Go编译器**
>
> Go编译器的行为可以使用额外的参数来配置，尽管默认设置对于大多数项目来说已经足够了。其中最有用的两个参数是：`-a`，它强制对没有更改的文件进行完整的重新构建；`-o`，它指定编译后的输出文件的名称。请使用 `go help build` 命令查看可用选项的完整列表。默认情况下，编译器会生成一个可执行文件，但也可以有不同的输出结果，详情请参见https://golang.org/cmd/go/#hdr-Build_modes。

3.3.1 清理

要从编译过程中删除输出，请在 `tools` 文件夹中运行代码清单3-4所示的命令。

代码清单3-4 清理代码

```
go clean main.go
```

前面创建的编译后的可执行文件被删除，只留下源代码文件。

3.3.2 使用 go run 命令

大多数常规开发都是使用 `go run` 命令运行的。在 `tools` 文件夹中运行代码清单 3-5 所示的命令。

代码清单 3-5 使用 go run 命令

```
go run main.go
```

这个命令将直接编译并执行代码，而无须在 `tools` 文件夹中创建可执行文件。可执行文件实际上是在一个临时文件夹中创建并运行的（正是这一系列临时位置导致 Windows 防火墙在每次使用 `go run` 命令时都要寻求权限授权。每次运行该命令时，都会在一个新的临时文件夹中创建一个新的可执行文件，对于 Windows 防火墙来说，该文件就是一个全新的文件）。

代码清单 3-5 中的命令会产生以下输出结果：

```
Hello, Go
```

3.3.3 定义模块

前面演示了可以仅仅通过创建代码文件来创建应用程序，但是更常见的方法是创建 Go 模块，这是启动新项目的第一步。创建 Go 模块允许项目轻松地使用第三方包，并且可以简化构建过程。请在 `tools` 文件夹中运行代码清单 3-6 所示的命令。

代码清单 3-6 创建一个模块

```
go mod init tools
```

该命令将名为 `go.mod` 的文件添加到 `tools` 文件夹中。大多数项目以 `go mod init` 命令开始的原因是它可以简化构建过程。不用指定特定的代码文件，可以使用句点来构建和执行项目，句点指示当前目录中的项目。

在 `tools` 文件夹中运行代码清单 3-7 所示的命令，编译并执行它包含的代码，无须指定代码文件的名称。

代码清单 3-7 编译并执行项目

```
go run .
```

`go.mod` 文件还有其他用途（详见后面的章节），但是我用 `go mod init` 命令开始本书剩余部分中的所有示例的目的是简化构建过程。

3.4 调试 Go 代码

Go 应用程序的标准调试器叫作 Delve。它是一个第三方工具，但它得到了 Go 开发团队的大力支持和推荐。Delve 支持 Windows、macOS、Linux 和 FreeBSD。要安装 Delve 包，请打开一个新的命令行窗口并运行代码清单 3-8 所示的命令。

提示 如果想要了解每个平台的详细安装说明，请参见 https://github.com/go-delve/delve/tree/master/Documentation/installation。你选择的操作系统可能需要额外的配置。

代码清单 3-8　安装调试器包

```
go install github.com/go-delve/delve/cmd/dlv@latest
```

执行 `go install` 命令会下载并安装指定的调试器等工具。还有一个类似的命令——`go get`，它对提供代码功能的包执行类似的任务，如第 12 章所示。

要确保安装了调试器，请运行代码清单 3-9 所示的命令。

代码清单 3-9　运行调试器

```
dlv version
```

如果收到找不到 `dlv` 命令的错误，请尝试直接指定路径。默认情况下，`dlv` 命令将被安装在 `~/go/bin` 文件夹中（这可以通过设置 GOPATH 环境变量来指定），如代码清单 3-10 所示。

代码清单 3-10　指定路径来运行调试器

```
~/go/bin/dlv
```

如果软件包安装正确，你将看到类似于以下内容的输出，尽管你可能会看到不同的版本号和构建 ID：

```
Delve Debugger
Version: 1.7.1
Build: $Id: 3bde2354aafb5a4043fd59838842c4cd4a8b6f0b $
```

使用 Println 函数调试程序

我喜欢像 Delve 这样的调试器，但是我只在使用常用调试技术（`Println` 函数）无法解决问题的时候使用它们。之所以使用 `Println` 是因为它快速、简单、可靠，而且大多数错误（至少在我的代码中）都是由函数没有收到期望的值或者某个期望的语句没有被执行而导致的。这些简单的问题很容易通过向控制台写入消息来诊断。

如果 `Println` 消息的输出没有帮助，那么就启动调试器，设置一个断点，并单步执行代码。即使这样，一旦我意识到问题所在，我还是倾向于使用 `Println` 语句来证实我的猜测。

许多开发人员不愿意承认调试器笨拙或令人困惑，但最终还是偷偷地使用 `Println`。调试器常常令人困惑，使用其他你喜欢的工具并不可耻。`Println` 函数和调试器是互补的工具，重要的是让错误得到修复，无论它是如何修复的。

3.4.1　调试前准备

我们已有的 `main.go` 文件包含的代码不足以进行调试。请添加代码清单 3-11 所示的语句，创建一个将打印出一系列数值的循环。

代码清单 3-11　在 tools/main.go 文件中添加循环

```
package main

import "fmt"
```

```
func main() {
    fmt.Println("Hello, Go")
    for i := 0; i < 5; i++ {
        fmt.Println(i)
    }
}
```

我将在第 6 章介绍 `for` 语法，但是在这一章，我只是需要一些代码语句来演示调试器是如何工作的。用 `go run.` 命令编译并执行代码，你将收到以下输出结果：

```
Hello, Go
0
1
2
3
4
```

3.4.2 使用调试器

要启动调试器，请在 `tools` 文件夹中运行代码清单 3-12 所示的命令。

代码清单 3-12 启动调试器

```
dlv debug main.go
```

这个命令启动了基于文本界面的调试客户端，这一开始可能会令人困惑，但是一旦你习惯了它的工作方式，就会发现它非常强大。第一步是创建断点，这是通过在代码中指定一个位置来完成的，如代码清单 3-13 所示。

代码清单 3-13 创建断点

```
break bp1 main.main:3
```

`break` 命令会创建一个断点。这些参数指定断点的名称和位置。虽然可以用不同的方式来指定位置，但是代码清单 3-13 中使用的位置指定了一个包、该包中的一个函数以及该函数中的一行，如图 3-6 所示。

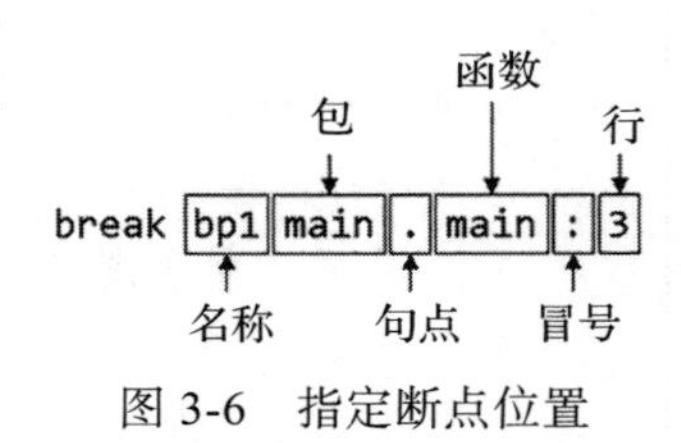

图 3-6 指定断点位置

断点的名称是 `bp1`，位置指定在 `main` 包的 `main` 函数的第 3 行代码。调试器会显示以下确认消息：

```
Breakpoint 1 set at 0x697716 for main.main() c:/tools/main.go:8
```

接下来，我将为断点创建一个条件，只有当指定的表达式计算结果为 `true`（真）时，才会暂停执行。在调试器中输入代码清单 3-14 所示的命令，然后按〈Return〉键。

代码清单 3-14 在调试器中指定断点条件

```
condition bp1 i == 2
```

`condition` 命令的参数是指定的断点名称和表达式。这个命令告诉调试器，只有当表达式 `i == 2` 为真时，名为 `bp1` 的断点才应该停止执行。要启动执行，输入代码清单 3-15 所示的命令并按 <Return> 键。

代码清单 3-15 在调试器中启动执行

```
continue
```

调试器开始执行代码，产生以下输出结果：

```
Hello, Go
0
1
```

当代码清单 3-15 中指定的条件为真时，程序暂停执行，调试器显示代码和执行停止的点，如以下粗体标记：

```
> [bp1] main.main() c:/tools/main.go:8 (hits goroutine(1):1 total:1) (PC: 0x207716)
     3: import "fmt"
     4:
     5: func main() {
     6:     fmt.Println("Hello, Go")
     7:     for i := 0; i < 5; i++ {
=>   8:         fmt.Println(i)
     9:     }
    10: }
```

调试器提供了一整套检查和改变应用程序状态的命令，其中常用的命令如表 3-2 所示（如需获取调试器支持的完整命令集，请访问 https://github.com/go-delve/delve）。

表 3-2 常用的调试器状态命令

命令	描述
print <expr>	该命令计算表达式并显示结果。它可以用来显示一个值（print i），也可用来执行更复杂的测试（print i > 0）
set <variable> = <value >	该命令改变指定变量的值
locals	该命令打印所有局部变量的值
whatis <expr>	该命令打印指定表达式的类型，例如 whatis i。我将在第 4 章描述 Go 语言的数据类型

运行代码清单 3-16 所示的命令，以显示名为 i 的变量的当前值。

代码清单 3-16 在调试器中打印值

```
print i
```

调试器显示结果 2，这是变量的当前值，并且与我在代码清单 3-14 中为断点指定的条件相匹配。调试器提供了一整套控制执行的命令，其中常用的命令如表 3-3 所示。

表 3-3 用于控制执行的常用调试器命令

命令	描述
continue	该命令继续执行当前应用程序
next	该命令执行下一条语句
step	该命令单步执行当前语句调用的函数
stepout	该命令跳出到当前函数的调用位置
restart	该命令重新启动进程。使用 continue 命令启动执行
exit	此命令退出调试器

输入 continue 命令继续执行，这将产生以下输出结果：

```
2
3
4
Process 3160 has exited with status 0
```

我为断点指定的条件不再满足，所以程序一直运行，直到它终止。使用 exit 命令退出调试器并返回到命令行窗口。

3.4.3 使用 Delve 编辑器插件

Delve 还受一系列编辑器插件的支持，这些插件为 Go 创建了基于图形界面的调试体验。插件的完整列表可以在 https://github.com/go-delve/delve 找到，但我认为 Visual Studio Code 能够提供最好的 Go/Delve 调试体验，并且它在安装 Go 的语言工具时会被自动安装。

当使用 Visual Studio Code 时，可以通过在代码编辑器的空白处单击来创建断点，并且可以使用“Run”菜单中的“Start Debug”命令来启动调试器。

如果你收到一个错误或被提示要选择一个环境，那么在编辑器窗口打开 main.go 文件，单击编辑器窗口中的任意代码语句，然后再次执行“Start Debug”命令。

这里不会详细描述使用 Visual Studio Code（或任何其他编辑器）进行调试的过程，但是图 3-7 显示了条件断点暂停执行后的调试器，这跟上一小节中的命令行示例是完全一致的。

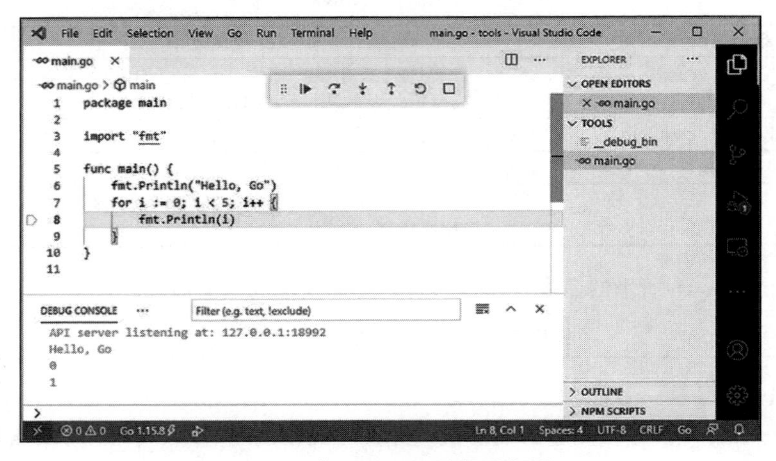

图 3-7 使用 Delve 编辑器插件

3.5 审查 Go 代码

linter 是一种使用一组规则检查代码文件的工具，这些规则描述了各种导致混乱、产生意外结果或降低代码可读性的问题。Go 中使用最广泛的 linter 叫作 golint，它的规则有两个来源。第一个来源是 Google 制作的 Effective Go 文档（https://golang.org/doc/effective_go.html），这个文档提供了各种编写清晰简洁的 Go 代码的技巧。第二个来源是代码评审意见集（https://github.com/golang/go/wiki/CodeReviewComments）。

golint 的问题是它不提供配置选项，并且总是应用所有规则，这可能导致你关心的警告消息被淹没在你不关心的规则的一长串警告中。我个人更喜欢使用 revive linter 包，它是 golint 的替代品，但它可以控制应用哪些规则。要安装 revive 包，请打开一个新的命令行窗口并运行代码清单 3-17 所示的命令。

代码清单 3-17　安装 linter 包

```
go install github.com/mgechev/revive@latest
```

代码审查的快乐和痛苦

linter 可能是一个强大的工具，特别是对于技术和经验水平参差不齐的开发团队而言。linter 可以检测导致意外行为或长期维护问题的常见问题和细微错误。我喜欢这种代码审查方式，我喜欢在完成一个主要的应用程序功能之后，或者在将代码提交到版本控制之前，运用代码审查过程检查代码。

但是，当规则被用来在整个团队中强制执行，而不顾某些开发人员的个人偏好时，linter 也可能成为分裂团队和团队冲突的工具。这通常是打着“固执己见”的旗号进行的。其逻辑是，开发人员要花太多时间争论不同的代码风格，每个人都被迫以相同的方式编写代码。

我的经验是，开发人员总会争论各种问题，而强制采用一种代码风格通常只是其中一个，目的仅仅是将某一个人的偏好强加给整个开发团队。

在这一章中，我没有使用流行的 golint 包，因为在它里面不能禁用某一些规则。我尊重 golint 开发人员的强烈意见，但是使用 golint 让我感觉像是在和一个我甚至不认识的人进行持续的争论，这种感觉比和团队中一个对代码缩进感到不安的开发人员进行持续争论更糟糕。

我的建议是少用代码审查，把注意力放在会引起真正问题的问题上。给每个个体开发人员自然表达自己的自由，只关注对项目有明显影响的问题。这与 Go 的“固执”风气相反，但我的观点是生产率不是通过盲目执行武断的规则来实现的，不管这些规则的意图有多好。

3.5.1 使用 linter

main.go 文件非常简单，对于 linter 来说没有任何问题需要突出显示。添加代码清单 3-18 所示的语句，它们都是合法的 Go 代码，但不符合 linter 应用的规则。

代码清单 3-18　在 tools/main.go 文件中添加语句

```
package main

import "fmt"

func main() {
    PrintHello()
    for i := 0; i < 5; i++ {
        PrintNumber(i)
    }
}

func PrintHello() {
```

```
    fmt.Println("Hello, Go")
}
func PrintNumber(number int) {
    fmt.Println(number)
}
```

保存更改并使用命令行窗口运行代码清单 3-19 所示的命令（与 dlv 命令一样，可能需要在 home 文件夹中指定 go/bin 路径来运行此命令）。

代码清单 3-19 运行 linter

```
revive
```

linter 将检查 main.go 文件并报告以下问题：

```
main.go:12:1: exported function PrintHello should have comment or be unexported
main.go:16:1: exported function PrintNumber should have comment or be unexported
```

正如我将在第 12 章中解释的那样，名称以大写字母开头的函数被导出，可以在定义它们的包之外使用。导出函数的惯例是提供描述性注释。linter 已经标记了 PrintHello 和 PrintNumber 函数不存在注释的事实。代码清单 3-20 给其中一个函数添加了注释。

代码清单 3-20 在 tools/main.go 文件中添加注释

```
package main

import "fmt"

func main() {
    PrintHello()
    for i := 0; i < 5; i++ {
        PrintNumber(i)
    }
}

func PrintHello() {
    fmt.Println("Hello, Go")
}

// This function writes a number using the fmt.Println function
func PrintNumber(number int) {
    fmt.Println(number)
}
```

再次执行 revive 命令，对于 PrintNumber 函数，你将收到不同的错误：

```
main.go:12:1: exported function PrintHello should have comment or be unexported
main.go:16:1: comment on exported function PrintNumber should be of the form
"PrintNumber ..."
```

有些 linter 规则有特别的要求。代码清单 3-20 中的注释不被接受，因为 Effective Go 文档规定注释应该包含一个以函数名开头的句子，并且应该提供函数用途的简明概述，详见 https://golang.org/doc/effective_go.html#commentary。代码清单 3-21 按照要求的结构修订了注释。

代码清单 3-21 修订 tools/main.go 文件中的注释

```
package main

import "fmt"

func main() {
    PrintHello()
    for i := 0; i < 5; i++ {
        PrintNumber(i)
    }
}

func PrintHello() {
    fmt.Println("Hello, Go")
}

// PrintNumber writes a number using the fmt.Println function
func PrintNumber(number int) {
    fmt.Println(number)
}
```

再次执行 `revive` 命令，linter 将顺利完成，不会报告有关 `PrintNumber` 函数的任何错误，但仍然会因为 `PrintHello` 没有注释而报告有关 `PrintHello` 函数的警告。

> **理解 Go 文档**
>
> linter 之所以对注释如此严格，是因为 `go doc` 命令会通过源代码的注释生成相关文档。尽管你可以从 https://blog.golang.org/godoc 查看如何使用 `go doc` 命令，但是仍可以在 `tools` 文件夹中运行 `go doc -all` 命令来快速演示如何使用注释来生成文档。

3.5.2 禁用 linter 规则

可以使用代码文件中的注释来配置 `revive` 包，为代码段禁用一个或多个规则。在代码清单 3-22 中，我使用注释禁用了导致 `PrintNumber` 函数警告的规则。

代码清单 3-22 在 tools/main.go 文件中禁用函数的 linter 规则

```
package main

import "fmt"

func main() {
    PrintHello()
    for i := 0; i < 5; i++ {
        PrintNumber(i)
    }
}

// revive:disable:exported

func PrintHello() {
    fmt.Println("Hello, Go")
}
```

```
// revive:enable:exported

// PrintNumber writes a number using the fmt.Println function
func PrintNumber(number int) {
    fmt.Println(number)
}
```

控制 linter 所需的语法是 `revive` 后跟冒号、`enable` 或 `disable`，以及可选的另一个冒号和 linter 规则名称。例如，`revive:disable:exported` 注释阻止 linter 执行名为 `exported` 的规则，从而避免生成有关警告。`revive:enable:exported` 注释则启用该规则，以便将其应用于代码文件中的后续语句。

你可以在网址 https://github.com/mgechev/revive#available-rules 中找到 linter 支持的规则列表。此外，在注释中省略规则名称可以控制所有规则的应用。

3.5.3 创建 linter 配置文件

当希望取消对特定代码区域的警告，但仍在项目的其他地方应用该规则时，使用代码注释很有帮助。如果根本不想应用规则，那么可以使用 TOML 格式的配置文件。请将一个名为 `revive.toml` 的文件添加到 `tools` 文件夹中，其内容如代码清单 3-23 所示。

提示 TOML 格式专门用于配置文件，https://toml.io/en 给出了相关详细介绍。如果想完整地了解 `revive` 配置选项，可以参考 https://github.com/mgechev/revive#configuration。

代码清单 3-23 tools/revive.toml 文件的内容

```
ignoreGeneratedHeader = false
severity = "warning"
confidence = 0.8
errorCode = 0
warningCode = 0

[rule.blank-imports]
[rule.context-as-argument]
[rule.context-keys-type]
[rule.dot-imports]
[rule.error-return]
[rule.error-strings]
[rule.error-naming]
#[rule.exported]
[rule.if-return]
[rule.increment-decrement]
[rule.var-naming]
[rule.var-declaration]
[rule.package-comments]
[rule.range]
[rule.receiver-naming]
[rule.time-naming]
[rule.unexported-return]
[rule.indent-error-flow]
[rule.errorf]
```

这是 https://github.com/mgechev/revive#recommended-configuration 中介绍的默认 `revive`

配置，但是我在启用 `exported` 规则的条目前加了一个 # 字符。在代码清单 3-24 中，我已经从 `main.go` 文件中删除了注释，不再需要这些注释来满足 linter 了。

代码清单 3-24 从 tools/main.go 文件中删除注释

```
package main

import "fmt"

func main() {
    PrintHello()
    for i := 0; i < 5; i++ {
        PrintNumber(i)
    }
}

func PrintHello() {
    fmt.Println("Hello, Go")
}

func PrintNumber(number int) {
    fmt.Println(number)
}
```

要通过配置文件使用 linter，请在 `tools` 文件夹中运行代码清单 3-25 所示的命令。

代码清单 3-25 使用配置文件运行 linter

```
revive -config revive.toml
```

因为触发警告的唯一规则已被禁用，所以不会有任何输出。

代码编辑器中的代码审查

一些代码编辑器支持自动代码审查。例如，如果使用的是 Visual Studio Code，审查将在后台执行，问题将被标记为警告。默认情况下，Visual Studio Code 使用的 linter 会不时地发生变化。在我写本书时它使用的是 `staticcheck`，这是可配置的 linter，但它以前使用的是无法配置的 `golint`。

我们可以使用 Preferences → Extensions → Go → Lint Tool 配置选项将 linter 设置为 `revive`。如果要使用自定义配置文件，请使用 Lint Flags 配置选项添加一个值为 `-config=./revive.toml` 的标志，它将应用 `revive.toml` 文件。

3.6 修复 Go 代码中的常见问题

`go vet` 命令能识别可能出错的语句。不同于 linter 通常关注于风格问题，`go vet` 命令可以找出可以编译，但可能与开发人员的意图相悖的代码。

我喜欢 `go vet` 命令，因为它可以发现其他工具遗漏的错误，尽管通常分析器无法发现每个错误，有时会将没有问题的代码突出显示。在代码清单 3-26 中，我在 `main.go` 文件中添加了一条语句，这条语句故意在代码中引入一个错误。

代码清单 3-26 在 tools/main.go 文件中添加语句

```
package main

import "fmt"

func main() {
    PrintHello()
    for i := 0; i < 5; i++ {
        i = i
        PrintNumber(i)
    }
}

func PrintHello() {
    fmt.Println("Hello, Go")
}
func PrintNumber(number int) {
    fmt.Println(number)
}
```

新语句将变量 i 赋给自身，这虽然是 Go 编译器允许的，但很可能是逻辑上有错误的代码。要分析这段代码，请使用命令行窗口在 tools 文件夹中运行代码清单 3-27 所示的命令。

代码清单 3-27 分析代码

```
go vet main.go
```

go vet 命令将检查 main.go 文件中的语句，并生成以下警告：

```
# _/C_/tools
.\main.go:8:9: self-assignment of i to i
```

go vet 命令生成的警告会指出代码中检测到问题的位置，并提供了关于问题的描述。

go vet 命令将多个分析器应用于代码，你可以在 https://golang.org/cmd/vet 中查看这些分析器。你可以选择启用或禁用某个分析器，但是很难知道哪个分析器生成了特定的消息。要找出是哪个分析器给出的警告，请在 tools 文件夹中运行代码清单 3-28 所示的命令。

代码清单 3-28 识别分析器

```
go vet -json main.go
```

json 参数指定生成 JSON 格式的输出，它按分析器对警告进行分组，如下所示：

```
# _/C_/tools {
    "_/C_/tools": {
        "assign": [
            {
                "posn": "C:\\tools\\main.go:8:9",
                "message": "self-assignment of i to i"
            }
        ]
    }
}
```

现在，这个命令揭示出是名为 assign 的分析器对 main.go 文件生成了警告。一旦知道了分析器名称，就可以启用或禁用某个分析器，如代码清单 3-29 所示。

代码清单 3-29 选择分析器

```
go vet -assign=false
go vet -assign
```

代码清单 3-29 中的第一个命令告诉 `go vet` 运行除 `assign` 之外的所有分析器，`assign` 是为自赋值语句产生警告的分析器。第二个命令只运行 `assign` 分析器。

了解每个分析器的功能

很难确定每个 `go vet` 分析器的功能。我发现 Go 团队为分析器编写的单元测试很有帮助，因为它们包含了正在寻找的问题类型的例子。你可以在 https://github.com/golang/go/tree/master/src/cmd/vet/testdata 找到这些测试内容。

一些编辑器（包括 Visual Studio Code）能够在编辑器窗口中显示来自 `go vet` 的消息，如图 3-8 所示，这让一切都变得更简单，你不必每次都显式地运行命令。

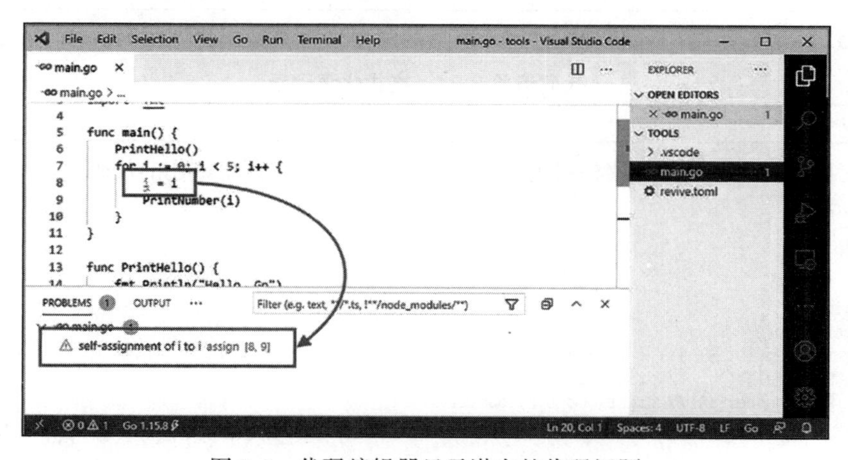

图 3-8 代码编辑器显示潜在的代码问题

Visual Studio Code 可以在编辑器窗口中标记该错误，并在“问题”(PROBLEMS) 窗口中显示详细信息。

使用 `go vet` 进行分析在默认情况下处于启用状态，你可以通过 Settings → Extensions → Go → Vet On Save 禁用此功能。

3.7 格式化 Go 代码

`go fmt` 命令能够格式化 Go 源代码文件以保持一致性。没有配置选项来更改 `go fmt` 命令应用的格式，该命令会将代码转换为 Go 开发团队指定的风格。最主要的变化是使用制表符缩进、注释的一致对齐以及删除不必要的分号。代码清单 3-30 显示了具有缩进不一致、注释不对齐和不需要的分号的代码。

提示 你可能会发现，当将代码粘贴到编辑器窗口或保存文件时，编辑器会自动设置代码的格式。

代码清单 3-30 在 tools/main.go 文件中创建格式问题

```
package main

import "fmt"

func main() {
    PrintHello  ()
            for i := 0; i < 5; i++ { // loop with a counter
            PrintHello(); // print out a message
             PrintNumber(i); // print out the counter
      }
}

func PrintHello  () {
      fmt.Println("Hello, Go");
}

func PrintNumber  (number int) {
  fmt.Println(number);
}
```

在 tools 文件夹中运行代码清单 3-31 所示的命令来重新格式化源代码。

代码清单 3-31 格式化源代码

```
go fmt main.go
```

格式化程序将删除分号，调整缩进，并对齐注释，生成以下格式化的代码：

```
package main

import "fmt"

func main() {
    PrintHello()
    for i := 0; i < 5; i++ { // loop with a counter
        PrintHello()    // print out a message
        PrintNumber(i) // print out the counter
    }
}

func PrintHello() {
    fmt.Println("Hello, Go")
}

func PrintNumber(number int) {
    fmt.Println(number)
}
```

对于本书中的示例，我没有使用 go fmt，因为使用制表符会导致印刷页面的布局问题。我不得不使用空格来缩进，以确保代码在书印刷出来时看起来像它应该的那样，而这些空格会被 go fmt 替换成制表符。

3.8 小结

在这一章中，我介绍了用于 Go 开发的工具，解释了如何编译并执行源代码、如何调试 Go 代码、如何使用 linter、如何格式化源代码，以及如何发现常见问题。下一章将描述 Go 语言的特性，先从基本的数据类型开始。

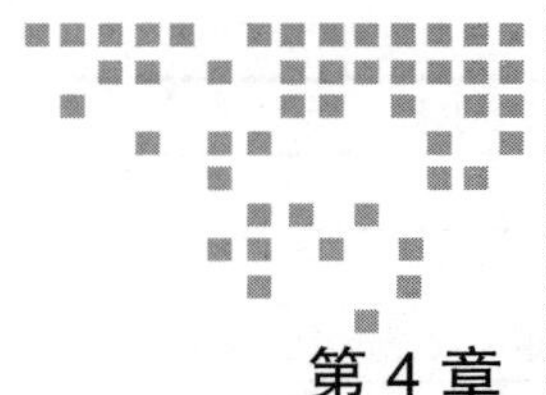

第 4 章 Chapter 4

基本类型、值和指针

在这一章中，我将介绍 Go 语言，在继续介绍如何创建常量和变量之前，先关注基本数据类型。我还将介绍 Go 对指针的支持。指针往往被认为是混乱的根源，尤其是如果你具有 Java 或 C# 开发经验的话。我将介绍 Go 指针是如何工作的，演示它们为什么有用，并分析它们为什么不可怕。

编程语言提供的特性都是要一起使用的，这使得逐步讲解它们变得很困难。本书这一部分的一些示例依赖于随后描述的特性。这些示例包含足够的细节来提供上下文，包括对书中可以找到更多细节的部分的引用。表 4-1 给出了 Go 的一些基本特性。

表 4-1　Go 语言的基本类型、值和指针特性

问题	答案
它们是什么	在编程过程中，数据类型用于存储基本的值，包括数字、字符串和 `true/false` 值。这些数据类型可用于定义常量和变量 指针是一种特殊的数据类型，它存储内存地址
它们为什么有用	基本数据类型本身对于存储值是有用的，但正如我将在第 10 章介绍的，它们也是定义更复杂数据类型的基础 指针非常有用，因为它们允许程序员决定值在被使用时是否应该被复制
它们是如何使用的	基本数据类型有自己的名称，如 `int` 和 `float64`，并且可以与 `const` 和 `var` 关键字一起使用 指针用地址操作符 & 创建
有什么陷阱或限制吗	Go 不执行自动值转换，称为无类型常量的特殊类型的值除外
有其他选择吗	在整个 Go 开发过程中使用的基本数据类型是无可替代的

表 4-2 给出了本章内容概要。

表 4-2 章节内容概要

问题	解决方案	代码清单
直接使用某个值	使用文字值	4-6
定义常量	使用 const 关键字	4-7、4-10
定义可以转换为相关数据类型的常量	创建无类型常量	4-8、4-9、4-11
定义变量	使用 var 关键字或短变量声明语法	4-12～4-21
对于未使用的变量，防止出现编译器错误	使用空白标识符	4-22、4-23
定义指针	使用地址操作符	4-24、4-25、4-29、4-30
跟随指针	在指针变量名中使用星号	4-26～4-28、4-31

4.1 为本章做准备

要为本章做准备，请打开一个新的命令行窗口，导航到你觉得方便的位置，创建一个名为 basicFeatures 的文件夹。运行代码清单 4-1 所示的命令，为项目创建 go.mod 文件。

代码清单 4-1 创建示例项目

```
go mod init basicfeatures
```

将一个名为 main.go 的文件添加到 basicFeatures 文件夹，其内容如代码清单 4-2 所示。

代码清单 4-2 basicFeatures/main.go 文件的内容

```
package main

import (
    "fmt"
    "math/rand"
)
func main() {
    fmt.Println(rand.Int())
}
```

使用命令行窗口在 basicFeatures 文件夹中运行代码清单 4-3 所示的命令。

代码清单 4-3 运行示例项目

```
go run .
```

main.go 文件中的代码将被编译、执行，产生以下输出结果：

```
5577006791947779410
```

代码的输出结果将总是相同的值，即使它是由随机数包产生的，这个结果我会在第 18 章中解释。

4.2 使用 Go 语言标准库

Go 语言通过其标准库提供了大量有用的特性，标准库是用来描述内置 API 的术语。Go 语言标准库以一组包的形式出现，这些包作为第 1 章中使用的 Go 安装程序的一部分被安装。

我将在第 12 章中介绍创建和使用 Go 包的方式，但是一些示例依赖于标准库中的包，理解如何使用它们是很重要的。

标准库中的每个包都将一组相关的特性组合在一起。代码清单 4-2 中的代码使用了两个包：`fmt` 包提供格式化和编写字符串的特性，`math/rand` 包处理随机数。

使用包的第一步是定义 `import` 语句。图 4-1 说明了代码清单 4-2 中 `import` 语句的用法。

关键字
import (
"fmt" 路径
"math/rand" 路径
)

图 4-1　用 `import` 语句导入包

`import` 语句有两个部分：`import` 关键字和包路径。如果要导入多个包，则路径用括号括起来。

`import` 语句创建一个包引用，通过这个包引用代码可以访问包提供的特性。包引用的名称是包路径的最后一段。`fmt` 包的路径只有一段，因此包引用将是 `fmt`。`math/rand` 路径中有两个部分（`math` 和 `rand`），因此包引用将是 `rand`（我会在第 12 章解释如何选择包引用名）。

`fmt` 包定义了将值写入标准输出的 `Println` 函数，`math/rand` 包定义了生成随机整数的 `Int` 函数。为了访问这些函数，我使用它们的包引用后跟一个句点及函数名，如图 4-2 所示。

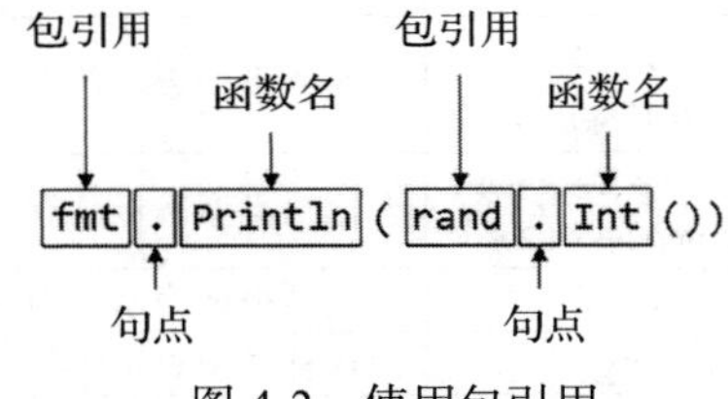

图 4-2　使用包引用

提示　Go 语言标准库的包列表可从网址 https://golang.org/pkg 获得。本书第二部分将介绍常用的部分包。

`fmt` 包提供的一个相关特性是通过组合静态内容和数据值来组合字符串，如代码清单 4-4 所示。

代码清单 4-4　在 basicFeatures/main.go 文件中组合一个字符串

```
package main

import (
    "fmt"
    "math/rand"
)

func main() {
    fmt.Println("Value:", rand.Int())
}
```

传递给 `Println` 函数的一系列以逗号分隔的值被组合成一个字符串，然后被写入标准输出。要编译并执行代码，请使用命令行窗口在 `basicFeatures` 文件夹中运行代码清单 4-5 所示的命令。

代码清单 4-5　再次运行示例项目

```
go run .
```

`main.go` 文件中的代码将被编译、执行，产生以下输出结果：

```
Value: 5577006791947779410
```

我们还有更常用的方法可以组合字符串，我将在第二部分进行具体介绍。本示例中展示的也是一种简单而有用的方法。

4.3 了解基本数据类型

Go 提供了一组基本数据类型，如表 4-3 所示。在接下来的几节中，我将描述这些类型并介绍它们的用法。这些类型是 Go 开发的基础，这些类型的许多特征与其他语言中的非常相似，这让我们感到熟悉。

表 4-3 Go 语言的基本数据类型

名称	描述
`int`	这种类型表示整数，可以是正数，也可以是负数。`int` 类型的大小取决于操作系统平台，可以是 32 位或 64 位。Go 语言还提供具有特定大小的整数类型，如 `int8`、`int16`、`int32` 和 `int64`，但除非需要特定大小，否则应该使用 `int` 类型
`uint`	这种类型表示正整数。`uint` 类型大小取决于操作系统平台，可以是 32 位或 64 位。还有具有特定大小的无符号整数类型，如 `uint8`、`uint16`、`uint32` 和 `uint64`，但除非需要特定大小，否则应该使用 `uint` 类型
`byte`	这种类型是 `uint8` 的别名，通常用于表示一个字节的数据
`float32`、`float64`	这些类型表示浮点数字。这些类型分配 32 位或 64 位来存储值
`complex64`、`complex128`	这些类型表示具有实部和虚部的数（复数）。这些类型分配 64 位或 128 位来存储值
`bool`	这种类型表示值为 `true` 和 `false` 的布尔真值
`string`	这种类型表示字符序列（字符串）
`rune`	这种类型代表一个单一的 Unicode 码位（code point）。Unicode 很复杂，简单而不严格地说，这是单个字符的表示。`rune` 类型是 `int32` 的别名

Go 语言中的复数

如表 4-3 所示，Go 语言内置了对复数的支持，复数有实部和虚部。我记得自己在学校学过复数，但很快就忘记了，直到开始阅读 Go 语言规范才又想起来。我没有在本书中描述复数的用法，因为它们只用于特定的领域，比如电气工程领域。

理解文字值

Go 语言中值可以直接以文字值表示，其中的值直接在源代码文件中定义。文字值（literal value）的常见用法包括用作表达式中的操作数和函数的参数，如代码清单 4-6 所示。

提示 请注意，我已经注释掉了代码清单 4-6 中 `import` 语句的 `math/rand` 包。在 Go 中导入未使用的包会报错。

代码清单 4-6 在 basicFeatures/main.go 文件中使用文字值

```
package main

import (
```

```
    "fmt"
    //"math/rand"
)

func main() {
    fmt.Println("Hello, Go")
    fmt.Println(20 + 20)
    fmt.Println(20 + 30)
}
```

main 函数中的第一条语句使用一个字符串文字，它用双引号表示，作为 fmt.Println 的参数。其他语句表达式中使用整数文字值，它们的计算结果用作 fmt.Println 的参数。编译并执行代码，你将看到以下输出结果：

```
Hello, Go
40
50
```

使用文字值时，不必指定类型，因为编译器会根据值的表达方式来推断类型。作为速查表，表 4-4 给出了基本类型的文字值示例。

表 4-4　文字值示例

类型	示例
int	20、-20。这些值也可以用十六进制（0x14）、八进制（0o24）和二进制（0b0010100）表示法来表示
uint	没有 uint 文字值。所有整数文字值都被视为 int 值
byte	没有 byte 文字值。因为 byte 类型是 uint8 类型的别名，所以字节通常表示为整数文字值（如 101）或字符文字值（'e'）
float64	20.2、-20.2、1.2e10、1.2e-10。这些值也可以用十六进制（0x2p10）表示法表示，尽管指数是用十进制数字表示的
bool	true、false.
string	"Hello"。如果字符串值用双引号括起来（如 "Hello\n"），则解释用反斜杠转义的字符序列。如果值用反引号括起来（`Hello\n`），则不解释转义字符
rune	'A'、'\n'、'\u00A5'、'¥'。字符、标志符号和转义序列用单引号括起来

4.4　使用常量

常量是特定值的统称，这使得它们可以重复一致地被使用。在 Go 中定义常量有两种方式：类型化常量和无类型常量。代码清单 4-7 显示了类型化常量的用法。

代码清单 4-7　在 basicFeatures/main.go 文件中定义类型化常量

```
package main

import (
    "fmt"
    //"math/rand"
)
```

```
func main() {
    const price float32 = 275.00
    const tax float32 = 27.50
    fmt.Println(price + tax)
}
```

类型化常量用 const 关键字定义，其后跟名称、类型和赋值，如图 4-3 所示。

该语句创建一个名为 price 的 float32 常量，其值为 275.00。代码清单 4-7 中的代码创建了两个常量，并在传递给 fmt.Println 函数的表达式中使用了它们。编译并运行代码，你将收到以下输出结果：

```
302.5
```

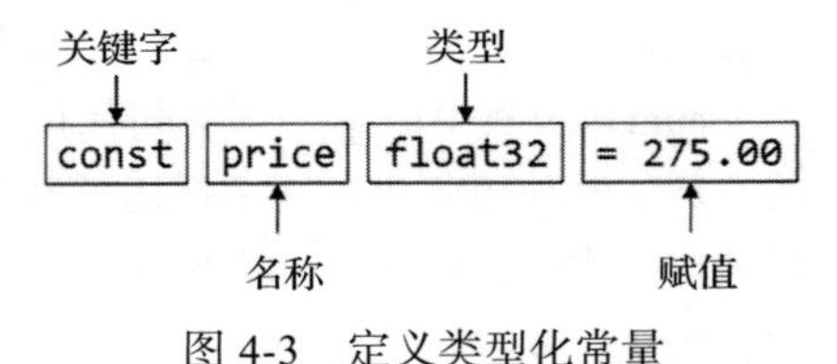

图 4-3 定义类型化常量

4.4.1 无类型常量

Go 语言中的数据类型有严格的使用规则，并且不会执行自动类型转换，这可能会使一些常见的编程任务变得复杂，如代码清单 4-8 所示。

代码清单 4-8 在 basicFeatures/main.go 文件中混用数据类型

```
package main

import (
    "fmt"
    //"math/rand"
)

func main() {
    const price float32 = 275.00
    const tax float32 = 27.50
    const quantity int = 2
    fmt.Println("Total:", quantity * (price + tax))
}
```

新常量的类型是 int，我们可以用它表示整数个产品的数量。该常量被传递给 fmt.Println 函数的表达式，用来计算总价。编译器在编译代码时会报告以下错误：

```
.\main.go:12:26: invalid operation: quantity * (price + tax) (mismatched types int and
float32)
```

大多数编程语言在这种情况下会自动转换类型以得到符合表达式要求的类型（从而让表达式得以计算），但是 Go 对此有更严格的要求，这也就意味着 int 和 float32 类型不能混用。无类型常量特性使得常量更容易被使用，因为 Go 编译器将执行有限的类型自动转换，如代码清单 4-9 所示。

代码清单 4-9 在 basicFeatures/main.go 文件中使用无类型常量

```
package main

import (
    "fmt"
```

```
    //"math/rand"
)

func main() {
    const price float32 = 275.00
    const tax float32 = 27.50
    const quantity = 2
    fmt.Println("Total:", quantity * (price + tax))
}
```

无类型常量是在没有数据类型的情况下定义的，如图 4-4 所示。

在定义 quantity 常量时省略类型就是告诉 Go 编译器，面对常量的类型它应该更加灵活。当计算传递给 fmt.Println 函数的表达式时，Go 编译器会将 quantity 值转换为 float32。编译并执行代码，你将收到以下输出结果：

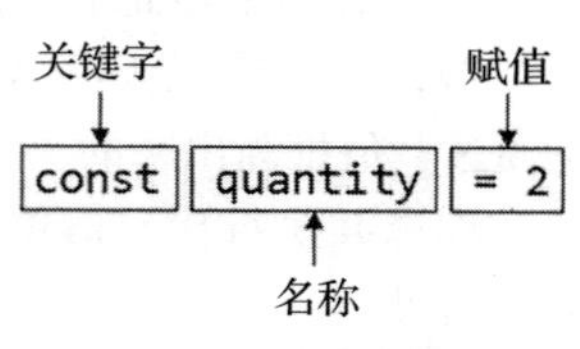

图 4-4　定义无类型常量

```
Total: 605
```

仅当值可以用目标类型表示时，无类型常量才会被转换。实际上，这意味着可以混用无类型整数常量和浮点值，但是其他数据类型之间的转换必须显式完成。详细内容我将在第 5 章中介绍。

理解 iota

iota 关键字可用于创建一系列连续的无类型整数常量，而无须为它们赋单独的值。这里有一个 iota 示例：

```
...
const (
    Watersports = iota
    Soccer
    Chess
)
...
```

这个语句会创建一系列常量，每个常量都被赋予一个整数值，从零开始。你还可以在第三部分看到 iota 示例。

4.4.2　用一条语句定义多个常量

用单条语句也可以定义多个常量，如代码清单 4-10 所示。

代码清单 4-10　在 basicFeatures/main.go 文件中定义多个常量

```
package main

import (
    "fmt"
    //"math/rand"
)

func main() {
```

```
    const price, tax float32 = 275, 27.50
    const quantity, inStock = 2, true
    fmt.Println("Total:", quantity * (price + tax))
    fmt.Println("In stock: ", inStock)
}
```

const 关键字后面是逗号分隔的名称列表、等号和逗号分隔的值列表，如图 4-5 所示。如果指定了类型，所有的常量都将使用该类型创建。如果省略了类型，则创建无类型常量，并且每个常量的类型是通过其值推断出来的。

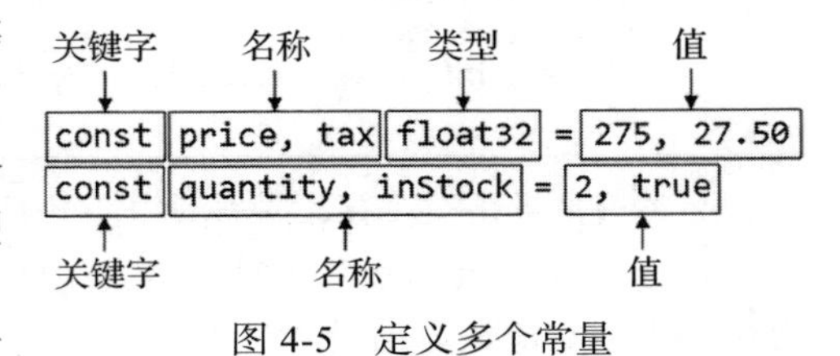

图 4-5 定义多个常量

编译并执行代码清单 4-10 中的代码会产生以下输出结果：

```
Total: 605
In stock:  true
```

4.4.3 重新审视文字值

无类型常量看起来似乎是一个奇怪的特性，但是它们使得使用 Go 语言编程更加容易，你会发现自己其实很依赖这个特性，也许很多人都没有意识到这一点。因为文字值是无类型常量，所以你可以在表达式中使用文字值，并依靠编译器来处理不匹配的类型，如代码清单 4-11 所示。

代码清单 4-11 在 basicFeatures/main.go 文件中使用文字值

```
package main

import (
    "fmt"
    //"math/rand"
)

func main() {
    const price, tax float32 = 275, 27.50
    const quantity, inStock = 2, true
    fmt.Println("Total:", 2 * quantity * (price + tax))
    fmt.Println("In stock: ", inStock)
}
```

突出显示的表达式使用了文字值 2 和两个 float32 值，文字值 2 本来应该是一个 int 值，如表 4-4 所示。由于 int 值可以表示为 float32，因此该值将被自动转换。编译并执行时，此代码会产生以下输出：

```
Total: 1210
In stock:  true
```

4.5 使用变量

变量是用 var 关键字定义的，与常量不同的是，赋给变量的值可以改变，如代码清单 4-12 所示。

代码清单 4-12　在 basicFeatures/main.go 文件中使用变量

```
package main

import "fmt"

func main() {
    var price float32 = 275.00
    var tax float32 = 27.50
    fmt.Println(price + tax)
    price = 300
    fmt.Println(price + tax)
}
```

变量使用 var 关键字、名称、类型和赋值来声明，如图 4-6 所示。

代码清单 4-12 定义了变量 price 和 tax，它们都被赋予了 float32 值。使用等号可以将一个新值赋给变量 price，这是 Go 的赋值运算符，如图 4-7 所示（注意，可以将值 300 赋给一个浮点变量。这是因为文字值 300 是一个无类型常量，可以表示为 float32 值）。

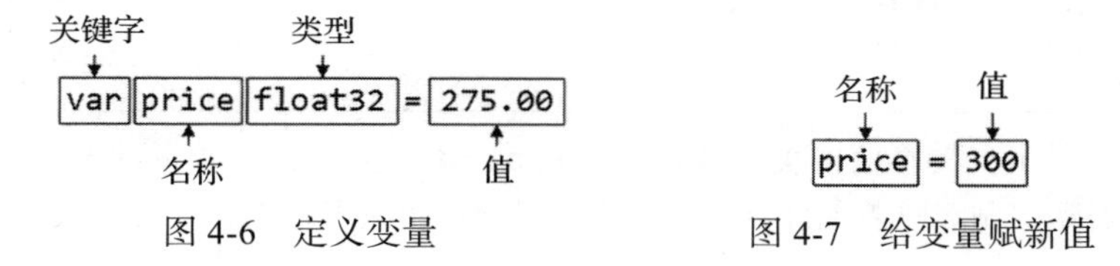

图 4-6　定义变量　　图 4-7　给变量赋新值

代码清单 4-12 中的代码使用 fmt.Println 函数将两个字符串写入标准输出，当编译并执行代码时会产生以下输出结果：

```
302.5
327.5
```

4.5.1　省略变量的数据类型

Go 编译器可以根据初始值来推断变量的类型，这就允许省略类型，如代码清单 4-13 所示。

代码清单 4-13　在 basicFeatures/main.go 文件中省略变量的数据类型

```
package main

import "fmt"

func main() {
    var price = 275.00
    var price2 = price
    fmt.Println(price)
    fmt.Println(price2)
}
```

变量是用 var 关键字、名称和赋值来定义的，但是类型被省略了，如图 4-8 所示。可以使用文字值、常量名称或其他变量来设置变量值。在代码清单 4-13 中，price 变量的值是使用文字值设置的，price2 的值被设置为 price 的当前值。

编译器将从赋给变量的值推断类型。编译器将检查赋给 `price` 的文字值，并推断其类型为 `float64`，如表 4-4 所述。`price2` 的类型也被推断为 `float64`，因为它的值是使用 `price` 值设置的。代码清单 4-13 中的代码在编译和执行时会产生以下输出结果：

```
275
275
```

关键字 值
var price = 275.00
名称

图 4-8 定义变量而不指定类型

省略类型对变量的影响和对常量的影响不一样，Go 编译器不允许混合使用不同的类型，如代码清单 4-14 所示。

代码清单 4-14 在 basicFeatures/main.go 文件中混合使用数据类型

```
package main

import "fmt"

func main() {
    var price = 275.00
    var tax float32 = 27.50
    fmt.Println(price + tax)
}
```

编译器总是将浮点文本值的类型推断为 `float64`，这与 `tax` 变量的 `float32` 类型不匹配。Go 的严格类型强制意味着编译器在编译代码时会产生以下错误：

```
.\main.go:10:23: invalid operation: price + tax (mismatched types float64 and float32)
```

若要在同一个表达式中使用 `price` 和 `tax` 变量，它们必须具有相同的类型或者可以转换为相同的类型。我将在第 5 章说明不同的类型转换方式。

4.5.2 省略变量的赋值

变量可以在没有初始值的情况下定义，如代码清单 4-15 所示。

代码清单 4-15 在 basicFeatures/main.go 文件中定义没有初始值的变量

```
package main

import "fmt"

func main() {
    var price float32
    fmt.Println(price)
    price = 275.00
    fmt.Println(price)
}
```

变量是用 `var` 关键字后跟名称和类型定义的，如图 4-9 所示。当没有初始值时，不能省略类型。

以这种方式定义的变量被赋予指定类型的零值，如表 4-5 所示。

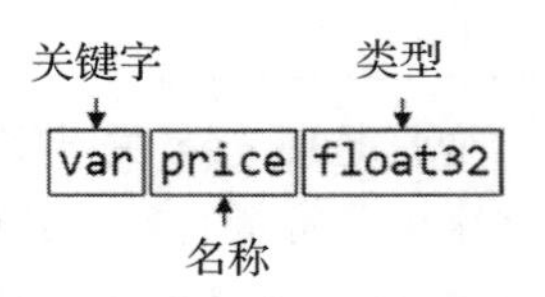

图 4-9 定义没有初始值的变量

表 4-5　基本数据类型的零值

类型	零值
int	0
uint	0
byte	0
float64	0
bool	false
string	""（空字符串）
rune	0

数值类型的零值是 0，这可以通过编译并执行代码看到。输出结果中显示的第一个值是零值，后面是后续语句中显式分配的值：

```
0
275
```

4.5.3　用一条语句定义多个变量

可以用一条语句来定义多个变量，如代码清单 4-16 所示。

代码清单 4-16　在 basicFeatures/main.go 文件中用一条语句定义多个变量

```go
package main

import "fmt"

func main() {
    var price, tax = 275.00, 27.50
    fmt.Println(price + tax)
}
```

这与定义多个常量的方法相同，赋给每个变量的初始值可用于推断其类型。如果没有指定初始值，则必须指定类型，如代码清单 4-17 所示，所有变量都将使用指定的类型创建，并被赋予零值。

代码清单 4-17　在 basicFeatures/main.go 文件中定义没有初始值的多个变量

```go
package main

import "fmt"

func main() {
    var price, tax float64
    price = 275.00
    tax = 27.50
    fmt.Println(price + tax)
}
```

代码清单 4-16 和代码清单 4-17 在编译和执行时产生相同的输出：

```
302.5
```

4.5.4 使用短变量声明语法

短变量声明提供了一种声明变量的快捷方式，如代码清单 4-18 所示。

代码清单 4-18 在 basicFeatures/main.go 文件中使用短变量声明语法

```
package main

import "fmt"

func main() {
    price := 275.00
    fmt.Println(price)
}
```

快捷语法为变量指定了一个名称，名称后跟冒号、等号和初始值，如图 4-10 所示。这种方法不使用 var 关键字，并且无法指定数据类型。

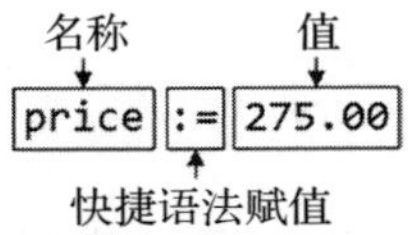

图 4-10 短变量声明语法

代码清单 4-18 中的代码在编译和执行时会产生以下输出结果：

```
275
```

通过创建逗号分隔的名称列表和值列表，可以用一条语句定义多个变量，如代码清单 4-19 所示。

代码清单 4-19 在 basicFeatures/main.go 文件中通过名称列表和值列表用一条语句定义多个变量

```
package main

import "fmt"

func main() {
    price, tax, inStock := 275.00, 27.50, true
    fmt.Println("Total:", price + tax)
    fmt.Println("In stock:", inStock)
}
```

快捷语法中没有指定类型，这意味着可以创建不同类型的变量，依靠编译器从赋给每个变量的值推断类型。代码清单 4-19 中的代码在编译和执行时会产生以下输出结果：

```
Total: 302.5
In stock: true
```

短变量声明语法只能在函数（比如代码清单 4-19 中的 main 函数）中使用。关于 Go 的函数在第 8 章中有详细介绍。

4.5.5 使用短变量声明语法重新定义变量

Go 通常不允许重新定义变量，但在使用短变量声明语法时有一个例外。为了演示默认行为，代码清单 4-20 使用 var 关键字定义了一个变量，它与同一个函数中已经存在的一个变量同名。

代码清单 4-20 在 basicFeatures/main.go 文件中重新定义变量

```
package main

import "fmt"
```

```
func main() {
    price, tax, inStock := 275.00, 27.50, true
    fmt.Println("Total:", price + tax)
    fmt.Println("In stock:", inStock)

    var price2, tax = 200.00, 25.00
    fmt.Println("Total 2:", price2 + tax)
}
```

第一条新语句使用 `var` 关键字定义名为 `price2` 和 `tax` 的变量。`main` 函数中已经有一个名为 `tax` 的变量，这会在编译代码时导致以下错误：

```
.\main.go:10:17: tax redeclared in this block
```

然而，如果使用短变量声明语法，重新定义变量是允许的，如代码清单 4-21 所示，只要至少一个被定义的变量还不存在，并且变量的类型没有改变。

代码清单 4-21 在 basicFeatures/main.go 文件中使用短变量声明语法

```
package main

import "fmt"

func main() {
    price, tax, inStock := 275.00, 27.50, true
    fmt.Println("Total:", price + tax)
    fmt.Println("In stock:", inStock)

    price2, tax := 200.00, 25.00
    fmt.Println("Total 2:", price2 + tax)
}
```

编译并执行该项目，你将看到以下输出结果：

```
Total: 302.5
In stock: true
Total 2: 225
```

4.6 使用空白标识符

在 Go 中定义变量而不使用它是非法的，如代码清单 4-22 所示。

代码清单 4-22 在 basicFeatures/main.go 文件中定义未使用的变量

```
package main

import "fmt"

func main() {
    price, tax, inStock, discount := 275.00, 27.50, true, true
    var salesPerson = "Alice"
    fmt.Println("Total:", price + tax)
    fmt.Println("In stock:", inStock)
}
```

该代码清单定义了名为 discount 和 salesPerson 的变量，这两个变量在代码的其余部分都没有被使用。编译代码时，会报告以下错误：

```
.\main.go:6:26: discount declared but not used
.\main.go:7:9: salesPerson declared but not used
```

解决这个问题的一个方法是删除不用的变量，但这并不总是可行的。对于这些情况，Go 提供了空白标识符（blank identifier），用于表示不会被使用的值，如代码清单 4-23 所示。

代码清单 4-23 在 basicFeatures/main.go 文件中使用空白标识符

```
package main

import "fmt"

func main() {
    price, tax, inStock, _ := 275.00, 27.50, true, true
    var _ = "Alice"
    fmt.Println("Total:", price + tax)
    fmt.Println("In stock:", inStock)
}
```

空白标识符就是下划线（_），它可以用在任何使用名称创建变量但随后不会使用所创建变量的地方。代码清单 4-23 中的代码在编译和执行时会产生以下输出结果：

```
Total: 302.5
In stock: true
```

这是另一个看起来不同寻常的特性，但在 Go 中使用函数时它很重要。正如我将在第 8 章中介绍的，Go 函数可以一次返回多个结果，当需要其中一些结果值而不需要其他值时，空白标识符非常有用。

4.7 了解指针

指针经常被误解，尤其是如果你已经用过 Java 或 C# 这样的语言编程，在这些语言中，指针是在幕后使用的，但对开发人员来说是小心隐藏的。要了解指针是如何工作的，最好先理解不使用指针时 Go 做什么，如代码清单 4-24 所示。

提示 本节中的最后一个示例简单地演示了指针为什么有用，而不仅仅是说明了如何使用它们。

代码清单 4-24 在 basicFeatures/main.go 文件中定义变量

```
package main

import "fmt"

func main() {

    first := 100
    second := first
```

```
    first++

    fmt.Println("First:", first)
    fmt.Println("Second:", second)
}
```

代码清单 4-24 中的代码在编译和执行时会产生以下输出结果：

```
First: 101
Second: 100
```

代码清单 4-24 中的代码创建了两个变量。使用字符串文字值为名为 `first` 的变量赋值。再使用第一个变量为名为 `second` 的变量赋值，如下所示：

```
...
first := 100
second := first
...
```

Go 在创建变量 `second` 时复制 `first` 的当前值，之后这些变量彼此独立。每个变量都是对一个单独的内存位置的引用，它的值存储在这个内存位置，如图 4-11 所示。

当使用 ++ 运算符为代码清单 4-24 中的第一个变量做递增运算时，Go 读取与该变量相关联的内存位置的值，递增该值，并将其存储在相同的内存位置。赋给第二个变量的值保持不变，因为这个变化只影响第一个变量存储的值，如图 4-12 所示。

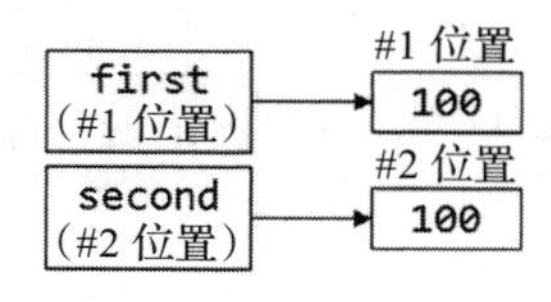

图 4-11　各自独立的值

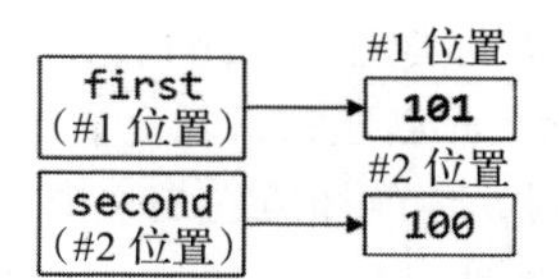

图 4-12　修改其中一个值

理解指针算术运算

指针因为指针算术运算而名声不好。指针将内存位置存储为数值，这意味着可以使用算术运算符对其进行操作，从而提供对其他内存位置的访问。例如，你可以从一个指向 `int` 值的位置开始，将该值增加用于存储 `int` 的位数，并读取相邻的值。这可能很有用，但很可能会导致意外的结果，例如试图访问错误的位置或分配给程序的内存之外的位置。

Go 不支持指针算术运算，这意味着指向一个位置的指针不能用来获取其他位置。如果尝试使用指针执行算术运算，编译器将报告错误。

4.7.1　定义指针

指针是一个变量，它的值是内存地址。代码清单 4-25 定义了一个指针。

代码清单 4-25　在 basicFeatures/main.go 文件中定义指针

```
package main

import "fmt"
```

```
func main() {

    first := 100
    var second *int = &first

    first++

    fmt.Println("First:", first)
    fmt.Println("Second:", second)
}
```

指针是用 & 定义的，它被称为地址操作符，其后跟变量的名称，如图 4-13 所示。

指针就像 Go 语言中的其他变量一样，都有类型和值。变量 `second` 的值将是 Go 用来存储变量 `first` 的值的内存地址。编译并执行代码，你将看到如下输出结果：

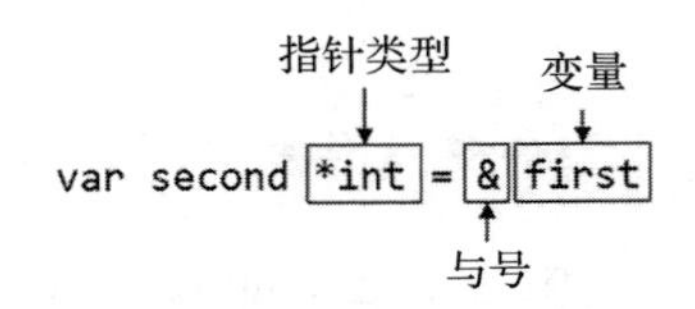

图 4-13 定义指针的语法

```
First: 101
Second: 0xc000010088
```

根据 Go 为变量 `first` 选择的具体存储地址，你将看到不同的输出。具体的内存位置并不重要，重要的是变量之间的关系，如图 4-14 所示。

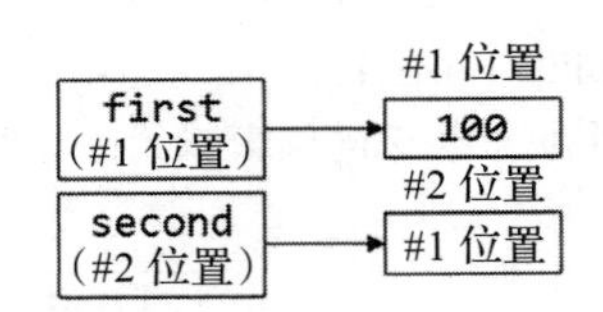

图 4-14 指针和它的内存位置

指针的类型以创建它的变量的类型为基础，以星号为前缀。名为 `second` 的变量的类型是 `*int`，因为它是通过将地址运算符应用于变量 `first` 而创建的，而变量 `first` 的值是 `int`。当你看到类型 `*int` 时，你就知道它是一个变量，它的值是一个存储 `int` 变量的内存地址。

指针的类型是固定的，因为所有的 Go 类型都是固定的，这意味着当你创建一个指向 `int` 的指针时，你改变了它所指向的值，但是不能用它来指向用于存储不同类型（比如 `float64`）的内存地址。这是个很重要的约束，在 Go 语言中，指针不仅仅是内存地址，而且是可以存储特定类型值的内存地址。

4.7.2 跟随指针

短语“跟随指针”意味着读取指针所指向的内存地址的值，这是用星号来完成的，如代码清单 4-26 所示。我也使用了短变量声明语法来定义指针。与其他类型一样，Go 会自动推断其为指针类型。

代码清单 4-26 在 basicFeatures/main.go 文件中跟随指针

```
package main

import "fmt"

func main() {

    first := 100
    second := &first
```

```
    first++

    fmt.Println("First:", first)
    fmt.Println("Second:", *second)
}
```

星号告诉 Go 跟随指针并获取对应内存地址的值，如图 4-15 所示。这就是所谓的解引用指针。

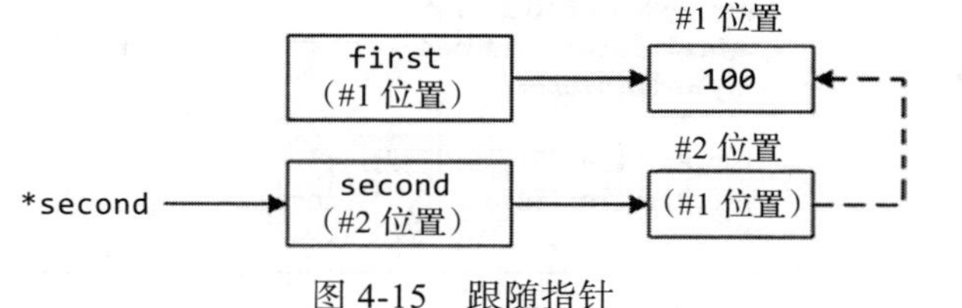

图 4-15　跟随指针

代码清单 4-26 中的代码在编译和执行时会产生以下输出：

```
First: 101
Second: 101
```

一个常见的误解是变量 `first` 和变量 `second` 具有相同的值，但事实并非如此。这里有两个值。使用名为 `first` 的变量可以访问一个 `int` 值。还有一个 `*int` 值存储 `first` 值的内存位置。你可以跟随 `*int` 值，这将访问存储的 `int` 值。但是，因为 `*int` 值也是一个值，所以它可以单独使用，比如它可以被赋给其他变量，用作调用函数的参数，等等。

代码清单 4-27 展示了指针的第一种用法。跟随指针，并且将其指向的内存位置的值递增。

代码清单 4-27　在 basicFeatures/main.go 文件中跟随指针并更改其值

```
package main

import "fmt"

func main() {

    first := 100
    second := &first

    first++
    *second++

    fmt.Println("First:", first)
    fmt.Println("Second:", *second)
}
```

该代码在编译和执行时会产生以下输出结果：

```
First: 102
Second: 102
```

代码清单 4-28 展示了指针的第二种用法，就是把它作为一个独立的值使用，并把它赋给另一个变量。

代码清单 4-28　在 basicFeatures/main.go 文件中将指针值赋给另一个变量

```
package main

import "fmt"

func main() {
```

```
    first := 100
    second := &first

    first++
    *second++

    var myNewPointer *int
    myNewPointer = second
    *myNewPointer++

    fmt.Println("First:", first)
    fmt.Println("Second:", *second)
}
```

第一条新语句定义了一个新变量，用 `var` 关键字强调了这个变量的类型是 `*int`，意思是指向 `int` 值的指针。下一条语句将变量 `second` 的值赋给新变量，这意味着 `second` 和 `myNewPointer` 的值都是存放 `first` 值的内存位置。跟随任一指针访问相同的内存位置意味着递增 `myNewPointer` 会影响跟随指针 `second` 所获得的值。编译并执行代码，你将看到以下输出结果：

```
First: 103
Second: 103
```

4.7.3 指针零值

已经定义但没有赋值的指针的值为零值 `nil`，如代码清单 4-29 所示。

代码清单 4-29 在 basicFeatures/main.go 文件中定义未初始化的指针

```
package main

import "fmt"

func main() {

    first := 100
    var second *int

    fmt.Println(second)
    second = &first
    fmt.Println(second)
}
```

上面的代码定义了指针 `second`，但没有用值初始化它，而是使用 `fmt.Println` 函数将初始值打印了出来。地址操作符 `&` 用于创建指向变量 `first` 的指针并赋给 `second`，然后我们再次将它的值打印出来。代码清单 4-29 中的代码在编译和执行时会产生以下输出（忽略结果中的 < 和 >，它只是表示 `Println` 函数给出的 `nil`）：

```
<nil>
0xc000010088
```

如果跟随没有被赋值的指针，将会发生一个运行时错误，如代码清单 4-30 所示。

代码清单 4-30　在 basicFeatures/main.go 文件中跟随未初始化的指针

```
package main

import "fmt"

func main() {

    first := 100
    var second *int

    fmt.Println(*second)
    second = &first
    fmt.Println(second == nil)
}
```

此代码可以被成功编译，但在执行时会产生以下错误：

```
panic: runtime error: invalid memory address or nil pointer dereference
[signal 0xc0000005 code=0x0 addr=0x0 pc=0xec798a]
goroutine 1 [running]:
main.main()
    C:/basicFeatures/main.go:10 +0x2a
exit status 2
```

4.7.4　指针的指针

鉴于指针存储内存位置，因此我们可以创建一个指针，使其值是另一个指针的内存地址，如代码清单 4-31 所示。

代码清单 4-31　在 basicFeatures/main.go 文件中定义指针的指针

```
package main

import "fmt"

func main() {

    first := 100
    second := &first
    third := &second

    fmt.Println(first)
    fmt.Println(*second)
    fmt.Println(**third)
}
```

跟随指针链的语法可能很笨拙。在这种情况下，需要两个星号。第一个星号跟随指向内存位置的指针，以获取名为 `second` 的变量存储的值，该值是一个 `*int` 值。第二个星号跟在名为 `second` 的指针后面，它提供对 `first` 变量所存储的值的内存位置的访问。在大多数项目中你不需要这样做，但是它很好地证实了指针是如何工作的，以及如何沿着指针链到达最终的数据值。代码清单 4-31 中的代码在编译和执行时会产生以下输出结果：

```
100
100
100
```

4.7.5 指针为什么有用

人们很容易迷失在指针工作方式的细节中，看不到为什么它们可以成为程序员的朋友。指针很有用，因为它们允许程序员在传递值和传递引用之间进行选择。后面的章节中有很多使用指针的例子，但是在这里，我们来快速演示一下。也就是说，本小节中的代码清单依赖于后面章节中介绍的特性，所以你可能希望以后再回看一下这些例子。代码清单 4-32 提供了一个例子，说明了什么时候使用值有怎么样的作用。

代码清单 4-32 在 basicFeatures/main.go 文件中使用值

```
package main

import (
    "fmt"
    "sort"
)

func main() {

    names := [3]string {"Alice", "Charlie", "Bob"}

    secondName := names[1]

    fmt.Println(secondName)

    sort.Strings(names[:])

    fmt.Println(secondName)
}
```

这个语法可能不常见，但是这个例子很简单。它创建一个包含 3 个字符串值的数组，并将位置 1 处的值赋给名为 secondName 的变量。secondName 变量的值被打印到控制台，然后我们将数组排序，接着再把 secondName 变量的值打印到控制台。该代码在编译和执行时会产生以下输出结果：

```
Charlie
Charlie
```

创建变量 secondName 时，数组位置 1 处的字符串值被复制到一个新的内存地址，所以该值不受接下来排序操作影响。因为值已被复制，所以它现在与数组完全无关，并且对数组进行排序不会影响 secondName 变量的值。

代码清单 4-33 为这个例子引入了一个指针变量。

代码清单 4-33 在 basicFeatures/main.go 文件中引入指针变量

```
package main

import (
    "fmt"
    "sort"
)

func main() {
```

```
    names := [3]string {"Alice", "Charlie", "Bob"}

    secondPosition := &names[1]

    fmt.Println(*secondPosition)

    sort.Strings(names[:])

    fmt.Println(*secondPosition)
}
```

创建变量 secondPosition 时，它的值是用于存储数组位置 1 处的字符串值的内存地址。对数组进行排序时，数组中各项的顺序会发生变化，但指针仍然指向位置 1 的内存地址，这意味着跟随指针会返回排序后的值，在编译和执行代码时会产生以下输出结果：

```
Charlie
Bob
```

指针意味着我可以保存对位置 1 的引用，这种引用提供了对当前值的访问，可以反映出对数组内容所做的任何更改。这是一个简单的例子，但是它展示了指针如何为开发人员提供在复制值和使用引用之间的选择。

如果你仍然不了解指针，那么考虑一下你所熟悉的其他语言是如何处理值与引用的问题的。例如，我经常使用的 C# 既支持通过值传递的结构，也支持作为引用传递的类。Go 和 C# 都让我选择要用副本还是引用。不同的是，C# 让我在创建数据类型时选择一次，而 Go 让我在每次使用值时选择一次。Go 方法更加灵活，但是需要程序员考虑更多。

4.8　小结

在这一章中，我介绍了 Go 提供的基本内置类型，它们构成了几乎所有语言特性的基础。我用完整语法和短变量声明语法解释了常量和变量是如何定义的，演示了无类型常量的用法，并描述了指针在 Go 中的用法。下一章将描述可以在内置数据类型上执行的操作，并解释如何将一个值从一种类型转换为另一种类型。

Chapter 5 第5章

运算和转换

在这一章中，我将介绍Go运算符，它们被用来执行算术运算、比较值以及创建产生`true`/`false`结果的逻辑表达式。我还会介绍将值从一种类型转换为另一种类型的过程，这可以通过内置语言特性和Go语言标准库提供的工具来完成。表5-1给出了Go语言运算和转换方面的一些基本问题。

表5-1 运算和转换的基本问题

问题	答案
它们是什么	基本运算主要进行算术、比较和逻辑计算。类型转换特性允许将一种类型的值表示为不同的类型
它们为什么有用	几乎每个编程任务都需要用到这些基本运算，很难编写出完全不使用它们的代码。类型转换特性很有用，因为Go严格的类型规则不允许混合使用不同类型的值
它们是如何使用的	使用操作数来应用基本运算，这类似于其他语言中的使用方法。类型转换通过使用Go显式转换语法或使用Go语言标准库包提供的工具来执行
有什么陷阱或限制吗	任何类型转换过程都可能会损失精度，因此必须注意保证转换值不会产生小于任务要求精度的结果
有其他选择吗	没有。本章描述的特性是Go开发的基础

表5-2给出了本章内容概要。

表5-2 章节内容概要

问题	解决方案	代码清单
执行算术运算	使用算术运算符	5-4～5-7
连接字符串	使用+运算符	5-8
比较两个值	使用比较运算符	5-9～5-11
组合表达式	使用逻辑运算符	5-12

（续）

问题	解决方案	代码清单
从一种类型转换到另一种类型	执行显式转换	5-13～5-15
将浮点值转换为整数	使用 math 包提供的函数	5-16
将字符串解析成另一种数据类型	使用 strconv 包提供的函数	5-17～5-28
将值表示为字符串	使用 strconv 包提供的函数	5-29～5-32

5.1　为本章做准备

请打开一个新的命令行窗口，导航到一个方便的位置，并创建一个名为 operations 的文件夹。运行代码清单 5-1 所示的命令来初始化新项目。

代码清单 5-1　初始化新项目

```
go mod init operations
```

将一个名为 main.go 的文件添加到 operations 文件夹，其内容如代码清单 5-2 所示。

代码清单 5-2　operations/main.go 文件的内容

```
package main

import "fmt"

func main() {

    fmt.Println("Hello, Operations")
}
```

使用命令行窗口在 operations 文件夹中运行代码清单 5-3 所示的命令。

代码清单 5-3　运行示例项目

```
go run .
```

编译并执行 main.go 文件中的代码，将产生以下输出结果：

```
Hello, Operations
```

5.2　了解 Go 运算符

Go 提供了一套标准的运算符，表 5-3 描述了我们常遇到的运算符，尤其是在处理第 4 章中描述的数据类型时。

表 5-3　基本的 Go 运算符

运算符	说明
+、-、*、/、%	这些运算符用于使用数值执行算术运算，如 5.2.1 节所述。+ 运算符也可用于字符串连接，如 5.2.2 节所述
==、!=、<、<=、>、>=	这些运算符用于比较两个值，如 5.2.3 节所述
||、&&、!	这些是逻辑运算符，应用于布尔（bool）值并返回一个布尔值，如 5.2.4 节所述

（续）

运算符	说明
=、:=	这些是赋值运算符。标准赋值运算符（=）用于在定义常量或变量时设置初始值，或者更改赋给先前定义的变量的值。速记运算符（:=）用于定义变量并赋值，如第4章所述
-=、+=、++、--	这些运算符递增或递减数值，如 5.2.1 节所述
&、|、^、&^、<<、>>	这些是位运算符，可以应用于整数值。这些运算符在主流开发中并不经常用到，但是你可以在第 31 章中看到一个例子，其中 | 运算符用于配置 Go 日志记录特性

5.2.1 算术运算符

算术运算符可以应用于数值数据类型（float32、float64、int、uint 以及第 4 章中描述的特定大小的类型）。余数运算符（%）是个例外，它只能用于整数。表 5-4 描述了算术运算符。

表 5-4 算术运算符

运算符	说明
+	该运算符返回两个操作数的和
-	该运算符返回两个操作数的差
*	该运算符返回两个操作数的乘积
/	该运算符返回两个操作数的商
%	该运算符返回余数，这与其他编程语言提供的模运算符类似，但它可能返回负值

与算术运算符一起使用的值必须是同一类型（例如，都是 int 值）或者可以用同一类型表示，例如无类型的数值常量。代码清单 5-4 显示了算术运算符的用法。

代码清单 5-4 在 operations/main.go 文件中使用算术运算符

```
package main

import "fmt"

func main() {
    price, tax := 275.00, 27.40

    sum := price + tax
    difference := price - tax
    product := price * tax
    quotient := price / tax

    fmt.Println(sum)
    fmt.Println(difference)
    fmt.Println(product)
    fmt.Println(quotient)
}
```

代码清单 5-4 中的代码在编译和执行时会产生以下输出结果：

```
302.4
247.6
7535
10.036496350364963
```

1. 算术溢出

Go 允许整数值通过回绕溢出，而不是报告错误。浮点值溢出到正无穷大或负无穷大。代码清单 5-5 显示了这两种数据类型的溢出。

代码清单 5-5　operations/main.go 文件中的数值溢出

```go
package main

import (
    "fmt"
    "math"
)

func main() {

    var intVal = math.MaxInt64
    var floatVal = math.MaxFloat64

    fmt.Println(intVal * 2)
    fmt.Println(floatVal * 2)
    fmt.Println(math.IsInf((floatVal * 2), 0))
}
```

故意造成溢出的最简单方法是使用 `math` 包，它是 Go 语言标准库的一部分。我将在第 18 章中详细地描述这个包，但是在这一章，我感兴趣的是每种数据类型可以表示的最小值和最大值常量，以及 `IsInf` 函数，该函数可以用来确定浮点值是否已经溢出到无穷大。在代码清单 5-5 中，我使用 `MaxInt64` 和 `MaxFloat64` 常量来设置两个变量的值，然后使传递给 `fmt.Println` 函数的表达式产生溢出。该代码清单在编译和执行时会产生以下输出结果：

```
-2
+Inf
true
```

整数值循环产生值 `-2`，浮点值溢出到 `+Inf`——表示正无穷大。`math.IsInf` 函数用于检测结果是否为无穷大。

2. 使用余数运算符

Go 提供了余数运算符（`%`），该运算符返回一个整数值除以另一个整数值后的余数。它经常被误认为是其他编程语言（例如 Python）提供的模运算符，但是，与那些运算符不同，Go 余数运算符可以返回负值，如代码清单 5-6 所示。

代码清单 5-6　在 operations/main.go 文件中使用余数运算符

```go
package main

import (
    "fmt"
    "math"
```

```
)

func main() {
    posResult := 3 % 2
    negResult := -3 % 2
    absResult := math.Abs(float64(negResult))

    fmt.Println(posResult)
    fmt.Println(negResult)
    fmt.Println(absResult)
}
```

我们在这个示例中将余数运算符用在两个表达式中，以证明它可以产生正负结果。math 包提供了 Abs 函数，它将返回 float64 的绝对值，结果也是 float64 类型。代码清单 5-6 中的代码在编译和执行时会产生以下输出结果：

```
1
-1
1
```

3. 使用递增和递减运算符

Go 提供了一组增加和减少数值的运算符，如代码清单 5-7 所示。这些运算符可以应用于整数和浮点数。

代码清单 5-7 在 operations/main.go 文件中使用递增和递减运算符

```
package main

import (
    "fmt"
//    "math"
)

func main() {
    value := 10.2
    value++
    fmt.Println(value)
    value += 2
    fmt.Println(value)
    value -= 2
    fmt.Println(value)
    value--
    fmt.Println(value)
}
```

++ 和 -- 运算符使值递增或递减 1。+= 和 -= 按指定的量递增或递减值。这些运算受制于前面描述的溢出行为，但在其他方面与其他语言中的类似运算符一致，除了 ++ 和 -- 运算符，它们只能是后缀，这意味着不支持 --value 之类的表达式。代码清单 5-7 中的代码在编译和执行时会产生以下输出结果：

```
11.2
13.2
11.2
10.2
```

5.2.2 连接字符串

+ 运算符可以用来连接字符串以产生更长的字符串，如代码清单 5-8 所示。

代码清单 5-8 在 operations/main.go 文件中连接字符串

```
package main

import (
    "fmt"
//    "math"
)

func main() {
    greeting := "Hello"
    language := "Go"
    combinedString := greeting + ", " + language

    fmt.Println(combinedString)
}
```

+ 运算符的结果是一个新字符串，代码清单 5-8 中的代码在编译和执行时会产生以下输出结果：

```
Hello, Go
```

Go 不会将字符串与其他数据类型连接起来，但是标准库确实提供了从不同类型的值组成字符串的函数，如第 17 章所述。

5.2.3 比较运算符

比较运算符用于比较两个值，如果它们相同，则返回布尔值 true，否则返回 false。表 5-5 描述了每个运算符进行的比较。

表 5-5 比较运算符

运算符	说明
==	如果操作数相等，则该运算符返回 true
!=	如果操作数不相等，则该运算符返回 true
<	如果第一个操作数小于第二个操作数，则该运算符返回 true
>	如果第一个操作数大于第二个操作数，则该运算符返回 true
<=	如果第一个操作数小于或等于第二个操作数，则该运算符返回 true
>=	如果第一个操作数大于或等于第二个操作数，则该运算符返回 true

与比较运算符一起使用的值必须都是同一类型，或者它们必须是可以表示为目标类型的无类型常量，如代码清单 5-9 所示。

代码清单 5-9 在 operations/main.go 文件中使用无类型常量

```
package main

import (
```

```
    "fmt"
//    "math"
)

func main() {

    first := 100
    const second = 200.00

    equal := first == second
    notEqual := first != second
    lessThan := first < second
    lessThanOrEqual := first <= second
    greaterThan := first > second
    greaterThanOrEqual := first >= second

    fmt.Println(equal)
    fmt.Println(notEqual)
    fmt.Println(lessThan)
    fmt.Println(lessThanOrEqual)
    fmt.Println(greaterThan)
    fmt.Println(greaterThanOrEqual)
}
```

这里的无类型常量是浮点值，但可以表示为整数值，因为它的小数位为零。这就允许比较变量 `first` 和常量 `second`。对于常量值 `200.01`，这是不可能的，因为浮点值如果不丢弃小数部分来创建一个不同的值就不能表示为整数。为此，需要进行显式转换，如本章后面所述。代码清单 5-9 中的代码在编译和执行时会产生以下输出结果：

```
false
true
true
true
false
false
```

执行三元比较

Go 没有提供三元运算符，这意味着不能使用下面这样的表达式：

```
...
max := first > second ? first : second
...
```

相反，表 5-5 中描述的比较运算符可以与 `if` 语句一起使用，如下所示：

```
...
var max int
if (first > second) {
    max = first
} else {
    max = second
}
...
```

这种语法不太简洁，但是，像许多 Go 特性一样，你将很快习惯于不使用三元表达式。

比较指针

在 Go 语言中可以比较指针，看它们是否指向同一个内存位置，如代码清单 5-10 所示。

代码清单 5-10 在 operations/main.go 文件中比较指针

```
package main

import (
    "fmt"
//    "math"
)

func main() {
    first := 100

    second := &first
    third := &first

    alpha := 100
    beta := &alpha

    fmt.Println(second == third)
    fmt.Println(second == beta)
}
```

Go 相等运算符（==）用于比较内存位置是否相同。在代码清单 5-10 中，名为 second 和 third 的指针都指向同一个内存位置，并且是相等的。名为 beta 的指针指向不同的内存位置。代码清单 5-10 中的代码在编译和执行时会产生以下输出结果：

```
true
false
```

关键的是要明白，它比较的是内存位置，而不是它们存储的值。如果想比较值，那么应该跟随指针，如代码清单 5-11 所示。

代码清单 5-11 在 operations/main.go 文件的比较运算中跟随指针

```
package main

import (
    "fmt"
//    "math"
)

func main() {

    first := 100

    second := &first
    third := &first

    alpha := 100
    beta := &alpha

    fmt.Println(*second == *third)
    fmt.Println(*second == *beta)
}
```

这些比较运算跟随指针，比较存储在被引用的内存位置的值，在编译和执行代码时会产生以下输出结果：

```
true
true
```

5.2.4 逻辑运算符

逻辑运算符比较布尔值，如表 5-6 所示。这些运算符产生的结果可以被赋给变量或者作为流控制表达式的一部分，我将在第 6 章中描述。

表 5-6 逻辑运算符

运算符	说明
`||`	如果任一操作数为 `true`，则该运算符返回 `true`。如果第一个操作数为 `true`，则不会计算第二个操作数
`&&`	如果两个操作数都为 `true`，则该运算符返回 `true`。如果第一个操作数为 `false`，则不会计算第二个操作数
`!`	该运算符与单个操作数一起使用。如果操作数为 `false`，则返回 `true`；如果操作数为 `true`，则返回 `false`

代码清单 5-12 显示了用来产生赋给变量的值的逻辑运算符。

代码清单 5-12 在 operations/main.go 文件中使用逻辑运算符

```
package main

import (
    "fmt"
//    "math"
)

func main() {

    maxMph := 50
    passengerCapacity := 4
    airbags := true

    familyCar := passengerCapacity > 2 && airbags
    sportsCar := maxMph > 100 || passengerCapacity == 2
    canCategorize := !familyCar && !sportsCar

    fmt.Println(familyCar)
    fmt.Println(sportsCar)
    fmt.Println(canCategorize)
}
```

只有布尔值可以与逻辑运算符一起使用，而 Go 不会尝试通过转换值来获得 `true` 或 `false` 值。如果逻辑运算符的操作数是表达式，则对其求值以产生用于比较的布尔结果。代码清单 5-12 中的代码在编译和执行时会产生以下输出结果：

```
true
false
false
```

当使用逻辑运算符时，Go 会缩短计算过程，这意味着计算最少数量的值来产生结果。在使用 && 运算符的情况下，当遇到 false 值时，计算停止。在使用 || 运算符的情况下，当遇到 true 值时，计算停止。在这两种情况下，后续的值都不能改变运算的结果，所以不需要进行额外的计算。

5.3　转换、解析和格式化值

Go 不允许在运算中使用混合类型，也不会自动转换类型，除非是无类型常量。为了展示编译器如何响应混合数据类型，代码清单 5-13 包含了一条将加法运算符应用于不同类型的值的语句（你可能会发现代码编辑器会自动更正代码清单 5-13 中的代码，你可能需要撤销更正，以便编辑器中的代码与代码清单 5-13 匹配，从而查看编译器错误）。

代码清单 5-13　在 operations/main.go 文件的运算中使用混合类型

```
package main

import (
    "fmt"
//    "math"
)

func main() {

    kayak := 275
    soccerBall := 19.50

    total := kayak + soccerBall

    fmt.Println(total)
}
```

用于定义变量 kayak 和 soccerBall 的文字值将产生一个 int 值和一个 float64 值，然后在加法运算中使用它们来设置变量 total 的值。编译代码时，将报告以下错误：

```
.\main.go:13:20: invalid operation: kayak + soccerBall (mismatched types int and float64)
```

对于这样的例子，可以简单地将用于初始化 kayak 变量的文字值改为 275.00，这样就可以产生一个 float64 变量。但是在实际项目中，类型很少能像这样轻松被改变，这就是为什么 Go 提供了下面几小节中描述的特性。

5.3.1　执行显式转换

显式转换可以转换一个值，从而改变它的类型，如代码清单 5-14 所示。

代码清单 5-14　在 operations/main.go 文件中使用显式转换

```
package main

import (
    "fmt"
//    "math"
)
```

```
func main() {

    kayak := 275
    soccerBall := 19.50

    total := float64(kayak) + soccerBall

    fmt.Println(total)
}
```

显式转换的语法是 T(x)，其中 T 是目标类型，x 是要转换的值或表达式。在代码清单 5-14 中，我使用显式转换来从 kayak 变量产生一个 float64 值，如图 5-1 所示。

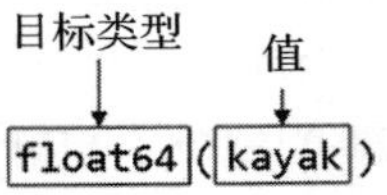

转换为 float64 值意味着加法运算中两个操作数的类型是一致的。代码清单 5-14 中的代码在编译和执行时会产生以下输出结果：

目标类型 值

float64(kayak)

图 5-1 类型的显式转换

```
294.5
```

显式转换的局限性

只有当值可以用目标类型表示时，才能使用显式转换。这意味着你可以在数值类型之间以及字符串和符文（rune）之间进行转换，但是它不支持其他类型组合间的转换，例如将 int 值转换为 bool 值。

选择要转换的值时必须小心，因为显式转换可能会导致数值精度损失或溢出，如代码清单 5-15 所示。

代码清单 5-15 在 operations/main.go 文件中转换数值类型

```
package main

import (
    "fmt"
//    "math"
)

func main() {
    kayak := 275
    soccerBall := 19.50

    total := kayak + int(soccerBall)

    fmt.Println(total)
    fmt.Println(int8(total))

}
```

该代码清单将 float64 值转换为 int 进行加法运算，并将 int 转换为 int8（这是分配了 8 位存储空间的有符号整数的类型，如第 4 章所述）。该代码在编译和执行时会产生以下输出结果：

```
294
38
```

当从浮点值转换为整数时，值的小数部分被丢弃，因此浮点值 19.50 变成 int 值 19。丢弃小数部分导致 total 变量的值变为 294 而非上一小节中产生的 294.5。

第二次显式转换中使用的 int8 太小，无法表示 int 值 294，因此变量溢出，如 5.2.1 节所述。

5.3.2　将浮点值转换为整数

正如前面的示例所示，显式转换可能会产生意外的结果，尤其是在将浮点值转换为整数时。最安全的方法是从另一个方向进行转换，表示整数和浮点值，但是如果这无法实现，那么 math 包提供了一组有用的函数，用于以可控的方式执行转换，如表 5-7 所述。

表 5-7　math 包中用于转换数值类型的函数

运算符	说明
Ceil(value)	该函数返回大于指定浮点值的最小整数。例如，大于 27.1 的最小整数是 28
Floor(value)	此函数返回小于指定浮点值的最大整数。例如，小于 27.1 的最大整数是 27
Round(value)	此函数将指定的浮点值舍入到最接近的整数
RoundToEven(value)	此函数将指定的浮点值舍入到最接近的偶数

表 5-7 中描述的函数返回 float64 值，它可以被显式地转换成 int 类型，如代码清单 5-16 所示。

代码清单 5-16　对 operations/main.go 文件中的值进行舍入

```
package main

import (
    "fmt"
    "math"
)

func main() {

    kayak := 275
    soccerBall := 19.50

    total := kayak + int(math.Round(soccerBall))

    fmt.Println(total)
}
```

math.Round 函数会将 soccerBall 的值从 19.5 舍入到 20，然后将之显式转换为 int 并在加法运算中使用它。代码清单 5-16 中的代码在编译和执行时会产生以下输出结果：

```
295
```

5.3.3　解析字符串

Go 语言标准库包括 strconv 包，它提供了将字符串转换为其他基本数据类型的函数。表 5-8 描述了将字符串解析成其他数据类型的函数。

表 5-8 将字符串解析成其他数据类型的函数

函数	说明
ParseBool(str)	这个函数将字符串解析成布尔值。可识别的字符串值有 "true"、"false"、"TRUE"、"FALSE"、"True"、"False"、"T"、"F"、"0" 和 "1"
ParseFloat(str, size)	这个函数将字符串解析成指定大小的浮点值
ParseInt(str, base, size)	这个函数将字符串解析成具有指定基数（base）和大小的 int64。可接受的基数有：二进制的 2，八进制的 8，十六进制的 16，十进制的 10
ParseUint(str, base, size)	这个函数将字符串解析成具有指定基数和大小的无符号整数值
Atoi(str)	这个函数将字符串解析成基数为 10 的 int，相当于调用 ParseInt(str, 10, 0)

代码清单 5-17 显示了如何使用 ParseBool 函数将字符串解析成布尔值。

代码清单 5-17 在 operations/main.go 文件中解析字符串

```
package main

import (
    "fmt"
    "strconv"
)

func main() {

    val1 := "true"
    val2 := "false"
    val3 := "not true"

    bool1, b1err := strconv.ParseBool(val1)
    bool2, b2err := strconv.ParseBool(val2)
    bool3, b3err := strconv.ParseBool(val3)

    fmt.Println("Bool 1", bool1, b1err)
    fmt.Println("Bool 2", bool2, b2err)
    fmt.Println("Bool 3", bool3, b3err)
}
```

正如我将在第 6 章中介绍的，Go 函数可以返回多个结果值。表 5-8 中描述的函数返回两个结果值：解析结果和错误结果，如图 5-2 所示。

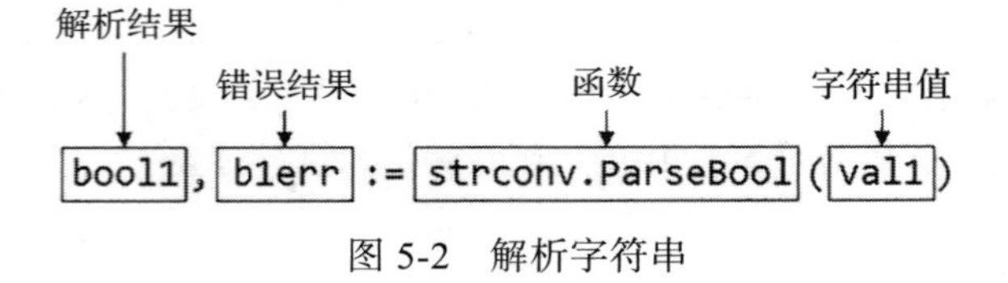

图 5-2 解析字符串

你可能习惯了通过抛出异常来报告问题的编程语言，这类语言可以使用专门的关键字（如 catch）来捕获和处理异常。Go 报告问题的原理是给表 5-8 中的函数产生的第二个结果赋一个错误。如果错误结果为 nil，则字符串解析成功。如果错误结果不为 nil，则解析失败。通过编译和执行代码清单 5-17 中的代码，你可以看到成功解析和不成功解析的示例，它会产生以下输出结果：

```
Bool 1 true <nil>
Bool 2 false <nil>
Bool 3 false strconv.ParseBool: parsing "not true": invalid syntax
```

前两个字符串被解析为值 `true` 和 `false`，两个函数调用的错误结果都是 `nil`。第三个字符串不在表 5-8 描述的可识别值列表中，因此无法解析。对于此操作，错误结果提供了问题的详细信息。

必须小心检查错误结果，因为当字符串无法解析时，其他结果将默认为零值。如果不检查错误结果，则无法区分从字符串中正确解析出的 `false` 值和由于解析失败而返回的零值。通常使用 `if/else` 关键字来检查错误，如代码清单 5-18 所示。我将在第 6 章描述 `if` 关键字和相关特性。

代码清单 5-18 在 operations/main.go 文件中检查错误

```go
package main

import (
    "fmt"
    "strconv"
)

func main() {

    val1 := "0"

    bool1, b1err := strconv.ParseBool(val1)

    if b1err == nil {
        fmt.Println("Parsed value:", bool1)
    } else {
        fmt.Println("Cannot parse", val1)
    }
}
```

`if/else` 块允许将零值与成功处理被解析为 `false` 值的字符串区分开来。正如我将在第 6 章中解释的，Go 的 `if` 语句可以定义一个初始化语句，这允许在单条语句中调用转换函数并检查其结果，如代码清单 5-19 所示。

代码清单 5-19 在 operations/main.go 文件中检查单条语句里的错误

```go
package main

import (
    "fmt"
    "strconv"
)

func main() {

    val1 := "0"
```

```
    if bool1, b1err := strconv.ParseBool(val1); b1err == nil {
        fmt.Println("Parsed value:", bool1)
    } else {
        fmt.Println("Cannot parse", val1)
    }
}
```

当项目被编译和执行时，代码清单 5-18 和代码清单 5-19 都产生以下输出结果：

```
Parsed value: false
```

1. 解析整数

`ParseInt` 和 `ParseUint` 函数需要用到字符串所表示的数字的基数和用于表示解析值的数据类型的大小，如代码清单 5-20 所示。

代码清单 5-20 在 operations/main.go 文件中将字符串解析为整数

```
package main

import (
    "fmt"
    "strconv"
)

func main() {

    val1 := "100"

    int1, int1err := strconv.ParseInt(val1, 0, 8)

    if int1err == nil {
        fmt.Println("Parsed value:", int1)
    } else {
        fmt.Println("Cannot parse", val1)
    }
}
```

`ParseInt` 函数的第一个参数是要解析的字符串，第二个参数是数字的基数或者零（为零时，函数需从字符串的前缀检测基数）。最后一个参数是解析值将被分配到的数据类型的大小。在本例中，我让函数自行检测基数，并将大小指定为 8。

编译并执行代码清单 5-20 中的代码，你将收到以下输出结果（显示解析后的整数值）：

```
Parsed value: 100
```

你可能以为指定大小会改变结果的类型，但事实并非如此，函数总是返回 `int64`。大小仅指定解析值必须能够容纳的数据大小。如果字符串值包含无法在指定大小内表示的数值，则不会解析该值。在代码清单 5-21 中，我修改了字符串值，使其包含一个更大的值。

代码清单 5-21 在 operations/main.go 文件中增大值

```
package main

import (
    "fmt"
```

```
    "strconv"
)

func main() {

    val1 := "500"

    int1, int1err := strconv.ParseInt(val1, 0, 8)

    if int1err == nil {
        fmt.Println("Parsed value:", int1)
    } else {
        fmt.Println("Cannot parse", val1, int1err)
    }
}
```

字符串 "500" 可以被解析为一个整数，但它太大了，无法表示为 8 位值（这是 ParseInt 参数指定的大小）。编译并执行代码时，输出将显示函数返回的错误：

```
Cannot parse 500 strconv.ParseInt: parsing "500": value out of range
```

这看起来是一种间接的方法，但是它允许 Go 维护它的类型规则，同时确保可以安全地对成功解析的结果执行显式转换，如代码清单 5-22 所示。

代码清单 5-22　在 operations/main.go 文件中显式转换结果

```
package main

import (
    "fmt"
    "strconv"
)

func main() {

    val1 := "100"

    int1, int1err := strconv.ParseInt(val1, 0, 8)

    if int1err == nil {
        smallInt := int8(int1)
        fmt.Println("Parsed value:", smallInt)
    } else {
        fmt.Println("Cannot parse", val1, int1err)
    }
}
```

在调用 ParseInt 函数时指定大小为 8 允许我执行到 int8 类型的显式转换，而不会发生溢出。代码清单 5-22 中的代码在编译和执行时会产生以下输出结果：

```
Parsed value: 100
```

2. 解析二进制、八进制和十六进制整数

Parse<Type> 函数接收的 base 参数允许解析非十进制的数字字符串，如代码清单 5-23 所示。

代码清单 5-23 在 operations/main.go 文件中解析二进制值

```
package main

import (
    "fmt"
    "strconv"
)

func main() {

    val1 := "100"

    int1, int1err := strconv.ParseInt(val1, 2, 8)

    if int1err == nil {
        smallInt := int8(int1)
        fmt.Println("Parsed value:", smallInt)
    } else {
        fmt.Println("Cannot parse", val1, int1err)
    }
}
```

字符串值 "100" 可以解析为十进制值 100，但它也可以表示二进制值 4。使用 ParseInt 函数的第二个参数，我可以将基数指定为 2，这意味着字符串将被解释为二进制值。编译并执行代码，你将看到从二进制字符串解析出的数字的十进制表示：

```
Parsed value: 4
```

你可以让 Parse<Type> 函数根据前缀来检测值的基数，如代码清单 5-24 所示。

代码清单 5-24 在 operations/main.go 文件中使用前缀推断基数

```
package main

import (
    "fmt"
    "strconv"
)

func main() {

    val1 := "0b1100100"

    int1, int1err := strconv.ParseInt(val1, 0, 8)

    if int1err == nil {
        smallInt := int8(int1)
        fmt.Println("Parsed value:", smallInt)
    } else {
        fmt.Println("Cannot parse", val1, int1err)
    }
}
```

表 5-8 中描述的函数可以根据前缀确定它们正在解析的值的基数。表 5-9 描述了支持的前缀。

表 5-9　数字字符串的基本前缀

前缀	说明
0b	此前缀表示二进制值，如 0b1100100
0o	此前缀表示八进制值，例如 0o144
0x	此前缀表示十六进制值，如 0x64

代码清单 5-24 中的字符串有一个 0b 前缀，它表示二进制值。编译并执行该代码会产生以下输出结果：

```
Parsed value: 100
```

3. 整数便利函数

对于许多项目，常见的解析任务是从包含十进制数的字符串中创建 int 值，如代码清单 5-25 所示。

代码清单 5-25　在 operations/main.go 文件中执行常见的解析任务

```go
package main

import (
    "fmt"
    "strconv"
)

func main() {

    val1 := "100"

    int1, int1err := strconv.ParseInt(val1, 10, 0)

    if int1err == nil {
        var intResult int = int(int1)
        fmt.Println("Parsed value:", intResult)
    } else {
        fmt.Println("Cannot parse", val1, int1err)
    }
}
```

这是一个非常常见的任务，所以 strconv 包提供了便利函数 Atoi，它可以在一个步骤中处理解析和显式转换，如代码清单 5-26 所示。

代码清单 5-26　在 operations/main.go 文件中使用便利函数

```go
package main

import (
    "fmt"
    "strconv"
)

func main() {

    val1 := "100"
```

```
    int1, int1err := strconv.Atoi(val1)

    if int1err == nil {
        var intResult int = int1
        fmt.Println("Parsed value:", intResult)
    } else {
        fmt.Println("Cannot parse", val1, int1err)
    }
}
```

Atoi 函数只接受要解析的值，不支持解析非十进制值。结果的类型是 int，而不是 ParseInt 函数产生的 int64。代码清单 5-25 和代码清单 5-26 中的代码在编译和执行时会产生以下输出结果：

```
Parsed value: 100
```

4. 解析浮点值

ParseFloat 函数用于解析包含浮点值的字符串，如代码清单 5-27 所示。

代码清单 5-27 在 operations/main.go 文件中解析浮点值

```
package main

import (
    "fmt"
    "strconv"
)

func main() {

    val1 := "48.95"

    float1, float1err := strconv.ParseFloat(val1, 64)

    if float1err == nil {
        fmt.Println("Parsed value:", float1)
    } else {
        fmt.Println("Cannot parse", val1, float1err)
    }
}
```

ParseFloat 函数的第一个参数是要解析的值。第二个参数指定结果的大小。ParseFloat 函数的结果是一个 float64 值，但是如果指定了 32，则结果可以显式转换为 float32 值。

ParseFloat 函数可以解析用指数表示的值，如代码清单 5-28 所示。

代码清单 5-28 在 operations/main.go 文件中解析用指数表示的值

```
package main

import (
    "fmt"
    "strconv"
)
```

```
func main() {

    val1 := "4.895e+01"

    float1, float1err := strconv.ParseFloat(val1, 64)

    if float1err == nil {
        fmt.Println("Parsed value:", float1)
    } else {
        fmt.Println("Cannot parse", val1, float1err)
    }
}
```

代码清单 5-27 和代码清单 5-28 中的代码在编译和执行时产生相同的输出结果：

```
Parsed value: 48.95
```

5.3.4　将值格式化为字符串

Go 语言标准库还提供了将基本数据值转换成字符串的功能，这些字符串可以直接使用，也可以与其他字符串组合使用。strconv 包提供了表 5-10 中描述的函数。

表 5-10　用于将值转换为字符串的 strconv 函数

函数	说明
FormatBool(val)	此函数根据指定的布尔值返回字符串 true 或者 false
FormatInt(val, base)	此函数返回指定 int64 值的字符串表示形式，用指定的基数表示
FormatUint(val, base)	此函数返回指定 uint64 值的字符串表示形式，用指定的基数表示
FormatFloat(val, format, precision, size)	此函数返回指定 float64 值的字符串表示形式，使用指定的格式、精度和大小表示
Itoa(val)	此函数返回指定 int 值的字符串表示形式，以 10 为基数表示

1. 格式化布尔值

FormatBool 函数接受一个布尔值并返回一个字符串，如代码清单 5-29 所示。这是表 5-10 中描述的最简单的函数，因为它只返回字符串 true 和 false。

代码清单 5-29　在 operations/main.go 文件中格式化布尔值

```
package main

import (
    "fmt"
    "strconv"
)

func main() {

    val1 := true
    val2 := false

    str1 := strconv.FormatBool(val1)
```

```
    str2 := strconv.FormatBool(val2)

    fmt.Println("Formatted value 1: " + str1)
    fmt.Println("Formatted value 2: " + str2)
}
```

请注意，我可以使用 + 运算符将 FormatBool 函数的结果与字符串文字值连接起来，这样就只有一个参数被传递给 fmt.Println 函数。代码清单 5-29 中的代码在编译和执行时会产生以下输出结果：

```
Formatted value 1: true
Formatted value 2: false
```

2. 格式化整数值

FormatInt 和 FormatUint 函数将整数值格式化为字符串，如代码清单 5-30 所示。

代码清单 5-30 在 operations/main.go 文件中格式化整数值

```
package main

import (
    "fmt"
    "strconv"
)

func main() {

    val := 275

    base10String := strconv.FormatInt(int64(val), 10)
    base2String := strconv.FormatInt(int64(val), 2)

    fmt.Println("Base 10: " + base10String)
    fmt.Println("Base 2: " + base2String)
}
```

FormatInt 函数只接受 int64 值，所以我执行了一个显式转换，并指定用基数 10（十进制）和 2（二进制）表示值的字符串。该代码在编译和执行时会产生以下输出结果：

```
Base 10: 275
Base 2: 100010011
```

3. 整数便利函数

整数值通常使用 int 类型表示，并使用十进制转换为字符串。strconv 包提供了便利函数 Itoa，这是执行这种特定转换的便利方法，如代码清单 5-31 所示。

代码清单 5-31 在 operations/main.go 文件中使用便利函数

```
package main

import (
    "fmt"
    "strconv"
)

func main() {
```

```
    val := 275

    base10String := strconv.Itoa(val)
    base2String := strconv.FormatInt(int64(val), 2)

    fmt.Println("Base 10: " + base10String)
    fmt.Println("Base 2: " + base2String)
}
```

Itoa 函数接受一个 int 值，该值被显式转换为 int64 并传递给 ParseInt 函数。代码清单 5-31 中的代码产生以下输出结果：

```
Base 10: 275
Base 2: 100010011
```

4. 格式化浮点值

将浮点值表示为字符串需要额外的配置选项，因为有不同的格式可用。代码清单 5-32 显示了一个使用 FormatFloat 函数的基本格式化操作。

代码清单 5-32　在 operations/main.go 文件中转换浮点值

```
package main

import (
    "fmt"
    "strconv"
)

func main() {

    val := 49.95

    Fstring := strconv.FormatFloat(val, 'f', 2, 64)
    Estring := strconv.FormatFloat(val, 'e', -1, 64)

    fmt.Println("Format F: " + Fstring)
    fmt.Println("Format E: " + Estring)
}
```

FormatFloat 函数的第一个参数是要处理的值。第二个参数是一个 byte 值，该值指定字符串的格式。byte 通常表示为一个 rune 文字值，表 5-11 描述了最常用的 rune 格式（正如在第 4 章中提到的，byte 类型是 uint8 的别名，为了方便起见，通常用 rune 来表示）。

表 5-11　浮点值字符串格式的常用格式选项

格式选项	说明
f	浮点值将以不带指数的 ±ddd.ddd 形式表示，例如 49.95
E 或 e	浮点值将以 ±ddd.ddde±dd 的形式表示，如 4.995e+01 或 4.995E+01。表示指数的字母的大小写由用作格式参数的符文的大小写决定
G 或 g	浮点值将使用格式 e/E 来表示大指数，或者使用格式 f 来表示较小的值

FormatFloat 函数的第三个参数指定小数点后的位数。特殊值 -1 可用于选择创建字符串的最小位数，该字符串可被解析为相同的浮点值，而不损失精度。最后一个参数确定是否对浮

点值进行舍入，以便使用 **32** 或 **64** 将其表示为 **float32** 或 **float64** 值。

这些参数意味着该语句使用格式选项 **f** 格式化赋给名为 **val** 的变量的值，该值带有两位小数，并且经过四舍五入，因此可以使用 **float64** 类型表示该值：

```
...
Fstring := strconv.FormatFloat(val, 'f', 2, 64)
...
```

其效果是将值格式化为一个字符串，该字符串可用于表示货币金额。代码清单 5-32 中的代码在编译和执行时会产生以下输出结果：

```
Format F: 49.95
Format E: 4.995e+01
```

5.4 小结

在这一章中，我介绍了 Go 运算符，展示了如何使用它们来执行算术、比较、连接和逻辑运算。我还描述了将一种类型转换成另一种类型的不同方法，其中使用了集成到 Go 语言中的特性和 Go 语言标准库中的函数。下一章将描述 Go 的流控制特性。

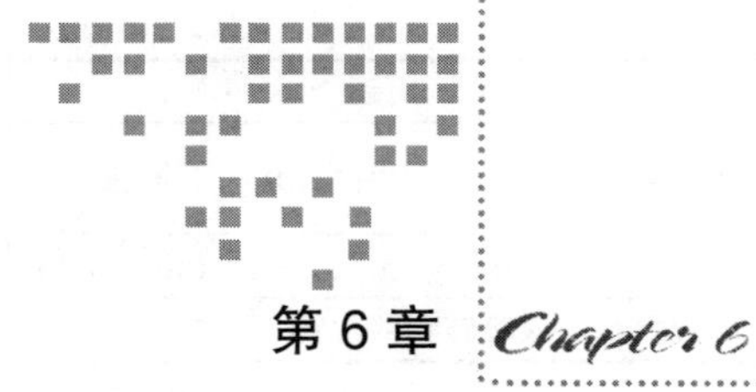

第6章 Chapter 6 流控制

在这一章中，我将介绍Go的控制执行流的特性。Go支持其他编程语言中常见的关键字，如`if`、`for`、`switch`等，但每个关键字都有一些不同的创新功能。表6-1给出了关于流控制的一些基本问题。

表6-1 关于流控制的一些基本问题

问题	答案
它们是什么	流控制允许程序员有选择地执行语句
它们为什么有用	如果没有流控制，应用程序将按顺序执行一系列代码语句，然后退出。流控制允许改变这个顺序，推迟一些语句的执行，重复其他语句的执行
它们是如何使用的	Go支持流控制关键字，包括`if`、`for`和`switch`，每个关键字都以不同的方式控制执行流
有什么陷阱或限制吗	Go为它的每个流控制关键字引入了不寻常的特性，这些关键字提供了额外的特性，必须小心使用
有其他选择吗	没有。流控制是Go语言的基本特性之一

表6-2给出本章内容概要。

表6-2 章节内容概要

问题	解决方案	代码清单
有条件地执行语句	使用`if`语句，具有可选的`else if`和`else`子句以及初始化语句	6-4～6-10
重复执行语句	使用`for`循环，带有可选的初始化语句和结束语句	6-11～6-13
中断循环	使用`continue`或`break`关键字	6-14
枚举值序列	使用带有`range`关键字的`for`循环	6-15～6-18

（续）

问题	解决方案	代码清单
将复杂的比较结果作为执行某些语句的条件	使用带有可选初始化语句的 switch 语句	6-19～6-21、6-23～6-26
强制一个 case 语句流入下一个 case 语句	使用 fallthrough 关键字	6-22
指定执行应该跳转到的位置	使用标签	6-27

6.1 为本章做准备

请打开一个新的命令行窗口，导航到一个方便的位置，并创建一个名为 flowcontrol 的文件夹。导航到 flowcontrol 文件夹，运行代码清单 6-1 所示的命令来初始化新项目。

代码清单 6-1 初始化新项目

```
go mod init flowcontrol
```

将一个名为 main.go 的文件添加到 flowcontrol 文件夹，其内容如代码清单 6-2 所示。

代码清单 6-2 flowcontrol/main.go 文件的内容

```
package main

import "fmt"

func main() {

    kayakPrice := 275.00
    fmt.Println("Price:", kayakPrice)
}
```

使用命令行窗口在 flowcontrol 文件夹中运行代码清单 6-3 所示的命令。

代码清单 6-3 运行示例项目

```
go run .
```

main.go 文件中的代码将被编译并执行，产生以下输出结果：

```
Price: 275
```

6.2 流控制

Go 应用程序中的执行流很容易理解，尤其是当应用程序像示例一样简单时。特殊函数 main（被称为应用程序的入口点）中定义的语句按照定义的顺序执行。一旦这些语句都执行完毕，应用程序就退出。图 6-1 说明了基本的执行流。

执行完每一条语句后，执行流将转移到下一条语句，重复该过程，直到没有要执行的语句。

在有些应用程序中，上面的基本执行流也许正是它所需要的，但是对于大多数应用程序来说，需要使用下面几节中描述的特性来控制执行流，以便有选择地执行语句。

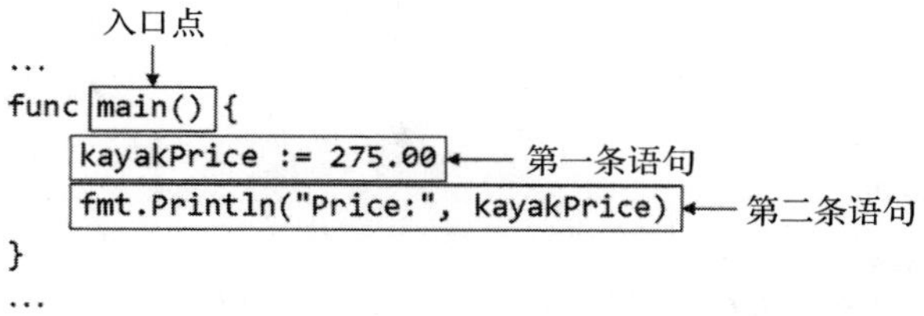

```
           入口点
...
func main() {
    kayakPrice := 275.00                    ← 第一条语句
    fmt.Println("Price:", kayakPrice)       ← 第二条语句
}
...
```

图 6-1　执行流

6.3　使用 if 语句

只有当指定表达式的计算结果为布尔值 `true` 时才执行的一组语句就是 `if` 语句，如代码清单 6-4 所示。

代码清单 6-4　在 flowcontrol/main.go 文件中使用 if 语句

```go
package main

import "fmt"

func main() {

    kayakPrice := 275.00

    if kayakPrice > 100 {
        fmt.Println("Price is greater than 100")
    }
}
```

`if` 关键字后面是表达式，然后是要执行的语句组，语句组用大括号括起来，如图 6-2 所示。

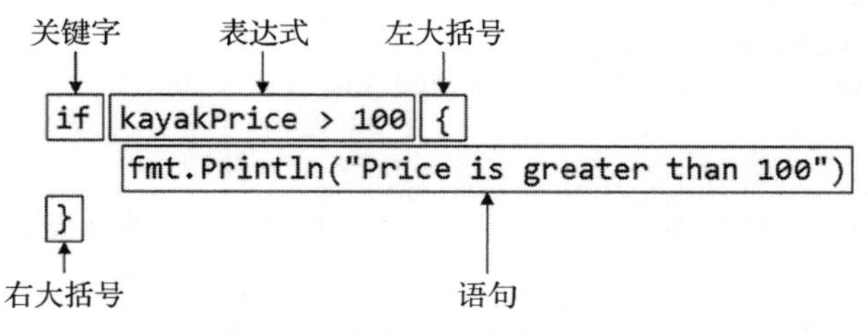

图 6-2　if 语句解析

代码清单 6-4 中的表达式使用 `>` 运算符来比较 `kayakPrice` 变量的值和常量文字值 `100`。如果该表达式的计算结果为 `true`，则大括号中包含的语句将被执行，并产生以下输出结果：

```
Price is greater than 100
```

我倾向于选择将表达式括在括号中，如代码清单 6-5 所示。Go 语言本身并不要求使用括号，但我会习惯性地使用它们。

代码清单 6-5　在 flowcontrol/main.go 文件中使用括号将表达式括起来

```go
package main
```

```
import "fmt"

func main() {

    kayakPrice := 275.00

    if (kayakPrice > 100) {
        fmt.Println("Price is greater than 100")
    }
}
```

流控制语句法的限制

就 if 语句和其他流控制语句的语法而言，Go 不如其他语言灵活。首先，即使代码块中只有一条语句，也不能省略大括号，这意味着不允许使用以下语法：

```
...
if (kayakPrice > 100)
    fmt.Println("Price is greater than 100")
...
```

其次，左大括号必须与流控制关键字出现在同一行，不能出现在下一行，所以也不允许使用下面的语法：

```
...
if (kayakPrice > 100)
{
    fmt.Println("Price is greater than 100")
}
...
```

最后，如果要将长表达式拆分成多行，不能在值或变量名后换行：

```
...
if (kayakPrice > 100
        && kayakPrice < 500) {
    fmt.Println("Price is greater than 100 and less than 500")
}
...
```

Go 编译器将对以上这些语句报错，这个根本问题在于编译过程试图在源代码中插入分号。我们没有办法改变这种行为，这也是本书中一些示例的格式看起来很奇怪的原因：如果有代码语句包含的字符比印刷页面上一行所能显示的还要多，为了避免上述问题，我必须小心地拆分这些语句。

6.3.1 使用 else 关键字

else 关键字可用于在 if 语句中创建附加子句，如代码清单 6-6 所示。

代码清单 6-6 在 flowcontrol/main.go 文件中使用 else 关键字

```
package main

import "fmt"
```

```
func main() {

    kayakPrice := 275.00

    if (kayakPrice > 500) {
        fmt.Println("Price is greater than 500")
    } else if (kayakPrice < 300) {
        fmt.Println("Price is less than 300")
    }
}
```

当 else 关键字与 if 关键字结合使用时，大括号中的代码语句仅在表达式为 true 且前一子句中的表达式为 false 时执行，如图 6-3 所示。

关键字　表达式　语句

```
if (kayakPrice > 500) {
    fmt.Println("Price is greater than 500")
} else if (kayakPrice < 300) {
    fmt.Println("Price is less than 300")
}
```

图 6-3　if 语句中的 else if 子句

在代码清单 6-6 中，if 子句中使用的表达式产生一个 false 结果，因此执行流转移到 else if 表达式，得到一个 true 结果。代码清单 6-6 中的代码在编译和执行时会产生以下输出结果：

```
Price is less than 300
```

可以重复使用 else if 组合来创建一系列子句，如代码清单 6-7 所示，只有当所有前面的表达式都产生 false 结果时，才可能会执行当前子句。

代码清单 6-7　在 flowcontrol/main.go 文件中定义多个 else if 子句

```
package main

import "fmt"

func main() {

    kayakPrice := 275.00

    if (kayakPrice > 500) {
        fmt.Println("Price is greater than 500")
    } else if (kayakPrice < 100) {
        fmt.Println("Price is less than 100")
    } else if (kayakPrice > 200 && kayakPrice < 300) {
        fmt.Println("Price is between 200 and 300")
    }
}
```

通过 if 语句，依次判断每一个表达式，直到获得 true 值或没有表达式可计算为止。代码清单 6-7 中的代码在编译和执行时会产生以下输出结果：

```
Price is between 200 and 300
```

我们还可以使用 else 关键字创建一组子句，只有当语句中所有的 if 和 else if 表达式产生 false 结果时，才会执行该子句，如代码清单 6-8 所示。

代码清单 6-8 在 flowcontrol/main.go 文件中创建 else 子句

```
package main

import "fmt"

func main() {

    kayakPrice := 275.00

    if (kayakPrice > 500) {
        fmt.Println("Price is greater than 500")
    } else if (kayakPrice < 100) {
        fmt.Println("Price is less than 100")
    } else {
        fmt.Println("Price not matched by earlier expressions")
    }
}
```

使用 else 的时候，else 子句必须放在末尾，并且没有表达式，如图 6-4 所示。

```
关键字                                语句
if (kayakPrice > 500) {
    fmt.Println("Price is greater than 500")
} else if (kayakPrice < 100) {
    fmt.Println("Price is less than 100")
} else {
    fmt.Println("Price not matched by earlier expressions")
}
```

图 6-4 if 语句中的 else 子句

代码清单 6-8 中的代码在编译和执行时会产生以下输出结果：

```
Price not matched by earlier expressions
```

6.3.2 if 语句的作用域

if 语句中的每个子句都有自己的作用域，这意味着变量只能在定义它们的子句中被访问。这也意味着你可以在不同的子句中基于不同的目的使用相同的变量名，如代码清单 6-9 所示。

代码清单 6-9 flowcontrol/main.go 文件中的不同作用域

```
package main

import "fmt"

func main() {

    kayakPrice := 275.00
```

```
    if (kayakPrice > 500) {
        scopedVar := 500
        fmt.Println("Price is greater than", scopedVar)
    } else if (kayakPrice < 100) {
        scopedVar := "Price is less than 100"
        fmt.Println(scopedVar)
    } else {
        scopedVar := false
        fmt.Println("Matched: ", scopedVar)
    }
}
```

if 语句中的每个子句都定义了一个名为 scopedVar 的变量，并且每个变量都有不同的类型。每个变量都是其子句的局部变量，这意味着不能在其他子句或 if 语句之外访问它。代码清单 6-9 中的代码在编译和执行时会产生以下输出结果：

```
Matched:  false
```

6.3.3 将初始化语句与 if 语句一起使用

Go 允许 if 语句使用初始化语句，初始化语句在 if 语句的表达式计算之前被执行。初始化语句仅限于 Go 简单语句，从广义上讲，这意味着该语句可以定义新变量、为现有变量赋值或调用函数。

这个特性最常见的用途是初始化一个变量，这个变量随后会在表达式中使用，如代码清单 6-10 所示。

代码清单 6-10 在 flowcontrol/main.go 文件中使用初始化语句

```
package main

import (
    "fmt"
    "strconv"
)

func main() {

    priceString := "275"

    if kayakPrice, err := strconv.Atoi(priceString); err == nil {
        fmt.Println("Price:", kayakPrice)
    } else {
        fmt.Println("Error:", err)
    }
}
```

if 关键字后面依次是初始化语句、分号和要计算的表达式，如图 6-5 所示。

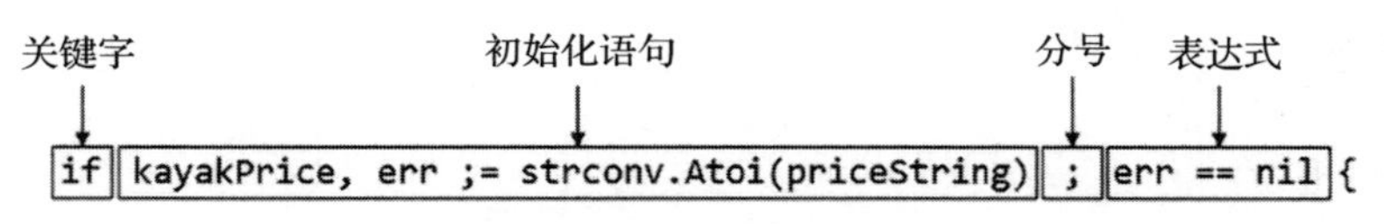

图 6-5 初始化语句

代码清单 6-10 中的初始化语句调用了 strconv.Atoi 函数，我在第 5 章中介绍过这个函数，它可以把字符串解析成 int 值。该函数返回两个值，分别赋给名为 kayakPrice 和 err 的变量：

```
...
if kayakPrice, err := strconv.Atoi(priceString); err == nil {
...
```

初始化语句定义的变量的作用域是整个 if 语句，包括表达式。err 变量在 if 语句的表达式中用于确定字符串是否被正确解析：

```
...
if kayakPrice, err := strconv.Atoi(priceString); err == nil {
...
```

变量也可以用在 if 子句和 else if 及 else 子句中：

```
...
if kayakPrice, err := strconv.Atoi(priceString); err == nil {
    fmt.Println("Price:", kayakPrice)
} else {
    fmt.Println("Error:", err)
}
...
```

代码清单 6-10 中的代码在编译和执行时会产生以下输出结果：

```
Price: 275
```

在初始化语句中使用括号

正如我前面解释的，我倾向于在 if 语句中使用括号将表达式括起来。当使用初始化语句时，也可以这么做，但是必须确保括号仅应用于表达式，如下所示：

```
...
if kayakPrice, err := strconv.Atoi(priceString); (err == nil) {
...
```

括号不能应用于初始化语句，也不能包含语句的两个部分。

6.4 使用 for 循环

for 关键字用于创建重复执行语句的循环。最基本的 for 循环将无限重复，除非被 break 关键字中断（return 关键字也可以用来终止循环），如代码清单 6-11 所示。

代码清单 6-11 在 flowcontrol/main.go 文件中使用基本 for 循环

```
package main

import (
    "fmt"
    //"strconv"
)

func main() {

    counter := 0
```

```
    for {
        fmt.Println("Counter:", counter)
        counter++
        if (counter > 3) {
            break
        }
    }
}
```

for 关键字后面是要重复执行的语句，用大括号括起来，如图 6-6 所示。在大多数循环中，其中一个语句是 break 关键字，它的作用是终止循环。

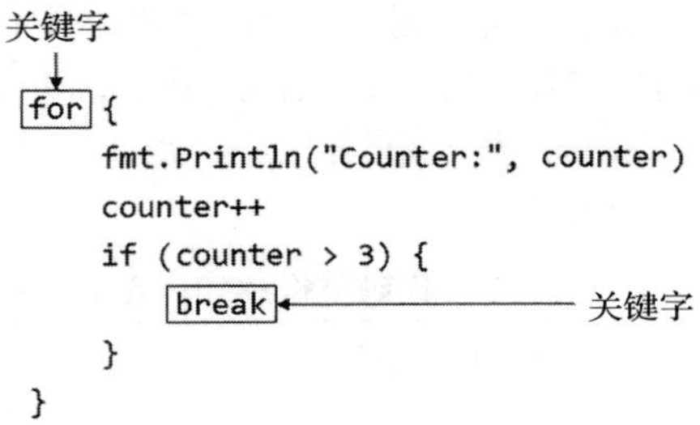

代码清单 6-11 中的 break 关键字包含在 if 语句中，这意味着循环直到 if 语句的表达式产生 true 值时才终止。代码清单 6-11 中的代码在编译和执行时会产生以下输出结果：

```
Counter: 0
Counter: 1
Counter: 2
Counter: 3
```

```
关键字
  ↓
[for] {
    fmt.Println("Counter:", counter)
    counter++
    if (counter > 3) {
        [break]←———— 关键字
    }
}
```

图 6-6 基本 for 循环

6.4.1 将条件纳入循环

上一小节中演示的循环代表了一个常见的循环，即重复执行直到满足某个条件。这作为一种很常见的情景，可以将条件合并到循环语法中，如代码清单 6-12 所示。

代码清单 6-12 在 flowcontrol/main.go 中使用条件循环

```
package main

import (
    "fmt"
    //"strconv"
)

func main() {

    counter := 0
    for (counter <= 3) {
        fmt.Println("Counter:", counter)
        counter++
        // if (counter > 3) {
        //     break
        // }
    }
}
```

条件是在关键字 for 和包含循环语句的左大括号之间指定的，如图 6-7 所示。条件语句可以用括号括起来，如示例所示，但这不是必需的。

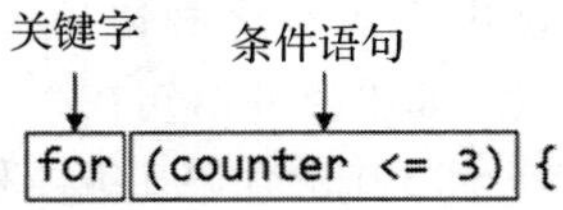

```
关键字    条件语句
  ↓          ↓
[for] [(counter <= 3)] {
```

图 6-7 for 循环条件

当条件值为 true 时，大括号中的语句将重复执行。在此示例中，当 counter 变量的值小于或等于 3 时，条件产生 true，并且代码在编译和执行时产生以下输出结果：

```
Counter: 0
Counter: 1
Counter: 2
Counter: 3
```

6.4.2 使用初始化语句和结束语句

我们还可以用额外的语句定义循环，这些语句在循环的第一次循环之前（称为初始化语句）和每次循环之后（post 语句）执行，如代码清单 6-13 所示。

提示 与 if 语句一样，括号可以应用于 for 语句的判断条件，但不能应用于初始化语句或 post 语句。

代码清单 6-13 在 flowcontrol/main.go 中使用可选的循环语句

```go
package main

import (
    "fmt"
    //"strconv"
)

func main() {

    for counter := 0; counter <= 3; counter++ {
        fmt.Println("Counter:", counter)
        // counter++
    }
}
```

初始化语句、条件语句和 post 语句用分号分隔，并依次跟在 for 关键字后面，如图 6-8 所示。

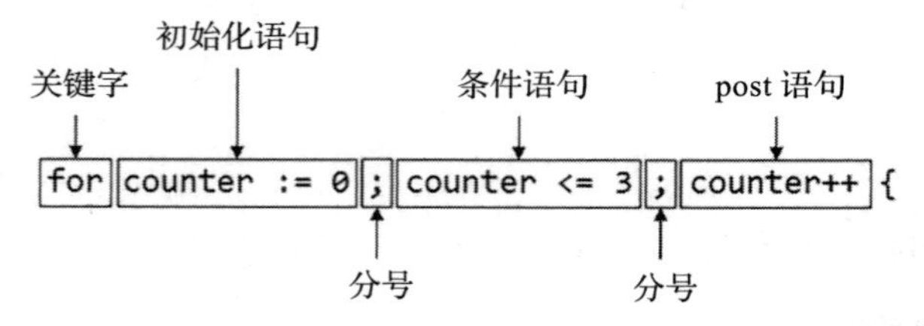

图 6-8 带有初始化语句和 post 语句的 for 循环

先执行初始化语句，然后计算条件语句。如果条件语句产生的结果为 true，则执行大括号中包含的语句，然后执行 post 语句。然后，再次计算条件语句，并重复该循环。这意味着初始化语句只执行一次，并且每当条件语句产生 true 结果时，post 语句就执行一次。如果条件语句在第一次计算时产生 false 结果，那么 post 语句将永远不会执行。代码清单 6-13 中的代码在编译和执行时会产生以下输出结果：

```
Counter: 0
Counter: 1
Counter: 2
Counter: 3
```

重新创建 do...while 循环

Go 不提供 do...while 循环，这是其他编程语言提供的一个常见特性，用于定义至少执行一次的循环，在此之后对条件语句进行计算，以确定是否需要进行后续循环。虽然有些尴尬，但使用 for 循环可以获得类似的结果，如下所示：

```
package main

import (
    "fmt"
)

func main() {

    for counter := 0; true; counter++ {
        fmt.Println("Counter:", counter)
        if (counter > 3) {
            break
        }
    }
}
```

for 循环的条件为 true，后续循环由 if 语句控制，该 if 语句使用 break 关键字终止循环。

6.4.3 继续循环

关键字 continue 可以用来终止对当前值的 for 循环语句的执行，直接进入下一次循环，如代码清单 6-14 所示。

代码清单 6-14 在 flowcontrol/main.go 文件中使用继续循环特性

```
package main

import (
    "fmt"
    //"strconv"
)

func main() {

    for counter := 0; counter <= 3; counter++ {
        if (counter == 1) {
            continue
        }
        fmt.Println("Counter:", counter)
    }
}
```

if 语句确保仅当 counter 值为 1 时才会执行 continue 关键字。对于这个值，循环执行将不会到达调用 fmt.Println 函数的语句，在编译和执行代码时会产生以下输出结果：

```
Counter: 0
Counter: 2
Counter: 3
```

6.4.4 枚举序列

for 关键字可以和 range 关键字一起使用来创建遍历序列的循环，如代码清单 6-15 所示。

代码清单 6-15 在 flowcontrol/main.go 文件中使用 range 关键字

```
package main

import (
    "fmt"
    //"strconv"
)

func main() {

    product := "Kayak"

    for index, character := range product {
        fmt.Println("Index:", index, "Character:", string(character))
    }
}
```

这个示例对一个字符串进行枚举，for 循环将字符串视为一个符文（rune）序列，每个符文代表一个字符。每次循环都给两个变量赋值，这两个变量可提供序列的当前索引和当前索引处的值，如图 6-9 所示。

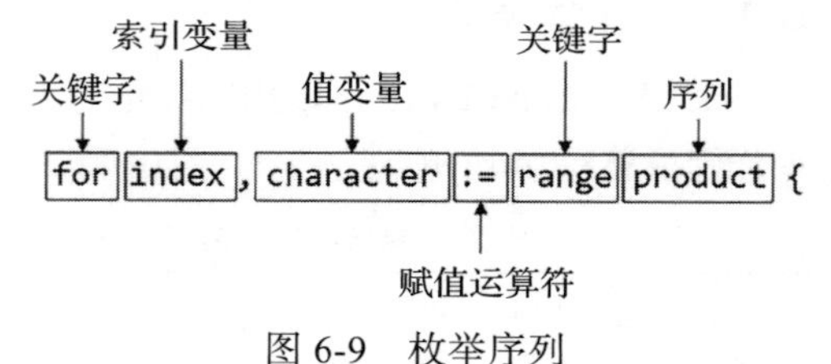

图 6-9 枚举序列

for 循环大括号中包含的语句对序列中的每个元素执行一次。这些语句可以通过读取两个变量的值，提供对序列元素的访问。对于代码清单 6-15，这意味着循环中的语句可以访问字符串中包含的每个字符，代码在编译和执行时会产生以下输出结果：

```
Index: 0 Character: K
Index: 1 Character: a
Index: 2 Character: y
Index: 3 Character: a
Index: 4 Character: k
```

1. 枚举序列时仅接收索引或值

如果定义了变量但没有使用它，Go 会报告错误。我们可以在 for...range 语句中省略值变量，如代码清单 6-16 所示。

代码清单 6-16 在 flowcontrol/main.go 中接收索引

```
package main

import (
    "fmt"
```

```
    //"strconv"
)

func main() {

    product := "Kayak"

    for index := range product {
        fmt.Println("Index:", index)
    }
}
```

本例中的 for 循环将基于变量 product 的字符串值中的每个字符生成一系列索引值，在编译和执行代码时会产生以下输出结果：

```
Index: 0
Index: 1
Index: 2
Index: 3
Index: 4
```

当只需要序列中的值而不需要索引时，可以使用空白标识符，如代码清单 6-17 所示。

代码清单 6-17　在 flowcontrol/main.go 中接收值

```
package main

import (
    "fmt"
    //"strconv"
)

func main() {

    product := "Kayak"

    for _, character := range product {
        fmt.Println("Character:", string(character))
    }
}
```

空白标识符（_）用于索引变量，常规变量用于值。代码清单 6-17 中的代码在编译和执行时会产生以下输出结果：

```
Character: K
Character: a
Character: y
Character: a
Character: k
```

2. 枚举内置数据结构

range 关键字还可以与 Go 提供的内置数据结构（数组、切片和 map）一起使用，这些数据结构将在第 7 章中介绍，包括使用 for 和 range 关键字的示例。作为速查表，代码清单 6-18 给出了一个使用 range 关键字枚举数组内容的 for 循环示例。

代码清单 6-18 在 flowcontrol/main.go 中用 for 循环枚举数组

```
package main

import (
    "fmt"
    //"strconv"
)

func main() {

    products := []string { "Kayak", "Lifejacket", "Soccer Ball"}

    for index, element:= range products {
        fmt.Println("Index:", index, "Element:", element)
    }
}
```

此示例使用文字值来定义数组，数组是固定长度的值集合（Go 还有内置的可变长度集合，如切片和键值映射）。此数组包含 3 个字符串值，每次执行 for 循环时，当前索引和元素值都被赋给两个变量。编译并执行代码时，会产生以下输出结果：

```
Index: 0 Element: Kayak
Index: 1 Element: Lifejacket
Index: 2 Element: Soccer Ball
```

6.5 使用 switch 语句

switch 语句提供了另一种控制执行流的方法，它需要将表达式的结果与特定的值相匹配，而不是计算 true 或 false 结果，如代码清单 6-19 所示。这可能是执行多重比较的一种简洁方法，为复杂的 if/else if/else 语句提供了一种简明的替代方法。

注意 switch 语句也可以用来区分数据类型，这将在第 11 章中介绍。

代码清单 6-19 在 flowcontrol/main.go 文件中使用 switch 语句

```
package main

import (
    "fmt"
    //"strconv"
)

func main() {

    product := "Kayak"

    for index, character := range product {
        switch (character) {
            case 'K':
                fmt.Println("K at position", index)
            case 'y':
                fmt.Println("y at position", index)
        }
    }
}
```

switch 关键字后跟一个值或表达式，该值或表达式产生用于比较的结果。它将与一系列 case 语句进行比较，每个语句指定一个值，如图 6-10 所示。

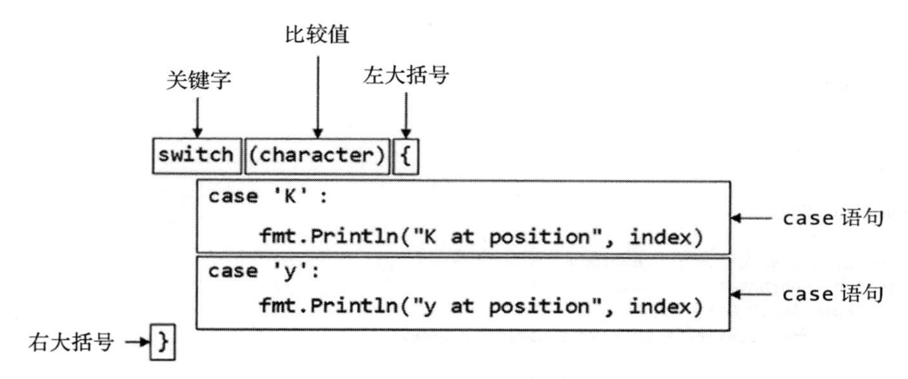

图 6-10　基本的 switch 语句

在代码清单 6-19 中，switch 语句用于检查应用于字符串值的 for 循环产生的每个字符，从而产生一系列 rune 值，case 语句用于匹配特定的字符。

case 关键字后面是值、冒号和一个或多个当比较值与 case 语句值匹配时要执行的语句，如图 6-11 所示。

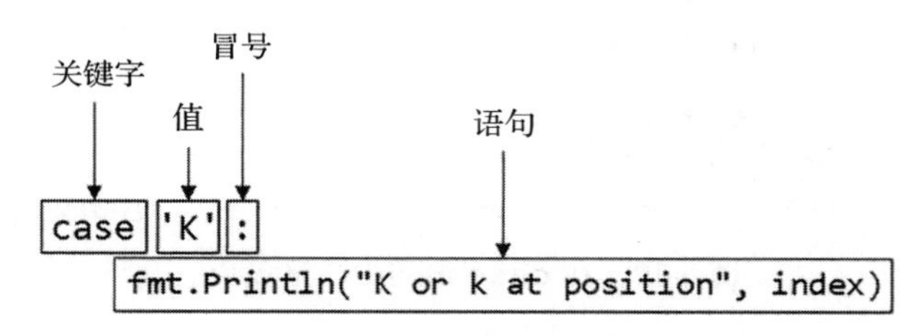

图 6-11　case 语句解析

这个 case 语句匹配字符 K，当匹配时，将执行一个调用 fmt.Println 函数的语句。编译并执行代码清单 6-19 中的代码会产生以下输出结果：

```
K at position 0
y at position 2
```

6.5.1　匹配多个值

在某些编程语言中，switch 语句有“穿透”效果，这意味着一旦某个 case 条件匹配成功，就执行之后的语句，直到到达 break 语句，即这意味着执行后续 case 条件中的语句。“穿透”通常用于允许多个 case 语句执行相同的代码，但是它需要谨慎地使用 break 关键字来阻止意外运行的执行。

在 Go 语言中，switch 语句不会自动穿透执行，但是可以用逗号分隔的列表指定多个值，如代码清单 6-20 所示。

代码清单 6-20 在 flowcontrol/main.go 文件中匹配多个值

```
package main

import (
    "fmt"
    //"strconv"
)

func main() {

    product := "Kayak"

    for index, character := range product {
        switch (character) {
            case 'K', 'k':
                fmt.Println("K or k at position", index)
            case 'y':
                fmt.Println("y at position", index)
        }
    }
}
```

case 语句应该匹配的一组值用逗号分隔的列表表示，如图 6-12 所示。

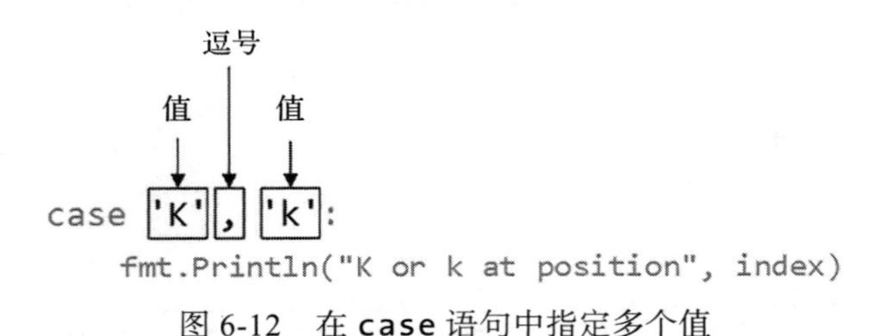

图 6-12 在 case 语句中指定多个值

case 语句将匹配任意指定的值，当编译并执行代码清单 6-20 中的代码时，将产生以下输出结果：

```
K or k at position 0
y at position 2
K or k at position 4
```

6.5.2 终止 case 语句执行

虽然 break 关键字不是终止每个 case 语句所必需的，但是它可以用来在到达 case 语句末尾之前结束语句的执行，如代码清单 6-21 所示。

代码清单 6-21 在 flowcontrol/main.go 文件中使用 break 关键字

```
package main

import (
    "fmt"
    //"strconv"
)
```

```
func main() {

    product := "Kayak"

    for index, character := range product {
        switch (character) {
            case 'K', 'k':
                if (character == 'k') {
                    fmt.Println("Lowercase k at position", index)
                    break
                }
                fmt.Println("Uppercase K at position", index)
            case 'y':
                fmt.Println("y at position", index)
        }
    }
}
```

if 语句检查当前的符文（rune）是否是 k，如果是，就调用 fmt.Println 函数，然后使用 break 关键字暂停 case 语句的执行，防止任何后续语句被执行。代码清单 6-21 在编译和执行时会产生以下输出结果：

```
Uppercase K at position 0
y at position 2
Lowercase k at position 4
```

6.5.3 强制穿透到下一个 case 语句

在 Go 语言中，虽然 switch 语句不会自动穿透，但是可以使用关键字 fallthrough 实现这个效果，如代码清单 6-22 所示。

代码清单 6-22 在 flowcontrol/main.go 文件中使用 fallthrough 关键字

```
package main

import (
    "fmt"
    //"strconv"
)

func main() {

    product := "Kayak"

    for index, character := range product {
        switch (character) {
            case 'K':
                fmt.Println("Uppercase character")
                fallthrough
            case 'k':
                fmt.Println("k at position", index)
            case 'y':
                fmt.Println("y at position", index)
        }
    }
}
```

第一条 case 语句包含 fallthrough 关键字，这意味着执行将继续到下一条 case 语句中的语句。代码清单 6-22 中的代码在编译和执行时会产生以下输出结果：

```
Uppercase character
k at position 0
y at position 2
k at position 4
```

6.5.4 默认子句

关键字 default 用于定义一个子句，当没有 case 语句与 switch 语句的值匹配时，该子句将被执行，如代码清单 6-23 所示。

代码清单 6-23 在 flowcontrol/main.go 文件中添加默认子句

```
package main

import (
    "fmt"
    //"strconv"
)

func main() {

    product := "Kayak"

    for index, character := range product {
        switch (character) {
            case 'K', 'k':
                if (character == 'k') {
                    fmt.Println("Lowercase k at position", index)
                    break
                }
                fmt.Println("Uppercase K at position", index)
            case 'y':
                fmt.Println("y at position", index)
            default:
                fmt.Println("Character", string(character), "at position", index)
        }
    }
}
```

default 子句中的语句仅针对与 case 语句没有匹配的值执行。在本例中，K、k 和 y 字符由 case 语句匹配，因此 default 子句将仅在为其他字符时执行。代码清单 6-23 中的代码会产生以下输出结果：

```
Uppercase K at position 0
Character a at position 1
y at position 2
Character a at position 3
Lowercase k at position 4
```

6.5.5 使用初始化语句

switch 语句中还可以定义初始化语句，这是一种准备比较值（以便可以在 case 语句中引用它）的常用方法。代码清单 6-24 演示了一个在 switch 语句中很常见的问题，即使用表达式来产生比较值。

代码清单 6-24 在 flowcontrol/main.go 文件中使用表达式产生比较值

```
package main

import (
    "fmt"
    //"strconv"
)

func main() {

    for counter := 0; counter < 20; counter++ {
        switch(counter / 2) {
            case 2, 3, 5, 7:
                fmt.Println("Prime value:", counter / 2)
            default:
                fmt.Println("Non-prime value:", counter / 2)
        }
    }
}
```

switch 语句将除法运算符应用于 counter 变量的值，以生成比较值，这意味着必须在 case 语句中执行相同的操作，以将匹配值传递给 fmt.Println 函数。使用初始化语句可以避免重复，如代码清单 6-25 所示。

代码清单 6-25 在 flowcontrol/main.go 文件中使用初始化语句

```
package main

import (
    "fmt"
    //"strconv"
)

func main() {

    for counter := 0; counter < 20; counter++ {
        switch val := counter / 2; val {
            case 2, 3, 5, 7:
                fmt.Println("Prime value:", val)
            default:
                fmt.Println("Non-prime value:", val)
        }
    }
}
```

初始化语句跟在 switch 关键字后面，并用分号与比较值隔开，如图 6-13 所示。

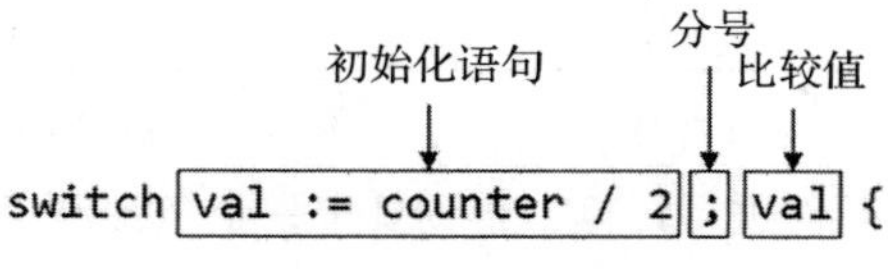

初始化语句使用除法运算符创建一个名为 val 的变量。这意味着 val 可以用作比较值，并且可以在 case 语句中访问，从而避免了重复进行除法运算的需要。代

初始化语句
分号
比较值
switch val := counter / 2 ; val {

图 6-13 switch 的初始化语句

码清单 6-24 和代码清单 6-25 是等效的，当编译和执行时，两者都产生以下输出结果：

```
Non-prime value: 0
Non-prime value: 0
Non-prime value: 1
Non-prime value: 1
Prime value: 2
Prime value: 2
Prime value: 3
Prime value: 3
Non-prime value: 4
Non-prime value: 4
Prime value: 5
Prime value: 5
Non-prime value: 6
Non-prime value: 6
Prime value: 7
Prime value: 7
Non-prime value: 8
Non-prime value: 8
Non-prime value: 9
Non-prime value: 9
```

6.5.6 省略比较值

Go 为 switch 语句提供了一种不同的方法，它可以省略比较值，并在 case 语句中使用表达式。这强化了 switch 语句作为 if 语句的简洁替代的思想，如代码清单 6-26 所示。

代码清单 6-26 在 flowcontrol/main.go 文件的 switch 语句中使用表达式

```
package main

import (
    "fmt"
    //"strconv"
)

func main() {

    for counter := 0; counter < 10; counter++ {
        switch {
            case counter == 0:
                fmt.Println("Zero value")
            case counter < 3:
                fmt.Println(counter, "is < 3")
            case counter >= 3 && counter < 7:
                fmt.Println(counter, "is >= 3 && < 7")
            default:
                fmt.Println(counter, "is >= 7")
        }
    }
}
```

当省略比较值时，每个 case 语句都指定了一个条件。当执行 switch 语句时，将对每个条件进行计算，直到其中一个条件产生 true 结果，或者直到达到可选的 default 子句。当代码清单 6-26 中的代码被编译和执行时，将会产生如下输出结果：

```
Zero value
1 is < 3
2 is < 3
3 is >= 3 && < 7
4 is >= 3 && < 7
5 is >= 3 && < 7
6 is >= 3 && < 7
7 is >= 7
8 is >= 7
9 is >= 7
```

6.6　使用标签语句

标签语句允许执行流跳转到不同的点，这能提供更大的灵活性。代码清单 6-27 显示了标签语句的用法。

代码清单 6-27　在 flowcontrol/main.go 文件中使用标签语句

```
package main

import (
    "fmt"
    //"strconv"
)

func main() {

    counter := 0
    target: fmt.Println("Counter", counter)
    counter++
    if (counter < 5) {
        goto target
    }
}
```

标签用名称后跟冒号及常规的代码语句来定义，如图 6-14 所示。goto 关键字用于跳转到标签。

提示　对于何时可以跳转到标签是有限制的，例如不能从封闭 case 语句的 switch 语句外部跳转到内部的 case 语句。

在本例中，赋给标签的名称是 target。当执行到 goto 关键字时，将跳转到带有指定标签的语句。其效果相当于一个基本循环，当 counter 变量的值小于 5 时，它会递增。代码清单 6-27 在编译和执行时会产生以下输出结果：

```
Counter 0
Counter 1
Counter 2
Counter 3
Counter 4
```


图 6-14　标签语句

6.7 小结

在这一章中，我描述了 Go 语言的流控制特性，介绍了如何使用 `if` 和 `switch` 语句有条件地执行语句，以及如何使用 `for` 循环重复执行语句。正如本章所展示的，Go 比其他语言拥有更少的流控制关键字，但每个关键字都有一些额外的特性，例如初始化语句和对 `range` 关键字的支持。下一章将介绍 Go 的集合类型：数组、切片和 map。

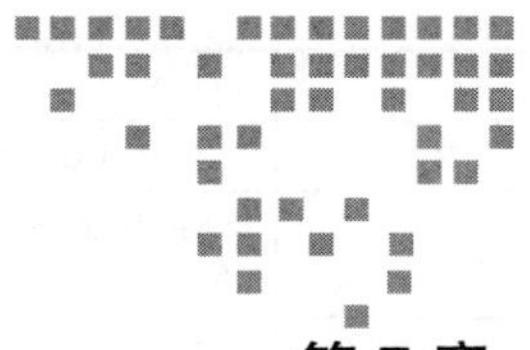

第 7 章 Chapter 7

数组、切片和 map

在这一章中，我将介绍 Go 语言内置的集合类型：数组、切片和 map。这些类型与其他类型一样，允许对相关的值进行分组，与其他语言相比，Go 采用了不同的方法实现集合。我还将介绍 Go 语言字符串值的一个不寻常的方面，我们可以像对待数组一样对待它，但是根据元素的使用方式不同，相应的行为方式也会有所不同。表 7-1 简单介绍了数组、切片和 map。

表 7-1 数组、切片和 map 简介

问题	答案
它们是什么	Go 语言的集合用于对相关值进行分组。数组存储固定数量的值，切片存储可变数量的值，而 map 存储键值对
它们为什么有用	这些集合是跟踪相关数据值的便捷方式
它们是如何使用的	这些集合类型可以与文字语法一起使用，或者使用 `make` 函数
有什么陷阱或限制吗	必须小心理解对切片执行的操作对底层数组的影响，以避免意外结果
有其他选择吗	这些类型并非必须被使用，但是它们能使大多数编程任务变得更容易

表 7-2 给出了本章内容概要。

表 7-2 章节内容概要

问题	解决方案	代码清单
存储固定数量的值	使用数组	7-4～7-8
比较数组	使用比较运算符	7-9
枚举数组	使用带有 `range` 关键字的 `for` 循环	7-10、7-11
存储可变数量的值	使用切片	7-12、7-13、7-16、7-17、7-23
将项目追加到切片	使用 `append` 函数	7-14、7-15、7-18、7-21、7-22
从现有数组创建切片或从切片中选择元素	使用 range	7-19、7-24

（续）

问题	解决方案	代码清单
将元素复制到切片中	使用 copy 函数	7-25、7-29
从切片中删除元素	使用 append 函数，其范围忽略了要删除的元素	7-30
枚举切片	使用带有 range 关键字的 for 循环	7-31
对切片中的元素进行排序	使用 sort 包	7-32
比较切片	使用 reflect 包	7-33、7-34
获取指向切片的底层数组的指针	执行到数组类型的显式转换，数组类型的长度应当小于或等于切片中元素的数量	7-35
存储键值对	使用 map	7-36～7-40
从 map 中删除键值对	使用 delete 函数	7-41
枚举 map 的内容	使用带有 range 关键字的 for 循环	7-42、7-43
从字符串中读取字节值或字符	将字符串用作数组，或者执行到 []rune 类型的显式转换	7-44 ~ 7-48
枚举字符串中的每个字符	使用带有 range 关键字的 for 循环	7-49
枚举字符串中的每个字节	执行到 []byte 类型的显式转换并使用带有 range 关键字的 for 循环	7-50

7.1 为本章做准备

请打开一个新的命令行窗口，导航到一个方便的位置，并创建一个名为 collections 的文件夹。导航到 collections 文件夹，运行代码清单 7-1 所示的命令来初始化项目。

代码清单 7-1 初始化项目

```
go mod init collections
```

将一个名为 main.go 的文件添加到 collections 文件夹中，其内容如代码清单 7-2 所示。

代码清单 7-2 collections/main.go 文件的内容

```
package main

import "fmt"

func main() {

    fmt.Println("Hello, Collections")
}
```

使用命令行窗口在 collections 文件夹中运行代码清单 7-3 所示的命令。

代码清单 7-3 运行示例项目

```
go run .
```

main.go 文件中的代码将被编译并执行，产生以下输出结果：

```
Hello, Collections
```

7.2 使用数组

Go 语言的数组是固定长度的，它包含单一类型的元素，元素可通过索引访问，如代码清单 7-4 所示。

代码清单 7-4 在 collections/main.go 文件中定义并使用数组

```
package main

import "fmt"

func main() {

    var names [3]string

    names[0] = "Kayak"
    names[1] = "Lifejacket"
    names[2] = "Paddle"

    fmt.Println(names)
}
```

数组类型的方括号中给出数组的长度，其后是数组将包含的元素的类型，称为底层类型，如图 7-1 所示。数组的长度和元素类型不能更改，数组长度必须指定为常数（本章后面介绍的切片能够存储可变数量的值）。

图 7-1 定义数组

创建数组并用对应元素类型的零值填充数组。对于此示例，names 数组将用空字符串（""）填充，空字符串是 string 类型的零值。使用从零开始的索引来访问数组中的元素，如图 7-2 所示。

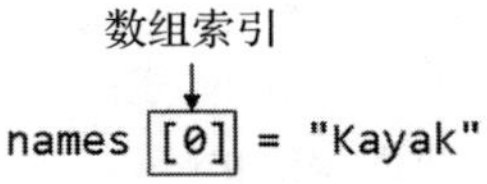

图 7-2 访问数组元素

代码清单 7-4 中的最后一条语句将数组传递给 fmt.Println 函数，它创建数组的字符串表示形式，并将其写入控制台，在编译和执行时产生以下输出结果：

```
[Kayak Lifejacket Paddle]
```

7.2.1 使用数组文字语法

使用代码清单 7-5 所示的文字语法，可以通过单条语句定义并填充数组。

代码清单 7-5 在 collections/main.go 文件中使用数组文字语法

```
package main

import "fmt"

func main() {

    names := [3]string { "Kayak", "Lifejacket", "Paddle" }

    fmt.Println(names)
}
```

数组类型后面是大括号，其中包含将填充数组的元素，如图 7-3 所示。

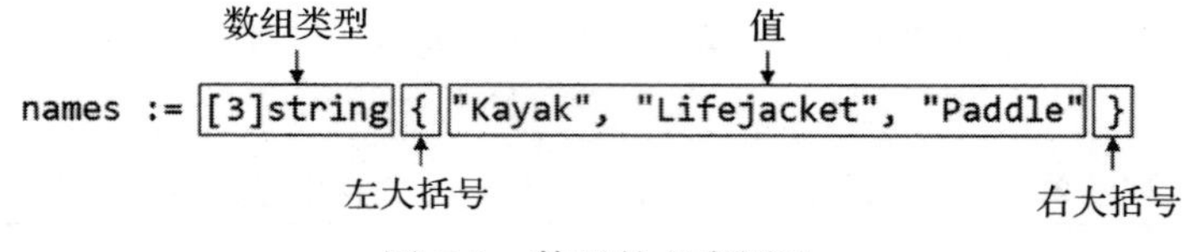

图 7-3 数组的文字语法

提示 用文字语法指定的元素数量可能小于数组的容量。数组中没有提供值的位置都将被赋予数组类型的零值。

代码清单 7-5 中的代码在编译和执行时会产生以下输出结果：

```
[Kayak Lifejacket Paddle]
```

创建多维数组

Go 数组是一维的，但可以组合起来创建多维数组，如下所示：

```
...
var coords [3][3]int
...
```

该语句创建一个容量为 3 的数组，其底层类型是一个容量也为 3 的 **int** 数组，因而会生成一个 3×3 的 **int** 值数组。使用两个索引位置指定单个值，如下所示：

```
...
coords[1][2] = 10
...
```

语法有点笨拙，特别是对于多维数组，但是它很实用，Go 语言对多维数组提供一致的功能和维护性。

7.2.2 了解数组类型

数组的类型是其大小和底层类型的组合。下面是代码清单 7-5 中定义数组的语句：

```
...
names := [3]string { "Kayak", "Lifejacket", "Paddle" }
...
```

`names` 变量的类型是 `[3]string`，这意味着该数组的底层类型是 `string`，其容量为 3。底层类型和容量的不同组合产生不同的类型，如代码清单 7-6 所示。

代码清单 7-6 在 collections/main.go 文件中使用数组类型

```
package main

import "fmt"

func main() {

    names := [3]string { "Kayak", "Lifejacket", "Paddle" }

    var otherArray [4]string = names
```

```
    fmt.Println(names)
}
```

此示例中两个数组的底层类型是相同的，但是编译器仍将报告错误，即使 otherArray 的容量足以容纳 names 数组中的元素。下面是编译器产生的错误信息：

```
.\main.go:9:9: cannot use names (type [3]string) as type [4]string in assignment
```

让编译器决定数组长度

当使用文字语法时，编译器可以从元素列表中推断出数组的长度，如下所示：

```
...
names := [...]string { "Kayak", "Lifejacket", "Paddle" }
...
```

显式长度被替换为三个句点（...），它告诉编译器根据文字值确定数组长度。names 变量的类型仍然是 [3]string，唯一的区别是你可以添加或删除文字值，而不必更新显式指定的长度。我没有在本书的示例中使用这个特性，因为我想尽可能清楚地说明所使用的类型。

7.2.3　了解数组值

正如我在第 4 章中介绍的，默认情况下，Go 使用值，而不是引用。这种行为扩展到数组，就意味着将一个数组赋给一个新变量会复制该数组并复制它包含的值，如代码清单 7-7 所示。

代码清单 7-7　在 collections/main.go 文件中将数组赋给新变量

```
package main

import "fmt"

func main() {

    names := [3]string { "Kayak", "Lifejacket", "Paddle" }

    otherArray := names

    names[0] = "Canoe"

    fmt.Println("names:", names)
    fmt.Println("otherArray:", otherArray)
}
```

在本例中，我将 names 数组赋给名为 otherArray 的新变量，然后在写出两个数组之前，更改 names 数组的索引零处的值。代码在编译和执行时会产生以下输出结果，证明数组内容被复制：

```
names: [Canoe Lifejacket Paddle]
otherArray: [Kayak Lifejacket Paddle]
```

指针可以用来创建数组的引用，如代码清单 7-8 所示。

代码清单 7-8 在 collections/main.go 文件中使用指向数组的指针

```
package main

import "fmt"

func main() {

    names := [3]string { "Kayak", "Lifejacket", "Paddle" }

    otherArray := &names

    names[0] = "Canoe"

    fmt.Println("names:", names)
    fmt.Println("otherArray:", *otherArray)
}
```

otherArray 变量的类型是 *[3]string，表示指向一个能够存储三个字符串值的数组的指针。数组指针的工作方式和其他指针一样，必须跟随它才能访问数组内容。代码清单 7-8 中的代码在编译和执行时会产生以下输出结果：

```
names: [Canoe Lifejacket Paddle]
otherArray: [Canoe Lifejacket Paddle]
```

你还可以创建包含指针的数组，这意味着在复制数组时不会复制数组中的值。而且，正如我在第 4 章中所演示的，你可以创建指向数组中特定位置的指针，这将提供对该位置的值的访问，即使数组的内容发生了变化。

7.2.4 比较数组

比较运算符 == 和 != 可以应用于数组，如代码清单 7-9 所示。

代码清单 7-9 在 collections/main.go 文件中比较数组

```
package main

import "fmt"

func main() {

    names := [3]string { "Kayak", "Lifejacket", "Paddle" }
    moreNames := [3]string { "Kayak", "Lifejacket", "Paddle" }

    same := names == moreNames

    fmt.Println("comparison:", same)
}
```

如果数组属于同一类型并且包含相同顺序的相同元素，则它们是相等的。names 和 moreNames 数组是相等的，因为它们都是 [3]string 数组，并且包含相同的字符串值。代码清单 7-9 中的代码产生以下输出结果：

```
comparison: true
```

7.2.5 枚举数组

你可以使用带有 range 关键字的 for 循环来枚举数组，如代码清单 7-10 所示。

代码清单 7-10 在 collections/main.go 文件中枚举数组

```
package main

import "fmt"

func main() {

    names := [3]string { "Kayak", "Lifejacket", "Paddle" }

    for index, value := range names {
        fmt.Println("Index:", index, "Value:", value)
    }
}
```

我在第 6 章中详细介绍了 for 循环，但是当与 range 关键字一起使用时，for 关键字枚举数组的内容，当数组被枚举时，为每个元素产生两个值，如图 7-4 所示。

第一个值在代码清单 7-10 中被赋给了变量 index，它的值为正在被枚举的数组位置。第二个值在代码清单 7-10 中被赋给了名为 value 的变量，它的值为当前位置的元素。该代码清单在编译和执行时会产生以下输出结果：

```
Index: 0 Value: Kayak
Index: 1 Value: Lifejacket
Index: 2 Value: Paddle
```

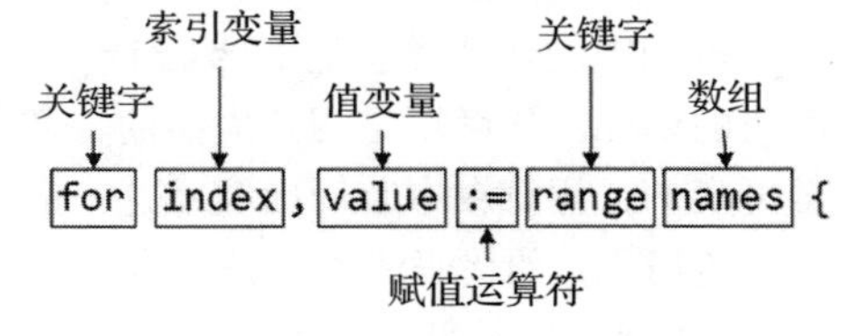

图 7-4 枚举数组

Go 不允许定义不会被用到的变量。如果不需要索引或值，则可以用下划线代替变量名，如代码清单 7-11 所示。

代码清单 7-11 在 collections/main.go 文件中忽略当前索引值

```
package main

import "fmt"

func main() {

    names := [3]string { "Kayak", "Lifejacket", "Paddle" }

    for _, value := range names {
        fmt.Println("Value:", value)
    }
}
```

下划线被称为空白标识符，当某个特性返回以后不会被使用的值，并且无须为其分配名称时，可以使用下划线替代。代码清单 7-11 中的代码在枚举数组时丢弃当前索引值，并产生以下输出结果：

```
Value: Kayak
Value: Lifejacket
Value: Paddle
```

7.3 使用切片

当不知道需要存储多少个值或者元素数量随时间变化时，可以使用切片。它就像一个可变长度的数组，这非常有用。可以使用内置的 make 函数定义切片，如代码清单 7-12 所示。

代码清单 7-12 在 collections/main.go 文件中定义切片

```
package main

import "fmt"

func main() {

    names := make([]string, 3)

    names[0] = "Kayak"
    names[1] = "Lifejacket"
    names[2] = "Paddle"

    fmt.Println(names)
}
```

make 函数接受指定的切片类型和长度作为参数，如图 7-5 所示。

本例中的切片类型是 []string，它表示一个存放字符串值的切片。长度不是切片类型的一部分，因为切片的大小是可变的，我将在本节后面演示这一点。也可以使用文字语法创建切片，如代码清单 7-13 所示。

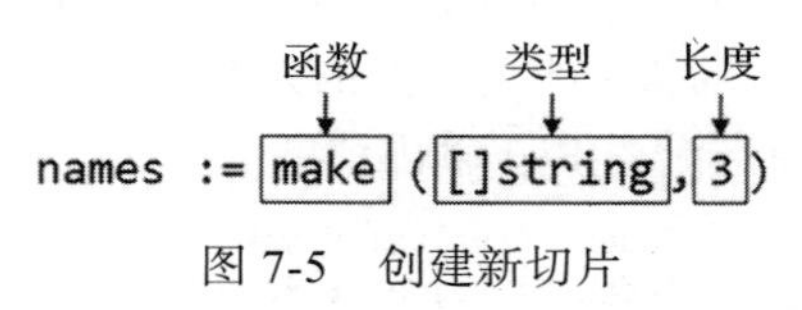

图 7-5 创建新切片

代码清单 7-13 在 collections/main.go 文件中使用文字语法创建切片

```
package main

import "fmt"

func main() {

    names := []string {"Kayak", "Lifejacket", "Paddle"}

    fmt.Println(names)
}
```

切片文字语法类似于用于数组的文字语法，切片的初始长度是从文字值的数量推断出来的，如图 7-6 所示。

```
          类型                推断的长度
names := []string {"Kayak", "Lifejacket", "Paddle"}
```

图 7-6 定义切片的文字语法

切片类型和长度的组合用于创建一个数组，该数组充当切片的数据存储。切片是包含三个值的数据结构：指向数组的指针、切片的长度和切片的容量。切片的长度是它可以存储的元素数量，而容量是数组中可以存储的元素数量。在上面这个示例中，长度和容量都是 3，如图 7-7 所示。

切片支持数组样式的索引表示法可以提供对底层数组中元素的访问。图 7-7 是切片的一个更真实的表示，而图 7-8 显示了切片映射到它的数组的方式。

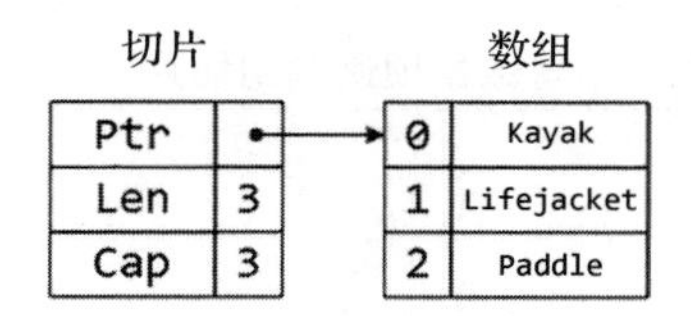

图 7-7　切片及其支持数组

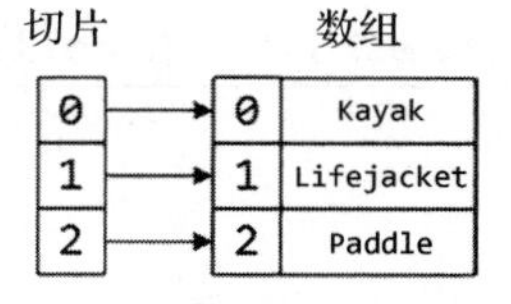

图 7-8　切片及其到支持数组的映射方式

这个切片和它的数组之间的映射很简单，但是切片与到它们的数组的直接映射并不总是一一对应，我们会在后面的示例中体会这一点。代码清单 7-12 和代码清单 7-13 中的代码在编译和执行时会产生以下输出结果：

```
[Kayak Lifejacket Paddle]
```

7.3.1　向切片追加元素

切片的一个主要优点是它们可以动态扩展，方便容纳额外的元素，如代码清单 7-14 所示。

代码清单 7-14　在 collections/main.go 文件中将元素追加到切片中

```
package main

import "fmt"

func main() {

    names := []string {"Kayak", "Lifejacket", "Paddle"}

    names = append(names, "Hat", "Gloves")

    fmt.Println(names)
}
```

内置的 append 函数接受一个切片和一个或多个要追加的元素，元素之间用逗号分隔，如图 7-9 所示。

append 函数将创建一个足够大的数组来容纳新元素，复制现有数组并添加新值。append 函数的结果是一个映射到新数组的切片，如图 7-10 所示。

图 7-9　向切片追加元素

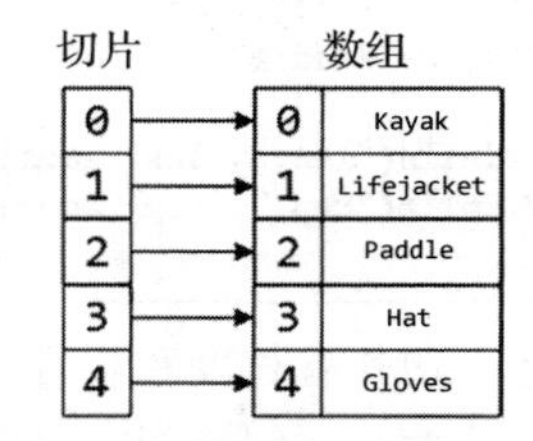

图 7-10　将元素追加到切片的结果

代码清单 7-14 中的代码在编译和执行时会产生以下输出，显示了向切片追加的两个新元素：

```
[Kayak Lifejacket Paddle Hat Gloves]
```

如代码清单 7-15 所示，原始切片及其支持数组仍然存在并可以使用。

代码清单 7-15 在 collections/main.go 文件中将数据项追加到切片

```
package main

import "fmt"

func main() {

    names := []string {"Kayak", "Lifejacket", "Paddle"}

    appendedNames := append(names, "Hat", "Gloves")

    names[0] = "Canoe"
    fmt.Println("names:", names)
    fmt.Println("appendedNames:", appendedNames)
}
```

在这个示例中，append 函数的结果就被赋给一个不同的变量，结果就是有两个切片，其中一个是从另一个创建的。每个切片都有一个支持数组，并且每个切片是独立的。代码清单 7-15 中的代码在编译和执行时产生以下输出结果，这证明改变一个切片的值不会影响另一个切片：

```
names: [Canoe Lifejacket Paddle]
appendedNames: [Kayak Lifejacket Paddle Hat Gloves]
```

分配额外的切片容量

创建和复制数组可能效率低下。如果你预计需要将数据项追加到切片，那么可以在使用 make 函数时指定额外的容量，如代码清单 7-16 所示。

代码清单 7-16 在 collections/main.go 文件中分配额外的切片容量

```
package main

import "fmt"

func main() {

    names := make([]string, 3, 6)

    names[0] = "Kayak"
    names[1] = "Lifejacket"
    names[2] = "Paddle"

    fmt.Println("len:", len(names))
    fmt.Println("cap:", cap(names))
}
```

如前所述，切片有长度和容量。切片的长度是指它当前可以包含多少个值，而容量是指在必须调整切片的大小并创建新数组之前，可以存储在底层数组中的元素的数量。容量始终至少为长度，但如果使用 make 函数时分配了额外的容量，则容量可以更大。代码清单 7-16 中对

make 函数的调用创建了一个长度为 3、容量为 6 的切片，如图 7-11 所示。

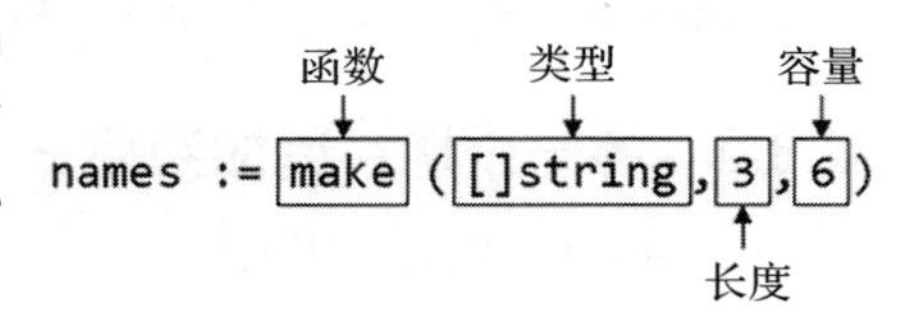

图 7-11　分配额外的切片容量

提示　你还可以在标准的固定长度数组上使用 len 和 cap 函数。两个函数都将返回数组的长度，例如，对于类型为 [3]string 的数组，两个函数都将返回 3，参见 7.3.3 节中的示例。

内置的 len 和 cap 函数返回切片的长度和容量。代码清单 7-16 中的代码在编译和执行时会产生以下输出结果：

```
len: 3
cap: 6
```

其效果是切片的支持数组有一些增长空间，如图 7-12 所示。

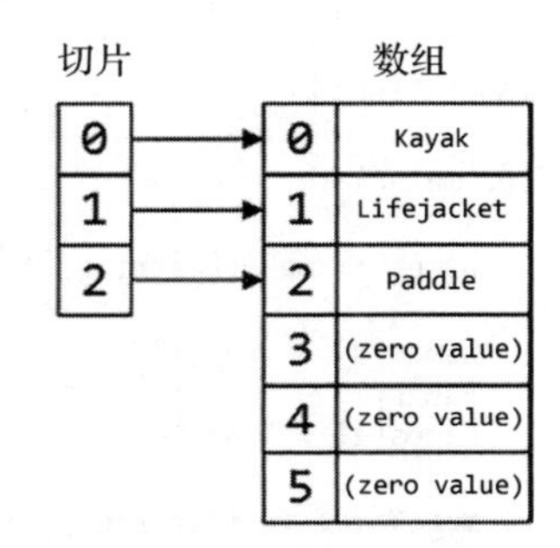

图 7-12　支持数组具有额外容量的切片

当在有足够容量容纳新元素的切片上调用 append 函数时，底层数组不会被替换，如代码清单 7-17 所示。

注意　如果定义了一个切片变量，但没有初始化它，那么结果是一个长度为零、容量为零的切片，这将在向其追加元素时导致错误。

代码清单 7-17　在 collections/main.go 文件将元素追加到切片

```
package main

import "fmt"

func main() {

    names := make([]string, 3, 6)

    names[0] = "Kayak"
    names[1] = "Lifejacket"
    names[2] = "Paddle"

    appendedNames := append(names, "Hat", "Gloves")

    names[0] = "Canoe"

    fmt.Println("names:",names)
    fmt.Println("appendedNames:", appendedNames)
}
```

append 函数的结果是一个切片，其长度增加了，但仍由相同的底层数组支持。原始切片仍然存在，并由相同的数组支持，其效果是现在在一个数组上有两个视图，如图 7-13 所示。

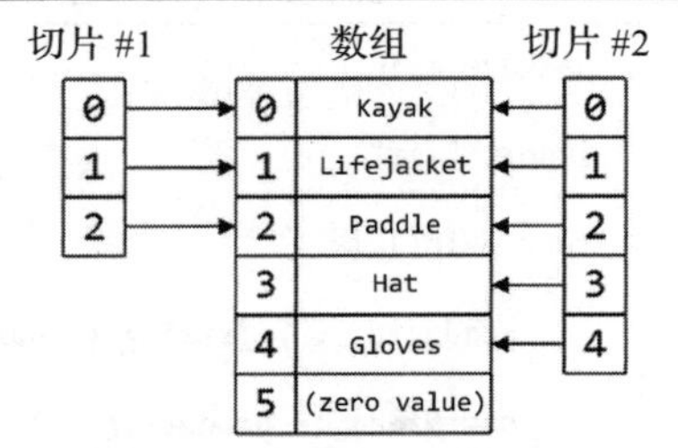

图 7-13　由单个数组支持的多个切片

由于这两个切片由同一个数组支持，为一个切片赋新值会影响另一个切片，这可以在代码清单 7-17 的代码输出结果中看到：

```
names: [Canoe Lifejacket Paddle]
appendedNames: [Canoe Lifejacket Paddle Hat Gloves]
```

7.3.2 将一个切片追加到另一个切片

append 函数可以用来将一个切片追加到另一个切片，如代码清单 7-18 所示。

代码清单 7-18 在 collections/main.go 文件中将一个切片追加到另一个切片

```
package main

import "fmt"

func main() {

    names := make([]string, 3, 6)

    names[0] = "Kayak"
    names[1] = "Lifejacket"
    names[2] = "Paddle"

    moreNames := []string { "Hat Gloves"}

    appendedNames := append(names, moreNames...)

    fmt.Println("appendedNames:", appendedNames)
}
```

第二个参数后跟三个句点（...），因为内置的 append 函数定义了一个可变参数，我将在第 8 章中介绍。对于这一章，只要知道可以将一个切片的内容追加到另一个切片中就足够了，只要使用三个句点即可（如果省略了这三个句点，Go 编译器将会报告一个错误，因为它认为你试图将第二个切片作为单个值添加到第一个切片中，并且它知道这些类型不匹配）。代码清单 7-18 中的代码在编译和执行时会产生以下输出结果：

```
appendedNames: [Kayak Lifejacket Paddle Hat Gloves]
```

7.3.3 用已有数组创建切片

我们可以使用现有的数组创建切片，这建立在前面示例描述的行为之上，强调切片作为数组视图的本质。代码清单 7-19 定义了一个数组，并用它来创建切片。

代码清单 7-19 在 collections/main.go 文件中用已有数组创建切片

```
package main

import "fmt"

func main() {

    products := [4]string { "Kayak", "Lifejacket", "Paddle", "Hat"}

    someNames := products[1:3]
    allNames := products[:]
```

```
    fmt.Println("someNames:", someNames)
    fmt.Println("allNames", allNames)
}
```

products 变量被赋予一个包含字符串值的标准固定长度数组。该数组通过指定范围（range）用于创建切片，这个范围应指定低值和高值，如图 7-14 所示。

范围用方括号表示，低值和高值用冒号分隔。切片中的第一个索引设置为低值，长度是高值减去低值的结果。这意味着 [1:3] 创建了一个范围，其零索引映射到数组的索引 1，长度为 2。如此示例所示，切片不必与支持数组的开头对齐。

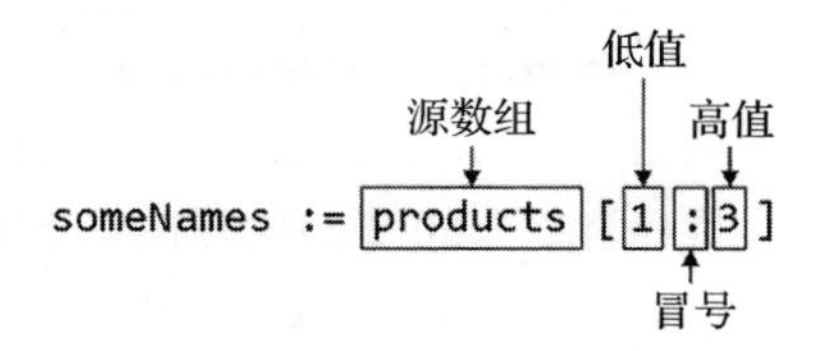

图 7-14 使用范围从现有数组创建切片

起始索引和计数可以省略（你也可以只省略其中一个值，如后面的示例所示），以包括来自源数组的所有元素，如图 7-15 所示。

代码清单 7-19 中的代码创建了两个切片，它们都来自同一个数组。someNames 切片是数组的局部视图，而 allNames 切片是整个数组的视图，如图 7-16 所示。

图 7-15 包含所有元素的范围

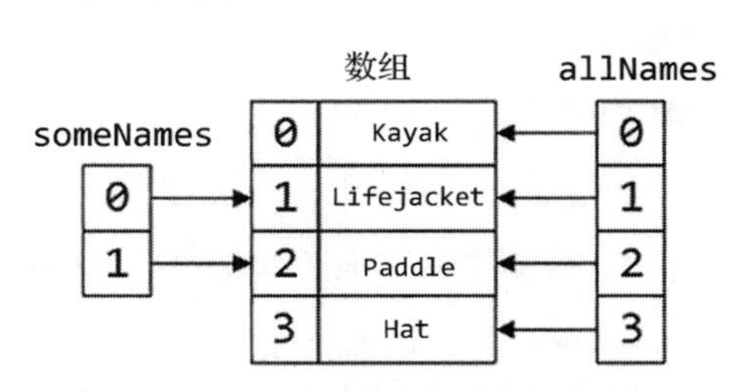

图 7-16 从现有数组创建切片

代码清单 7-19 中的代码在编译和执行时会产生以下输出结果：

```
someNames: [Lifejacket Paddle]
allNames [Kayak Lifejacket Paddle Hat]
```

1. 对切片使用现有数组时追加元素

追加元素时，切片和现有数组之间的关系会产生不同的结果。

正如前一个示例所示，可以偏移一个切片，使其第一个索引位置不在数组的开头，并且使其最后一个索引不指向数组中的最后一个元素。在代码清单 7-19 中，someNames 切片的索引 0 被映射到数组的索引 1。到目前为止，切片的容量一直与底层数组的长度保持一致，但现在情况不同了，因为偏移的作用是减少切片可以使用的数组数量。代码清单 7-20 增加了写出两个切片的长度和容量的语句。

代码清单 7-20 在 collections/main.go 文件中显示切片长度和容量

```
package main

import "fmt"

func main() {
```

```
    products := [4]string { "Kayak", "Lifejacket", "Paddle", "Hat"}

    someNames := products[1:3]
    allNames := products[:]

    fmt.Println("someNames:", someNames)
    fmt.Println("someNames len:", len(someNames), "cap:", cap(someNames))
    fmt.Println("allNames", allNames)
    fmt.Println("allNames len", len(allNames), "cap:", cap(allNames))
}
```

代码清单 7-20 中的代码在编译和执行时产生以下输出结果，证实了偏移切片的效果：

```
someNames: [Lifejacket Paddle]
someNames len: 2 cap: 3
allNames [Kayak Lifejacket Paddle Hat]
allNames len 4 cap: 4
```

代码清单 7-21 向 `someNames` 切片追加了一个元素。

代码清单 7-21 在 collections/main.go 文件中将元素追加到切片

```
package main

import "fmt"

func main() {

    products := [4]string { "Kayak", "Lifejacket", "Paddle", "Hat"}

    someNames := products[1:3]
    allNames := products[:]

    someNames = append(someNames, "Gloves")

    fmt.Println("someNames:", someNames)
    fmt.Println("someNames len:", len(someNames), "cap:", cap(someNames))
    fmt.Println("allNames", allNames)
    fmt.Println("allNames len", len(allNames), "cap:", cap(allNames))
}
```

这个切片可以容纳新元素而不需要调整大小，但是用来存储元素的数组位置已经包含在 `allNames` 切片中，这意味着 `append` 操作扩展了 `someNames` 切片并改变了一个可以通过 `allNames` 切片访问的值，如图 7-17 所示。

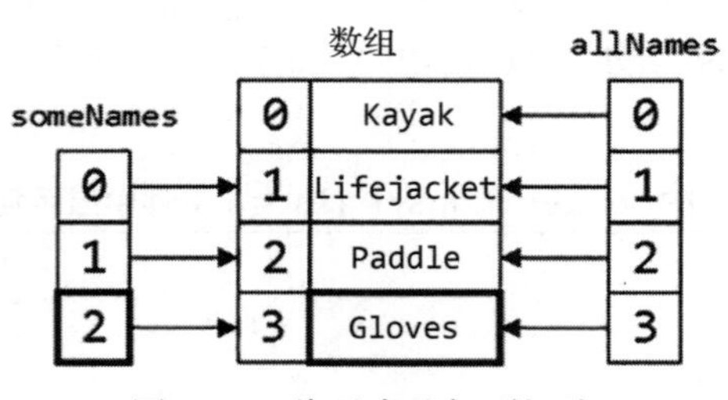

图 7-17 将元素追加到切片

使切片可预测

切片共享数组的方式很容易导致混淆。有时，开发人员希望切片是独立的，当一个值存储在多个切片使用的数组中时，会得到意外的结果。有时，开发人员编写期望共享数组的代码，并在调整大小分隔切片时获得意外的结果。

切片可能看起来难以预测，但前提是你对它们的处理不一致。我的建议是把切片分成两类，在创建的时候决定切片属于哪一类，不要改变那个类别。

第一类是作为固定长度数组的固定长度视图。这比听起来更有用，因为切片可以映射到数组的特定区域，可以通过编程选择该区域。在此类别中，你可以更改切片中的元素，但不能追加新元素，这意味着映射到该数组的所有切片都将使用修改后的元素。

第二类是可变长度的数据集合。确保这个类别中的每个切片都有自己的支持数组，不被任何其他切片共享。这种方法允许我们自由地向切片追加新元素，而不必担心对其他切片的影响。

如果你陷入了切片的困境，并且没有得到期望的结果，那么问问自己每个切片属于哪个类别，以及是否正在不一致地处理一个切片，或者从同一个源数组创建不同类别切片。

如果你使用切片作为数组的固定视图，那么你可以期望多个切片提供该数组的一致视图，并且分配的任何新值都将被所有切片反映出来。

当代码清单 7-21 中的代码被编译和执行时产生的输出证实了这个结果：

```
someNames: [Lifejacket Paddle Gloves]
someNames len: 3 cap: 3
allNames [Kayak Lifejacket Paddle Gloves]
allNames len 4 cap: 4
```

将值 Gloves 追加到 someNames 切片会改变由 allNames[3] 返回的值，因为这些切片共享同一个数组。

输出结果还显示切片的长度和容量是相同的，这意味着如果不创建更大的支持数组，就没有扩展切片的空间了。为了证实这种行为，代码清单 7-22 在 someNames 切片中追加了另一个元素。

代码清单 7-22 在 collections/main.go 文件中给 someNames 切片追加另一个元素

```
package main

import "fmt"

func main() {

    products := [4]string { "Kayak", "Lifejacket", "Paddle", "Hat"}

    someNames := products[1:3]
    allNames := products[:]

    someNames = append(someNames, "Gloves")
    someNames = append(someNames, "Boots")
```

```
    fmt.Println("someNames:", someNames)
    fmt.Println("someNames len:", len(someNames), "cap:", cap(someNames))
    fmt.Println("allNames", allNames)
    fmt.Println("allNames len", len(allNames), "cap:", cap(allNames))
}
```

对 append 函数的第一次调用扩展了现有支持数组的 someNames 切片。当再次调用 append 函数时，就没有更多的容量了，所以创建了一个新的数组，内容被复制，两个切片由不同的数组支持，如图 7-18 所示。

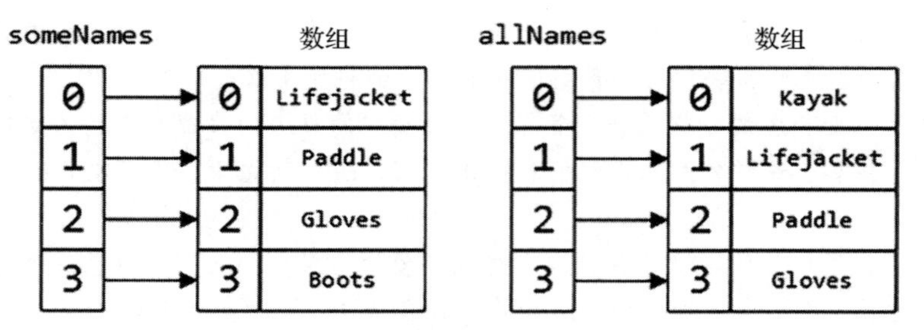

图 7-18 通过追加元素来调整切片大小

调整大小的过程仅复制由切片映射的数组元素，这具有重新对齐切片和数组索引的效果。代码清单 7-22 中的代码在编译和执行时会产生以下输出结果：

```
someNames: [Lifejacket Paddle Gloves Boots]
someNames len: 4 cap: 6
allNames [Kayak Lifejacket Paddle Gloves]
allNames len 4 cap: 4
```

2. 从数组创建切片时指定容量

范围可以包括一个最大容量，它在某种程度上控制数组何时被复制，如代码清单 7-23 所示。

代码清单 7-23 在 collections/main.go 文件中指定切片容量

```
package main

import "fmt"

func main() {

    products := [4]string { "Kayak", "Lifejacket", "Paddle", "Hat"}

    someNames := products[1:3:3]
    allNames := products[:]

    someNames = append(someNames, "Gloves")
    //someNames = append(someNames, "Boots")

    fmt.Println("someNames:", someNames)
    fmt.Println("someNames len:", len(someNames), "cap:", cap(someNames))
    fmt.Println("allNames", allNames)
    fmt.Println("allNames len", len(allNames), "cap:", cap(allNames))
}
```

如图 7-19 所示，被称为最大值的附加值是在高值之后指定的，并且必须在被切片的数组的边界内。

最大值不直接指定最大容量。相反，最大容量是通过从最大值中减去低值来确定的。在该示例的情况下，最大值是 3，低值是 1，这意味着容量将被限制为 2。结果是 append 操作导致切片被重新调整大小并被分配自己的数组，而不是在现有的数组中扩展，这可以从代码清单 7-23 的代码输出结果中看到：

```
低值  最大值
someNames := products[1:3:3]
高值
```

图 7-19　在范围内指定容量

```
someNames: [Lifejacket Paddle Gloves]
someNames len: 3 cap: 4
allNames [Kayak Lifejacket Paddle Hat]
allNames len 4 cap: 4
```

调整切片大小意味着追加到 someNames 切片的值 Gloves 不会成为 allNames 切片映射的值之一。

7.3.4　用其他切片创建切片

切片也可以用其他切片创建，尽管在调整它们的大小时切片之间的关系不会保留。为了演示这个特性，代码清单 7-24 用另一个切片创建了一个新的切片。

代码清单 7-24　在 collections/main.go 文件中用另一个切片创建新切片

```
package main

import "fmt"

func main() {

    products := [4]string { "Kayak", "Lifejacket", "Paddle", "Hat"}

    allNames := products[1:]
    someNames := allNames[1:3]

    allNames = append(allNames, "Gloves")
    allNames[1] = "Canoe"

    fmt.Println("someNames:", someNames)
    fmt.Println("allNames", allNames)
}
```

用于创建 someNames 切片的范围被应用于 allNames，它也是一个切片：

```
...
someNames := allNames[1:3]
...
```

用这个范围创建一个切片，该切片被映射到 allNames 切片中的第二个和第三个元素。allNames 切片是用它自己的范围创建的：

```
...
allNames := products[1:]
...
```

该范围创建一个切片，该切片被映射到源数组中除第一个元素之外的所有元素。范围的效果是叠加的，这意味着 someNames 切片将被映射到数组中的第二个和第三个位置，如图 7-20 所示。

使用一个切片创建另一个切片是一种有效的转移偏移起始位置的方法，如图 7-20 所示。但是请记住，切片本质上是指向数组各部分的指针，所以它们不能指向另一切片。实际上，这些范围用于确定由同一数组支持的切片的映射，如图 7-21 所示。

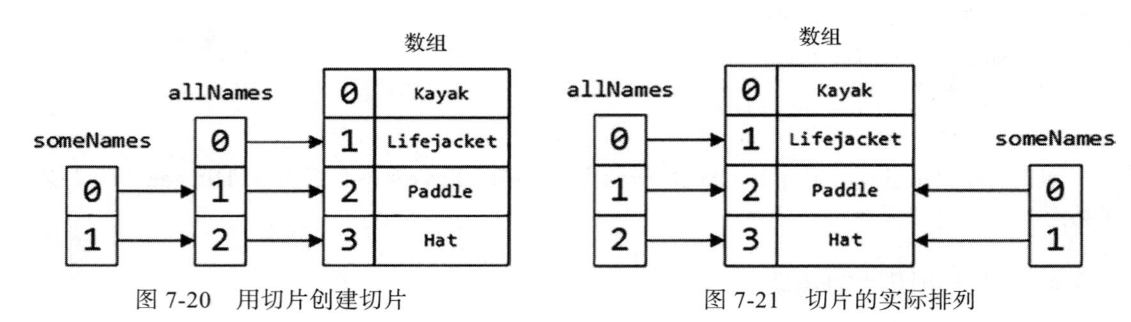

图 7-20 用切片创建切片

图 7-21 切片的实际排列

切片的行为与本章中的其他示例中的一致，如果在没有可用容量时追加元素，切片将会调整大小，此时它们将不再共享一个公共数组。

7.3.5 使用 copy 函数

copy 函数可以用于在切片之间复制元素。此函数可用于确保切片具有单独的数组，并创建组合不同源数组元素的切片。

1. 使用 copy 函数确保切片数组分离

copy 函数可以用来复制现有的切片，选择一部分或所有的元素，但要确保新的切片由自己的数组支持，如代码清单 7-25 所示。

代码清单 7-25 在 collections/main.go 文件中复制切片

```
package main

import "fmt"

func main() {

    products := [4]string { "Kayak", "Lifejacket", "Paddle", "Hat"}

    allNames := products[1:]
    someNames := make([]string, 2)
    copy(someNames, allNames)

    fmt.Println("someNames:", someNames)
    fmt.Println("allNames", allNames)
}
```

copy 函数接受两个参数，即目标切片和源切片，如图 7-22 所示。

该函数将元素复制到目标切片。切片不需要具有相同的长度，因为 copy 函数将只复制元素，直到到达目标或源切片的末尾。即使现有支持数组中有可用容量，也不会调整目标切片的大小，这意味着你必须确保有足够的长度来容纳所需复制的元素数量。

函数 目标切片 源切片

copy(someNames, allNames)

图 7-22 使用内置的 copy 函数

代码清单 7-25 中 copy 语句的作用是从 allNames 切片复制元素，直到 someNames 切片的长度用完。该代码清单在编译和执行时会产生以下输出结果：

```
someNames: [Lifejacket Paddle]
allNames [Lifejacket Paddle Hat]
```

someNames 切片的长度是 2，这意味着从 allNames 切片中复制了两个元素。即使 someNames 切片有额外的容量，也不会复制更多的元素，因为这是 copy 函数所依赖的切片长度。

2. 了解未初始化切片的陷阱

如前所述，copy 函数不会调整目标切片的大小。一个常见的陷阱是试图将元素复制到一个没有初始化的切片中，如代码清单 7-26 所示。

代码清单 7-26 在 collections/main.go 文件中将元素复制到未初始化的切片中

```
package main

import "fmt"

func main() {

    products := [4]string { "Kayak", "Lifejacket", "Paddle", "Hat"}

    allNames := products[1:]
    var someNames []string
    copy(someNames, allNames)

    fmt.Println("someNames:", someNames)
    fmt.Println("allNames", allNames)
}
```

我之前用 make 函数替换了初始化 someNames 切片的语句，现在我改用定义 someNames 变量而不初始化它的语句替换它。此代码编译和执行无误，但会产生以下输出结果：

```
someNames: []
allNames [Lifejacket Paddle Hat]
```

你会发现没有元素被复制到目标切片。之所以发生这种情况是因为未初始化的切片长度和容量都为零。copy 函数在达到目标长度时停止复制，因为长度为零，所以不进行复制。你不会获得任何错误报告，因为 copy 函数按照预期的方式工作，虽然这个结果可能并不符合你的期望，这种情况的主要原因往往就是遇到意外的空切片。

3. 复制切片时指定范围

使用范围可以实现对复制元素的细粒度控制，如代码清单 7-27 所示。

代码清单 7-27 在 collections/main.go 文件中复制元素时指定范围

```
package main

import "fmt"

func main() {

    products := [4]string { "Kayak", "Lifejacket", "Paddle", "Hat"}

    allNames := products[1:]
    someNames := []string { "Boots", "Canoe"}
    copy(someNames[1:], allNames[2:3])

    fmt.Println("someNames:", someNames)
    fmt.Println("allNames", allNames)
}
```

应用于目标切片的范围意味着复制将从位置 1 的元素开始。应用于源切片的范围意味着复制将从位置 2 的元素开始，并且将复制一个元素。代码清单 7-27 中的代码在编译和执行时会产生以下输出结果：

```
someNames: [Boots Hat]
allNames [Lifejacket Paddle Hat]
```

4. 复制不同大小的切片

copy 函数允许复制不同大小的切片，只要你记得初始化它们。如果目标切片大于源切片，那么复制将继续到源切片中的最后一个元素，如代码清单 7-28 所示。

代码清单 7-28 在 collections/main.go 文件中复制一个较小的源切片

```
package main

import "fmt"

func main() {

    products := []string { "Kayak", "Lifejacket", "Paddle", "Hat"}
    replacementProducts := []string { "Canoe", "Boots"}

    copy(products, replacementProducts)

    fmt.Println("products:", products)
}
```

源切片只包含两个元素，并且没有使用范围。结果是 copy 函数开始将元素从 replacementProducts 切片复制到 products 切片，并在到达 replacementProducts 切片的结尾时停止。products 切片中的其余元素不受复制操作的影响，如示例的输出所示：

```
products: [Canoe Boots Paddle Hat]
```

而如果目标切片小于源切片，那么复制将继续，直到目标切片中的所有元素都被替换，如代码清单 7-29 所示。

代码清单 7-29　在 collections/main.go 文件中复制一个较大的源切片

```
package main

import "fmt"

func main() {

    products := []string { "Kayak", "Lifejacket", "Paddle", "Hat"}
    replacementProducts := []string { "Canoe", "Boots"}

    copy(products[0:1], replacementProducts)

    fmt.Println("products:", products)
}
```

用于目标切片的范围创建一个长度为 1 的切片，这意味着只有一个元素将从源数组中被复制，如示例的输出所示：

```
products: [Canoe Lifejacket Paddle Hat]
```

7.3.6　删除切片元素

Go 语言没有直接用于删除切片元素的内置函数，但是这个操作可以使用范围和 append 函数来执行，如代码清单 7-30 所示。

代码清单 7-30　在 collections/main.go 文件中删除切片元素

```
package main

import "fmt"

func main() {

    products := [4]string { "Kayak", "Lifejacket", "Paddle", "Hat"}

    deleted := append(products[:2], products[3:]...)
    fmt.Println("Deleted:", deleted)
}
```

要删除一个值，可以使用 append 方法合并两个范围，这两个范围包含切片中除不再需要的元素之外的所有元素。代码清单 7-30 在编译和执行时会产生以下输出结果：

```
Deleted: [Kayak Lifejacket Hat]
```

7.3.7　枚举切片

切片的枚举方式与数组相同，使用 for 和 range 关键字，如代码清单 7-31 所示。

代码清单 7-31　在 collections/main.go 文件中枚举切片

```
package main

import "fmt"

func main() {
```

```
    products := []string { "Kayak", "Lifejacket", "Paddle", "Hat"}

    for index, value := range products[2:] {
        fmt.Println("Index:", index, "Value:", value)
    }
}
```

我在代码清单 7-31 中描述了 for 循环的不同用法，但是当与 range 关键字结合使用时，for 关键字可以枚举切片，为每个元素产生 index 和 value 变量。代码清单 7-31 中的代码产生以下输出结果：

```
Index: 0 Value: Paddle
Index: 1 Value: Hat
```

7.3.8 排序切片

Go 语言没有对切片排序的内置支持，但是标准库包括 sort 包，它定义了对不同类型的切片进行排序的函数。sort 包在第 18 章有详细的描述，但是代码清单 7-32 用一个简单的示例来演示了如何对切片排序。

代码清单 7-32 在 collections/main.go 文件中对切片进行排序

```
package main

import (
    "fmt"
    "sort"
)

func main() {

    products := []string { "Kayak", "Lifejacket", "Paddle", "Hat"}

    sort.Strings(products)

    for index, value := range products {
        fmt.Println("Index:", index, "Value:", value)
    }
}
```

Strings 函数对 []string 中的值进行就地排序，在编译和执行时会产生以下输出结果：

```
Index: 0 Value: Hat
Index: 1 Value: Kayak
Index: 2 Value: Lifejacket
Index: 3 Value: Paddle
```

正如第 18 章将介绍的，sort 包包括对包含整数和字符串的切片进行排序的函数，以及对自定义数据类型进行排序的支持。

7.3.9 比较切片

Go 语言限制了比较运算符的使用，因此切片只能与 nil 值进行比较。比较两个切片会报错，如代码清单 7-33 所示。

代码清单 7-33　在 collections/main.go 文件中比较切片

```
package main

import (
    "fmt"
    //"sort"
)

func main() {

    p1 := []string { "Kayak", "Lifejacket", "Paddle", "Hat"}
    p2 := p1

    fmt.Println("Equal:", p1 == p2)
}
```

编译此代码时，会产生以下错误：

```
.\main.go:13:30: invalid operation: p1 == p2 (slice can only be compared to nil)
```

然而，有一种比较切片的方法。标准库包括一个名为 reflect 的包，其中包含一个名为 DeepEqual 的便利函数。reflect 包在第 27～29 章中有介绍，它包含一些高级特性（这就是要用 3 章来描述它提供的特性的原因）。与相等运算符相比，DeepEqual 函数可以用来比较更广泛的数据类型，包括切片，如代码清单 7-34 所示。

代码清单 7-34　在 collections/main.go 文件中使用便利函数比较切片

```
package main

import (
    "fmt"
    "reflect"
)

func main() {

    p1 := []string { "Kayak", "Lifejacket", "Paddle", "Hat"}
    p2 := p1

    fmt.Println("Equal:", reflect.DeepEqual(p1, p2))
}
```

DeepEqual 函数很方便，但是在你将它用于自己的项目中之前，你应该阅读介绍 reflect 包的章节以了解它是如何工作的。该代码清单在编译和执行时会产生以下输出结果：

```
Equal: true
```

7.3.10　获取切片底层的数组

如果函数需要一个数组作为参数，但你只有一个切片，那么可以在切片上执行显式转换，如代码清单 7-35 所示。

代码清单 7-35 在 collections/main.go 文件中获取数组

```
package main

import (
    "fmt"
    //"reflect"
)

func main() {

    p1 := []string { "Kayak", "Lifejacket", "Paddle", "Hat"}
    arrayPtr := (*[3]string)(p1)
    array := *arrayPtr

    fmt.Println(array)

}
```

我分两步完成了这项任务。第一步是在 []string 切片上执行到 *[3]string 的显式类型转换。指定数组类型时必须小心，因为如果数组所需的元素数量超过切片的长度，将会出现错误。数组的长度可以小于切片的长度，在这种情况下，数组不会包含所有切片值。在本例中，切片中有 4 个值，我指定了一个可以存储 3 个值的数组类型，这意味着该数组将只包含前 3 个切片值。

第二步，跟随指针获取数组值，然后写出数组值。代码清单 7-35 中的代码在编译和执行时会产生以下输出结果：

```
[Kayak Lifejacket Paddle]
```

7.4 使用 map

map 是一种内置的数据结构，它将数据值与键相关联。与数组不同，数组中的值与连续的整数位置相关联，map 可以使用其他数据类型作为键，如代码清单 7-36 所示。

代码清单 7-36 在 collections/main.go 文件中使用 map

```
package main

import "fmt"

func main() {

    products := make(map[string]float64, 10)

    products["Kayak"] = 279
    products["Lifejacket"] = 48.95

    fmt.Println("Map size:", len(products))
    fmt.Println("Price:", products["Kayak"])
    fmt.Println("Price:", products["Hat"])
}
```

map 是用内置的 make 函数创建的，就像创建切片一样。map 的类型是用 map 关键字指定的，后面是方括号中的键类型，再后面是值类型，如图 7-23 所示。make 函数的最后一个参数指定了 map 的初始容量。像切片一样，map 会自动调整大小，并且可以省略大小参数。

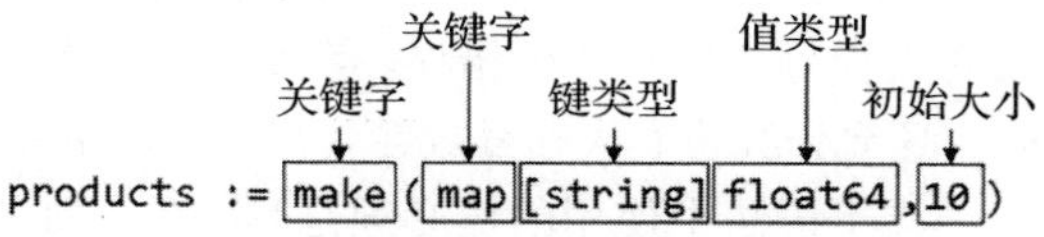

关键字　关键字　键类型　值类型　初始大小

```
products := make(map[string]float64, 10)
```

图 7-23　定义 map

代码清单 7-36 中的语句将存储 float64 值，这些值用 string 键索引。值使用数组样式的语法存储在 map 中，指定键而不是位置，如下所示：

```
...
products["Kayak"] = 279
...
```

该语句使用 Kayak 键存储 float64 值。使用相同的语法从 map 中读取值：

```
...
fmt.Println("Price:", products["Kayak"])
...
```

如果 map 包含指定的键，则返回与该键关联的值。如果 map 不包含这个键，则将返回 map 的值类型的零值。存储在 map 中的条目数可使用内置的 len 函数获得，如下所示：

```
...
fmt.Println("Map size:", len(products))
...
```

代码清单 7-36 中的代码在编译和执行时会产生以下输出结果：

```
Map size: 2
Price: 279
Price: 0
```

7.4.1　使用 map 的文字语法

我们也可以使用文字语法定义 map，如代码清单 7-37 所示。

代码清单 7-37　在 collections/main.go 文件中使用 map 文字语法

```
package main

import "fmt"

func main() {

    products := map[string]float64 {
        "Kayak" : 279,
        "Lifejacket": 48.95,
    }

    fmt.Println("Map size:", len(products))
    fmt.Println("Price:", products["Kayak"])
    fmt.Println("Price:", products["Hat"])
}
```

文字语法在大括号之间指定 map 的初始内容。如图 7-24 所示，每个 map 条目都用键、冒号、值和逗号来指定。

Go 对语法很讲究，如果 map 值后面没有逗号或右大括号，就会产生错误。我更喜欢使用尾部逗号，这允许我将右大括号放在代码文件的下一行。

文字语法中使用的键必须是唯一的，如果两个条目使用相同的名称，编译器将会报告错误。代码清单 7-37 在编译和执行时会产生以下输出结果：

```
Map size: 2
Price: 279
Price: 0
```

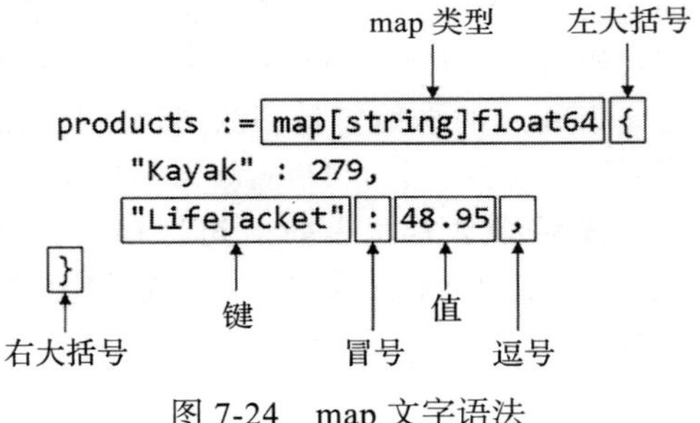

图 7-24 map 文字语法

7.4.2 检查 map 中的条目

如前所述，当执行没有键的读取操作时，map 返回值类型的零值。这使得我们很难区分一个碰巧是零值的存储值和一个不存在的键，如代码清单 7-38 所示。

代码清单 7-38 在 collections/main.go 文件中读取 map 值

```
package main

import "fmt"

func main() {

    products := map[string]float64 {
        "Kayak" : 279,
        "Lifejacket": 48.95,
        "Hat": 0,
    }

    fmt.Println("Hat:", products["Hat"])
}
```

这段代码的问题是 `products["Hat"]` 的返回值是零，但是我们不知道这是因为零是存储值还是因为没有与键 `Hat` 关联的值。为了解决这个问题，当读取一个值时，map 产生两个值，如代码清单 7-39 所示。

代码清单 7-39 在 collections/main.go 文件中确定 map 中是否存在值

```
package main

import "fmt"

func main() {

    products := map[string]float64 {
        "Kayak" : 279,
        "Lifejacket": 48.95,
        "Hat": 0,
    }

    value, ok := products["Hat"]
```

```
    if (ok) {
        fmt.Println("Stored value:", value)
    } else {
        fmt.Println("No stored value")
    }
}
```

这就是所谓的“comma ok”（逗号 ok）技术，在从 map 中读取值时，它将值分配给两个变量：

```
...
value, ok := products["Hat"]
...
```

第一个值是与指定键关联的值，如果没有键，则为零值。第二个值是 bool 值，如果 map 包含指定的键，则为 true，否则为 false。第二个值通常赋给一个名为 ok 的变量，这就是“comma ok”术语的由来。

使用初始化语句可以简化这种技术，如代码清单 7-40 所示。

代码清单 7-40 在 collections/main.go 文件中使用初始化语句

```
package main

import "fmt"

func main() {

    products := map[string]float64 {
        "Kayak" : 279,
        "Lifejacket": 48.95,
        "Hat": 0,
    }

    if value, ok := products["Hat"]; ok {
        fmt.Println("Stored value:", value)
    } else {
        fmt.Println("No stored value")
    }
}
```

代码清单 7-39 和代码清单 7-40 中的代码在编译和执行时会产生以下输出，显示 Hat 键用于在 map 中存储值 0：

```
Stored value: 0
```

7.4.3 从 map 中删除条目

我们可以使用内置的 delete 函数从 map 中删除条目，如代码清单 7-41 所示。

代码清单 7-41 在 collections/main.go 文件中从 map 中删除条目

```
package main
```

```
import "fmt"

func main() {

    products := map[string]float64 {
        "Kayak" : 279,
        "Lifejacket": 48.95,
        "Hat": 0,
    }

    delete(products, "Hat")

    if value, ok := products["Hat"]; ok {
        fmt.Println("Stored value:", value)
    } else {
        fmt.Println("No stored value")
    }
}
```

`delete` 函数的参数是 map 和要删除的键。即使指定的键不包含在 map 中，也不会报告错误。代码清单 7-41 中的代码在编译和执行时产生以下输出结果，确认 `Hat` 键不再在 map 中：

```
No stored value
```

7.4.4 枚举 map 的内容

我们可以使用 `for` 和 `range` 关键字枚举 map，如代码清单 7-42 所示。

代码清单 7-42 在 collections/main.go 文件中枚举 map

```
package main

import "fmt"

func main() {

    products := map[string]float64 {
        "Kayak" : 279,
        "Lifejacket": 48.95,
        "Hat": 0,
    }

    for key, value := range products {
        fmt.Println("Key:", key, "Value:", value)
    }
}
```

当 `for` 和 `range` 关键字一起用于枚举 map 的内容时，会为这两个变量赋键和值。代码清单 7-42 中的代码在编译和执行时产生以下输出结果（尽管它们可能以不同的顺序出现）：

```
Key: Kayak Value: 279
Key: Lifejacket Value: 48.95
Key: Hat Value: 0
```

按键顺序枚举 map

你可能看到代码清单 7-42 的结果的顺序是不同的，因为 Go 语言不能保证 map 的内容会以任何特定的顺序被枚举。如果你想按顺序得到 map 中的值，那么最好的方法是枚举 map 并创建一个包含键的切片，对切片排序，然后枚举切片从 map 中读取值，如代码清单 7-43 所示。

代码清单 7-43　在 collections/main.go 文件中按键顺序枚举 map

```
package main

import (
    "fmt"
    "sort"
)

func main() {

    products := map[string]float64 {
        "Kayak" : 279,
        "Lifejacket": 48.95,
        "Hat": 0,
    }

    keys := make([]string, 0, len(products))
    for key, _ := range products {
        keys = append(keys, key)
    }
    sort.Strings(keys)
    for _, key := range keys {
        fmt.Println("Key:", key, "Value:", products[key])
    }
}
```

编译并执行该项目，你将看到以下输出结果，其中显示了按键排序的值：

```
Key: Hat Value: 0
Key: Kayak Value: 279
Key: Lifejacket Value: 48.95
```

7.5　理解字符串的双重性质

在第 4 章中，我将字符串描述为字符序列。这虽然是对的，但也有其复杂之处，因为 Go 语言字符串具有分裂的个性，这取决于你如何使用它们。

Go 语言将字符串视为字节数组，并支持数组索引和切片范围表示，如代码清单 7-44 所示。

代码清单 7-44　在 collections/main.go 文件中对字符串进行索引和切片

```
package main

import (
    "fmt"
    "strconv"
)

func main() {

    var price string = "$48.95"
```

```
    var currency byte = price[0]
    var amountString string = price[1:]
    amount, parseErr  := strconv.ParseFloat(amountString, 64)

    fmt.Println("Currency:", currency)
    if (parseErr == nil) {
        fmt.Println("Amount:", amount)
    } else {
        fmt.Println("Parse Error:", parseErr)
    }
}
```

我使用了完整的变量声明语法来强调每个变量的类型。使用索引表示法时，结果是字符串中指定位置的一个字节（byte）：

```
...
var currency byte = price[0]
...
```

该语句选择位置 0 处的字节，并将其赋给名为 currency 的变量。当字符串被切片时，切片也用字节描述，但结果是一个字符串：

```
...
var amountString string = price[1:]
...
```

该范围选择除位置 0 的字节以外的所有字节，并将缩短的字符串赋给一个名为 amountString 的变量。当使用代码清单 7-44 中所示的命令编译和执行时，此代码会产生以下输出：

```
Currency: 36
Amount: 48.95
```

正如我在第 4 章中解释的，byte 类型是 uint8 的别名，这就是 currency 值显示为数字的原因：Go 不知道数值 36 应该表示为美元符号。图 7-25 将字符串表示为字节数组，并展示了它们是如何被索引和切片的。

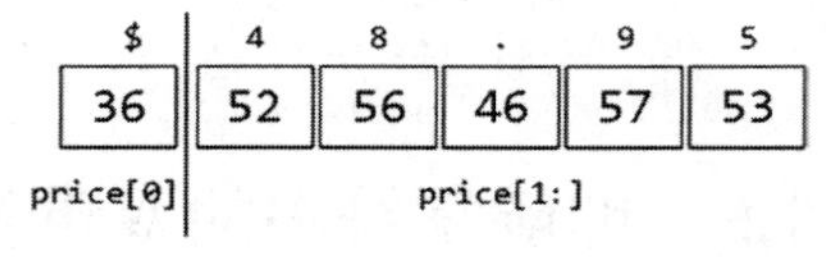

图 7-25 作为字节数组的字符串

将字符串切片会产生另一个字符串，但是需要进行显式转换来将字节解释为它所代表的字符，如代码清单 7-45 所示。

代码清单 7-45 在 collections/main.go 文件中转换结果

```
package main

import (
    "fmt"
    "strconv"
)

func main() {

    var price string = "$48.95"

    var currency string = string(price[0])
```

```
    var amountString string = price[1:]
    amount, parseErr  := strconv.ParseFloat(amountString, 64)

    fmt.Println("Currency:", currency)
    if (parseErr == nil) {
        fmt.Println("Amount:", amount)
    } else {
        fmt.Println("Parse Error:", parseErr)
    }
}
```

编译并执行代码，你将看到以下输出结果：

```
Currency: $
Amount: 48.95
```

这看起来很有效，但是它包含一个陷阱，如果我们把货币符号（如果你的键盘上没有欧元符号，请按住 <Alt> 键，然后在数字键盘上按 0128）改了，看看会发生什么情况，如代码清单 7-46 所示。

代码清单 7-46　在 collections/main.go 文件中更改货币符号

```
package main

import (
    "fmt"
    "strconv"
)

func main() {

    var price string = "€48.95"

    var currency string = string(price[0])
    var amountString string = price[1:]
    amount, parseErr  := strconv.ParseFloat(amountString, 64)

    fmt.Println("Currency:", currency)
    if (parseErr == nil) {
        fmt.Println("Amount:", amount)
    } else {
        fmt.Println("Parse Error:", parseErr)
    }
}
```

编译并执行代码，你将看到类似如下的输出结果：

```
Currency: â
Parse Error: strconv.ParseFloat: parsing "\x82\xac48.95": invalid syntax
```

问题是数组和范围表示法选择字节，但不是所有的字符都可以表示为单个字节。新的货币符号用 3 个字节存储，如图 7-26 所示。

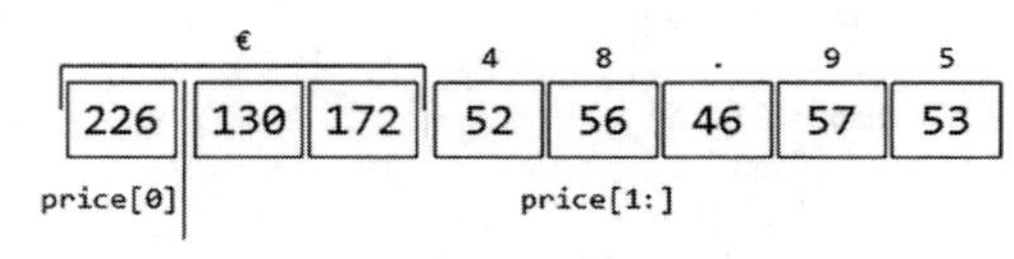

图 7-26　更改货币符号

图 7-26 显示了如何获取单个字节值，从而仅获得货币符号的一部分。它还显示该切片包括来自符

号的三个字节中的两个，后面是字符串的其余部分。你可以使用 len 函数确认货币符号的改变增加了数组的大小，如代码清单 7-47 所示。

代码清单 7-47 在 collections/main.go 文件中获取字符串的长度

```
package main

import (
    "fmt"
    "strconv"
)

func main() {

    var price string = "€48.95"

    var currency string = string(price[0])
    var amountString string = price[1:]
    amount, parseErr  := strconv.ParseFloat(amountString, 64)

    fmt.Println("Length:", len(price))
    fmt.Println("Currency:", currency)
    if (parseErr == nil) {
        fmt.Println("Amount:", amount)
    } else {
        fmt.Println("Parse Error:", parseErr)
    }
}
```

len 函数将字符串视为字节数组，代码清单 7-47 中的代码在编译和执行时会产生以下输出结果：

```
Length: 8
Currency: â
Parse Error: strconv.ParseFloat: parsing "\x82\xac48.95": invalid syntax
```

输出结果确认了字符串中有 8 个字节，这就是索引和切片产生奇怪结果的原因。

7.5.1 将字符串转换成符文

rune（符文）类型代表一个 Unicode 码位，它本质上是一个单一的字符。为了避免在字符中间对字符串切片，可以执行到符文切片的显式转换，如代码清单 7-48 所示。

提示 Unicode 非常复杂，这正如你从任何旨在描述历经数千年演变的多种书写系统的标准中所能想到的那样。在本书中，我没有详细介绍 Unicode，为了简单起见，我将 rune 值视为单个字符，这对于大多数开发项目来说已经足够了。我对 Unicode 的说明足以解释 Go 的特性。

代码清单 7-48 在 collections/main.go 文件中将字符串转换为符文

```
package main

import (
    "fmt"
    "strconv"
)
```

```
func main() {

    var price []rune = []rune("€48.95")

    var currency string = string(price[0])
    var amountString string = string(price[1:])
    amount, parseErr  := strconv.ParseFloat(amountString, 64)

    fmt.Println("Length:", len(price))
    fmt.Println("Currency:", currency)
    if (parseErr == nil) {
        fmt.Println("Amount:", amount)
    } else {
        fmt.Println("Parse Error:", parseErr)
    }
}
```

我将显式转换应用于文字字符串，并将切片赋给变量 price。当处理符文（rune）切片时，每个字节被分组到它们所代表的字符中，而不考虑每个字符所需要的字节数，如图 7-27 所示。

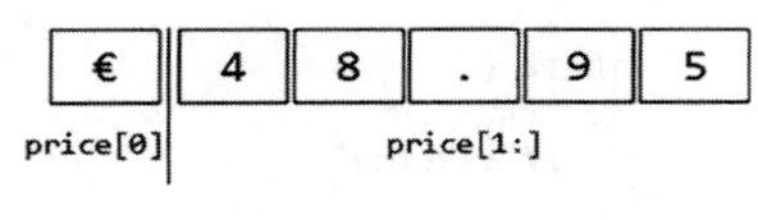

图 7-27　符文切片

正如第 4 章所介绍的，rune 类型是 int32 的别名，这意味着打印一个符文值将显示用来代表字符的数值。这意味着，与前面的字节示例一样，必须执行一个将单个符文显式转换为字符串的操作，如下所示：

```
...
var currency string = string(price[0])
...
```

但是，与前面的示例不同，还必须对创建的切片执行显式转换，如下所示：

```
...
var amountString string = string(price[1:])
...
```

切片的结果是 []rune。换句话说，对符文切片进行切片会产生另一个符文切片。代码清单 7-48 中的代码在编译和执行时会产生以下输出结果：

```
Length: 6
Currency: €
Amount: 48.95
```

len 函数返回 6，因为数组包含字符，而不是字节。当然，输出结果的其余部分是符合预期的，因为没有孤立字节影响结果。

理解为什么字节和符文都有用

Go 处理字符串的方式可能看起来很奇怪，但是它有它的用处。当你关心存储字符串并且需要知道分配多少空间时，字节是很重要的。当你关注字符串的内容时，字符是很重要的，比如在现有字符串中插入一个新字符。

字符串的这两个方面都很重要。然而，对于给定的操作，理解是需要处理字节还是需要处理字符很重要。

> 你可能会尝试只处理字节，只要你只使用由单个字节表示的字符（通常是指 ASCII）就可以了。这在开始时可能有效，但当代码不得不处理用户用非 ASCII 字符集输入的字符或处理包含非 ASCII 数据的文件时，这就不行了。与所需的少量额外工作相比，使用 Unicode 并依靠 Go 来处理将字节转换成字符更简单，也更安全。

7.5.2 枚举字符串

`for` 循环可用于枚举字符串的内容。这个特性展示了 Go 处理字节到符号映射的一些巧妙之处。代码清单 7-49 枚举了一个字符串。

代码清单 7-49 在 collections/main.go 文件中枚举字符串

```
package main

import (
    "fmt"
    //"strconv"
)

func main() {

    var price = "€48.95"

    for index, char := range price {
        fmt.Println(index, char, string(char))
    }
}
```

在这个示例中，我使用了一个包含欧元货币符号的字符串，它演示了在与 `for` 循环一起使用时 Go 将字符串视为一个符文序列。编译并执行代码清单 7-49 中的代码，你将收到以下输出结果：

```
0 8364 €
3 52 4
4 56 8
5 46 .
6 57 9
7 53 5
```

`for` 循环将字符串视为元素数组。输出的值是当前元素的索引、该元素的数值以及转换为字符串的数值元素。

请注意，索引值不是连续的。`for` 循环将字符串作为从底层字节序列派生的字符序列进行处理。索引值对应于组成每个字符的第一个字节。例如，第二个索引值是 `3`，因为字符串中的第一个字符由位置 `0`、`1` 和 `2` 处的字节组成。

如果你想枚举底层的字节而不把它们转换成字符，那么可以执行到字节切片的一个显式转换，如代码清单 7-50 所示。

代码清单 7-50 在 collections/main.go 文件中枚举字符串中的字节

```
package main
```

```
import (
    "fmt"
    //"strconv"
)

func main() {

    var price = "€48.95"

    for index, char := range []byte(price) {
        fmt.Println(index, char)
    }
}
```

编译并执行代码清单 7-50 中所示的这段代码，你将看到以下输出结果：

```
0 226
1 130
2 172
3 52
4 56
5 46
6 57
7 53
```

索引值是连续的，每个字节的值被显示了出来，而不会被解释为它们所代表的字符的一部分。

7.6　小结

在这一章中，我介绍了 Go 的集合类型，即数组是固定长度的值序列，切片是由数组支持的可变长度序列，map 是键值对的集合。同时，我演示了使用范围来选择元素的方式，解释了切片和它们的底层数组之间的关系，并展示了如何执行一些常见的任务，比如从切片中删除元素，有些任务没有内置的特性支持。本章结束时，我还介绍了字符串的复杂性质，这可能会给认为所有字符都可以用一个字节的数据来表示的程序员带来问题。下一章将解释函数在 Go 语言中的用法。

Chapter 8 第 8 章

函　　数

在这一章中，我将描述 Go 函数，它允许代码语句被组合在一起，并在需要时被执行。Go 函数有一些不寻常的特征，其中最有用的是定义多个结果的能力。正如我所解释的，这是对函数存在的常见问题的一个优雅的解决方案。表 8-1 给出了一些你应该知道的关于函数的基本问题。

表 8-1　关于函数的一些基本问题

问题	答案
它们是什么	函数是一组代码语句，这些语句只有在执行流中调用函数时才会执行
它们为什么有用	函数允许特性被定义一次并重复调用
它们是如何使用的	函数是通过名称调用的，并且可以提供数据值来使用参数。执行函数中语句的结果可以作为函数的结果
有什么陷阱或限制吗	Go 函数的行为很大程度上与我们的预期一致，但额外有一些有用的特性，比如返回多个结果和命名结果
有其他选择吗	没有，函数是 Go 语言的核心特性

表 8-2 是本章内容概要。

表 8-2　章节内容概要

问题	解决方案	代码清单
对语句进行分组，以便在需要时执行	定义函数	8-4
定义一个函数，以便它所包含的语句使用的值可以更改	定义函数参数	8-5～8-8
允许函数接受可变数量的参数	定义可变参数	8-9～8-13
使用对函数外部定义的值的引用	定义接受指针的参数	8-14、8-15
从函数中定义的语句生成输出	定义一个或多个结果	8-16～8-22
丢弃由函数产生的结果	使用空白标识符	8-23
当当前函数执行完成时，调度执行另外一个函数	使用 defer 关键字	8-24

8.1 为本章做准备

请打开一个新的命令行窗口，导航到一个方便的位置，并创建一个名为 functions 的文件夹。导航到 functions 文件夹，运行代码清单 8-1 所示的命令初始化项目。

代码清单 8-1 初始化项目

```
go mod init functions
```

将一个名为 main.go 的文件添加到 functions 文件夹，其内容如代码清单 8-2 所示。

代码清单 8-2 functions/main.go 文件的内容

```
package main

import "fmt"

func main() {

    fmt.Println("Hello, Functions")
}
```

使用命令行窗口在 functions 文件夹中运行代码清单 8-3 所示的命令。

代码清单 8-3 运行示例项目

```
go run .
```

main.go 文件中的代码将被编译并执行，产生以下输出结果：

```
Hello, Functions
```

8.2 定义简单函数

函数是可以作为单个操作使用和重用的语句组。首先，代码清单 8-4 定义了一个简单的函数。

代码清单 8-4 在 functions/main.go 文件中定义简单函数

```
package main

import "fmt"

func printPrice() {
    kayakPrice := 275.00
    kayakTax := kayakPrice * 0.2
    fmt.Println("Price:", kayakPrice, "Tax:", kayakTax)
}

func main() {
    fmt.Println("About to call function")
    printPrice()
    fmt.Println("Function complete")
}
```

函数是由 func 关键字定义的，它后面是函数名、括号和用大括号括起来的代码块，如图 8-1 所示。

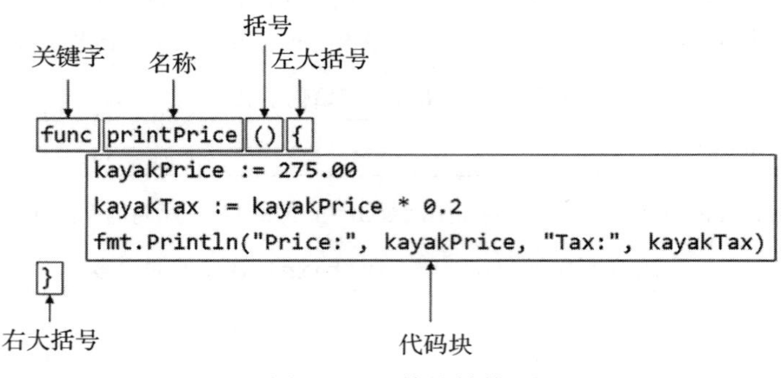

图 8-1 函数的结构

main.go 代码文件中现在有 2 个函数。新函数名为 printPrice，它包含定义两个变量并从 fmt 包中调用 Println 函数的语句。main 函数是应用程序的入口点，执行在这里开始和结束。Go 语言中函数必须用大括号定义，并且左大括号必须与 func 关键字和函数名定义在同一行。其他语言中一些常见的约定（例如省略大括号或将大括号放在下一行）是不允许的。

注意 printPrice 函数是在 main.go 文件中现有的 main 函数之外定义的。Go 支持在其他函数中定义函数，但是需要使用不同的语法，如第 9 章所述。

main 函数调用 printPrice 函数，这是通过一条指定函数名的语句来完成的，函数名后面是括号，如图 8-2 所示。

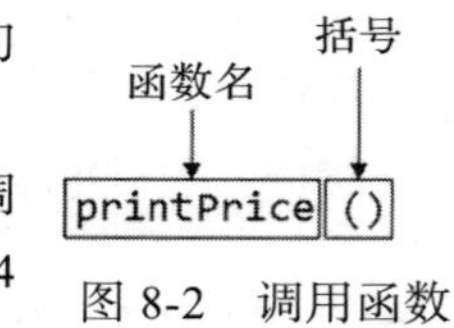

图 8-2 调用函数

当调用函数时，包含在函数代码块中的语句被执行。当所有语句都被调用完成时，将继续执行调用函数的语句之后的语句。这可以从代码清单 8-4 中的代码在编译和执行时产生的输出中看到：

```
About to call function
Price: 275 Tax: 55
Function complete
```

8.3 定义和使用函数参数

参数允许函数在被调用时接收数据值，从而允许改变其行为。代码清单 8-5 修改了上一节定义的 printPrice 函数，我们为它定义几个参数。

代码清单 8-5 在 functions/main.go 文件中定义函数参数

```
package main

import "fmt"

func printPrice(product string, price float64, taxRate float64) {
    taxAmount := price * taxRate
    fmt.Println(product, "price:", price, "Tax:", taxAmount)
}
```

```
func main() {
    printPrice("Kayak", 275, 0.2)
    printPrice("Lifejacket", 48.95, 0.2)
    printPrice("Soccer Ball", 19.50, 0.15)
}
```

参数用名称后跟类型的形式来定义。多个参数用逗号分隔，如图 8-3 所示。

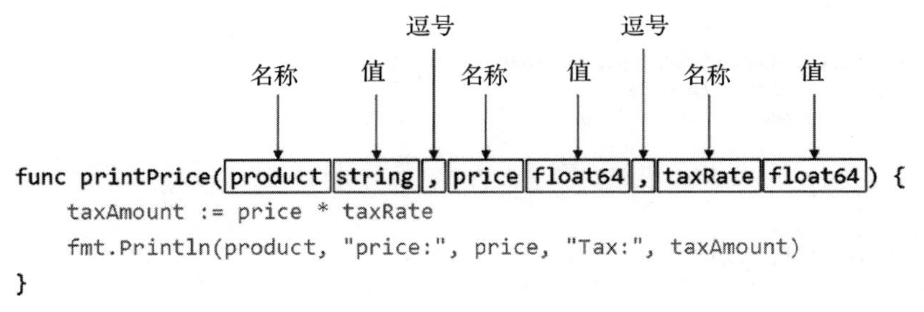

图 8-3　定义函数参数

代码清单 8-5 在 printPrice 函数中增加了 3 个参数：一个名为 product 的字符串、一个名为 price 的 float64 和一个名为 taxRate 的 float64。在函数的代码块中，赋给参数的值是用它的名称来访问的，如图 8-4 所示。

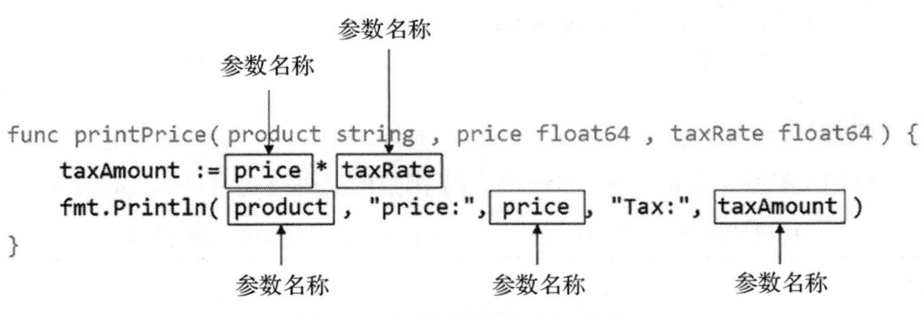

图 8-4　访问代码块中的参数

参数值在调用函数时提供，这意味着每次调用函数时可以提供不同的值。函数名后面的圆括号中提供了参数值，用逗号分隔，其顺序与参数定义的顺序相同，如图 8-5 所示。

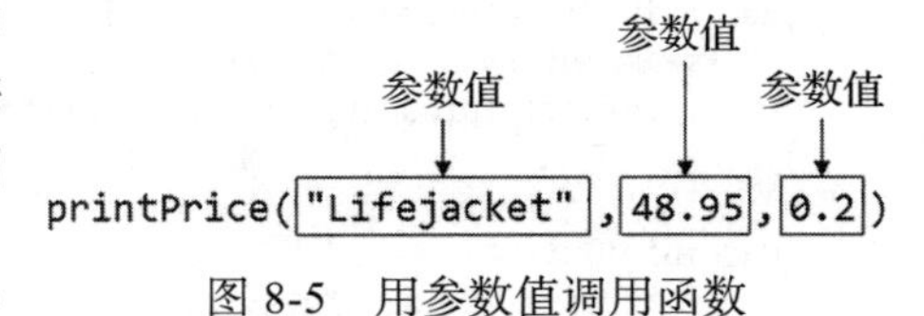

图 8-5　用参数值调用函数

用作参数的值必须与函数定义的参数类型相匹配。代码清单 8-5 中的代码在编译和执行时会产生以下输出结果：

```
Kayak price: 275 Tax: 55
Lifejacket price: 48.95 Tax: 9.790000000000001
Soccer Ball price: 19.5 Tax: 2.925
```

为 Lifejacket 产品显示的值包含一个长小数，我们通常会对货币金额进行舍入。我将在第 17 章中解释如何将数值格式化为字符串。

注意　Go 语言不支持可选参数或参数的默认值。

8.3.1 省略参数类型

当相邻的参数具有相同的类型时，可以省略该类型，如代码清单 8-6 所示。

代码清单 8-6 在 functions/main.go 文件中省略参数数据类型

```
package main

import "fmt"

func printPrice(product string, price, taxRate float64) {
    taxAmount := price * taxRate
    fmt.Println(product, "price:", price, "Tax:", taxAmount)
}

func main() {
    printPrice("Kayak", 275, 0.2)
    printPrice("Lifejacket", 48.95, 0.2)
    printPrice("Soccer Ball", 19.50, 0.15)
}
```

price 和 taxRate 参数的类型都是 float64，因为它们是相邻的，所以数据类型只应用于该类型的最后一个参数。省略参数数据类型不会改变参数或其类型。代码清单 8-6 中的代码产生以下输出结果：

```
Kayak price: 275 Tax: 55
Lifejacket price: 48.95 Tax: 9.790000000000001
Soccer Ball price: 19.5 Tax: 2.925
```

8.3.2 省略参数名

下划线可以用于函数定义的参数，但不能用于函数的代码语句中，如代码清单 8-7 所示。

代码清单 8-7 在 functions/main.go 文件中省略参数名

```
package main

import "fmt"

func printPrice(product string, price, _ float64) {
    taxAmount := price * 0.25
    fmt.Println(product, "price:", price, "Tax:", taxAmount)
}

func main() {
    printPrice("Kayak", 275, 0.2)
    printPrice("Lifejacket", 48.95, 0.2)
    printPrice("Soccer Ball", 19.50, 0.15)
}
```

下划线被称为空白标识符，它的结果是一个参数，当调用函数时必须为其提供一个值，但其值不能在函数的代码块中访问。这看起来似乎是一个奇怪的特性，但是它是一种有用的方式，可以指示参数没有在函数中使用，它可能在实现接口所需的方法时出现。代码清单 8-7 中的代码在编译和执行时会产生以下输出结果：

```
Kayak price: 275 Tax: 68.75
Lifejacket price: 48.95 Tax: 12.2375
Soccer Ball price: 19.5 Tax: 4.875
```

函数也可以省略所有参数的名称，如代码清单 8-8 所示。

代码清单 8-8　在 functions/main.go 文件中省略函数的所有参数名

```
package main

import "fmt"

func printPrice(string, float64, float64) {
    // taxAmount := price * 0.25
   fmt.Println("No parameters")
}

func main() {
    printPrice("Kayak", 275, 0.2)
    printPrice("Lifejacket", 48.95, 0.2)
    printPrice("Soccer Ball", 19.50, 0.15)
}
```

没有名称的参数不能在函数中被访问，这个特性主要和接口一起使用（这部分内容将在第 11 章中描述），或者在定义函数类型时使用（在第 9 章中描述）。代码清单 8-8 在编译和执行时会产生以下输出结果：

```
No parameters
No parameters
No parameters
```

8.3.3　定义可变参数

可变参数接受可变数量的值，这可以使函数更容易使用。为了理解可变参数解决的问题，考虑使用替代方案是有帮助的，如代码清单 8-9 所示。

代码清单 8-9　在 functions/main.go 文件中定义函数

```
package main

import "fmt"

func printSuppliers(product string, suppliers []string ) {
    for _, supplier := range suppliers {
        fmt.Println("Product:", product, "Supplier:", supplier)
    }
}
func main() {
    printSuppliers("Kayak", []string {"Acme Kayaks", "Bob's Boats", "Crazy Canoes"})
    printSuppliers("Lifejacket", []string {"Sail Safe Co"})
}
```

printSuppliers 函数定义的第二个参数通过一个字符串切片接受可变数量的参数值供应。这是可行的，但可能会很尴尬，因为即使只需要一个字符串，也需要构造切片，如下所示：

```
...
printSuppliers("Lifejacket", []string {"Sail Safe Co"})
...
```

可变参数允许函数更优雅地接收可变数量的参数值，如代码清单 8-10 所示。

代码清单 8-10 在 functions/main.go 文件中定义可变参数

```
package main

import "fmt"

func printSuppliers(product string, suppliers ...string ) {
    for _, supplier := range suppliers {
        fmt.Println("Product:", product, "Supplier:", supplier)
    }
}

func main() {
    printSuppliers("Kayak", "Acme Kayaks", "Bob's Boats", "Crazy Canoes")
    printSuppliers("Lifejacket", "Sail Safe Co")
}
```

可变参数用省略号（三个句点）后跟类型定义，如图 8-6 所示。

```
                                          可变参数
                                              ↓
func printSuppliers(product string, [suppliers ...string]) {
```

图 8-6 可变参数

可变参数必须是函数定义的最后一个参数，并且只能使用一种类型，如本例中的 `string` 类型。调用函数时，可以指定可变数量的字符串值，而无须创建切片：

```
...
printSuppliers("Kayak", "Acme Kayaks", "Bob's Boats", "Crazy Canoes")
...
```

可变参数的类型不会改变，提供的值仍然包含在切片中。对于代码清单 8-10，这意味着 `suppliers` 参数的类型仍然是 `[]string`。代码清单 8-9 和代码清单 8-10 中的代码在编译和执行时会产生以下输出结果：

```
Product: Kayak Supplier: Acme Kayaks
Product: Kayak Supplier: Bob's Boats
Product: Kayak Supplier: Crazy Canoes
Product: Lifejacket Supplier: Sail Safe Co
```

1. 处理无参数值的可变参数

Go 允许可变参数的参数值被完全省略，这可能会导致意想不到的结果，如代码清单 8-11 所示。

代码清单 8-11 在 functions/main.go 文件中完全省略可变参数的参数值

```
package main

import "fmt"
```

```
func printSuppliers(product string, suppliers ...string ) {
    for _, supplier := range suppliers {
        fmt.Println("Product:", product, "Supplier:", supplier)
    }
}

func main() {
    printSuppliers("Kayak", "Acme Kayaks", "Bob's Boats", "Crazy Canoes")
    printSuppliers("Lifejacket", "Sail Safe Co")
    printSuppliers("Soccer Ball")
}
```

最后一次对 `printSuppliers` 函数的调用没有为 `suppliers` 参数提供任何参数值。当发生这种情况时，Go 使用 `nil` 作为参数值，这可能会导致代码在假设切片中至少有一个值时出现问题。编译并运行代码清单 8-11 中的代码，你将收到以下输出结果：

```
Product: Kayak Supplier: Acme Kayaks
Product: Kayak Supplier: Bob's Boats
Product: Kayak Supplier: Crazy Canoes
Product: Lifejacket Supplier: Sail Safe Co
```

`Soccer Ball` 产品没有输出，因为 `nil` 切片的长度为零，所以 `for` 循环永远不会执行。代码清单 8-12 通过检查是否为空切片纠正了这个问题。

代码清单 8-12 在 functions/main.go 文件中检查空切片

```
package main

import "fmt"

func printSuppliers(product string, suppliers ...string ) {
    if (len(suppliers) == 0) {
        fmt.Println("Product:", product, "Supplier: (none)")
    } else {
        for _, supplier := range suppliers {
            fmt.Println("Product:", product, "Supplier:", supplier)
        }
    }
}

func main() {
    printSuppliers("Kayak", "Acme Kayaks", "Bob's Boats", "Crazy Canoes")
    printSuppliers("Lifejacket", "Sail Safe Co")
    printSuppliers("Soccer Ball")
}
```

我使用了第 7 章中描述的内置 `len` 函数来识别空切片，当然也可以检查 `nil` 值。编译并执行代码，你将收到下面的输出结果，这可以表达正在调用的函数没有给可变参数传参数值的情况：

```
Product: Kayak Supplier: Acme Kayaks
Product: Kayak Supplier: Bob's Boats
Product: Kayak Supplier: Crazy Canoes
Product: Lifejacket Supplier: Sail Safe Co
Product: Soccer Ball Supplier: (none)
```

2. 使用切片作为可变参数的值

可变参数允许在不创建切片的情况下调用函数，但是当你已经有一个想要使用的切片时，这是没有帮助的。对于这种情况，在传递给函数的最后一个参数后面加上一个省略号即可允许使用切片，如代码清单 8-13 所示。

代码清单 8-13 在 functions/main.go 文件中使用切片作为可变参数的值

```
package main

import "fmt"

func printSuppliers(product string, suppliers ...string ) {
    if (len(suppliers) == 0) {
        fmt.Println("Product:", product, "Supplier: (none)")
    } else {
        for _, supplier := range suppliers {
            fmt.Println("Product:", product, "Supplier:", supplier)
        }
    }
}
func main() {

    names := []string {"Acme Kayaks", "Bob's Boats", "Crazy Canoes"}

    printSuppliers("Kayak", names...)
    printSuppliers("Lifejacket", "Sail Safe Co")
    printSuppliers("Soccer Ball")
}
```

这种技术可以避免将切片解包为单个值，这样就可以将它们组合回可变参数的切片中。编译并执行代码清单 8-13 中的代码，你将收到以下输出结果：

```
Product: Kayak Supplier: Acme Kayaks
Product: Kayak Supplier: Bob's Boats
Product: Kayak Supplier: Crazy Canoes
Product: Lifejacket Supplier: Sail Safe Co
Product: Soccer Ball Supplier: (none)
```

8.3.4 使用指针作为函数参数

默认情况下，Go 会复制参数的值，这样修改就被限制在函数内部，如代码清单 8-14 所示。

代码清单 8-14 在 functions/main.go 文件中修改参数值

```
package main

import "fmt"

func swapValues(first, second int) {
    fmt.Println("Before swap:", first, second)
    temp := first
    first = second
    second = temp
    fmt.Println("After swap:", first, second)
}
```

```
func main() {

    val1, val2 := 10, 20
    fmt.Println("Before calling function", val1, val2)
    swapValues(val1, val2)
    fmt.Println("After calling function", val1, val2)
}
```

swapValues 函数接收两个 int 值，写出它们，交换它们，然后再写出它们。传递给函数的值会在调用函数之前和之后被写出。代码清单 8-14 的输出表明，对 swapValues 函数中的值所做的更改不会影响 main 函数中定义的变量：

```
Before calling function 10 20
Before swap: 10 20
After swap: 20 10
After calling function 10 20
```

Go 允许函数接收指针，这就会改变上述行为，如代码清单 8-15 所示。

代码清单 8-15　在 functions/main.go 文件中定义接收指针的函数

```
package main

import "fmt"

func swapValues(first, second *int) {
    fmt.Println("Before swap:", *first, *second)
    temp := *first
    *first = *second
    *second = temp
    fmt.Println("After swap:", *first, *second)
}

func main() {

    val1, val2 := 10, 20
    fmt.Println("Before calling function", val1, val2)
    swapValues(&val1, &val2)
    fmt.Println("After calling function", val1, val2)
}
```

swapValues 函数仍然交换两个值，但是使用了指针，这意味着对 main 函数使用的内存位置也进行了更改，这可以在代码的输出中看到：

```
Before calling function 10 20
Before swap: 10 20
After swap: 20 10
After calling function 20 10
```

其实，有更好的方法来执行交换值之类的任务，包括使用多个函数结果，如下一节所述，但是这个示例演示了函数可以直接处理值，也可以通过指针间接处理值。

8.4　定义和使用函数结果

函数定义结果，这允许函数向它们的调用者提供操作的输出，如代码清单 8-16 所示。

代码清单 8-16 在 functions/main.go 文件中生成函数结果

```
package main

import "fmt"

func calcTax(price float64) float64 {
    return price + (price * 0.2)
}

func main() {

    products := map[string]float64 {
        "Kayak" : 275,
        "Lifejacket": 48.95,
    }

    for product, price := range products {
        priceWithTax := calcTax(price)
        fmt.Println("Product: ", product, "Price:", priceWithTax)
    }
}
```

该函数使用参数后面的数据类型来声明其结果，如图 8-7 所示。

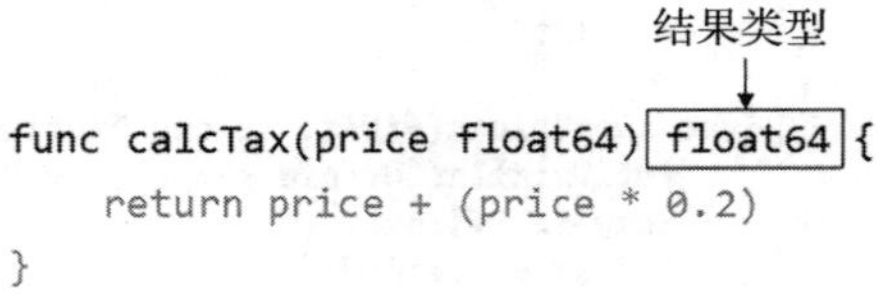

calcTax 函数产生一个 float64 结果，该结果由 return 语句产生，如图 8-8 所示。

当函数被调用时，结果可以被赋给一个变量，如图 8-9 所示。

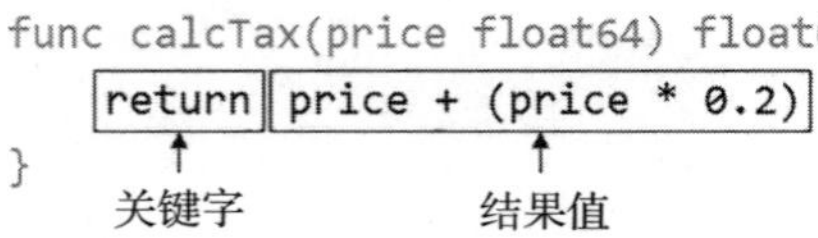

```
func calcTax(price float64) float64 {
    return price + (price * 0.2)
}
```
结果类型

图 8-7 定义函数结果

```
func calcTax(price float64) float64 {
    return price + (price * 0.2)
}
```
关键字　结果值

图 8-8 产生一个函数结果

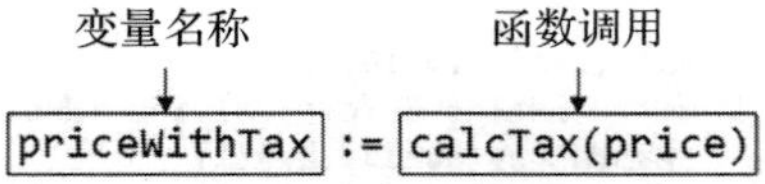

```
priceWithTax := calcTax(price)
```
变量名称　函数调用

图 8-9 使用函数结果

函数结果可以直接在表达式中使用。代码清单 8-17 省略了变量并调用 calcTax 函数直接为 fmt.Println 函数产生一个参数。

代码清单 8-17 在 functions/main.go 文件中直接使用函数结果

```
package main

import "fmt"

func calcTax(price float64) float64 {
    return price + (price * 0.2)
}

func main() {

    products := map[string]float64 {
        "Kayak" : 275,
```

```
        "Lifejacket": 48.95,
    }

    for product, price := range products {
        fmt.Println("Product: ", product, "Price:", calcTax(price))
    }
}
```

Go 使用 calcTax 函数产生的结果，而不需要定义中间变量。代码清单 8-16 和代码清单 8-17 中的代码产生以下输出结果：

```
Product:  Kayak Price: 330
Product:  Lifejacket Price: 58.74
```

返回多个函数结果

Go 函数的一个与众不同的特性是能够产生多个结果，如代码清单 8-18 所示。

代码清单 8-18　在 functions/main.go 文件中使用函数生成多个结果

```
package main

import "fmt"

func swapValues(first, second int) (int, int) {
    return second, first
}

func main() {

    val1, val2 := 10, 20
    fmt.Println("Before calling function", val1, val2)
    val1, val2 = swapValues(val1, val2)
    fmt.Println("After calling function", val1, val2)
}
```

该函数产生的结果类型用括号分组，如图 8-10 所示。

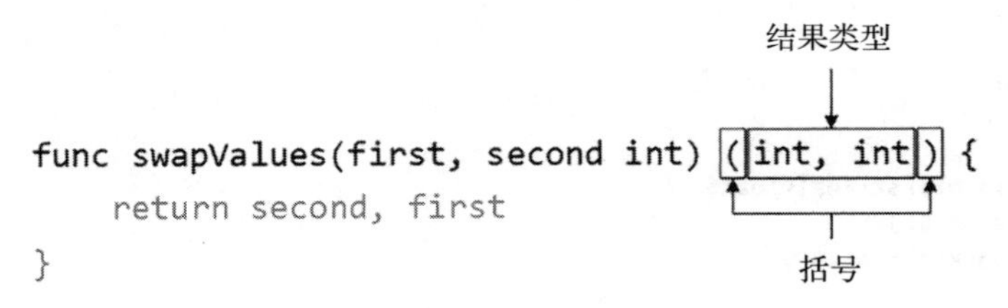

图 8-10　定义多个结果

当函数定义了多个结果时，每个结果的值都带有 return 关键字，用逗号分隔，如图 8-11 所示。

swapValues 函数使用 return 关键字产生两个 int 结果，这两个结果是通过它的参数接收的。这些结果可以被赋给调用函数的语句中的变量，也用逗号分隔，如图 8-12 所示。

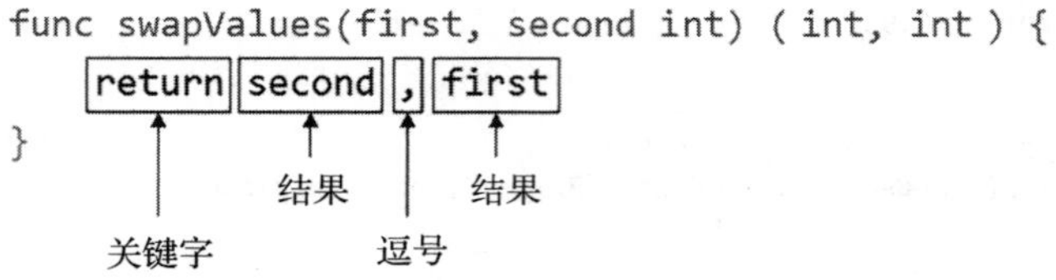

```
func swapValues(first, second int) ( int, int ) {
    return second , first
}
```


图 8-11 返回多个结果

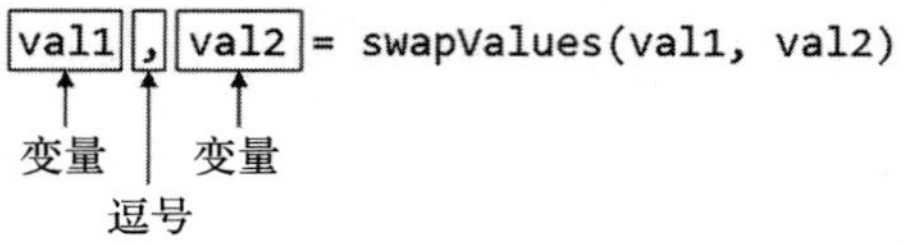

```
val1 , val2 = swapValues(val1, val2)
```


图 8-12 接收多个结果

代码清单 8-18 中的代码在编译和执行时会产生以下输出结果：

```
Before calling function 10 20
After calling function 20 10
```

1. 使用多个结果而不是多个含义

多个函数结果初看起来可能很奇怪，但它们可以用来避免其他语言中常见的错误来源，即根据返回值对单个结果赋予不同的含义。代码清单 8-19 显示了对一个结果赋予额外的含义所导致的问题。

代码清单 8-19 在 functions/main.go 文件中使用单个结果

```
package main

import "fmt"

func calcTax(price float64) float64 {
    if (price > 100) {
        return price * 0.2
    }
    return -1
}

func main() {

    products := map[string]float64 {
        "Kayak" : 275,
        "Lifejacket": 48.95,
    }

    for product, price := range products {
        tax := calcTax(price)
        if (tax != -1) {
            fmt.Println("Product: ", product, "Tax:", tax)
        } else {
            fmt.Println("Product: ", product, "No tax due")
        }
    }
}
```

calcTax 函数使用一个 float64 来传达两种结果。对于大于 100 的值，结果将显示应缴税款。对于小于 100 的值，结果将表明没有应缴税款。编译并执行代码清单 8-19 中的代码会产生以下输出结果：

```
Product:  Kayak Tax: 55
Product:  Lifejacket No tax due
```

随着项目的发展，给一个结果赋予多种含义会成为一个问题。税务机关可能开始针对某些消费行为进行退税处理，这使得 -1 的值不明确，因为它可能表示没有应缴税款，也可能表示应该退税 1 美元。

有许多方法可以解决这种类型的模糊性，但是使用多个函数结果是一种很好的解决方案，尽管人们需要一些时间来适应。在代码清单 8-20 中，我修改了 calcTax 函数，使它产生多个结果。

代码清单 8-20　在 functions/main.go 文件中使用多个结果

```
package main

import "fmt"

func calcTax(price float64) (float64, bool) {
    if (price > 100) {
        return price * 0.2, true
    }
    return 0, false
}

func main() {

    products := map[string]float64 {
        "Kayak" : 275,
        "Lifejacket": 48.95,
    }

    for product, price := range products {
        taxAmount, taxDue := calcTax(price)
        if (taxDue) {
            fmt.Println("Product: ", product, "Tax:", taxAmount)
        } else {
            fmt.Println("Product: ", product, "No tax due")

        }
    }
}
```

calcTax 方法返回的附加结果是一个布尔值，它指示是否应该缴税，将此信息与另一个退税 1 美元的结果分开。在代码清单 8-20 中，这两个结果可通过一条单独的语句获得，但是多个结果非常适合使用 if 语句的初始化语句，如代码清单 8-21 所示。有关此特性的详细信息，请参见第 12 章。

代码清单 8-21　在 functions/main.go 文件中使用初始化语句

```
package main
```

```
import "fmt"

func calcTax(price float64) (float64, bool) {
    if (price > 100) {
        return price * 0.2, true
    }
    return 0, false
}

func main() {

    products := map[string]float64 {
        "Kayak" : 275,
        "Lifejacket": 48.95,
    }

    for product, price := range products {
        if taxAmount, taxDue := calcTax(price); taxDue {
            fmt.Println("Product: ", product, "Tax:", taxAmount)
        } else {
            fmt.Println("Product: ", product, "No tax due")

        }
    }
}
```

这两个结果是通过在初始化语句中调用 `calcTax` 函数获得的，然后布尔结果被用作该语句的表达式。代码清单 8-20 和代码清单 8-21 中的代码产生以下输出：

```
Product:  Kayak Tax: 55
Product:  Lifejacket No tax due
```

2. 使用命名结果

函数的结果可以被命名，在函数执行过程中可以被赋值。当执行到 `return` 关键字时，返回赋给结果的当前值，如代码清单 8-22 所示。

代码清单 8-22 在 functions/main.go 文件中使用命名结果

```
package main

import "fmt"

func calcTax(price float64) (float64, bool) {
    if (price > 100) {
        return price * 0.2, true
    }
    return 0, false
}

func calcTotalPrice(products map[string]float64,
        minSpend float64) (total, tax float64)  {
    total = minSpend
    for _, price := range products {
        if taxAmount, due := calcTax(price); due {
            total += taxAmount;
            tax += taxAmount
        } else {
```

```
            total += price
        }
    }
    return
}

func main() {

    products := map[string]float64 {
        "Kayak" : 275,
        "Lifejacket": 48.95,
    }

    total1, tax1 := calcTotalPrice(products, 10)
    fmt.Println("Total 1:", total1, "Tax 1:", tax1)
    total2, tax2 := calcTotalPrice(nil, 10)
    fmt.Println("Total 2:", total2, "Tax 2:", tax2)
}
```

命名结果被定义为名称和结果类型的组合，如图 8-13 所示。

```
func calcTotalPrice(products map[string]float64,
        minSpend float64) (total, tax float64)  {
```

名称　名称　类型

图 8-13　命名结果

`calcTotalPrice` 函数定义名为 `total` 和 `tax` 的结果。两者都是 `float64` 值，这意味着可以省略第一个名称的数据类型。在函数中，结果可以用作常规变量：

```
...
total = minSpend
for _, price := range products {
    if taxAmount, due := calcTax(price); due {
        total += taxAmount;
        tax += taxAmount
    } else {
        total += price
    }
}
...
```

`return` 关键字单独使用，允许返回赋给命名结果的当前值。代码清单 8-22 中的代码产生以下输出结果：

```
Total 1: 113.95 Tax 1: 55
Total 2: 10 Tax 2: 0
```

3. 使用空白标识符丢弃结果

Go 语言要求使用所有声明的变量，当函数返回不需要的值时，这可能会很尴尬。为了避免编译器错误，可以用空白标识符来表示不使用的结果，如代码清单 8-23 所示。

代码清单 8-23　在 `functions/main.go` 文件中丢弃函数结果

```
package main
```

```
import "fmt"

func calcTotalPrice(products map[string]float64) (count int, total float64)  {
    count = len(products)
    for _, price := range products {
        total += price
    }
    return
}

func main() {

    products := map[string]float64 {
        "Kayak" : 275,
        "Lifejacket": 48.95,
    }

    _, total  := calcTotalPrice(products)
    fmt.Println("Total:", total)
}
```

calcTotalPrice 函数返回两个结果，但我们只使用其中一个。我们可以使用空白标识符接收不需要的值，以避免编译器错误。代码清单 8-23 中的代码产生以下输出结果：

```
Total: 323.95
```

8.5 使用 defer 关键字

defer 关键字用于调度在当前函数返回之前立即执行的函数调用，如代码清单 8-24 所示。

代码清单 8-24 在 functions/main.go 文件中使用 defer 关键字

```
package main

import "fmt"

func calcTotalPrice(products map[string]float64) (count int, total float64)  {
    fmt.Println("Function started")
    defer fmt.Println("First defer call")
    count = len(products)
    for _, price := range products {
        total += price
    }
    defer fmt.Println("Second defer call")
    fmt.Println("Function about to return")
    return
}

func main() {

    products := map[string]float64 {
        "Kayak" : 275,
        "Lifejacket": 48.95,
    }
```

```
    _, total  := calcTotalPrice(products)
    fmt.Println("Total:", total)
}
```

defer 关键字用在函数调用之前，如图 8-14 所示。

defer 关键字的主要用途是调用释放资源的函数，比如关闭打开的文件（将会在第 22 章中介绍）或 HTTP 连接（见第 24～25 章）。如果没有 defer 关键字，释放资源的语句必须出现在函数的末尾，这可能已经隔了很多语句。defer 关键字允许将创建、使用和释放资源的语句组合在一起。

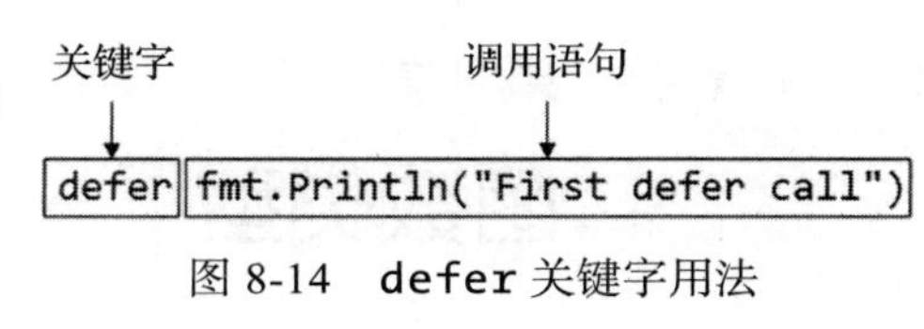

图 8-14 defer 关键字用法

defer 关键字可以用于任何函数调用，如代码清单 8-24 所示，一个函数可以多次使用 defer 关键字。在函数返回之前，Go 将按照定义的顺序执行用 defer 关键字调度的调用。代码清单 8-24 中的代码对 fmt.Println 函数的调用进行调度，并在编译和执行时产生以下输出结果：

```
Function started
Function about to return
Second defer call
First defer call
Total: 323.95
```

8.6 小结

在这一章中，我介绍了 Go 函数，解释了它们是如何定义和使用的，演示了定义参数的不同方法以及 Go 函数如何产生结果。下一章将介绍函数作为类型使用的方法。

Chapter 9 第 9 章

函数类型

在这一章中，我将介绍 Go 处理函数类型的方式，这是一个很有用的特性——尽管有时会令人困惑，它允许函数以与其他值相同的方式被一致地描述。表 9-1 给出了一些你应该知道的关于函数类型的基本问题。

表 9-1　关于函数类型的一些基本问题

问题	答案
它们是什么	Go 中的函数有一个数据类型，它描述了函数使用的参数和函数产生的结果的组合。此类型可以显式指定，也可以从使用文字语法定义的函数中推断出来
它们为什么有用	将函数视为数据类型意味着它们可以赋给变量，并且一个函数可以替代另一个函数，只要它具有相同的参数和结果组合
它们是如何使用的	函数类型使用 `func` 关键字后跟描述参数和结果的签名来定义。无须定义函数体
有什么陷阱或限制吗	函数类型的高级用法可能变得难以理解和调试，尤其是在定义了嵌套文字函数的情况下
有其他选择吗	不必非得使用函数类型或使用文字语法定义函数，但使用函数类型可以减少代码重复并增加代码的灵活性

表 9-2 是本章内容概要。

表 9-2　章节内容概要

问题	解决方案	代码清单
用参数和结果的特定组合描述函数	使用函数类型	9-4～9-7
简化函数类型的重复表达	使用函数类型别名	9-8
定义特定于代码区域的函数	使用文字函数语法	9-9～9-12
访问在函数外部定义的值	使用函数闭包	9-13～9-18

9.1　为本章做准备

请打开一个新的命令行窗口，导航到一个方便的位置，并创建一个名为 functionTypes 的文件夹。导航到 functionTypes 文件夹并运行代码清单 9-1 所示的命令来初始化项目。

代码清单 9-1　初始化项目

```
go mod init functionTypes
```

将一个名为 main.go 的文件添加到 functionTypes 文件夹，其内容如代码清单 9-2 所示。

代码清单 9-2　functionTypes/main.go 文件的内容

```
package main

import "fmt"

func main() {

    fmt.Println("Hello, Function Types")
}
```

使用命令行窗口在 functionTypes 文件夹下执行代码清单 9-3 所示的命令。

代码清单 9-3　运行示例项目

```
go run .
```

main.go 文件中的代码将被编译并执行，产生以下输出结果：

```
Hello, Function Types
```

9.2　了解函数类型

Go 语言中函数有一个数据类型，这意味着它们可以赋给变量，用作函数参数、参数值和结果。代码清单 9-4 显示了函数数据类型的一个简单用法。

代码清单 9-4　在 functionTypes/main.go 文件中使用函数数据类型

```
package main

import "fmt"

func calcWithTax(price float64) float64 {
    return price + (price * 0.2)
}

func calcWithoutTax(price float64) float64 {
    return price
}

func main() {

    products := map[string]float64 {
        "Kayak" : 275,
```

```
        "Lifejacket": 48.95,
    }

    for product, price := range products {
        var calcFunc func(float64) float64
        if (price > 100) {
            calcFunc = calcWithTax
        } else {
            calcFunc = calcWithoutTax
        }
        totalPrice := calcFunc(price)
        fmt.Println("Product:", product, "Price:", totalPrice)
    }
}
```

这个示例包含两个函数，每个函数定义一个 float64 参数并产生一个 float64 结果。main 函数中的 for 循环根据条件选择这些函数中的一个，并使用它来计算产品的总价。循环中的第一条语句定义了一个变量，如图 9-1 所示。

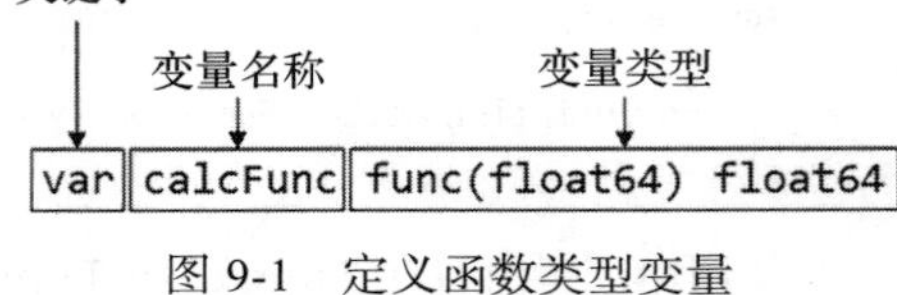

图 9-1 定义函数类型变量

函数类型是用 func 关键字指定的，后跟括号中的参数类型以及结果类型。这就是所谓的函数签名。如果有多个结果，那么结果类型也会用括号括起来。代码清单 9-4 中的函数类型描述了一个接受 float64 参数并产生 float64 结果的函数。

代码清单 9-4 中定义的 calcFunc 变量可以被赋予任何与其类型相匹配的值，这意味着有正确数量和类型的参数与结果的函数都可以被赋给这个变量。为了给一个变量赋予一个特定的函数，需要使用函数的名称，如图 9-2 所示。

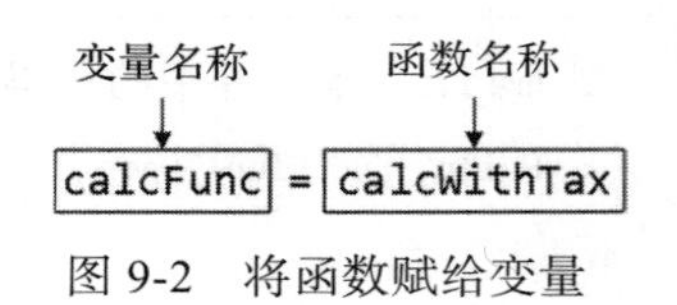

图 9-2 将函数赋给变量

一旦一个函数被赋给一个变量，它就可以像变量名就是函数名一样被调用。在上面这个示例中，通过 calcFunc 可以调用赋给它的函数，如图 9-3 所示。

变量名称

totalPrice := calcFunc(price)

图 9-3 通过变量调用函数

其效果是，将调用赋给 calcFunc 的任何函数并将结果赋给 totalPrice 变量。如果 price 大于 100，则 calcWithTax 函数被赋给 calcFunc 变量，这是将要执行的函数。如果 price 小于或等于 100，则 calcWithoutTax 函数将被赋给 calcFunc 变量，这是将要执行的函数。代码清单 9-4 中的代码在编译和执行时会产生以下输出结果（尽管你可能会以不同的顺序看到结果，参见第 7 章）：

```
Product: Kayak Price: 330
Product: Lifejacket Price: 48.95
```

9.2.1 理解函数比较和零类型

Go 比较运算符不能用来比较函数，但是它们可以用来确定一个函数是否被赋给了一个变量，如代码清单 9-5 所示。

代码清单 9-5　在 functionTypes/main.go 文件中检查函数赋值

```
package main

import "fmt"

func calcWithTax(price float64) float64 {
    return price + (price * 0.2)
}

func calcWithoutTax(price float64) float64 {
    return price
}

func main() {

    products := map[string]float64 {
        "Kayak" : 275,
        "Lifejacket": 48.95,
    }

    for product, price := range products {
        var calcFunc func(float64) float64
        fmt.Println("Function assigned:", calcFunc == nil)
        if (price > 100) {
            calcFunc = calcWithTax
        } else {
            calcFunc = calcWithoutTax
        }
        fmt.Println("Function assigned:", calcFunc == nil)
        totalPrice := calcFunc(price)
        fmt.Println("Product:", product, "Price:", totalPrice)
    }
}
```

函数类型的零值是 nil，代码清单 9-5 中的新语句使用相等运算符来确定一个函数是否已经被赋给 calcFunc 变量。代码清单 9-5 中的代码产生以下输出结果：

```
Function assigned: true
Function assigned: false
Product: Kayak Price: 330
Function assigned: true
Function assigned: false
Product: Lifejacket Price: 48.95
```

9.2.2 函数作为参数

函数类型可以像其他类型一样使用，包括作为其他函数的参数，如代码清单 9-6 所示。

注意　以下几节中的一些内容可能很难理解，因为经常需要使用“函数”(function) 这个词。建议密切关注代码示例，这将有助于理解文本。

代码清单 9-6　在 functionTypes/main.go 文件中使用函数作为参数

```
package main

import "fmt"
```

```
func calcWithTax(price float64) float64 {
    return price + (price * 0.2)
}

func calcWithoutTax(price float64) float64 {
    return price
}

func printPrice(product string, price float64, calculator func(float64) float64 ) {
    fmt.Println("Product:", product, "Price:", calculator(price))
}

func main() {

    products := map[string]float64 {
        "Kayak" : 275,
        "Lifejacket": 48.95,
    }

    for product, price := range products {
        if (price > 100) {
            printPrice(product, price, calcWithTax)
        } else {
            printPrice(product, price, calcWithoutTax)
        }
    }
}
```

printPrice 函数定义了三个参数，前两个参数接收 string 和 float64 值。第三个参数名为 calculator，它接收一个函数，该函数接收一个 float64 值并产生一个 float64 结果，如图 9-4 所示。

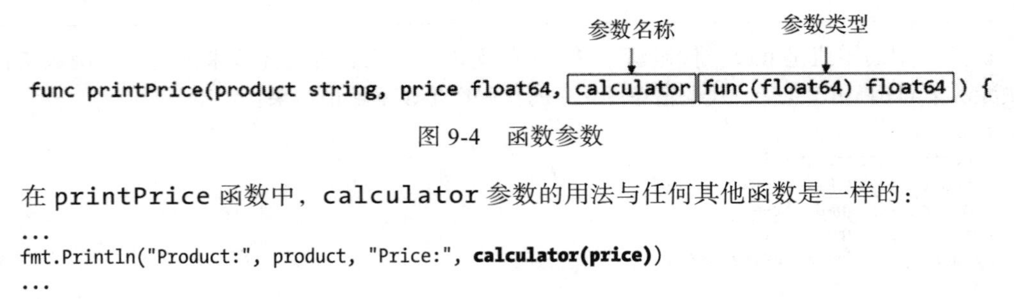

图 9-4 函数参数

在 printPrice 函数中，calculator 参数的用法与任何其他函数是一样的：

```
...
fmt.Println("Product:", product, "Price:", calculator(price))
...
```

重要的是，printPrice 函数不知道——也不关心——它是否通过 calculator 参数接收 calcWithTax 或 calcWithoutTax 函数。printPrice 函数只知道它能够用 float64 参数值调用 calculator 函数并接收 float64 结果，因为这是参数的函数类型。

选择使用哪个函数是由 main 函数中的 if 语句决定的，函数名用于将一个函数作为参数传递给另一个函数，如下所示：

```
...
printPrice(product, price, calcWithTax)
...
```

代码清单 9-6 中的代码在编译和执行时会产生以下输出结果：

```
Product: Kayak Price: 330
Product: Lifejacket Price: 48.95
```

9.2.3 函数作为结果

函数也可以是结果，这意味着函数返回的值是另一个函数，如代码清单 9-7 所示。

代码清单 9-7 在 functionTypes/main.go 文件中生成函数结果

```
package main

import "fmt"

func calcWithTax(price float64) float64 {
    return price + (price * 0.2)
}

func calcWithoutTax(price float64) float64 {
    return price
}

func printPrice(product string, price float64, calculator func(float64) float64 ) {
    fmt.Println("Product:", product, "Price:", calculator(price))
}
func selectCalculator(price float64) func(float64) float64 {
    if (price > 100) {
        return calcWithTax
    }
    return calcWithoutTax
}

func main() {

    products := map[string]float64 {
        "Kayak" : 275,
        "Lifejacket": 48.95,
    }

    for product, price := range products {
        printPrice(product, price, selectCalculator(price))
    }
}
```

selectCalculator 函数接收一个 float64 值并返回一个函数，如图 9-5 所示。

```
                                     结果类型
                                         ↓
func selectCalculator(price float64) func(float64) float64 {
```

图 9-5 函数类型结果

selectCalculator 产生的结果是一个接受 float64 值并产生 float64 结果的函数。selectCalculator 的调用方不知道它们收到的是 calcWithTax 还是 calcWithoutTax

函数，只知道它们将收到具有指定签名的函数。代码清单 9-7 中的代码在编译和执行时会产生以下输出结果：

```
Product: Kayak Price: 330
Product: Lifejacket Price: 48.95
```

9.3 创建函数类型别名

正如前面的示例所显示的，使用函数类型可能使代码冗长且重复，这会产生难以阅读和维护的代码。Go 支持类型别名，它可以用来给函数签名指定一个名字，这样就不用在每次使用函数类型时都指定参数和结果类型，如代码清单 9-8 所示。

代码清单 9-8 在 functionTypes/main.go 文件中使用类型别名

```go
package main

import "fmt"

type calcFunc func(float64) float64

func calcWithTax(price float64) float64 {
    return price + (price * 0.2)
}

func calcWithoutTax(price float64) float64 {
    return price
}

func printPrice(product string, price float64, calculator calcFunc) {
    fmt.Println("Product:", product, "Price:", calculator(price))
}

func selectCalculator(price float64) calcFunc {
    if (price > 100) {
        return calcWithTax
    }
    return calcWithoutTax
}

func main() {

    products := map[string]float64 {
        "Kayak" : 275,
        "Lifejacket": 48.95,
    }

    for product, price := range products {
        printPrice(product, price, selectCalculator(price))
    }
}
```

别名是用 type 关键字创建的，后跟别名的名称及类型，如图 9-6 所示。

注意 type 关键字也用于创建自定义类型，如第 10 章所述。

代码清单 9-8 中的别名将名称 calcFunc 分配给接受 float64 参数并产生 float64 结果的函数类型。可以使用别名来代替函数类型，如下所示：

```
...
func selectCalculator(price float64) calcFunc {
...
```


图 9-6 类型别名

你不必总是为函数类型使用别名，但它们可以简化代码，并使特定函数签名更容易识别。代码清单 9-8 中的代码产生以下输出结果：

```
Product: Kayak Price: 330
Product: Lifejacket Price: 48.95
```

9.4 使用函数文字语法

函数文字语法（function literal syntax）允许定义属于特定于代码区域的函数，如代码清单 9-9 所示。

代码清单 9-9 在 functionTypes/main.go 文件中使用函数文字语法

```
package main

import "fmt"

type calcFunc func(float64) float64

// func calcWithTax(price float64) float64 {
//     return price + (price * 0.2)
// }

// func calcWithoutTax(price float64) float64 {
//     return price
// }

func printPrice(product string, price float64, calculator calcFunc) {
    fmt.Println("Product:", product, "Price:", calculator(price))
}

func selectCalculator(price float64) calcFunc {
    if (price > 100) {
        var withTax calcFunc = func (price float64) float64 {
            return price + (price * 0.2)
        }
        return withTax
    }
    withoutTax := func (price float64) float64 {
        return price
    }
    return withoutTax
}

func main() {

    products := map[string]float64 {
```

```
        "Kayak" : 275,
        "Lifejacket": 48.95,
    }

    for product, price := range products {
        printPrice(product, price, selectCalculator(price))
    }
}
```

文字语法省略了函数名称，因此 func 关键字后面是参数、结果类型和代码块，如图 9-7 所示。因为名称被省略了，所以这样定义的函数被称为匿名函数。

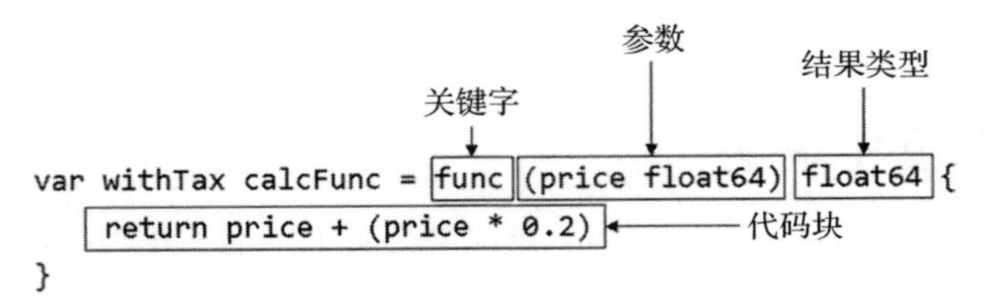

图 9-7 函数文字语法

注意 Go 语言不支持箭头函数，在箭头函数中，使用 => 操作符可以更简洁地表达函数，不需要 func 关键字和用大括号括起来的代码块。在 Go 语言中，函数必须用关键字和函数体来定义。

文字语法创建了一个函数，该函数可以像其他值一样使用，包括将函数赋给变量，这就像是我在代码清单 9-9 中所做的那样。文字函数的类型由函数签名定义，这意味着函数参数的数量和类型必须与变量类型一致，如下所示：

```
...
var withTax calcFunc = func (price float64) float64 {
    return price + (price * 0.2)
}
...
```

这个文字函数有一个与 calcFunc 类型别名匹配的签名，有一个 float64 参数和一个 float64 结果。文字函数也可以与短变量声明语法一起使用：

```
...
withoutTax := func (price float64) float64 {
    return price
}
...
```

Go 编译器将使用函数签名确定变量类型，这意味着 withoutTax 变量的类型是 func(float64)float64。代码清单 9-9 中的代码在编译和执行时会产生以下输出结果：

```
Product: Kayak Price: 330
Product: Lifejacket Price: 48.95
```

9.4.1 理解函数变量作用域

函数和其他值一样，但是加税的函数只能通过 withTax 变量访问，而这个变量只能在 if

语句的代码块中访问，如代码清单 9-10 所示。

代码清单 9-10　在 functionTypes/main.go 文件中使用超出其作用域的函数

```
...
func selectCalculator(price float64) calcFunc {
    if (price > 100) {
        var withTax calcFunc = func (price float64) float64 {
            return price + (price * 0.2)
        }
        return withTax
    } else if (price < 10) {
        return withTax
    }
     withoutTax := func (price float64) float64 {
        return price
    }
    return withoutTax
}
...
```

else/if 子句中的语句试图访问赋给 withTax 变量的函数。但是这个变量在另一个代码块中，无法访问，所以编译器会生成以下错误：

```
# command-line-arguments
.\main.go:18:16: undefined: withTax
```

9.4.2　直接使用函数值

在前面的示例中，我将函数赋给了变量，因为我想演示 Go 语言像对待任何其他值一样对待文字函数。但是函数不一定要赋给变量，它可以像其他文字值一样使用，如代码清单 9-11 所示。

代码清单 9-11　在 functionTypes/main.go 文件中直接使用函数值

```
package main

import "fmt"

type calcFunc func(float64) float64

func printPrice(product string, price float64, calculator calcFunc) {
    fmt.Println("Product:", product, "Price:", calculator(price))
}

func selectCalculator(price float64) calcFunc {
    if (price > 100) {
        return func (price float64) float64 {
            return price + (price * 0.2)
        }
    }
     return func (price float64) float64 {
        return price
    }
}

func main() {
```

```
    products := map[string]float64 {
        "Kayak" : 275,
        "Lifejacket": 48.95,
    }
    for product, price := range products {
        printPrice(product, price, selectCalculator(price))
    }
}
```

return 关键字被直接应用于函数，而不将函数赋给变量。代码清单 9-11 中的代码产生以下输出结果：

```
Product: Kayak Price: 330
Product: Lifejacket Price: 48.95
```

文字函数也可以用作其他函数的参数，如代码清单 9-12 所示。

代码清单 9-12 在 functionTypes/main.go 文件中使用文字函数参数

```
package main

import "fmt"

type calcFunc func(float64) float64

func printPrice(product string, price float64, calculator calcFunc) {
    fmt.Println("Product:", product, "Price:", calculator(price))
}

func main() {

    products := map[string]float64 {
        "Kayak" : 275,
        "Lifejacket": 48.95,
    }

    for product, price := range products {
        printPrice(product, price, func (price float64) float64 {
            return price + (price * 0.2)
        })
    }
}
```

printPrice 函数的最后一个参数是使用文字语法表示的，没有将函数赋给变量。代码清单 9-12 中的代码产生以下输出结果：

```
Product: Kayak Price: 330
Product: Lifejacket Price: 58.74
```

9.4.3 理解函数闭包

使用文字语法定义的函数可以引用周围代码中的变量，这一特性被称为闭包（closure）。这个特性可能很难理解，所以我将从一个不依赖于闭包的示例开始，如代码清单 9-13 所示，然后解释如何改进它。

代码清单 9-13　在 functionTypes/main.go 文件中使用多个函数

```
package main

import "fmt"

type calcFunc func(float64) float64

func printPrice(product string, price float64, calculator calcFunc) {
    fmt.Println("Product:", product, "Price:", calculator(price))
}

func main() {

    watersportsProducts := map[string]float64 {
        "Kayak" : 275,
        "Lifejacket": 48.95,
    }

    soccerProducts := map[string] float64 {
        "Soccer Ball": 19.50,
        "Stadium": 79500,
    }

    calc := func(price float64) float64 {
        if (price > 100) {
            return price + (price * 0.2)
        }
        return price;
    }
    for product, price := range watersportsProducts {
        printPrice(product, price, calc)
    }

    calc = func(price float64) float64 {
        if (price > 50) {
            return price + (price * 0.1)
        }
        return price
    }
    for product, price := range soccerProducts {
        printPrice(product, price, calc)
    }
}
```

两个 map 包含水上运动（watersports）和足球（soccer）类别中产品的名称和价格。这些 map 由 for 循环枚举，该循环针对每个 map 元素调用 printPrice 函数。printPrice 函数需要的参数之一是 calcFunc，它是一个计算产品总含税价格的函数。每个产品类别需要不同的免税阈值和税率，如表 9-3 所示。

表 9-3　产品类别、免税阈值和税率

类别	免税阈值	税率
watersports	100	20%
soccer	50	10%

注意 请不要写信给我抱怨我虚构的税率显示了我对足球的厌恶。我对所有的运动都同样地不喜欢，除了长跑，我参加长跑很大程度上是因为每一公里都让我远离谈论体育的人。

我使用文字语法来创建函数，并为每个类别应用阈值。这是可行的，但存在高度重复的代码，如果价格计算方式发生变化，我必须得记得更新每个类别的计算器函数。

我想要的是整合计算价格所需的公共代码，并允许公共代码根据每个类别的变化进行配置。使用闭包特性很容易做到这一点，如代码清单 9-14 所示。

代码清单 9-14 在 functionTypes/main.go 文件中使用函数闭包

```
package main

import "fmt"

type calcFunc func(float64) float64

func printPrice(product string, price float64, calculator calcFunc) {
    fmt.Println("Product:", product, "Price:", calculator(price))
}

func priceCalcFactory(threshold, rate float64) calcFunc {
    return func(price float64) float64 {
        if (price > threshold) {
            return price + (price * rate)
        }
        return price
    }
}
func main() {

    watersportsProducts := map[string]float64 {
        "Kayak" : 275,
        "Lifejacket": 48.95,
    }

    soccerProducts := map[string] float64 {
        "Soccer Ball": 19.50,
        "Stadium": 79500,
    }

    waterCalc := priceCalcFactory(100, 0.2);
    soccerCalc := priceCalcFactory(50, 0.1)

    for product, price := range watersportsProducts {
        printPrice(product, price, waterCalc)
    }

    for product, price := range soccerProducts {
        printPrice(product, price, soccerCalc)
    }
}
```

关键的是增加了 priceCalcFactory 函数，在这一小节中我将它称为工厂函数，以区别于代码的其他部分。工厂函数的工作是为特定的免税阈值和税率组合创建计算器函数。这项任务由函数签名描述，如图 9-8 所示。


```
func priceCalcFactory(threshold , rate float64) calcFunc {
    return func(price float64) float64 {
        if (price > threshold) {
            return price + (price * rate)
        }
        return price
    }
}
```

图 9-8 工厂函数签名

工厂函数的输入是某个类别的免税阈值和税率，输出是一个计算该类别价格的函数。工厂函数中的代码使用文字语法来定义计算器函数，该函数包含执行计算的公共代码，如图 9-9 所示。

```
func priceCalcFactory( threshold , rate float64 ) calcFunc {
    return func(price float64) float64 {
        if (price > threshold) {
            return price + (price * rate)
        }
        return price
    }
}
```


图 9-9 公共代码

闭包特性是工厂函数和计算器函数之间的链接。计算器函数依赖两个变量来产生结果，如下所示：

```
...
return func(price float64) float64 {
    if (price > threshold) {
        return price + (price * rate)
    }
    return price
}
...
```

threshold 和 rate 值取自工厂函数参数，如下所示：

```
...
func priceCalcFactory(threshold, rate float64) calcFunc {
...
```

闭包特性允许函数访问周围代码中的变量和参数。在这种情况下，计算器函数依赖于工厂函数的参数。当调用计算器函数时，使用参数值来产生一个结果，如图 9-10 所示。

```
func priceCalcFactory(threshold, rate float64 ) calcFunc {
    return func(price float64) float64 {
        if (price > threshold) {
            return price + (price * rate)
        }
        return price
    }
}
```

图 9-10 函数闭包

函数会封闭它所需要的值的来源，因此计算器函数封闭了工厂函数的 threshold 和 rate 参数。

结果是工厂函数创建针对产品类别的免税阈值和税率定制的计算器函数。计算价格所需的代码已经合并，因此更改将应用于所有类别。代码清单 9-13 和代码清单 9-14 都产生以下输出：

```
Product: Kayak Price: 330
Product: Lifejacket Price: 48.95
Product: Soccer Ball Price: 19.5
Product: Stadium Price: 87450
```

1. 了解闭包定值

每次调用函数时，函数封闭的变量都会被计算，这意味着在函数外部所做的更改会影响它产生的结果，如代码清单 9-15 所示。

代码清单 9-15 在 functionTypes/main.go 文件中修改封闭变量值

```
package main

import "fmt"

type calcFunc func(float64) float64

func printPrice(product string, price float64, calculator calcFunc) {
    fmt.Println("Product:", product, "Price:", calculator(price))
}

var prizeGiveaway = false

func priceCalcFactory(threshold, rate float64) calcFunc {
    return func(price float64) float64 {
        if (prizeGiveaway) {
            return 0
        } else if (price > threshold) {
            return price + (price * rate)
        }
        return price
    }
}

func main() {

    watersportsProducts := map[string]float64 {
        "Kayak" : 275,
```

```
        "Lifejacket": 48.95,
    }

    soccerProducts := map[string] float64 {
        "Soccer Ball": 19.50,
        "Stadium": 79500,
    }

    prizeGiveaway = false
    waterCalc := priceCalcFactory(100, 0.2);
    prizeGiveaway = true
    soccerCalc := priceCalcFactory(50, 0.1)

    for product, price := range watersportsProducts {
        printPrice(product, price, waterCalc)
    }

    for product, price := range soccerProducts {
        printPrice(product, price, soccerCalc)
    }
}
```

计算器函数封闭了变量 prizeGiveaway，这导致价格降到零。prizeGiveaway 变量在创建水上运动类别的函数之前设置为 false，在创建足球类别的函数之前设置为 true。

但是，由于闭包是在调用函数时计算的，因此使用的是变量 prizeGiveaway 的当前值（true），而不是函数被创建时的值。因此，两个类别的价格都降为零，代码产生以下输出：

```
Product: Lifejacket Price: 0
Product: Kayak Price: 0
Product: Soccer Ball Price: 0
Product: Stadium Price: 0
```

2. 强制早期定值

当函数被调用时定值闭包是有用的，但是有的时候你想使用函数创建时的值，那么就需要复制这个值，如代码清单 9-16 所示。

代码清单 9-16　在 functionTypes/main.go 文件中强制定值

```
...
func priceCalcFactory(threshold, rate float64) calcFunc {
    fixedPrizeGiveway := prizeGiveaway
    return func(price float64) float64 {
        if (fixedPrizeGiveway) {
            return 0
        } else if (price > threshold) {
            return price + (price * rate)
        }
        return price
    }
}
...
```

计算器函数封闭 fixedPrizeGiveway 变量，该变量的值在调用工厂函数时设置。这确保了如果 prizeGiveaway 值被更改，计算器函数不会受到影响。向工厂函数添加一个参数也可以达到同样的效果，因为默认情况下函数参数是按值传递的。代码清单 9-17 给工厂函数添加了一个参数。

代码清单 9-17 在 functionTypes/main.go 文件中向工厂函数添加参数

```
package main

import "fmt"

type calcFunc func(float64) float64

func printPrice(product string, price float64, calculator calcFunc) {
    fmt.Println("Product:", product, "Price:", calculator(price))
}

var prizeGiveaway = false

func priceCalcFactory(threshold, rate float64, zeroPrices bool) calcFunc {
    return func(price float64) float64 {
        if (zeroPrices) {
            return 0
        } else if (price > threshold) {
            return price + (price * rate)
        }
        return price
    }
}
func main() {

    watersportsProducts := map[string]float64 {
        "Kayak" : 275,
        "Lifejacket": 48.95,
    }

    soccerProducts := map[string] float64 {
        "Soccer Ball": 19.50,
        "Stadium": 79500,
    }

    prizeGiveaway = false
    waterCalc := priceCalcFactory(100, 0.2, prizeGiveaway);
    prizeGiveaway = true
    soccerCalc := priceCalcFactory(50, 0.1, prizeGiveaway)

    for product, price := range watersportsProducts {
        printPrice(product, price, waterCalc)
    }

    for product, price := range soccerProducts {
        printPrice(product, price, soccerCalc)
    }
}
```

在代码清单 9-16 和代码清单 9-17 中，当 prizeGiveaway 被更改时，计算器函数不受变量更改的影响，并产生以下输出：

```
Product: Kayak Price: 330
Product: Lifejacket Price: 48.95
Product: Stadium Price: 0
Product: Soccer Ball Price: 0
```

3. 封闭指针以防止过早定值

闭包的大多数问题都是由函数创建后变量的更改引起的，这可以使用前面的技术来解决。有时，你可能会遇到相反的问题，即需要避免早期定值，以确保函数使用当前值。在这些情况下，使用指针可以防止值被复制，如代码清单 9-18 所示。

代码清单 9-18　在 functionTypes/main.go 文件中封闭指针

```
package main

import "fmt"

type calcFunc func(float64) float64

func printPrice(product string, price float64, calculator calcFunc) {
    fmt.Println("Product:", product, "Price:", calculator(price))
}

var prizeGiveaway = false

func priceCalcFactory(threshold, rate float64, zeroPrices *bool) calcFunc {
    return func(price float64) float64 {
        if (*zeroPrices) {
            return 0
        } else if (price > threshold) {
            return price + (price * rate)
        }
        return price
    }
}

func main() {

    watersportsProducts := map[string]float64 {
        "Kayak" : 275,
        "Lifejacket": 48.95,
    }

    soccerProducts := map[string] float64 {
        "Soccer Ball": 19.50,
        "Stadium": 79500,
    }

    prizeGiveaway = false
    waterCalc := priceCalcFactory(100, 0.2, &prizeGiveaway);
    prizeGiveaway = true
    soccerCalc := priceCalcFactory(50, 0.1, &prizeGiveaway)

    for product, price := range watersportsProducts {
        printPrice(product, price, waterCalc)
    }

    for product, price := range soccerProducts {
```

```
            printPrice(product, price, soccerCalc)
        }
    }
```

在此示例中，工厂函数定义了一个参数，该参数接收一个指向 bool 值的指针，计算器函数封闭该指针。调用计算器函数时会跟随指针，这可以确保函数使用当前值。代码清单 9-18 中的代码产生以下输出结果：

```
Product: Kayak Price: 0
Product: Lifejacket Price: 0
Product: Soccer Ball Price: 0
Product: Stadium Price: 0
```

9.5 小结

在这一章中，我介绍了 Go 语言中处理函数类型的方式，允许它们像其他数据类型一样被使用，也允许函数像其他值一样被处理。我介绍了如何描述函数类型，展示了如何使用它们来定义其他函数的参数和结果，演示了使用类型别名来避免在代码中重复复杂函数类型的方式，解释了函数文字语法的用法以及函数闭包的工作方式。下一章将解释如何通过创建结构类型来定义自定义数据类型。

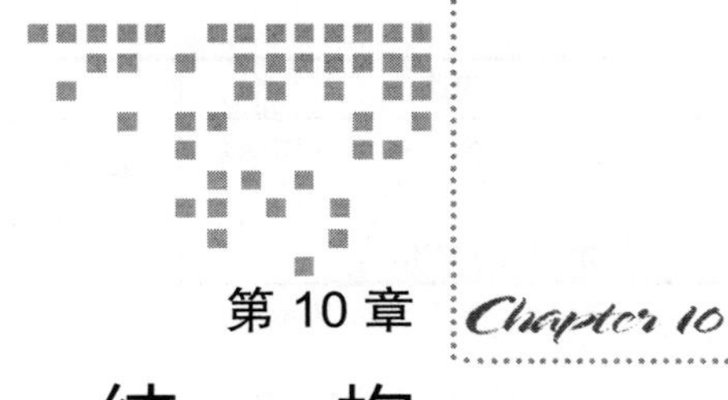

第 10 章 Chapter 10

结　构

在这一章中，我将介绍结构（struct），这就是在 Go 中定义自定义数据类型的方式。我将展示如何定义新的结构类型，描述如何从这些类型中创建值，并解释当值被复制时会发生什么。表 10-1 给出了在开始学习结构前需要了解的一些基本问题。

表 10-1　关于结构的一些基本问题

问题	答案
它们是什么	结构是由字段组成的数据类型
它们为什么有用	结构允许定义自定义数据类型
它们是如何使用的	使用 `type` 和 `struct` 关键字定义类型，允许指定字段名称和类型
有什么陷阱或限制吗	必须小心避免无意中复制结构值，并确保存储指针的字段在使用前已初始化
有其他选择吗	简单的应用程序可以只使用内置的数据类型，但是大多数应用程序需要定义自定义类型，对于这些类型，结构是唯一的选择

表 10-2 是本章内容概要。

表 10-2　章节内容概要

问题	解决方案	代码清单
定义自定义数据类型	定义结构类型	10-4、10-24
创建结构值	使用文字语法创建新值并将值赋给各个字段	10-5～10-7、10-15
定义一个结构字段，其类型是另一个结构	定义嵌入字段	10-8、10-9
比较结构值	使用比较运算符，确保被比较的值具有相同的类型或具有相同字段的类型，所有这些类型都必须是可比较的	10-10、10-11
转换结构类型	执行显式转换，确保这些类型具有相同的字段	10-12
定义一个结构，但不指定名称	定义匿名结构	10-13、10-14

（续）

问题	解决方案	代码清单
在将结构赋给变量或用作函数参数时，防止其被复制	使用指针	10-16～10-21、10-25～10-29
一致地创建结构值	定义构造函数	10-22、10-23

10.1 为本章做准备

请打开一个新的命令行窗口，导航到一个方便的位置，并创建一个名为 `structs` 的文件夹。导航到 `structs` 文件夹，运行代码清单 10-1 所示的命令来初始化项目。

代码清单 10-1 初始化项目

```
go mod init structs
```

将一个名为 `main.go` 的文件添加到 `structs` 文件夹，其内容如代码清单 10-2 所示。

代码清单 10-2 structs/main.go 文件的内容

```
package main

import "fmt"

func main() {

    fmt.Println("Hello, Structs")
}
```

使用命令行窗口在 `structs` 文件夹中运行代码清单 10-3 所示的命令。

代码清单 10-3 运行示例项目

```
go run .
```

`main.go` 文件中的代码将被编译并执行，产生以下输出结果：

```
Hello, Structs
```

10.2 定义和使用结构

Go 语言的自定义数据类型是通过结构（struct）特性实现的，如代码清单 10-4 所示。

代码清单 10-4 在 structs/main.go 文件中创建自定义数据类型

```
package main

import "fmt"

func main() {

    type Product struct {
        name, category string
```

```
        price float64
    }

    kayak := Product {
        name: "Kayak",
        category: "Watersports",
        price: 275,
    }

    fmt.Println(kayak.name, kayak.category, kayak.price)
    kayak.price = 300
    fmt.Println("Changed price:", kayak.price)
}
```

自定义数据类型在Go中被称为结构类型，是使用type关键字、名称和struct关键字定义的。用大括号将一系列字段括起来，每个字段都定义了名称和类型。相同类型的字段可以一起声明，如图10-1所示，并且所有字段必须有不同的名称。

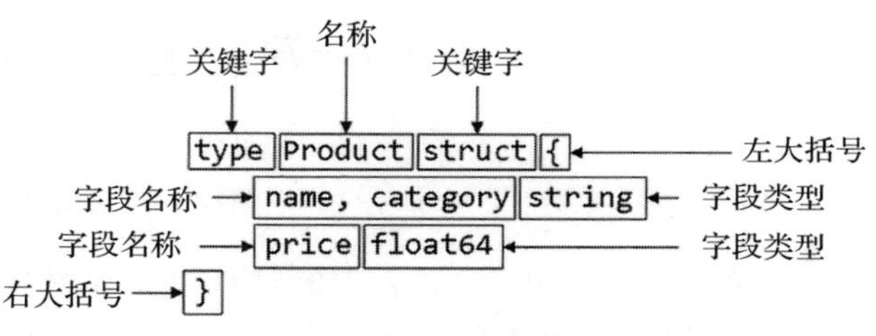

图10-1 定义结构类型

这个结构类型被命名为Product，它有三个字段：name和category字段保存字符串值，price字段保存float64值。name和category字段具有相同的类型，可以一起定义。

> **Go语言的类在哪里**
>
> Go不像其他语言那样区分结构和类。所有自定义数据类型都被定义为结构，是通过引用还是通过值传递它们取决于是否使用了指针。正如我在第4章中介绍的，这与其他语言中使用不同的类型类别达到了相同的效果，但是具有额外的灵活性，允许在每次使用一个值时进行选择。然而，这确实需要程序员更加勤奋，他们必须在编码过程中考虑选择的后果。这两种方法无所谓哪个好或者不好，结果本质上是一样的。

10.2.1 创建结构值

下一步是使用自定义类型创建一个值，这是使用结构类型名后跟包含结构字段值的大括号完成的，如图10-2所示。

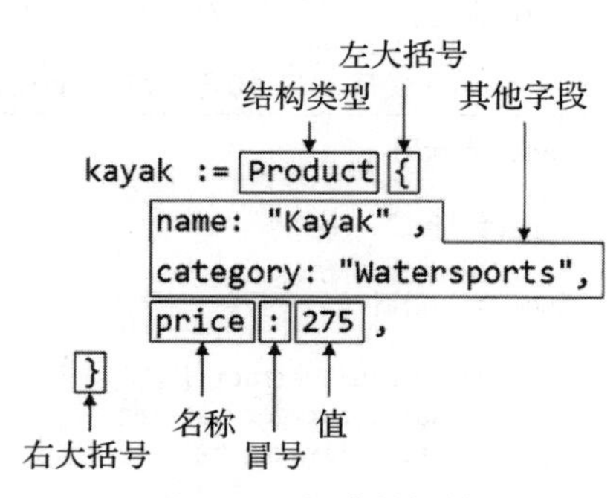

图10-2 创建结构值

代码清单10-4中创建的值是一个Product结构，它的name字段被赋值为"Kayak"，category字段是"Watersports"，price字段是275。这个结构值被赋给一个名为kayak的变量。

Go对语法很讲究，如果最后一个字段的值后面没有逗号或右大括号，就会产生错误。我通常更喜欢使用尾部逗号，这允许我将右大括号放在代码文件的下一行，就像我在第 7 章中使用 map 文字语法演示的那样。

注意 Go 不允许关键字 const 与 struct 一起使用，如果你试图定义一个常量结构，编译器将会报告一个错误。只有第 9 章中介绍的数据类型可以用来创建常量。

10.2.2 使用结构值

结构值的字段通过赋给变量的名称来访问，因此我们使用 kayak.name 访问赋给 kayak 变量的结构值的 name 字段，如图 10-3 所示。

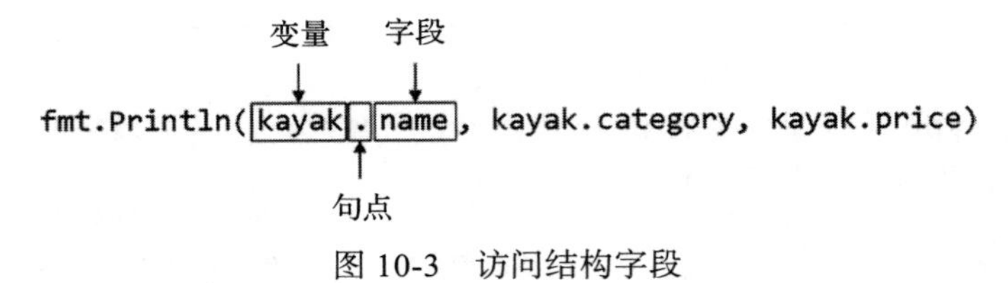

图 10-3 访问结构字段

新的值可以用相同的语法赋给结构字段，如图 10-4 所示。

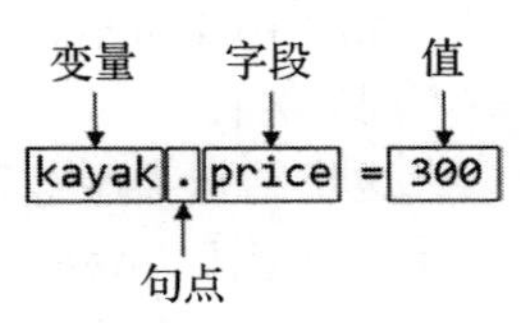

图 10-4 修改结构字段

该语句将值 300 赋给分配给变量 kayak 的 Product 结构值的 price 字段。代码清单 10-4 中的代码在编译和执行时会产生以下输出结果：

```
Kayak Watersports 275
Changed price: 300
```

> **理解结构标签**
>
> 结构类型还可以定义标签（tag），这些标签提供关于应该如何处理字段的附加信息。结构标签只是字符串，由处理结构值的代码使用 reflect 包提供的特性进行解释。关于如何使用结构标签来改变 JSON 数据中结构编码方式的示例，请参见第 21 章，关于如何自己访问结构标签的细节请参见第 28 章。

10.2.3 部分地赋值结构值

创建结构值时，不必为所有字段都提供值，如代码清单 10-5 所示。

代码清单 10-5 在 structs/main.go 文件中为结构的一部分字段赋值

```
package main

import "fmt"

func main() {

    type Product struct {
        name, category string
        price float64
    }
```

```
    kayak := Product {
        name: "Kayak",
        category: "Watersports",
    }

    fmt.Println(kayak.name, kayak.category, kayak.price)
    kayak.price = 300
    fmt.Println("Changed price:", kayak.price)
}
```

在上面这个示例中，我们没有为赋给 `kayak` 变量的结构的 `price` 字段提供初始值。如果没有为某些字段赋值，则使用该字段类型的零值。对于代码清单 10-5，`price` 字段的零值是 0，因为该字段类型是 `float64`，上面的代码在编译和执行时会产生以下输出结果：

```
Kayak Watersports 0
Changed price: 300
```

正如以上输出结果所示，省略初始值不会妨碍随后将新值赋给该字段。

如果你定义了一个结构类型的变量，但是没有给它赋值，那么所有的字段都被赋零类型，如代码清单 10-6 所示。

代码清单 10-6　structs/main.go 文件中未赋值的变量

```
package main

import "fmt"

func main() {

    type Product struct {
        name, category string
        price float64
    }

    kayak := Product {
        name: "Kayak",
        category: "Watersports",
    }

    fmt.Println(kayak.name, kayak.category, kayak.price)
    kayak.price = 300
    fmt.Println("Changed price:", kayak.price)

    var lifejacket Product
    fmt.Println("Name is zero value:", lifejacket.name == "")
    fmt.Println("Category is zero value:", lifejacket.category == "")
    fmt.Println("Price is zero value:", lifejacket.price == 0)
}
```

`lifejacket` 变量的类型是 `Product`，但是我们没有为其字段赋值。`lifejacket` 的所有字段的值都是对应于它们的类型的零值，代码清单 10-6 的输出证实了这一点：

```
Kayak Watersports 0
Changed price: 300
Name is zero value: true
```

```
Category is zero value: true
Price is zero value: true
```

使用 new 函数创建结构值

你可能会看到使用内置的 new 函数创建结构值的代码，如下所示：

```
...
var lifejacket = new(Product)
...
```

结果是指向结构值的指针，该结构值的字段用其类型的零值初始化。这相当于以下语句：

```
...
var lifejacket = &Product{}
...
```

这些方法是等价并可以互换的，选择哪一种是个人喜好问题。

10.2.4 使用字段位置创建结构值

结构值可以不用名称来定义，只要值的类型对应于结构类型定义字段的顺序就行，如代码清单 10-7 所示。

代码清单 10-7 在 structs/main.go 文件中省略字段名

```
package main

import "fmt"

func main() {

    type Product struct {
        name, category string
        price float64
    }
    var kayak = Product { "Kayak", "Watersports", 275.00 }

    fmt.Println("Name:", kayak.name)
    fmt.Println("Category:", kayak.category)
    fmt.Println("Price:", kayak.price)
}
```

用于定义结构值的文字语法只包含值，这些值按照指定的顺序被赋给结构字段。代码清单 10-7 中的代码产生以下输出：

```
Name: Kayak
Category: Watersports
Price: 275
```

10.2.5 定义嵌入字段

如果定义了一个没有名称的字段，它就被认为是一个嵌入字段，并且它可以使用类型名来访问，如代码清单 10-8 所示。

代码清单 10-8　在 structs/main.go 文件中定义嵌入字段

```
package main

import "fmt"

func main() {

    type Product struct {
        name, category string
        price float64
    }

    type StockLevel struct {
        Product
        count int
    }

    stockItem := StockLevel {
        Product: Product { "Kayak", "Watersports", 275.00 },
        count: 100,
    }

    fmt.Println("Name:", stockItem.Product.name)
    fmt.Println("Count:", stockItem.count)
}
```

StockLevel 结构类型有两个字段。第一个字段是嵌入字段，并且是用一个类型定义的，这个类型就是 Product 结构类型，如图 10-5 所示。

```
type StockLevel struct {
    Product   ←—— 嵌入字段
    count int ←—— 常规字段
}
```

图 10-5　定义嵌入字段

使用字段类型的名称可以访问嵌入字段，这就是此特性对于类型为结构的字段最有用的原因。在本例中，嵌入字段用 Product 类型定义，这意味着它是使用 Product 作为字段名被赋值和读取的，如下所示：

```
...
stockItem := StockLevel {
    Product: Product { "Kayak", "Watersports", 275.00 },
    count: 100,
}
...
fmt.Println(fmt.Sprint("Name: ", stockItem.Product.name))
...
```

代码清单 10-8 中的代码在编译和执行时会产生以下输出结果：

```
Name: Kayak
Count: 100
```

如前所述，字段名对于结构类型必须是唯一的，这意味着你只能为某个类型定义一个嵌入字段。如果需要定义两个相同类型的字段，那么需要给其中一个指定一个名称，如代码清单 10-9 所示。

代码清单 10-9　在 structs/main.go 文件中定义多个相同类型的字段

```
package main
```

```
import "fmt"

func main() {

    type Product struct {
        name, category string
        price float64
    }

    type StockLevel struct {
        Product
        Alternate Product
        count int
    }
    stockItem := StockLevel {
        Product: Product { "Kayak", "Watersports", 275.00 },
        Alternate: Product{"Lifejacket", "Watersports", 48.95 },
        count: 100,
    }

    fmt.Println("Name:", stockItem.Product.name)
    fmt.Println("Alt Name:", stockItem.Alternate.name)
}
```

StockLevel 类型有两个类型为 Product 的字段，但只有一个可以是嵌入字段。对于第二个字段，我指定了一个名称，通过这个名称即可访问这个字段。代码清单 10-9 中的代码在编译和执行时会产生以下输出结果：

```
Name: Kayak
Alt Name: Lifejacket
```

10.2.6 比较结构值

如果结构值的所有字段都可以比较，那么它们就是可比较的。代码清单 10-10 创建了几个结构值，并应用比较运算符来确定它们是否相等。

代码清单 10-10 在 structs/main.go 文件中比较结构值

```
package main

import "fmt"

func main() {

    type Product struct {
        name, category string
        price float64
    }

    p1 := Product { name: "Kayak", category: "Watersports", price: 275.00 }
    p2 := Product { name: "Kayak", category: "Watersports", price: 275.00 }
    p3 := Product { name: "Kayak", category: "Boats", price: 275.00 }

    fmt.Println("p1 == p2:", p1 == p2)
    fmt.Println("p1 == p3:", p1 == p3)
}
```

结构值 p1 和 p2 相等，因为它们的所有字段都相等。结构值 p1 和 p3 不相等，因为赋给它们的 category 字段的值不同。编译并执行该项目，你将看到以下输出结果：

```
p1 == p2: true
p1 == p3: false
```

如果结构类型定义了具有不可比类型（如切片）的字段，如代码清单 10-11 所示，则结构不能被比较。

代码清单 10-11 在 structs/main.go 文件中添加不可比的字段

```
package main

import "fmt"

func main() {

    type Product struct {
        name, category string
        price float64
        otherNames []string
    }

    p1 := Product { name: "Kayak", category: "Watersports", price: 275.00 }
    p2 := Product { name: "Kayak", category: "Watersports", price: 275.00 }
    p3 := Product { name: "Kayak", category: "Boats", price: 275.00 }

    fmt.Println("p1 == p2:", p1 == p2)
    fmt.Println("p1 == p3:", p1 == p3)
}
```

如第 7 章所述，Go 比较运算符不能应用于切片，这意味着 Product 的值无法比较。编译时，此代码会产生以下错误：

```
.\main.go:17:33: invalid operation: p1 == p2 (struct containing []string cannot be compared)
.\main.go:18:33: invalid operation: p1 == p3 (struct containing []string cannot be compared)
```

结构类型转换

一个结构类型可以被转换成任何其他具有相同字段的结构类型，这意味着所有的字段都具有相同的名称和类型，并且以相同的顺序定义，如代码清单 10-12 所示。

代码清单 10-12 在 structs/main.go 文件中转换结构类型

```
package main

import "fmt"

func main() {

    type Product struct {
        name, category string
        price float64
        //otherNames []string
    }
    type Item struct {
```

```
        name string
        category string
        price float64
    }

    prod := Product { name: "Kayak", category: "Watersports", price: 275.00 }
    item := Item { name: "Kayak", category: "Watersports", price: 275.00 }

    fmt.Println("prod == item:", prod == Product(item))
}
```

从 Product 和 Item 结构类型创建的值可以进行比较，因为它们以相同的顺序定义了相同的字段。编译并执行该项目；你将看到以下输出：

```
prod == item: true
```

10.2.7 定义匿名结构类型

匿名结构类型的定义没有使用名称，如代码清单 10-13 所示。

代码清单 10-13 在 structs/main.go 文件中定义匿名结构类型

```
package main

import "fmt"

func writeName(val struct {
        name, category string
        price float64}) {
    fmt.Println("Name:", val.name)
}

func main() {

    type Product struct {
        name, category string
        price float64
        //otherNames []string
    }

    type Item struct {
        name string
        category string
        price float64
    }
    prod := Product { name: "Kayak", category: "Watersports", price: 275.00 }
    item := Item { name: "Stadium", category: "Soccer", price: 75000 }

    writeName(prod)
    writeName(item)
}
```

writeName 函数使用匿名结构类型作为参数，这意味着它可以接受符合指定字段集的任何结构类型。编译并执行该项目，你将看到以下输出：

```
Name: Kayak
Name: Stadium
```

我并不觉得如代码清单 10-13 所示的这个特性特别有用，但是我确实使用了一个变体，那就是定义一个匿名结构并在一个步骤中给它赋值。这在调用代码时很有用，这些代码使用 `reflect` 包提供的特性来检查它在运行时接收到的类型，我将在第 27～29 章介绍这些特性。`reflect` 包包含一些高级特性，但是标准库的其他部分也使用它，比如内置的 JSON 数据编码支持。我将在第 21 章中详细介绍 JSON 的相关特性，但是在这一章中，代码清单 10-14 仅展示如何使用匿名结构来选择包含在 JSON 字符串中的字段。

代码清单 10-14　在 structs/main.go 文件中为匿名结构赋值

```
package main

import (
    "fmt"
    "encoding/json"
    "strings"
)

func main() {

    type Product struct {
        name, category string
        price float64
    }

    prod := Product { name: "Kayak", category: "Watersports", price: 275.00 }

    var builder strings.Builder
    json.NewEncoder(&builder).Encode(struct {
        ProductName string
        ProductPrice float64
    }{
        ProductName: prod.name,
        ProductPrice: prod.price,
    })
    fmt.Println(builder.String())
}
```

不要担心 `encoding/json` 和 `strings` 包，它们将在后面的章节中被介绍。这个示例仅演示如何在一个步骤中定义匿名结构并给它赋值，我在代码清单 10-14 中使用它来创建一个带有 `ProductName` 和 `ProductPrice` 字段的结构，然后使用 `Product` 字段的值来进行赋值。编译并执行该项目，你将看到以下输出：

```
{"ProductName":"Kayak","ProductPrice":275}
```

10.3　创建包含结构值的数组、切片和 map

当用结构值填充数组、切片和 map 时，可以省略结构类型，如代码清单 10-15 所示。

代码清单 10-15　在 structs/main.go 文件中省略结构类型

```
package main
```

```
import "fmt"

func main() {

    type Product struct {
        name, category string
        price float64
        //otherNames []string
    }

    type StockLevel struct {
        Product
        Alternate Product
        count int
    }

    array := [1]StockLevel {
        {
            Product: Product { "Kayak", "Watersports", 275.00 },
            Alternate: Product{"Lifejacket", "Watersports", 48.95 },
            count: 100,
        },
    }
    fmt.Println("Array:", array[0].Product.name)

    slice := []StockLevel {
        {
            Product: Product { "Kayak", "Watersports", 275.00 },
            Alternate: Product{"Lifejacket", "Watersports", 48.95 },
            count: 100,
        },
    }
    fmt.Println("Slice:", slice[0].Product.name)

    kvp := map[string]StockLevel {
        "kayak": {
            Product: Product { "Kayak", "Watersports", 275.00 },
            Alternate: Product{"Lifejacket", "Watersports", 48.95 },
            count: 100,
        },
    }
    fmt.Println("Map:", kvp["kayak"].Product.name)
}
```

代码清单 10-15 中的代码分别创建了一个数组、一个切片和一个 map，它们都用 StockLevel 值填充。编译器可以从包含的数据结构中推断出结构值的类型，这可以使代码表达得更加简洁。代码清单 10-15 产生以下输出：

```
Array: Kayak
Slice: Kayak
Map: Kayak
```

10.4 了解结构和指针

将结构赋给新变量或使用结构作为函数参数会创建一个复制字段值的新值，如代码清单 10-16 所示。

代码清单 10-16　在 structs/main.go 文件中复制结构值

```
package main

import "fmt"

func main() {

    type Product struct {
        name, category string
        price float64
    }

    p1 := Product {
        name: "Kayak",
        category: "Watersports",
        price: 275,
    }

    p2 := p1

    p1.name = "Original Kayak"

    fmt.Println("P1:", p1.name)
    fmt.Println("P2:", p2.name)
}
```

创建一个结构值并将其赋给变量 p1，然后将其复制到变量 p2。更改第一个结构值的 name 字段，然后写出两个变量的 name 值。代码清单 10-16 的输出结果证明赋值结构值会创建一个副本：

```
P1: Original Kayak
P2: Kayak
```

像其他数据类型一样，也可以使用指针创建对结构值的引用，如代码清单 10-17 所示。

代码清单 10-17　在 structs/main.go 文件中使用指向结构的指针

```
package main

import "fmt"

func main() {

    type Product struct {
        name, category string
        price float64
    }

    p1 := Product {
        name: "Kayak",
        category: "Watersports",
        price: 275,
    }

    p2 := &p1
```

```
    p1.name = "Original Kayak"

    fmt.Println("P1:", p1.name)
    fmt.Println("P2:", (*p2).name)
}
```

我使用 & 符号来创建一个指向 p1 变量的指针，并将地址分配给 p2，p2 的类型变成了 *Product，这意味着一个指向 Product 值的指针。请注意，我必须使用括号跟随指向结构值的指针，然后读取 name 字段的值，如图 10-6 所示。

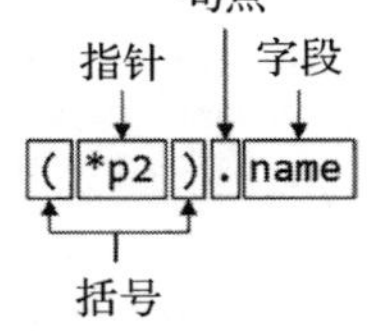

图 10-6 通过指针读取结构字段

其效果是，对 name 字段所做的更改通过 p1 和 p2 都能读取，在编译和执行代码时产生以下输出：

```
P1: Original Kayak
P2: Original Kayak
```

10.4.1 结构指针便利语法

通过指针访问结构字段很不方便，这是一个常见问题，因为结构通常被用作函数的参数和结果，需要指针来确保结构不进行不必要的重复，并且函数所做的更改会影响作为参数接收的值，如代码清单 10-18 所示。

代码清单 10-18 在 structs/main.go 文件中使用结构指针

```
package main

import "fmt"

type Product struct {
    name, category string
    price float64
}

func calcTax(product *Product) {
    if ((*product).price > 100) {
        (*product).price += (*product).price * 0.2
    }
}
func main() {

    kayak := Product {
        name: "Kayak",
        category: "Watersports",
        price: 275,
    }

    calcTax(&kayak)

    fmt.Println("Name:", kayak.name, "Category:",
        kayak.category, "Price", kayak.price)
}
```

这段代码可以编译运行，但是很难读懂，尤其是在同一个代码块中有多个引用的时候，比如 calcTax 函数。

为了简化这种类型的代码，Go 语言可以跟随指向结构字段的指针，而不需要星号字符，如代码清单 10-19 所示。

代码清单 10-19　在 structs/main.go 文件中使用结构指针便利语法

```
package main

import "fmt"

type Product struct {
    name, category string
    price float64
}

func calcTax(product *Product) {
    if (product.price > 100) {
        product.price += product.price * 0.2
    }
}

func main() {

    kayak := Product {
        name: "Kayak",
        category: "Watersports",
        price: 275,
    }

    calcTax(&kayak)

    fmt.Println("Name:", kayak.name, "Category:",
        kayak.category, "Price", kayak.price)
}
```

星号和括号不是必需的，这允许指向结构的指针被当作结构值来处理，如图 10-7 所示。

这个特性不会改变函数参数的数据类型，它仍然是 *Product，并且只在访问字段时适用。代码清单 10-18 和代码清单 10-19 都产生以下输出：

```
Name: Kayak Category: Watersports Price 330
```


图 10-7　使用结构或指向结构的指针

10.4.2　指向值的指针

前面的示例在两个步骤中使用指针。第一步是创建值并将其赋给变量，如下所示：

```
...
kayak := Product {
    name: "Kayak",
    category: "Watersports",
    price: 275,
}
...
```

第二步是使用地址操作符创建指针，如下所示：

```
...
calcTax(&kayak)
...
```

在创建指针之前，不需要给变量赋结构值，地址操作符可以直接和结构的文字语法一起使用，如代码清单 10-20 所示。

代码清单 10-20 在 structs/main.go 文件中直接创建指针

```
package main

import "fmt"

type Product struct {
    name, category string
    price float64
}
func calcTax(product *Product) {
    if (product.price > 100) {
        product.price += product.price * 0.2
    }
}

func main() {

    kayak := &Product {
        name: "Kayak",
        category: "Watersports",
        price: 275,
    }

    calcTax(kayak)

    fmt.Println("Name:", kayak.name, "Category:",
        kayak.category, "Price", kayak.price)
}
```

地址操作符用在结构类型之前，如图 10-8 所示。

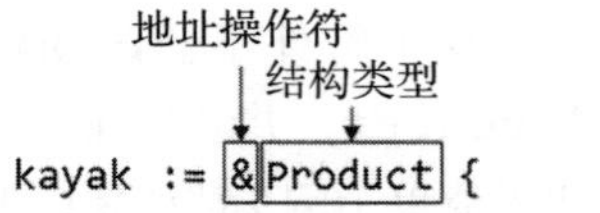

图 10-8 创建指向结构值的指针

代码清单 10-20 中的代码只使用了一个指向 Product 值的指针，这意味着创建常规变量然后用它来创建指针没有任何好处。能够直接从值创建指针有助于使代码更加简洁，如代码清单 10-21 所示。

代码清单 10-21 在 structs/main.go 文件中直接使用指针

```
package main

import "fmt"

type Product struct {
    name, category string
    price float64
}

func calcTax(product *Product) *Product {
```

```
    if (product.price > 100) {
        product.price += product.price * 0.2
    }
    return product
}
func main() {

    kayak := calcTax(&Product {
        name: "Kayak",
        category: "Watersports",
        price: 275,
    })

    fmt.Println("Name:", kayak.name, "Category:",
        kayak.category, "Price", kayak.price)
}
```

我修改了 calcTax 函数，使它产生一种允许该函数通过指针转换 Product 值的效果。在 main 函数中，我使用带有文字语法的地址操作符来创建一个 Product 值，并将指向它的指针传递给 calcTax 函数，将转换后的结果赋给类型为 *Pointer 的变量。代码清单 10-20 和代码清单 10-21 都产生以下输出：

```
Name: Kayak Category: Watersports Price 330
```

10.4.3　结构构造函数

构造函数负责使用通过参数接收的值创建结构值，如代码清单 10-22 所示。

代码清单 10-22　在 structs/main.go 文件中定义构造函数

```
package main

import "fmt"

type Product struct {
    name, category string
    price float64
}

func newProduct(name, category string, price float64) *Product {
    return &Product{name, category, price}
}

func main() {

    products := [2]*Product {
        newProduct("Kayak", "Watersports", 275),
        newProduct("Hat", "Skiing", 42.50),
    }

    for _, p := range products {
        fmt.Println("Name:", p.name, "Category:",  p.category, "Price", p.price)
    }
}
```

构造函数通常用于一致地创建结构值。构造函数通常被命名为 new 或 New 后跟结构类型，因此用于创建 Product 值的构造函数被命名为 newProduct。我将在第 12 章解释为什么构造函数的名称经常以大写首字母开头。

构造函数返回结构指针，地址操作符可以直接与结构的文字语法一起使用，如图 10-9 所示。

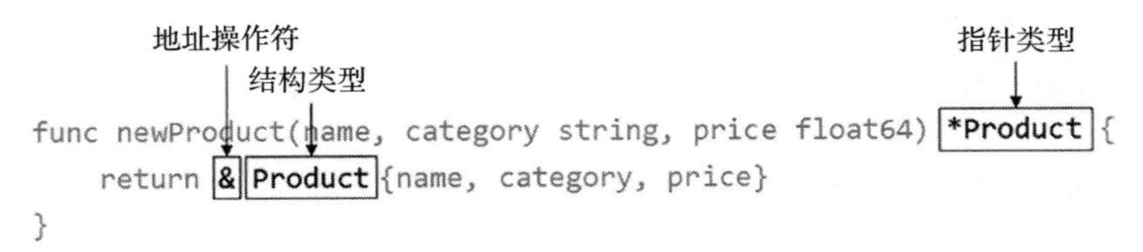

图 10-9 在构造函数中使用指针

我喜欢在构造函数中依靠字段位置创建值，如代码清单 10-22 所示，尽管这只是我的个人偏好。重要的是，要记得返回一个指针，以避免函数返回时结构值被复制。代码清单 10-22 使用一个数组来存储 Product 数据，你可以看到指针在数组类型中的用法：

```
...
products := [2]*Product {
...
```

此类型指定一个数组，该数组将保存指向 Product 结构值的两个指针。代码清单 10-22 中的代码在编译和执行时会产生以下输出结果：

```
Name: Kayak Category: Watersports Price 275
Name: Hat Category: Skiing Price 42.5
```

使用构造函数的好处是可以保持一致性，确保构造过程的变化反映在函数创建的所有结构值中。例如，代码清单 10-23 修改了构造函数，以将折扣应用于所有产品。

代码清单 10-23 在 structs/main.go 文件中修改构造函数

```
...
func newProduct(name, category string, price float64) *Product {
    return &Product{name, category, price - 10}
}
...
```

这是一个简单的更改，但它将被应用于 newProduct 函数创建的所有 Product 值，这意味着我不必找到代码中创建 Product 值的所有位置并单独修改它们。不幸的是，即使已经定义了构造函数，Go 语言仍然允许使用文字语法创建结构值，这意味着程序员需要尽可能地使用构造函数。代码清单 10-23 中的代码产生以下输出：

```
Name: Kayak Category: Watersports Price 265
Name: Hat Category: Skiing Price 32.5
```

10.4.4 对结构字段使用指针类型

指针也可以用于结构字段，包括指向其他结构类型的指针，如代码清单 10-24 所示。

代码清单 10-24 在 structs/main.go 文件中使用指向结构字段的指针

```
package main

import "fmt"

type Product struct {
    name, category string
    price float64
    *Supplier
}

type Supplier struct {
    name, city string
}

func newProduct(name, category string, price float64, supplier *Supplier) *Product {
    return &Product{name, category, price -10, supplier}
}

func main() {

    acme := &Supplier { "Acme Co", "New York"}

    products := [2]*Product {
        newProduct("Kayak", "Watersports", 275, acme),
        newProduct("Hat", "Skiing", 42.50, acme),
    }

    for _, p := range products {
        fmt.Println("Name:", p.name, "Supplier:",
            p.Supplier.name, p.Supplier.city)
    }
}
```

我向使用 Supplier 类型的 Product 类型添加了一个嵌入字段，并更新了 newProduct 函数，使其接受指向 Supplier 的指针。由 Supplier 结构定义的字段使用由 Product 结构定义的字段来访问，如图 10-10 所示。

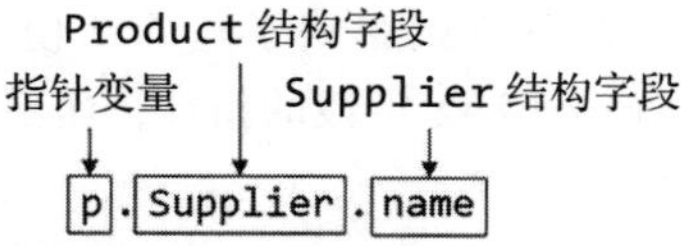

请注意 Go 语言是如何处理嵌入结构字段的指针类型的，它允许我通过结构类型的名称（在本例中是 Supplier）来引用字段。代码清单 10-24 中的代码产生以下输出结果：

```
Name: Kayak Supplier: Acme Co New York
Name: Hat Supplier: Acme Co New York
```

Product 结构字段
指针变量 Supplier 结构字段
p.Supplier.name

图 10-10 访问嵌套结构字段

指针字段复制

复制结构时必须小心考虑对指针字段的影响，如代码清单 10-25 所示。

代码清单 10-25 在 structs/main.go 文件中复制结构

```
package main

import "fmt"

type Product struct {
```

```
    name, category string
    price float64
    *Supplier
}

type Supplier struct {
    name, city string
}

func newProduct(name, category string, price float64, supplier *Supplier) *Product {
    return &Product{name, category, price -10, supplier}
}

func main() {

    acme := &Supplier { "Acme Co", "New York"}

    p1 := newProduct("Kayak", "Watersports", 275, acme)
    p2 := *p1

    p1.name = "Original Kayak"
    p1.Supplier.name = "BoatCo"

    for _, p := range []Product { *p1, p2 } {
        fmt.Println("Name:", p.name, "Supplier:",
            p.Supplier.name, p.Supplier.city)
    }
}
```

newProduct 函数用于创建指向 Product 值的指针，该值被赋给一个名为 p1 的变量。跟随指针并将其赋给一个名为 p2 的变量，这具有复制 Product 值的效果。p1.name 和 p1.Supplier.name 字段被更改，然后使用 for 循环写出两个 Product 值的详细信息，产生以下输出：

```
Name: Original Kayak Supplier: BoatCo New York
Name: Kayak Supplier: BoatCo New York
```

输出显示，对 name 字段的更改只影响其中一个 Product 值，而对 Supplier.name 字段的更改则影响了这两个值。之所以发生这种情况，是因为复制 Product 结构会复制赋给 Supplier 字段的指针，而不是它所指向的值，产生了图 10-11 所示的效果。

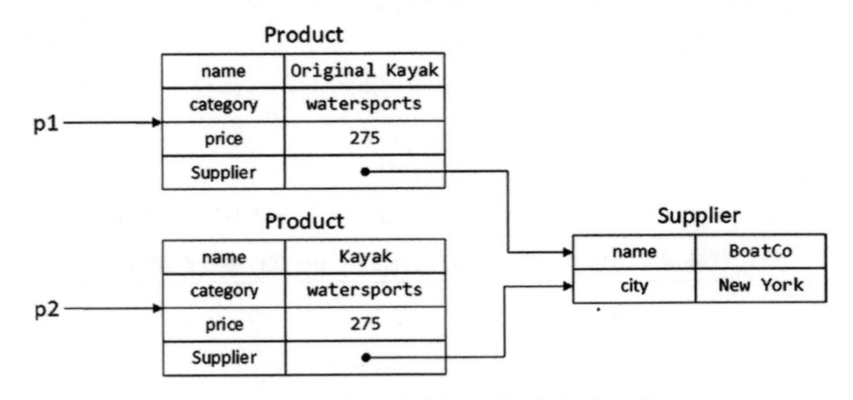

图 10-11 复制具有指针字段的结构的效果

这通常被称为“浅层复制”（shallow copy），它会复制指针，但不复制它们所指向的值。Go 没有执行“深度复制”（deep copy）的内置支持，在深度复制中，指针被跟随，它们的值被复制。相反，Go 语言要求必须执行手动复制，如代码清单 10-26 所示。

代码清单 10-26　在 structs/main.go 文件中复制结构值

```
package main

import "fmt"

type Product struct {
    name, category string
    price float64
    *Supplier
}

type Supplier struct {
    name, city string
}

func newProduct(name, category string, price float64, supplier *Supplier) *Product {
    return &Product{name, category, price -10, supplier}
}

func copyProduct(product *Product) Product {
    p := *product
    s := *product.Supplier
    p.Supplier = &s
    return p
}

func main() {

    acme := &Supplier { "Acme Co", "New York"}

    p1 := newProduct("Kayak", "Watersports", 275, acme)
    p2 := copyProduct(p1)

    p1.name = "Original Kayak"
    p1.Supplier.name = "BoatCo"

    for _, p := range []Product { *p1, p2 } {
        fmt.Println("Name:", p.name, "Supplier:",
            p.Supplier.name, p.Supplier.city)
    }
}
```

为了确保 Supplier 被复制，copyProduct 函数将它赋给一个单独的变量，然后创建一个指向该变量的指针。这很尴尬，但效果是强制复制该结构，尽管这是一种特定于单个结构类型的技术，并且必须对每个嵌套结构字段重复。代码清单 10-26 的输出显示了深度复制的效果：

```
Name: Original Kayak Supplier: BoatCo New York
Name: Kayak Supplier: Acme Co New York
```

10.4.5 结构和指向结构的指针的零值

结构类型的零值是字段被赋予零类型的结构值。指向结构的指针的零值是 nil，如代码清单 10-27 所示。

代码清单 10-27 在 structs/main.go 文件中检查零类型

```
package main

import "fmt"

type Product struct {
    name, category string
    price float64
}

func main() {

    var prod Product
    var prodPtr *Product

    fmt.Println("Value:", prod.name, prod.category, prod.price)
    fmt.Println("Pointer:", prodPtr)
}
```

编译并执行该项目，你将看到输出中显示的零值，name 和 category 字段为空字符串，因为空字符串是字符串类型的零值：

```
Value: 0
Pointer: <nil>
```

当结构用指向另一个结构类型的指针定义字段时，有一个我经常遇到的陷阱，如代码清单 10-28 所示。

代码清单 10-28 在 structs/main.go 文件中添加指针字段

```
package main

import "fmt"

type Product struct {
    name, category string
    price float64
    *Supplier
}

type Supplier struct {
    name, city string
}

func main() {

    var prod Product
    var prodPtr *Product

    fmt.Println("Value:", prod.name, prod.category, prod.price, prod.Supplier.name)
    fmt.Println("Pointer:", prodPtr)
}
```

这里的问题是试图访问嵌入结构的 name 字段。嵌入字段的零值为 nil，这会导致以下运行时错误：

```
panic: runtime error: invalid memory address or nil pointer dereference
[signal 0xc0000005 code=0x0 addr=0x0 pc=0x5bc592]
goroutine 1 [running]:
main.main()
        C:/structs/main.go:20 +0x92
exit status 2
```

我经常遇到这种错误，所以我习惯性地初始化结构指针字段，如代码清单 10-29 所示。

代码清单 10-29　在 structs/main.go 文件中初始化结构指针字段

```
...
func main() {

    var prod Product = Product{ Supplier: &Supplier{}}
    var prodPtr *Product

    fmt.Println("Value:", prod.name, prod.category, prod.price, prod.Supplier.name)
    fmt.Println("Pointer:", prodPtr)
}
...
```

这样就避免了之前示例中的运行时错误，编译并执行该项目会产生以下输出结果：

```
Value:   0
Pointer: <nil>
```

10.5　小结

在这一章中，我介绍了 Go 语言的结构特性，它用于创建自定义数据类型。我介绍了如何定义结构字段、如何从结构类型创建值，以及如何在集合中使用结构类型，展示了如何创建匿名结构，以及如何使用指针来控制在复制结构值时如何处理值。下一章将描述 Go 对方法和接口的支持。

Chapter 11 第 11 章

方法和接口

在这一章中，我将介绍 Go 语言对方法（method）的支持，这些方法可以用来为结构提供特性，并通过接口创建对这些特性的抽象描述。表 11-1 给出了你需要了解的关于方法和接口的一些基本问题。

表 11-1 关于方法和接口的一些基本问题

问题	答案
它们是什么	方法是在结构上调用的函数，可以访问由该值所属类型定义的所有字段。接口可以定义多组方法，这些方法可以通过结构类型来实现
它们为什么有用	这些方法和接口允许不同结构类型通过它们的共同特征混合使用
它们是如何使用的	方法是使用 `func` 关键字定义的，但是添加了一个接收器。接口是使用 `type` 和 `interface` 关键字定义的
有什么陷阱或限制吗	创建方法时小心使用指针很重要，使用接口时必须小心避免底层动态类型的问题
有其他选择吗	这些是 Go 语言的可选特性，但是它们使得创建复杂的数据类型并通过它们提供的通用方法和接口来使用它们成为可能

表 11-2 是本章内容概要。

表 11-2 章节内容概要

问题	解决方案	代码清单
定义方法	使用函数语法，但是添加一个接收器，通过接收器来调用该方法	11-4～11-8、11-13～11-15
调用对结构值的引用的方法	使用指针类型的方法接收器	11-9、11-10
在非结构类型上定义方法	使用类型别名	11-11、11-12
描述多种类型共有的共同特征	定义接口	11-16
实现接口	定义接口指定的所有方法，使用选定结构类型作为接收器	11-17、11-18

（续）

问题	解决方案	代码清单
使用接口	调用接口值上的方法	11-19～11-21
确定在将结构值赋给接口变量时是否复制副本	进行赋值时使用指针或值，或者在实现接口方法时使用指针类型作为接收器	11-22～11-25
比较接口值	使用比较运算符并确保动态类型是可比较的	11-26、11-27
访问接口值的动态类型	使用类型断言	11-28～11-31
定义可以赋任何值的变量	使用空接口	11-32～11-34

11.1　为本章做准备

请打开一个新的命令行窗口，导航到一个方便的位置，并创建一个名为 methodsAndInterfaces 的文件夹。导航到 methodsAndInterfaces 文件夹，运行代码清单 11-1 所示的命令来初始化项目。

代码清单 11-1　初始化项目

```
go mod init methodsandinterfaces
```

将一个名为 main.go 的文件添加到 methodsAndInterfaces 文件夹中，其内容如代码清单 11-2 所示。

代码清单 11-2　methodsAndInterfaces/main.go 文件的内容

```
package main

import "fmt"

type Product struct {
    name, category string
    price float64
}

func main() {

    products := []*Product {
        {"Kayak", "Watersports", 275 },
        {"Lifejacket", "Watersports", 48.95 },
        {"Soccer Ball", "Soccer", 19.50},
    }

    for _, p := range products {
        fmt.Println("Name:", p.name, "Category:", p.category, "Price", p.price)
    }
}
```

使用命令行窗口在 methodsAndInterfaces 文件夹运行代码清单 11-3 所示的命令。

代码清单 11-3　运行示例项目

```
go run .
```

main.go 文件中的代码将被编译并执行，产生以下输出结果：

```
Name: Kayak Category: Watersports Price 275
Name: Lifejacket Category: Watersports Price 48.95
Name: Soccer Ball Category: Soccer Price 19.5
```

11.2 定义和使用方法

方法是可以通过值调用的函数，是表达对特定类型进行操作的函数的一种便捷方式。理解方法如何工作的最好方法是从普通函数开始，如代码清单 11-4 所示。

代码清单 11-4 在 methodsAndInterfaces/main.go 文件中定义函数

```
package main

import "fmt"

type Product struct {
    name, category string
    price float64
}

func printDetails(product *Product) {
    fmt.Println("Name:", product.name, "Category:", product.category,
        "Price", product.price)
}

func main() {

    products := []*Product {
        {"Kayak", "Watersports", 275 },
        {"Lifejacket", "Watersports", 48.95 },
        {"Soccer Ball", "Soccer", 19.50},
    }

    for _, p := range products {
        printDetails(p)
    }
}
```

printDetails 函数接收一个指向 Product 的指针，它用这个指针写出 name、category 和 price 字段的值。本节的重点是 printDetails 函数的调用方式：

```
...
printDetails(p)
...
```

函数名后面是用括号括起来的参数。代码清单 11-5 用方法实现了相同的功能。

代码清单 11-5 在 methodsAndInterfaces/main.go 文件中定义方法

```
package main

import "fmt"

type Product struct {
```

```
    name, category string
    price float64
}
func newProduct(name, category string, price float64) *Product {
    return &Product{ name, category, price }
}

func (product *Product) printDetails() {
    fmt.Println("Name:", product.name, "Category:", product.category,
        "Price", product.price)
}

func main() {

    products := []*Product {
        newProduct("Kayak", "Watersports", 275),
        newProduct("Lifejacket", "Watersports", 48.95),
        newProduct("Soccer Ball", "Soccer", 19.50),
    }

    for _, p := range products {
        p.printDetails()
    }
}
```

方法也是一种函数，也使用 func 关键字定义，但是增加了一个接收器，它表示一个特殊的参数，是方法所操作的类型，如图 11-1 所示。

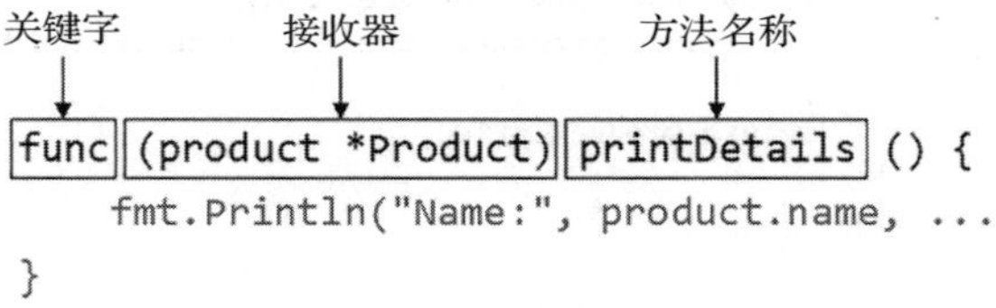

图 11-1　定义方法的语法

这个方法的接收器类型是 *Product，并被命名为 product，它可以像普通的函数参数一样在方法中使用。不需要对代码块进行任何更改，它可以像对待普通函数参数一样对待接收器：

```
...
func (product *Product) printDetails() {
    fmt.Println("Name:", product.name, "Category:", product.category,
        "Price", product.price)
}
...
```

方法与普通函数的不同之处在于调用方式：

```
...
p.printDetails()
...
```

方法是通过类型与接收器匹配的值来调用的。在本例中，我使用由 for 循环生成的 *Product 值来调用切片中每个值的 printDetails 方法，产生以下输出结果：

```
Name: Kayak Category: Watersports Price 275
Name: Lifejacket Category: Watersports Price 48.95
Name: Soccer Ball Category: Soccer Price 19.5
```

11.2.1 定义方法参数和结果

方法也可以定义参数和结果，就像普通函数一样，如代码清单 11-6 所示，但是增加了接收器。

代码清单 11-6 在 methodsAndInterfaces/main.go 文件中定义方法的参数和结果

```
package main

import "fmt"

type Product struct {
    name, category string
    price float64
}

func newProduct(name, category string, price float64) *Product {
    return &Product{ name, category, price }
}

func (product *Product) printDetails() {
    fmt.Println("Name:", product.name, "Category:", product.category,
        "Price",  product.calcTax(0.2, 100))
}

func (product *Product) calcTax(rate, threshold float64) float64 {
    if (product.price > threshold) {
        return product.price + (product.price * rate)
    }
    return product.price;
}
func main() {

    products := []*Product {
        newProduct("Kayak", "Watersports", 275),
        newProduct("Lifejacket", "Watersports", 48.95),
        newProduct("Soccer Ball", "Soccer", 19.50),
    }

    for _, p := range products {
        p.printDetails()
    }
}
```

方法参数在跟在方法名称后面的括号中定义，后面是结果类型，如图 11-2 所示。

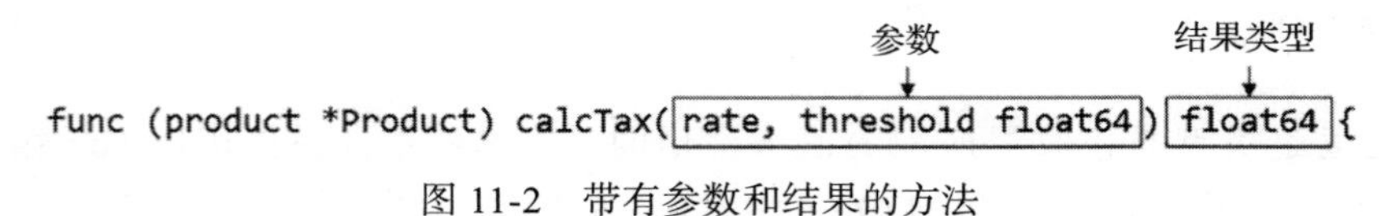

图 11-2 带有参数和结果的方法

`calcTax` 方法定义 `rate` 和 `threshold` 参数，并返回 `float64` 结果。在该方法的代码块中，接收器和常规参数不需要通过特殊的处理方式加以区分。

调用该方法时，可以像普通函数一样提供参数，如下所示：

```
...
product.calcTax(0.2, 100)
...
```

在此示例中，方法 printDetails 调用方法 calcTax，并产生以下输出结果：

```
Name: Kayak Category: Watersports Price 330
Name: Lifejacket Category: Watersports Price 48.95
Name: Soccer Ball Category: Soccer Price 19.5
```

11.2.2 了解方法重载

Go 语言不支持方法重载，在编程语言的重载中，可以用相同的名称、不同的参数定义多个方法。在 Go 语言中，方法名和接收器类型的每种组合都必须是唯一的，无论是否定义了其他参数。在代码清单 11-7 中，我定义了名称相同但接收器类型不同的方法。

代码清单 11-7　在 methodsAndInterfaces/main.go 文件中定义具有相同名称的方法

```
package main

import "fmt"

type Product struct {
    name, category string
    price float64
}

type Supplier struct {
    name, city string
}

func newProduct(name, category string, price float64) *Product {
    return &Product{ name, category, price }
}

func (product *Product) printDetails() {
    fmt.Println("Name:", product.name, "Category:", product.category,
        "Price",  product.calcTax(0.2, 100))
}

func (product *Product) calcTax(rate, threshold float64) float64 {
    if (product.price > threshold) {
        return product.price + (product.price * rate)
    }
    return product.price;
}

func (supplier *Supplier) printDetails() {
    fmt.Println("Supplier:", supplier.name, "City:", supplier.city)
}

func main() {

    products := []*Product {
        newProduct("Kayak", "Watersports", 275),
        newProduct("Lifejacket", "Watersports", 48.95),
        newProduct("Soccer Ball", "Soccer", 19.50),
```

```
    }

    for _, p := range products {
        p.printDetails()
    }
    suppliers := []*Supplier {
        { "Acme Co", "New York City"},
        { "BoatCo", "Chicago"},
    }
    for _,s := range suppliers {
        s.printDetails()
    }
}
```

对于 *Product 和 *Supplier 类型，都有 printDetails 方法，这是允许的，因为每个方法都提供了唯一的名称和接收器类型组合。代码清单 11-7 中的代码产生以下输出：

```
Name: Kayak Category: Watersports Price 330
Name: Lifejacket Category: Watersports Price 48.95
Name: Soccer Ball Category: Soccer Price 19.5
Supplier: Acme Co City: New York City
Supplier: BoatCo City: Chicago
```

如果定义一个重复已有名称 / 接收器类型组合的方法，不管其余的方法参数是否不同，编译器都会报错，如代码清单 11-8 所示。

代码清单 11-8 在 methodsAndInterfaces/main.go 文件中定义另一个方法

```
package main

import "fmt"

type Product struct {
    name, category string
    price float64
}

type Supplier struct {
    name, city string
}

// ...other methods omitted for brevity...

func (supplier *Supplier) printDetails() {
    fmt.Println("Supplier:", supplier.name, "City:", supplier.city)
}

func (supplier *Supplier) printDetails(showName bool) {
    if (showName) {
        fmt.Println("Supplier:", supplier.name, "City:", supplier.city)
    } else {
        fmt.Println("Supplier:", supplier.name)
    }
}

func main() {
```

```
    products := []*Product {
        newProduct("Kayak", "Watersports", 275),
        newProduct("Lifejacket", "Watersports", 48.95),
        newProduct("Soccer Ball", "Soccer", 19.50),
    }

    for _, p := range products {
        p.printDetails()
    }

    suppliers := []*Supplier {
        { "Acme Co", "New York City"},
        { "BoatCo", "Chicago"},
    }
    for _,s := range suppliers {
        s.printDetails()
    }
}
```

新方法会导致产生以下编译器错误：

```
# command-line-arguments
.\main.go:34:6: method redeclared: Supplier.printDetails
        method(*Supplier) func()
        method(*Supplier) func(bool)
.\main.go:34:27: (*Supplier).printDetails redeclared in this block
        previous declaration at .\main.go:30:6
```

11.2.3　了解指针和值接收器

接收器是指针类型的方法也可以通过其底层类型的常规值来调用，这意味着类型是 `*Product` 的方法可以和 `Product` 值一起使用，如代码清单 11-9 所示。

代码清单 11-9　在 methodsAndInterfaces/main.go 文件中调用方法（Ⅰ）

```
package main

import "fmt"

type Product struct {
    name, category string
    price float64
}
// type Supplier struct {
//     name, city string
// }

// func newProduct(name, category string, price float64) *Product {
//     return &Product{ name, category, price }
// }

func (product *Product) printDetails() {
    fmt.Println("Name:", product.name, "Category:", product.category,
        "Price", product.calcTax(0.2, 100))
}
```

```
func (product *Product) calcTax(rate, threshold float64) float64 {
    if (product.price > threshold) {
        return product.price + (product.price * rate)
    }
    return product.price;
}

// func (supplier *Supplier) printDetails() {
//     fmt.Println("Supplier:", supplier.name, "City:", supplier.city)
// }

func main() {
    kayak := Product { "Kayak", "Watersports", 275 }
    kayak.printDetails()
}
```

变量 kayak 被赋予一个 Product 值，但它可以与 printDetails 方法一起使用，后者的接收器是 *Product。Go 会处理这种不匹配，并无缝地调用该方法。相反的过程也是如此，这样就可以使用指针调用接收值的方法，如代码清单 11-10 所示。

代码清单 11-10 在 methodsAndInterfaces/main.go 文件中调用方法（Ⅱ）

```
package main

import "fmt"

type Product struct {
    name, category string
    price float64
}

func (product Product) printDetails() {
    fmt.Println("Name:", product.name, "Category:", product.category,
        "Price",  product.calcTax(0.2, 100))
}
func (product *Product) calcTax(rate, threshold float64) float64 {
    if (product.price > threshold) {
        return product.price + (product.price * rate)
    }
    return product.price;
}

func main() {
    kayak := &Product { "Kayak", "Watersports", 275 }
    kayak.printDetails()
}
```

这个特性意味着你可以根据你希望的运行方式来编写方法，如果想避免值复制或允许方法修改接收器，则可以使用指针。

注意 这个特性有一个副作用，当涉及方法重载时，值类型和指针类型被认为是相同的，这意味着一个名为 printDetails 的方法（其接收器类型为 Product）将与另外一个 printDetails 方法（其接收器类型为 *Product）冲突。

代码清单 11-9 和代码清单 11-10 都产生以下输出结果：

```
Name: Kayak Category: Watersports Price 330
```

通过接收器类型调用方法

Go 语言的方法还有一个不寻常的方面，即它们可以使用接收器类型来调用，例如具有以下签名的方法：

```
...
func (product Product) printDetails() {
...
```

可以这样调用：

```
...
Product.printDetails(Product{ "Kayak", "Watersports", 275 })
...
```

方法的接收器类型的名称（在本例中为 **Product**）后跟一个句点和方法名。参数是将用于接收器值的 **Product** 值。代码清单 11-9 和代码清单 11-10 中显示的自动指针 / 值映射特性在通过方法的接收器类型调用方法时并不适用，这意味着具有以下指针签名的方法：

```
...
func (product *Product) printDetails() {
...
```

必须通过指针类型调用，并传递指针参数，如下所示：

```
...
(*Product).printDetails(&Product{ "Kayak", "Watersports", 275 })
...
```

不要将该特性与 C# 或 Java 等语言提供的静态方法混淆。Go 中没有静态方法，通过其类型调用方法与通过值或指针调用方法效果相同。

11.2.4　定义类型别名的方法

我们可以为当前包中定义的任何类型定义方法。我将在第 12 章中介绍如何将包添加到项目中，但是对于这一章，只有一个包含单个包的单个代码文件，这意味着只能为 **main.go** 文件中定义的类型定义方法。

但是，这并没有将方法局限于结构类型，因为 **type** 关键字可以用来为任何类型定义别名及为别名定义方法。我在第 9 章中介绍了 **type** 关键字，它可以作为简化处理函数类型的一种方法。代码清单 11-11 创建了一个别名和一个方法。

代码清单 11-11　在 methodsAndInterfaces/main.go 文件中为类型别名定义方法

```
package main

import "fmt"

type Product struct {
    name, category string
    price float64
}
```

```
type ProductList []Product

func (products *ProductList) calcCategoryTotals() map[string]float64 {
    totals := make(map[string]float64)
    for _, p := range *products {
        totals[p.category] = totals[p.category] + p.price
    }
    return totals
}

func main() {

    products := ProductList {
        { "Kayak", "Watersports", 275 },
        { "Lifejacket", "Watersports", 48.95 },
        {"Soccer Ball", "Soccer", 19.50 },
    }
    for category, total := range products.calcCategoryTotals() {
        fmt.Println("Category: ", category, "Total:", total)
    }
}
```

type 关键字用于为 []Product 类型创建别名，名为 ProductList。此类型可用于定义方法，或者直接用于值类型接收器，或者使用指针，如上面这个示例所示。

有时，接收到的类型不是为别名定义的方法所需的类型，例如在处理函数的结果时。在这些情况下，可以执行类型转换，如代码清单 11-12 所示。

代码清单 11-12 在 methodsAndInterfaces/main.go 文件中执行类型转换

```
package main

import "fmt"

type Product struct {
    name, category string
    price float64
}

type ProductList []Product

func (products *ProductList) calcCategoryTotals() map[string]float64 {
    totals := make(map[string]float64)
    for _, p := range *products {
        totals[p.category] = totals[p.category] + p.price
    }
    return totals
}

func getProducts() []Product {
    return []Product {
        { "Kayak", "Watersports", 275 },
        { "Lifejacket", "Watersports", 48.95 },
        {"Soccer Ball", "Soccer", 19.50 },
    }
}
```

```
func main() {

    products := ProductList(getProducts())

    for category, total := range products.calcCategoryTotals() {
        fmt.Println("Category: ", category, "Total:", total)
    }
}
```

getProducts 函数的结果是 []Product，它被显式转换为 ProductList，从而允许使用别名上定义的方法。代码清单 11-11 和代码清单 11-12 中的代码产生以下输出：

```
Category:  Watersports Total: 323.95
Category:  Soccer Total: 19.5
```

11.3　将类型和方法放在单独的文件中

随着项目变得越来越复杂，定义自定义类型及其方法所需的代码量很快会变得太多，以至于难以在单个代码文件中进行管理。Go 语言项目可以构造成多个文件，这些文件在项目构建时由编译器组合在一起。

后面的示例太长，无法用一个代码清单来表达，而且有很多代码是不发生变化的，没必要在每个示例中都放进来，所以我将引入多个代码文件。

这个特性是 Go 语言对包的支持的一部分，它提供了不同的方式供人们构建代码项目中的文件，这将在第 12 章中介绍。在这一章中，我将使用包的最简单的方面，即在项目文件夹中使用多个代码文件。

在 methodsAndInterfaces 文件夹中添加一个名为 product.go 的文件，其内容如代码清单 11-13 所示。

代码清单 11-13　methodsAndInterfaces/product.go 文件的内容

```
package main

type Product struct {
    name, category string
    price float64
}
```

在 methodsAndInterfaces 文件夹中添加一个名为 service.go 的文件，用它来定义代码清单 11-14 所示的类型。

代码清单 11-14　methodsAndInterfaces/service.go 文件的内容

```
package main

type Service struct {
    description string
    durationMonths int
    monthlyFee float64
}
```

最后，用代码清单 11-15 所示的内容替换 main.go 文件的内容。

代码清单 11-15 替换 methodsAndInterfaces/main.go 文件的内容

```
package main

import "fmt"

func main() {

    kayak := Product { "Kayak", "Watersports", 275 }
    insurance := Service {"Boat Cover", 12, 89.50 }

    fmt.Println("Product:", kayak.name, "Price:", kayak.price)
    fmt.Println("Service:", insurance.description, "Price:",
    insurance.monthlyFee * float64(insurance.durationMonths))
}
```

上面这段代码使用其他文件中定义的结构类型来创建值。编译并执行该项目，这将产生以下输出结果：

```
Product: Kayak Price: 275
Service: Boat Cover Price: 1074
```

11.4 定义和使用接口

我们来想象一个场景，把前面定义的 Product 和 Service 类型一起使用。例如，个人账户包可能需要向用户提供一个费用清单，其中一些用 Product 值表示，另一些用 Service 值表示。即使这些类型的使用方法完全一致，Go 语言类型规则也可能会阻止它们一起使用，例如无法创建一个包含这两种类型值的切片。

11.4.1 定义接口

这个问题可以通过接口来解决，接口描述了一组方法，但没有指定这些方法的具体实现。如果一个类型实现了接口定义的所有方法，那么只要允许使用接口，就可以使用该类型的值。首先，我们定义一个接口，如代码清单 11-16 所示。

代码清单 11-16 在 methodsAndInterfaces/main.go 文件中定义接口

```
package main

import "fmt"

type Expense interface {
    getName() string
    getCost(annual bool) float64
}

func main() {

    kayak := Product { "Kayak", "Watersports", 275 }
    insurance := Service {"Boat Cover", 12, 89.50 }
```

```
    fmt.Println("Product:", kayak.name, "Price:", kayak.price)
    fmt.Println("Service:", insurance.description, "Price:",
        insurance.monthlyFee * float64(insurance.durationMonths))
}
```

如图 11-3 所示，使用关键字 `type`、名称、关键字 `interface` 和包含在大括号中的方法签名的主体来定义接口。

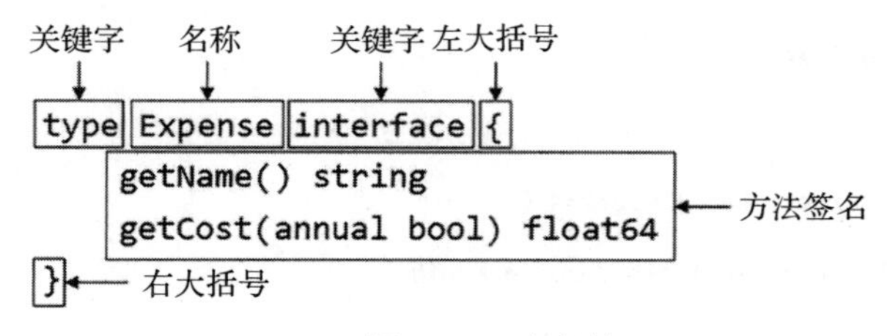

图 11-3　定义接口

这个接口被命名为 `Expense`，接口主体包含一个方法签名。方法签名由名称、参数和结果类型组成，如图 11-4 所示。

`Expense` 接口描述了两个方法。第一个方法是 `getName`，它不接受参数，返回一个字符串结果。第二个方法名为 `getCost`，它接受一个 `bool` 参数，返回一个 `float64` 结果。

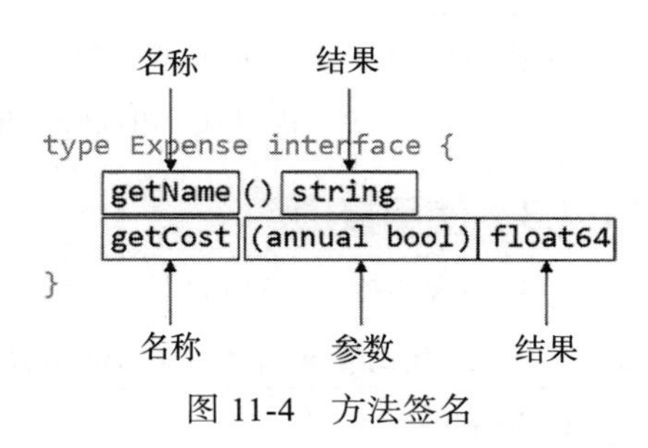

图 11-4　方法签名

11.4.2　实现接口

要实现一个接口，必须为某个结构类型定义接口指定的所有方法，如代码清单 11-17 所示。

代码清单 11-17　在 methodsAndInterfaces/product.go 文件中实现接口

```
package main

type Product struct {
    name, category string
    price float64
}

func (p Product) getName() string {
    return p.name
}

func (p Product) getCost(_ bool) float64 {
    return p.price
}
```

大多数语言都要求使用关键字来指示某个类型实现了某个接口，但是 Go 语言只要求定义接口指定的所有方法。Go 语言中允许使用不同的参数和结果名称，但是方法必须具有相同的名称、参数类型和结果类型。代码清单 11-18 定义了实现 `Service` 类型的接口所需的方法。

代码清单 11-18 在 methodsAndInterfaces/service.go 文件中实现接口

```
package main

type Service struct {
    description string
    durationMonths int
    monthlyFee float64
}

func (s Service) getName() string {
    return s.description
}

func (s Service) getCost(recur bool) float64 {
    if (recur) {
        return s.monthlyFee * float64(s.durationMonths)
    }
    return s.monthlyFee
}
```

接口只描述方法，不描述字段。出于这个原因，接口经常指定返回存储在结构字段中的值的方法，比如代码清单 11-17 和代码清单 11-18 中的 getName 方法。

11.4.3 使用接口

一旦实现了接口，就可以通过接口类型引用值，如代码清单 11-19 所示。

代码清单 11-19 在 methodsAndInterfaces/main.go 文件中使用接口

```
package main

import "fmt"

type Expense interface {
    getName() string
    getCost(annual bool) float64
}

func main() {

    expenses := []Expense {
        Product { "Kayak", "Watersports", 275 },
        Service {"Boat Cover", 12, 89.50 },
     }

    for _, expense := range expenses {
        fmt.Println("Expense:", expense.getName(), "Cost:", expense.getCost(true))
    }
}
```

在这个示例中，我定义了一个 Expense 切片，并用使用文字语法创建的 Product 和 Service 值填充它。把用 for 循环对这个切片的每个值调用 getName 和 getCost 方法。

接口类型的变量有两种类型：静态类型和动态类型。静态类型是接口类型。动态类型是赋给实现接口的变量的值的类型，例如本例中的 Product 和 Service。静态类型永远不会改变——例如 Expense 变量的静态类型始终是 Expense——但是动态类型可以通过给实现接口的不同类型赋一个新值来改变。

for 循环只处理静态类型（Expense），不知道（也不需要知道）这些值的动态类型。接口的使用允许我们将不同的动态类型组合在一起，并使用静态接口类型指定的通用方法。编译并执行示例项目，你将收到以下输出结果：

```
Expense: Kayak Cost: 275
Expense: Boat Cover Cost: 1074
```

1. 在函数中使用接口

接口类型可以用于变量、函数参数和函数结果，如代码清单 11-20 所示。

注意　方法不能将接口作为接收器。与接口相关联的唯一方法是它指定的方法。

代码清单 11-20　在 methodsAndInterfaces/main.go 文件中使用接口

```
package main

import "fmt"

type Expense interface {
    getName() string
    getCost(annual bool) float64
}

func calcTotal(expenses []Expense) (total float64) {
    for _, item := range expenses {
        total += item.getCost(true)
    }
    return
}

func main() {

    expenses := []Expense {
        Product { "Kayak", "Watersports", 275 },
        Service {"Boat Cover", 12, 89.50 },
     }

    for _, expense := range expenses {
        fmt.Println("Expense:", expense.getName(), "Cost:", expense.getCost(true))
    }
    fmt.Println("Total:", calcTotal(expenses))
}
```

calcTotal 函数接收包含 Expense 值的切片，该切片使用 for 循环进行处理以产生 float64 类型的结果。编译并执行该项目，将产生以下输出结果：

```
Expense: Kayak Cost: 275
Expense: Boat Cover Cost: 1074
Total: 1349
```

2. 对结构字段使用接口

接口类型可以用于结构字段，这意味着字段可以被赋予任何类型的值，只要类型实现了接口定义的方法，如代码清单 11-21 所示。

代码清单 11-21 在 methodsAndInterfaces/main.go 文件中对结构字段使用接口

```
package main

import "fmt"

type Expense interface {
    getName() string
    getCost(annual bool) float64
}

func calcTotal(expenses []Expense) (total float64) {
    for _, item := range expenses {
        total += item.getCost(true)
    }
    return
}

type Account struct {
    accountNumber int
    expenses []Expense
}

func main() {

    account := Account {
        accountNumber: 12345,
        expenses: []Expense {
            Product { "Kayak", "Watersports", 275 },
            Service {"Boat Cover", 12, 89.50 },
         },
    }

    for _, expense := range account.expenses {
        fmt.Println("Expense:", expense.getName(), "Cost:", expense.getCost(true))
    }
    fmt.Println("Total:", calcTotal(account.expenses))
}
```

结构 Account 有一个 expenses 字段，它的类型是 Expense 值的切片，你可以像使用任何其他字段一样使用它。编译并执行示例项目，将产生以下输出结果：

```
Expense: Kayak Cost: 275
Expense: Boat Cover Cost: 1074
Total: 1349
```

11.4.4 指针方法接收器的效果

由 Product 和 Service 类型定义的方法有值接收器，这意味着这些方法可以使用 Product 或 Service 值的副本调用。这可能有点难以理解，代码清单 11-22 提供了一个简单的示例。

代码清单 11-22 在 methodsAndInterfaces/main.go 文件中使用值

```
package main
```

```
import "fmt"

type Expense interface {
    getName() string
    getCost(annual bool) float64
}

func main() {

    product := Product { "Kayak", "Watersports", 275 }

    var expense Expense = product

    product.price = 100

    fmt.Println("Product field value:", product.price)
    fmt.Println("Expense method result:", expense.getCost(false))
}
```

此示例创建一个 Product 结构值，将其赋给变量 Expense，改变此结构值的 price 字段的值，并通过接口方法直接写出其字段值。编译并执行代码，你将收到以下结果：

```
Product field value: 100
Expense method result: 275
```

Product 值在被赋给变量 Expense 时会被复制，这使得对 price 字段的更改不会影响 getCost 方法的结果。

在给接口变量赋值时，我们可以使用指向结构值的指针，如代码清单 11-23 所示。

代码清单 11-23　在 methodsAndInterfaces/main.go 文件中使用指针

```
package main

import "fmt"

type Expense interface {
    getName() string
    getCost(annual bool) float64
}

func main() {

    product := Product { "Kayak", "Watersports", 275 }

    var expense Expense = &product

    product.price = 100

    fmt.Println("Product field value:", product.price)
    fmt.Println("Expense method result:", expense.getCost(false
}
```

使用指针意味着对 Product 值的引用被赋给了变量 Expense，但这不会改变接口变量类型——它仍然是 Expense。编译并执行项目，你将在输出中看到引用的效果，这表明对 price 字段的更改会反映在 getCost 方法的结果中：

```
Product field value: 100
Expense method result: 100
```

这很有用，你可以选择如何使用赋给接口变量的值。但是，它有时也是违反直觉的，因为变量类型总是 Expense，不管它是被赋予 Product 值还是 *Product 值。

在实现接口方法时，可以通过指定指针接收器来强制使用引用，如代码清单 11-24 所示。

代码清单 11-24 在 methodsAndInterfaces/product.go 文件中使用指针接收器

```
package main

type Product struct {
    name, category string
    price float64
}

func (p *Product) getName() string {
    return p.name
}

func (p *Product) getCost(_ bool) float64 {
    return p.price
}
```

这样一个小小的变化意味着 Product 类型不再实现 Expense 接口，因为不再定义所需的方法。相反，实现该接口的是 *Product 类型，这意味着指向 Product 值的指针可以被视为 Expense 值，而不是常规值。编译并执行项目，你将收到与代码清单 11-23 相同的输出：

```
Product field value: 100
Expense method result: 100
```

代码清单 11-25 将一个 Product 值赋给 Expense 变量。

代码清单 11-25 在 methodsAndInterfaces/main.go 文件中赋值

```
package main

import "fmt"

type Expense interface {
    getName() string
    getCost(annual bool) float64
}

func main() {

    product := Product { "Kayak", "Watersports", 275 }

    var expense Expense = product

    product.price = 100

    fmt.Println("Product field value:", product.price)
    fmt.Println("Expense method result:", expense.getCost(false))
}
```

编译示例项目，你将收到以下错误，它告诉你需要指针接收器：

```
.\main.go:14:9: cannot use product (type Product) as type Expense in assignment:
        Product does not implement Expense (getCost method has pointer receiver)
```

11.5 比较接口值

Go 语言可以使用比较运算符来比较接口值，如代码清单 11-26 所示。如果两个接口值具有相同的动态类型，并且它们的所有字段都相等，则它们相等。

代码清单 11-26 在 methodsAndInterfaces/main.go 文件中比较接口值

```
package main

import "fmt"

type Expense interface {
    getName() string
    getCost(annual bool) float64
}

func main() {

    var e1 Expense = &Product { name: "Kayak" }
    var e2 Expense = &Product { name: "Kayak" }

    var e3 Expense = Service { description: "Boat Cover" }
    var e4 Expense = Service { description: "Boat Cover" }

    fmt.Println("e1 == e2", e1 == e2)
    fmt.Println("e3 == e4", e3 == e4)
}
```

比较接口值时必须小心，你必须先了解一些动态类型的知识。

前两个 Expense 值不相等，这是因为这些值的动态类型是指针类型，而指针只有在指向相同的内存位置时才相等。后两个 Expense 值相等，因为它们是具有相同字段值的简单结构值。编译并执行项目以确认这些值是否相等：

```
e1 == e2 false
e3 == e4 true
```

如果动态类型是不可比较的，对接口进行比较会导致运行时错误。代码清单 11-27 向 Service 结构添加了一个字段。

代码清单 11-27 在 methodsAndInterfaces/service.go 文件中添加字段

```
package main

type Service struct {
    description string
    durationMonths int
    monthlyFee float64
    features []string
}
```

```
func (s Service) getName() string {
    return s.description
}

func (s Service) getCost(recur bool) float64 {
    if (recur) {
        return s.monthlyFee * float64(s.durationMonths)
    }
    return s.monthlyFee
}
```

如第 7 章所述，切片是不可比较的。编译并执行示例项目，你将看到新字段的效果：

```
panic: runtime error: comparing uncomparable type main.Service
goroutine 1 [running]:
main.main()
        C:/main.go:20 +0x1c5
exit status 2
```

11.6 执行类型断言

接口很有用，但也会带来一些问题，能够直接访问动态类型通常很有用，这就是所谓的“类型缩小”(type narrowing)，即从不太精确的类型移动到更精确的类型的过程。

类型断言用于访问接口值的动态类型，如代码清单 11-28 所示。

代码清单 11-28 在 methodsAndInterfaces/main.go 文件中使用类型断言

```
package main

import "fmt"

type Expense interface {
    getName() string
    getCost(annual bool) float64
}

func main() {

    expenses := []Expense {
        Service {"Boat Cover", 12, 89.50, []string{} },
        Service {"Paddle Protect", 12, 8, []string{} },
    }

    for _, expense := range expenses {
        s := expense.(Service)
        fmt.Println("Service:", s.description, "Price:",
            s.monthlyFee * float64(s.durationMonths))
    }
}
```

类型断言是通过在值后加一个句点且后跟括号中的目标类型来执行的，如图 11-5 所示。

在代码清单 11-28 中，我使用类型断言来访问 Expense 接口类型切片的动态 Service 值。一旦有了要处理的 Service 值，就可以使用为 Service 类型定义的所有字段和方法，而不仅仅是由 Expense 接口定义的方法。

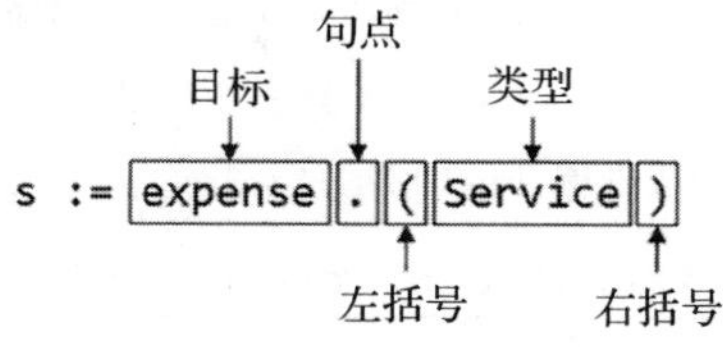

图 11-5 类型断言

类型断言与类型转换

不要把图 11-5 所示的类型断言和第 5 章描述的类型转换语法混淆。类型断言只能应用于接口，它们用来告诉编译器接口值具有特定的动态类型。类型转换只能应用于特定的类型，而不能应用于接口，并且只有在这些类型的结构兼容时才适用，例如在具有相同字段的结构类型之间进行转换。

代码清单 11-28 中的代码在编译和执行时会产生以下输出结果：

```
Service: Boat Cover Price: 1074
Service: Paddle Protect Price: 96
```

11.6.1 在执行类型断言之前进行测试

当使用类型断言时，编译器相信程序员比它所能推断的更了解代码中的动态类型，例如 Expense 切片只包含 Supplier 值。为了看看在这种情况下会发生什么，代码清单 11-29 在 Expense 切片中增加了一个 *Product 值。

代码清单 11-29 在 methodsAndInterfaces/main.go 文件中混合使用动态类型

```
package main

import "fmt"

type Expense interface {
    getName() string
    getCost(annual bool) float64
}

func main() {

    expenses := []Expense {
        Service {"Boat Cover", 12, 89.50, []string{} },
        Service {"Paddle Protect", 12, 8, []string{} },
        &Product { "Kayak", "Watersports", 275 },
    }
    for _, expense := range expenses {
        s := expense.(Service)
        fmt.Println("Service:", s.description, "Price:",
            s.monthlyFee * float64(s.durationMonths))
    }
}
```

编译并执行示例项目，你会看到以下错误：

```
panic: interface conversion: main.Expense is *main.Product, not main.Service
```

Go 运行时尝试执行断言，但失败了。为了避免这个问题，可以用一种特殊形式的类型断言来指示断言是否可以被执行，如代码清单 11-30 所示。

代码清单 11-30 在 methodsAndInterfaces/main.go 文件中测试断言

```
package main

import "fmt"

type Expense interface {
    getName() string
    getCost(annual bool) float64
}

func main() {

    expenses := []Expense {
        Service {"Boat Cover", 12, 89.50, []string{} },
        Service {"Paddle Protect", 12, 8, []string{} },
        &Product { "Kayak", "Watersports", 275 },
    }

    for _, expense := range expenses {
        if s, ok := expense.(Service); ok {
            fmt.Println("Service:", s.description, "Price:",
                s.monthlyFee * float64(s.durationMonths))
        } else {
            fmt.Println("Expense:", expense.getName(),
                "Cost:", expense.getCost(true))
        }
    }
}
```

类型断言可以产生两种结果，如图 11-6 所示。第一个结果被赋予动态类型，第二个结果是一个布尔值，用来指示断言是否可以执行。

布尔值可以与 if 语句一起使用，以执行特定动态类型的语句。编译并执行示例项目，你将看到以下输出结果：

```
Service: Boat Cover Price: 1074
Service: Paddle Protect Price: 96
Expense: Kayak Cost: 275
```

第二个结果
第一个结果
类型断言
if s, ok := expense.(Service); ok {

图 11-6 类型断言的两个结果

11.6.2 动态类型的 switch 操作

Go 语言的 switch 语句可以用来访问动态类型，如代码清单 11-31 所示，这是用 if 语句执行类型断言的一种更简洁的方式。

代码清单 11-31 在 methodsAndInterfaces/main.go 文件中对动态类型执行 switch 操作

```
package main
```

```
import "fmt"

type Expense interface {
    getName() string
    getCost(annual bool) float64
}

func main() {

    expenses := []Expense {
        Service {"Boat Cover", 12, 89.50, []string{} },
        Service {"Paddle Protect", 12, 8, []string{} },
        &Product { "Kayak", "Watersports", 275 },
    }

    for _, expense := range expenses {
        switch value := expense.(type) {
            case Service:
                fmt.Println("Service:", value.description, "Price:",
                    value.monthlyFee * float64(value.durationMonths))
            case *Product:
                fmt.Println("Product:", value.name, "Price:", value.price)
            default:
                fmt.Println("Expense:", expense.getName(),
                    "Cost:", expense.getCost(true))
        }
    }
}
```

switch 语句使用了一个特殊的类型断言，该断言使用了 type 关键字，如图 11-7 所示。

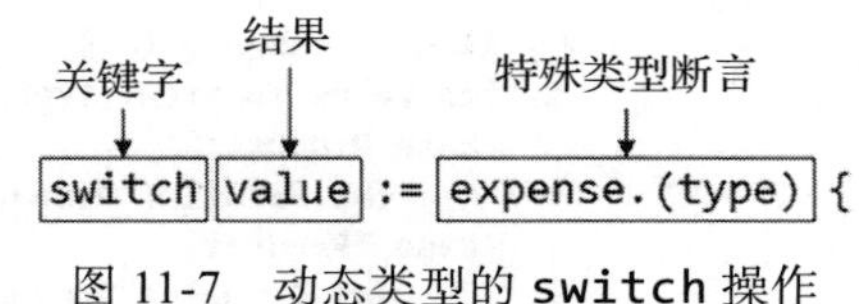

图 11-7　动态类型的 switch 操作

每个 case 语句指定一个类型和一个代码块，当 switch 语句计算的值具有指定的类型时，将执行该代码块。Go 编译器足够聪明，能够理解 switch 语句所计算的值之间的关系，并且不允许 case 语句应用于不匹配的类型。例如，如果 Product 类型有 case 语句，编译器会报错，因为 switch 语句正在计算的是 Expense 值，而 Product 类型没有实现该接口所需的方法（因为 product.go 文件中的方法使用了指针接收器，如代码清单 11-24 所示）。

在 case 语句中，结果可以被视为指定的类型，这意味着在指定 Supplier 类型的 case 语句中，可以使用由 Supplier 类型定义的所有字段和方法。

default 语句可用于指定在没有任何 case 语句匹配的情况下执行的代码块。编译并执行该项目，你将看到以下输出结果：

```
Service: Boat Cover Price: 1074
Service: Paddle Protect Price: 96
Product: Kayak Price: 275
```

11.7　使用空接口

Go 语言允许使用空接口——这是一个没有定义任何方法的接口——表示任何类型，这是一种将没有共同特征的不同类型组合在一起的有效方法，如代码清单 11-32 所示。

代码清单 11-32 在 methodsAndInterfaces/main.go 文件中使用空接口

```
package main

import "fmt"

type Expense interface {
    getName() string
    getCost(annual bool) float64
}

type Person struct {
    name, city string
}

func main() {

    var expense Expense = &Product { "Kayak", "Watersports", 275 }

    data := []interface{} {
        expense,
        Product { "Lifejacket", "Watersports", 48.95 },
        Service {"Boat Cover", 12, 89.50, []string{} },
        Person { "Alice", "London"},
        &Person { "Bob", "New York"},
        "This is a string",
        100,
        true,
    }

    for _, item := range data {
        switch value := item.(type) {
            case Product:
                fmt.Println("Product:", value.name, "Price:", value.price)
            case *Product:
                fmt.Println("Product Pointer:", value.name, "Price:", value.price)
            case Service:
                fmt.Println("Service:", value.description, "Price:",
                    value.monthlyFee * float64(value.durationMonths))
            case Person:
                fmt.Println("Person:", value.name, "City:", value.city)
            case *Person:
                fmt.Println("Person Pointer:", value.name, "City:", value.city)
            case string, bool, int:
                fmt.Println("Built-in type:", value)
            default:
                fmt.Println("Default:", value)

        }
    }
}
```

空接口可以使用文字语法，用 interface 关键字和空大括号定义，如图 11-8 所示。

空接口可以表示所有类型，包括内置类型和任何已定义的结构与接口。在代码清单中，我定义了一个空的数组切片，它混合了 Product、*Product、Service、Person、*Person、string、int 和 bool 值。该切片由带有 switch 语句的 for 循环处理，switch 语句将每个值缩小到特定类型。编译并执行项目，它将产生以下输出结果：

```
Product Pointer: Kayak Price: 275
Product: Lifejacket Price: 48.95
Service: Boat Cover Price: 1074
Person: Alice City: London
Person Pointer: Bob City: New York
Built-in type: This is a string
Built-in type: 100
Built-in type: true
```


图 11-8 空接口

在函数参数中使用空接口

空接口可以用作函数参数的类型，允许用任何值调用函数，如代码清单 11-33 所示。

代码清单 11-33 在 methodsAndInterfaces/main.go 文件中使用空接口参数

```
package main

import "fmt"

type Expense interface {
    getName() string
    getCost(annual bool) float64
}

type Person struct {
    name, city string
}

func processItem(item interface{}) {
    switch value := item.(type) {
        case Product:
            fmt.Println("Product:", value.name, "Price:", value.price)
        case *Product:
            fmt.Println("Product Pointer:", value.name, "Price:", value.price)
        case Service:
            fmt.Println("Service:", value.description, "Price:",
                value.monthlyFee * float64(value.durationMonths))
        case Person:
            fmt.Println("Person:", value.name, "City:", value.city)
        case *Person:
            fmt.Println("Person Pointer:", value.name, "City:", value.city)
        case string, bool, int:
            fmt.Println("Built-in type:", value)
        default:
            fmt.Println("Default:", value)
    }
}

func main() {

    var expense Expense = &Product { "Kayak", "Watersports", 275 }
```

```
    data := []interface{} {
        expense,
        Product { "Lifejacket", "Watersports", 48.95 },
        Service {"Boat Cover", 12, 89.50, []string{} },
        Person { "Alice", "London"},
        &Person { "Bob", "New York"},
        "This is a string",
        100,
        true,
    }

    for _, item := range data {
        processItem(item)
    }
}
```

空接口也可以用于可变参数，这允许使用任意数量的参数调用函数，每个参数都可以是任意类型的，如代码清单 11-34 所示。

代码清单 11-34 在 methodsAndInterfaces/main.go 文件中使用可变参数

```
package main

import "fmt"

type Expense interface {
    getName() string
    getCost(annual bool) float64
}
type Person struct {
    name, city string
}

func processItems(items ...interface{}) {
    for _, item := range items {
        switch value := item.(type) {
            case Product:
                fmt.Println("Product:", value.name, "Price:", value.price)
            case *Product:
                fmt.Println("Product Pointer:", value.name, "Price:", value.price)
            case Service:
                fmt.Println("Service:", value.description, "Price:",
                    value.monthlyFee * float64(value.durationMonths))
            case Person:
                fmt.Println("Person:", value.name, "City:", value.city)
            case *Person:
                fmt.Println("Person Pointer:", value.name, "City:", value.city)
            case string, bool, int:
                fmt.Println("Built-in type:", value)
            default:
                fmt.Println("Default:", value)
        }
    }
}

func main() {
```

```
    var expense Expense = &Product { "Kayak", "Watersports", 275 }

    data := []interface{} {
        expense,
        Product { "Lifejacket", "Watersports", 48.95 },
        Service {"Boat Cover", 12, 89.50, []string{} },
        Person { "Alice", "London"},
        &Person { "Bob", "New York"},
        "This is a string",
        100,
        true,
    }

    processItems(data...)
}
```

当项目被编译和执行时，代码清单 11-33 和代码清单 11-34 都产生以下输出：

```
Product Pointer: Kayak Price: 275
Product: Lifejacket Price: 48.95
Service: Boat Cover Price: 1074
Person: Alice City: London
Person Pointer: Bob City: New York
Built-in type: This is a string
Built-in type: 100
Built-in type: true
```

11.8　小结

在这一章中，我介绍了 Go 语言中的方法（method），包括如何为结构类型定义方法以及如何定义方法接口。我演示了如何为结构类型实现接口，这允许使用混合类型。下一章将解释 Go 如何使用包和模块来支持项目结构化管理。

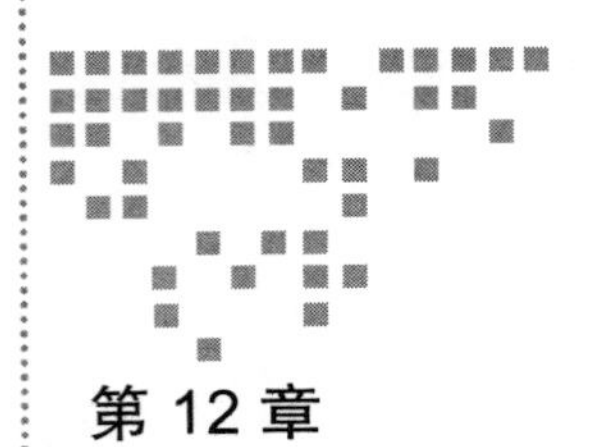

Chapter 12 第 12 章

包

包是一种 Go 语言特性，它允许对项目进行结构化，以便将相关的功能组合在一起，而无须将所有的代码放在一个文件或文件夹中。在这一章中，我将描述如何创建和使用包，以及如何使用由第三方开发的包。表 12-1 列出了一些有关包的基本问题。

表 12-1 关于包的基本问题

问题	答案
它们是什么	包允许将项目结构化，这样就可以将相关的功能组合在一起开发
它们为什么有用	Go 语言可以通过包实现访问控制，这样实现某个功能的代码就可以对使用它的代码隐藏起来
它们是如何使用的	包是通过在文件夹中创建代码文件并使用关键字 package 来表示它们属于哪个包而定义的
有什么陷阱或限制吗	有意义的名称是有限的，包名之间的冲突很常见，需要使用别名来避免错误引用
有其他选择吗	不需要使用包就可以编写简单的应用程序

表 12-2 是本章内容概要。

表 12-2 章节内容概要

问题	解决方案	代码清单
定义包	创建一个文件夹并在代码文件中添加 package 语句	12-4、12-9、12-10、12-15、12-16
使用包	添加 import 语句，该语句指定包及其包含的模块的路径	12-5
控制对包中特性的访问	通过在名称中使首字母大写来导出特性。而首字母小写表示未导出，不能在包外调用	12-6～12-8
处理包冲突	使用别名或点导入	12-11～12-14
加载包时执行任务	定义初始化函数	12-17、12-18

（续）

问题	解决方案	代码清单
执行包初始化函数，而不导入它包含的特性	在 import 语句中使用空白标识符	12-19、12-20
使用外部包	使用 go get 命令	12-21、12-22
移除未使用的包依赖项	使用 go mod tidy 命令	12-23

12.1 为本章做准备

请打开一个新的命令行窗口，导航到一个方便的位置，并创建一个名为 packages 的文件夹。导航到 packages 文件夹，运行代码清单 12-1 所示的命令来初始化项目。

代码清单 12-1 初始化项目

```
go mod init packages
```

将一个名为 main.go 的文件添加到 packages 文件夹，其内容如代码清单 12-2 所示。

代码清单 12-2 packages/main.go 文件的内容

```
package main

import "fmt"

func main() {
    fmt.Println("Hello, Packages and Modules")
}
```

使用命令行窗口在 packages 文件夹中运行代码清单 12-3 所示的命令。

代码清单 12-3 运行示例项目

```
go run .
```

main.go 文件中的代码将被编译并执行，产生以下输出结果：

```
Hello, Packages and Modules
```

12.2 了解模块文件

创建本书中所有示例项目的第一步都是创建一个模块文件，这是用代码清单 12-1 中的命令完成的。

模块文件的最初目的是方便代码发布，以便它可以在其他项目中重用，或者被其他开发人员使用。如今，虽然模块文件具备此用途，但是随着 Go 语言逐渐获得主流开发支持，绝大部分基础功能模块都已经由现成的包提供，项目中需要发布新模块的百分比逐渐下降。现在，创建模块文件的常见原因是它使得安装已经发布的包变得容易，并且具有允许使用代码清单 12-3 中所示的命令的额外效果，而不必向 Go 语言编译工具提供要编译的所有文件的列表。

代码清单 12-1 中的命令在 packages 文件夹中创建一个名为 go.mod 的文件，其内容如下：

```
module packages
go 1.17
```

module 语句指定了模块的名称，这是由代码清单 12-1 中的命令指定的。这个名称很重要，因为它用于从同一项目中创建的其他包和第三方包导入特性，后面的示例将会演示这一点。go 语句指定了所使用的 Go 版本，对于本书来说版本是 1.17。

12.3 创建自定义包

包使得项目结构更加清晰，便于将相关的功能组合在一起。现在，我们创建 packages/store 文件夹，并在其中添加一个名为 product.go 的文件，其内容如代码清单 12-4 所示。

代码清单 12-4 packages/store/product.go 文件的内容

```
package store

type Product struct {
    Name, Category string
    price float64
}
```

自定义包是使用 package 关键字定义的，在本例中我指定的包名为 store：

```
...
package store
...
```

package 语句指定的名称应该与创建代码文件的文件夹的名称相匹配，在本例中是 store。

Product 类型与前面章节中定义的类似类型有一些重要的区别，我将在后面的章节中解释这一点。

注释导出的特性

Go linter 将针对从包中导出但没有注释的特性报告一个错误。注释应该简单且具有描述性，惯例是以特性的名称开头进行注释，如下所示：

```
...
// Product describes an item for sale
type Product struct {
    Name, Category string // Name and type of the product
    price float64
}
...
```

当注释自定义类型时，还可以描述导出的字段。Go 还支持描述整个包的注释，该注释出现在 package 关键字之前，如下所示：

```
...
// Package store provides types and methods
// commonly required for online sales
package store
...
```

> 这些注释可以通过 go doc 工具处理，该工具生成代码文档。为了简洁起见，我没有给本书中的示例添加注释，但是在编写供其他开发人员使用的包时，注释代码非常重要。

12.3.1　使用自定义包

对自定义包的依赖是用 import 语句声明的，如代码清单 12-5 所示。

代码清单 12-5　在 packages/main.go 文件中使用自定义包

```
package main

import (
    "fmt"
    "packages/store"
)

func main() {

    product := store.Product {
        Name: "Kayak",
        Category: "Watersports",
    }

    fmt.Println("Name:", product.Name)
    fmt.Println("Category:", product.Category)
}
```

import 语句将包指定为一个路径，路径通常由包名和代码清单 12-1 中的命令创建的模块名组成，包名和模块名用正斜杠分隔，如图 12-1 所示。

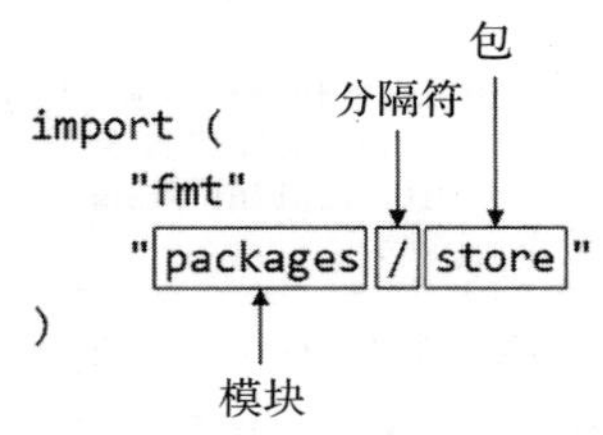

图 12-1　导入自定义包

使用包名作为前缀来访问包提供的导出特性，如下所示：

```
...
var product *store.Product = &store.Product {
...
```

为了指定 Product 类型，必须在类型前面加上包的名称，如图 12-2 所示。

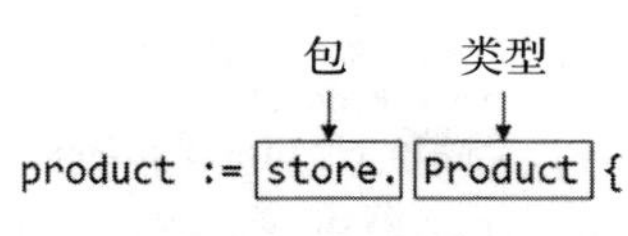

图 12-2　使用包名作为前缀

编译并执行项目将产生以下输出结果：

```
Name: Kayak
Category: Watersports
```

12.3.2　包的访问控制

代码清单 12-4 中定义的 Product 类型与前几章中定义的类似类型有一个重要的区别：Name 和 Category 属性名称首字母是大写的。

Go 有一种不同寻常的访问控制方法。Go 不依赖专用的关键字（如 public 和 private），而是检查代码文件中特性（如类型、函数和方法）名称的第一个字母。如果第一个字母是小写的，那么这个特性只能在定义它的包中使用。通过使特性名称的首字母大写，我们可以导出特性以在包外使用。

代码清单 12-4 中的结构类型的名称是 Product，这意味着该类型可以在 store 包之外使用。Name 和 Category 字段的名称也以大写字母开头，这意味着它们也已被导出。price 字段的第一个字母是小写的，这意味着它只能在 store 包中访问。图 12-3 说明了这些区别。

```
导出的类型
    ↓
type Product struct {
    Name, Category string  ← 导出的字段
    price float64          ← 未导出的字段
}
```

图 12-3 导出的特性和私有的特性

编译器强制执行包导出规则，这意味着如果 price 字段是在 store 包之外访问的，就会产生一个错误，如代码清单 12-6 所示。

代码清单 12-6 在 packages/main.go 文件中访问未导出的字段

```go
package main

import (
    "fmt"
    "packages/store"
)

func main() {

    product := store.Product {
        Name: "Kayak",
        Category: "Watersports",
        price: 279,
    }

    fmt.Println("Name:", product.Name)
    fmt.Println("Category:", product.Category)
    fmt.Println("Price:", product.price)
}
```

第一处修改是在使用文字语法创建 Product 值时赋予 price 字段一个值。第二处修改是试图读取 price 字段的值。

访问控制规则由编译器强制执行，编译器在编译代码时会报告以下错误：

```
.\main.go:13:9: cannot refer to unexported field 'price' in struct literal of type
store.Product
.\main.go:18:34: product.price undefined (cannot refer to unexported field or method price)
```

为了解决这些错误，可以将 price 字段导出，或者导出提供对该字段值的访问的方法或函数。代码清单 12-7 定义了一个创建 Product 值的构造函数，以及获取和设置 price 字段的方法。

代码清单 12-7 在 store/product.go 文件中定义方法

```go
package store

type Product struct {
    Name, Category string
    price float64
}
```

```
func NewProduct(name, category string, price float64) *Product {
    return &Product{ name, category, price }
}

func (p *Product) Price() float64 {
    return p.price
}

func (p *Product) SetPrice(newPrice float64)  {
    p.price = newPrice
}
```

访问控制规则不适用于函数或方法的参数，这意味着 NewProduct 函数名称的第一个字符必须大写才能导出，但参数名可以是小写的。

这些方法遵循可访问字段的导出方法的典型命名约定，我们可以通过 Price() 返回字段值，SetPrice() 赋新值。代码清单 12-8 更新了 main.go 文件中的代码以使用新特性。

代码清单 12-8 在 packages/main.go 文件中使用包特性

```
package main

import (
    "fmt"
    "packages/store"
)

func main() {

    product := store.NewProduct("Kayak", "Watersports", 279)

    fmt.Println("Name:", product.Name)
    fmt.Println("Category:", product.Category)
    fmt.Println("Price:", product.Price())
}
```

编译并执行代码清单 12-8 中的代码，你将收到以下输出结果，这表明 main 包中的代码可以使用 Price 方法读取 price 字段：

```
Name: Kayak
Category: Watersports
Price: 279
```

12.3.3 向包中添加代码文件

包可以包含多个代码文件，为了简化开发，在访问同一包中定义的特性时，访问控制规则和包前缀不适用。将一个名为 tax.go 的文件添加到 store 文件夹，其内容如代码清单 12-9 所示。

代码清单 12-9 store\tax.go 文件的内容

```
package store

const defaultTaxRate float64 = 0.2
const minThreshold = 10
```

```
type taxRate struct {
    rate, threshold float64
}
func newTaxRate(rate, threshold float64) *taxRate {
    if (rate == 0) {
        rate = defaultTaxRate
    }
    if (threshold < minThreshold) {
        threshold = minThreshold
    }
    return &taxRate { rate, threshold }
}

func (taxRate *taxRate) calcTax(product *Product) float64 {
    if (product.price > taxRate.threshold) {
        return product.price + (product.price * taxRate.rate)
    }
    return product.price
}
```

在 `tax.go` 文件中定义的所有特性都是未导出的，这意味着它们只能在 `store` 包中使用。请注意，`calcTax` 方法可以访问 `Product` 类型的 `price` 字段，并且它这样做时不必将类型引用为 `store.Product`，因为它们在同一个包中：

```
...
func (taxRate *taxRate) calcTax(product *Product) float64 {
    if (product.price > taxRate.threshold) {
        return product.price + (product.price * taxRate.rate)
    }
    return product.price
}
...
```

在代码清单 12-10 中，我修改了 `Product.Price` 方法，以便它返回 `price` 的含税值。

代码清单 12-10 在 store/product.go 文件中计算税款

```
package store

var standardTax = newTaxRate(0.25, 20)

type Product struct {
    Name, Category string
    price float64
}

func NewProduct(name, category string, price float64) *Product {
    return &Product{ name, category, price }
}

func (p *Product) Price() float64 {
    return standardTax.calcTax(p)
}
func (p *Product) SetPrice(newPrice float64)  {
    p.price = newPrice
}
```

Price 方法可以访问未导出的 calcTax 方法，但是该方法及其适用的类型只能在 store 包中使用。编译并执行代码清单 12-10 所示代码，你将收到以下输出结果：

```
Name: Kayak
Category: Watersports
Price: 348.75
```

避免重定义陷阱

一个常见的错误是在同一个包的不同文件中重用名称。这是我经常做的事情，包括编写代码清单 12-10 所示的例子。我在 product.go 文件的代码的初始版本中包含以下语句：

```
...
var taxRate = newTaxRate(0.25, 20)
...
```

这会导致编译器错误，因为 tax.go 文件定义了一个名为 taxRate 的结构类型。编译器无法区分赋给变量的名称和赋给类型的名称，它会报告一个错误，如下所示：

```
store\tax.go:6:6: taxRate redeclared in this block
        previous declaration at store\product.go:3:5
```

你还可能在代码编辑器中遇到错误——它提示 taxRate 是无效类型。这是同一问题的不同表述。为了避免这些错误，必须确保在包中定义的顶层特性具有唯一的名称。名称在包之间或者在函数和方法内部不必是唯一的。

12.3.4　处理包名冲突

当导入包时，模块名和包名的组合确保包被唯一地标识。但是在访问包提供的特性时只使用包名，这可能会导致冲突。要了解这个问题是如何产生的，创建 packages/fmt 文件夹，并在其中添加一个名为 formats.go 的文件，其内容如代码清单 12-11 所示。

代码清单 12-11　fmt/formats.go 文件的内容

```
package fmt

import "strconv"

func ToCurrency(amount float64) string {
    return "$" + strconv.FormatFloat(amount, 'f', 2, 64)
}
```

该文件导出一个名为 ToCurrency 的函数，该函数接收一个 float64 值并使用 strconv.FormatFloat 函数生成一个格式化的美元金额。

代码清单 12-11 中定义的 fmt 包与一个广泛使用的标准库包同名。当两个包都被使用时，这会导致一个问题，如代码清单 12-12 所示。

代码清单 12-12　在 packages/main.go 文件中使用同名的包

```
package main

import (
    "fmt"
```

```
    "packages/store"
    "packages/fmt"
)

func main() {

    product := store.NewProduct("Kayak", "Watersports", 279)

    fmt.Println("Name:", product.Name)
    fmt.Println("Category:", product.Category)
    fmt.Println("Price:", fmt.ToCurrency(product.Price()))
}
```

编译该项目，你将收到以下错误：

```
.\main.go:6:5: fmt redeclared as imported package name
        previous declaration at .\main.go:4:5
.\main.go:13:5: undefined: "packages/fmt".Println
.\main.go:14:5: undefined: "packages/fmt".Println
.\main.go:15:5: undefined: "packages/fmt".Println
```

1. 使用包别名

处理包名冲突的一种方法是使用别名，这允许使用不同的名称访问包，如代码清单 12-13 所示。

代码清单 12-13 在 packages/main.go 文件中使用包别名

```
package main

import (
    "fmt"
    "packages/store"
    currencyFmt "packages/fmt"
)
func main() {

    product := store.NewProduct("Kayak", "Watersports", 279)

    fmt.Println("Name:", product.Name)
    fmt.Println("Category:", product.Category)
    fmt.Println("Price:", currencyFmt.ToCurrency(product.Price()))
}
```

包的别名在导入路径之前声明，如图 12-4 所示。

```
import (
    "fmt"
    "packages/store"
    currencyFmt "packages/fmt"
)
```

别名　　包导入路径

图 12-4 包别名

此示例中的别名解决了名称冲突问题，因此可以使用 currencyFmt 作为前缀来访问通过 packages/fmt 路径导入的包所定义的特性，如下所示：

```
...
fmt.Println("Price:", currencyFmt.ToCurrency(product.Price()))
...
```

编译并执行该项目，你将收到以下输出结果，它依赖于标准库中的 fmt 包和已有别名的自定义 fmt 包所定义的特性：

```
Name: Kayak
Category: Watersports
Price: $348.75
```

2. 使用点导入

有一种特殊的别名——称为点导入，它允许在不使用前缀的情况下使用包的特性，如代码清单 12-14 所示。

代码清单 12-14　在 packages/main.go 文件中使用点导入

```
package main

import (
    "fmt"
    "packages/store"
    . "packages/fmt"
)

func main() {

    product := store.NewProduct("Kayak", "Watersports", 279)

    fmt.Println("Name:", product.Name)
    fmt.Println("Category:", product.Category)
    fmt.Println("Price:", ToCurrency(product.Price()))
}
```

点导入使用句点作为包别名，如图 12-5 所示。

```
import (
    "fmt"
    "packages/store"
    . "packages/fmt"
)
```


图 12-5　使用点导入

点导入允许在不使用前缀的情况下访问 ToCurrency 函数，如下所示：

```
...
fmt.Println("Price:", ToCurrency(product.Price()))
...
```

使用点导入时，必须确保从包中导入的特性名称未在导入包中定义。对于这个示例，这意味着必须确保 main 包中定义的任何特性都不使用名称 ToCurrency。因此，应该谨慎使用点导入。

12.3.5　创建嵌套包

包也可以在其他包中定义，这使得将复杂的特性分解成尽可能多的单元变得容易。现在，我们创建 packages/store/cart 文件夹，并在其中添加一个名为 cart.go 的文件，其内容如代码清单 12-15 所示。

代码清单 12-15　store/cart/cart.go 文件的内容

```
package cart

import "packages/store"

type Cart struct {
    CustomerName string
    Products []store.Product
}
```

```
func (cart *Cart) GetTotal() (total float64) {
    for _, p := range cart.Products {
        total += p.Price()
    }
    return
}
```

package 语句的用法与其他包一样，不需要包含父包或封装包的名称。对自定义包的依赖必须包含完整的包路径。代码清单 12-15 中的代码定义了一个名为 Cart 的结构类型，它导出 CustomerName 和 Products 字段，以及 GetTotal 方法。

当导入嵌套包时，包路径以模块名开头，按顺序列出各包，如代码清单 12-16 所示。

代码清单 12-16 在 packages/main.go 文件中使用嵌套包

```
package main

import (
    "fmt"
    "packages/store"
    . "packages/fmt"
    "packages/store/cart"
)

func main() {

    product := store.NewProduct("Kayak", "Watersports", 279)

    cart := cart.Cart {
        CustomerName: "Alice",
        Products: []store.Product{ *product },
    }

    fmt.Println("Name:", cart.CustomerName)
    fmt.Println("Total:",  ToCurrency(cart.GetTotal()))
}
```

嵌套包定义的特性可以使用包名来访问，就像其他包一样。在代码清单 12-16 中，这意味着使用 cart 作为前缀来访问 store/cart 包导出的类型和函数。编译并执行该项目，你将收到以下输出结果：

```
Name: Alice
Total: $348.75
```

12.3.6 使用包初始化函数

每个代码文件都可以包含一个初始化函数，该函数只有在所有包都已加载并且所有其他初始化工作（如定义常量和变量）都已完成时才会执行。初始化函数最常见的用途是执行难以执行或需要重复执行的计算，如代码清单 12-17 所示。

代码清单 12-17 在 store/tax.go 文件中计算最高价格

```
package store

const defaultTaxRate float64 = 0.2
```

```
const minThreshold = 10

var categoryMaxPrices = map[string]float64 {
    "Watersports": 250 + (250 * defaultTaxRate),
    "Soccer": 150 + (150 * defaultTaxRate),
    "Chess": 50 + (50 * defaultTaxRate),
}

type taxRate struct {
    rate, threshold float64
}

func newTaxRate(rate, threshold float64) *taxRate {
    if (rate == 0) {
        rate = defaultTaxRate
    }
    if (threshold < minThreshold) {
        threshold = minThreshold
    }
    return &taxRate { rate, threshold }
}

func (taxRate *taxRate) calcTax(product *Product) (price float64) {
    if (product.price > taxRate.threshold) {
        price = product.price + (product.price * taxRate.rate)
    } else {
        price = product.price
    }
    if max, ok := categoryMaxPrices[product.Category]; ok && price > max {
        price = max
    }
    return
}
```

这些变更引入了按照类别计算的最高价格，这些价格存储在 map 中。每个类别的最高价格都是以相同的方式计算的，这会导致重复计算，从而导致代码难以阅读和维护。

这是一个可以用 `for` 循环轻松解决的问题，但是 Go 只允许在函数内使用循环，而我需要在代码文件的顶层执行这些计算。

解决方案是使用初始化函数，当包被加载时，这个函数被自动调用，并且可以使用诸如 `for` 循环之类的语言特性，如代码清单 12-18 所示。

代码清单 12-18　在 store/tax.go 文件中使用初始化函数

```
package store

const defaultTaxRate float64 = 0.2
const minThreshold = 10

var categoryMaxPrices = map[string]float64 {
    "Watersports": 250,
    "Soccer": 150,
    "Chess": 50,
}

func init() {
```

```
    for category, price := range categoryMaxPrices {
        categoryMaxPrices[category] = price + (price * defaultTaxRate)
    }
}

type taxRate struct {
    rate, threshold float64
}

func newTaxRate(rate, threshold float64) *taxRate {
    // ...statements omitted for brevity...
}

func (taxRate *taxRate) calcTax(product *Product) (price float64) {
    // ...statements omitted for brevity...
}
```

初始化函数名称是 `init`，它被定义为没有参数和返回结果的函数。`init` 函数是自动调用的，它提供了一个准备包以供使用的机会。代码清单 12-17 和代码清单 12-18 在编译和执行时都会产生以下输出：

```
Name: Kayak
Price: $300.00
```

`init` 函数不是常规的 Go 函数，不能被直接调用。而且，不同于常规函数，一个文件可以定义多个 `init` 函数，所有这些函数都将被执行。

> **避免多重初始化函数陷阱**
>
> 每个代码文件都可以有自己的初始化函数。当使用标准的 Go 编译器时，初始化函数是根据文件名的字母顺序执行的，因此 `a.go` 文件中的函数将在 `b.go` 文件中的函数之前执行，依此类推。
>
> 但是，这个顺序不是 Go 语言规范的一部分，你不应该利用它。初始化函数应该是独立的，不依赖于之前调用的其他 `init` 函数。

仅为了初始化效果而导入包

Go 语言不允许包被导入但不被使用，如果仅仅依赖于初始化函数的效果，但不需要使用包导出的任何特性，这就会是一个问题。现在，创建 `packages/data` 文件夹，并在其中添加一个名为 `data.go` 的文件，其内容如代码清单 12-19 所示。

代码清单 12-19 data/data.go 文件的内容

```
package data

import "fmt"

func init() {
    fmt.Println(("data.go init function invoked"))
}

func GetData() []string {
```

```
    return []string {"Kayak", "Lifejacket", "Paddle", "Soccer Ball"}
}
```

在本例中，初始化函数在被调用时会写出一条消息。如果需要初始化函数的效果，但是不需要使用包导出的 `GetData` 函数，那么可以使用空白标识符作为包名的别名来导入包，如代码清单 12-20 所示。

代码清单 12-20　在 packages/main.go 文件中导入包的初始化函数

```
package main

import (
    "fmt"
    "packages/store"
    . "packages/fmt"
    "packages/store/cart"
    _ "packages/data"
)

func main() {

    product := store.NewProduct("Kayak", "Watersports", 279)
    cart := cart.Cart {
        CustomerName: "Alice",
        Products: []store.Product{ *product },
    }

    fmt.Println("Name:", cart.CustomerName)
    fmt.Println("Total:",  ToCurrency(cart.GetTotal()))

}
```

空白标识符（下划线）允许在不要求使用其导出特性的情况下导入包。编译并执行该项目，你将看到由代码清单 12-19 中定义的初始化函数写出的消息：

```
data.go init function invoked
Name: Alice
Total: $300.00
```

12.4　使用外部包

你还可以使用第三方开发的包来扩展项目。使用 `go get` 命令下载和安装包。在 `packages` 文件夹中运行代码清单 12-21 所示的命令，将包添加到示例项目中。

代码清单 12-21　安装包

```
go get github.com/fatih/color@v1.10.0
```

`go get` 命令的参数是包含要使用的包的模块的路径。名称后面跟着 @ 字符，@ 字符后是包版本号，其前缀是字母 v，如图 12-6 所示。

图 12-6　选择包

`go get` 命令非常复杂，它知道代码清单 12-21

中指定的路径是一个 GitHubURL。下载指定版本的模块，编译并安装其中包含的包，以便可以在项目中使用它们。（包是作为源代码分发的，这使得它们可以在你的工作平台上进行编译。）

查找 Go 语言包

有两个查找 Go 语言包的有用资源。第一个是 https://pkg.go.dev，它提供了一个搜索引擎。不幸的是，要找到特定类型的包，需要花费一些时间来确定需要哪些关键字。

第二个资源是 https://github.com/golang/go/wiki/Projects，它提供了一个按类别分组的 Go 项目管理列表。并不是所有列在 pkg.go.dev 的项目都在列表上，我倾向于同时使用这两个资源。

选择模块时必须小心。许多 Go 语言模块是由个人开发者为解决某个问题而编写的，之后才发布给其他人使用。这创造了一个丰富的模块生态系统，但这确实意味着维护和支持可能不一致。例如，本节中使用的 `github.com/fatih/color` 模块已经退役，不再更新。我很高兴能继续使用它，因为在这一章中对它的使用不但简便，代码运行也良好。你必须对项目依赖的模块执行相同的评估。

`go get` 命令完成后，检查 `go.mod` 文件，你将看到新的配置语句：

```
module packages
go 1.17
require (
    github.com/fatih/color v1.10.0 // indirect
    github.com/mattn/go-colorable v0.1.8 // indirect
    github.com/mattn/go-isatty v0.0.12 // indirect
    golang.org/x/sys v0.0.0-20200223170610-d5e6a3e2c0ae // indirect
)
```

`require` 语句记录了对 `github.com/fatih/color` 模块及它所需的其他模块的依赖。语句末尾的注释 `indirect` 是自动添加的，因为项目中的代码不使用这些包。获取模块时会创建一个名为 `go.sum` 的文件，该文件包含用于验证包的校验和。

注意 你还可以使用 `go.mod` 文件创建对本地创建的项目的依赖，这是我在第三部分的 SportsStore 示例中采用的方法，详见第 35 章。

一旦模块被安装，它包含的包就可以在项目中使用，如代码清单 12-22 所示。

代码清单 12-22 在 packages/main.go 文件中使用外部包

```
package main

import (
    //"fmt"
    "packages/store"
    . "packages/fmt"

    "packages/store/cart"
    _ "packages/data"
    "github.com/fatih/color"
)

func main() {
```

```
    product := store.NewProduct("Kayak", "Watersports", 279)

    cart := cart.Cart {
        CustomerName: "Alice",
        Products: []store.Product{ *product },
    }

    color.Green("Name: " + cart.CustomerName)
    color.Cyan("Total: " + ToCurrency(cart.GetTotal()))
}
```

外部包可以像自定义包一样被导入和使用。`import` 语句指定模块路径，该路径的最后一部分用于访问由包导出的特性。在这个示例中，包被命名为 `color`，这是用于访问包特性的前缀。

代码清单 12-22 中使用的 `Green` 和 `Cyan` 函数写出了着色输出，如果编译并运行这个项目，你会看到如图 12-7 所示的输出结果。

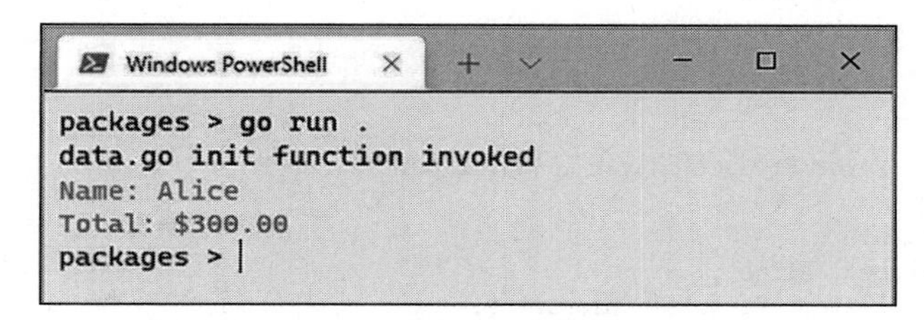

图 12-7　运行示例应用程序

了解最小版本选择

第一次运行代码清单 12-22 中的 `go get` 命令时，你会看到一个已下载模块的列表，这说明模块有自己的依赖项，并且这些依赖项是自动解析的：

```
go: downloading github.com/fatih/color v1.10.0
go: downloading github.com/mattn/go-isatty v0.0.12
go: downloading github.com/mattn/go-colorable v0.1.8
go: downloading golang.org/x/sys v0.0.0-20200223170610-d5e6a3e2c0ae
```

下载内容被缓存起来，这就是下次对同一个模块使用 `go get` 命令时看不到消息的原因。

你可能会发现自己的项目依赖于模块的不同版本，尤其是在有很多依赖项的复杂项目中。在这些情况下，Go 使用由这些依赖项指定的最新版本来解决这种依赖关系。举例来说，如果一个项目对某个模块的 1.1 版本和 1.5 版本有依赖，那么在构建项目时，Go 将使用 1.5 版本。Go 将只使用由依赖项指定的最新版本，哪怕有更新的版本可用。例如，如果模块的最新依赖项指定了 1.5 版本，那么即使 1.6 版本可用，Go 也不会使用它。

这种方法的结果是，如果存在某个模块依赖于另一个模块的更高版本，那么项目可能无法使用通过 `go get` 命令选择的这个模块版本进行编译。同样，如果另一个模块（或 `go.mod` 文件）指定了更新的版本，则该模块可能无法使用其依赖项所期望的版本进行编译。

管理外部包

go get 命令向 go.mod 文件添加依赖项，但是如果不再需要外部包，这些依赖项是不会被自动删除的。代码清单 12-23 更改了 main.go 文件的内容，不再使用 github.com/fatih/color 包。

代码清单 12-23 在 packages/main.go 文件中删除不再使用的包

```
package main

import (
    "fmt"
    "packages/store"
    . "packages/fmt"
    "packages/store/cart"
    _ "packages/data"
    //"github.com/fatih/color"
)

func main() {

    product := store.NewProduct("Kayak", "Watersports", 279)

    cart := cart.Cart {
        CustomerName: "Alice",
        Products: []store.Product{ *product },
    }

    // color.Green("Name: " + cart.CustomerName)
    // color.Cyan("Total: " + ToCurrency(cart.GetTotal()))
    fmt.Println("Name:", cart.CustomerName)
    fmt.Println("Total:",  ToCurrency(cart.GetTotal()))
}
```

要更新 go.mod 文件以反映此更改，请在 packages 文件夹运行代码清单 12-24 所示的命令。

代码清单 12-24 更新包依赖项

```
go mod tidy
```

该命令将检查项目代码，确定项目没有依赖于 github.com/fatih/color 模块的任何包，并从 go.mod 文件中删除对应的 require 语句：

```
module packages
go 1.17
```

12.5 小结

在这一章中，我介绍了包在 Go 语言开发中的作用，展示了如何使用包使项目更方便结构化管理，以及如何使用第三方开发的包特性。下一章将描述组合类型的 Go 语言特性，并利用此特性创建复杂类型。

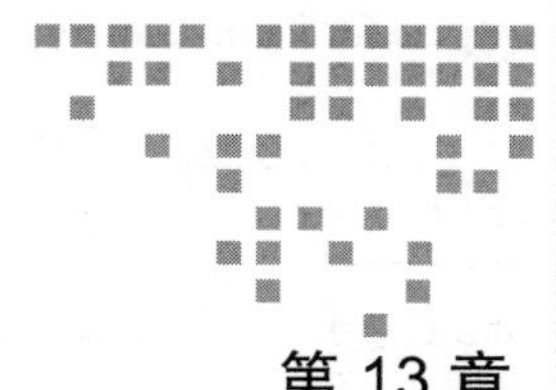

第 13 章 Chapter 13

类型和接口组合

在这一章中，我将介绍如何组合类型来创建新的特性。Go 没有使用其他语言中常见的继承机制，而是依赖于一种被称为“组合”（composition）的方法。这可能有些难理解，所以本章将描述前面章节中涉及的一些特性，以便为学习组合过程打下坚实的基础。表 13-1 列出了关于类型和接口组合的基本问题。

表 13-1 关于类型和接口组合的基本问题

问题	答案
它们是什么	组合是通过组合结构（struct）和接口来创建新类型的过程
它们为什么有用	组合允许基于现有类型定义新类型
它们是如何使用的	现有类型被嵌入新类型中
有什么陷阱或限制吗	组合与继承的工作方式不同，必须小心谨慎才能达到预期的结果
有其他选择吗	组合不是必需的，你也可以创建完全独立的类型

表 13-2 是本章内容概要。

表 13-2 章节内容概要

问题	解决方案	代码清单
组合结构类型	添加嵌入字段	13-7～13-9、13-14～13-17
在组合后的类型上构建类型	创建嵌入类型链	13-10～13-13
组合接口类型	将现有接口的名称添加到新的接口定义中	13-25、13-26

13.1 为本章做准备

请打开一个新的命令行窗口，导航到一个方便的位置，并创建一个名为 composition 的文件夹。导航到 composition 文件夹并运行代码清单 13-1 所示的命令来初始化项目。

代码清单 13-1 初始化项目

```
go mod init composition
```

将一个名为 main.go 的文件添加到 composition 文件夹，其内容如代码清单 13-2 所示。

代码清单 13-2 composition/main.go 文件的内容

```
package main

import "fmt"

func main() {

    fmt.Println("Hello, Composition")
}
```

使用命令行窗口在 composition 文件夹下执行代码清单 13-3 所示的命令。

代码清单 13-3 运行示例项目

```
go run .
```

main.go 文件中的代码将被编译并执行，产生以下输出结果：

```
Hello, Composition
```

13.2 了解类型组合

如果你习惯了 C# 或 Java 之类的语言，那么你应该创建过基类并创建了子类来添加更多的特性。子类从基类继承特性，这有助于防止代码重复。这样就有了一系列类，其中基类定义了共同的特性，各个子类会补充更具体的特性，如图 13-1 所示。

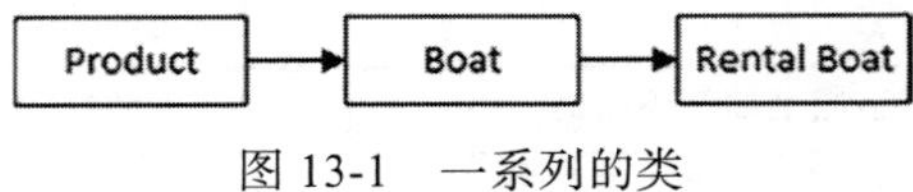

图 13-1 一系列的类

Go 不支持类或继承机制，而是代之以组合方法。尽管有所不同，但组合也可以用来创建类型的层次结构，只是方式不同。

13.2.1 定义基本类型

首先定义一个结构类型和一个方法，我将在后面的示例中使用它们来创建更具体的类型。现在，创建 composition/store 文件夹，并在其中添加一个名为 product.go 的文件，其内容如代码清单 13-4 所示。

代码清单 13-4 composition/store/product.go 文件的内容

```
package store

type Product struct {
    Name, Category string
    price float64
}
```

```
func (p *Product) Price(taxRate float64) float64 {
    return p.price + (p.price * taxRate)
}
```

结构类型 Product 定义了 Name 和 Category 字段（它们是导出字段），以及不导出的 price 字段。还有一个名为 Price 的方法，它接受 float64 参数并结合它与 price 字段来计算含税价格。

13.2.2 定义构造函数

因为 Go 语言不支持类，所以也不支持类构造函数。正如我所介绍的，常见的惯例是定义一个名为 New<Type> 的构造函数，比如 NewProduct，如代码清单 13-5 所示，它允许为所有字段提供值，包括那些没有被导出的字段。与其他特性一样，构造函数名称第一个字母的大小写决定了它是否被导出到包之外。

代码清单 13-5 在 composition/store/product.go 文件中定义构造函数

```
package store

type Product struct {
    Name, Category string
    price float64
}

func NewProduct(name, category string, price float64) *Product {
    return &Product{ name, category, price }
}
func (p *Product) Price(taxRate float64) float64 {
    return p.price + (p.price * taxRate)
}
```

构造函数只是一种约定，并不强制使用，这意味着可以使用文字语法创建导出的类型，只要不为未导出的字段赋值。代码清单 13-6 显示了构造函数和文字语法的用法。

代码清单 13-6 在 composition/main.go 文件中创建结构值

```
package main

import (
    "fmt"
    "composition/store"
)

func main() {

    kayak := store.NewProduct("Kayak", "Watersports", 275)
    lifejacket := &store.Product{ Name: "Lifejacket", Category:  "Watersports"}

    for _, p := range []*store.Product { kayak, lifejacket} {
        fmt.Println("Name:", p.Name, "Category:", p.Category, "Price:", p.Price(0.2))
    }
}
```

只要定义了构造函数，就应该使用它们，因为它们使管理创建值的方式的更改变得更容易，还因为它们能确保字段被正确初始化。在代码清单 13-6 中，使用文字语法无法给 price 字段赋值，这会影响 Price 方法的输出。但是，由于 Go 不支持强制使用构造函数，所以这应该作为工作规范执行。

编译并执行该项目，你将收到以下输出结果：

```
Name: Kayak Category: Watersports Price: 330
Name: Lifejacket Category: Watersports Price: 0
```

13.3 组合类型

Go 语言支持组合，但不支持继承，我们可以通过组合结构类型来实现相同结果。现在将一个名为 boat.go 的文件添加到 store 文件夹，其内容如代码清单 13-7 所示。

代码清单 13-7 composition/store/boat.go 文件的内容

```
package store

type Boat struct {
    *Product
    Capacity int
    Motorized bool
}
func NewBoat(name string, price float64, capacity int, motorized bool) *Boat {
    return &Boat {
        NewProduct(name, "Watersports", price), capacity, motorized,
    }
}
```

结构类型 Boat 定义了一个嵌入字段 *Product，如图 13-2 所示。

结构类型可以混合使用常规字段类型和嵌入字段类型，但是嵌入字段是组合特性的一个重要部分。

NewBoat 函数是一个构造函数，它使用自己的参数创建 Boat 值并嵌入了 Product 值。代码清单 13-8 显示了如何使用这个新结构。

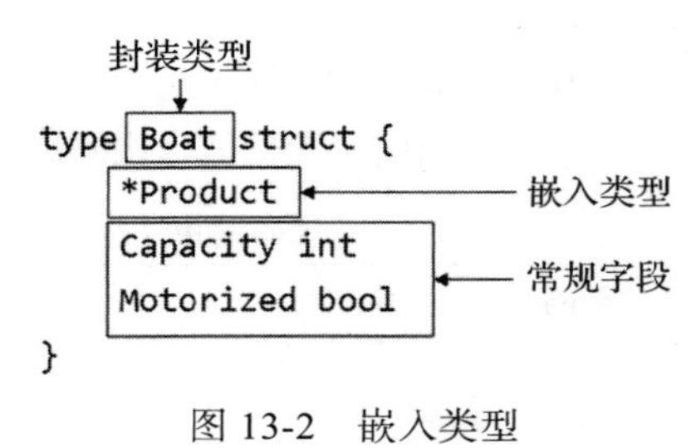

图 13-2 嵌入类型

代码清单 13-8 在 composition/main.go 文件中使用 Boat 结构

```
package main

import (
    "fmt"
    "composition/store"
)

func main() {

    boats := []*store.Boat {
        store.NewBoat("Kayak", 275, 1, false),
```

```
        store.NewBoat("Canoe", 400, 3, false),
        store.NewBoat("Tender", 650.25, 2, true),
    }
    for _, b := range boats {
        fmt.Println("Conventional:", b.Product.Name, "Direct:", b.Name)
    }
}
```

新语句创建了 Boat 的一个 *Boat 切片，并使用 NewBoat 构造函数填充具体值。

Go 语言对具有另一种结构类型的字段的结构类型进行了特殊处理，就像示例项目中的 Boat 类型具有 *Product 字段一样。你可以在 for 循环的语句中看到这种特殊处理，它负责写出每个 Boat 值的详细信息。

Go 语言允许以两种方式访问嵌套类型的字段。传统的方法是导航类型的层次结构以获得所需的值。*Product 字段是嵌入字段，这意味着它的名称就表示它的类型。要访问 Name 字段，可以浏览嵌套类型，如下所示：

```
...
fmt.Println("Conventional:", b.Product.Name, "Direct:", b.Name)
...
```

Go 语言也允许直接使用嵌套字段类型，如下所示：

```
...
fmt.Println("Conventional:", b.Product.Name, "Direct:", b.Name)
...
```

虽然 Boat 类型没有定义 Name 字段，但由于 Go 语言的直接访问特性，它可以被视为定义了 Name 字段。这就是所谓的“字段提升”（field promotion），Go 本质上会将类型扁平化，这样 Boat 类型的行为就好像它定义了嵌套 Product 类型所提供的字段，如图 13-3 所示。

编译并执行该项目，你将看到两种方法产生的输出结果是相同的：

```
Conventional: Kayak Direct: Kayak
Conventional: Canoe Direct: Canoe
Conventional: Tender Direct: Tender
```

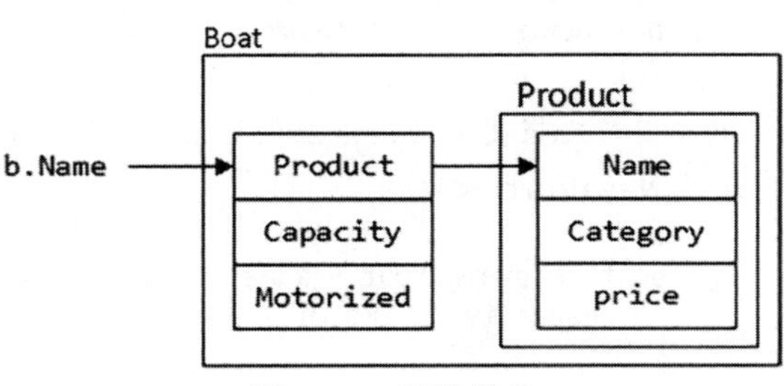

图 13-3　字段提升

方法也可以被提升，这样为嵌套类型定义的方法可以从封装类型（enclosing type）中调用，如代码清单 13-9 所示。

代码清单 13-9　在 composition/main.go 文件中调用嵌套方法

```
package main

import (
    "fmt"
    "composition/store"
)

func main() {

    boats := []*store.Boat {
        store.NewBoat("Kayak", 275, 1, false),
```

```
        store.NewBoat("Canoe", 400, 3, false),
        store.NewBoat("Tender", 650.25, 2, true),
    }

    for _, b := range boats {
        fmt.Println("Boat:", b.Name, "Price:", b.Price(0.2))
    }
}
```

如果字段类型是值，比如 Product，那么任何用 Product 或 *Product 接收器定义的方法都将被提升。如果字段类型是指针，比如 *Product，那么只有用 *Product 接收器定义的方法才会被提升。

没有为 *Boat 类型定义 Price() 方法，但是 Go 语言会提升用 *Product 接收器定义的方法。编译并执行该项目，你将收到以下输出结果：

```
Boat: Kayak Price: 330
Boat: Canoe Price: 480
Boat: Tender Price: 780.3
```

提升的字段和文字语法

一旦创建了结构值，Go 就对提升的字段应用其特殊处理。例如，如果使用 NewBoat 函数创建一个值，如下所示：

```
...
boat := store.NewBoat("Kayak", 275, 1, false)
...
```

那么，我们就可以读取提升的字段并为其赋值，如下所示：

```
...
boat.Name = "Green Kayak"
...
```

但是，当使用文字语法创建值时，这个特性是不可用的，这意味着我们不能像下面这样替换 NewBoat 函数：

```
...
boat := store.Boat { Name: "Kayak", Category: "Watersports",
    Capacity: 1, Motorized: false }
...
```

编译器不允许直接赋值，在编译代码时会报告“未知字段”错误。如果使用文字语法，则必须为嵌套字段赋值，如下所示：

```
...
boat := store.Boat { Product: &store.Product{ Name: "Kayak",
    Category: "Watersports"}, Capacity: 1, Motorized: false }
...
```

正如我将在 13.3.1 节中介绍的，Go 语言使用组合功能使得创建复杂类型变得容易，这使得文字语法越来越难以使用，并且使得代码变得容易出错且难以维护。我的建议是尽量使用构造函数，从一个构造函数调用另一个构造函数，就像代码清单 13-7 中的 NewBoat 函数调用 NewProduct 函数一样。

13.3.1 创建嵌套类型链

组合功能可用于创建复杂的嵌套类型链，其字段和方法被提升为顶层封装类型。现在将一个名为 `rentalboats.go` 的文件添加到 `store` 文件夹，其内容如代码清单 13-10 所示。

代码清单 13-10 composition/store/rentalboats.go 文件的内容

```
package store

type RentalBoat struct {
    *Boat
    IncludeCrew bool
}

func NewRentalBoat(name string, price float64, capacity int,
        motorized, crewed bool) *RentalBoat {
    return &RentalBoat{NewBoat(name, price, capacity, motorized), crewed}
}
```

`RentalBoat` 类型由 `*Boat` 类型组成，`*Boat` 类型又由 `*Product` 类型组成，这就形成了一条链。Go 语言的字段提升功能使得 `RentalBoat` 值可以直接访问链中三种类型定义的字段，如代码清单 13-11 所示。

代码清单 13-11 在 composition/main.go 文件中直接访问嵌套字段

```
package main

import (
    "fmt"
    "composition/store"
)

func main() {

    rentals := []*store.RentalBoat {
        store.NewRentalBoat("Rubber Ring", 10, 1, false, false),
        store.NewRentalBoat("Yacht", 50000, 5, true, true),
        store.NewRentalBoat("Super Yacht", 100000, 15, true, true),
    }

    for _, r := range rentals {
        fmt.Println("Rental Boat:", r.Name, "Rental Price:", r.Price(0.2))
    }
}
```

Go 语言提升了嵌套类型 `Boat` 和 `Product` 的字段，因此可以通过顶层的 `RentalBoat` 类型访问它们，于是我们可以在代码清单 13-11 中读取 `Name` 字段。嵌套类型的方法也被提升到顶层类型，这就是我可以使用 `Price` 方法的原因，即使它是在 `*Product` 类型（它处于嵌套链的末端）上定义的。代码清单 13-11 中的代码在编译和执行时会产生以下输出结果：

```
Rental Boat: Rubber Ring Rental Price: 12
Rental Boat: Yacht Rental Price: 60000
Rental Boat: Super Yacht Rental Price: 120000
```

13.3.2 在同一结构中使用多个嵌套类型

一个类型可以定义多个结构字段，Go 将提升所有类型的字段。代码清单 13-12 定义了一个描述船员的新类型，并将其用作另一个结构中的字段类型。

代码清单 13-12 在 composition/store/rentalboats.go 文件中定义新类型

```
package store

type Crew struct {
    Captain, FirstOfficer string
}

type RentalBoat struct {
    *Boat
    IncludeCrew bool
    *Crew
}
func NewRentalBoat(name string, price float64, capacity int,
        motorized, crewed bool, captain, firstOfficer string) *RentalBoat {
    return &RentalBoat{NewBoat(name, price, capacity, motorized), crewed,
        &Crew{captain, firstOfficer}}
}
```

RentalBoat 类型有 *Boat 和 *Crew 字段，Go 提升了这两个嵌套类型的字段和方法，如代码清单 13-13 所示。

代码清单 13-13 在 composition/main.go 文件中使用提升的字段

```
package main

import (
    "fmt"
    "composition/store"
)

func main() {

    rentals := []*store.RentalBoat {
        store.NewRentalBoat("Rubber Ring", 10, 1, false, false, "N/A", "N/A"),
        store.NewRentalBoat("Yacht", 50000, 5, true, true, "Bob", "Alice"),
        store.NewRentalBoat("Super Yacht", 100000, 15, true, true,
            "Dora", "Charlie"),
    }

    for _, r := range rentals {
        fmt.Println("Rental Boat:", r.Name, "Rental Price:", r.Price(0.2),
            "Captain:", r.Captain)
    }
}
```

编译并执行该项目，你将收到以下输出结果，其中显示了关于船员的更多细节：

```
Rental Boat: Rubber Ring Rental Price: 12 Captain: N/A
Rental Boat: Yacht Rental Price: 60000 Captain: Bob
Rental Boat: Super Yacht Rental Price: 120000 Captain: Dora
```

13.3.3 何时不能提升

只有在封装类型上没有使用相同名称定义的字段或方法时，Go 才能执行提升，这可能会导致意外的结果。现在将一个名为 specialdeal.go 的文件添加到 store 文件夹，其内容如代码清单 13-14 所示。

代码清单 13-14 composition/store/specialdeal.go 文件的内容

```
package store

type SpecialDeal struct {
    Name string
    *Product
    price float64
}

func NewSpecialDeal(name string, p *Product, discount float64) *SpecialDeal {
    return &SpecialDeal{ name, p, p.price - discount }
}

func (deal *SpecialDeal ) GetDetails() (string, float64, float64) {
    return deal.Name, deal.price, deal.Price(0)
}
```

SpecialDeal 类型定义了 *Product 嵌入字段。这种组合导致出现重复的字段，因为两种类型都定义了 Name 和 price 字段。还有一个构造函数和一个 GetDetails 方法，它返回 Name 和 price 字段的值，以及 Price 方法的结果，调用 Price 方法时使用零作为参数，以使示例更容易理解。代码清单 13-15 使用新的类型来演示如何处理提升。

代码清单 13-15 在 composition/main.go 文件中使用新类型

```
package main

import (
    "fmt"
    "composition/store"
)

func main() {

    product := store.NewProduct("Kayak", "Watersports", 279)

    deal := store.NewSpecialDeal("Weekend Special", product, 50)

    Name, price, Price := deal.GetDetails()

    fmt.Println("Name:", Name)
    fmt.Println("Price field:", price)
    fmt.Println("Price method:", Price)
}
```

这段代码创建一个 *Product，然后用它来创建一个 *SpecialDeal。调用 GetDetails 方法，并写出它返回的三个结果。编译并运行代码，你将看到以下输出结果：

```
Name: Weekend Special
Price field: 229
Price method: 279
```

前两个结果可能是你所期望的：Product 类型的 Name 和 price 字段没有被提升，因为 SpecialDeal 类型有相同名称的字段。

第三个结果可能会引起问题。Go 可以提升方法 Price，但是当它被调用时，它使用的是 Product 的 price 字段，而不是 SpecialDeal 的 price 字段。

人们很容易忘记字段提升和方法提升只是一个便利特性。代码清单 13-14 中的语句：

```
...
return deal.Name, deal.price, deal.Price(0)
...
```

是以下语句的更准确的表达方式：

```
...
return deal.Name, deal.price, deal.Product.Price(0)
...
```

在上面这个示例中，很明显调用 Price 方法的结果不会使用由 SpecialDeal 类型定义的 price 字段。

如果希望能够调用 Price 方法并获得依赖于 SpecialDeal.price 字段的结果，那么必须定义一个新方法，如代码清单 13-16 所示。

代码清单 13-16 在 composition/store/specialdeal.go 文件中定义新方法

```
package store

type SpecialDeal struct {
    Name string
    *Product
    price float64
}

func NewSpecialDeal(name string, p *Product, discount float64) *SpecialDeal {
    return &SpecialDeal{ name, p, p.price - discount }
}

func (deal *SpecialDeal ) GetDetails() (string, float64, float64) {
    return deal.Name, deal.price, deal.Price(0)
}

func (deal *SpecialDeal) Price(taxRate float64) float64 {
    return deal.price
}
```

当编译和执行该项目时，新的 Price 方法会阻止提升 Product 的同名方法，并产生以下输出结果：

```
Name: Weekend Special
Price field: 229
Price method: 229
```

了解提升的模糊性

当两个嵌入字段使用相同的字段名或方法名时，就会出现一个如代码清单 13-17 所示的问题。

代码清单 13-17　composition/main.go 文件中的方法不明确

```
package main

import (
    "fmt"
    "composition/store"
)

func main() {

    kayak := store.NewProduct("Kayak", "Watersports", 279)

    type OfferBundle struct {
        *store.SpecialDeal
        *store.Product
    }

    bundle := OfferBundle {
        store.NewSpecialDeal("Weekend Special", kayak, 50),
        store.NewProduct("Lifrejacket", "Watersports", 48.95),
    }

    fmt.Println("Price:", bundle.Price(0))
}
```

OfferBundle 类型有两个嵌入字段，这两个字段都有名为 Price 的方法。Go 无法区分这些方法，代码清单 13-17 中的代码在编译时会产生以下错误：

```
.\main.go:22:33: ambiguous selector bundle.Price
```

13.4　了解组合和接口

通过组合类型，无须复制某个通用类型所有的代码，就可以轻松构建专门的类型，例如，项目中的 Boat 类型可以构建在 Product 类型所提供的特性之上。

这看起来类似于用其他语言编写类，但是有一个重要的区别，那就是每个组合类型都是不同的，并且不能用在需要组合成它的类型的地方，如代码清单 13-18 所示。

代码清单 13-18　在 composition/main.go 文件中使用组合类型

```
package main

import (
    "fmt"
    "composition/store"
)

func main() {
```

```
    products := map[string]*store.Product {
        "Kayak": store.NewBoat("Kayak", 279, 1, false),
        "Ball": store.NewProduct("Soccer Ball", "Soccer", 19.50),
    }

    for _, p := range products {
        fmt.Println("Name:", p.Name, "Category:", p.Category, "Price:", p.Price(0.2))
    }
}
```

Go 编译器不允许将 `Boat` 用作需要 `Product` 的切片中的值。在 C# 或 Java 这样的语言中，这是允许的，因为 `Boat` 是 `Product` 的子类，但这不是 Go 处理类型的方式。编译该项目，你将收到以下错误：

```
.\main.go:11:9: cannot use store.NewBoat("Kayak", 279, 1, false) (type *store.Boat) as
type *store.Product in map value
```

13.4.1 使用组合来实现接口

正如我在第 11 章中介绍的，Go 使用接口来描述可以由多种类型实现的方法。

当确定类型是否符合某接口定义时，Go 语言将提升的方法考虑在内，这避免了复制通过嵌入字段已经存在的方法。要了解这是如何工作的，请将一个名为 `forsale.go` 的文件添加到 `store` 文件夹，其内容如代码清单 13-19 所示。

代码清单 13-19 composition/store/forsale.go 文件的内容

```
package store

type ItemForSale interface {
    Price(taxRate float64) float64
}
```

`ItemForSale` 类型是一个接口，它指定一个名为 `Price` 的方法，该方法带有一个 `float64` 类型的参数和一个 `float64` 类型的结果。代码清单 13-20 使用接口类型创建了一个 map，其中填充了符合接口的条目。

代码清单 13-20 在 composition/main.go 文件中使用接口

```
package main

import (
    "fmt"
    "composition/store"
)

func main() {

    products := map[string]store.ItemForSale {
        "Kayak": store.NewBoat("Kayak", 279, 1, false),
        "Ball": store.NewProduct("Soccer Ball", "Soccer", 19.50),
    }

    for key, p := range products {
```

```
            fmt.Println("Key:", key, "Price:", p.Price(0.2))
        }
    }
```

更改 map，使其使用接口以便允许存储 Product 和 Boat 的值。Product 类型直接符合 ItemForSale 接口，因为有一个 Price 方法与接口指定的签名相匹配，并且有一个 *Product 接收器。

没有采用 *Boat 接收器的 Price 方法，但是 Go 语言会从 Boat 类型的嵌入字段提升 Price 方法，此方法满足接口需求。编译并执行该项目，你将收到以下输出结果：

```
Key: Kayak Price: 334.8
Key: Ball Price: 23.4
```

类型 switch 限制

接口只能指定方法，这就是我在写输出时使用了用于在代码清单 13-20 的 map 中存储值的键的原因。在第 11 章中，我介绍了 switch 语句可以用来获得对底层类型的访问，但是它的工作方式可能与你所期望的有所不同，如代码清单 13-21 所示。

代码清单 13-21　在 composition/main.go 文件中访问底层类型

```
package main

import (
    "fmt"
    "composition/store"
)
func main() {

    products := map[string]store.ItemForSale {
        "Kayak": store.NewBoat("Kayak", 279, 1, false),
        "Ball": store.NewProduct("Soccer Ball", "Soccer", 19.50),
    }

    for key, p := range products {
        switch item := p.(type) {
            case *store.Product, *store.Boat:
                fmt.Println("Name:", item.Name, "Category:", item.Category,
                    "Price:", item.Price(0.2))
            default:
                fmt.Println("Key:", key, "Price:", p.Price(0.2))
        }

    }
}
```

代码清单 13-21 中的 case 语句指定了 *Product 和 *Boat，这导致编译失败并报告以下错误信息：

```
.\main.go:21:42: item.Name undefined (type store.ItemForSale has no field or method Name)
.\main.go:21:66: item.Category undefined (type store.ItemForSale has no field or method
Category)
```

这个问题是，指定多个类型的 case 语句将匹配所有这些类型的值，但不会执行类型断言。对于代码清单 13-21，case 语句会匹配 *Product 和 *Boat 值，但 item 变量的类型是 ItemForSale，这就是编译器产生错误的原因。相反，必须使用附加的类型断言或单一类型的 case 语句，如代码清单 13-22 所示。

代码清单 13-22 在 composition/main.go 文件中使用单独的 case 语句

```
package main

import (
    "fmt"
    "composition/store"
)

func main() {

    products := map[string]store.ItemForSale {
        "Kayak": store.NewBoat("Kayak", 279, 1, false),
        "Ball": store.NewProduct("Soccer Ball", "Soccer", 19.50),
    }
    for key, p := range products {
        switch item := p.(type) {
            case *store.Product:
                fmt.Println("Name:", item.Name, "Category:", item.Category,
                    "Price:", item.Price(0.2))
            case *store.Boat:
                fmt.Println("Name:", item.Name, "Category:", item.Category,
                    "Price:", item.Price(0.2))
            default:
                fmt.Println("Key:", key, "Price:", p.Price(0.2))
        }
    }
}
```

当指定单个类型时，case 语句会执行类型断言，尽管在处理每个类型时可能会导致重复。当此项目被编译和执行时，代码清单 13-22 中的代码产生以下输出结果：

```
Name: Kayak Category: Watersports Price: 334.8
Name: Soccer Ball Category: Soccer Price: 23.4
```

另一种解决方案是定义一个提供属性值访问权限的接口方法。这可以通过向现有接口添加方法或者定义单独的接口来实现，如代码清单 13-23 所示。

代码清单 13-23 在 composition/store/product.go 文件中定义接口

```
package store

type Product struct {
    Name, Category string
    price float64
}

func NewProduct(name, category string, price float64) *Product {
    return &Product{ name, category, price }
}

func (p *Product) Price(taxRate float64) float64 {
```

```
    return p.price + (p.price * taxRate)
}

type Describable interface  {
    GetName() string
    GetCategory() string
}

func (p *Product) GetName() string {
    return p.Name
}
func (p *Product) GetCategory() string {
    return p.Category
}
```

Describable 接口定义了 GetName 和 GetCategory 方法，它们在 *Product 类型上得到实现。代码清单 13-24 修改了 switch 语句，以便使用接口而不是字段。

代码清单 13-24　在 composition/main.go 文件中使用接口

```
package main

import (
    "fmt"
    "composition/store"
)

func main() {

    products := map[string]store.ItemForSale {
        "Kayak": store.NewBoat("Kayak", 279, 1, false),
        "Ball": store.NewProduct("Soccer Ball", "Soccer", 19.50),
    }

    for key, p := range products {

        switch item := p.(type) {
            case store.Describable:
                fmt.Println("Name:", item.GetName(), "Category:", item.GetCategory(),
                    "Price:", item.(store.ItemForSale).Price(0.2))
            default:
                fmt.Println("Key:", key, "Price:", p.Price(0.2))
        }
    }
}
```

这段代码是可行的，但是它依赖对 ItemForSale 接口的类型断言来访问 Price 方法。这会带来新的问题，因为类型可以实现 Describable 接口，但不能实现 ItemForSale 接口，这将导致运行时错误。可以通过向 Describable 接口添加一个 Price 方法来处理类型断言，但是还有一个替代方法，我将在下一小节介绍。编译并执行该项目，你将看到以下输出结果：

```
Name: Kayak Category: Watersports Price: 334.8
Name: Soccer Ball Category: Soccer Price: 23.4
```

13.4.2 组合接口

Go 允许接口由其他接口组合而成，如代码清单 13-25 所示。

代码清单 13-25 在 composition/store/product.go 文件中组合接口

```
package store

type Product struct {
    Name, Category string
    price float64
}

func NewProduct(name, category string, price float64) *Product {
    return &Product{ name, category, price }
}

func (p *Product) Price(taxRate float64) float64 {
    return p.price + (p.price * taxRate)
}

type Describable interface  {
    GetName() string
    GetCategory() string
    ItemForSale
}

func (p *Product) GetName() string {
    return p.Name
}

func (p *Product) GetCategory() string {
    return p.Category
}
```

一个接口可以嵌套另一个接口，结果是类型必须同时实现嵌套和被嵌套接口定义的所有方法。接口比结构简单，它没有要提升的字段或方法。组合接口的结果是由嵌套和被嵌套类型定义的方法的合并。在本例中，合并意味着实现 Describable 接口需要同时实现 GetName、GetCategory 和 Price 方法。由 Describable 接口直接定义的 GetName 和 GetCategory 方法与由 ItemForSale 接口定义的 Price 方法形成一个组合。

对 Describable 接口的更改意味着不再需要上一小节中使用的类型断言，如代码清单 13-26 所示。

代码清单 13-26 移除 composition/main.go 文件中的类型断言

```
package main

import (
    "fmt"
    "composition/store"
)
func main() {

    products := map[string]store.ItemForSale {
```

```
        "Kayak": store.NewBoat("Kayak", 279, 1, false),
        "Ball": store.NewProduct("Soccer Ball", "Soccer", 19.50),
    }

    for key, p := range products {

        switch item := p.(type) {
            case store.Describable:
                fmt.Println("Name:", item.GetName(), "Category:", item.GetCategory(),
                    "Price:", item.Price(0.2))
            default:
                fmt.Println("Key:", key, "Price:", p.Price(0.2))
        }
    }
}
```

由于代码清单 13-25 中执行的组合，实现 `Describable` 接口的任何类型的值必须有一个 `Price` 方法，这意味着该方法可以在没有类型断言的潜在风险的情况下被调用。编译并执行该项目，你将收到以下输出结果：

```
Name: Kayak Category: Watersports Price: 334.8
Name: Soccer Ball Category: Soccer Price: 23.4
```

13.5 小结

在这一章中，我介绍了如何通过组合 Go 类型来创建更复杂的类型，为其他语言所采用的基于继承的方法提供了一种替代方案。下一章将介绍协程（goroutine）[㊀]和通道，它们是 Go 语言管理并发的特性。

㊀ Go 语言中的协程是比操作系统更轻量级的线程单元，后面我将直接使用 goroutine。——译者注

Chapter 14 第 14 章

goroutine 和通道

Go 对编写并发应用程序有很好的支持，使用的特性比我用过的任何其他语言都更简单、更直观。在这一章中，我将介绍协程（goroutine）和通道（channel），goroutine 允许函数并发执行，goroutine 通过通道异步地产生结果。表 14-1 给出了开始学习本章前需要了解的一些基本问题。

表 14-1　关于 goroutine 和通道的一些基本问题

问题	答案
它们是什么	goroutine 是由 Go 运行时创建和管理的轻量级线程。通道是承载特定类型值的管道
它们为什么有用	goroutine 允许函数并发执行，而不需要处理复杂的操作系统线程。通道允许 goroutine 异步地产生结果
它们是如何使用的	goroutine 是使用 `go` 关键字创建的。通道被定义为数据类型
有什么陷阱或限制吗	必须注意管理通道的方向。共享数据的 goroutine 需要其他特性支持，这将在第 14 章中介绍
有其他选择吗	goroutine 和通道是 Go 语言内置的并发特性，但是有些应用程序可以依赖单个执行线程，这是默认用于执行 `main` 函数的

表 14-2 是本章内容概要。

表 14-2　章节内容概要

问题	解决方案	代码清单
异步地执行函数	创建 goroutine	14-7
从异步执行的函数中产生结果	使用通道	14-10、14-15、14-16、14-22～14-26
使用通道发送和接收值	使用箭头表达式	14-11～14-13
指示不再通过通道发送其他值	使用 `close` 函数	14-17～14-20
枚举从通道接收的值	使用带有 `range` 关键字的 `for` 循环	14-21
使用多个通道发送或接收值	使用 `select` 语句	14-27～14-32

14.1　为本章做准备

请打开一个新的命令行窗口，导航到一个方便的位置，并创建一个名为 concurrency 的文件夹。导航到 concurrency 文件夹，运行代码清单 14-1 所示的命令来初始化项目。

代码清单 14-1　初始化项目

```
go mod init concurrency
```

将一个名为 product.go 的文件添加到 concurrency 文件夹，其内容如代码清单 14-2 所示。

代码清单 14-2　concurrency/product.go 文件的内容

```
package main

import "strconv"

type Product struct {
    Name, Category string
    Price float64
}

var ProductList = []*Product {
    { "Kayak", "Watersports", 279 },
    { "Lifejacket", "Watersports", 49.95 },
    { "Soccer Ball", "Soccer", 19.50 },
    { "Corner Flags", "Soccer", 34.95 },
    { "Stadium", "Soccer", 79500 },
    { "Thinking Cap", "Chess", 16 },
    { "Unsteady Chair", "Chess", 75 },
    { "Bling-Bling King", "Chess", 1200 },
}

type ProductGroup []*Product

type ProductData = map[string]ProductGroup

var Products =  make(ProductData)

func ToCurrency(val float64) string {
    return "$" + strconv.FormatFloat(val, 'f', 2, 64)
}

func init() {
    for _, p := range ProductList {
        if _, ok := Products[p.Category]; ok {
            Products[p.Category] = append(Products[p.Category], p)
        } else {
            Products[p.Category] = ProductGroup{ p }
        }
    }
}
```

这个文件定义了一个名为 Product 的自定义类型，以及我用来创建一个按类别组织产品的 map 的类型别名。我在切片和 map 中使用 Product 类型，并且依赖一个 init 函数（这在第 12 章中介绍过）用切片的内容填充 map，切片本身使用文字语法填充。这个文件还包含一个 ToCurrency 函数，它将 float64 值格式化为美元货币字符串，我将用它来格式化本章中的结果。

将一个名为 operations.go 的文件添加到 concurrency 文件夹，其内容如代码清单 14-3 所示。

代码清单 14-3 concurrency/operations.go 文件的内容

```
package main

import "fmt"

func CalcStoreTotal(data ProductData) {
    var storeTotal float64
    for category, group := range data {
        storeTotal += group.TotalPrice(category)
    }
    fmt.Println("Total:", ToCurrency(storeTotal))
}

func (group ProductGroup) TotalPrice(category string, ) (total float64) {
    for _, p := range group {
        total += p.Price
    }
    fmt.Println(category, "subtotal:", ToCurrency(total))
    return
}
```

该文件定义了对 product.go 文件中创建的类型别名进行操作的方法。正如我在第 11 章中介绍的，方法只能在同一个包中创建的类型上定义，这意味着我不能为 []*Product 类型定义方法，但是我可以为该类型创建一个别名，并将该别名用作方法接收器。

将一个名为 main.go 的文件添加到 concurrency 文件夹，其内容如代码清单 14-4 所示。

代码清单 14-4 concurrency/main.go 文件的内容

```
package main

import "fmt"

func main() {

    fmt.Println("main function started")
    CalcStoreTotal(Products)
    fmt.Println("main function complete")
}
```

使用命令行窗口在 concurrency 文件夹中运行代码清单 14-5 所示的命令。

代码清单 14-5 运行示例项目

```
go run .
```

main.go 文件中的代码将被编译并执行，产生以下输出结果：

```
main function started
Watersports subtotal: $328.95
Soccer subtotal: $79554.45
Chess subtotal: $1291.00
Total: $81174.40
main function complete
```

14.2　Go 语言如何执行代码

执行 Go 语言程序的关键构件是 goroutine，它是由 Go 运行时创建的轻量级线程。所有 Go 语言程序都至少使用一个 goroutine，因为这是 Go 语言执行 main 函数中代码的方式。当执行编译好的 Go 语言代码时，运行时会创建一个 goroutine，开始执行入口点中的语句，入口点就是 main 包中的 main 函数。main 函数中的每条语句都按照定义的顺序执行。goroutine 一直执行语句，直到到达 main 函数的末尾，这时应用程序终止。

goroutine 以同步方式执行 main 函数中的每条语句，这意味着它会等待语句完成，然后再执行下一条语句。main 函数中的语句可以调用其他函数，使用 for 循环，创建值，并使用本书中描述的所有其他特性。main goroutine 每次执行一条语句，沿着它的路径遍历代码直到结束。

对于示例应用程序来说，这意味着产品 map 是按顺序处理的，因此每个产品类别被依次处理，并且在每个类别中，每个产品也都被逐个处理，如图 14-1 所示。

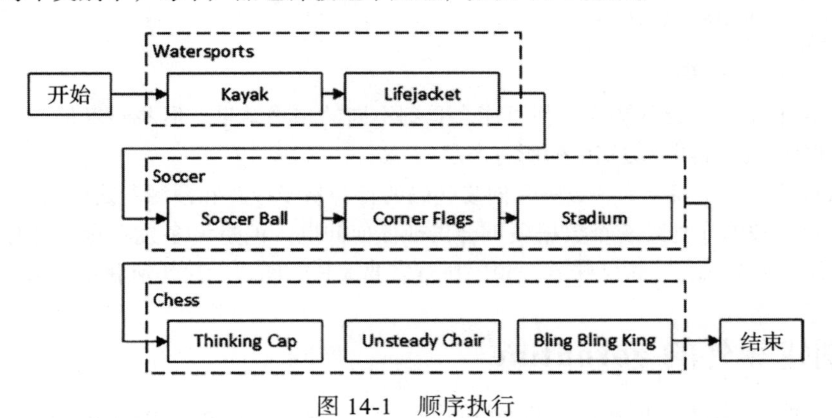

图 14-1　顺序执行

代码清单 14-6 增加了一条语句，在处理每个产品时写出它的细节，这将演示图 14-1 所示的流程。

代码清单 14-6　在 concurrency/operations.go 文件中增加一条语句

```
package main

import "fmt"

func CalcStoreTotal(data ProductData) {
    var storeTotal float64
```

```
    for category, group := range data {
        storeTotal += group.TotalPrice(category)
    }
    fmt.Println("Total:", ToCurrency(storeTotal))
}

func (group ProductGroup) TotalPrice(category string) (total float64) {
    for _, p := range group {
        fmt.Println(category, "product:", p.Name)
        total += p.Price
    }
    fmt.Println(category, "subtotal:", ToCurrency(total))
    return
}
```

编译并执行代码，你将看到类似如下的输出：

```
main function started
Soccer product: Soccer Ball
Soccer product: Corner Flags
Soccer product: Stadium
Soccer subtotal: $79554.45
Chess product: Thinking Cap
Chess product: Unsteady Chair
Chess product: Bling-Bling King
Chess subtotal: $1291.00
Watersports product: Kayak
Watersports product: Lifejacket
Watersports subtotal: $328.95
Total: $81174.40
main function complete
```

根据从 map 中检索键的顺序，你可能会看到不同的顺序结果，但共同点是，在处理下一个类别之前，程序会处理同一类别中的所有产品。

同步执行的优点是简单、一致——同步代码的行为易于理解和预测。缺点是效率可能不高。如示例中所示，按顺序处理 9 个数据项不会出现任何问题，但是大多数实际项目有更大的数据量或者有其他任务要执行，这意味着按顺序执行需要太长时间，无法快速获得结果。

14.3 创建额外的 goroutine

Go 语言允许开发人员创建额外的 goroutine，它们与 `main` goroutine 同时执行代码。Go 语言使得创建新的 goroutine 变得容易，如代码清单 14-7 所示。

代码清单 14-7 在 concurrency/operations.go 文件中创建 goroutine

```
package main

import "fmt"

func CalcStoreTotal(data ProductData) {
    var storeTotal float64
    for category, group := range data {
        go group.TotalPrice(category)
    }
```

```
        fmt.Println("Total:", ToCurrency(storeTotal))
    }

    func (group ProductGroup) TotalPrice(category string) (total float64) {
        for _, p := range group {
            fmt.Println(category, "product:", p.Name)
            total += p.Price
        }
        fmt.Println(category, "subtotal:", ToCurrency(total))
        return
    }
```

使用 `go` 关键字后跟应该异步执行的函数或方法来创建一个 goroutine，如图 14-2 所示。

当 Go 运行时遇到 `go` 关键字时，它会创建一个新的 goroutine，并使用它来执行指定的函数或方法。

这改变了程序的执行方式，因为在任意给定的时刻，都有多个 goroutine 在执行，每个 goroutine 都在执行自己的一组语句。这些语句是并发执行的，也就是说它们是同时执行的。

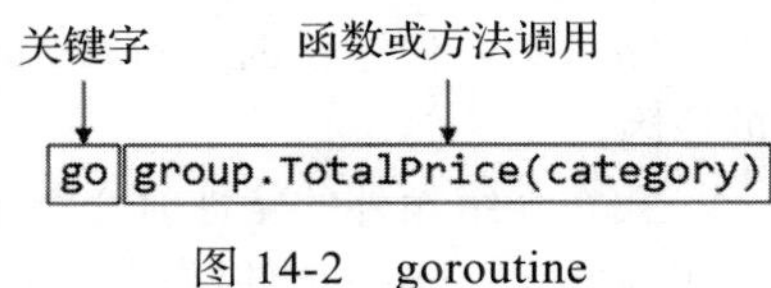

图 14-2　goroutine

在本例中，每次调用 `TotalPrice` 方法都会创建一个 goroutine，这意味着各类别被同时处理，如图 14-3 所示。

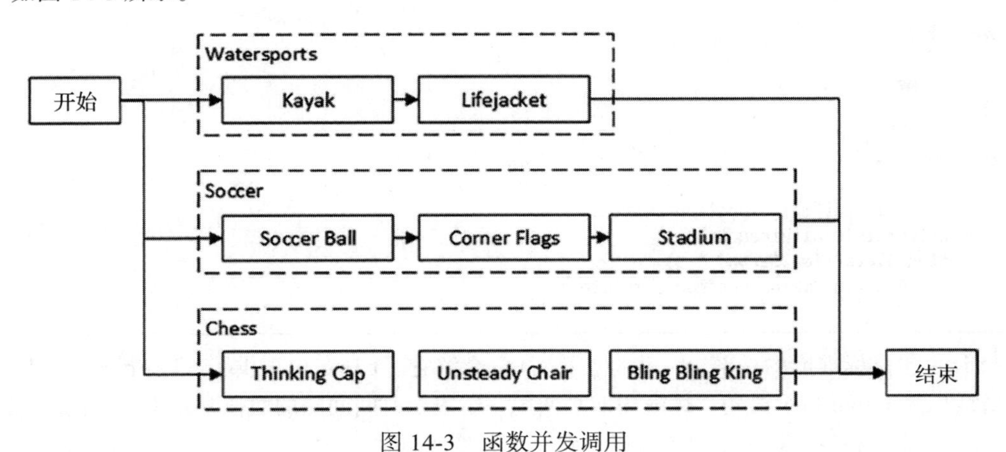

图 14-3　函数并发调用

goroutine 使得调用函数和方法变得容易，但是代码清单 14-7 中的变更引入了一个常见的问题。编译并执行该项目，你将收到以下结果：

```
main function started
Total: $0.00
main function complete
```

你可能会看到略有不同的结果，其中可能包括一个或多个分类汇总。但是，在大多数情况下，你会看到这些消息。在代码中引入 goroutine 之前，`TotalPrice` 方法是这样调用的：

```
...
storeTotal += group.TotalPrice(category)
...
```

这是一个同步函数调用。它告诉运行时逐个执行 `TotalPrice` 方法中的语句，并将结果赋给名为 `storeTotal` 的变量。在处理完所有 `TotalPrice` 语句之前，不会继续执行。但是代码清单 14-7 引入了一个 goroutine 来执行这个函数，就像这样：

```
...
go group.TotalPrice(category)
...
```

该语句告诉运行时使用新的 goroutine 执行 `TotalPrice` 方法中的语句。运行时不会等待 goroutine 执行该方法，而是立即进入下一条语句。这就是 goroutine 的全部要点，因为 `TotalPrice` 方法将被异步调用，这意味着在最初的 goroutine 执行 `main` 函数中的语句的同时，它的语句将被其他 goroutine 执行。然而，正如前面介绍的那样，当 `main` goroutine 执行完 `main` 函数中的所有语句时，程序就会终止。

结果是，程序在创建 goroutine 以执行 `TotalPrice` 之前就终止了，这就是没有汇总条目的原因。

我在介绍额外的特性时介绍了如何解决这个问题，但是目前，我们需要做的是防止程序在完成各个 goroutine 之前结束，如代码清单 14-8 所示。

代码清单 14-8 在 concurrency/main.go 文件中延迟程序退出

```
package main

import (
    "fmt"
    "time"
)

func main() {

    fmt.Println("main function started")
    CalcStoreTotal(Products)
    time.Sleep(time.Second * 5)
    fmt.Println("main function complete")
}
```

`time` 包是标准库的一部分，我将在第 19 章介绍它。`time` 包提供了 `Sleep` 函数，该函数可以暂停 goroutine 执行语句。休眠周期是使用一组表示时间间隔的数值常量来指定的。`time.Second` 代表一秒钟，将之乘以 5 可以得到一个五秒钟的时间段。

在这种情况下，它将暂停 `main` goroutine 的执行，这将留出足够时间，让其他新建的 goroutine 执行 `TotalPrice` 方法。当休眠周期过去后，`main` goroutine 将继续执行语句，到达函数的末尾，并导致程序终止。

编译并执行该项目，你将收到以下输出结果：

```
main function started
Watersports product: Kayak
Watersports product: Lifejacket
Watersports subtotal: $328.95
Soccer product: Soccer Ball
Soccer product: Corner Flags
Soccer product: Stadium
```

```
Soccer subtotal: $79554.45
Chess product: Thinking Cap
Chess product: Unsteady Chair
Chess product: Bling-Bling King
Chess subtotal: $1291.00
Total: $0.00
main function complete
```

程序执行完毕了，但是很难确定各个 goroutine 是否在同时工作。这是因为这个示例非常简单，一个 goroutine 甚至可以在 Go 运行时创建和启动下一个 goroutine 所需的少量时间间隔内完成。在代码清单 14-9 中，我们添加另一条暂停语句，它将减慢 `TotalPrice` 方法的执行速度，以帮助说明代码是如何执行的（在实际项目中我们不会这样做，但是这有助于理解这些特性是如何工作的）。

代码清单 14-9 在 concurrency/operations.go 文件中添加 Sleep 语句

```
package main

import (
    "fmt"
    "time"
)

func CalcStoreTotal(data ProductData) {
    var storeTotal float64
    for category, group := range data {
        go group.TotalPrice(category)
    }
    fmt.Println("Total:", ToCurrency(storeTotal))
}

func (group ProductGroup) TotalPrice(category string) (total float64) {
    for _, p := range group {
        fmt.Println(category, "product:", p.Name)
        total += p.Price
        time.Sleep(time.Millisecond * 100)
    }
    fmt.Println(category, "subtotal:", ToCurrency(total))
    return
}
```

新语句将 `TotalPrice` 方法中 `for` 循环的每次迭代增加 100 毫秒等待时间。编译并执行代码，你将看到类似如下的输出结果：

```
main function started
Total: $0.00
Soccer product: Soccer Ball
Watersports product: Kayak
Chess product: Thinking Cap
Chess product: Unsteady Chair
Watersports product: Lifejacket
Soccer product: Corner Flags
Chess product: Bling-Bling King
Soccer product: Stadium
Watersports subtotal: $328.95
```

```
Soccer subtotal: $79554.45
Chess subtotal: $1291.00
main function complete
```

你可能会看到不同的结果排序，但关键是不同类别的消息是交错的，这表明数据是并行处理的（如果代码清单 14-9 中的变更没有给出预期的结果，那么可能必须增加 `time.Sleep` 函数引入的暂停时间）。

14.4 从 goroutine 返回结果

当在代码清单 14-7 中创建 goroutine 时，我改变了调用 `TotalPrice` 方法的方式。最初，代码是这样的：

```
...
storeTotal += group.TotalPrice(category)
...
```

但是当引入 goroutine 时，我将语句改为这样：

```
...
go group.TotalPrice(category)
...
```

我达到了异步执行方法的目的，但是丢失了这些方法返回的结果，这就是代码清单 14-9 的输出中总结果为零的原因：

```
...
Total: $0.00
...
```

从异步执行的函数中获取结果是比较复杂的，因为它需要协调产生结果的 goroutine 和消费结果的 goroutine。

为了解决这个问题，Go 提供了通道，通道是发送和收取数据的管道。从代码清单 14-10 开始，我将一步一步地引入通道，这意味着在这个过程完成之前，这个示例不会被编译。

代码清单 14-10 在 concurrency/operations.go 文件中定义通道

```
package main

import (
    "fmt"
    "time"
)

func CalcStoreTotal(data ProductData) {
    var storeTotal float64
    var channel chan float64 = make(chan float64)
    for category, group := range data {
        go group.TotalPrice(category)
    }
    fmt.Println("Total:", ToCurrency(storeTotal))
}

func (group ProductGroup) TotalPrice(category string) (total float64) {
    for _, p := range group {
```

```
        fmt.Println(category, "product:", p.Name)
        total += p.Price
        time.Sleep(time.Millisecond * 100)
    }
    fmt.Println(category, "subtotal:", ToCurrency(total))
    return
}
```

通道是强类型的，这意味着它们将携带指定类型或接口的值。通道的类型是用 chan 关键字加上通道将携带的类型定义的，如图 14-4 所示。使用内置的 make 函数创建通道，并指定通道类型。

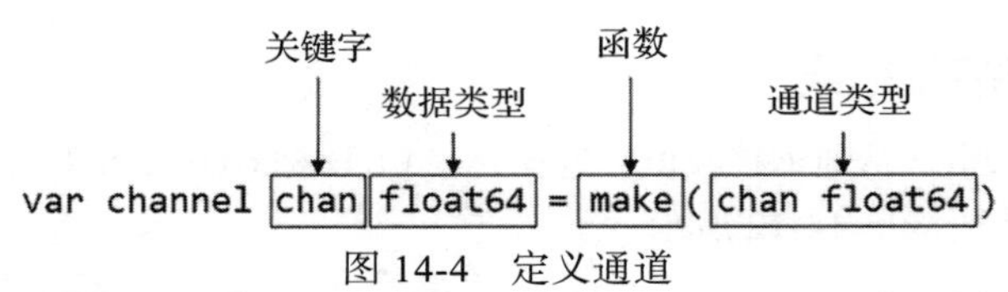

图 14-4　定义通道

我在这个代码清单中使用了完整的变量声明语法 chan float64 来强调类型，这表示它是一个携带 float64 值的通道。

注意　sync 包提供了管理共享数据的 goroutine 的特性，如第 30 章所述。

14.4.1　使用通道发送结果

下一步是修改 TotalPrice 方法，令它通过通道发送结果，如代码清单 14-11 所示。

代码清单 14-11　在 concurrency/operations.go 文件中使用通道发送结果

```
package main

import (
    "fmt"
    "time"
)

func CalcStoreTotal(data ProductData) {
    var storeTotal float64
    var channel chan float64 = make(chan float64)
    for category, group := range data {
        go group.TotalPrice(category)
    }
    fmt.Println("Total:", ToCurrency(storeTotal))
}

func (group ProductGroup) TotalPrice(category string, resultChannel chan float64)  {
    var total float64
    for _, p := range group {
        fmt.Println(category, "product:", p.Name)
        total += p.Price
        time.Sleep(time.Millisecond * 100)
    }
    fmt.Println(category, "subtotal:", ToCurrency(total))
    resultChannel <- total
}
```

首先是删除原有的返回结果并添加一个 `chan float64` 参数，其类型与代码清单 14-10 中创建的通道相匹配。我还定义了一个名为 `total` 的变量，之前是不需要它的，因为这个函数原来有一个命名的结果。

另一处修改演示了如何使用通道发送结果。通道参数名后跟一个方向箭头，然后是值，如图 14-5 所示。

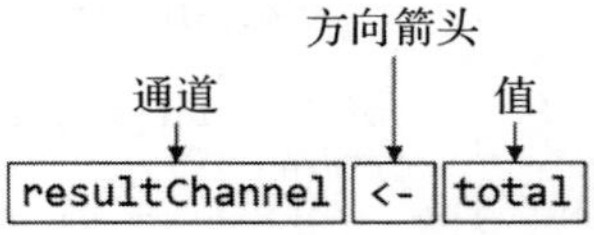

方向箭头
通道 值
resultChannel <- total

图 14-5 通过通道发送结果

该语句通过 `resultChannel` 通道发送 `total` 值，这使得它可以在应用程序的其他地方被接收。请注意，当一个值通过通道发送时，发送者不需要了解该值将如何被接收和使用，就像常规的同步函数不知道其结果将被如何使用一样。

14.4.2 使用通道接收结果

我们可以使用箭头语法从通道接收值，这将允许 `CalcStoreTotal` 函数接收 `TotalPrice` 方法发送的数据，如代码清单 14-12 所示。

代码清单 14-12 在 concurrency/operations.go 文件中使用通道接收结果

```
package main

import (
    "fmt"
    "time"
)

func CalcStoreTotal(data ProductData) {
    var storeTotal float64
    var channel chan float64 = make(chan float64)
    for category, group := range data {
        go group.TotalPrice(category, channel)
    }
    for i := 0; i < len(data); i++ {
        storeTotal += <- channel
    }
    fmt.Println("Total:", ToCurrency(storeTotal))
}

func (group ProductGroup) TotalPrice(category string, resultChannel chan float64)  {
    var total float64
    for _, p := range group {
        fmt.Println(category, "product:", p.Name)
        total += p.Price
        time.Sleep(time.Millisecond * 100)
    }
    fmt.Println(category, "subtotal:", ToCurrency(total))
    resultChannel <- total
}
```

如图 14-6 所示，箭头放在通道的前面，从通道接收值，接收到的值可以作为标准 Go 表达式（例如示例中使用的 += 运算）的一部分。

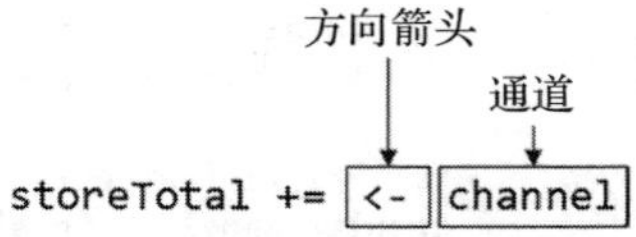

方向箭头
通道
storeTotal += <- channel

图 14-6 通过通道接收结果

在这个示例中，我知道可以从通道接收的结果的数量与创建的 goroutine 的数量完全匹配。而且，因为我为 map 中的每个键都创建了 goroutine，所以我可以在 for 循环中使用 len 函数来读取所有结果。

可以在多个 goroutine 之间安全地共享通道，本节中所做更改的效果是，为调用 TotalPrice 方法而创建的 goroutine 都通过 CalcStoreTotal 函数创建的通道发送结果，该函数将接收和处理结果。

从通道接收数据是一个阻塞操作，这意味着成功接收到值之前程序不会继续执行，所以我不再需要阻止程序终止，如代码清单 14-13 所示。

代码清单 14-13 删除 concurrency/main.go 文件中的 Sleep 语句

```
package main

import (
    "fmt"
    //"time"
)

func main() {

    fmt.Println("main function started")
    CalcStoreTotal(Products)
    //time.Sleep(time.Second * 5)
    fmt.Println("main function complete")
}
```

这些更改的总体效果是程序启动并开始执行 main 函数中的语句。调用 CalcStore-Total 函数，该函数会创建一个通道并启动几个 goroutine。goroutine 执行 TotalPrice 方法中的语句，该方法使用通道发送其结果。

main goroutine 继续执行 CalcStoreTotal 函数中的语句，该函数通过通道接收结果。这些结果用于创建一个总数，并将其输出到屏幕上。执行 main 函数中的其余语句，程序终止。

编译并执行该项目，你将看到以下输出结果：

```
main function started
Watersports product: Kayak
Chess product: Thinking Cap
Soccer product: Soccer Ball
Soccer product: Corner Flags
Watersports product: Lifejacket
Chess product: Unsteady Chair
Chess product: Bling-Bling King
Soccer product: Stadium
Watersports subtotal: $328.95
Chess subtotal: $1291.00
Soccer subtotal: $79554.45
Total: $81174.40
main function complete
```

你可能会看到消息以不同的顺序显示，但关键是，总数的计算结果是正确的，如下所示：

```
...
Total: $81174.40
...
```

通道用于协调各个 goroutine 的执行，允许 main goroutine 等待 CalcStoreTotal 函数中

创建的 goroutine 产生的各个结果。图 14-7 显示了 goroutine 和通道之间的关系。

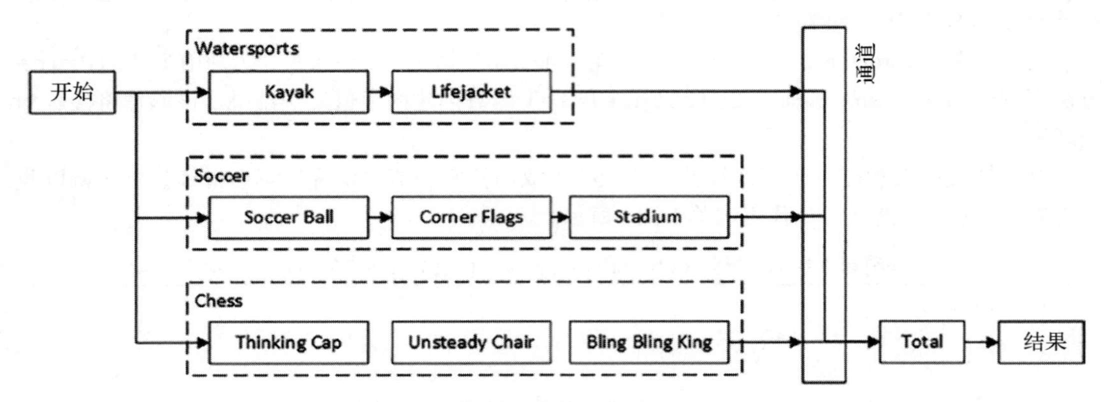

图 14-7 使用通道协调各个 goroutine

使用适配器异步执行函数

有时，我们不可能重写现有的函数或方法来使用通道，但利用包装函数（`wrapper`）实现同步函数的异步执行是一件简单的事情，就像这样：

```
...
calcTax := func(price float64) float64 {
    return price + (price * 0.2)
}
wrapper := func (price float64, c chan float64)  {
    c <- calcTax(price)
}
resultChannel := make(chan float64)
go wrapper(275, resultChannel)
result := <- resultChannel
fmt.Println("Result:", result)
...
```

`wrapper` 函数接收一个通道，它使用该通道发送从同步执行 `calcTax` 函数中接收的值。我们还可以通过定义一个函数而不将其赋给变量来更简洁地表达，如下所示：

```
...
go func (price float64, c chan float64) {
    c <- calcTax(price)
}(275, resultChannel)
...
```

这个语法有点笨拙，因为用于调用函数的参数是紧跟在函数定义之后表达的。但是，结果是相同的，即一个同步函数可以由一个 goroutine 执行，结果通过通道发送。

14.5 使用通道

上一节演示了通道的基本用法及其在协调各个 goroutine 中的作用。接下来，我将介绍使用通道来改变协调方式的不同方法，这使得 goroutine 可以适应不同的情况。

14.5.1　协调通道

默认情况下，通过通道发送和接收值是阻塞操作。这意味着发送值的 goroutine 不会执行任何下一步的语句，直到另一个 goroutine 从通道接收到值。如果第二个 goroutine 发送一个值，它将被阻塞，直到通道被清空，于是就会导致一个等待接收值的 goroutine 队列。反过来也是如此，因此接收值的 goroutine 会被阻塞，直到另一个 goroutine 发送一个值。代码清单 14-14 改变了示例项目中发送和接收值的方式，以突出这种行为。

代码清单 14-14　在 concurrency/operations.go 文件中发送和接收值

```
package main

import (
    "fmt"
    "time"
)

func CalcStoreTotal(data ProductData) {
    var storeTotal float64
    var channel chan float64 = make(chan float64)
    for category, group := range data {
        go group.TotalPrice(category, channel)
    }
    time.Sleep(time.Second * 5)
    fmt.Println("-- Starting to receive from channel")
    for i := 0; i < len(data); i++ {
        fmt.Println("-- channel read pending")
        value :=  <- channel
        fmt.Println("-- channel read complete", value)
        storeTotal += value
        time.Sleep(time.Second)
    }
    fmt.Println("Total:", ToCurrency(storeTotal))
}

func (group ProductGroup) TotalPrice(category string, resultChannel chan float64)  {
    var total float64
    for _, p := range group {
        //fmt.Println(category, "product:", p.Name)
        total += p.Price
        time.Sleep(time.Millisecond * 100)
    }
    fmt.Println(category, "channel sending", ToCurrency(total))
    resultChannel <- total
    fmt.Println(category, "channel send complete")
}
```

在 `CalcStoreTotal` 创建 goroutine 并从通道接收第一个值之后，引入一个延迟。在接收每个值之前和之后也都有延迟。

这些延迟的效果是允许各个 goroutine 在有任何值被接受之前完成它们的工作并通过通道发送值。编译并执行该项目，你将看到以下输出：

```
main function started
Watersports channel sending $328.95
Chess channel sending $1291.00
Soccer channel sending $79554.45
-- Starting to receive from channel
-- channel read pending
Watersports channel send complete
-- channel read complete 328.95
-- channel read pending
-- channel read complete 1291
Chess channel send complete
-- channel read pending
-- channel read complete 79554.45
Soccer channel send complete
Total: $81174.40
main function complete
```

我们可以通过人与人之间的交互方式来理解并发应用程序的运行过程。如果 Bob 要给 Alice 发一条消息，默认的通道行为要求 Alice 和 Bob 约定一个会面地点，谁先到，谁就等着对方到达。只有当他们俩都在场时，Bob 才会把消息告诉 Alice。当 Charlie 也要给 Alice 发消息时，他会在 Bob 后面排队。每个人都耐心等待，只有在发送者和接收者都在场的情况下才会传输消息，消息是按顺序处理的。

你可以在代码清单 14-14 的输出中看到这种模式。启动 goroutine，处理它们的数据，并通过通道发送它们的结果：

```
...
Watersports channel sending $328.95
Chess channel sending $1291.00
Soccer channel sending $79554.45
...
```

没有可用的接收者，因此 goroutine 被迫等待，形成一个发送者队列，直到接收者开始工作。当收到每个值时，发送对应值的 goroutine 将被解除阻塞，继续执行 `TotalPrice` 方法中的后续语句。

1. 使用缓冲通道

默认的通道行为可能会导致 goroutine 在工作时出现突发活动，然后是长时间的空闲，等待接收消息。这对示例应用程序没有影响，因为一旦接收到消息，这些 goroutine 就会结束执行，但是在实际项目中，goroutine 经常要执行重复的任务，等待接收者会导致性能瓶颈。

另一种方法是创建一个带缓冲区的通道，该缓冲区用于接受来自发送者的值并存储它们，直到接收者可用。这使得发送消息成为非阻塞操作，允许发送者将其值传递给通道并继续工作，而不必等待接收者。这类似于 Alice 有一个收件箱。发送者来到 Alice 的办公室，把他们的信息放入收件箱，让 Alice 在准备好的时候阅读。但是，如果收件箱已满，他们将不得不等到 Alice 处理完一些积压的信息后再发送新信息。代码清单 14-15 创建了一个带缓冲区的通道。

代码清单 14-15 在 concurrency/operations.go 文件中创建带缓冲区的通道

```
...
func CalcStoreTotal(data ProductData) {
    var storeTotal float64
```

```
    var channel chan float64 = make(chan float64, 2)
    for category, group := range data {
        go group.TotalPrice(category, channel)
    }
    time.Sleep(time.Second * 5)
    fmt.Println("-- Starting to receive from channel")
    for i := 0; i < len(data); i++ {
        fmt.Println("-- channel read pending")
        value :=  <- channel
        fmt.Println("-- channel read complete", value)
        storeTotal += value
        time.Sleep(time.Second)
    }
    fmt.Println("Total:", ToCurrency(storeTotal))
}
...
```

缓冲区的大小被指定为 make 函数的一个参数，如图 14-8 所示。

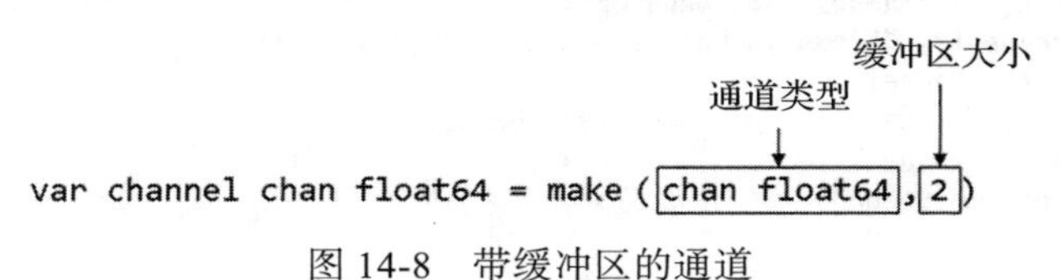

图 14-8　带缓冲区的通道

对于这个示例，我将缓冲区的大小设置为 2，这意味着有两个发送者将能够通过通道发送值，而不必等待它们被接收。后续的发送者将不得不等待，直到缓冲的消息之一被接收。你可以通过编译和执行项目来查看这种行为，这会产生以下输出结果：

```
main function started
Watersports channel sending $328.95
Watersports channel send complete
Chess channel sending $1291.00
Chess channel send complete
Soccer channel sending $79554.45
-- Starting to receive from channel
-- channel read pending
Soccer channel send complete
-- channel read complete 328.95
-- channel read pending
-- channel read complete 1291
-- channel read pending
-- channel read complete 79554.45
Total: $81174.40
main function complete
```

你可以看到为 Watersports 和 Chess 类别发送的值被通道接受，即使没有接收者就绪。而 Soccer 类别的发送者则一直等待其他接收者的 time.Sleep 调用完成并且值被通过通道接收。

在实际项目中，通常会使用更大的缓冲区，这样就有足够的容量让 goroutine 发送消息而不必等待。我通常将缓冲区大小指定为 100，这对于大多数项目来说已经足够大了，但不会大到需要大量内存。

2. 检查通道缓冲区

你可以使用内置的 cap 函数确定通道缓冲区的大小，并使用 len 函数确定缓冲区中有多少个值，如代码清单 14-16 所示。

代码清单 14-16 在 concurrency/operations.go 文件中检查通道缓冲区

```
...
func CalcStoreTotal(data ProductData) {
    var storeTotal float64
    var channel chan float64 = make(chan float64, 2)
    for category, group := range data {
        go group.TotalPrice(category, channel)
    }
    time.Sleep(time.Second * 5)

    fmt.Println("-- Starting to receive from channel")
    for i := 0; i < len(data); i++ {
        fmt.Println(len(channel), cap(channel))
        fmt.Println("-- channel read pending",
            len(channel), "items in buffer, size", cap(channel))
        value :=  <- channel
        fmt.Println("-- channel read complete", value)
        storeTotal += value
        time.Sleep(time.Second)
    }
    fmt.Println("Total:", ToCurrency(storeTotal))
}
...
```

修改后的语句使用 len 和 cap 函数来报告通道缓冲区中值的数量以及缓冲区的总大小。编译并执行代码，当接收到值时，你将看到缓冲区的详细信息：

```
main function started
Watersports channel sending $328.95
Watersports channel send complete
Chess channel sending $1291.00
Chess channel send complete
Soccer channel sending $79554.45
-- Starting to receive from channel
-- channel read pending 2 items in buffer, size 2
Soccer channel send complete
-- channel read complete 328.95
-- channel read pending 2 items in buffer, size 2
-- channel read complete 1291
-- channel read pending 1 items in buffer, size 2
-- channel read complete 79554.45
Total: $81174.40
main function complete
```

使用 len 和 cap 函数可以深入了解通道缓冲区，但是不应该使用这个结果来避免发送消息时的阻塞。goroutine 是并行执行的，这意味着值可能会在检查缓冲区容量之后、发送值之前发送到通道。有关如何可靠地发送和接收而不阻塞的详细信息，请参见 14.6 节。

14.5.2 发送和接收未知数量的值

CalcStoreTotal 函数了解它对正在处理的数据，清楚知道它应该从通道接收多少次值。

而这并不总是可行的，因为将被发送到通道的值的数量通常是事先不知道的。作为演示，我们将一个名为 orderdispatch.go 的文件添加到 concurrency 文件夹，其内容如代码清单 14-17 所示。

代码清单 14-17　concurrency/orderdispatch.go 文件的内容

```
package main

import (
    "fmt"
    "math/rand"
    "time"
)
type DispatchNotification struct {
    Customer string
    *Product
    Quantity int
}

var Customers = []string{"Alice", "Bob", "Charlie", "Dora"}

func DispatchOrders(channel chan DispatchNotification) {
    rand.Seed(time.Now().UTC().UnixNano())
    orderCount := rand.Intn(3) + 2
    fmt.Println("Order count:", orderCount)
    for i := 0; i < orderCount; i++ {
        channel <- DispatchNotification{
            Customer: Customers[rand.Intn(len(Customers)-1)],
            Quantity: rand.Intn(10),
            Product:  ProductList[rand.Intn(len(ProductList)-1)],
        }
    }
}
```

DispatchOrders 函数创建随机数量的 DispatchNotification 值，并通过参数 channel 接收的通道发送它们。我将在第 18 章介绍使用 math/rand 包创建随机数的方法，但是对于这一章，我们只需要知道每个调度通知的细节也是随机的，因此客户的名称、产品和数量会发生变化，并且通过通道发送的值的总数也会发生变化（至少会发送两个，这样可以看到一些输出）。

没有办法预先知道 DispatchOrders 函数将创建多少 DispatchNotification 值，这在编写从通道接收值的代码时有很大挑战。代码清单 14-18 采用了最简单的方法，那就是使用 for 循环，这意味着代码将一直尝试接收值。

代码清单 14-18　在 concurrency/main.go 文件的 for 循环中接收值

```
package main

import (
    "fmt"
    //"time"
)

func main() {
```

```
    dispatchChannel := make(chan DispatchNotification, 100)
    go DispatchOrders(dispatchChannel)
    for {
        details := <- dispatchChannel
        fmt.Println("Dispatch to", details.Customer, ":", details.Quantity,
            "x", details.Product.Name)
    }
}
```

for 循环不起作用，因为在发送者停止生成值后，接收者代码仍将尝试从通道获取值。如果发现所有的 goroutine 被阻塞，Go 运行时就会终止程序运行。你可以通过编译和执行项目来查看这一点，这将产生以下输出结果：

```
Order count: 4
Dispatch to Charlie : 3 x Lifejacket
Dispatch to Bob : 6 x Soccer Ball
Dispatch to Bob : 7 x Thinking Cap
Dispatch to Charlie : 5 x Stadium
fatal error: all goroutines are asleep - deadlock!
goroutine 1 [chan receive]:
main.main()
        C:/concurrency/main.go:12 +0xa6
exit status 2
```

你可能看到不同的输出结果，这反映了 DispatchNotification 数据的随机性。但重要的是，goroutine 在发送完它的值后退出，而 main goroutine 继续等待接收值。如果检测到没有活动的 goroutine，Go 运行时就会终止应用程序。

1. 关闭通道

这个问题的解决方案是让发送者在没有其他值发送到通道时发出指示，这可以通过关闭通道来实现，如代码清单 14-19 所示。

代码清单 14-19 在 concurrency/orderdispatch.go 文件中关闭通道

```
package main

import (
    "fmt"
    "math/rand"
    "time"
)

type DispatchNotification struct {
    Customer string
    *Product
    Quantity int
}

var Customers = []string{"Alice", "Bob", "Charlie", "Dora"}

func DispatchOrders(channel chan DispatchNotification) {
    rand.Seed(time.Now().UTC().UnixNano())
    orderCount := rand.Intn(3) + 2
    fmt.Println("Order count:", orderCount)
    for i := 0; i < orderCount; i++ {
```

```
        channel <- DispatchNotification{
            Customer: Customers[rand.Intn(len(Customers)-1)],
            Quantity: rand.Intn(10),
            Product:  ProductList[rand.Intn(len(ProductList)-1)],
        }
    }
    close(channel)
}
```

内置的 close 函数接受一个通道作为参数，用于指示将不会有更多的值通过该通道发送。接收者可以在请求值时检查通道是否关闭，如代码清单 14-20 所示。

提示 只有在有助于协调 goroutine 时，才需要关闭通道。Go 语言不需要关闭通道来释放资源或执行任何种类的内务处理任务。

代码清单 14-20 在 concurrency/main.go 文件中检查通道是否关闭

```
package main

import (
    "fmt"
    //"time"
)

func main() {

    dispatchChannel := make(chan DispatchNotification, 100)
    go DispatchOrders(dispatchChannel)
    for {
        if details, open := <- dispatchChannel; open {
            fmt.Println("Dispatch to", details.Customer, ":", details.Quantity,
                "x", details.Product.Name)
        } else {
            fmt.Println("Channel has been closed")
            break
        }
    }
}
```

接收运算符可用于获取两个值。第一个值表示从通道接收的值，第二个值表示通道是否关闭，如图 14-9 所示。

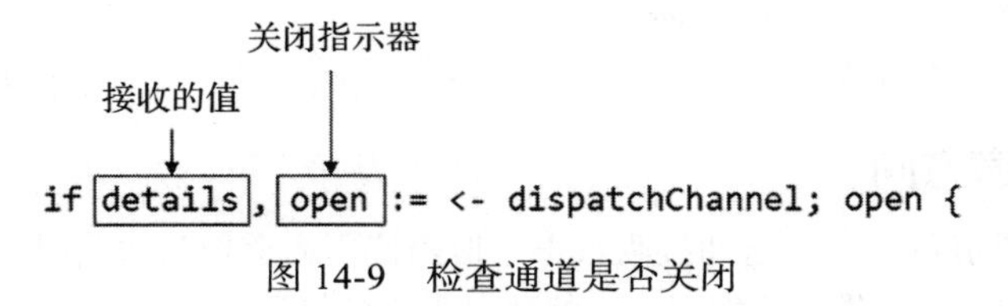

图 14-9 检查通道是否关闭

如果通道是打开的，那么关闭指示器将为 false，从通道接收的值将被赋给另一个变量。如果通道关闭，关闭指示器将为 true，通道类型的零值将被赋给另一个变量。

描述比代码更复杂，因为通道读取操作可以用作 if 表达式的初始化语句，而关闭指示器用于确定通道何时关闭，所以代码很容易处理。代码清单 14-20 中的代码定义了一个 else 子句，该子句在通道关闭时执行，它阻止进一步尝试从通道接收值，并允许程序干净地退出。

警告 一旦通道关闭，向其发送值是非法的。

编译并执行该项目，你将看到类似如下的输出结果：

```
Order count: 3
Dispatch to Bob : 2 x Soccer Ball
Dispatch to Alice : 9 x Thinking Cap
Dispatch to Bob : 3 x Soccer Ball
Channel has been closed
```

2. 枚举通道值

for 循环结合 range 关键字可以枚举通过通道发送的值，这样可以更容易地接收这些值，并在通道关闭时终止循环，如代码清单 14-21 所示。

代码清单 14-21 在 concurrency/main.go 文件中枚举通道值

```
package main

import (
    "fmt"
    //"time"
)
func main() {

    dispatchChannel := make(chan DispatchNotification, 100)

    go DispatchOrders(dispatchChannel)
    for details := range dispatchChannel {
        fmt.Println("Dispatch to", details.Customer, ":", details.Quantity,
            "x", details.Product.Name)
    }
    fmt.Println("Channel has been closed")
}
```

range 表达式每次迭代产生一个值，即从通道接收的值。for 循环将继续接收值，直到通道关闭。你可以使用 for...range 在未关闭的通道上循环，在这种情况下，循环永远不会退出。编译并执行该项目，你将看到类似如下的输出结果：

```
Order count: 2
Dispatch to Alice : 9 x Kayak
Dispatch to Charlie : 8 x Corner Flags
Channel has been closed
```

14.5.3 限制通道方向

默认情况下，通道可用于发送和接收数据，但当使用通道作为参数时，这可能会受到限制，例如只能执行发送或接收操作。我发现这个特性对于避免错误非常有用，例如我本打算发送一条消息，但是却执行了一个接收操作的错误，这些操作的语法是相似的，如代码清单 14-22 所示。

代码清单 14-22 concurrency/orderdispatch.go 文件中的操作错误

```
package main
```

```
import (
    "fmt"
    "math/rand"
    "time"
)

type DispatchNotification struct {
    Customer string
    *Product
    Quantity int
}

var Customers = []string{"Alice", "Bob", "Charlie", "Dora"}

func DispatchOrders(channel chan DispatchNotification) {
    rand.Seed(time.Now().UTC().UnixNano())
    orderCount := rand.Intn(3) + 2
    fmt.Println("Order count:", orderCount)
    for i := 0; i < orderCount; i++ {
        channel <- DispatchNotification{
            Customer: Customers[rand.Intn(len(Customers)-1)],
            Quantity: rand.Intn(10),
            Product:  ProductList[rand.Intn(len(ProductList)-1)],
        }
        if (i == 1) {
            notification := <- channel
            fmt.Println("Read:", notification.Customer)
        }
    }
    close(channel)
}
```

在示例代码中，我很容易发现这个问题，但是当使用 `if` 语句有条件地通过通道发送额外的值时，我很容易犯这个错误。结果就是，该函数接收到它刚刚发送的消息，并将其从通道中移除。

有时，丢失消息会导致预期接收者的 goroutine 阻塞，触发前面描述的死锁检测并终止程序，但大部分时候程序会运行，只不过会产生非预期的结果。编译并执行上面的代码，你将收到类似如下的输出结果：

```
Order count: 4
Read: Alice
Dispatch to Alice : 4 x Unsteady Chair
Dispatch to Alice : 7 x Unsteady Chair
Dispatch to Bob : 0 x Thinking Cap
Channel has been closed
```

输出结果报告将通过通道发送 4 个值，但只收到 3 个。这个问题可以通过限制通道的方向来解决，如代码清单 14-23 所示。

代码清单 14-23　在 concurrency/orderdispatch.go 文件中限制通道方向

```
package main

import (
    "fmt"
```

```
    "math/rand"
    "time"
)

type DispatchNotification struct {
    Customer string
    *Product
    Quantity int
}
var Customers = []string{"Alice", "Bob", "Charlie", "Dora"}

func DispatchOrders(channel chan<- DispatchNotification) {
    rand.Seed(time.Now().UTC().UnixNano())
    orderCount := rand.Intn(3) + 2
    fmt.Println("Order count:", orderCount)
    for i := 0; i < orderCount; i++ {
        channel <- DispatchNotification{
            Customer: Customers[rand.Intn(len(Customers)-1)],
            Quantity: rand.Intn(10),
            Product:  ProductList[rand.Intn(len(ProductList)-1)],
        }
        if (i == 1) {
            notification := <- channel
            fmt.Println("Read:", notification.Customer)
        }
    }
    close(channel)
}
```

通道的方向在 chan 关键字旁边指定，如图 14-10 所示。

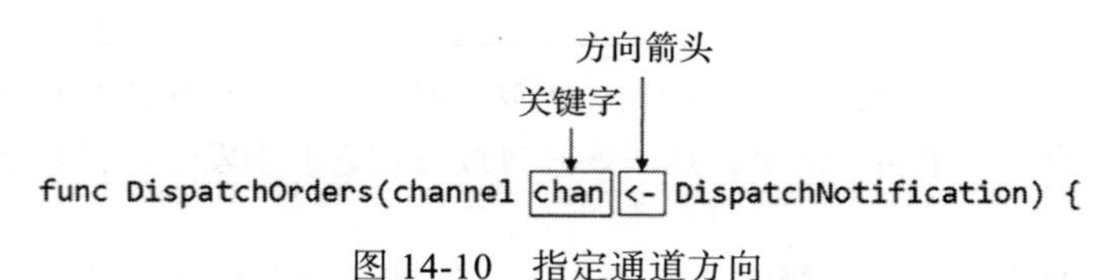

图 14-10 指定通道方向

箭头指定了通道的方向。如代码清单 14-23 所示，当箭头跟在 chan 关键字后面时，那么通道只能用于发送值。仅当箭头位于 chan 关键字之前时（例如 <-chan），通道才可用于接收值。尝试从仅发送值的通道接收值（反之亦然）会发生编译错误，编译此项目，就可以看到这一点：

```
# concurrency
.\orderdispatch.go:29:29: invalid operation: <-channel (receive from send-only type chan<-
DispatchNotification)
```

这很容易看出 DispatchOrders 函数中的错误，我可以把从通道接收值的语句删除，如代码清单 14-24 所示。

代码清单 14-24 更正 concurrency/orderdispatch.go 文件中的错误

```
package main

import (
```

```
    "fmt"
    "math/rand"
    "time"
)

type DispatchNotification struct {
    Customer string
    *Product
    Quantity int
}

var Customers = []string{"Alice", "Bob", "Charlie", "Dora"}

func DispatchOrders(channel chan<- DispatchNotification) {
    rand.Seed(time.Now().UTC().UnixNano())
    orderCount := rand.Intn(3) + 2
    fmt.Println("Order count:", orderCount)
    for i := 0; i < orderCount; i++ {
        channel <- DispatchNotification{
            Customer: Customers[rand.Intn(len(Customers)-1)],
            Quantity: rand.Intn(10),
            Product:  ProductList[rand.Intn(len(ProductList)-1)],
        }
        // if (i == 1) {
        //     notification := <- channel
        //     fmt.Println("Read:", notification.Customer)
        // }
    }
    close(channel)
}
```

代码将被正确编译并产生类似于代码清单 14-22 的输出。

限制通道参数方向

前面的更改允许 DispatchOrders 函数声明它只需要通过通道发送消息，而不需要通过通道接收它们。这是一个有用的特性，但是它不能应对这样的情况：例如，只想提供一个单向通道，而不是让函数来决定它接收什么。

方向通道是这样的类型：代码清单 14-24 中的函数参数的类型为 chan<-DispatchNotification，表示仅发送 DispatchNotification 值的通道。Go 语言允许将双向通道赋给单向通道变量，允许应用限制，如代码清单 14-25 所示。

代码清单 14-25 在 concurrency/main.go 文件中创建受限通道

```
package main

import (
    "fmt"
    //"time"
)

func receiveDispatches(channel <-chan DispatchNotification) {
    for details := range channel {
        fmt.Println("Dispatch to", details.Customer, ":", details.Quantity,
            "x", details.Product.Name)
```

```
    }
    fmt.Println("Channel has been closed")
}

func main() {

    dispatchChannel := make(chan DispatchNotification, 100)

    var sendOnlyChannel chan<- DispatchNotification = dispatchChannel
    var receiveOnlyChannel <-chan DispatchNotification = dispatchChannel

    go DispatchOrders(sendOnlyChannel)
    receiveDispatches(receiveOnlyChannel)
}
```

我使用完整的变量语法来定义只发送值和只接收值的通道变量，然后将它们用作函数参数。这确保了只发送值的通道的接收者只能发送值或关闭通道，只接收值的通道的接收者只能接收值。这些限制应用于同一底层通道，因此通过 `sendOnlyChannel` 发送的消息将通过 `receiveOnlyChannel` 接收。

对通道方向的限制也可以通过显式转换来创建，如代码清单 14-26 所示。

代码清单 14-26 在 concurrency/main.go 文件中对通道使用显式转换

```
package main

import (
    "fmt"
    //"time"
)

func receiveDispatches(channel <-chan DispatchNotification) {
    for details := range channel {
        fmt.Println("Dispatch to", details.Customer, ":", details.Quantity,
            "x", details.Product.Name)
    }
    fmt.Println("Channel has been closed")
}
func main() {
    dispatchChannel := make(chan DispatchNotification, 100)

    // var sendOnlyChannel chan<- DispatchNotification = dispatchChannel
    // var receiveOnlyChannel <-chan DispatchNotification = dispatchChannel

    go DispatchOrders(chan<- DispatchNotification(dispatchChannel))
    receiveDispatches((<-chan DispatchNotification)(dispatchChannel))
}
```

只接收值的通道的显式转换要求用括号将通道类型括起来，以防止编译器将转换解释为 `DispatchNotification` 类型。代码清单 14-25 和代码清单 14-26 中的代码产生了相同的输出，类似于以下内容：

```
Order count: 4
Dispatch to Bob : 0 x Kayak
```

```
Dispatch to Alice : 2 x Stadium
Dispatch to Bob : 6 x Stadium
Dispatch to Alice : 3 x Thinking Cap
Channel has been closed
```

14.6 使用 select 语句

select 关键字用于对将从通道发送或接收的操作进行分组，这允许创建复杂的 goroutine 和通道。select 语句有几种用法，我将从基础用法开始逐步介绍更高级的用法。为此，代码清单 14-27 增加了由 DispatchOrders 函数发送的 DispatchNotification 值的数量，并引入了一个延迟，使它们运行较长的时间，以便观察结果。

代码清单 14-27 concurrency/orderdispatch.go 文件内容

```
package main

import (
    "fmt"
    "math/rand"
    "time"
)

type DispatchNotification struct {
    Customer string
    *Product
    Quantity int
}

var Customers = []string{"Alice", "Bob", "Charlie", "Dora"}

func DispatchOrders(channel chan<- DispatchNotification) {
    rand.Seed(time.Now().UTC().UnixNano())
    orderCount := rand.Intn(5) + 5
    fmt.Println("Order count:", orderCount)
    for i := 0; i < orderCount; i++ {
        channel <- DispatchNotification{
            Customer: Customers[rand.Intn(len(Customers)-1)],
            Quantity: rand.Intn(10),
            Product:  ProductList[rand.Intn(len(ProductList)-1)],
        }
        // if (i == 1) {
        //     notification := <- channel
        //     fmt.Println("Read:", notification.Customer)
        // }
        time.Sleep(time.Millisecond * 750)
    }
    close(channel)
}
```

14.6.1 无阻塞接收

select 语句最简单的用法是从通道接收值而不阻塞，确保当通道为空时 goroutine 不必等待。代码清单 14-28 显示了以这种方式使用的一个简单 select 语句。

代码清单 14-28 在 concurrency/main.go 文件中使用 select 语句

```
package main

import (
    "fmt"
    "time"
)

// func receiveDispatches(channel <-chan DispatchNotification) {
//     for details := range channel {
//         fmt.Println("Dispatch to", details.Customer, ":", details.Quantity,
//             "x", details.Product.Name)
//     }
//     fmt.Println("Channel has been closed")
// }

func main() {
    dispatchChannel := make(chan DispatchNotification, 100)
    go DispatchOrders(chan<- DispatchNotification(dispatchChannel))
    // receiveDispatches((<-chan DispatchNotification)(dispatchChannel))

    for {
        select {
            case details, ok := <- dispatchChannel:
                if ok {
                    fmt.Println("Dispatch to", details.Customer, ":",
                        details.Quantity, "x", details.Product.Name)
                } else {
                    fmt.Println("Channel has been closed")
                    goto alldone
                }
            default:
                fmt.Println("-- No message ready to be received")
                time.Sleep(time.Millisecond * 500)
        }
    }
    alldone: fmt.Println("All values received")
}
```

select 语句的结构类似于 switch 语句，只是 case 语句变成了通道操作。当执行 select 语句时，将评估每个通道操作，直到达到可以在不阻塞的情况下执行的操作。执行通道操作，并执行 case 语句中包含的语句。如果无法执行任何通道操作，则执行 default 子句中的语句。图 14-11 说明了 select 语句的结构。

select 语句只评估它的 case 语句一次，这就是我在代码清单 14-28 中使用 for 循环的原因。循环继续执行 select 语句，该语句将在值可用时从通道接收值。如果没有可用的值，则执行 default 子句，这会引入一个休眠周期。

代码清单 14-28 中的 case 语句通道操作检查通道是否已经关闭，如果通道已经关闭，则使用 goto 语句跳转到 for 循环之外的带标签的语句。

编译并执行该项目，你将看到类似于以下内容的输出结果，由于数据是随机生成的，因此会有一些不同：

```
select {
case details, ok := <- dispatchChannel:
        if ok {
            fmt.Println("Dispatch to", details.Customer, ":",
                details.Quantity, "x", details.Product.Name)
            } else {
                fmt.Println("Channel has been closed")
                goto alldone
            }
default:
        fmt.Println("-- No message ready to be received")
        time.Sleep(time.Millisecond * 500)
}
```


图 14-11　select 语句

```
-- No message ready to be received
Order count: 5
Dispatch to Bob : 5 x Soccer Ball
-- No message ready to be received
Dispatch to Bob : 0 x Thinking Cap
-- No message ready to be received
Dispatch to Alice : 2 x Corner Flags
-- No message ready to be received
-- No message ready to be received
Dispatch to Bob : 6 x Corner Flags
-- No message ready to be received
Dispatch to Alice : 2 x Corner Flags
-- No message ready to be received
-- No message ready to be received
Channel has been closed
All values received
```

time.Sleep 方法引入的延迟使得通过通道发送值的速率和接收值的速率稍不匹配。于是，select 语句有时会在通道为空时执行。此时，select 语句会执行 default 子句中的语句，而不是常规通道操作中会发生的阻塞。一旦通道关闭，循环就终止。

14.6.2　从多个通道接收值

如前所述，使用 select 语句可以进行无阻塞接收，但是当有多个通道以不同的速率发送值时，该特性会变得更加有用。select 语句将允许接收者从任意一个通道获得值，而不阻塞任何通道，如代码清单 14-29 所示。

代码清单 14-29　在 concurrency/main.go 文件中从多个通道接收值

```
package main

import (
```

```
    "fmt"
    "time"
)

func enumerateProducts(channel chan<- *Product) {
    for _, p := range ProductList[:3] {
        channel <- p
        time.Sleep(time.Millisecond * 800)
    }
    close(channel)
}

func main() {
    dispatchChannel := make(chan DispatchNotification, 100)
    go DispatchOrders(chan<- DispatchNotification(dispatchChannel))
    productChannel := make(chan *Product)
    go enumerateProducts(productChannel)

    openChannels := 2

    for {
        select {
            case details, ok := <- dispatchChannel:
                if ok {
                    fmt.Println("Dispatch to", details.Customer, ":",
                        details.Quantity, "x", details.Product.Name)
                } else {
                    fmt.Println("Dispatch channel has been closed")
                    dispatchChannel = nil
                    openChannels--
                }
            case product, ok := <- productChannel:
                if ok {
                    fmt.Println("Product:", product.Name)
                } else {
                    fmt.Println("Product channel has been closed")
                    productChannel = nil
                    openChannels--
                }
            default:
                if (openChannels == 0) {
                    goto alldone
                }
                fmt.Println("-- No message ready to be received")
                time.Sleep(time.Millisecond * 500)
        }
    }
    alldone: fmt.Println("All values received")
}
```

在此示例中，select 语句用于从两个通道接收值，一个通道携带 DispatchNotification 值，另一个通道携带 Product 值。每次执行 select 语句时，它都会遍历 case 语句，如果找到可以无阻塞读取值的 case 语句就随机执行其中一条。如果无法执行任何 case 语句，则执行 default 子句。

必须小心管理关闭的通道——因为它们将为通道关闭后发生的每个接收操作提供零值 nil，依赖关闭指示器来显示通道已关闭。不幸的是，这意味着已关闭通道的 case 语句总是被

select 语句选择，因为它们总是无阻塞地提供一个值，即使该值没任何用处。

提示 如果省略 default 子句，那么 select 语句将阻塞，直到其中一个通道有要接收的值。这可能有用，但是它不处理可以关闭的通道。

管理关闭的通道需要两个措施。第一个措施是防止 select 语句在通道关闭后继续选择那个通道。这可以通过将 nil 赋给 channel 变量来实现，如下所示：

```
...
dispatchChannel = nil
...
```

nil 通道永远不会准备就绪，也不会被选择，这允许 select 语句移动到其他 case 语句，因为其他通道可能仍然是开放的。

第二个措施是当所有通道都关闭时，中断 for 循环，否则 select 语句将无休止地执行 default 子句。代码清单 14-29 使用了一个 int 变量，当一个通道关闭时，这个变量递减 1。当打开的通道数达到 0 时，goto 语句将跳出循环。编译并执行该项目，你将看到类似如下的输出结果，它显示了单个接收者如何从两个通道获取值：

```
Order count: 5
Product: Kayak
Dispatch to Alice : 9 x Unsteady Chair
-- No message ready to be received
Dispatch to Bob : 6 x Kayak
-- No message ready to be received
Product: Lifejacket
Dispatch to Charlie : 5 x Thinking Cap
-- No message ready to be received
-- No message ready to be received
Dispatch to Alice : 1 x Stadium
Product: Soccer Ball
-- No message ready to be received
Dispatch to Charlie : 8 x Lifejacket
-- No message ready to be received
Product channel has been closed
-- No message ready to be received
Dispatch channel has been closed
All values received
```

14.6.3 无阻塞发送

select 语句也可以用来无阻塞地将值发送到通道，如代码清单 14-30 所示。

代码清单 14-30 在 concurrency/main.go 文件中使用 select 语句进行无阻塞发送

```
package main

import (
    "fmt"
    "time"
)
func enumerateProducts(channel chan<- *Product) {
    for _, p := range ProductList {
        select {
            case channel <- p:
```

```
                fmt.Println("Sent product:", p.Name)
            default:
                fmt.Println("Discarding product:", p.Name)
                time.Sleep(time.Second)
        }
    }
    close(channel)
}

func main() {
    productChannel := make(chan *Product, 5)
    go enumerateProducts(productChannel)

    time.Sleep(time.Second)

    for p := range productChannel {
        fmt.Println("Received product:", p.Name)
    }
}
```

代码清单 14-30 中的通道具有小的缓冲区，在小的延迟之后才会从通道接收值。这意味着 `enumerateProducts` 函数可以通过通道发送值，而不会阻塞，直到缓冲区填满。`select` 语句的 `default` 子句丢弃无法发送的值。编译并执行代码，你将看到类似如下的输出结果：

```
Sent product: Kayak
Sent product: Lifejacket
Sent product: Soccer Ball
Sent product: Corner Flags
Sent product: Stadium
Discarding product: Thinking Cap
Discarding product: Unsteady Chair
Received product: Kayak
Received product: Lifejacket
Received product: Soccer Ball
Received product: Corner Flags
Received product: Stadium
Sent product: Bling-Bling King
Received product: Bling-Bling King
```

输出结果显示了 `select` 语句确定发送操作将阻塞并调用 `default` 子句的位置。在代码清单 14-30 中，`case` 语句包含一条写出消息的语句，但这不是必需的，`case` 语句可以仅指定发送操作而不需要额外的语句，如代码清单 14-31 所示。

代码清单 14-31 省略 concurrency/main.go 文件中的部分语句

```
package main

import (
    "fmt"
    "time"
)

func enumerateProducts(channel chan<- *Product) {
    for _, p := range ProductList {
        select {
            case channel <- p:
```

```
                //fmt.Println("Sent product:", p.Name)
            default:
                fmt.Println("Discarding product:", p.Name)
                time.Sleep(time.Second)
        }
    }
    close(channel)
}

func main() {
    productChannel := make(chan *Product, 5)
    go enumerateProducts(productChannel)

    time.Sleep(time.Second)

    for p := range productChannel {
        fmt.Println("Received product:", p.Name)
    }
}
```

14.6.4 通过多个通道发送值

如果有多个可用的通道，可以使用 select 语句来查找一个不会阻塞发送的通道，如代码清单 14-32 所示。

提示 你可以在同一个 select 语句中将 case 语句与发送和接收操作结合起来。当执行 select 语句时，Go 运行时构建一个可以无阻塞执行的 case 语句组合列表，并随机选择一个，它可以是发送语句，也可以是接收语句。

代码清单 14-32 在 concurrency/main.go 文件中通过多个通道发送值

```
package main

import (
    "fmt"
    "time"
)

func enumerateProducts(channel1, channel2 chan<- *Product) {
    for _, p := range ProductList {
        select {
            case channel1 <- p:
                fmt.Println("Send via channel 1")
            case channel2 <- p:
                fmt.Println("Send via channel 2")
        }
    }
    close(channel1)
    close(channel2)
}

func main() {
    c1 := make(chan *Product, 2)
    c2 := make(chan *Product, 2)
    go enumerateProducts(c1, c2)
```

```
        time.Sleep(time.Second)

        for p := range c1 {
            fmt.Println("Channel 1 received product:", p.Name)
        }
        for p := range c2 {
            fmt.Println("Channel 2 received product:", p.Name)
        }
    }
```

这个示例有两个带小缓存区的通道。与接收值的情况一样，select 语句会构建一个通道（通过这些通道可以无阻塞地发送值）列表，每次发送值时从该列表中随机选取一个可用通道。如果没有可用的通道，则执行 default 子句。本例中没有 default 子句，因此 select 语句将阻塞，直到其中一个通道可以接收值。

直到执行 enumerateProducts 函数的 goroutine 创建一秒钟后，才会收到来自通道的值，所以只有缓冲区可以决定是否阻止向通道发送值。编译并执行该项目，你将收到以下输出结果：

```
Send via channel 1
Send via channel 1
Send via channel 2
Send via channel 2
Channel 1 received product: Kayak
Channel 1 received product: Lifejacket
Channel 1 received product: Stadium
Send via channel 1
Send via channel 1
Send via channel 1
Send via channel 1
Channel 1 received product: Thinking Cap
Channel 1 received product: Unsteady Chair
Channel 1 received product: Bling-Bling King
Channel 2 received product: Soccer Ball
Channel 2 received product: Corner Flags
```

初学者往往假设 select 语句会在多个通道中平均分配值，这是错误的。如前所述，select 语句选择一个可以使用的 case 语句（不会阻塞），所以值的分配是不可预测的，并且可能是不均匀的。通过重复多次运行该示例，你可以看到该示例将显示以不同顺序发送到通道的值。

14.7 小结

在这一章中，我介绍了 goroutine，Go 语言函数可以借助它实现并发执行，演示了 goroutine 如何使用通道异步地产生结果。goroutine 和通道使得编写并发应用程序变得容易，而不需要管理具体的执行线程。下一章将介绍 Go 语言对错误处理的支持。

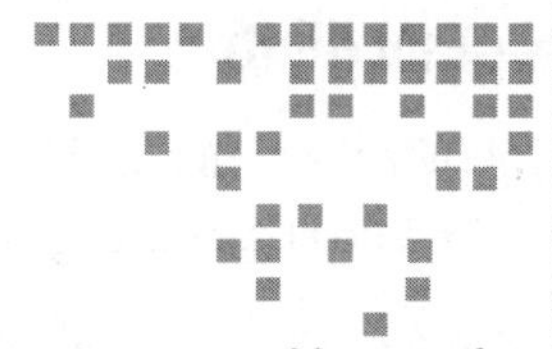

第 15 章 Chapter 15

错误处理

本章将介绍 Go 语言处理错误的方式。我将介绍表示错误的接口、如何创建错误，以及处理错误的不同方式。我还将介绍异常（panicking)，这是一种处理无法恢复的错误的方式。表 15-1 给出了关于错误处理的一些基本问题。

表 15-1　关于 Go 语言错误处理的一些基本问题

问题	答案
它们是什么	Go 语言的错误处理包括异常条件和程序失败处理
它们为什么有用	应用程序经常会遇到意想不到的情况，错误处理机制提供了一种在这些情况出现时做出响应的方法
它们是如何使用的	`error` 接口用于定义错误条件，这些错误条件通常作为函数结果返回。当产生不可恢复的错误时，将会调用 `panic` 函数
有什么陷阱或限制吗	必须注意确保将错误传达给应用程序中最能判断情况严重程度的部分
有其他选择吗	你不必在代码中使用 `error` 接口，但是它在整个 Go 语言标准库中被广泛使用并且难以避免

表 15-2 是本章内容概要。

表 15-2　章节内容概要

问题	解决方案	代码清单
指示产生了错误	创建一个实现 `error` 接口并将其作为函数结果返回的结构	15-7、15-8、15-11、15-12
通过通道报告错误	将 `error` 字段添加到传递消息的结构类型中	15-9、15-10
表示产生了不可恢复的错误	调用 `panic` 函数	15-13、15-16
从异常中恢复	使用 `defer` 关键字注册一个函数，该函数将调用 `recover` 函数	15-14、15-15、15-17～15-19

15.1 为本章做准备

请打开一个新的命令行窗口，导航到一个方便的位置，并创建一个名为 errorHandling 的文件夹。导航到 errorHandling 文件夹，运行代码清单 15-1 所示的命令来初始化项目。

代码清单 15-1 初始化项目

```
go mod init errorHandling
```

将一个名为 product.go 的文件添加到 errorHandling 文件夹中，其内容如代码清单 15-2 所示。

代码清单 15-2 errorHandling/product.go 文件的内容

```
package main

import "strconv"

type Product struct {
    Name, Category string
    Price float64
}

type ProductSlice []*Product

var Products = ProductSlice {
    { "Kayak", "Watersports", 279 },
    { "Lifejacket", "Watersports", 49.95 },
    { "Soccer Ball", "Soccer", 19.50 },
    { "Corner Flags", "Soccer", 34.95 },
    { "Stadium", "Soccer", 79500 },
    { "Thinking Cap", "Chess", 16 },
    { "Unsteady Chair", "Chess", 75 },
    { "Bling-Bling King", "Chess", 1200 },
}

func ToCurrency(val float64) string {
    return "$" + strconv.FormatFloat(val, 'f', 2, 64)
}
```

该文件定义了一个名为 Product 的自定义类型、一个 *Product 值切片的别名，以及一个使用文字语法填充的切片。我还定义了一个函数来将 float64 值格式化为美元货币金额。

将一个名为 operations.go 的文件添加到 errorHandling 文件夹，其内容如代码清单 15-3 所示。

代码清单 15-3 errorHandling/operations.go 文件的内容

```
package main

func (slice ProductSlice) TotalPrice(category string) (total float64) {
    for _, p := range slice {
        if (p.Category == category) {
            total += p.Price
        }
```

```
    }
    return
}
```

这个文件定义了一个方法，该方法接收 ProductSlice 并对这些 Product 的 Price 字段按照类别分别统计总值。

将一个名为 main.go 的文件添加到 errorHandling 文件夹，其内容如代码清单 15-4 所示。

代码清单 15-4　errorHandling/main.go 文件的内容

```
package main

import "fmt"

func main() {

    categories := []string { "Watersports", "Chess" }

    for _, cat := range categories {
        total := Products.TotalPrice(cat)
        fmt.Println(cat, "Total:", ToCurrency(total))
    }
}
```

使用命令行窗口在 errorHandling 文件夹中运行代码清单 15-5 所示的命令。

代码清单 15-5　运行示例项目

```
go run .
```

以上示例代码将被编译并执行，产生以下输出结果：

```
Watersports Total: $328.95
Chess Total: $1291.00
```

15.2　处理可恢复的错误

Go 语言使得表达异常条件变得很容易，它允许函数或方法向调用它的代码报告错误信息。例如，我在代码清单 15-6 中增加了一些语句，这些语句使 TotalPrice 方法产生有问题的结果。

代码清单 15-6　在 errorHandling/main.go 文件中调用方法

```
package main

import "fmt"

func main() {

    categories := []string { "Watersports", "Chess", "Running" }

    for _, cat := range categories {
```

```
        total := Products.TotalPrice(cat)
        fmt.Println(cat, "Total:", ToCurrency(total))
    }
}
```

编译并执行该项目，你将收到以下输出结果：

```
Watersports Total: $328.95
Chess Total: $1291.00
Running Total: $0.00
```

通过 TotalPrice 方法计算 Running 类别的结果是不明确的。结果为零可能表示指定类别中没有产品，也可能意味着有产品，但它们的总和为零。调用 TotalPrice 方法的代码无法知道零值具体代表什么。

对于简单的示例，根据上下文很容易理解这个结果：Running 类别中没有产品。但在实际项目中，这种结果可能难以理解和响应。

Go 语言提供了一个名为 error 的预定义接口，它提供了一种解决这个问题的方法。以下是接口的定义：

```
type error interface {
    Error() string
}
```

该接口定义了一个名为 Error 的方法，该方法返回一个字符串。你需要针对每个错误实现此方法。

15.2.1 产生错误

函数和方法可以通过产生 error 响应来表达异常或意外的结果，如代码清单 15-7 所示。

代码清单 15-7 在 errorHandling/operations.go 文件中定义错误

```
package main

type CategoryError struct {
    requestedCategory string
}

func (e *CategoryError) Error() string {
    return "Category " + e.requestedCategory + " does not exist"
}

func (slice ProductSlice) TotalPrice(category string) (total float64,
        err *CategoryError) {
    productCount := 0
    for _, p := range slice {
        if (p.Category == category) {
            total += p.Price
            productCount++
        }
    }
    if (productCount == 0) {
        err = &CategoryError{ requestedCategory: category}
    }
```

```
    return
}
```

CategoryError 类型定义了一个未导出的 requestedCategory 字段，有一个符合 error 接口的方法。TotalPrice 方法的签名已经被更新，它会返回两个结果：原始的 float64 值和 error。如果 for 循环没有找到任何具有指定类别的产品，则为 err 赋 CategoryError 值，这表示请求了一个不存在的类别。代码清单 15-8 更新了调用代码以处理此错误结果。

代码清单 15-8 errorHandling/main.go 文件中的错误处理代码

```
package main

import "fmt"

func main() {

    categories := []string { "Watersports", "Chess", "Running" }

    for _, cat := range categories {
        total, err := Products.TotalPrice(cat)
        if (err == nil) {
            fmt.Println(cat, "Total:", ToCurrency(total))
        } else {
            fmt.Println(cat, "(no such category)")
        }
    }
}
```

调用 TotalPrice 方法的结果可以通过检查两个结果的组合来确定。

如果错误结果为 nil，则请求的类别存在，float64 结果表示它们的价格总和，即使该总和为零。如果错误结果不为 nil，则请求的类别不存在，并且 float64 值应该被忽略。编译并执行该项目，你将看到该错误允许代码清单 15-8 中的代码识别不存在的产品类别：

```
Watersports Total: $328.95
Chess Total: $1291.00
Running (no such category)
```

忽略错误结果

我不建议忽略错误结果，因为这样会丢失重要信息，但是如果不需要知道什么时候出了错，那么可以使用空白标识符来代替错误结果的名称，如下所示：

```
package main

import "fmt"

func main() {

    categories := []string { "Watersports", "Chess", "Running" }

    for _, cat := range categories {
        total, _ := Products.TotalPrice(cat)
        fmt.Println(cat, "Total:", ToCurrency(total))
    }
}
```

> 这种技巧会妨碍调用代码理解来自 TotalPrice 方法的响应结果，应谨慎使用。

15.2.2 通过通道报告错误

如果使用 goroutine 执行一个函数，那么多个线程之间的通信是通过通道进行的，这意味着任何问题的细节都必须与成功的操作一起被传达。让错误处理尽可能简单很重要，建议避免使用额外的通道或创建复杂的机制来尝试在通道之外发信号通知错误情况。我的首选方法是创建一个自定义类型来合并两种结果，如代码清单 15-9 所示。

代码清单 15-9 在 errorHandling/operations.go 文件中定义类型和函数

```
package main

type CategoryError struct {
    requestedCategory string
}

func (e *CategoryError) Error() string {
    return "Category " + e.requestedCategory + " does not exist"
}

type ChannelMessage struct {
    Category string
    Total float64
    *CategoryError
}

func (slice ProductSlice) TotalPrice(category string) (total float64,
        err *CategoryError) {
    productCount := 0
    for _, p := range slice {
        if (p.Category == category) {
            total += p.Price
            productCount++
        }
    }
    if (productCount == 0) {
        err = &CategoryError{ requestedCategory: category}
    }
    return
}

func (slice ProductSlice) TotalPriceAsync (categories []string,
        channel chan<- ChannelMessage) {
    for _, c := range categories {
        total, err := slice.TotalPrice(c)
        channel <- ChannelMessage{
            Category: c,
            Total: total,
            CategoryError: err,
        }
    }
    close(channel)
}
```

ChannelMessage 类型允许我传递准确反映 TotalPrice 方法结果所需的一对结果，该方法由新的 TotalPriceAsync 方法异步执行。结果与同步方法表示错误的结果的方式相类似。

如果一个通道只有一个发送者，则可以在产生错误后关闭该通道。但是，如果有多个发送者，那么关闭通道时需要小心，因为它们可能仍然在传递有效的结果，如果有线程尝试在关闭的通道上发送它们，将导致程序异常终止。

代码清单 15-10 更新了 main 函数，以使用 TotalPrice 方法的异步版本。

代码清单 15-10　在 errorHandling/main.go 文件中使用新方法

```
package main

import "fmt"

func main() {

    categories := []string { "Watersports", "Chess", "Running" }

    channel := make(chan ChannelMessage, 10)

    go Products.TotalPriceAsync(categories, channel)
    for message := range channel {
        if message.CategoryError == nil {
            fmt.Println(message.Category, "Total:", ToCurrency(message.Total))
        } else {
            fmt.Println(message.Category, "(no such category)")
        }
    }
}
```

编译并执行该项目，你将收到类似如下的输出结果：

```
Watersports Total: $328.95
Chess Total: $1291.00
Running (no such category)
```

15.2.3　使用错误便利函数

为应用程序可能遇到的每种类型的错误定义数据类型可能会很尴尬。errors 包是标准库的一部分，它提供了一个 New 函数，可以返回内容为字符串的错误。这种方法的缺点是只能产生简单的错误，但它的优点是用法简单，如代码清单 15-11 所示。

代码清单 15-11　在 errorHandling/operations.go 文件中使用错误便利函数

```
package main

import "errors"

// type CategoryError struct {
//     requestedCategory string
// }
// func (e *CategoryError) Error() string {
//     return "Category " + e.requestedCategory + " does not exist"
```

```
//}

type ChannelMessage struct {
    Category string
    Total float64
    CategoryError error
}

func (slice ProductSlice) TotalPrice(category string) (total float64,
        err error) {
    productCount := 0
    for _, p := range slice {
        if (p.Category == category) {
            total += p.Price
            productCount++
        }
    }
    if (productCount == 0) {
        err = errors.New("Cannot find category")
    }
    return
}

func (slice ProductSlice) TotalPriceAsync (categories []string,
        channel chan<- ChannelMessage) {
    for _, c := range categories {
        total, err := slice.TotalPrice(c)
        channel <- ChannelMessage{
            Category: c,
            Total: total,
            CategoryError: err,
        }
    }
    close(channel)
}
```

虽然我在这个示例中删除了自定义错误类型，但是产生的错误不再包含所请求的类别的详细信息。在这个示例中，这也不是什么大问题，因为调用代码拥有这些信息，但是对于其他必要的情况，我们还可以使用 `fmt` 包轻松地创建具有更复杂字符串内容的错误。

`fmt` 包负责格式化字符串，这是通过格式化谓词（formatting verb）来完成的。这些谓词在第 17 章中有详细描述，`fmt` 包提供的函数之一是 `Errorf`，它使用格式化的字符串创建错误值，如代码清单 15-12 所示。

代码清单 15-12 在 errorHandling/operations.go 文件中使用错误格式化函数

```
package main

import "fmt"

type ChannelMessage struct {
    Category string
    Total float64
    CategoryError error
}
```

```
func (slice ProductSlice) TotalPrice(category string) (total float64,
        err error) {
    productCount := 0
    for _, p := range slice {
        if (p.Category == category) {
            total += p.Price
            productCount++
        }
    }
    if (productCount == 0) {
        err = fmt.Errorf("Cannot find category: %v", category)
    }
    return
}

func (slice ProductSlice) TotalPriceAsync (categories []string,
        channel chan<- ChannelMessage) {
    for _, c := range categories {
        total, err := slice.TotalPrice(c)
        channel <- ChannelMessage{
            Category: c,
            Total: total,
            CategoryError: err,
        }
    }
    close(channel)
}
```

Errorf 函数第一个参数中的 %v 就是一个格式化谓词，它会被下一个参数替换，如第 17 章所述。代码清单 15-11 和代码清单 15-12 都产生了下面的输出结果，它独立于错误响应中的消息产生：

```
Watersports Total: $328.95
Chess Total: $1291.00
Running (no such category)
```

15.3 处理不可恢复的错误

有些错误非常严重，会导致应用程序立即终止，这个过程称为异常（panicking），如代码清单 15-13 所示。

代码清单 15-13 在 errorHandling/main.go 文件中触发异常

```
package main

import "fmt"

func main() {

    categories := []string { "Watersports", "Chess", "Running" }

    channel := make(chan ChannelMessage, 10)

    go Products.TotalPriceAsync(categories, channel)
```

```
        for message := range channel {
            if message.CategoryError == nil {
                fmt.Println(message.Category, "Total:", ToCurrency(message.Total))
            } else {
                panic(message.CategoryError)
                //fmt.Println(message.Category, "(no such category)")
            }
        }
    }
```

如果找不到某个类别，main 函数不会写出一条消息，而是会发生异常，这是通过内置的 panic 函数来完成的，如图 15-1 所示。

panic 函数是通过一个参数调用的，该参数可以是有助于解释异常的任何值。在代码清单 15-13 中，panic 函数的调用参数是一个错误，这是一种结合 Go 语言错误处理特性的有用方法。

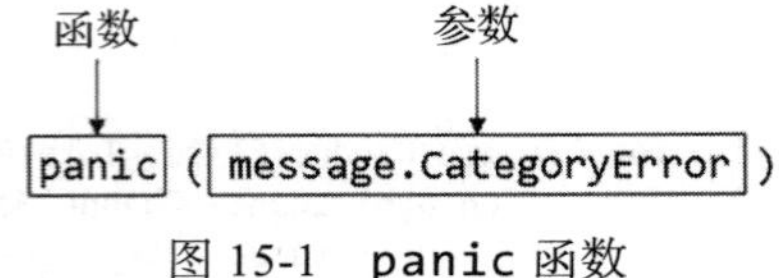

图 15-1 panic 函数

当调用 panic 函数时，外围函数的执行将被暂停，所有 defer 函数都将被执行（第 8 章介绍了 defer 特性）。接着异常沿调用栈向上传递，终止调用函数的执行并调用它们的 defer 函数。在这个示例中，导致 CountProducts 函数终止的是 GetProducts 函数，最后会终止 main 函数，此时应用程序终止。编译并执行代码，你将看到以下输出结果，其中显示了异常的堆栈跟踪信息：

```
Watersports Total: $328.95
Chess Total: $1291.00
panic: Cannot find category: Running

goroutine 1 [running]:
main.main()
        C:/errorHandling/main.go:16 +0x309
exit status 2
```

输出显示发生了异常，而且是在 main 包的 main 函数中发生的，这是由 main.go 文件第 13 行的语句引起的。在更复杂的应用程序中，异常的堆栈跟踪信息有助于找出异常发生的原因。

定义异常函数和非异常函数

没有明确的规则来规定什么时候应当是错误，什么时候应当是异常。根本问题是，故障的严重性通常由调用函数来决定，而这通常不是发生异常的地方。正如我在前面所介绍的，使用一个不存在的产品类别在某些情况下可能是一个严重且不可恢复的问题，而在其他情况下则可能是一个可预期的结果，这两种情况很可能存在于同一个项目。

一个常见的约定是提供两个版本的函数，其中一个返回错误，另一个产生异常。你可以在第 16 章中看到这种安排，其中 regexp 包定义了一个返回错误的 Compile 函数和一个产生异常的 MustCompile 函数。

15.3.1 从异常中恢复

Go 语言提供了内置的 recover 函数，调用该函数可以阻止异常在调用栈中向上蔓延并终止程序。必须在使用 defer 关键字执行的代码中调用 recover 函数，如代码清单 15-14 所示。

代码清单 15-14　在 errorHandling/main.go 文件中从异常中恢复

```
package main

import "fmt"

func main() {

    recoveryFunc := func() {
        if arg := recover(); arg != nil {
            if err, ok := arg.(error); ok {
                fmt.Println("Error:", err.Error())
            } else if str, ok := arg.(string); ok {
                fmt.Println("Message:", str)
            } else {
                fmt.Println("Panic recovered")
            }
        }
    }
    defer recoveryFunc()

    categories := []string { "Watersports", "Chess", "Running" }

    channel := make(chan ChannelMessage, 10)

    go Products.TotalPriceAsync(categories, channel)
    for message := range channel {
        if message.CategoryError == nil {
            fmt.Println(message.Category, "Total:", ToCurrency(message.Total))
        } else {
            panic(message.CategoryError)
            //fmt.Println(message.Category, "(no such category)")
        }
    }
}
```

此示例使用 defer 关键字注册一个函数，无论有没有出现异常，该函数将在 main 函数完成时执行。如果出现异常，调用 recover 函数将返回一个值，停止异常的传递，并提供对用于调用 panic 函数的参数的访问，如图 15-2 所示。

恢复函数

```
if arg := recover(); arg != nil {
```

图 15-2　从异常中恢复

由于任何值都可以传递给 panic 函数，因此 recover 函数返回的值的类型是空接口（interface{}），这需要类型断言才能使用。代码清单 15-14 中的恢复函数可以处理 error 和 string 类型，这是两种最常见的异常参数。

定义一个函数并立即用 defer 关键字来使用它可能会很尴尬，所以通常使用匿名函数来完成异常恢复，如代码清单 15-15 所示。

代码清单 15-15　在 errorHandling/main.go 文件中使用匿名函数

```
package main
```

```
import "fmt"

func main() {

    defer func() {
        if arg := recover(); arg != nil {
            if err, ok := arg.(error); ok {
                fmt.Println("Error:", err.Error())
            } else if str, ok := arg.(string); ok {
                fmt.Println("Message:", str)
            } else {
                fmt.Println("Panic recovered")
            }
        }
    }()

    categories := []string { "Watersports", "Chess", "Running" }

    channel := make(chan ChannelMessage, 10)

    go Products.TotalPriceAsync(categories, channel)
    for message := range channel {
        if message.CategoryError == nil {
            fmt.Println(message.Category, "Total:", ToCurrency(message.Total))
        } else {
            panic(message.CategoryError)
            //fmt.Println(message.Category, "(no such category)")
        }
    }
}
```

注意匿名函数右大括号后面的括号的使用，这是调用（而不仅仅是定义）匿名函数所必需的。代码清单 15-14 和代码清单 15-15 在编译和执行时产生相同的输出结果：

```
Watersports Total: $328.95
Chess Total: $1291.00
Error: Cannot find category: Running
```

15.3.2 恢复后的异常

你可能从异常中恢复过来，却发现情况根本无法挽回。当这种情况发生时，可以启动一个新的 panic，要么提供一个新的参数，要么重用调用 recover 函数时收到的值，如代码清单 15-16 所示。

代码清单 15-16 在 errorHandling/main.go 文件中有选择地处理恢复后的异常

```
package main

import "fmt"

func main() {

    defer func() {
        if arg := recover(); arg != nil {
            if err, ok := arg.(error); ok {
```

```
                fmt.Println("Error:", err.Error())
                panic(err)
            } else if str, ok := arg.(string); ok {
                fmt.Println("Message:", str)
            } else {
                fmt.Println("Panic recovered")
            }
        }
    }()

    categories := []string { "Watersports", "Chess", "Running" }

    channel := make(chan ChannelMessage, 10)

    go Products.TotalPriceAsync(categories, channel)
    for message := range channel {
        if message.CategoryError == nil {
            fmt.Println(message.Category, "Total:", ToCurrency(message.Total))
        } else {
            panic(message.CategoryError)
            //fmt.Println(message.Category, "(no such category)")
        }
    }
}
```

defer 函数恢复异常，检查错误的详细信息，然后再次调用 panic 函数。编译并执行该项目，你将看到更改后的效果：

```
Watersports Total: $328.95
Chess Total: $1291.00
Error: Cannot find category: Running
panic: Cannot find category: Running [recovered]
        panic: Cannot find category: Running
goroutine 1 [running]:
main.main.func1()
        C:/errorHandling/main.go:11 +0x1c8
panic({0xad91a0, 0xc000088230})
        C:/Program Files/Go/src/runtime/panic.go:1038 +0x215
main.main()
        C:/errorHandling/main.go:29 +0x333
exit status 2
```

15.3.3 从 goroutine 的异常中恢复

异常只会沿着栈向上传递到当前 goroutine 的顶部，然后导致应用程序终止。这个限制意味着必须在 goroutine 执行的代码中恢复异常，如代码清单 15-17 所示。

代码清单 15-17　在 errorHandling/main.go 文件中从异常中恢复

```
package main

import "fmt"

type CategoryCountMessage struct {
    Category string
    Count int
}
```

```
func processCategories(categories [] string, outChan chan <- CategoryCountMessage) {
    defer func() {
        if arg := recover(); arg != nil {
            fmt.Println(arg)
        }
    }()
    channel := make(chan ChannelMessage, 10)
    go Products.TotalPriceAsync(categories, channel)
    for message := range channel {
        if message.CategoryError == nil {
            outChan <- CategoryCountMessage {
                Category: message.Category,
                Count: int(message.Total),
            }
        } else {
            panic(message.CategoryError)
        }
    }
    close(outChan)
}

func main() {

    categories := []string { "Watersports", "Chess", "Running" }

    channel := make(chan CategoryCountMessage)
    go processCategories(categories, channel)

    for message := range channel {
        fmt.Println(message.Category, "Total:", message.Count)
    }
}
```

main 函数使用一个 goroutine 来调用 processCategories 函数，如果 TotalPriceAsync 函数发送一个错误，该函数就会出现异常。processCategories 可以从异常中恢复过来，但是有一个意想不到的后果，你可以在编译和执行项目产生的输出结果中看到：

```
Watersports Total: 328
Chess Total: 1291
Cannot find category: Running
fatal error: all goroutines are asleep - deadlock!
goroutine 1 [chan receive]:
main.main()
        C:/errorHandling/main.go:39 +0x1c5
exit status 2
```

问题在于，从异常中恢复不会继续执行 processCategories 函数，这意味着 close 函数永远不会在 main 函数接收消息的通道上调用。main 函数试图接收一条永远不会发送的消息，并阻塞在通道上，最终触发 Go 语言运行时的死锁检测。

最简单的解决方法是在恢复期间调用通道上的 close 函数，如代码清单 15-18 所示。

代码清单 15-18 在 errorHandling/main.go 文件中确保通道已关闭

```
...
defer func() {
```

```
        if arg := recover(); arg != nil {
            fmt.Println(arg)
            close(outChan)
        }
    }()
    ...
```

这可以防止死锁，但不会向 main 函数表明 processCategories 函数无法完成其工作，这可能会产生其他后果。一个更好的方法是在关闭通道之前通过通道指出这个结果，如代码清单 15-19 所示。

代码清单 15-19　在 errorHandling/main.go 文件中指示故障

```
package main

import "fmt"

type CategoryCountMessage struct {
    Category string
    Count int
    TerminalError interface{}
}
func processCategories(categories [] string, outChan chan <- CategoryCountMessage) {
    defer func() {
        if arg := recover(); arg != nil {
            fmt.Println(arg)
            outChan <- CategoryCountMessage{
                TerminalError: arg,
            }
            close(outChan)
        }
    }()
    channel := make(chan ChannelMessage, 10)
    go Products.TotalPriceAsync(categories, channel)
    for message := range channel {
        if message.CategoryError == nil {
            outChan <- CategoryCountMessage {
                Category: message.Category,
                Count: int(message.Total),
            }
        } else {
            panic(message.CategoryError)
        }
    }
    close(outChan)
}

func main() {

    categories := []string { "Watersports", "Chess", "Running" }

    channel := make(chan CategoryCountMessage)
    go processCategories(categories, channel)

    for message := range channel {
        if (message.TerminalError == nil) {
```

```
            fmt.Println(message.Category, "Total:", message.Count)
        } else {
            fmt.Println("A terminal error occured")
        }
    }
}
```

结果是，关于如何处理异常的决策从 goroutine 传递给了调用代码，调用代码可以根据问题选择继续执行还是触发新的异常。编译并执行该项目，你将收到以下输出结果：

```
Watersports Total: 328
Chess Total: 1291
Cannot find category: Running
A terminal error occured
```

15.4 小结

在这一章中，我介绍了 Go 语言的错误处理机制和 `error` 类型，展示了如何创建自定义错误，以及如何使用便利函数来创建带有简单消息的错误。我还介绍了处理不可恢复的错误的方式，即异常。关于错误是否不可恢复可能是主观的，这就是 Go 语言允许异常恢复的原因。我也介绍了恢复过程，并演示了如何在 goroutine 中有效地使用它。下一章将开始介绍 Go 语言标准库。

第二部分 Part 2

使用 Go 语言标准库

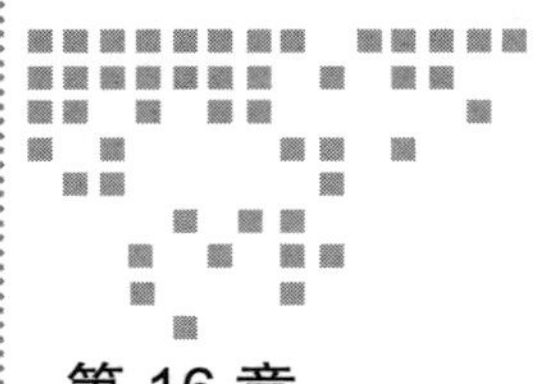

Chapter 16 第 16 章

字符串处理和正则表达式

在这一章中，我将介绍处理字符串的标准库特性，这是几乎每个项目都需要的，并且许多语言都提供了处理这些内置类型的类似方法。Go 语言在标准库中定义了这些特性，也有一套完整的函数，以及对正则表达式的良好支持。表 16-1 列出了一些有关这些特性的基本问题。

表 16-1 关于字符串处理和正则表达式的一些基本问题

问题	答案
它们是什么	从修剪空白字符到将字符串拆分成多个部分，字符串处理涵盖范围非常广泛。正则表达式是精确定义字符串匹配规则的范式
它们为什么有用	应用程序往往需要处理各种字符串值，常见的例子是处理 HTTP 请求
它们是如何使用的	这些特性包含在 strings 和 regexp 包中，它们是标准库的一部分
有什么陷阱或限制吗	个别操作的执行方式也许会有古怪之处，但大多数操作行为是符合预期的
有其他选择吗	这些包是可选的，你可以不使用它们。但是因为标准库已经编写得很好并且经过了全面的测试，所以你也没必要自己重新编写处理方法

表 16-2 是本章内容概要。

表 16-2 章节内容概要

问题	解决方案	代码清单
比较字符串	使用 strings 包提供的 Contains、EqualFold 或 Has* 函数	16-4
转换字符串大小写	使用 strings 包提供的 ToLower、ToUpper、Title 或 ToTitle 函数	16-5、16-6
检查或更改字符大小写	使用 unicode 包提供的函数	16-7
在字符串中查找内容	使用 strings 或 regexp 包提供的函数	16-8、16-9、16-24～16-27、16-29～16-32

（续）

问题	解决方案	代码清单
拆分字符串	使用 strings 和 regexp 包中的 Fields 或 Split* 函数	16-10～16-14、16-28
连接字符串	使用 strings 包中的 Join 或 Repeat 函数	16-22
修剪字符串中的字符	使用 strings 包中的 Trim* 函数	16-15～16-18
执行替换	使用 strings 包中的 Replace* 或 Map 函数，以及 regexp 包中的 Replacer 或 Replace* 函数	16-19～16-21、16-33
高效地构建字符串	使用 strings 包中的 Builder 类型	16-23

16.1　为本章做准备

请打开一个新的命令行窗口，导航到一个方便的位置，并创建一个名为 stringsandregexp 的文件夹。运行代码清单 16-1 所示的命令初始化项目。

代码清单 16-1　初始化项目

```
go mod init stringsandregexp
```

将一个名为 main.go 的文件添加到 stringsandregexp 文件夹，其内容如代码清单 16-2 所示。

代码清单 16-2　stringsandregexp/main.go 文件的内容

```
package main

import (
    "fmt"
)

func main() {

    product := "Kayak"

    fmt.Println("Product:", product)
}
```

使用命令行窗口在 stringsandregexp 文件夹中运行代码清单 16-3 所示的命令。

代码清单 16-3　运行示例项目

```
go run .
```

main.go 文件中的代码将被编译并执行，产生以下输出结果：

```
Product: Kayak
```

16.2　处理字符串

strings 包提供了一组处理字符串的函数。接下来，我将介绍 strings 包中几个非常有用的特性，并演示它们的用法。

16.2.1 比较字符串

strings 包提供了比较函数，如表 16-3 所示。除了相等运算符之外，还可以使用这些运算符（== 和 !=）。

表 16-3 strings 包中用于比较字符串的函数

函数	描述
Contains(s, substr)	如果字符串 s 包含 substr，则该函数返回 true，否则返回 false
ContainsAny(s, substr)	如果字符串 s 包含字符串 substr 中包含的任何字符，则该函数返回 true
ContainsRune(s, rune)	如果字符串 s 包含一个特定的符文，则该函数返回 true
EqualFold(s1, s2)	该函数执行不区分大小写的比较，如果字符串 s1 和 s2 相同，则返回 true
HasPrefix(s, prefix)	如果字符串 s 以字符串 prefix 开头，则该函数返回 true
HasSuffix(s, suffix)	如果字符串 s 以字符串 suffix 结尾，则该函数返回 true

代码清单 16-4 演示了表 16-3 中介绍的函数的用法。

代码清单 16-4 在 stringsandregexp/main.go 文件中比较字符串

```
package main

import (
    "fmt"
    "strings"
)

func main() {

    product := "Kayak"

    fmt.Println("Contains:", strings.Contains(product, "yak"))
    fmt.Println("ContainsAny:", strings.ContainsAny(product, "abc"))
    fmt.Println("ContainsRune:", strings.ContainsRune(product, 'K'))
    fmt.Println("EqualFold:", strings.EqualFold(product, "KAYAK"))
    fmt.Println("HasPrefix:", strings.HasPrefix(product, "Ka"))
    fmt.Println("HasSuffix:", strings.HasSuffix(product, "yak"))
}
```

表 16-3 中的函数执行区分大小写的比较，EqualFold 函数除外。折叠（folding）是 Unicode 处理字符大小写的方式，其中字符可以有不同表示方式，如小写、大写和标题大小写。代码清单 16-4 中的代码在执行时会产生以下输出结果：

```
Contains: true
ContainsAny: true
ContainsRune: true
HasPrefix: true
HasSuffix: true
EqualFold: true
```

使用面向字节的函数

类似 strings 包中所有函数都是用于操作字符的，bytes 包中有一个操作字节切片的对应函数，如下所示：

```
package main

import (
    "fmt"
    "strings"
    "bytes"
)
func main() {

    price := "€100"

    fmt.Println("Strings Prefix:", strings.HasPrefix(price, "€"))
    fmt.Println("Bytes Prefix:", bytes.HasPrefix([]byte(price),
        []byte { 226, 130 }))
}
```

这个例子展示了两个包提供的 HasPrefix 函数的用法。strings 版本的函数对字符进行操作并检查前缀，而不管字符使用了多少字节。这允许我确定 price 字符串是否以欧元货币符号开头。bytes 版本的函数允许我确定 price 变量是否以特定的字节序列开头，而不管这些字节与字符的关系如何。本章中使用 strings 包中的函数，因为它们使用非常广泛。第 25 章将使用 bytes.Buffer 结构，这是一种在内存中存储二进制数据的有用方法。

16.2.2 转换字符串大小写

strings 包提供了表 16-4 中介绍的改变字符串大小写的函数。

表 16-4　strings 包中改变字符串大小写的函数

函数	描述
ToLower(str)	该函数返回一个新字符串，将字符串 str 转换为小写字符
ToUpper(str)	该函数返回一个新字符串，将字符串 str 转换为大写字符
Title(str)	该函数转换字符串 str，使得每个单词的第一个字符是大写的，其余的字符是小写的
ToTitle(str)	该函数返回一个新字符串，将字符串 str 转换为标题大小写格式（每个单词首字母大写，其他小写）

必须小心使用 Title 和 ToTitle 函数，它们的工作方式可能与你预期的不同。Title 函数返回一个适合用作标题的字符串，但是它对所有单词都一视同仁，如代码清单 16-5 所示。

代码清单 16-5　在 stringsandregexp/main.go 文件中创建标题

```
package main

import (
    "fmt"
    "strings"
)
func main() {

    description := "A boat for sailing"
```

```
    fmt.Println("Original:", description)
    fmt.Println("Title:", strings.Title(description))
}
```

按照惯例，标题大小写不对冠词、短介词和连词进行大写转换，这意味着转换以下字符串：

```
A boat for sailing
```

通常会产生这样的字符串：

```
A Boat for Sailing
```

for 首字母不大写，其他词的首字母大写。但是，这些规则很复杂，有多种诠释方式，并且是特定于语言的，因此 Go 语言采用了一种更简单的方法，即使所有单词的首字母大写。你可以通过编译并运行代码清单 16-5 中的代码来查看效果，它会产生以下输出结果：

```
Original: A boat for sailing
Title: A Boat For Sailing
```

在某些语言中，有些字符在标题中使用时，其外观会发生变化。Unicode 为每个字符定义了三种状态（小写、大写和标题大小写格式），ToTitle 函数返回一个只包含标题大小写格式字符的字符串。这与英语中的 ToUpper 函数效果相同，但在其他语言中会产生不同的结果，如代码清单 16-6 所示。

代码清单 16-6 在 stringsandregexp/main.go 文件中使用标题大小写格式

```
package main

import (
    "fmt"
    "strings"
)

func main() {

    specialChar := "\u01c9"

    fmt.Println("Original:", specialChar, []byte(specialChar))

    upperChar := strings.ToUpper(specialChar)
    fmt.Println("Upper:", upperChar, []byte(upperChar))
    titleChar := strings.ToTitle(specialChar)
    fmt.Println("Title:", titleChar, []byte(titleChar))
}
```

我有限的语言技能无法扩展到需要不同标题大小写格式的语言，因此我使用 Unicode 转义序列来选择字符（我从 Unicode 规范中获得了字符代码）。当编译和执行时，代码清单 16-6 中的代码会写出字符的小写、大写和标题大小写版本，以及用来表示它的字节：

```
Original: ǉ [199 137]
Upper: Ǉ [199 135]
Title: ǈ [199 136]
```

你可能会看到字符显示方式的不同，但即使没有，也可以看到大写和标题大小写使用了不同的字节值组合。

本地化：全有或全无

产品本地化需要时间、精力和资源，并且需要了解目标国家或地区的语言、文化和货币以及习俗的人来完成。如果没有正确地本地化，那么结果可能比没有本地化的更糟糕。

正是因为这个原因，我没有在本书或我的任何一本书中详细介绍本地化特性。脱离使用场景介绍这些特性，感觉就像给读者设置了一种人造灾难。至少，如果产品没有本地化，用户知道他们原本的立场，而不必试图弄清楚你是否只是忘记了更改货币代码，或者这些价格是否真的是以美元计算的（这是我在英国生活期间经常遇到的问题）。

你应该使产品本地化。这样，用户就能够以对他们而言有意义的方式开展业务或执行其他操作。但是你必须认真对待它，分配好做好它所需的时间和精力。

16.2.3　字符大小写

unicode 包提供了可用于确定或更改单个字符大小写的函数，如表 16-5 所示。

表 16-5　unicode 包中与字符大小写相关的函数

函数	描述
IsLower(rune)	如果指定的字符是小写的，则函数返回 true
ToLower(rune)	这个函数返回与指定字符对应的小写字符
IsUpper(rune)	如果指定的字符是大写的，则函数返回 true
ToUpper(rune)	这个函数返回与指定字符对应的大写字符
IsTitle(rune)	如果指定的字符是标题大小写的，则函数返回 true
ToTitle(rune)	这个函数返回与指定字符对应的标题大小写字符

代码清单 16-7 使用表 16-5 中介绍的函数来检查和改变字符的大小写。

代码清单 16-7　在 stringsandregexp/main.go 文件中使用字符大小写函数

```
package main

import (
    "fmt"
    //"strings"
    "unicode"
)

func main() {

    product := "Kayak"

    for _, char := range product {
        fmt.Println(string(char), "Upper case:", unicode.IsUpper(char))
    }
}
```

代码清单 16-7 中的代码枚举了 product 字符串中的字符，以确定它们是否是大写的。该代码在编译和执行时会产生以下输出结果：

```
K Upper case: true
a Upper case: false
y Upper case: false
a Upper case: false
k Upper case: false
```

16.2.4 检查字符串

表 16-6 中的函数由 strings 包提供，用于检查字符串。

表 16-6 strings 包中用于检查字符串的函数

函数	描述
Count(s, sub)	这个函数返回一个 int 值，它报告指定的子字符串 sub 在字符串 s 中被找到的次数
Index(s, sub) LastIndex(s, sub)	这些函数返回指定子字符串 sub 在字符串 s 中的第一个或最后一个匹配项的索引，如果没有匹配项，则返回 -1
IndexAny(s, chars) LastIndexAny(s, chars)	这些函数返回字符串 s 中指定字符串 chars 中任何字符的第一个或最后一个匹配项，如果没有匹配项，则返回 -1
IndexByte(s, b) LastIndexByte(s, b)	这些函数返回指定字符串 s 中包含的第一个或最后一个指定字节 b 的索引，如果没有匹配项，则返回 -1
IndexFunc(s, func) LastIndexFunc(s, func)	这些函数返回字符串 s 中指定函数 func 返回 true 的第一个或最后一个字符的索引

代码清单 16-8 演示了表 16-6 中介绍的函数，其中一些通常用于根据字符串的内容对字符串进行切片处理。

代码清单 16-8 在 stringsandregexp/main.go 文件中检查字符串

```
package main

import (
    "fmt"
    "strings"
    //"unicode"
)

func main() {

    description := "A boat for one person"

    fmt.Println("Count:", strings.Count(description, "o"))
    fmt.Println("Index:", strings.Index(description, "o"))
    fmt.Println("LastIndex:", strings.LastIndex(description, "o"))
    fmt.Println("IndexAny:", strings.IndexAny(description, "abcd"))
    fmt.Println("LastIndex:", strings.LastIndex(description, "o"))
    fmt.Println("LastIndexAny:", strings.LastIndexAny(description, "abcd"))
}
```

这些函数执行的比较是区分大小写的，这意味着代码清单 16-8 中用于测试的字符串包含 person，而不是 Person。要进行忽略大小写的比较，请将表 16-6 中介绍的函数与表 16-4 和表 16-5 中的函数结合起来。代码清单 16-8 中的代码在编译和执行时会产生以下输出结果：

```
Count: 4
Index: 3
LastIndex: 19
IndexAny: 2
LastIndex: 19
LastIndexAny: 4
```

用自定义函数检查字符串

IndexFunc 和 LastIndexFunc 函数使用自定义函数来检查字符串，如代码清单 16-9 所示。

代码清单 16-9　在 stringsandregexp/main.go 文件中使用自定义函数检查字符串

```
package main

import (
    "fmt"
    "strings"
)

func main() {

    description := "A boat for one person"

    isLetterB := func (r rune) bool {
        return r == 'B' || r == 'b'
    }

    fmt.Println("IndexFunc:", strings.IndexFunc(description, isLetterB))
}
```

自定义函数接收一个字符并返回一个布尔结果，以指示该字符是否符合要求。IndexFunc 函数为字符串中的每个字符调用自定义函数，直到获得 true 结果，此时返回索引。

isLetterB 变量被赋予一个自定义函数，该函数接收一个字符，如果字符是大写的 B 或小写的 b，则返回 true。自定义函数被传递给 strings.IndexFunc 函数，代码在编译和执行时产生以下输出结果：

```
IndexFunc: 2
```

16.2.5　操纵字符串

strings 包为编辑字符串（包括替换部分或全部字符及删除空格）提供了非常有用的函数。

1. 拆分字符串

表 16-7 中介绍的第一组函数用于拆分字符串。还有一个使用正则表达式拆分字符串的有用特性，它将在 16.3 节中介绍。

表 16-7　strings 包中用于拆分字符串的函数

函数	描述
Fields(s)	该函数根据空格字符拆分字符串 s，并返回一个去掉空格后的字符串切片
FieldsFunc(s, func)	该函数根据自定义函数返回 true 的字符拆分字符串 s，并返回字符串剩余部分的切片

（续）

函数	描述
Split(s, sub)	该函数在指定子字符串 sub 每一次出现时拆分字符串 s，返回一个字符串切片。如果分隔符是空字符串，那么返回的切片将是字符串的每一个字符
SplitN(s, sub, max)	该函数类似于 Split，但接受一个附加的 int 参数，该参数指定要返回的子字符串的最大数量。结果切片中的最后一个子字符串将包含源字符串拆分后的剩余部分
SplitAfter(s, sub)	该函数类似于 Split，但结果会包含使用的子字符串 sub
SplitAfterN(s, sub, max)	该函数类似于 SplitAfter，但接受一个附加的 int 参数，该参数指定要返回的子字符串的最大数量

表 16-7 中介绍的函数执行相同的基本任务。Split 和 SplitAfter 函数的区别在于 Split 函数从结果中排除了用于拆分的子字符串，如代码清单 16-10 所示。

代码清单 16-10 在 stringsandregexp/main.go 文件中拆分字符串

```
package main

import (
    "fmt"
    "strings"
)

func main() {

    description := "A boat for one person"

    splits := strings.Split(description, " ")
    for _, x := range splits {
        fmt.Println("Split >>" + x + "<<")
    }

    splitsAfter := strings.SplitAfter(description, " ")
    for _, x := range splitsAfter {
        fmt.Println("SplitAfter >>" + x + "<<")
    }
}
```

为了突出这种区别，代码清单 16-10 中的代码使用 Split 和 SplitAfter 函数来拆分同一个字符串。使用 for 循环枚举两个函数的结果，循环写出的消息将结果括在 >> 和 << 符号中，结果前后没有空格。编译并执行代码，你将看到以下输出结果：

```
Split >>A<<
Split >>boat<<
Split >>for<<
Split >>one<<
Split >>person<<
SplitAfter >>A <<
SplitAfter >>boat <<
SplitAfter >>for <<
SplitAfter >>one <<
SplitAfter >>person<<
```

字符串根据空格字符拆分。如结果所示，空格字符不包括在 Split 函数产生的结果中，但包括在 SplitAfter 函数产生的结果中。

2. 限制结果的数量

SplitN 和 SplitAfterN 函数接受一个 int 参数，该参数指定结果中应该包含的最大结果数，如代码清单 16-11 所示。

代码清单 16-11　在 stringsandregexp/main.go 文件中限制结果数量

```
package main

import (
    "fmt"
    "strings"
)

func main() {

    description := "A boat for one person"

    splits := strings.SplitN(description, " ", 3)
    for _, x := range splits {
        fmt.Println("Split >>" + x + "<<")
    }

    // splitsAfter := strings.SplitAfter(description, " ")
    // for _, x := range splitsAfter {
    //     fmt.Println("SplitAfter >>" + x + "<<")
    // }
}
```

如果字符串可以拆分成比指定的更多的字符串，那么结果切片中的最后一个元素将是字符串的未拆分剩余部分。代码清单 16-11 指定最多有三个结果，这意味着切片中的前两个元素将被正常拆分，第三个元素将是字符串拆分后的剩余部分。编译并执行代码，你将看到以下输出结果：

```
Split >>A<<
Split >>boat<<
Split >>for one person<<
```

3. 根据空格字符拆分

Split、SplitN、SplitAfter 和 SplitAfterN 函数的一个限制是它们不处理重复的字符序列，这在根据空格字符拆分字符串时会是一个问题，如代码清单 16-12 所示。

代码清单 16-12　在 stringsandregexp/main.go 文件中根据空格字符拆分字符串

```
package main

import (
    "fmt"
    "strings"
)

func main() {
```

```
    description := "This  is  double  spaced"

    splits := strings.SplitN(description, " ", 3)
    for _, x := range splits {
        fmt.Println("Split >>" + x + "<<")
    }
}
```

源字符串中的单词之间有两个空格，但是 SplitN 函数只在第一个空格字符上拆分，这会产生奇怪的结果。编译并执行代码，你将看到以下输出结果：

```
Split >>This<<
Split >><<
Split >>is  double  spaced<<
```

结果切片中的第二个元素是一个空字符。为了处理重复的空格字符，Fields 函数在任何空格字符上断开字符串，如代码清单 16-13 所示。

代码清单 16-13 在 stringsandregexp/main.go 文件中使用 Fields 函数

```
package main

import (
    "fmt"
    "strings"
)

func main() {

    description := "This  is  double  spaced"

    splits := strings.Fields(description)
    for _, x := range splits {
        fmt.Println("Field >>" + x + "<<")
    }
}
```

Fields 函数不支持对结果数量进行限制，但可以正确处理双空格的情况。编译并执行该项目，你将看到以下输出结果：

```
Field >>This<<
Field >>is<<
Field >>double<<
Field >>spaced<<
```

4. 使用自定义函数拆分字符串

FieldsFunc 函数通过将每个字符传递给自定义函数，并在该函数返回 true 时对字符串进行拆分，如代码清单 16-14 所示。

代码清单 16-14 在 stringsandregexp/main.go 文件中使用自定义函数拆分字符串

```
package main

import (
    "fmt"
```

```
    "strings"
)

func main() {

    description := "This  is  double  spaced"

    splitter := func(r rune) bool {
        return r == ' '
    }

    splits := strings.FieldsFunc(description, splitter)
    for _, x := range splits {
        fmt.Println("Field >>" + x + "<<")
    }
}
```

自定义函数接收一个字符，如果该字符导致字符串分割，则返回 `true`。`FieldsFunc` 函数足够智能，可以处理重复的字符，如代码清单 16-14 中的双空格。

注意　我在代码清单 16-14 中指定了空格字符，以强调 `FieldsFunc` 函数可以处理重复字符。`Fields` 函数有一个更好的用法，就是根据 `unicode` 包中的 `IsSpace` 函数返回 `true` 的字符进行拆分。

编译并执行该项目，你将看到以下输出结果：

```
Field >>This<<
Field >>is<<
Field >>double<<
Field >>spaced<<
```

16.2.6　修剪字符串

修剪指的是从字符串中删除前导字符和尾随字符，常用于删除空格字符。表 16-8 介绍了 `strings` 包提供的修剪函数。

表 16-8　strings 包中用于修剪字符串的函数

函数	描述
`TrimSpace(s)`	该函数返回不带前导空格或尾随空格的字符串 `s`
`Trim(s, set)`	该函数返回一个字符串，其中包含在字符串 `set` 中的任何前导或尾随字符都被从字符串 `s` 中删除
`TrimLeft(s, set)`	该函数返回不包含任何字符串 `set` 中的前导字符的字符串 `s`。此函数匹配指定的字符——使用 `TrimPrefix` 函数删除完整的子字符串
`TrimRight(s, set)`	该函数返回不包含任何字符串 `set` 中的尾随字符的字符串 `s`。此函数匹配指定的字符——使用 `TrimSuffix` 函数删除完整的子字符串
`TrimPrefix(s, prefix)`	该函数返回删除指定字符串 `prefix` 后的字符串 `s`。此函数删除完整的 `prefix` 字符串——使用 `TrimLeft` 函数从字符串集合中删除前缀
`TrimSuffix(s, suffix)`	该函数返回删除指定 `suffix` 字符串后的字符串 `s`。此函数删除完整的 `suffix` 字符串——使用 `TrimRight` 函数从字符串集合中删除后缀

（续）

函数	描述
TrimFunc(s, func)	该函数返回一个字符串 s，任何自定义函数返回 true 的前导或尾随字符将被删除
TrimLeftFunc(s, func)	该函数返回一个字符串 s，任何自定义函数返回 true 的前导字符将被删除
TrimRightFunc(s, func)	该函数返回一个字符串 s，任何自定义函数返回 true 的尾随字符将被删除

1. 修剪空格

使用 TrimSpace 函数的最常见修剪任务，就是删除前导或尾随的空格字符。这在处理用户输入（比如输入用户名）时特别有用，因为空格可能会被无意引入，如果不删除它们会造成混乱，如代码清单 16-15 所示。

代码清单 16-15 在 stringsandregexp/main.go 文件中修剪空格

```
package main

import (
    "fmt"
    "strings"
)

func main() {

    username := " Alice"
    trimmed := strings.TrimSpace(username)
    fmt.Println("Trimmed:", ">>" + trimmed + "<<")
}
```

用户可能没有意识到他们在输入用户名时按下了空格键，通过在使用用户名之前修剪输入它可以避免混淆。编译并执行示例项目，你将看到修剪后的用户名：

```
Trimmed: >>Alice<<
```

2. 修剪字符

Trim、TrimLeft 和 TrimRight 函数修剪时会匹配指定字符串中的字符。代码清单 16-16 显示了 Trim 函数的用法。其他函数以相同的方式工作，但只修剪字符串的开头或结尾。

代码清单 16-16 在 stringsandregexp/main.go 文件中修剪字符

```
package main

import (
    "fmt"
    "strings"
)

func main() {

    description := "A boat for one person"

    trimmed := strings.Trim(description, "Asno ")
```

```
    fmt.Println("Trimmed:", trimmed)
}
```

在代码清单 16-16 中，我在调用 Trim 函数时指定了字母 A、s、n、o 和空格字符。该函数使用集合中的任意字符执行区分大小写的匹配，并从结果中忽略匹配的字符。一旦找到不在集合中的字符，匹配就停止。该过程从字符串的开头匹配前缀，从字符串的结尾开始匹配后缀。如果字符串不包含集合中的任何字符，那么 Trim 函数将返回没有修改的字符串。

对于该示例，这意味着字母 A 和字符串开头的空格将被修剪，字母 s、o 和 n 将从字符串结尾开始被修剪。编译并执行项目，输出将显示修剪后的字符串：

```
Trimmed: boat for one per
```

3. 修剪子字符串

TrimPrefix 和 TrimSuffix 函数修剪字符串中的子字符串而不是字符，如代码清单 16-17 所示。

代码清单 16-17　在 stringsandregexp/main.go 文件中修剪子字符串

```
package main

import (
    "fmt"
    "strings"
)

func main() {

    description := "A boat for one person"

    prefixTrimmed := strings.TrimPrefix(description, "A boat ")
    wrongPrefix := strings.TrimPrefix(description, "A hat ")

    fmt.Println("Trimmed:", prefixTrimmed)
    fmt.Println("Not trimmed:", wrongPrefix)
}
```

目标字符串的开头或结尾必须与指定的前缀或后缀完全匹配，否则，修剪函数的返回结果将是原始字符串。在代码清单 16-17 中，我使用了 TrimPrefix 函数两次，但只有一次使用了与字符串开头匹配的前缀，在编译和执行时产生了以下输出结果：

```
Trimmed: for one person
Not trimmed: A boat for one person
```

4. 使用自定义函数修剪

TrimFunc、TrimLeftFunc 和 TrimRightFunc 函数使用自定义函数修剪字符串，如代码清单 16-18 所示。

代码清单 16-18　在 stringsandregexp/main.go 文件中使用自定义函数修剪字符串

```
package main

import (
```

```
    "fmt"
    "strings"
)

func main() {

    description := "A boat for one person"

    trimmer := func(r rune) bool {
        return r == 'A' || r == 'n'
    }

    trimmed := strings.TrimFunc(description, trimmer)
    fmt.Println("Trimmed:", trimmed)
}
```

针对字符串开头和结尾的字符调用自定义函数，字符将被修剪，直到函数返回 false。编译并执行该示例项目，你将收到以下输出，其中第一个和最后一个字符已从字符串中删除：

```
Trimmed:  boat for one perso
```

16.2.7 修改字符串

表 16-9 中介绍的函数由 strings 包提供，用于修改字符串的内容。

表 16-9 strings 包中用于修改字符串的函数

函数	描述
Replace(s, old, new, n)	此函数通过用字符串 new 替换出现的字符串 old 来改变字符串 s。被替换的次数上限由 int 参数 n 指定
ReplaceAll(s, old, new)	此函数通过用字符串 new 替换所有出现的字符串 old 来改变字符串 s。与 Replace 函数不同，对于将被替换的次数没有限制
Map(func, s)	此函数通过为字符串中的每个字符调用自定义函数并连接结果来生成一个字符串。如果函数产生负值，当前字符将被删除而不是替换

Replace 和 ReplaceAll 函数定位子字符串并替换它们。Replace 函数允许指定最大替换次数，而 ReplaceAll 函数将替换它找到的所有子字符串，如代码清单 16-19 所示。

代码清单 16-19 在 stringsandregexp/main.go 文件中替换子字符串

```
package main

import (
    "fmt"
    "strings"
)

func main() {

    text := "It was a boat. A small boat."

    replace := strings.Replace(text, "boat", "canoe", 1)
    replaceAll := strings.ReplaceAll(text, "boat", "truck")
```

```
    fmt.Println("Replace:", replace)
    fmt.Println("Replace All:", replaceAll)
}
```

在代码清单 16-19 中，Replace 函数用于替换单词 boat 的单个实例，ReplaceAll 函数用于替换每个实例。编译并执行代码，你将看到以下输出结果：

```
Replace: It was a canoe. A small boat.
Replace All: It was a truck. A small truck.
```

1. 用 Map 函数修改字符串

Map 函数通过为每个字符调用一个函数并组合结果形成一个新的字符串来改变字符串，如代码清单 16-20 所示。

代码清单 16-20　在 stringsandregexp/main.go 文件中使用 Map 函数

```
package main

import (
    "fmt"
    "strings"
)

func main() {

    text := "It was a boat. A small boat."
    mapper := func(r rune) rune {
        if r == 'b' {
            return 'c'
        }
        return r
    }

    mapped := strings.Map(mapper, text)
    fmt.Println("Mapped:", mapped)
}
```

代码清单 16-20 中的映射函数用字符 c 替换了字符 b，并保留了所有其他的字符。编译并执行该项目，你将看到以下结果：

```
Mapped: It was a coat. A small coat.
```

2. 使用字符串替换器

strings 包导出了一个名为 Replacer 的结构类型，用于替换字符串，为表 16-10 中介绍的函数提供了一个替代方法。代码清单 16-21 演示了 Replacer 的用法。

代码清单 16-21　在 stringsandregexp/main.go 文件中使用 Replacer

```
package main

import (
    "fmt"
    "strings"
)
```

```
func main() {

    text := "It was a boat. A small boat."

    replacer := strings.NewReplacer("boat", "kayak", "small", "huge")

    replaced := replacer.Replace(text)

    fmt.Println("Replaced:", replaced)
}
```

表 16-10 Replacer 的方法

方法	描述
Replace(s)	此方法返回一个字符串，其中用构造函数指定的所有替换都已在该字符串 s 上执行
WriteString(writer,s)	此方法用于执行用构造函数指定的替换，并将结果写入 io.writer，这在第 20 章有所介绍

名为 NewReplacer 的构造函数用于创建 Replacer，并接受指定子字符串及其替换结果的参数对。表 16-10 介绍了为 Replacer 类型定义的方法。

代码清单 16-21 中用于创建 Replacer 的构造函数指定字符串 boat 应该用 kayak 替换，字符串 small 应该用 huge 替换。调用 Replace 方法来执行替换，编译和执行代码时会产生以下输出结果：

```
Replaced: It was a kayak. A huge kayak.
```

16.2.8 构建和生成字符串

strings 包提供了两个用于生成字符串的函数和一个结构类型，其方法可用于高效地逐步构建字符串。表 16-11 介绍了这些函数。

表 16-11 strings 包中用于生成字符串的函数

函数	描述
Join(slice, sep)	该函数将指定字符串切片中的元素组合在一起，并在元素之间放置指定的分隔符字符串 sep
Repeat(s, count)	该函数通过将字符串重复指定的次数来生成一个字符串

在这两个函数中，Join 是最常用的，因为它可以用来重新组合被拆分的字符串，如代码清单 16-22 所示。

代码清单 16-22 在 stringsandregexp/main.go 文件中拆分和连接字符串

```
package main

import (
    "fmt"
    "strings"
```

```
)

func main() {

    text := "It was a boat. A small boat."

    elements := strings.Fields(text)
    joined := strings.Join(elements, "--")
    fmt.Println("Joined:", joined)
}
```

此示例使用 Fields 函数根据空格字符来拆分字符串，并用两个连字符作为分隔符来连接这些元素。编译并执行该项目，你将收到以下输出结果：

```
Joined: It--was--a--boat.--A--small--boat.
```

构建字符串

strings 包提供了 Builder 类型，它没有导出字段，但提供了一组方法，可用于高效地逐步构建字符串，如表 16-12 所示。

表 16-12　strings.Builder 提供的方法

方法	描述
WriteString(s)	该方法将字符串 s 追加到正在构建的字符串中
WriteRune(r)	该方法将字符 r 追加到正在构建的字符串中
WriteByte(b)	该方法将字节 b 追加到正在构建的字符串中
String()	该方法返回由构建器创建的字符串
Reset()	该方法重置构建器创建的字符串
Len()	该方法返回用于存储构建器创建的字符串的字节数
Cap()	该方法返回构建器已经分配的字节数
Grow(size)	该方法增加构建器分配的用于存储正在构建的字符串的字节数

一般的模式是创建一个 Builder，使用 WriteString、WriteRune 和 WriteByte 函数编写字符串，并使用 String 方法获得构建的字符串，如代码清单 16-23 所示。

代码清单 16-23　在 stringsandregexp/main.go 文件中构建字符串

```
package main

import (
    "fmt"
    "strings"
)

func main() {

    text := "It was a boat. A small boat."

    var builder strings.Builder

    for _, sub := range strings.Fields(text) {
```

```
        if (sub == "small") {
            builder.WriteString("very ")
        }
        builder.WriteString(sub)
        builder.WriteRune(' ')
    }

    fmt.Println("String:", builder.String())
}
```

使用 Builder 创建字符串比使用常规的连接运算符更高效，尤其是在使用 Grow 方法提前分配存储空间时。

警告 在函数和方法之间来回传递 Builder 值时，必须小心使用指针；否则，当 Builder 被复制时，效率增益将会丢失。

编译并执行该项目，你将收到以下输出结果：

```
String: It was a boat. A very small boat.
```

16.3 使用正则表达式

regexp 包提供了对正则表达式的支持，它允许在字符串中寻找复杂的组合模式。表 16-13 介绍了基本的正则表达式函数。

表 16-13 regexp 包提供的基本函数

函数	描述
Match(pattern, b)	这个函数返回一个 bool 值，指示模式是否与字节切片 b 相匹配
MatchString(pattern, s)	这个函数返回一个 bool 值，指示模式是否与字符串 s 相匹配
Compile(pattern)	这个函数返回一个 RegExp，该 RegExp 可用于执行与指定模式的重复匹配，如 16.3.1 节所述
MustCompile(pattern)	这个函数提供了与 Compile 相同的特性，但是如果指定的模式不能被编译，就会产生异常（panic），如第 15 章所述

注意 本节中使用的正则表达式执行基本匹配，但是 regexp 包支持非常广泛的模式语法，详见 https://pkg.go.dev/regexp/syntax@go1.17.1。

MatchString 方法是确定字符串是否被正则表达式匹配的最简单的方法，如代码清单 16-24 所示。

代码清单 16-24 在 stringsandregexp/main.go 文件中使用正则表达式

```
package main

import (
    "fmt"
    //"strings"
    "regexp"
)

func main() {
```

```
    description := "A boat for one person"

    match, err := regexp.MatchString("[A-z]oat", description)

    if (err == nil) {
        fmt.Println("Match:", match)
    } else {
        fmt.Println("Error:", err)
    }
}
```

MatchString 函数接受正则表达式和要搜索的字符串。MatchString 函数的返回结果是一个 bool 值，如果存在匹配，则该值为 true，如果匹配没有问题，则 error 值为 nil。如果模式匹配无法处理，正则表达式匹配通常会出错。

代码清单 16-24 中使用的模式将匹配大写或小写字符 A～Z，后跟小写 oat。该模式与字符串 description 中的单词 boat 成功匹配，在编译和执行代码时会产生以下输出结果：

```
Match: true
```

16.3.1　编译和重用模式

MatchString 函数简单方便，但是需要通过 Compile 函数获得完整的正则表达式能力，Compile 函数可以编译一个正则表达式模式以便将来可以重用，如代码清单 16-25 所示。

代码清单 16-25　在 stringsandregexp/main.go 文件中编译模式

```
package main

import (
    "fmt"
    "regexp"
)

func main() {

    pattern, compileErr := regexp.Compile("[A-z]oat")
    description := "A boat for one person"
    question := "Is that a goat?"
    preference := "I like oats"

    if (compileErr == nil) {
        fmt.Println("Description:", pattern.MatchString(description))
        fmt.Println("Question:", pattern.MatchString(question))
        fmt.Println("Preference:", pattern.MatchString(preference))
    } else {
        fmt.Println("Error:", compileErr)
    }
}
```

这样的代码工作效率更高，因为模式只需编译一次。Compile 函数的结果是 RegExp 类型的一个实例，它自带了 MatchString 函数。代码清单 16-25 中的代码在编译和执行时会产生以下输出结果：

```
Description: true
Question: true
Preference: false
```

编译后的模式还提供了使用正则表达式特性的方法，表 16-14 中介绍了其中常用的方法。本章中介绍的方法对字符串进行操作，但是 RegExp 类型也提供了用于处理字节切片的方法和处理读取器的方法，这是 Go 语言对 I/O 支持的一部分，将在第 20 章中介绍。

表 16-14 常用的基本正则表达式方法

方法	描述
MatchString(s)	如果字符串与编译的模式相匹配，此方法返回 true
FindStringIndex(s)	此方法返回一个 int 切片，包含字符串 s 所有匹配此编译模式的最左边位置。nil 结果表示没有找到匹配结果
FindAllStringIndex(s, max)	此方法返回一个 int 切片的切片，包含字符串 s 中所有匹配此编译模式的位置。nil 结果表示没有匹配结果
FindString(s)	此方法返回一个字符串，包含字符串 s 第一个匹配此编译模式的结果。空字符串结果表示没有找到匹配结果
FindAllString(s, max)	此方法返回一个字符串切片，包含字符串 s 所有匹配此编译模式的结果。参数 max 是一个正整数，指定最多匹配次数，-1 表示不限制匹配次数。nil 结果表示没有找到匹配结果
Split(s, max)	此方法使用编译模式中的匹配项作为分隔符拆分字符串，并返回包含拆分子字符串的切片

MatchString 方法是表 16-13 中介绍的函数的替代方法，用于确认字符串是否与模式匹配。

FindStringIndex 和 FindAllStringIndex 方法提供匹配项的索引位置，供我们使用数组 / 切片范围符号提取字符串区域，如代码清单 16-26 所示。

代码清单 16-26 在 stringsandregexp/main.go 文件中获取匹配项索引

```go
package main

import (
    "fmt"
    "regexp"
)

func getSubstring(s string, indices []int) string {
    return string(s[indices[0]:indices[1]])
}

func main() {

    pattern := regexp.MustCompile("K[a-z]{4}|[A-z]oat")

    description := "Kayak. A boat for one person."

    firstIndex := pattern.FindStringIndex(description)
    allIndices := pattern.FindAllStringIndex(description, -1)

    fmt.Println("First index", firstIndex[0], "-", firstIndex[1],
        "=", getSubstring(description, firstIndex))
```

```
    for i, idx := range allIndices {
        fmt.Println("Index", i, "=", idx[0], "-",
            idx[1], "=", getSubstring(description, idx))
    }
}
```

代码清单 16-26 中的正则表达式将与字符串 description 进行两次匹配。FindStringIndex 方法只返回第一个匹配项，匹配从左到右进行。匹配项被表示为一个 int 切片，其中第一个值表示匹配项在字符串中的起始位置，第二个数字表示匹配的字符数。

FindAllStringIndex 方法返回多个匹配项，代码清单 16-26 中的调用参数 -1 表示应该返回所有匹配项。匹配项在 int 切片的切片中返回（意味着结果切片中的每个值都是 int 值的切片），每个切片代表一个匹配项。代码清单 16-26 使用名为 getSubstring 的函数根据索引从字符串中提取匹配项，在编译和执行时产生以下结果：

```
First index 0 - 5 = Kayak
Index 0 = 0 - 5 = Kayak
Index 1 = 9 - 13 = boat
```

如果不需要知道匹配项的位置，那么使用 FindString 和 FindAllString 方法会更有用，因为它们的结果是正则表达式匹配的子字符串，如代码清单 16-27 所示。

代码清单 16-27　在 stringsandregexp/main.go 文件中获取匹配的子字符串

```
package main

import (
    "fmt"
    "regexp"
)

// func getSubstring(s string, indices []int) string {
//     return string(s[indices[0]:indices[1]])
// }

func main() {

    pattern := regexp.MustCompile("K[a-z]{4}|[A-z]oat")

    description := "Kayak. A boat for one person."

    firstMatch := pattern.FindString(description)
    allMatches := pattern.FindAllString(description, -1)

    fmt.Println("First match:", firstMatch)

    for i, m := range allMatches {
        fmt.Println("Match", i, "=", m)
    }
}
```

编译并执行该项目，你将看到以下输出结果：

```
First match: Kayak
Match 0 = Kayak
Match 1 = boat
```

16.3.2 使用正则表达式拆分字符串

Split 方法使用正则表达式的匹配项来拆分字符串，这可以为本章前面介绍的拆分函数提供一个更灵活的替代方法，如代码清单 16-28 所示。

代码清单 16-28 在 stringsandregexp/main.go 文件中使用正则表达式拆分字符串

```
package main

import (
    "fmt"
    "regexp"
)

func main() {

    pattern := regexp.MustCompile(" |boat|one")

    description := "Kayak. A boat for one person."

    split := pattern.Split(description, -1)

    for _, s := range split {
        if s != "" {
            fmt.Println("Substring:", s)
        }
    }
}
```

本示例中的正则表达式匹配空格字符或单词 boat 和 one。每当表达式匹配时，字符串 description 将被拆分。Split 函数有一个奇怪之处，即它将空字符串引入匹配点周围的结果中，这就是我在示例中从结果切片中过滤掉那些值的原因。编译并执行代码，你将看到以下输出结果：

```
Substring: Kayak.
Substring: A
Substring: for
Substring: person.
```

16.3.3 使用子表达式

子表达式允许使用正则表达式的一部分，这使得从匹配区域中提取子字符串更加容易。代码清单 16-29 提供了一个子表达式很有用的场景。

代码清单 16-29 在 stringsandregexp/main.go 文件中执行匹配

```
package main

import (
    "fmt"
    "regexp"
)
func main() {
```

```
    pattern := regexp.MustCompile("A [A-z]* for [A-z]* person")

    description := "Kayak. A boat for one person."

    str := pattern.FindString(description)
    fmt.Println("Match:", str)
}
```

这个示例中的模式匹配特定的句子结构，这允许我匹配字符串中感兴趣的部分。但是，很多句子结构是静态的，模式的两个可变部分包含了我想要的内容。在这种情况下，FindString 方法是一种笨拙的工具，因为它匹配整个模式，包括静态区域。编译并执行代码，你将收到以下输出结果：

```
Match: A boat for one person
```

可以添加子表达式来标识模式中重要的内容区域，如代码清单 16-30 所示。

代码清单 16-30　在 stringsandregexp/main.go 文件中使用子表达式

```
package main

import (
    "fmt"
    "regexp"
)

func main() {

    pattern := regexp.MustCompile("A ([A-z]*) for ([A-z]*) person")

    description := "Kayak. A boat for one person."

    subs := pattern.FindStringSubmatch(description)

    for _, s := range subs {
        fmt.Println("Match:", s)
    }
}
```

子表达式用括号表示。代码清单 16-30 中定义了两个子表达式，每一个都代表匹配模式的一个可变部分。FindStringSubmatch 方法与 FindString 执行相同的任务，但会在其结果中包含由表达式匹配的子字符串。编译并执行代码，你将看到以下输出结果：

```
Match: A boat for one person
Match: boat
Match: one
```

表 16-15 介绍了处理子表达式的 RegExp 方法。

表 16-15　处理子表达式的 RegExp 方法

方法	描述
FindStringSubmatch(s)	该方法返回包含由模式和模式定义的子表达式所匹配的文本切片
FindAllStringSubmatch(s, max)	该方法返回一个包含所有匹配子表达式的文本的切片。int 参数用于指定最大匹配次数。值 -1 表示返回所有匹配项

（续）

方法	描述
FindStringSubmatchIndex(s)	该方法与 FindStringSubmatch 等效，但返回的是索引而不是子字符串
FindAllStringSubmatchIndex(s, max)	该方法与 FindAllStringSubmatch 等效，但返回的是索引而不是子字符串
NumSubexp()	该方法返回子表达式的数目
SubexpIndex(name)	该方法返回符合给定名称的子表达式的索引，如果没有这样的子表达式，则返回 -1
SubexpNames()	该方法返回子表达式的名称，按照定义的顺序表示

使用命名子表达式

子表达式可以被命名，这虽然使得正则表达式变得更难理解，但是结果更容易处理。代码清单 16-31 显示了如何使用命名子表达式。

代码清单 16-31　在 stringsandregexp/main.go 文件中使用命名子表达式

```
package main

import (
    "fmt"
    "regexp"
)

func main() {

    pattern := regexp.MustCompile(
        "A (?P<type>[A-z]*) for (?P<capacity>[A-z]*) person")

    description := "Kayak. A boat for one person."

    subs := pattern.FindStringSubmatch(description)

    for _, name := range []string { "type", "capacity" } {
        fmt.Println(name, "=", subs[pattern.SubexpIndex(name)])
    }
}
```

为子表达式指定名称的语法很笨拙：在括号内依次给出一个问号、一个大写的 P 以及尖括号内的名称。代码清单 16-31 中的模式定义了两个命名子表达式：

```
...
pattern := regexp.MustCompile("A (?P<type>[A-z]*) for (?P<capacity>[A-z]*) person")
...
```

子表达式被命名为 type 和 capacity。SubexpIndex 方法返回命名子表达式在结果中的位置，这允许我获得与 type 和 capacity 子表达式匹配的子字符串。编译并执行该示例，你将看到以下输出结果：

```
type = boat
capacity = one
```

16.3.4　使用正则表达式替换子字符串

最后一组 RegExp 方法用于替换与正则表达式匹配的子字符串，如表 16-16 所示。

表 16-16　替换子字符串的 RegExp 方法

方法	描述
ReplaceAllString (s, template)	此方法用指定的模板替换字符串 s 的匹配部分，该模板在展开子表达式之后再合并到结果中
ReplaceAllLiteralString (s, sub)	此方法用指定的内容替换字符串 s 的匹配部分，该内容包含在结果中，不会针对子表达式展开
ReplaceAllStringFunc (s, func)	此方法用指定函数产生的结果替换字符串 s 的匹配部分

ReplaceAllString 方法用模板替换正则表达式匹配的字符串部分，模板可以引用子表达式，如代码清单 16-32 所示。

代码清单 16-32　在 stringsandregexp/main.go 文件中替换内容

```
package main

import (
    "fmt"
    "regexp"
)

func main() {

    pattern := regexp.MustCompile(
        "A (?P<type>[A-z]*) for (?P<capacity>[A-z]*) person")
    description := "Kayak. A boat for one person."

    template := "(type: ${type}, capacity: ${capacity})"
    replaced := pattern.ReplaceAllString(description, template)
    fmt.Println(replaced)
}
```

ReplaceAllString 方法的结果是包含替换内容的字符串。模板可以通过名称（如 ${type}）或位置（如 ${1}）来引用子表达式的匹配项。在代码清单 16-32 中，description 字符串中与模式匹配的部分将被替换为包含 type 和 capacity 子表达式匹配项的模板。编译并执行代码，你将看到以下输出结果：

```
Kayak. (type: boat, capacity: one).
```

注意，模板只负责代码清单 16-32 中 ReplaceAllString 方法的部分结果。字符串 description 的第一部分——单词 Kayak，后面跟一个句点和一个空格，正则表达式不匹配它，因此它不经修改就包含在结果中。

提示　如果要替换内容而不为子表达式解释新子字符串，请使用 ReplaceAllLiteral-String 函数。

用函数替换匹配的内容

ReplaceAllStringFunc 方法用函数生成的内容替换字符串的匹配部分，如代码清单 16-33 所示。

代码清单 16-33 在 stringsandregexp/main.go 文件中用函数替换内容

```
package main

import (
    "fmt"
    "regexp"
)

func main() {

    pattern := regexp.MustCompile(
        "A (?P<type>[A-z]*) for (?P<capacity>[A-z]*) person")

    description := "Kayak. A boat for one person."

    replaced := pattern.ReplaceAllStringFunc(description, func(s string) string {
        return "This is the replacement content"
    })
    fmt.Println(replaced)
}
```

对于子表达式引用，不处理函数的结果，这可以在编译和执行代码时产生的输出中看到：

```
Kayak. This is the replacement content.
```

16.4 小结

在这一章中，我介绍了标准库关于字符串处理和应用正则表达式的特性，这些特性是由 strings、unicode 和 regexp 包提供的。下一章将介绍与格式化和扫描字符串相关的特性。

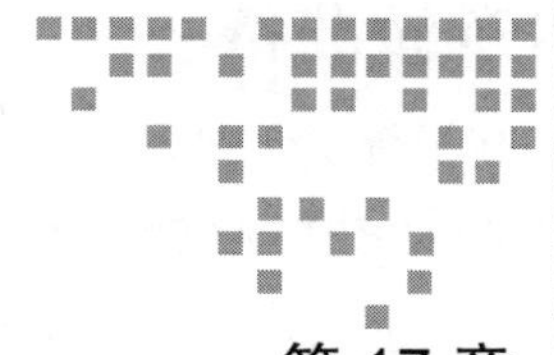

第 17 章 Chapter 17

格式化和扫描字符串

在这一章中，我将介绍标准库中有关格式化和扫描字符串的特性。格式化（formatting）指的是用一个或多个数据值组成新字符串的过程，而扫描（scanning）是从字符串中解析值的过程。表 17-1 列出了关于格式化和扫描字符串的一些基本问题。

表 17-1　关于格式化和扫描字符串的一些基本问题

问题	答案
它们是什么	格式化是将值组成字符串的过程。扫描是解析字符串中包含的值的过程
它们为什么有用	格式化字符串是一项常见的要求，例如向用户提供日志或调试信息等一切需要生成字符串的工作。扫描常用于从字符串中提取数据，比如从 HTTP 请求或用户输入中提取数据
它们是如何使用的	这两组特性都是通过 `fmt` 包中定义的函数提供的
有什么陷阱或限制吗	用于格式化字符串的模板可能很难阅读，并且没有内置的函数允许创建一个自动附加换行符的格式化字符串
有其他选择吗	使用第 23 章中介绍的模板特性也可以生成大量的文本和 HTML 内容

表 17-2 是本章内容概要。

表 17-2　章节内容概要

问题	解决方案	代码清单
将数据值组合成一个字符串	使用 `fmt` 包提供的基本格式化函数	17-5、17-6
指定字符串的结构	使用格式化模板的 `fmt` 包函数和格式化谓词（formatting verb）	17-7～17-9、17-11 ～ 17-18
更改自定义数据类型的表示方式	实现 `Stringer` 接口	17-10
解析字符串以获取它包含的数据值	使用 `fmt` 包提供的扫描函数	17-19～17-22

17.1 为本章做准备

请打开一个新的命令行窗口，导航到一个方便的位置，并创建一个名为 usingstrings 的文件夹。导航到 usingstrings 文件夹并运行代码清单 17-1 所示的命令来初始化项目。

代码清单 17-1 初始化项目

```
go mod init usingstrings
```

将一个名为 product.go 的文件添加到 usingstrings 文件夹，其内容如代码清单 17-2 所示。

代码清单 17-2 usingstrings/product.go 文件的内容

```
package main

type Product struct {
    Name, Category string
    Price float64
}

var Kayak = Product {
    Name: "Kayak",
    Category: "Watersports",
    Price: 275,
}

var Products = []Product {
    { "Kayak", "Watersports", 279 },
    { "Lifejacket", "Watersports", 49.95 },
    { "Soccer Ball", "Soccer", 19.50 },
    { "Corner Flags", "Soccer", 34.95 },
    { "Stadium", "Soccer", 79500 },
    { "Thinking Cap", "Chess", 16 },
    { "Unsteady Chair", "Chess", 75 },
    { "Bling-Bling King", "Chess", 1200 },
}
```

将一个名为 main.go 的文件添加到 usingstrings 文件夹，其内容如代码清单 17-3 所示。

代码清单 17-3 usingstrings/main.go 文件的内容

```
package main

import "fmt"

func main() {

    fmt.Println("Product:", Kayak.Name, "Price:", Kayak.Price)
}
```

使用命令行窗口在 usingstrings 文件夹下执行代码清单 17-4 所示的命令。

代码清单 17-4 运行示例项目

```
go run .
```

示例项目的代码将被编译并执行，产生以下输出结果：

```
Product: Kayak Price: 275
```

17.2　书写字符串

fmt 包提供了编写字符串的函数，基本函数如表 17-3 所示。这些函数中的一部分使用了书写器，书写器是 Go 语言的输入 / 输出的一部分，详细内容见第 20 章。

表 17-3　编写字符串的基本 fmt 函数

函数	描述
Print(...vals)	此函数接受可变数量的参数，并写到标准输出。非字符串值之间添加空格
Println(...vals)	此函数接受可变数量的参数，并写到标准输出，用空格分隔，并在结尾处添加换行符
Fprint(writer, ...vals)	此函数将可变数量的参数写到指定的书写器，我将在第 20 章详细介绍它。非字符串值之间添加空格
Fprintln(writer, ...vals)	此函数将可变数量的参数写到指定的书写器，值之间由空格分隔，结尾添加换行符

注意　Go 语言标准库包含一个 template 包（见第 23 章），它可以用来创建大量的文本和 HTML 内容。

表 17-3 中介绍的函数会在它们产生的字符串中的值之间添加空格，但是它们并不完全一致。Println 和 Fprintln 函数在所有值之间添加空格，但 Print 和 Fprint 函数仅在非字符串值之间添加空格。这意味着表 17-3 中的函数对的差别不仅仅是增加了一个换行符，如代码清单 17-5 所示。

代码清单 17-5　在 usingstrings/main.go 文件中写出字符串

```
package main

import "fmt"

func main() {

    fmt.Println("Product:", Kayak.Name, "Price:", Kayak.Price)
    fmt.Print("Product:", Kayak.Name, "Price:", Kayak.Price, "\n")
}
```

在许多编程语言中，代码清单 17-5 中的语句产生的字符串没有区别，因为我在传递给 Print 函数的参数中添加了一个换行符。但是，因为 Print 函数只在非字符串值之间添加空格，所以结果是不同的。编译并执行代码，你将看到以下输出结果：

```
Product: Kayak Price: 275
Product:KayakPrice:275
```

17.3 格式化字符串

我在前面的章节里一直用 fmt.Println 函数生成输出结果。之所以使用这个函数是因为它很简单，但它无法对其输出格式进行控制，所以它适合进行简单的调试，但不适合用于生成复杂的字符串或格式化值以呈现给用户。代码清单 17-6 显示了 fmt 包提供格式控制的其他函数。

代码清单 17-6 在 usingstrings/main.go 文件中格式化字符串

```
package main

import "fmt"

func main() {

    fmt.Printf("Product: %v, Price: $%4.2f", Kayak.Name, Kayak.Price)
}
```

Printf 函数接受一个模板字符串和一系列值。扫描模板中的谓词，谓词用百分号（% 字符）后跟格式说明符表示。代码清单 17-6 的模板中有两个谓词：

```
...
fmt.Printf("Product: %v, Price: $%4.2f", Kayak.Name, Kayak.Price)
...
```

第一个谓词是 %v，它指定了类型的默认表示形式。例如，对于字符串值，%v 只是在输出字符串。%4.2f 谓词指定浮点值的格式，小数点前有 4 位，小数点后有 2 位。模板谓词的值取自接下来的参数，按照指定的顺序使用。例如，这意味着 %v 谓词用于格式化 Product.Name 值，谓词 %4.2f 用于格式化 Product.Price 值。这些值被格式化，然后被插入模板字符串中，最后被写到控制台。你可以通过编译并执行代码来查看输出结果：

```
Product: Kayak, Price: $275.00
```

表 17-4 介绍了 fmt 包提供的函数，它们可以格式化字符串。我将在 17.3.1 节中介绍格式化谓词。

表 17-4 用于格式化字符串的 fmt 包函数

函数	描述
Sprintf(t, ...vals)	这个函数返回一个字符串，这个字符串是通过处理模板 t 构建的，剩余的参数用作模板谓词的值
Printf(t, ...vals)	这个函数通过处理模板 t 来创建一个字符串。剩余的参数用作模板谓词的值。字符串最后被写到标准输出
Fprintf(writer, t, ...vals)	这个函数通过处理模板 t 来创建一个字符串。剩余的参数用作模板谓词的值。该字符串被写入书写器，书写器将在第 20 章中介绍
Errorf(t, ...values)	这个函数通过处理模板 t 来创建一个错误（error）。剩余的参数用作模板谓词的值。结果是一个错误值，其 Error 方法返回格式化的字符串

在代码清单 17-7 中，我定义了一个函数，它使用 Sprintf 格式化一个字符串结果，并使用 Errorf 创建一个错误。

代码清单 17-7　在 usingstrings/main.go 文件中使用格式化的字符串

```
package main

import "fmt"

func getProductName(index int) (name string, err error) {
    if (len(Products) > index) {
        name = fmt.Sprintf("Name of product: %v", Products[index].Name)
    } else {
        err = fmt.Errorf("Error for index %v", index)
    }
    return
}

func main() {

    name, _ := getProductName(1)
    fmt.Println(name)

    _, err := getProductName(10)
    fmt.Println(err.Error())
}
```

本示例中的两个格式化字符串都使用 %v 值，它以默认形式写出值。编译并执行该项目，你将看到一个结果和一个错误，如下所示：

```
Name of product: Lifejacket
Error for index 10
```

17.3.1　了解格式化谓词

表 17-4 中介绍的函数在其模板中支持多种格式化谓词。接下来，我会介绍最常用的谓词。我先从那些可以用于任意数据类型的谓词开始介绍，然后再介绍那些专用谓词。

17.3.2　使用通用格式化谓词

通用格式化谓词可用于显示任意值，如表 17-5 所示。

表 17-5　可以用于任意值的通用格式化谓词

谓词	描述
%v	此谓词显示值的默认格式。当要写出结构值时，可以用加号修改谓词（%+v）以添加字段名
%#v	此谓词以可用于在 Go 语言代码文件中重新创建值的格式显示值
%T	此谓词显示值的 Go 语言类型

在代码清单 17-8 中，我定义了一个自定义结构类型，并使用表 17-5 中列出的谓词来格式化该类型的值。

代码清单 17-8　在 usingstrings/main.go 文件中使用通用格式化谓词

```
package main

import "fmt"
```

```
func Printfln(template string, values ...interface{}) {
    fmt.Printf(template + "\n", values...)
}

func main() {

    Printfln("Value: %v", Kayak)
    Printfln("Go syntax: %#v", Kayak)
    Printfln("Type: %T", Kayak)
}
```

与 `Println` 函数不同,`Printf` 函数不在输出中添加换行符，所以我定义了一个 `Printfln` 函数，它在调用 `Printf` 函数之前将换行符添加到模板中。`main` 函数中的语句用表 17-5 中的谓词定义了简单的字符串模板。编译并执行代码，你将收到以下输出结果：

```
Value: {Kayak Watersports 275}
Go syntax: main.Product{Name:"Kayak", Category:"Watersports", Price:275}
Type: main.Product
```

控制结构格式

对于 `%v` 谓词依赖的所有数据类型，Go 语言都有一个默认格式。对于结构，默认值在大括号中列出字段值。可以用加号修改默认谓词，以在输出中包含字段名，如代码清单 17-9 所示。

代码清单 17-9 在 usingstrings/main.go 文件中显示字段名称

```
package main

import "fmt"

func Printfln(template string, values ...interface{}) {
    fmt.Printf(template + "\n", values...)
}

func main() {

    Printfln("Value: %v", Kayak)
    Printfln("Value with fields: %+v", Kayak)
}
```

编译并执行该项目，你将看到带有或不带有字段名的相同 `Product` 值：

```
Value: {Kayak Watersports 275}
Value with fields: {Name:Kayak Category:Watersports Price:275}
```

`fmt` 包通过名为 `Stringer` 的接口支持自定义结构格式，该接口定义如下：

```
type Stringer interface {
    String() string
}
```

`Stringer` 接口指定的 `String` 方法将用于获取实现它的任何类型的字符串表示方式，如代码清单 17-10 所示，它允许指定自定义格式。

代码清单 17-10 在 usingstrings/product.go 文件中定义自定义结构格式

```
package main
```

```
import "fmt"

type Product struct {
    Name, Category string
    Price float64
}

// ...variables omitted for brevity...

func (p Product) String() string {
    return fmt.Sprintf("Product: %v, Price: $%4.2f", p.Name, p.Price)
}
```

当需要 Product 值的字符串表示方式时，将自动调用 String 方法。编译并执行代码，输出将使用自定义结构格式：

```
Value: Product: Kayak, Price: $275.00
Value with fields: Product: Kayak, Price: $275.00
```

请注意，当 %v 谓词被修改为显示结构字段时，也会使用自定义格式。

提示　如果你定义了一个返回字符串的 GoString 方法，那么你的类型将符合 GoStringer 接口，该接口支持 %#v 谓词的自定义格式。

格式化数组、切片和 map

当数组和切片表示为字符串时，输出是一组包含单个元素的方括号，如下所示：

```
...
[Kayak Lifejacket Paddle]
...
```

注意，元素之间不用逗号分隔。当 map 表示为字符串时，键值对显示在方括号中，前面是 map 关键字，如下所示：

```
...
map[1:Kayak 2:Lifejacket 3:Paddle]
...
```

Stringer 接口可用于更改数组、切片或 map 中包含的自定义数据类型的格式。但是，除非使用类型别名，否则不能对默认格式进行任何更改，因为方法必须在应用它们的类型所在的同一个包中定义。

17.3.3　使用整数值的格式化谓词

表 17-6 介绍了整数值的格式化谓词，不管它们的大小如何。

表 17-6　整数值的格式化谓词

谓词	描述
%b	此谓词将整数值显示为二进制字符串
%d	此谓词将整数值显示为十进制字符串。这是整数值的默认格式，在使用 %v 谓词时应用
%o、%O	这些谓词将整数值显示为八进制字符串。%O 谓词会添加 0o 前缀
%x、%X	这些谓词将整数值显示为十六进制字符串。%x 谓词以小写显示字母 A～F，%X 谓词以大写显示

代码清单 17-11 将表 17-6 中介绍的谓词应用于一个整数值。

代码清单 17-11 在 usingstrings/main.go 文件中格式化整数值

```
package main

import "fmt"

func Printfln(template string, values ...interface{}) {
    fmt.Printf(template + "\n", values...)
}
func main() {

    number := 250

    Printfln("Binary: %b", number)
    Printfln("Decimal: %d", number)
    Printfln("Octal: %o, %O", number, number)
    Printfln("Hexadecimal: %x, %X", number, number)
}
```

编译并执行该项目，你将收到以下输出结果：

```
Binary: 11111010
Decimal: 250
Octal: 372, 0o372
Hexadecimal: fa, FA
```

17.3.4 使用浮点值的格式化谓词

表 17-7 介绍了浮点值的格式化谓词，它既适用于 float32 值，也适用于 float64 值。

表 17-7 浮点值的格式化谓词

谓词	描述
%b	该谓词显示一个带指数且不带小数位的浮点值
%e、%E	这些谓词显示一个带指数和小数位的浮点值。%e 使用小写指数符号，而 %E 使用大写指数符号
%f、%F	这些谓词显示一个带小数位但不带指数的浮点值。%f 和 %F 谓词产生相同的输出
%g	该谓词适应它所显示的值。%e 格式用于具有大指数的值，而 %f 格式用于相反情况。这是默认格式，在使用 %v 谓词时应用
%G	该谓词适应它所显示的值。%E 格式用于具有大指数的值，而 %f 格式用于相反情况
%x、%X	这些谓词用小写（%x）或大写（%X）字母以十六进制形式显示浮点值

代码清单 17-12 将表 17-7 中介绍的谓词应用于一个浮点值。

代码清单 17-12 在 usingstrings/main.go 文件中格式化浮点值

```
package main

import "fmt"

func Printfln(template string, values ...interface{}) {
    fmt.Printf(template + "\n", values...)
}
```

```
func main() {
    number := 279.00
    Printfln("Decimalless with exponent: %b", number)
    Printfln("Decimal with exponent: %e", number)
    Printfln("Decimal without exponent: %f", number)
    Printfln("Hexadecimal: %x, %X", number, number)
}
```

编译并执行该项目，你将看到以下输出结果：

```
Decimalless with exponent: 4908219906392064p-44
Decimal with exponent: 2.790000e+02
Decimal without exponent: 279.000000
Hexadecimal: 0x1.17p+08, 0X1.17P+08
```

浮点值的格式可以通过修改谓词以指定宽度（用来表示值的字符数）和精度（小数点后的位数）来控制，如代码清单 17-13 所示。

代码清单 17-13　在 usingstrings/main.go 文件中控制格式

```
package main

import "fmt"

func Printfln(template string, values ...interface{}) {
    fmt.Printf(template + "\n", values...)
}

func main() {
    number := 279.00
    Printfln("Decimal without exponent: >>%8.2f<<", number)
}
```

宽度在百分号后指定，后跟一个句点，再跟精度，然后是谓词的其余部分。在代码清单 17-13 中，宽度是 8 个字符。精度是 2 个字符。当代码被编译和执行时会产生如下输出结果：

```
Decimal without exponent: >>  279.00<<
```

我在代码清单 17-13 中的格式化值周围添加了 >><< 符号，以证明当指定的宽度大于显示该值所需的字符数时，用空格填充。

如果你只对精度感兴趣，则可以省略宽度，如代码清单 17-14 所示。

代码清单 17-14　在 usingstrings/main.go 文件中指定精度

```
package main

import "fmt"

func Printfln(template string, values ...interface{}) {
    fmt.Printf(template + "\n", values...)
}

func main() {
    number := 279.00
    Printfln("Decimal without exponent: >>%.2f<<", number)
}
```

这里省略了宽度值，但仍然需要句点。代码清单 17-7 中指定的格式在编译和执行时会产生以下输出结果：

```
Decimal without exponent: >>279.00<<
```

表 17-7 中谓词的输出可以用表 17-8 中介绍的修饰符来改变。

表 17-8 格式化谓词修饰符

修饰符	描述
+	此修饰符总是为数值输出一个正的或负的符号
0	当宽度大于显示值所需的字符数时，此修饰符表示使用零而不是空格进行填充
-	此修饰符将在数字的右侧而不是左侧进行填充

代码清单 17-15 应用修饰符来改变整数值的格式。

代码清单 17-15 在 usingstrings/main.go 文件中修改格式

```
package main

import "fmt"

func Printfln(template string, values ...interface{}) {
    fmt.Printf(template + "\n", values...)
}

func main() {
    number := 279.00
    Printfln("Sign: >>%+.2f<<", number)
    Printfln("Zeros for Padding: >>%010.2f<<", number)
    Printfln("Right Padding: >>%-8.2f<<", number)
}
```

编译并执行该项目，你将看到修饰符对格式化输出的影响：

```
Sign: >>+279.00<<
Zeros for Padding: >>0000279.00<<
Right Padding: >>279.00  <<
```

17.3.5 使用字符串和字符的格式化谓词

表 17-9 介绍了字符串和字符的格式化谓词。

表 17-9 字符串和字符的格式化谓词

谓词	描述
%s	该谓词显示一个字符串。这是默认格式，在使用 %v 谓词时应用
%c	该谓词显示一个字符。必须注意避免将字符串拆分成单个字节
%U	该谓词以 Unicode 格式显示一个字符，因此输出以 U+ 开头，后跟十六进制字符代码

字符串很容易格式化，但是在格式化单个字符时必须小心。正如我在第 7 章中解释的，有些字符是用多个字节表示的，必须确保不要尝试只格式化字符的部分字节。代码清单 17-16 演示了表 17-9 中介绍的谓词的用法。

代码清单 17-16　在 usingstrings/main.go 文件中格式化字符串和字符

```
package main

import "fmt"

func Printfln(template string, values ...interface{}) {
    fmt.Printf(template + "\n", values...)
}

func main() {
    name := "Kayak"
    Printfln("String: %s", name)
    Printfln("Character: %c", []rune(name)[0])
    Printfln("Unicode: %U", []rune(name)[0])
}
```

编译并执行该项目，你将看到以下格式化输出结果：

```
String: Kayak
Character: K
Unicode: U+004B
```

17.3.6　使用布尔值的格式化谓词

表 17-10 介绍了布尔值的格式化谓词。这是默认的布尔值格式，这意味着它将由 %v 谓词使用。

表 17-10　布尔值的格式化谓词

谓词	描述
%t	此谓词格式化布尔值并显示 true 或 false

代码清单 17-17 显示了布尔值的格式化谓词的用法。

代码清单 17-17　在 usingstrings/main.go 文件中格式化布尔值

```
package main

import "fmt"

func Printfln(template string, values ...interface{}) {
    fmt.Printf(template + "\n", values...)
}

func main() {
    name := "Kayak"
    Printfln("Bool: %t", len(name) > 1)
    Printfln("Bool: %t", len(name) > 100)
}
```

编译并执行该项目，你将看到以下格式化输出结果：

```
Bool: true
Bool: false
```

17.3.7 使用指针的格式化谓词

表 17-11 中介绍了指针的格式化谓词。

表 17-11 指针的格式化谓词

谓词	描述
%p	此谓词显示指针存储位置的十六进制表示形式

代码清单 17-18 演示了指针的格式化谓词的用法。

代码清单 17-18 在 usingstrings/main.go 文件中格式化指针

```
package main

import "fmt"

func Printfln(template string, values ...interface{}) {
    fmt.Printf(template + "\n", values...)
}

func main() {
    name := "Kayak"
    Printfln("Pointer: %p", &name)
}
```

编译并执行代码，你将看到类似如下的输出，尽管你可能会看到不同的位置：

```
Pointer: 0xc00004a240
```

17.4 扫描字符串

fmt 包提供了扫描字符串的函数，扫描是解析包含由空格分隔的值的字符串的过程。表 17-12 介绍了这些函数，其中一些需要与后面章节介绍的特性一起使用。

表 17-12 fmt 包的字符串扫描函数

函数	描述
Scan(...vals)	该函数从标准输入中读取文本，并按照空格分隔，将之作为参数接收。换行符也被视为空格，函数会一直读取，直到收到所有参数的值。返回结果是已经读取的值的数量和可能发生的 error
Scanln(...vals)	该函数的工作方式与 Scan 相同，但它会在遇到换行符时停止读取
Scanf(template, ...vals)	该函数的工作方式与 Scan 相同，但使用模板字符串从它接收的输入中选择值
Fscan(reader, ...vals)	该函数从指定的读取器（reader）中读取以空格分隔的值，这将在第 20 章中介绍。换行符被视为空格，该函数返回已读取的值的数量以及可能发生的 error
Fscanln(reader, ...vals)	该函数的工作方式与 Fscan 相同，但它会在遇到换行符时停止读取
Fscanf(reader, template, ...vals)	该函数的工作方式与 Fscan 相同，但它使用模板从接收到的输入中选择值

（续）

函数	描述
Sscan(str, ...vals)	该函数在指定的字符串中扫描以空格分隔的值，这些值被分配给剩余的参数。结果是扫描的值的数量和可能发生的 error
Sscanf(str, template, ...vals)	该函数的工作方式与 Sscan 相同，但它使用模板从字符串中选择值
Sscanln(str, template, ...vals)	该函数的工作方式与 Sscanf 相同，但是一遇到换行符就停止扫描字符串

使用哪个扫描函数取决于要扫描的字符串的来源、处理换行符的方式以及是否应该使用模板。代码清单 17-19 显示了 Scan 函数的基本用法，这是一个很好的起点。

代码清单 17-19　在 usingstrings/main.go 文件中扫描字符串

```
package main

import "fmt"

func Printfln(template string, values ...interface{}) {
    fmt.Printf(template + "\n", values...)
}

func main() {

    var name string
    var category string
    var price float64

    fmt.Print("Enter text to scan: ")
    n, err := fmt.Scan(&name, &category, &price)

    if (err == nil) {
        Printfln("Scanned %v values", n)
        Printfln("Name: %v, Category: %v, Price: %.2f", name, category, price)
    } else {
        Printfln("Error: %v", err.Error())
    }
}
```

Scan 函数从标准输入中读取一个字符串，并对其进行扫描以查找由空格分隔的值。将从字符串中解析的值按照定义的顺序赋给参数。为了使 Scan 函数能够赋值，它的参数需要是指针。

在代码清单 17-19 中，我定义了 name、category 和 price 变量，并将它们用作 Scan 函数的参数：

```
...
n, err := fmt.Scan(&name, &category, &price)
...
```

当被调用时，Scan 函数将读取一个字符串，提取用三个空格分隔的值，并将它们赋给变量。编译并执行该项目，系统会提示你输入文本，如下所示：

```
...
Enter text to scan:
...
```

输入 Kayak Watersports 279。按下 <Enter> 键，字符串将被扫描，产生以下输出结果：

```
Scanned 3 values
Name: Kayak, Category: Watersports, Price: 279.00
```

Scan 函数必须将它接收到的子字符串转换成 Go 值，如果字符串不能被处理，它将报告一个错误。再次运行代码，但输入 Kayak Watersports Zero，你将收到以下错误：

```
Error: strconv.ParseFloat: parsing "": invalid syntax
```

字符串 Zero 不能转换为 Go 语言的 float64 值，float64 是 price 参数的类型。

扫描成切片

如果需要扫描一系列相同类型的值，自然的方法是扫描到一个切片或数组中，如下所示：

```
...
vals := make([]string, 3)
fmt.Print("Enter text to scan: ")
fmt.Scan(vals...)
Printfln("Name: %v", vals)
...
```

这段代码无法编译，因为字符串切片不能被正确分解以用于可变数量的参数。我们需要一个额外的步骤，如下所示：

```
...
vals := make([]string, 3)
ivals := make([]interface{}, 3)
for i := 0; i < len(vals); i++ {
    ivals[i] = &vals[i]
}
fmt.Print("Enter text to scan: ")
fmt.Scan(ivals...)
Printfln("Name: %v", vals)
...
```

这是一个笨拙的过程，但是它可以被包装在一个实用函数中，这样你就不必每次都创建并填充这个 interface 切片。

17.4.1 处理换行符

默认情况下，扫描过程会将换行符视为空格，看作值之间的分隔符。要查看这种行为，请执行该项目，当提示输入时，输入 Kayak Watersports，接着按下 <Enter> 键并输入 279，然后再次按下 <Enter> 键。该序列将产生以下输出结果：

```
Scanned 3 values
Name: Kayak, Category: Watersports, Price: 279.00
```

Scan 函数不会停止查找值，直到它接收到它所期望的数字，并且第一次按 <Enter> 键被视为分隔符，而不是输入的终止。表 17-12 中以 ln 结尾的函数，如 Scanln，改变了这种行为。

代码清单 17-20 使用了 Scanln 函数。

代码清单 17-20　在 usingstrings/main.go 文件中使用 Scanln 函数

```
package main

import "fmt"

func Printfln(template string, values ...interface{}) {
    fmt.Printf(template + "\n", values...)
}

func main() {

    var name string
    var category string
    var price float64

    fmt.Print("Enter text to scan: ")
    n, err := fmt.Scanln(&name, &category, &price)

    if (err == nil) {
        Printfln("Scanned %v values", n)
        Printfln("Name: %v, Category: %v, Price: %.2f", name, category, price)
    } else {
        Printfln("Error: %v", err.Error())
    }
}
```

编译并执行该项目，重复输入序列。当第一次按 <Enter> 键时，换行符将终止输入，使 Scanln 函数的值少于它需要的值，产生以下输出结果：

```
Error: unexpected newline
```

17.4.2　使用不同的字符串源

表 17-12 中介绍的函数扫描来自三个来源的字符串：标准输入、读取器和作为参数提供的值。提供字符串作为参数是最灵活的，因为这意味着字符串可以来自任何地方。在代码清单 17-21 中，我用 Sscan 替换了 Scanln 函数，它允许我扫描字符串变量。

代码清单 17-21　在 usingstrings/main.go 文件中扫描变量

```
package main

import "fmt"

func Printfln(template string, values ...interface{}) {
    fmt.Printf(template + "\n", values...)
}

func main() {

    var name string
    var category string
    var price float64
```

```
    source := "Lifejacket Watersports 48.95"
    n, err := fmt.Sscan(source, &name, &category, &price)

    if (err == nil) {
        Printfln("Scanned %v values", n)
        Printfln("Name: %v, Category: %v, Price: %.2f", name, category, price)
    } else {
        Printfln("Error: %v", err.Error())
    }
}
```

Sscan 函数的第一个参数是被扫描的字符串，但就所有其他方面而言，扫描过程都是相同的。编译并执行该项目，你将看到以下输出结果：

```
Scanned 3 values
Name: Lifejacket, Category: Watersports, Price: 48.95
```

17.4.3 使用扫描模板

模板可以用来扫描包含不需要的字符的字符串中的值，如代码清单 17-22 所示。

代码清单 17-22 在 usingstrings/main.go 文件中使用模板

```
package main

import "fmt"

func Printfln(template string, values ...interface{}) {
    fmt.Printf(template + "\n", values...)
}

func main() {

    var name string
    var category string
    var price float64

    source := "Product Lifejacket Watersports 48.95"
    template := "Product %s %s %f"
    n, err := fmt.Sscanf(source, template, &name, &category, &price)

    if (err == nil) {
        Printfln("Scanned %v values", n)
        Printfln("Name: %v, Category: %v, Price: %.2f", name, category, price)
    } else {
        Printfln("Error: %v", err.Error())
    }
}
```

代码清单 17-22 中使用的模板忽略了 Product 项，跳过字符串的这一部分，允许从下一项开始扫描。编译并执行该项目，你将看到以下输出结果：

```
Scanned 3 values
Name: Lifejacket, Category: Watersports, Price: 48.95
```

使用模板不如使用正则表达式灵活，因为扫描的字符串只能包含空格分隔的值。但是，如果只需要字符串中的一些值，并且不想定义复杂的匹配规则，那么使用模板还是很有用的。

17.5　小结

在这一章中，我介绍了标准库中用于格式化和扫描字符串的特性，这两方面的特性都是由 `fmt` 包提供的。下一章将介绍标准库为数学函数和切片排序提供的特性。

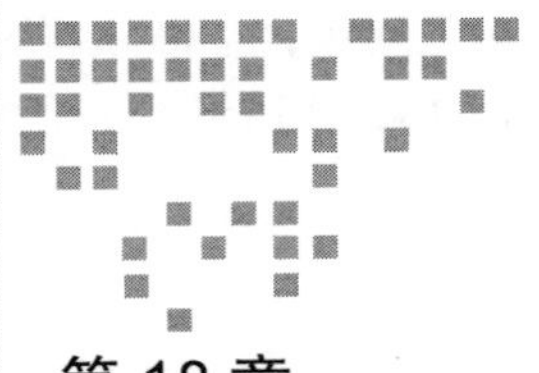

Chapter 18 第 18 章

数学函数和数据排序

在这一章中，我将介绍两组特性。首先，我将介绍对执行常见数学任务（包括生成随机数）的支持。然后，我将介绍对切片中的元素进行排序的特性，这样它们就有序了。表 18-1 给出了关于数学函数和排序特性的一些基本问题。

表 18-1　关于数学函数和排序特性的一些基本问题

问题	答案
它们是什么	数学函数允许执行常见的计算任务。随机数是在难以预测的序列中生成的数字。排序是将一系列值按预定顺序排列的过程
它们为什么有用	这些是在整个开发过程中经常使用到的特性
它们是如何使用的	这些特性由 math、math/rand 和 sort 包提供
有什么陷阱或限制吗	除非用种子值初始化，否则由 math/rand 包生成的数字不是随机的
有其他选择吗	你也可以从头开始实现这两组特性，尽管我们提供了这些包，但这并不是必需的

表 18-2 是本章内容概要。

表 18-2　章节内容概要

问题	解决方案	代码清单
进行普通计算任务	使用 math 包中提供的函数	18-5
生成随机数	使用 math/rand 包中的函数，注意提供一个种子值	18-6～18-9
打乱切片中的元素顺序	使用 Shuffle 函数	18-10
对切片中的元素进行排序	使用 sort 包中提供的函数	18-11、18-12、18-15～18-20
在排序好的切片中定位元素	使用 Search* 函数	18-13、18-14

18.1　为本章做准备

请打开一个新的命令行窗口，导航到一个方便的位置，并创建一个名为 mathandsorting 的文件夹。导航到 mathandsorting 文件夹，运行代码清单 18-1 所示的命令来初始化项目。

代码清单 18-1　初始化项目

```
go mod init mathandsorting
```

将一个名为 printer.go 的文件添加到 mathandsorting 文件夹，其内容如代码清单 18-2 所示。

代码清单 18-2　mathandsorting/printer.go 文件的内容

```
package main

import "fmt"

func Printfln(template string, values ...interface{}) {
    fmt.Printf(template + "\n", values...)
}
```

将一个名为 main.go 的文件添加到 mathandsorting 文件夹，其内容如代码清单 18-3 所示。

代码清单 18-3　mathandsorting/main.go 文件的内容

```
package main

func main() {

    Printfln("Hello, Math and Sorting")
}
```

使用命令行窗口在 mathandsorting 文件夹中运行代码清单 18-4 所示的命令。

代码清单 18-4　运行示例项目

```
go run .
```

main.go 文件中的代码将被编译并执行，产生以下输出结果：

```
Hello, Math and Sorting
```

18.2　使用数字

正如我在第 4 章中所介绍的，Go 语言支持一组可以应用于数值的算术运算符，允许执行加法和乘法等基本任务。针对更多高级运算，Go 语言标准库提供了 math 包，它提供了一个更加广泛的函数集。表 18-3 介绍了在典型项目中广泛使用的函数。更多内容请参见软件包文档，网址为 https://golang.org/pkg/math，其中包括完整的函数集的说明，包括对更具体领域的支持，如三角函数。

表 18-3 math 包中的常用函数

函数	描述
Abs(val)	此函数返回一个 float64 类型的参数的绝对值，即从零开始的距离，不考虑方向
Ceil(val)	此函数返回等于或大于指定 float64 参数值的最小整数。结果也是一个 float64 值，尽管它表示一个整数
Copysign(x, y)	此函数返回一个 float64 值，它由参数 x 的绝对值和参数 y 的符号构成
Floor(val)	此函数返回小于或等于指定 float64 参数值的最大整数。结果也是一个 float64 值，尽管它表示一个整数
Max(x, y)	此函数返回指定的 float64 参数值中最大的一个
Min(x, y)	此函数返回指定的 float64 参数值中最小的一个
Mod(x, y)	此函数返回 x/y 的余数
Pow(x, y)	此函数返回 x 的 y 次幂
Round(val)	此函数将指定的值四舍五入到最接近的整数。结果是一个 float64 值，尽管它表示一个整数
RoundToEven(val)	此函数将指定的值舍入到最接近的偶数。结果是一个 float64 值，尽管它表示一个整数

这些函数都作用于 float64 值并产生 float64 结果，这意味着你必须显式地将其与其他类型相互转换。代码清单 18-5 演示了表 18-3 中介绍的函数的用法。

代码清单 18-5 在 mathandsorting/main.go 文件中使用 math 包的函数

```
package main

import "math"

func main() {

    val1 := 279.00
    val2 := 48.95

    Printfln("Abs: %v", math.Abs(val1))
    Printfln("Ceil: %v", math.Ceil(val2))
    Printfln("Copysign: %v", math.Copysign(val1, -5))
    Printfln("Floor: %v", math.Floor(val2))
    Printfln("Max: %v", math.Max(val1, val2))
    Printfln("Min: %v", math.Min(val1, val2))
    Printfln("Mod: %v", math.Mod(val1, val2))
    Printfln("Pow: %v", math.Pow(val1, 2))
    Printfln("Round: %v", math.Round(val2))
    Printfln("RoundToEven: %v", math.RoundToEven(val2))
}
```

编译并执行该项目，你将看到以下输出结果：

```
Abs: 279
Ceil: 49
Copysign: -279
Floor: 48
Max: 279
```

```
Min: 48.95
Mod: 34.249999999999986
Pow: 77841
Round: 49
RoundToEven: 49
```

math 包还为数值数据类型提供了一组极限常数，如表 18-4 所示。

表 18-4 极限常数

名称	描述
MaxInt8 MinInt8	这些常数代表使用 int8 可以存储的最大值和最小值
MaxInt16 MinInt16	这些常数代表使用 int16 可以存储的最大值和最小值
MaxInt32 MinInt32	这些常数代表使用 int32 可以存储的最大值和最小值
MaxInt64 MinInt64	这些常数代表可以使用 int64 存储的最大值和最小值
MaxUint8	此常数表示可以使用 uint8 表示的最大值。最小值为零
MaxUint16	此常数表示可以使用 uint16 表示的最大值。最小值为零
MaxUint32	此常数表示可以使用 uint32 表示的最大值。最小值为零
MaxUint64	此常数表示可以使用 uint64 表示的最大值。最小值为零
MaxFloat32 MaxFloat64	这些常数表示可以使用 Float32 和 Float64 表示的最大值
SmallestNonzeroFloat32 SmallestNonzeroFloat64	这些常数表示可以用 float32 和 float64 值表示的最小非零值

18.2.1 生成随机数

math/rand 包提供了生成随机数的函数。表 18-5 介绍了常用的函数。虽然我在本节中使用了术语“随机”，但是由 math/rand 包产生的数字是伪随机的，这意味着它们不应该用在对随机性要求非常高的地方，例如用于生成密钥。

表 18-5 常用的 math/rand 函数

函数	描述
Seed(s)	该函数使用指定的 int64 值设置种子值
Float32()	该函数产生一个介于 0 和 1 之间的随机 float32 值
Float64()	该函数产生一个介于 0 和 1 之间的随机 float64 值
Int()	该函数产生一个随机的 int 值
Intn(max)	该函数产生一个小于指定值的随机 int 值
UInt32()	该函数产生一个随机的 uint32 值
UInt64()	该函数产生一个随机的 uint64 值
Shuffle(count, func)	该函数用于随机化元素的顺序

math/rand 包的一个奇怪之处在于它默认返回一系列可预测的值，如代码清单 18-6 所示。

代码清单 18-6 在 mathandsorting/main.go 文件中生成可预测的值

```
package main

import "math/rand"

func main() {

    for i := 0; i < 5; i++ {
        Printfln("Value %v : %v", i, rand.Int())
    }
}
```

此示例调用 Int 函数并写出值。编译并执行代码，你将看到以下输出结果：

```
Value 0 : 5577006791947779410
Value 1 : 8674665223082153551
Value 2 : 6129484611666145821
Value 3 : 4037200794235010051
Value 4 : 3916589616287113937
```

代码清单 18-6 中的代码将总是产生相同的一组数字，这是因为初始种子值总是相同的。为了避免生成相同的数字序列，Seed 函数必须用一个不固定的值来调用，如代码清单 18-7 所示。

代码清单 18-7 在 mathandsorting/main.go 文件中设置种子值

```
package main

import (
    "math/rand"
    "time"
)

func main() {
    rand.Seed(time.Now().UnixNano())
    for i := 0; i < 5; i++ {
        Printfln("Value %v : %v", i, rand.Int())
    }
}
```

上面示例使用当前时间作为种子值，这是通过调用 time 包（见第 19 章）提供的 Now 函数并对结果调用 UnixNano 方法来实现的，该方法提供了一个可以传递给 Seed 函数的 int64 值。编译并执行项目，你会看到一系列的数字，每次执行程序时它们都会发生变化。以下是我收到的输出结果：

```
Value 0 : 8113726196145714527
Value 1 : 3479565125812279859
Value 2 : 8074476402089812953
Value 3 : 3916870404047362448
Value 4 : 8226545715271170755
```

生成特定范围内的随机数

Intn 函数可以用来生成一个具有指定最大值的数，如代码清单 18-8 所示。

代码清单 18-8　在 mathandsorting/main.go 文件中指定最大值

```
package main

import (
    "math/rand"
    "time"
)

func main() {
    rand.Seed(time.Now().UnixNano())
    for i := 0; i < 5; i++ {
        Printfln("Value %v : %v", i, rand.Intn(10))
    }
}
```

该语句指定随机数都应小于 10。编译并执行代码，你将看到类似于以下内容的输出，但可能具有不同的随机值：

```
Value 0 : 7
Value 1 : 5
Value 2 : 4
Value 3 : 0
Value 4 : 7
```

没有指定最小值的函数，但是很容易将 Intn 函数生成的值转换到一个特定的范围，如代码清单 18-9 所示。

代码清单 18-9　在 mathandsorting/main.go 文件中指定下限

```
package main

import (
    "math/rand"
    "time"
)
func IntRange(min, max int) int {
    return rand.Intn(max - min) + min
}

func main() {

    rand.Seed(time.Now().UnixNano())
    for i := 0; i < 5; i++ {
        Printfln("Value %v : %v", i, IntRange(10, 20))
    }
}
```

IntRange 函数返回特定范围内的一个随机数。编译并执行该项目，你将收到一个介于 10 和 19 之间的数字序列，如下所示：

```
Value 0 : 10
Value 1 : 19
Value 2 : 11
Value 3 : 10
Value 4 : 17
```

18.2.2 打乱元素顺序

Shuffle 函数用于随机地对元素重新排序，它使用一个自定义函数来实现，如代码清单 18-10 所示。

代码清单 18-10 在 mathandsorting/main.go 文件中打乱元素顺序

```
package main

import (
    "math/rand"
    "time"
)

var names = []string { "Alice", "Bob", "Charlie", "Dora", "Edith"}

func main() {
    rand.Seed(time.Now().UnixNano())

    rand.Shuffle(len(names), func (first, second int) {
        names[first], names[second] = names[second], names[first]
    })

    for i, name := range names {
        Printfln("Index %v: Name: %v", i, name)
    }
}
```

Shuffle 函数的一个参数是元素的数量，另一个参数是用于交换两个元素的函数，两个元素由索引标识。调用该函数来随机交换元素。在代码清单 18-10 中，匿名函数交换了 names 切片中的两个元素，这意味着 Shuffle 函数的使用具有打乱 names 值顺序的效果。编译并执行项目，输出将显示 names 切片中打乱顺序的元素，如下所示：

```
Index 0: Name: Edith
Index 1: Name: Dora
Index 2: Name: Charlie
Index 3: Name: Alice
Index 4: Name: Bob
```

18.3 数据排序

上一个示例展示了如何打乱切片元素顺序，但是更常见的需求是将元素排列成一个更可预测的序列，这是 sort 包提供的函数的功能。接下来，我将介绍这个包提供的内置排序特性，并演示它们的用法。

18.3.1 排序数字和字符串切片

表 18-6 中介绍的函数用于对包含 int、float64 或 string 值的切片进行排序。

表 18-6　用于排序的基本函数

函数	描述
Float64s(slice)	该函数对 float64 值的切片进行排序。元素在原来的切片内排序
Float64sAreSorted(slice)	如果 float64 值的切片是有序的，函数返回 true
Ints(slice)	该函数对 int 值的切片进行排序。元素在原来的切片内排序
IntsAreSorted(slice)	如果 int 值的切片是有序的，函数返回 true
Strings(slice)	该函数对 string 值的切片进行排序。元素在原来的切片内排序
StringsAreSorted(slice)	如果 string 值的切片是有序的，函数返回 true

每种数据类型都有自己的一套函数，用于对数据进行排序或确定数据是否已经排序，如代码清单 18-11 所示。

代码清单 18-11　在 mathandsorting/main.go 文件中对切片进行排序

```
package main

import (
    //"math/rand"
    //"time"
    "sort"
)

func main() {

    ints := []int { 9, 4, 2, -1, 10}
    Printfln("Ints: %v", ints)
    sort.Ints(ints)
    Printfln("Ints Sorted: %v", ints)

    floats := []float64 { 279, 48.95, 19.50 }
    Printfln("Floats: %v", floats)
    sort.Float64s(floats)
    Printfln("Floats Sorted: %v", floats)

    strings := []string { "Kayak", "Lifejacket", "Stadium" }
    Printfln("Strings: %v", strings)
    if (!sort.StringsAreSorted(strings)) {
        sort.Strings(strings)
        Printfln("Strings Sorted: %v", strings)
    } else {
        Printfln("Strings Already Sorted: %v", strings)
    }
}
```

本示例对包含 int 和 float64 值的切片进行排序。还有一个字符串切片，用 StringsAreSorted 函数测试它，以避免对已经有序的数据进行排序。编译并执行该项目，你将收到以下输出结果：

```
Ints: [9 4 2 -1 10]
Ints Sorted: [-1 2 4 9 10]
Floats: [279 48.95 19.5]
Floats Sorted: [19.5 48.95 279]
Strings: [Kayak Lifejacket Stadium]
Strings Already Sorted: [Kayak Lifejacket Stadium]
```

请注意，代码清单 18-11 中的函数将元素在原始切片内排序，而不是创建一个新的切片。如果想创建一个新的、已排序的切片，那么必须使用内置的 make 和 copy 函数，如代码清单 18-12 所示。这些函数已在第 7 章中介绍过。

代码清单 18-12 在 mathandsorting/main.go 文件中创建切片的排序副本

```
package main

import (
    "sort"
)

func main() {

    ints := []int { 9, 4, 2, -1, 10}

    sortedInts := make([]int, len(ints))
    copy(sortedInts, ints)
    sort.Ints(sortedInts)
    Printfln("Ints: %v", ints)
    Printfln("Ints Sorted: %v", sortedInts)
}
```

编译并执行该项目，你将收到以下输出结果：

```
Ints: [9 4 2 -1 10]
Ints Sorted: [-1 2 4 9 10]
```

18.3.2 搜索排序数据

sort 包定义了表 18-7 中介绍的函数，用于在排序数据中搜索特定值。

表 18-7 用于搜索排序数据的函数

函数	描述
SearchInts(slice, val)	这个函数在排序的切片中搜索指定的 int 值。返回结果是指定值的索引，如果找不到该值，则是在保持排序顺序的情况下可以插入该值的索引
SearchFloat64s(slice, val)	这个函数在排序的切片中搜索指定的 float64 值。返回结果是指定值的索引，如果找不到该值，则是在保持排序顺序的情况下可以插入该值的索引
SearchStrings(slice, val)	这个函数在排序的切片中搜索指定的 string 值。返回结果是指定值的索引，如果找不到该值，则是在保持排序顺序的情况下可以插入该值的索引
Search(count, testFunc)	这个函数对指定数量的元素调用测试函数。结果是函数返回 true 的索引，如果不匹配，则结果是可以插入指定值以保持排序顺序的索引

表 18-7 中介绍的函数有点笨拙。当找到值时，函数返回它在切片中的位置。但是不同寻常的是，如果没有找到这个值，那么结果就是它可以被插入而不改变排序顺序的位置，如代码清单 18-13 所示。

代码清单 18-13 在 mathandsorting/main.go 文件中搜索排序数据

```
package main
```

```
import (
    "sort"
)

func main() {

    ints := []int { 9, 4, 2, -1, 10}

    sortedInts := make([]int, len(ints))
    copy(sortedInts, ints)
    sort.Ints(sortedInts)
    Printfln("Ints: %v", ints)
    Printfln("Ints Sorted: %v", sortedInts)

    indexOf4:= sort.SearchInts(sortedInts, 4)
    indexOf3 := sort.SearchInts(sortedInts, 3)
    Printfln("Index of 4: %v", indexOf4)
    Printfln("Index of 3: %v", indexOf3)
}
```

编译并执行代码，你将看到搜索切片中的值与搜索不存在的值产生相同的结果：

```
Ints: [9 4 2 -1 10]
Ints Sorted: [-1 2 4 9 10]
Index of 4: 2
Index of 3: 2
```

这些函数需要额外的测试来查看这些函数返回的值是否是搜索过的值，如代码清单 18-14 所示。

代码清单 18-14 在 mathandsorting/main.go 文件中消除搜索结果的歧义

```
package main

import (
    "sort"
)

func main() {

    ints := []int { 9, 4, 2, -1, 10}

    sortedInts := make([]int, len(ints))
    copy(sortedInts, ints)
    sort.Ints(sortedInts)
    Printfln("Ints: %v", ints)
    Printfln("Ints Sorted: %v", sortedInts)

    indexOf4:= sort.SearchInts(sortedInts, 4)
    indexOf3 := sort.SearchInts(sortedInts, 3)
    Printfln("Index of 4: %v (present: %v)", indexOf4, sortedInts[indexOf4] == 4)
    Printfln("Index of 3: %v (present: %v)", indexOf3, sortedInts[indexOf3] == 3)
}
```

编译并执行该项目，你将收到以下输出结果：

```
Ints: [9 4 2 -1 10]
Ints Sorted: [-1 2 4 9 10]
```

```
Index of 4: 2 (present: true)
Index of 3: 2 (present: false)
```

18.3.3 排序自定义数据类型

为了对自定义数据类型进行排序，sort 包定义了一个容易混淆的接口 Interface，它定义了表 18-8 中介绍的方法。

表 18-8 由 sort.Interface 接口定义的方法

方法	描述
Len()	该方法返回将被排序的元素数
Less(i, j)	如果索引 i 处的元素应该出现在排序序列中的元素 j 之前，则该方法返回 true。如果 Less(i, j) 和 Less(j, i) 都返回 false，则这些元素相等
Swap(i, j)	该方法交换指定索引处的元素

如果类型定义了表 18-8 中介绍的方法，那么它可以使用表 18-9 中介绍的函数进行排序，这些函数是由 sort 包定义的。

表 18-9 用于对实现了接口的类型进行排序的函数

函数	描述
Sort(data)	该函数使用表 18-8 中列出的方法对指定的数据进行排序
Stable(data)	该函数使用表 18-8 中列出的方法对指定的数据进行排序，而不改变等值元素的顺序
IsSorted(data)	如果数据已排序，则该函数返回 true
Reverse(data)	该函数反转数据的顺序

表 18-8 中定义的方法适用于要排序的数据项集合，这意味着要引入类型别名和执行转换的函数来调用表 18-9 中定义的函数。为了进行演示，添加一个名为 productsort.go 的文件，如代码清单 18-15 所示。

代码清单 18-15 mathandsorting/productsort.go 文件的内容

```
package main

import "sort"

type Product struct {
    Name string
    Price float64
}

type ProductSlice []Product

func ProductSlices(p []Product) {
    sort.Sort(ProductSlice(p))
}

func ProductSlicesAreSorted(p []Product) {
    sort.IsSorted(ProductSlice(p))
}
```

```
func (products ProductSlice) Len() int {
    return len(products)
}

func (products ProductSlice) Less(i, j int) bool {
    return products[i].Price < products[j].Price
}

func (products ProductSlice) Swap(i, j int) {
    products[i], products[j] = products[j], products[i]
}
```

ProductSlice 类型是 Product 切片的别名，并且是已经实现了接口方法的类型。除了这些方法之外，还有一个 ProductSlices 函数，它接受一个 Product 切片，将其转换为 ProductSlice 类型，并将其作为参数传递给 Sort 函数。还有一个 ProductSlicesAreSorted 函数，它调用 IsSorted 函数。这个函数的名称遵循 sort 包建立的约定，即在别名类型名称后面加上字母 s。代码清单 18-16 使用这些函数对 Product 切片进行排序。

代码清单 18-16　在 mathandsorting/main.go 文件中对切片进行排序

```
package main

import (
    //"sort"
)
func main() {

    products := []Product {
        { "Kayak", 279} ,
        { "Lifejacket", 49.95 },
        { "Soccer Ball",  19.50 },
    }

    ProductSlices(products)

    for _, p := range products {
        Printfln("Name: %v, Price: %.2f", p.Name, p.Price)
    }
}
```

编译并执行该项目，你将看到输出显示了按 Price 字段升序排序的 Product 值：

```
Name: Soccer Ball, Price: 19.50
Name: Lifejacket, Price: 49.95
Name: Kayak, Price: 279.00
```

1. 使用不同字段排序

类型组合可用于支持使用不同字段对同一结构类型进行排序，如代码清单 18-17 所示。

代码清单 18-17　在 mathandsorting/productsort.go 文件中使用不同字段进行排序

```
package main

import "sort"
```

```
type Product struct {
    Name string
    Price float64
}

type ProductSlice []Product

func ProductSlices(p []Product) {
    sort.Sort(ProductSlice(p))
}

func ProductSlicesAreSorted(p []Product) {
    sort.IsSorted(ProductSlice(p))
}

func (products ProductSlice) Len() int {
    return len(products)
}

func (products ProductSlice) Less(i, j int) bool {
    return products[i].Price < products[j].Price
}

func (products ProductSlice) Swap(i, j int) {
    products[i], products[j] = products[j], products[i]
}

type ProductSliceName struct { ProductSlice }

func ProductSlicesByName(p []Product) {
    sort.Sort(ProductSliceName{ p })
}

func (p ProductSliceName) Less(i, j int) bool {
    return p.ProductSlice[i].Name < p.ProductSlice[j].Name
}
```

上面的代码为每个需要排序的结构字段定义了一个结构类型，其中嵌入了如下 ProductSlice 字段：

```
...
type ProductSliceName struct { ProductSlice }
...
```

类型组合特性意味着为 ProductSlice 类型定义的方法被提升到封装类型。为封装类型定义一个新的 Less 方法，它将用于使用不同的字段对数据进行排序，如下所示：

```
...
func (p ProductSliceName) Less(i, j int) bool {
    return p.ProductSlice[i].Name <= p.ProductSlice[j].Name
}
...
```

最后一步是定义一个函数，该函数将执行从 Product 切片到新类型的转换并调用 Sort 函数：

```
...
func ProductSlicesByName(p []Product) {
```

```
    sort.Sort(ProductSliceName{ p })
}
...
```

代码清单 18-17 中增加的结果是，Product 切片可以按照它们的 Name 字段的值进行排序，如代码清单 18-18 所示。

代码清单 18-18　在 mathandsorting/main.go 文件中按附加字段排序

```
package main

import (
    //"sort"
)

func main() {

    products := []Product {
        { "Kayak", 279} ,
        { "Lifejacket", 49.95 },
        { "Soccer Ball",  19.50 },
    }
    ProductSlicesByName(products)

    for _, p := range products {
        Printfln("Name: %v, Price: %.2f", p.Name, p.Price)
    }
}
```

编译并执行示例项目，你将看到 Product 值按其 Name 字段排序，如下所示：

```
Name: Kayak, Price: 279.00
Name: Lifejacket, Price: 49.95
Name: Soccer Ball, Price: 19.50
```

2. 指定比较函数

另一种方法是在 sort 函数之外指定用于比较元素的表达式，如代码清单 18-19 所示。

代码清单 18-19　在 mathandsorting/productsort.go 文件中使用外部比较函数

```
package main

import "sort"

type Product struct {
    Name string
    Price float64
}

type ProductSlice []Product

// ...types and functions omitted for brevity...

type ProductComparison func(p1, p2 Product) bool
type ProductSliceFlex struct {
    ProductSlice
    ProductComparison
```

```
}

func (flex ProductSliceFlex) Less(i, j int) bool {
    return flex.ProductComparison(flex.ProductSlice[i], flex.ProductSlice[j])
}

func SortWith(prods []Product, f ProductComparison) {
    sort.Sort(ProductSliceFlex{ prods, f})
}
```

上面的代码创建了一个名为 ProductSliceFlex 的新类型，它结合了数据和比较函数，这将使这种方法符合由 sort 包定义的函数结构。为调用比较函数的 ProductSliceFlex 类型定义一个 Less 方法。这个难题的最后一部分是 SortWith 函数，它将数据和函数组合成一个 ProductSliceFlex 值，并将其传递给 sort.Sort 函数。代码清单 18-20 演示了如何通过指定比较函数来排序数据。

代码清单 18-20 在 mathandsorting/main.go 文件中使用比较函数进行排序

```
package main

import (
    //"sort"
)

func main() {

    products := []Product {
        { "Kayak", 279} ,
        { "Lifejacket", 49.95 },
        { "Soccer Ball",  19.50 },
    }

    SortWith(products, func (p1, p2 Product) bool {
        return p1.Name < p2.Name
    })

    for _, p := range products {
        Printfln("Name: %v, Price: %.2f",  p.Name, p.Price)
    }
}
```

本示例通过比较 Name 字段对数据进行排序，并且在编译和执行项目时，代码会产生以下输出结果：

```
Name: Kayak, Price: 279.00
Name: Lifejacket, Price: 49.95
Name: Soccer Ball, Price: 19.50
```

18.4 小结

在这一章中，我介绍了 Go 语言生成随机数和打乱切片中元素顺序的特性，描述了对应的排序特性，它们对切片中的元素进行排序。下一章我将介绍 Go 语言标准库中关于时间、日期和时长的特性。

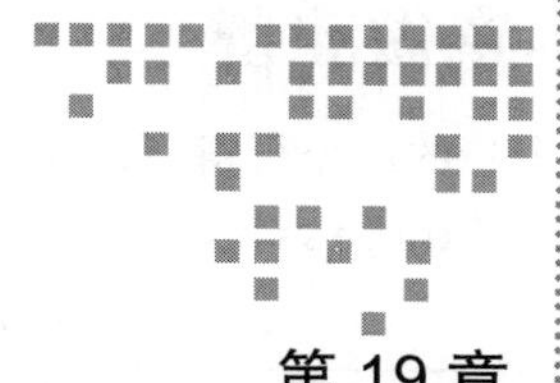

第 19 章 Chapter 19

日期、时间和时长

在这一章中，我将介绍 `time` 包提供的特性，它是标准库的一部分，负责表示时刻和持续时间。表 19-1 给出了这些特性的一些基本问题。

表 19-1 关于日期、时间和时长的一些基本问题

问题	答案
它们是什么	`time` 包提供的特性用于表示特定时刻和间隔或持续时间
它们为什么有用	这些特性广泛用于需要处理日历或报警的应用程序，以及开发需要延迟或定时通知的功能
它们是如何使用的	`time` 包定义了表示日期和时间单位的数据类型及操作它们的函数。Go 通道系统中还集成了一些相关特性
有什么陷阱或限制吗	日期可能很复杂，必须小心处理日历和时区的相关问题
有其他选择吗	这些是可选特性，并不是必须使用的

表 19-2 是本章内容概要。

表 19-2 章节内容概要

问题	解决方案	代码清单
表示时间、日期或时长	使用由 `time` 包定义的函数和类型	19-5、19-13～19-16
将日期和时间格式化为字符串	使用 `Format` 函数和布局	19-6、19-7
从字符串中解析日期和时间	使用 `Parse` 函数	19-8～19-12
从字符串中解析时长	使用 `ParseDuration` 函数	19-17
暂停执行程序	使用 `Sleep` 函数	19-18
延迟函数的执行	使用 `AfterFunc` 函数	19-19
周期性地接收通知	使用 `After` 函数	19-20～19-24

19.1 为本章做准备

请打开一个新的命令行窗口，导航到一个方便的位置，并创建一个名为 datesandtimes 的文件夹。导航到 datesandtimes 文件夹，运行代码清单 19-1 所示的命令来初始化项目。

代码清单 19-1 初始化项目

```
go mod init datesandtimes
```

将一个名为 printer.go 的文件添加到 datesandtimes 文件夹中，其内容如代码清单 19-2 所示。

代码清单 19-2 datesandtimes/printer.go 文件的内容

```
package main

import "fmt"

func Printfln(template string, values ...interface{}) {
    fmt.Printf(template + "\n", values...)
}
```

将一个名为 main.go 的文件添加到 datesandtimes 文件夹，其内容如代码清单 19-3 所示。

代码清单 19-3 datesandtimes/main.go 文件的内容

```
package main

func main() {

    Printfln("Hello, Dates and Times")
}
```

使用命令行窗口在 datesandtimes 文件夹运行代码清单 19-4 所示的命令。

代码清单 19-4 运行示例项目

```
go run .
```

以上示例代码将被编译并执行，产生以下输出结果：

```
Hello, Dates and Times
```

19.2 使用日期和时间

time 包提供了测量时长和表达日期和时间的特性。接下来，我将介绍这些常用的特性。

19.2.1 表示日期和时间

time 包提供了时间类型（Time），用于表示特定的时刻。表 19-3 中介绍的函数用于创建时间值。

表 19-3　time 包中用于创建时间值的函数

函数	描述
Now()	该函数创建一个代表当前时刻的时间
Date(y, m, d, h, min, sec, nsec, loc)	此函数创建一个表示指定时刻的时间，用年、月、日、小时、分钟、秒、纳秒和 Location 参数表示
Unix(sec, nsec)	该函数从 UTC 时间 1970 年 1 月 1 日起的秒数和纳秒数创建一个 Time 值，通常称为 Unix 时间

表 19-4 中列出的方法用于获取时间的各个组成部分。

表 19-4　用于获取时间各个组成部分的方法

方法	描述
Date()	该方法返回年、月和日部分。年和日表示为 int 值，月表示为 Month 值
Clock()	该方法返回时间的小时、分钟和秒部分
Year()	该方法返回年份部分，用 int 表示
YearDay()	该方法返回一年中的某一天，用 1 到 366 之间的整数表示（以适应闰年）
Month()	该方法返回月份部分，用 Month 类型表示
Day()	该方法返回一个月中的某一天，用 int 表示
Weekday()	该方法返回一周中的某一天，以 Weekday 表示
Hour()	该方法返回一天中的整点时间，用 0 到 23 之间的 int 表示
Minute()	该方法返回一天中某个整点过去的分钟数，用 0 到 59 之间的 int 表示
Second()	该方法返回某小时中某分钟经过的秒数，用 0 到 59 之间的 int 表示
Nanosecond()	该方法返回某分钟中经过的纳秒数，用 0 到 999 999 999 之间的 int 表示

Go 语言定义了两种类型来表达时间值的组成部分，如表 19-5 所示。

表 19-5　用于表达时间值组成部分的类型

类型	描述
Month	该类型表示月，time 包为英语月份名称定义了常量值：January、February 等。Month 类型定义了一个 String 方法，该方法在格式化字符串时使用这些名称
Weekday	该类型表示一周中的某一天，time 包为英语中一周每天的名称定义了常量值：Sunday、Monday 等。Weekday 类型定义了一个在格式化字符串时使用这些名称的 String 方法。

使用表 19-3 到表 19-5 中介绍的类型和方法，代码清单 19-5 演示了如何创建时间值并访问它们的组成部分。

代码清单 19-5　在 datesandtimes/main.go 文件中创建时间值

```go
package main

import "time"

func PrintTime(label string, t *time.Time) {
    Printfln("%s: Day: %v: Month: %v Year: %v",
        label, t.Day(), t.Month(), t.Year())
}
```

```
func main() {
    current := time.Now()
    specific := time.Date(1995, time.June, 9, 0, 0, 0, 0, time.Local)
    unix := time.Unix(1433228090, 0)

    PrintTime("Current", &current)
    PrintTime("Specific", &specific)
    PrintTime("UNIX", &unix)
}
```

main 函数中的语句使用表 19-3 中介绍的函数创建三个不同的时间值。常量 June 用于创建一个时间值，展示了表 19-5 中介绍的 Month 类型的用法。时间值被传递给 PrintTime 函数，该函数使用表 19-4 中的方法来访问日、月和年部分，以写出时间的各个部分。编译并执行该项目，你将看到类似于下面的输出，Now 函数返回的时间会有所不同：

```
Current: Day: 2: Month: June Year: 2021
Specific: Day: 9: Month: June Year: 1995
UNIX: Day: 2: Month: June Year: 2015
```

Date 函数的最后一个参数是 Location，它为时间值指定时区。在代码清单 19-5 中，我使用了由 time 包定义的常量 local 提供本地系统时区。稍后，我将解释如何创建不由系统配置决定的 Location 值。

1. 将时间格式化为字符串

Format 方法用于从时间值创建格式化的字符串。字符串的格式是通过提供布局字符串来指定的，布局字符串显示了时间的哪些部分是必需的，以及它们应该以什么样的顺序和精度来表示。表 19-6 简单介绍了 Format 方法。

表 19-6 创建时间格式化字符串的方法

方法	描述
Format(layout)	此方法返回使用指定布局字符串创建的格式化字符串

布局字符串使用的参考时间是 2006 年 1 月 2 日星期一的 15:04:05，位于 MST 时区，比格林尼治标准时间（Greenwich Mean Time，GMT）晚 7 个小时。代码清单 19-6 演示了如何使用参考时间来创建格式化字符串。

代码清单 19-6 在 datesandtimes/main.go 文件中格式化时间值

```
package main

import (
    "time"
    "fmt"
)

func PrintTime(label string, t *time.Time) {
    layout := "Day: 02 Month: Jan Year: 2006"
    fmt.Println(label, t.Format(layout))
}

func main() {
```

```
    current := time.Now()
    specific := time.Date(1995, time.June, 9, 0, 0, 0, 0, time.Local)
    unix := time.Unix(1433228090, 0)

    PrintTime("Current", &current)
    PrintTime("Specific", &specific)
    PrintTime("UNIX", &unix)
}
```

该布局可以将日期组件与固定字符串混合使用，在本示例中，我使用了一个布局来重复创建前面示例中使用的格式，该格式是使用参考日期指定的。编译并执行该项目，你将看到以下输出结果：

```
Current Day: 03 Month: Jun Year: 2021
Specific Day: 09 Month: Jun Year: 1995
UNIX Day: 02 Month: Jun Year: 2015
```

time 包为常见的时间和日期格式定义了一组常量，如表 19-7 所示。

表 19-7 由 time 包定义的布局常量

常量	参考日期格式
ANSIC	Mon Jan _2 15:04:05 2006
UnixDate	Mon Jan _2 15:04:05 MST 2006
RubyDate	Mon Jan 02 15:04:05 -0700 2006
RFC822	02 Jan 06 15:04 MST
RFC822Z	02 Jan 06 15:04 -0700
RFC850	Monday, 02-Jan-06 15:04:05 MST
RFC1123	Mon, 02 Jan 2006 15:04:05 MST
RFC1123Z	Mon, 02 Jan 2006 15:04:05 -0700
RFC3339	2006-01-02T15:04:05Z07:00
RFC3339Nano	2006-01-02T15:04:05.999999999Z07:00
Kitchen	3:04PM
Stamp	Jan _2 15:04:05
StampMilli	Jan _2 15:04:05.000
StampMicro	Jan _2 15:04:05.000000
StampNano	Jan _2 15:04:05.000000000

这些常量可以用来代替自定义布局，如代码清单 19-7 所示。

代码清单 19-7 在 datesandtimes/main.go 文件中使用预定义布局

```
package main

import (
    "time"
    "fmt"
)

func PrintTime(label string, t *time.Time) {
```

```
    //layout := "Day: 02 Month: Jan Year: 2006"
    fmt.Println(label, t.Format(time.RFC822Z))
}

func main() {
    current := time.Now()
    specific := time.Date(1995, time.June, 9, 0, 0, 0, 0, time.Local)
    unix := time.Unix(1433228090, 0)
    PrintTime("Current", &current)
    PrintTime("Specific", &specific)
    PrintTime("UNIX", &unix)
}
```

自定义布局已被 RFC822Z 布局所取代，它在编译和执行项目时会产生以下输出结果：

```
Current 03 Jun 21 08:04 +0100
Specific 09 Jun 95 00:00 +0100
UNIX 02 Jun 15 07:54 +0100
```

2. 从字符串中解析时间值

time 包支持从字符串创建时间值，如表 19-8 所示。

表 19-8 用于将字符串解析为时间值的 time 包函数

函数	描述
Parse(layout, str)	该函数使用指定的布局解析字符串以创建一个时间值并返回一个用于指示解析字符串时出现问题的错误
ParseInLocation(layout, str, location)	该函数使用指定的布局解析字符串，如果字符串中不包含时区，则使用 location。它同时返回一个用于指示解析字符串时出现问题的错误

表 19-8 中介绍的函数使用了一个参考时间，用来指定要解析的字符串的格式。参考时间是 MST 时区 2006 年 1 月 2 日星期一的 15:04:05，比 GMT 晚 7 个小时。

参考日期的组成部分被安排来指定要被解析的日期字符串的布局，如代码清单 19-8 所示。

代码清单 19-8 在 datesandtimes/main.go 文件中解析日期字符串

```
package main

import (
    "time"
    "fmt"
)

func PrintTime(label string, t *time.Time) {
    //layout := "Day: 02 Month: Jan Year: 2006"
    fmt.Println(label, t.Format(time.RFC822Z))
}

func main() {
    layout := "2006-Jan-02"
    dates := []string {
        "1995-Jun-09",
        "2015-Jun-02",
    }
```

```
    for _, d := range dates {
        time, err := time.Parse(layout, d)
        if (err == nil) {
            PrintTime("Parsed", &time)
        } else {
            Printfln("Error: %s", err.Error())
        }
    }
}
```

此示例中使用的布局包括四位数的年份、三个字母表示的月份和两位数的日期，它们都用连字符分隔。布局和要解析的字符串一起被传递给 Parse 函数，该函数返回一个时间值和一个详细说明任何解析问题的错误。编译并执行示例项目，你将收到以下输出结果，你可能会看到不同的时区偏移量（我稍后会谈到这一点）：

```
Parsed 09 Jun 95 00:00 +0000
Parsed 02 Jun 15 00:00 +0000
```

使用预定义的日期布局

表 19-7 中描述的布局常量可以用来解析日期，如代码清单 19-9 所示。

代码清单 19-9　在 datesandtimes/main.go 文件中使用预定义布局

```
package main

import (
    "time"
    "fmt"
)

func PrintTime(label string, t *time.Time) {
    //layout := "Day: 02 Month: Jan Year: 2006"
    fmt.Println(label, t.Format(time.RFC822Z))
}

func main() {
    //layout := "2006-Jan-02"
    dates := []string {
        "09 Jun 95 00:00 GMT",
        "02 Jun 15 00:00 GMT",
    }

    for _, d := range dates {
        time, err := time.Parse(time.RFC822, d)
        if (err == nil) {
            PrintTime("Parsed", &time)
        } else {
            Printfln("Error: %s", err.Error())
        }
    }
}
```

此示例使用常量 RFC822 来解析日期字符串，并生成以下输出，你可能会看到不同的时区偏移量：

```
Parsed 09 Jun 95 01:00 +0100
Parsed 02 Jun 15 01:00 +0100
```

指定解析位置

Parse 函数假定不带时区的日期和时间是用协调世界时（Coordinated Universal Time，UTC）定义的。**ParseInLocation** 方法可用于指定一个在没有指定时区时使用的位置（location），如代码清单 19-10 所示。

代码清单 19-10 在 datesandtimes/main.go 文件中指定位置

```
package main

import (
    "time"
    "fmt"
)

func PrintTime(label string, t *time.Time) {
    //layout := "Day: 02 Month: Jan Year: 2006"
    fmt.Println(label, t.Format(time.RFC822Z))
}

func main() {
    layout := "02 Jan 06 15:04"
    date := "09 Jun 95 19:30"

    london, lonerr := time.LoadLocation("Europe/London")
    newyork, nycerr := time.LoadLocation("America/New_York")

    if (lonerr == nil && nycerr == nil) {
        nolocation, _ := time.Parse(layout, date)
        londonTime, _ := time.ParseInLocation(layout, date, london)
        newyorkTime, _ := time.ParseInLocation(layout, date, newyork)

        PrintTime("No location:", &nolocation)
        PrintTime("London:", &londonTime)
        PrintTime("New York:", &newyorkTime)
    } else {
        fmt.Println(lonerr.Error(), nycerr.Error())
    }
}
```

ParseInLocation 接受一个 **time.Location** 参数，该参数指定当某个位置的时区未包含在被解析的字符串中时，将使用该位置的时区。你可以使用表 19-9 中描述的函数来创建 **Location** 值。

表 19-9 创建位置的函数

函数	描述
LoadLocation(name)	此函数返回指定名称的 *Location 和指示执行过程中发生的任何问题的错误
LoadLocationFromTZData(name, data)	此函数从包含格式化时区数据库的字节切片返回 *Location
FixedZone(name, offset)	此函数返回一个 *Location，该位置始终使用指定的名称和与 UTC 的偏移量

当将一个位置传递给 LoadLocation 函数时，返回的 Location 包含该位置使用的时区的详细信息。地名是在 IANA 时区数据库（https://www.iana.org/time-zones）中定义的。代码清单 19-10 中的示例指定了 Europe/London 和 America/New_York，这产生了伦敦和纽约的位置（Location）值。编译并执行代码，你将看到以下输出结果：

```
No location: 09 Jun 95 19:30 +0000
London: 09 Jun 95 19:30 +0100
New York: 09 Jun 95 19:30 -0400
```

这三个日期显示了如何使用不同的时区来解析字符串。当使用 Parse 函数时，时区被假定为 UTC，其偏移量为零（输出的 +0000 部分）。

当使用伦敦位置时，时间被假定为比 UTC 早一个小时，因为解析的字符串中的日期在英国使用的夏令时内。同样，当使用纽约位置时，比 UTC 晚四个小时。

嵌入时区数据库

用于创建位置值的时区数据库与 Go 工具一起安装，这意味着在部署已编译的应用程序时，它可能不可用。time/tzdata 包包含由包初始化函数加载的数据库的嵌入式版本（如第 12 章所述）。要确保时区数据始终可用，请声明对包的依赖关系，如下所示：

```
...
import (
    "fmt"
    "time"
        _ "time/tzdata"
)
...
```

包中没有导出的特性，因此必须使用空白标识符来声明依赖关系，否则可能会产生编译器错误。

使用本地位置

如果用来创建位置的地名是本地的，那么就使用运行应用程序的机器的时区设置，如代码清单 19-11 所示。

代码清单 19-11　在 datesandtimes/main.go 文件中使用本地时区

```
package main

import (
    "time"
    "fmt"
)

func PrintTime(label string, t *time.Time) {
    //layout := "Day: 02 Month: Jan Year: 2006"
    fmt.Println(label, t.Format(time.RFC822Z))
}

func main() {

    layout := "02 Jan 06 15:04"
```

```
    date := "09 Jun 95 19:30"

    london, lonerr := time.LoadLocation("Europe/London")
    newyork, nycerr := time.LoadLocation("America/New_York")
    local, _ := time.LoadLocation("Local")

    if (lonerr == nil && nycerr == nil) {
        nolocation, _ := time.Parse(layout, date)
        londonTime, _ := time.ParseInLocation(layout, date, london)
        newyorkTime, _ := time.ParseInLocation(layout, date, newyork)
        localTime, _ := time.ParseInLocation(layout, date, local)

        PrintTime("No location:", &nolocation)
        PrintTime("London:", &londonTime)
        PrintTime("New York:", &newyorkTime)
        PrintTime("Local:", &localTime)
    } else {
        fmt.Println(lonerr.Error(), nycerr.Error())
    }
}
```

根据你所在的位置，此示例产生的输出会有所不同。我住在英国，现在是夏令时，本地时区比 UTC 早一个小时，于是产生以下输出结果：

```
No location: 09 Jun 95 19:30 +0000
London: 09 Jun 95 19:30 +0100
New York: 09 Jun 95 19:30 -0400
Local: 09 Jun 95 19:30 +0100
```

直接指定时区

使用地名是确保正确解析日期最可靠的方法，因为夏令时可以被自动应用。FixedZone 函数可以用来创建具有固定时区的位置，如代码清单 19-12 所示。

代码清单 19-12 在 datesandtimes/main.go 文件中指定时区

```
package main

import (
    "time"
    "fmt"
)

func PrintTime(label string, t *time.Time) {
    //layout := "Day: 02 Month: Jan Year: 2006"
    fmt.Println(label, t.Format(time.RFC822Z))
}

func main() {

    layout := "02 Jan 06 15:04"
    date := "09 Jun 95 19:30"

    london := time.FixedZone("BST", 1 * 60 * 60)
    newyork := time.FixedZone("EDT", -4 * 60 * 60)
    local := time.FixedZone("Local", 0)

    //if (lonerr == nil && nycerr == nil) {
```

```
        nolocation, _ := time.Parse(layout, date)
        londonTime, _ := time.ParseInLocation(layout, date, london)
        newyorkTime, _ := time.ParseInLocation(layout, date, newyork)
        localTime, _ := time.ParseInLocation(layout, date, local)

        PrintTime("No location:", &nolocation)
        PrintTime("London:", &londonTime)
        PrintTime("New York:", &newyorkTime)
        PrintTime("Local:", &localTime)
    // } else {
    //     fmt.Println(lonerr.Error(), nycerr.Error())
    // }
}
```

FixedZone 函数的参数是一个名称和从 UTC 偏移的秒数。此示例创建三个固定时区，其中一个比 UTC 早一个小时，一个比 UTC 晚四个小时，还有一个没有时差。编译并执行该项目，你将看到以下输出结果：

```
No location: 09 Jun 95 19:30 +0000
London: 09 Jun 95 19:30 +0100
New York: 09 Jun 95 19:30 -0400
Local: 09 Jun 95 19:30 +0000
```

3. 操纵时间值

time 包提供了常用的处理时间值的方法，如表 19-10 所示。其中一些方法依赖于时长类型（Duration），我将在下一节中对此进行介绍。

表 19-10　处理时间值的方法

方法	描述
Add(duration)	该方法将指定的时长与时间相加，并返回结果
Sub(time)	该方法返回一个时长，该时长表示调用该方法的时间与作为参数提供的时间之间的差值
AddDate(y, m, d)	该方法将指定的年数、月数和天数加到时间上，并返回结果
After(time)	如果调用该方法的时间晚于作为参数提供的时间，则该方法返回 true
Before(time)	如果调用该方法的时间早于作为参数提供的时间，则该方法返回 true
Equal(time)	如果调用该方法的时间等于作为参数提供的时间，则该方法返回 true
IsZero()	如果调用该方法的时间表示零时时刻，即 1 年 1 月 1 日 00:00:00 UTC，则该方法返回 true
In(loc)	该方法返回以指定位置表示的时间值
Location()	该方法返回与时间相关联的位置，有效地允许用不同的时区来表示时间
Round(duration)	该方法将时间舍入到由时长表示的最接近的时间间隔值
Truncate(duration)	该方法将时间向下舍入到由时长表示的最接近的时间间隔值

代码清单 19-13 从字符串中解析时间，并使用了表 19-10 中列出的一些方法。

代码清单 19-13　在 datesandtimes/main.go 文件中使用时间值

```
package main

import (
```

```
    "time"
    "fmt"
)

func main() {
    t, err := time.Parse(time.RFC822, "09 Jun 95 04:59 BST")
    if (err == nil) {
        Printfln("After: %v", t.After(time.Now()))
        Printfln("Round: %v", t.Round(time.Hour))
        Printfln("Truncate: %v", t.Truncate(time.Hour))
    } else {
        fmt.Println(err.Error())
    }
}
```

编译并执行该项目，你将收到以下输出结果：

```
After: false
Round: 1995-06-09 05:00:00 +0100 BST
Truncate: 1995-06-09 04:00:00 +0100 BST
```

还可以使用 `Equal` 函数比较时间值，该函数考虑了时区差异，如代码清单 19-14 所示。

代码清单 19-14 在 datesandtimes/main.go 文件中比较时间值

```
package main

import (
    //"fmt"
    "time"
)

func main() {
    t1, _ := time.Parse(time.RFC822Z, "09 Jun 95 04:59 +0100")
    t2, _ := time.Parse(time.RFC822Z, "08 Jun 95 23:59 -0400")

    Printfln("Equal Method: %v", t1.Equal(t2))
    Printfln("Equality Operator: %v", t1 == t2)
}
```

此示例中的时间值表示不同时区下的同一时刻。`Equal` 函数考虑了时区的影响，而使用标准的相等运算符时不会发生这种情况。编译并执行该项目，你将收到以下输出结果：

```
Equal Method: true
Equality Operator: false
```

19.2.2 表示时长

时长（`Duration`）类型是 `int64` 类型的别名，用于表示特定的毫秒数。自定义时长值由 `time` 包中定义的时长常量组成，如表 19-11 所示。

表 19-11 time 包中的时长常量

常量	描述
Hour	该常量代表 1 小时

（续）

常量	描述
Minute	该常量代表 1 分钟
Second	该常量代表 1 秒
Millisecond	该常量代表 1 毫秒
Microsecond	该常量代表 1 微秒
Nanosecond	该常量代表 1 纳秒

一旦创建了时长，就可以使用表 19-12 中介绍的方法对其进行检查。

表 19-12　有关时长的方法

方法	描述
Hours()	该方法返回一个以小时为单位表示时长的 float64 值
Minutes()	该方法返回一个以分钟为单位表示时长的 float64 值
Seconds()	该方法返回一个以秒为单位表示时长的 float64 值
Milliseconds()	该方法返回一个以毫秒为单位表示时长的 int64 值
Microseconds()	该方法返回一个以微妙为单位表示时长的 int64 值
Nanoseconds()	该方法返回一个以纳秒为单位表示时长的 int64 值
Round(duration)	该方法返回一个时长，该时长被舍入为指定时长的最接近倍数
Truncate(duration)	该方法返回一个时长，该时长向下舍入到指定时长的最接近倍数

代码清单 19-15 演示了如何使用这些常量来创建时长，并使用了表 19-12 中的一些方法。

代码清单 19-15　在 datesandtimes/main.go 文件中创建和检查时长

```
package main

import (
    //"fmt"
    "time"
)

func main() {

    var d time.Duration = time.Hour + (30 * time.Minute)

    Printfln("Hours: %v", d.Hours())
    Printfln("Mins: %v", d.Minutes())
    Printfln("Seconds: %v", d.Seconds())
    Printfln("Millseconds: %v", d.Milliseconds())

    rounded := d.Round(time.Hour)
    Printfln("Rounded Hours: %v", rounded.Hours())
    Printfln("Rounded Mins: %v", rounded.Minutes())

    trunc := d.Truncate(time.Hour)
    Printfln("Truncated  Hours: %v", trunc.Hours())
    Printfln("Rounded Mins: %v", trunc.Minutes())
}
```

时长设置为 90 分钟，然后使用 Hours、Minutes、Seconds 和 Milliseconds 方法产生输出。Round 和 Truncate 方法用于创建新的时长值，以小时和分钟为单位表示。编译并执行该项目，你将收到以下输出结果：

```
Hours: 1.5
Mins: 90
Seconds: 5400
Millseconds: 5400000
Rounded Hours: 2
Rounded Mins: 120
Truncated  Hours: 1
Rounded Mins: 60
```

请注意，表 19-12 中的方法返回以特定单位（如小时或分钟）表示的整个时长。这不同于由 Time 类型定义的具有相似名称的方法，后者只返回日期 / 时间的一部分。

1. 创建相对于时间的时长值

time 包定义了两个函数，可用于创建表示特定时间和当前时间之间时间量的时长值，如表 19-13 所示。

表 19-13 time 包中用于创建相对于某个时间的时长值的函数

函数	描述
Since(time)	该函数返回一个时长，表示从指定时间开始到现在经过的时长
Until(time)	该函数返回一个时长，表示从现在到指定时间为止经过的时长

代码清单 19-16 演示了这些函数的用法。

代码清单 19-16 在 datesandtimes/main.go 文件中创建相对于时间的时长值

```
package main

import (
    //"fmt"
    "time"
)

func main() {
    toYears := func(d time.Duration) int {
        return int( d.Hours() / (24 * 365))
    }

    future := time.Date(2051, 0, 0, 0, 0, 0, 0, time.Local)
    past := time.Date(1965, 0, 0, 0, 0, 0, 0, time.Local)

    Printfln("Future: %v", toYears(time.Until(future)))
    Printfln("Past: %v", toYears(time.Since(past)))
}
```

该示例使用 Until 和 Since 函数计算距离 2051 年还有多少年，以及自 1965 年以来已经过去了多少年。代码清单 19-16 中的代码在编译时会产生以下输出结果，根据运行该示例的时间，你可能会看到不同的结果：

```
Future: 29
Past: 56
```

2. 用字符串创建时长

`time.ParseDuration` 函数可以解析字符串以创建时长值。表 19-14 介绍了该函数。

表 19-14　将字符串解析为时长值的函数

函数	描述
ParseDuration(str)	该函数返回一个时长和一个错误，错误指示在解析指定的字符串时是否有问题

`ParseDuration` 函数支持的字符串格式是数值后跟表 19-15 中列出的单位指示符的序列。

表 19-15　时长字符串单位指示符

单位	描述
h	这个单位表示小时
m	这个单位表示分钟
s	这个单位表示秒
ms	这个单位表示毫秒
us 或者 μs	这些单位表示微秒
ns	这个单位表示纳秒

值之间不允许有空格，值可以指定为整数或浮点数。代码清单 19-17 演示了如何用一个字符串创建一个时长。

代码清单 19-17　在 datesandtimes/main.go 文件中解析字符串

```go
package main

import (
    "fmt"
    "time"
)

func main() {
    d, err := time.ParseDuration("1h30m")
    if (err == nil) {
        Printfln("Hours: %v", d.Hours())
        Printfln("Mins: %v", d.Minutes())
        Printfln("Seconds: %v", d.Seconds())
        Printfln("Millseconds: %v", d.Milliseconds())
    } else {
        fmt.Println(err.Error())
    }
}
```

该字符串指定时长为 1 小时 30 分钟。编译并执行项目，将产生以下输出结果：

```
Hours: 1.5
Mins: 90
Seconds: 5400
Millseconds: 5400000
```

19.3 goroutine 和通道的时间特性

time 包提供了一小组函数，这些函数对于使用 goroutine 和通道非常有用，如表 19-16 所示。

表 19-16 time 包用于 goroutine 和通道的函数

函数	描述
Sleep(duration)	此函数将暂停当前的 goroutine 至少指定时长
AfterFunc(duration, func)	此函数在指定时长后在自己的 goroutine 中执行指定的函数。结果是一个 *Timer，它的 Stop 方法可以用来在指定的时长过去之前取消函数的执行
After(duration)	此函数返回一个在指定时长内阻塞的通道，然后产生一个时间值。有关详细信息，请参见 19.3.3 节
Tick(duration)	此函数返回一个周期性发送时间值的通道，其中周期为指定的时长

尽管这些函数都是在同一个包中定义的，但是它们有不同的用途，这将在下面的章节中演示。

19.3.1 让 goroutine 休眠

Sleep 函数暂停当前 goroutine 的执行指定时长，如代码清单 19-18 所示。

代码清单 19-18 在 datesandtimes/main.go 文件中暂停 goroutine

```
package main

import (
    //"fmt"
    "time"
)

func writeToChannel(channel chan <- string) {
    names := []string { "Alice", "Bob", "Charlie", "Dora" }
    for _, name := range names {
        channel <- name
        time.Sleep(time.Second * 1)
    }
    close(channel)
}

func main() {

    nameChannel := make (chan string)

    go writeToChannel(nameChannel)

    for name := range nameChannel {
        Printfln("Read name: %v", name)
    }
}
```

Sleep 函数指定的时长是 goroutine 暂停的最短时间，不能指望它暂停确切的时长，尤其是较短的时长。请记住，Sleep 函数会暂停调用它的 goroutine，这意味着它也会暂停 main goroutine，这可能会给人一种锁定应用程序的感觉。如果出现这种情况，表明你不小心调用了 Sleep 函数，自动死锁检测不会产生异常。编译并执行该项目，你将看到以下输出结果，并且输出每行内容之间有一点延迟：

```
Read name: Alice
Read name: Bob
Read name: Charlie
Read name: Dora
```

19.3.2　推迟函数的执行

AfterFunc 函数用于将函数的执行推迟一段时间，如代码清单 19-19 所示。

代码清单 19-19　在 datesandtimes/main.go 文件中推迟函数的执行

```
package main

import (
    //"fmt"
    "time"
)

func writeToChannel(channel chan <- string) {
    names := []string { "Alice", "Bob", "Charlie", "Dora" }
    for _, name := range names {
        channel <- name
        //time.Sleep(time.Second * 1)
    }
    close(channel)
}

func main() {

    nameChannel := make (chan string)

    time.AfterFunc(time.Second * 5, func () {
        writeToChannel(nameChannel)
    })

    for name := range nameChannel {
        Printfln("Read name: %v", name)
    }
}
```

AfterFunc 第一个参数是延迟时间，在本例中是 5 秒。第二个参数是将要执行的函数。在这个示例中，我想执行 writeToChannel 函数，但是 AfterFunc 只接受没有参数或结果的函数，所以我必须使用一个简单的包装器。编译并执行该项目，你将看到以下结果，这些结果在 5 秒的延迟后被写出来：

```
Read name: Alice
Read name: Bob
Read name: Charlie
Read name: Dora
```

19.3.3 接收定时通知

After 函数等待一段指定的时间，然后向通道发送一个时间值，这是使用通道在给定的未来时间接收通知的一种有用方式，如代码清单 19-20 所示。

代码清单 19-20 在 datesandtimes/main.go 文件中接收未来通知

```
package main

import (
    //"fmt"
    "time"
)

func writeToChannel(channel chan <- string) {

    Printfln("Waiting for initial duration...")
    _ = <- time.After(time.Second * 2)
    Printfln("Initial duration elapsed.")
    names := []string { "Alice", "Bob", "Charlie", "Dora" }
    for _, name := range names {
        channel <- name
        time.Sleep(time.Second * 1)
    }
    close(channel)
}

func main() {

    nameChannel := make (chan string)

    go writeToChannel(nameChannel)

    for name := range nameChannel {
        Printfln("Read name: %v", name)
    }
}
```

After 函数的结果是一个携带时间值的通道。当发送时间值时，通道在指定的时长内阻塞，直到时长已过。在本示例中，通过通道发送的值仅仅充当信号，并不直接使用，这就是它被赋给空白标识符的原因，如下所示：

```
...
_ = <- time.After(time.Second * 2)
...
```

After 函数的这种用法在 writeToChannel 函数中引入了初始延迟。编译并执行该项目，你将看到以下输出结果：

```
Waiting for initial duration...
Initial duration elapsed.
Read name: Alice
Read name: Bob
Read name: Charlie
Read name: Dora
```

本例中的效果与使用 Sleep 函数的效果相同，不同之处在于，After 函数返回一个通道，该通道在读取值之前不会阻塞，这意味着可以指定一个方向，执行额外的工作，然后再执行通道读取，其结果是通道将仅在剩余的时长内阻塞。

1. 在 select 语句中使用通知提示超时

After 函数可以和 select 语句一起使用来计算超时时间，如代码清单 19-21 所示。

代码清单 19-21 在 datesandtimes/main.go 文件的 select 语句中使用 Timeout

```
package main

import (
    //"fmt"
    "time"
)

func writeToChannel(channel chan <- string) {

    Printfln("Waiting for initial duration...")
    _ = <- time.After(time.Second * 2)
    Printfln("Initial duration elapsed.")

    names := []string { "Alice", "Bob", "Charlie", "Dora" }
    for _, name := range names {
        channel <- name
        time.Sleep(time.Second * 3)
    }
    close(channel)
}

func main() {

    nameChannel := make (chan string)

    go writeToChannel(nameChannel)

    channelOpen := true
    for channelOpen {
        Printfln("Starting channel read")
        select {
            case name, ok := <- nameChannel:
                if (!ok) {
                    channelOpen = false
                    break
                } else {
                    Printfln("Read name: %v", name)
                }
            case <- time.After(time.Second * 2):
                Printfln("Timeout")
        }
    }
}
```

select 语句将一直阻塞，直到其中一个通道准备就绪或计时器到期。这之所以有效，是因为 select 语句将阻塞，直到它的一个通道准备就绪，并且因为 After 函数创建了一个在指定时间段内阻塞的通道。编译并执行该项目，你将看到以下输出结果：

```
Waiting for initial duration...
Initial duration elapsed.
Timeout
Read name: Alice
Timeout
Read name: Bob
Timeout
Read name: Charlie
Timeout
Read name: Dora
Timeout
```

2. 停止和重置计时器

当你确定始终需要定时通知时，`After` 函数非常有用。如果需要取消通知，那么可以使用表 19-17 中介绍的函数。

表 19-17 time 包中用于创建计时器的函数

函数	描述
NewTimer(duration)	这个函数返回一个指定周期的 *Timer

`NewTimer` 函数的结果是一个指向 `Timer` 结构的指针，`Timer` 结构定义了表 19-18 中介绍的方法。

表 19-18 Timer 结构定义的方法

字段或方法	描述
C	这个字段返回计时器发送其时间值的通道
Stop()	这个方法停止计时器。结果是一个布尔值，如果计时器已经停止，它的返回结果将为 true；如果计时器已经发送了它的消息，它的返回结果将为 false
Reset(duration)	这个方法停止一个计时器，并重置它，使它的间隔为指定的时长

代码清单 19-22 使用 `NewTimer` 函数创建一个计时器，它在指定的时长过去之前被重置。

警告 停止计时器时要小心。计时器的通道没有关闭，这意味着即使计时器已经停止，从通道读取值也将继续阻塞。

代码清单 19-22 在 datesandtimes/main.go 文件中重置计时器

```
package main

import (
    //"fmt"
    "time"
)

func writeToChannel(channel chan <- string) {

    timer := time.NewTimer(time.Minute * 10)

    go func () {
```

```
        time.Sleep(time.Second * 2)
        Printfln("Resetting timer")
        timer.Reset(time.Second)
    }()

    Printfln("Waiting for initial duration...")
    <- timer.C
    Printfln("Initial duration elapsed.")

    names := []string { "Alice", "Bob", "Charlie", "Dora" }
    for _, name := range names {
        channel <- name
        //time.Sleep(time.Second * 3)
    }
    close(channel)
}

func main() {

    nameChannel := make (chan string)

    go writeToChannel(nameChannel)

    for name := range nameChannel {
        Printfln("Read name: %v", name)
    }
}
```

本示例中创建计时器的时长为 10 分钟。goroutine 休眠 2 秒，然后重置计时器，使其时长为 2 秒。编译并执行该项目，你将看到以下输出结果：

```
Waiting for initial duration...
Resetting timer
Initial duration elapsed.
Read name: Alice
Read name: Bob
Read name: Charlie
Read name: Dora
```

19.3.4 接收定期通知

Tick 函数返回一个通道，时间值在该通道上以指定的间隔发送，如代码清单 19-23 所示。

代码清单 19-23 在 datesandtimes/main.go 文件中接收定期通知

```
package main

import (
    //"fmt"
    "time"
)

func writeToChannel(nameChannel chan <- string) {

    names := []string { "Alice", "Bob", "Charlie", "Dora" }

    tickChannel := time.Tick(time.Second)
```

```
    index := 0

    for {
        <- tickChannel
        nameChannel <- names[index]
        index++
        if (index == len(names)) {
            index = 0
        }
    }
}

func main() {

    nameChannel := make (chan string)

    go writeToChannel(nameChannel)

    for name := range nameChannel {
        Printfln("Read name: %v", name)
    }
}
```

和以前一样，Tick 函数创建的通道的效用不是通过它发送时间值，而是发送时间值的周期。在本示例中，Tick 函数用于创建一个通道，通过该通道每秒发送一次值。当没有要读取的值时，通道会阻塞，这使得可以使用 Tick 函数创建的通道控制 writeToChannel 函数生成值的速率。编译并执行该项目，你将看到以下输出结果，该输出会一直重复，直到程序终止：

```
Read name: Alice
Read name: Bob
Read name: Charlie
Read name: Dora
Read name: Alice
Read name: Bob
...
```

当需要不确定的信号序列时，Tick 函数非常有用。如果需要一系列固定的值，那么可以使用表 19-19 中描述的函数创建 Ticker。

表 19-19 time 包中创建 Ticker 的函数

函数	描述
NewTicker(duration)	该函数返回一个带有指定周期的 *Ticker

NewTicker 函数的结果是一个指向 Ticker 结构的指针，Ticker 结构定义了表 19-20 中描述的字段和方法。

表 19-20 Ticker 结构定义的字段和方法

字段或方法	描述
C	该字段返回 Ticker 发送时间值的通道
Stop()	该方法停止 Ticker（但不关闭 C 字段返回的通道）
Reset(duration)	该方法停止并重置 Ticker，使其间隔改为指定的时长

代码清单 19-24 使用 NewTicker 函数创建一个 Ticker，并在不再需要它的时候停止。

代码清单 19-24　在 datesandtimes/main.go 文件中创建 Ticker

```
package main

import (
    //"fmt"
    "time"
)

func writeToChannel(nameChannel chan <- string) {

    names := []string{ "Alice", "Bob", "Charlie", "Dora" }

    ticker := time.NewTicker(time.Second / 10)
    index := 0
    for {
        <- ticker.C
        nameChannel <- names[index]
        index++
        if (index == len(names)) {
            ticker.Stop()
            close(nameChannel)
            break
        }
    }
}

func main() {

    nameChannel := make (chan string)

    go writeToChannel(nameChannel)

    for name := range nameChannel {
        Printfln("Read name: %v", name)
    }
}
```

当应用程序需要创建多个 ticker 而不留下那些不再需要发送消息的 ticker 时，这种方法很有用。编译并执行该项目，你将看到以下输出结果：

```
Read name: Alice
Read name: Bob
Read name: Charlie
Read name: Dora
```

19.4　小结

在这一章中，我介绍了处理时间、日期和时长的 Go 语言标准库特性，包括对通道和 goroutine 的集成支持。下一章将介绍读取器和书写器，它们是 Go 语言读取和写入数据的机制。

Chapter 20 第 20 章

读取和写入数据

在这一章中，我将介绍由标准库定义的两个重要的接口：读取器（Reader）和书写器（Writer）接口。这些接口用在需要读取或写入数据的地方，也就是说，数据源或数据目的地都可以以几乎相同的方式被处理，例如，将数据写入文件的方式和将数据写入网络连接的方式一样。表 20-1 列出了有关这些特性的基本问题。

表 20-1 关于读取器和书写器的基本问题

问题	答案
它们是什么	这些接口定义了读写数据所需的基本方法
它们为什么有用	这种方法意味着几乎可以使用相同的方式处理任何数据源，同时也允许使用第 13 章中介绍的组合特性来定义专有特性
它们是如何使用的	io 包定义了这些接口，但是有一系列其他包也实现了这些接口，其中一些包将在后面的章节中详细介绍
有什么陷阱或限制吗	这些接口没有完全隐藏数据源和目的地的细节，通常还需要定义由读取器和书写器定义的额外的方法
有其他选择吗	这些接口是可选的，但是它们的使用是难以避免的，因为它们在整个标准库中使用非常广泛

表 20-2 是本章内容概要。

表 20-2 章节内容概要

问题	解决方案	代码清单
读取数据	使用读取器接口的实现	20-6
写入数据	使用书写器接口的实现	20-7
简化读写数据的过程	使用工具函数	20-8
组合读取器或书写器	使用专门的实现	20-9～20-16
读写缓冲区	使用 bufio 包提供的特性	20-21～20-23
用读取器和书写器扫描和格式化数据	使用 fmt 包中接受读取器或书写器作为参数的函数	20-24～20-27

20.1 为本章做准备

请打开一个新的命令行窗口，导航到一个方便的位置，并创建一个名为 readersandwriters 的文件夹。运行代码清单 20-1 所示的命令来初始化项目。

代码清单 20-1 初始化项目

```
go mod init readersandwriters
```

将一个名为 printer.go 的文件添加到 readersandwriters 文件夹，其内容如代码清单 20-2 所示。

代码清单 20-2 readersandwriters/printer.go 文件的内容

```
package main

import "fmt"

func Printfln(template string, values ...interface{}) {
    fmt.Printf(template + "\n", values...)
}
```

将一个名为 product.go 的文件添加到 readersandwriters 文件夹，其内容如代码清单 20-3 所示。

代码清单 20-3 readersandwriters/product.go 文件的内容

```
package main

type Product struct {
    Name, Category string
    Price float64
}

var Kayak = Product {
    Name: "Kayak",
    Category: "Watersports",
    Price: 279,
}

var Products = []Product {
    { "Kayak", "Watersports", 279 },
    { "Lifejacket", "Watersports", 49.95 },
    { "Soccer Ball", "Soccer", 19.50 },
    { "Corner Flags", "Soccer", 34.95 },
    { "Stadium", "Soccer", 79500 },
    { "Thinking Cap", "Chess", 16 },
    { "Unsteady Chair", "Chess", 75 },
    { "Bling-Bling King", "Chess", 1200 },
}
```

将一个名为 main.go 的文件添加到 readersandwriters 文件夹，其内容如代码清单 20-4 所示。

代码清单 20-4 readersandwriters/main.go 文件的内容

```
package main

func main() {

    Printfln("Product: %v, Price : %v", Kayak.Name, Kayal
}
```

使用命令行窗口在 readersandwriters 文件夹中运行代码清单 20-5 所示的命令。

代码清单 20-5 运行示例项目

```
go run .
```

main.go 文件中的代码将被编译并执行，产生以下输出结果：

```
Product: Kayak Price: 275
```

20.2 了解读取器和书写器

读取器和书写器接口是由 io 包定义的，提供了读取和写入数据的抽象方法，与数据的来源和去向无关。接下来，我将介绍这些接口并演示它们的用法。

20.2.1 读取器

读取器（Reader）接口定义了一个方法，如表 20-3 所示。

表 20-3 读取器接口的方法

方法	描述
Read(byteSlice)	该方法将数据读入指定的 []byte。该方法返回读取的字节数（用 int 表示）和一个错误

读取器接口不包括任何关于数据来自哪里或如何获得的细节——它只定义了 Read 方法。细节留给实现此接口的类型完成，标准库中有针对不同数据源的读取器实现。最简单的读取器使用一个字符串作为数据源，如代码清单 20-6 所示。

代码清单 20-6 在 readersandwriters/main.go 文件中使用读取器

```
package main

import (
    "io"
    "strings"
)

func processData(reader io.Reader) {
    b := make([]byte, 2)
    for {
        count, err := reader.Read(b);
        if (count > 0) {
            Printfln("Read %v bytes: %v", count, string(b[0:count]))
        }
        if err == io.EOF {
```

```
                break
            }
        }
    }

    func main() {
        r := strings.NewReader("Kayak")
        processData(r)
    }
```

每种类型的读取器的创建方式都是不同的，这一点将在本章和后面的章节中演示。为了基于字符串创建读取器，strings 包提供了一个名为 NewReader 的构造函数，它接受一个字符串作为参数：

```
...
r := strings.NewReader("Kayak")
...
```

为了强调接口的用法，我使用 NewReader 函数的结果作为接受 io.Reader 的函数（在该函数中，使用 Read 方法来读取数据字节）的参数。通过设置传递给 Read 方法的字节切片的大小，指定希望接收的最大字节数。Read 方法的结果表明已经读取了多少字节的数据，以及是否有错误。

io 包定义了一个名为 EOF 的特殊错误，用于在读取器到达数据末尾时发出信号。如果来自 Read 方法的错误是 EOF 错误，那么将退出一直从读取器读取数据的 for 循环：

```
...
if err == io.EOF {
    break
}
...
```

最终效果是，for 循环调用 Read 方法一次最多获取两个字节，并将它们写出来。当到达字符串末尾时，Read 方法返回 EOF 错误，导致 for 循环终止。编译并执行代码，你将收到以下输出结果：

```
Read 2 bytes: Ka
Read 2 bytes: ya
Read 1 bytes: k
```

20.2.2　书写器

书写器（Writer）接口定义了表 20-4 中介绍的方法。

表 20-4　书写器接口的方法

方法	描述
Write(byteSlice)	该方法将数据写入指定的字节切片。该方法返回写入的字节数和一个错误。如果写入的字节数小于切片的长度，则错误为非 nil 值

书写器接口不包括如何存储、传输或处理写入数据的任何细节，所有这些都留给实现该接口的类型完成。在代码清单 20-7 中，我创建了一个书写器，它用接收到的数据创建一个字符串。

代码清单 20-7 在 readersandwriters/main.go 文件中使用书写器

```
package main

import (
    "io"
    "strings"
)

func processData(reader io.Reader, writer io.Writer) {
    b := make([]byte, 2)
    for {
        count, err := reader.Read(b);
        if (count > 0) {
            writer.Write(b[0:count])
            Printfln("Read %v bytes: %v", count, string(b[0:count]))
        }
        if err == io.EOF {
            break
        }
    }
}

func main() {
    r := strings.NewReader("Kayak")
    var builder strings.Builder
    processData(r, &builder)
    Printfln("String builder contents: %s", builder.String())
}
```

我在第 16 章中介绍的 `strings.Builder` 结构实现了 `io.Writer` 接口，所以我可以向 `Builder` 写入字节数据，然后调用它的 `String` 方法用这些字节创建一个字符串。如果书写器无法在切片中写入所有数据，则返回一个错误。在代码清单 20-7 中，我检查错误结果，如果返回了错误，就退出 `for` 循环。但是，由于本例中的书写器是在内存中构建字符串，发生错误的可能性很小。

请注意，我使用地址操作符将指向 `Builder` 的指针传递给 `processData` 函数，如下所示：

```
...
processData(r, &builder)
...
```

一般来说，读取器和书写器方法是为指针实现的，因此向函数传递读取器或书写器不会创建副本。在代码清单 20-7 中，我不必为读取器使用地址操作符，因为 `strings.NewReader` 函数的结果就是一个指针。

编译并执行该项目，你将收到以下输出结果，它显示将从一个字符串读取的字节用于创建另一个字符串：

```
Read 2 bytes: Ka
Read 2 bytes: ya
Read 1 bytes: k
String builder contents: Kayak
```

20.3 为读取器和书写器使用工具函数

io 包包含一组函数，这些函数提供了读写数据的额外方法，如表 20-5 所示。

表 20-5 io 包中用于读写数据的函数

函数	描述
Copy(w, r)	该函数将数据从读取器复制到书写器，直到返回 EOF 或遇到错误。返回的结果是字节副本数和用于说明遇到的问题的错误
CopyBuffer(w, r, buffer)	该函数执行与 Copy 相同的任务，但在将数据传递给书写器之前，它会将数据读入指定的缓冲区
CopyN(w, r, count)	该函数将 count 个字节从读取器复制到书写器。返回的结果是字节副本数和用于说明遇到的问题的错误
ReadAll(r)	该函数从指定的读取器中读取数据，直到到达 EOF。返回的结果是一个包含读取的数据的字节切片和执行过程遇到的错误
ReadAtLeast(r, byteSlice, min)	该函数从读取器中读取至少指定数量的字节，并将它们放入字节切片。如果读取的字节数少于指定值，则会报告错误
ReadFull(r, byteSlice)	该函数用数据填充指定的字节切片。返回的结果是成功读取的字节数和一个错误。如果在读取到足够的字节来填充切片之前遇到 EOF，将会报告一个错误
WriteString(w, str)	该函数将指定的字符串写入书写器

表 20-5 中的函数使用由读取器和书写器接口定义的 Read 和 Write 方法，但这样做更方便，避免了在处理数据时定义 for 循环。在代码清单 20-8 中，我使用 Copy 函数将示例字符串中的字节从读取器复制到书写器。

代码清单 20-8 在 readersandwriters/main.go 文件中复制数据

```
package main

import (
    "io"
    "strings"
)

func processData(reader io.Reader, writer io.Writer) {
    count, err := io.Copy(writer, reader)
    if (err == nil) {
        Printfln("Read %v bytes", count)
    } else {
        Printfln("Error: %v", err.Error())
    }
}
func main() {
    r := strings.NewReader("Kayak")
    var builder strings.Builder
    processData(r, &builder)
    Printfln("String builder contents: %s", builder.String())
}
```

使用 Copy 函数可以获得与上一个示例相同的结果，但代码更加简洁。编译并执行代码，你将收到以下输出结果：

```
Read 5 bytes
String builder contents: Kayak
```

20.4 使用专门的读取器和书写器

除了基本的读取器和书写器接口之外，io 包还提供了一些特殊的接口实现，如表 20-6 所示，我将在接下来的章节中进行演示。

表 20-6 io 包提供的特殊读取器和书写器实现函数

函数	描述
Pipe()	该函数返回一个 PipeReader 和一个 PipeWriter，它们可用于连接需要一个读取器和一个书写器的函数，如 20.4.1 节中所述
MultiReader(...readers)	该函数定义了可变数量的参数，允许指定任意数量的读取器值。返回的结果是一个读取器，它按照定义的顺序传递每个参数的内容，如 20.4.2 节所述
MultiWriter(...writers)	该函数定义了可变数量的参数，允许指定任意数量的书写器值。返回的结果是一个书写器，它向所有指定的书写器发送相同的数据，如 20.4.3 节所述
LimitReader(r, limit)	该函数创建一个在指定的字节数之后发出 EOF 的读取器，如 20.4.5 节所述

20.4.1 使用管道

管道（pipe）用于连接通过读取器使用数据的代码和通过书写器产生数据的代码。现在将一个名为 data.go 的文件添加到 readersandwriters 文件夹，其内容如代码清单 20-9 所示。

代码清单 20-9 readersandwriters/data.go 文件的内容

```go
package main

import "io"

func GenerateData(writer io.Writer) {
    data := []byte("Kayak, Lifejacket")
    writeSize := 4
    for i := 0; i < len(data); i += writeSize {
        end := i + writeSize;
        if (end > len(data)) {
            end = len(data)
        }
        count, err := writer.Write(data[i: end])
        Printfln("Wrote %v byte(s): %v", count, string(data[i: end]
        if (err != nil)  {
            Printfln("Error: %v", err.Error())
        }
    }
}

func ConsumeData(reader io.Reader) {
    data := make([]byte, 0, 10)
    slice := make([]byte, 2)
    for {
```

```
        count, err := reader.Read(slice)
        if (count > 0) {
            Printfln("Read data: %v", string(slice[0:count]))
            data = append(data, slice[0:count]...)
        }
        if (err == io.EOF) {
            break
        }
    }
    Printfln("Read data: %v", string(data))
}
```

GenerateData 函数定义了一个书写器参数，用于书写来自一个字符串的字节。ConsumeData 函数定义了一个读取器参数，它用这个参数来读取字节数据，然后用这些字节来创建一个字符串。

在实际项目中，并不需要从一个字符串中读取字节来创建另一个字符串，但是这样做很好地展示了管道是如何工作的，如代码清单 20-10 所示。

代码清单 20-10　在 readersandwriters/main.go 文件中使用管道

```
package main

import (
    "io"
    //"strings"
)

// func processData(reader io.Reader, writer io.Writer) {
//     count, err := io.Copy(writer, reader)
//     if (err == nil) {
//         Printfln("Read %v bytes", count)
//     } else {
//         Printfln("Error: %v", err.Error())
//     }
// }
func main() {
    pipeReader, pipeWriter := io.Pipe()
    go func() {
        GenerateData(pipeWriter)
        pipeWriter.Close()
    }()
    ConsumeData(pipeReader)
}
```

io.Pipe 函数返回一个 PipeReader 和一个 PipeWriter。PipeReader 和 PipeWriter 结构实现了 Closer 接口，该接口定义了表 20-7 中介绍的方法。

表 20-7　Closer 接口定义的方法

方法	描述
Close()	该方法关闭读取器或书写器。细节是由特定实现的结构定义的，但是，一般来说，关闭的读取器的任何后续数据读取操作将返回零字节和 EOF 错误，而关闭的书写器的任何后续写入操作将返回错误

因为 PipeWriter 实现了书写器接口，所以我可以将它用作 GenerateData 函数的参数，然后在函数完成后调用 Close 方法，以便读取器可以接收 EOF，如下所示：

```
...
GenerateData(pipeWriter)
pipeWriter.Close()
...
```

管道是同步的，因此 PipeWriter.Write 方法将阻塞，直到数据从管道中被读取。这意味着 PipeWriter 需要在不同于读取器的 goroutine 中使用，以防止应用程序死锁：

```
...
go func() {
    GenerateData(pipeWriter)
    pipeWriter.Close()
}()
...
```

请注意这条语句末尾的括号。在为匿名函数创建 goroutine 时，这是必需的，但是人们很容易忘记它。

PipeReader 结构实现了读取器接口，这意味着我可以将它用作 ConsumeData 函数的参数。ConsumeData 函数在 main goroutine 中执行，这意味着在函数完成之前应用程序不会退出。

最终效果是使用 PipeWriter 将数据写入管道，并使用 PipeReader 从管道中读取数据。当 GenerateData 函数完成时，在 PipeWriter 上调用 Close 方法，这将导致 PipeReader 的下一次读取产生 EOF。编译并执行该项目，你将收到以下输出结果：

```
Read data: Ka
Wrote 4 byte(s): Kaya
Read data: ya
Read data: k,
Wrote 4 byte(s): k, L
Read data:  L
Read data: if
Wrote 4 byte(s): ifej
Read data: ej
Read data: ac
Wrote 4 byte(s): acke
Read data: ke
Wrote 1 byte(s): t
Read data: t
Read data: Kayak, Lifejacket
```

输出结果证明了管道是同步的这一事实。GenerateData 函数调用书写器的 Write 方法，然后阻塞，直到数据被读取。这就是输出结果中的第一条消息来自读取器的原因：读取器一次能够读到两字节的数据，所以在用于发送四字节的 Write 方法的初始调用完成之前，需要有两次读取操作，然后显示来自 GenerateData 函数的消息。

改进示例

在代码清单 20-10 中，我在执行 GenerateData 函数的 goroutine 中调用了 PipeWriter 上的 Close 方法。这是可行的，但是我更喜欢检查书写器是否在产生数据的代码中实现了 Closer 接口，如代码清单 20-11 所示。

代码清单 20-11　关闭 readersandwriters/data.go 文件中的书写器

```
...
func GenerateData(writer io.Writer) {
    data := []byte("Kayak, Lifejacket")
    writeSize := 4
    for i := 0; i < len(data); i += writeSize {
        end := i + writeSize;
        if (end > len(data)) {
            end = len(data)
        }
        count, err := writer.Write(data[i: end])
        Printfln("Wrote %v byte(s): %v", count, string(data[i: end]))
        if (err != nil)  {
            Printfln("Error: %v", err.Error())
        }
    }
    if closer, ok := writer.(io.Closer); ok {
        closer.Close()
    }
}
...
```

这种方法为定义了 Close 方法的书写器提供了一致的处理程序，其中包括一些在后面章节中介绍的有用的类型。它还允许修改 goroutine，以便它执行 GenerateData 函数而不需要匿名函数，如代码清单 20-12 所示。

代码清单 20-12　简化 readersandwriters/main.go 文件中的代码

```
package main

import (
    "io"
    //"strings"
)

func main() {
    pipeReader, pipeWriter := io.Pipe()
    go GenerateData(pipeWriter)
    ConsumeData(pipeReader)
}
```

这个示例产生的输出结果与代码清单 20-10 中代码的输出结果相同。

20.4.2　连接多个读取器

MultiReader 函数将来自多个读取器的输入连接起来，这样就可以按顺序处理它们，如代码清单 20-13 所示。

代码清单 20-13　在 readersandwriters/main.go 文件中连接读取器

```
package main

import (
```

```
    "io"
    "strings"
)

func main() {

    r1 := strings.NewReader("Kayak")
    r2 := strings.NewReader("Lifejacket")
    r3 := strings.NewReader("Canoe")

    concatReader := io.MultiReader(r1, r2, r3)

    ConsumeData(concatReader)
}
```

MultiReader 函数返回的读取器用底层读取器值的内容来响应 Read 方法。当第一个读取器返回 EOF 时，从第二个读取器读取内容。这个过程一直持续到最后一个底层读取器返回 EOF。编译并执行代码，你将看到以下输出结果：

```
Read data: Ka
Read data: ya
Read data: k
Read data: Li
Read data: fe
Read data: ja
Read data: ck
Read data: et
Read data: Ca
Read data: no
Read data: e
Read data: KayakLifejacketCanoe
```

20.4.3 组合多个书写器

MultiWriter 函数将多个书写器组合在一起，以便将数据发送给所有的书写器，如代码清单 20-14 所示。

代码清单 20-14 在 readersandwriters/main.go 文件中组合书写器

```
package main

import (
    "io"
    "strings"
)

func main() {

    var w1 strings.Builder
    var w2 strings.Builder
    var w3 strings.Builder

    combinedWriter := io.MultiWriter(&w1, &w2, &w3)

    GenerateData(combinedWriter)
```

```
    Println("Writer #1: %v", w1.String())
    Println("Writer #2: %v", w2.String())
    Println("Writer #3: %v", w3.String())
}
```

本示例中的书写器是 strings.Builder 值（我们在第 16 章中介绍过），它实现了书写器接口。MultiWriter 函数用于创建一个书写器，这样调用 Write 方法将导致相同的数据被写入三个单独的书写器。编译并执行该项目，你将看到以下输出结果：

```
Wrote 4 byte(s): Kaya
Wrote 4 byte(s): k, L
Wrote 4 byte(s): ifej
Wrote 4 byte(s): acke
Wrote 1 byte(s): t
Writer #1: Kayak, Lifejacket
Writer #2: Kayak, Lifejacket
Writer #3: Kayak, Lifejacket
```

20.4.4 给书写器回显数据

TeeReader 函数返回一个读取器，它将接收到的数据回显（echo）给书写器，如代码清单 20-15 所示。

代码清单 20-15 在 readersandwriters/main.go 文件中回显数据

```
package main

import (
    "io"
    "strings"
)

func main() {

    r1 := strings.NewReader("Kayak")
    r2 := strings.NewReader("Lifejacket")
    r3 := strings.NewReader("Canoe")

    concatReader := io.MultiReader(r1, r2, r3)

    var writer strings.Builder
    teeReader := io.TeeReader(concatReader, &writer);

    ConsumeData(teeReader)
    Println("Echo data: %v", writer.String())
}
```

TeeReader 函数用于创建一个将数据回显到 strings.Builder 的读取器。编译并执行该项目，你将看到以下输出，其中包括回显的数据：

```
Read data: Ka
Read data: ya
Read data: k
Read data: Li
Read data: fe
```

```
Read data: ja
Read data: ck
Read data: et
Read data: Ca
Read data: no
Read data: e
Read data: KayakLifejacketCanoe
Echo data: KayakLifejacketCanoe
```

20.4.5 限制读取数据

LimitReader 函数用于限制可以从读取器获取的数据量，如代码清单 20-16 所示。

代码清单 20-16 在 readersandwriters/main.go 文件中限制读取数据

```
package main

import (
    "io"
    "strings"
)

func main() {

    r1 := strings.NewReader("Kayak")
    r2 := strings.NewReader("Lifejacket")
    r3 := strings.NewReader("Canoe")

    concatReader := io.MultiReader(r1, r2, r3)

    limited := io.LimitReader(concatReader, 5)
    ConsumeData(limited)
}
```

LimitReader 函数的第一个参数是用于提供数据的读取器。第二个参数是可以读取的最大字节数。当达到限制时，由 LimitReader 函数返回的读取器将发送 EOF，除非底层读取器首先发送 EOF。在代码清单 20-16 中，我将读取量限制为 5 字节，当项目被编译和执行时，会产生以下输出结果：

```
Read data: Ka
Read data: ya
Read data: k
Read data: Kayak
```

20.5 缓冲数据

bufio 包支持向读取器和书写器添加缓冲区。要查看在没有缓冲区的情况下如何处理数据，请将一个名为 custom.go 的文件添加到 readersandwriters 文件夹，其内容如代码清单 20-17 所示。

代码清单 20-17 readersandwriters/custom.go 文件的内容

```
package main
```

```
import "io"

type CustomReader struct {
    reader io.Reader
    readCount int
}

func NewCustomReader(reader io.Reader) *CustomReader {
    return &CustomReader { reader, 0 }
}

func (cr *CustomReader) Read(slice []byte) (count int, err error) {
    count, err = cr.reader.Read(slice)
    cr.readCount++
    Printfln("Custom Reader: %v bytes", count)
    if (err == io.EOF) {
        Printfln("Total Reads: %v", cr.readCount)
    }
    return
}
```

代码清单 20-17 中的代码定义了一个名为 CustomReader 的结构类型，它作为读取器的包装器。Read 方法的实现生成输出，该输出报告读取了多少数据以及总共执行了多少次读取操作。代码清单 20-18 使用新的类型作为基于字符串的读取器的包装器。

代码清单 20-18　在 readersandwriters/main.go 文件中使用读取器的包装器

```
package main

import (
    "io"
    "strings"
)

func main() {

    text := "It was a boat. A small boat."

    var reader io.Reader = NewCustomReader(strings.NewReader(text))
    var writer strings.Builder
    slice := make([]byte, 5)

    for {
        count, err := reader.Read(slice)
        if (count > 0) {
            writer.Write(slice[0:count])
        }
        if (err != nil) {
            break
        }
    }

    Printfln("Read data: %v", writer.String())
}
```

NewCustomReader 函数用于创建一个 CustomReader，该函数从字符串中读取数据，并利用 for 循环通过字节切片来使用数据。编译并执行该项目，你将看到数据是如何读取的：

```
Custom Reader: 5 bytes
Custom Reader: 5 bytes
Custom Reader: 5 bytes
Custom Reader: 5 bytes
Custom Reader: 5 bytes
Custom Reader: 3 bytes
Custom Reader: 0 bytes
Total Reads: 7
Read data: It was a boat. A small boat.
```

传递给 Read 函数的字节切片的大小决定了数据的使用方式。在本示例中，切片的大小是 5，这意味着每次调用 Read 函数最多可以读取 5 字节。有两次读取操作未获得 5 字节的数据。倒数第二次读取产生了 3 字节，因为源数据量不能被 5 整除，最后有 3 字节的剩余数据。最后一次读取返回 0 字节，但收到 EOF 错误，这表明已到达数据末尾。

总之，28 字节需要读取 7 次。我选择的源数据所有字符都只需要一字节，但是如果更改示例以引入多字节的字符，你可能会看到不同的读取次数。

当每次读取操作都有大量开销时，每次读取少量数据可能会有问题。当读取存储在内存中的字符串时，这通常不是什么问题，但是从其他数据源（如文件）读取数据可能会有昂贵开销，因此最好进行少量次数而每次读取较大数据量的读取操作。这可以通过引入一个缓冲区来实现，大量数据先被读入该缓冲区，以服务于多个较小的数据请求。表 20-8 介绍了 bufio 包提供的用于创建缓冲读取器的函数。

表 20-8 bufio 包提供的用于创建缓冲读取器的函数

函数	描述
NewReader(r)	该函数返回一个具有默认大小（在编写本书时是 4096 字节）的缓冲区的缓冲读取器
NewReaderSize(r, size)	该函数返回一个具有指定大小的缓冲区的缓冲读取器

NewReader 和 NewReaderSize 返回的结果均实现了读取器接口，但引入了一个缓冲区，这可以减少对底层数据源进行读取操作的次数。代码清单 20-19 演示了引入缓冲区的示例。

代码清单 20-19 在 readersandwriters/main.go 文件中使用缓冲区

```
package main

import (
    "io"
    "strings"
    "bufio"
)

func main() {

    text := "It was a boat. A small boat."

    var reader io.Reader = NewCustomReader(strings.NewReader(text))
    var writer strings.Builder
    slice := make([]byte, 5)
```

```
    reader = bufio.NewReader(reader)

    for {
        count, err := reader.Read(slice)
        if (count > 0) {
            writer.Write(slice[0:count])
        }
        if (err != nil) {
            break
        }
    }

    Printfln("Read data: %v", writer.String())
}
```

我使用 NewReader 函数创建了一个具有默认大小缓冲区的读取器。缓冲读取器填充其缓冲区，并使用其中包含的数据来响应对 Read 方法的调用。编译并执行该项目，查看引入缓冲区的效果：

```
Custom Reader: 28 bytes
Custom Reader: 0 bytes
Total Reads: 2
Read data: It was a boat. A small boat.
```

默认的缓冲区大小是 4096 字节，这意味着缓冲读取器能够在一次读取操作中读取所有数据，再加上一次读取来产生 EOF 结果。引入缓冲区减少了与读取操作次数相关的开销，尽管以用于缓冲数据的内存为代价。

20.5.1　使用附加的缓冲读取器方法

NewReader 和 NewReaderSize 函数返回的是实现了 io.Reader 接口的 bufio.Reader 值，它可以用作其他类型的读取器方法的直接包装器，无缝地引入读取缓冲区。

bufio.Reader 结构定义了其他直接使用缓冲区的方法，如表 20-9 所示。

表 20-9　缓冲读取器定义的方法

方法	描述
Buffered()	该方法返回一个 int 值，表示可以从缓冲区读取的字节数
Discard(count)	该方法丢弃指定数量的字节
Peek(count)	该方法返回指定数量的字节，而不从缓冲区中移除它们，它们仍可以由后续对 Read 方法的调用返回
Reset(reader)	该方法丢弃缓冲区中的数据，并从指定的读取器执行后续读取操作
Size()	该方法返回缓冲区的大小，用 int 表示

代码清单 20-20 演示了如何使用 Size 和 Buffered 方法来报告缓冲区的大小和它包含多少数据。

代码清单 20-20　在 readersandwriters/main.go 文件中使用缓冲区

```
package main
```

```
import (
    "io"
    "strings"
    "bufio"
)

func main() {

    text := "It was a boat. A small boat."

    var reader io.Reader = NewCustomReader(strings.NewReader(text))
    var writer strings.Builder
    slice := make([]byte, 5)

    buffered := bufio.NewReader(reader)

    for {
        count, err := buffered.Read(slice)
        if (count > 0) {
            Printfln("Buffer size: %v, buffered: %v",
                buffered.Size(), buffered.Buffered())
            writer.Write(slice[0:count])
        }
        if (err != nil) {
            break
        }
    }

    Printfln("Read data: %v", writer.String())
}
```

编译并执行项目，你将看到每个读取操作都会消耗一些缓冲数据：

```
Custom Reader: 28 bytes
Buffer size: 4096, buffered: 23
Buffer size: 4096, buffered: 18
Buffer size: 4096, buffered: 13
Buffer size: 4096, buffered: 8
Buffer size: 4096, buffered: 3
Buffer size: 4096, buffered: 0
Custom Reader: 0 bytes
Total Reads: 2
Read data: It was a boat. A small boat.
```

20.5.2 执行缓冲写入

bufio 包还支持创建使用缓冲区的书写器（即缓冲书写器），表 20-10 中列出了相关函数。

表 20-10 bufio 包中用于创建缓冲书写器的函数

函数	描述
NewWriter(w)	该函数返回一个具有默认大小（在编写本书时是 4096 字节）缓冲区的缓冲书写器
NewWriterSize(w, size)	该函数返回一个具有指定大小缓冲区的缓冲书写器

表 20-10 中介绍的函数的返回结果实现了书写器接口，所以它们可以用来无缝地引入一个

写缓冲区。这些函数返回的实际数据类型是 bufio.Writer，它定义了表 20-11 中介绍的管理缓冲区及其内容的方法。

表 20-11 bufio.Writer 结构定义的方法

方法	描述
Available()	该方法返回缓冲区中可用的字节数
Buffered()	该方法返回已经写入缓冲区的字节数
Flush()	该方法将缓冲区的内容写入底层书写器
Reset(writer)	该方法丢弃缓冲区中的数据，并对指定的书写器执行后续写入操作
Size()	该方法返回缓冲区的容量，以字节为单位

代码清单 20-21 定义了一个自定义书写器，它会报告自己的操作并显示缓冲区的效果。它与上一节中创建的读取器是相对应的。

代码清单 20-21 在 readersandwriters/custom.go 文件中定义自定义书写器

```
package main

import "io"

// ...reader type and functions omitted for brevity...

type CustomWriter struct {
    writer io.Writer
    writeCount int
}

func NewCustomWriter(writer io.Writer) * CustomWriter {
    return &CustomWriter{ writer, 0}
}

func (cw *CustomWriter) Write(slice []byte) (count int, err error) {
    count, err = cw.writer.Write(slice)
    cw.writeCount++
    Printfln("Custom Writer: %v bytes", count)
    return
}

func (cw *CustomWriter) Close() (err error) {
    if closer, ok := cw.writer.(io.Closer); ok {
        closer.Close()
    }
    Printfln("Total Writes: %v", cw.writeCount)
    return
}
```

NewCustomWriter 构造函数用 CustomWriter 结构包装书写器，该结构能报告其写操作。代码清单 20-22 展示了在没有缓冲的情况下执行写操作的方式。

代码清单 20-22 在 readersandwriters/main.go 文件中执行非缓冲写操作

```
package main
```

```
import (
    //"io"
    "strings"
    //"bufio"
)

func main() {

    text := "It was a boat. A small boat."

    var builder strings.Builder
    var writer = NewCustomWriter(&builder)
    for i := 0; true; {
        end := i + 5
        if (end >= len(text)) {
            writer.Write([]byte(text[i:]))
            break
        }
        writer.Write([]byte(text[i:end]))
        i = end
    }
    Printfln("Written data: %v", builder.String())
}
```

上面的示例一次向书写器写入 5 字节，书写器由来自 `strings` 包的 `Builder` 支撑。编译并执行该项目，你可以看到每次调用 `Write` 方法的效果：

```
Custom Writer: 5 bytes
Custom Writer: 5 bytes
Custom Writer: 5 bytes
Custom Writer: 5 bytes
Custom Writer: 5 bytes
Custom Writer: 3 bytes
Written data: It was a boat. A small boat.
```

缓冲书写器将数据保存在缓冲区中，仅当缓冲区已满或调用 `Flush` 方法时，才将数据传递给底层书写器。代码清单 20-23 在示例中引入了一个缓冲区。

代码清单 20-23 在 readersandwriters/main.go 文件中使用缓冲书写器

```
package main

import (
    //"io"
    "strings"
    "bufio"
)
func main() {

    text := "It was a boat. A small boat."

    var builder strings.Builder
    var writer = bufio.NewWriterSize(NewCustomWriter(&builder), 20)
    for i := 0; true; {
        end := i + 5
        if (end >= len(text)) {
            writer.Write([]byte(text[i:]))
```

```
            writer.Flush()
            break
        }
        writer.Write([]byte(text[i:end]))
        i = end
    }
    Printfln("Written data: %v", builder.String())
}
```

到缓冲书写器的转换并不是完全无缝的，因为需要调用 Flush 方法来确保所有数据都被写出。我在代码清单 20-23 中选择的缓冲区是 20 字节大小的，这比默认的缓冲区小得多（这非常小，在实际项目中不起什么实际作用），但是它非常适合展示在示例中引入缓冲区是如何减少写操作的数量的。编译并执行该项目，你将看到以下输出结果：

```
Custom Writer: 20 bytes
Custom Writer: 8 bytes
Written data: It was a boat. A small boat.
```

20.6　用读取器和书写器格式化和扫描数据

在第 17 章中，我介绍了 fmt 包提供的格式化和扫描字符串的特性，并演示了它们的用法。正如我在那一章中提到的，fmt 包提供了对读取器和书写器应用这些特性的支持，如下面几节所述。我还将介绍如何将 strings 包中的特性用于书写器。

20.6.1　扫描读取器的值

fmt 包提供了从读取器中扫描值并将它们转换成不同类型的函数，如代码清单 20-24 所示。你并不是必须使用这些函数来扫描值，我这样做只是为了强调扫描过程也适用于读取器。

代码清单 20-24　在 readersandwriters/main.go 文件中从读取器扫描值

```
package main

import (
    "io"
    "strings"
    //"bufio"
    "fmt"
)

func scanFromReader(reader io.Reader, template string,
        vals ...interface{}) (int, error) {
    return fmt.Fscanf(reader, template, vals...)
}

func main() {

    reader := strings.NewReader("Kayak Watersports $279.00")

    var name, category string
    var price float64
    scanTemplate := "%s %s $%f"
```

```
    _, err := scanFromReader(reader, scanTemplate, &name, &category, &price)
    if (err != nil) {
        Printfln("Error: %v", err.Error())
    } else {
        Printfln("Name: %v", name)
        Printfln("Category: %v", category)
        Printfln("Price: %.2f", price)
    }
}
```

扫描过程从读取器读取字节，并使用扫描模板来解析收到的数据。代码清单 20-24 中的扫描模板包含两个字符串和一个 `float64` 值。编译并执行该代码会产生以下输出结果：

```
Name: Kayak
Category: Watersports
Price: 279.00
```

使用读取器时，一个有用的技巧是使用循环逐步扫描数据，如代码清单 20-25 所示。当字节随时间到达时，比如当从 HTTP 连接（将在第 25 章介绍）读取数据时，这种方法工作得很好。

代码清单 20-25 在 readersandwriters/main.go 文件中实现逐步扫描

```
package main

import (
    "io"
    "strings"
    //"bufio"
    "fmt"
)

func scanFromReader(reader io.Reader, template string,
        vals ...interface{}) (int, error) {
    return fmt.Fscanf(reader, template, vals...)
}

func scanSingle(reader io.Reader, val interface{}) (int, error) {
    return fmt.Fscan(reader, val)
}

func main() {

    reader := strings.NewReader("Kayak Watersports $279.00")

    for {
        var str string
        _, err := scanSingle(reader, &str)
        if (err != nil) {
            if (err != io.EOF) {
                Printfln("Error: %v", err.Error())
            }
            break
        }
        Printfln("Value: %v", str)
    }
}
```

for 循环调用 scanSingle 函数，该函数使用 Fscan 函数从读取器读取字符串。值读取过程一直持续到返回 EOF，此时循环终止。编译并执行该项目，你将收到以下输出结果：

```
Value: Kayak
Value: Watersports
Value: $279.00
```

20.6.2　将格式化字符串写入书写器

fmt 包还提供了将格式化字符串写入书写器的函数，如代码清单 20-26 所示。用函数来格式化字符串并不是必需的，我这样做只是为了强调格式化适用于读取器。

代码清单 20-26　在 readersandwriters/main.go 文件中将格式化字符串写入书写器

```
package main

import (
    "io"
    "strings"
    //"bufio"
    "fmt"
)

// func scanFromReader(reader io.Reader, template string,
//         vals ...interface{}) (int, error) {
//     return fmt.Fscanf(reader, template, vals...)
// }

// func scanSingle(reader io.Reader, val interface{}) (int, error) {
//     return fmt.Fscan(reader, val)
// }

func writeFormatted(writer io.Writer, template string, vals ...interface{}) {
    fmt.Fprintf(writer, template, vals...)
}

func main() {

    var writer strings.Builder
    template := "Name: %s, Category: %s, Price: $%.2f"

    writeFormatted(&writer, template, "Kayak", "Watersports", float64(279))

    fmt.Println(writer.String())
}
```

writeFormatted 函数使用 fmt.Fprintf 函数将使用模板格式化的字符串写入书写器。编译并执行该项目，你将看到以下输出结果：

```
Name: Kayak, Category: Watersports, Price: $279.00
```

20.6.3　将 Replacer 与书写器一起使用

strings.Replacer 结构可用于对字符串执行替换，并将修改后的结果输出到书写器，如代码清单 20-27 所示。

代码清单 20-27 在 readersandwriters/main.go 文件中使用 Replacer

```
package main

import (
    "io"
    "strings"
    //"bufio"
    "fmt"
)

func writeReplaced(writer io.Writer, str string, subs ...string) {
    replacer := strings.NewReplacer(subs...)
    replacer.WriteString(writer, str)
}

func main() {

    text := "It was a boat. A small boat."
    subs := []string { "boat", "kayak", "small", "huge" }

    var writer strings.Builder
    writeReplaced(&writer, text, subs...)
    fmt.Println(writer.String())
}
```

WriteString 方法执行其替换并写出修改后的字符串。编译并执行代码，你将收到以下输出结果：

```
It was a kayak. A huge kayak.
```

20.7 小结

在这一章中，我介绍了读取器和书写器接口，它们在整个标准库中广泛用于数据的读写。我还介绍了这些接口定义的方法，以及可用的专用实现，并展示了标准库已经实现的缓冲、格式化和扫描特性。下一章将介绍对 JSON 数据处理的支持，也会利用本章中介绍的特性。

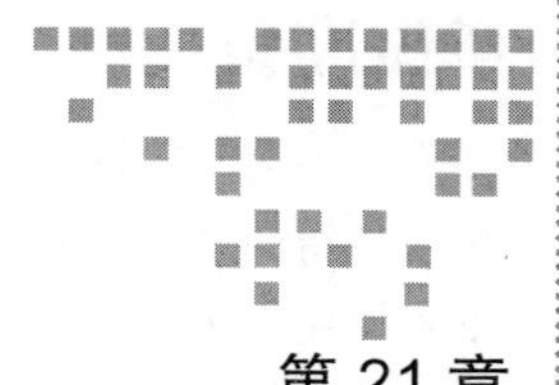

第 21 章 Chapter 21

使用 JSON 数据

在这一章中，我将介绍 Go 语言标准库对 JSON（JavaScript Object Notation）格式的支持。JSON 已经成为事实上的数据格式标准，这很大程度上是因为它简单并且可以跨平台工作。如果你以前没有遇到过 JSON，请访问 http://json.org 了解数据格式的简明介绍。JSON 是 RESTful Web 服务（这将在第三部分中演示）中经常遇到的数据格式。表 21-1 给出了关于使用 JSON 数据的一些基本问题。

表 21-1　关于使用 JSON 数据的一些基本问题

问题	答案
它们是什么	JSON 数据是交换数据的事实标准，尤其是在 HTTP 应用程序中
它们为什么有用	JSON 足够简单，可以被任何语言支持，同时可以表示相当复杂的数据
它们是如何使用的	`encoding/json` 包提供了对 JSON 数据编码和解码的支持
有什么陷阱或限制吗	并不是所有的 Go 语言数据类型都可以用 JSON 表示，这就要求开发人员注意 Go 语言数据类型的表达方式
有其他选择吗	还有许多其他可用的数据编码方式，其中一些也受 Go 语言标准库的支持

表 21-2 是本章内容概要。

表 21-2　章节内容概要

问题	解决方案	代码清单
编码 JSON 数据	创建一个带书写器的编码器并调用 `Encode` 方法	21-2～21-7、21-14、21-15
控制结构编码	使用 JSON 结构标签或实现 `Marshaler` 接口	21-8～21-13、21-16
解码 JSON 数据	创建一个带读取器的解码器并调用 `Decode` 方法	21-17～21-25
控制结构解码	使用 JSON 结构标签或实现 `Unmarshaler`	21-26～21-28

21.1 为本章做准备

在这一章中，我将继续使用在第 20 章中创建的 `readersandwriters` 项目，无须进行任何改动。请打开一个新的命令行窗口，导航到 `readersandwriters` 文件夹并运行代码清单 21-1 所示的命令来编译并执行项目。

代码清单 21-1 编译并执行项目

```
go run .
```

示例项目的代码将被编译并执行，产生以下输出结果：

```
It was a kayak. A huge kayak.
```

21.2 读取和写入 JSON 数据

`encoding/json` 包提供了对 JSON 数据编码和解码的支持。表 21-3 介绍了用于创建编码和解码 JSON 数据的结构的构造函数。

注意 Go 语言标准库包含支持其他数据格式（包括 XML 和 CSV）的包。你可以访问 https://golang.org/pkg/encoding 获取详细信息。

表 21-3 encoding/json 包中用于 JSON 数据的构造函数

构造函数	描述
NewEncoder(writer)	该函数返回一个编码器，可以用来对 JSON 数据进行编码，并将其写入指定的书写器
NewDecoder(reader)	该函数返回一个解码器，可以用来从指定的读取器读取 JSON 数据并解码

`encoding/json` 包还提供了不使用读取器或书写器的编码和解码函数，如表 21-4 所示。

表 21-4 创建和解析 JSON 数据的函数

函数	描述
Marshal(value)	该函数将指定的值编码为 JSON。结果是以字节切片表示的 JSON 内容和指示编码过程发生的问题的错误
Unmarshal(byteSlice, val)	该函数解析包含在指定字节切片中的 JSON 数据并将结果赋给指定的变量

21.2.1 编码 JSON 数据

`NewEncoder` 构造函数用于创建编码器，该编码器可用于将 JSON 数据写入书写器，表 21-5 中列出了相关方法。

表 21-5 编码器的方法

方法	描述
Encode(val)	此方法将指定的值编码为 JSON 格式，并将其写入书写器
SetEscapeHTML(on)	此方法接受一个 bool 参数，如果为 true，则对 HTML 中有危险的字符进行转义。默认行为是对这些字符进行转义
SetIndent(prefix, indent)	此方法指定应用于 JSON 输出的每个字段名称的前缀和缩进

在除JavaScript之外的任何语言中，JSON表达的数据类型都不完全符合本地数据类型。表21-6总结了基本的Go语言数据类型用JSON是如何表示的。

表21-6 用JSON表示基本的Go语言数据类型

数据类型	描述
bool	Go语言布尔值表示为JSON的true或false
string	Go语言字符串值表示为JSON的字符串。默认情况下，不安全的HTML字符会被转义
float32、float64	Go语言浮点值表示为JSON的数字
int、int<size>	Go语言整数值表示为JSON的数字
uint、uint<size>	Go语言整数值表示为JSON的数字
byte	Go语言字节值表示为JSON的数字
rune	Go语言字符值表示为JSON的数字
nil	Go语言nil值表示为JSON的null值
Pointers	JSON编码器跟随指针，在指针的位置对值进行编码

代码清单21-2展示了创建JSON编码器和编码一些基本的Go语言类型的过程。

代码清单21-2 在readersandwriters/main.go文件中对JSON数据进行编码

```
package main

import (
    //"io"
    "strings"
    "fmt"
    "encoding/json"
)

// func writeReplaced(writer io.Writer, str string, subs ...string) {
//     replacer := strings.NewReplacer(subs...)
//     replacer.WriteString(writer, str)
// }

func main() {

    var b bool = true
    var str string = "Hello"
    var fval float64 = 99.99
    var ival int = 200
    var pointer *int = &ival

    var writer strings.Builder
    encoder := json.NewEncoder(&writer)

    for _, val := range []interface{} {b, str, fval, ival, pointer} {
        encoder.Encode(val)
    }

    fmt.Print(writer.String())
}
```

代码清单21-2定义了一系列不同基本类型的变量。NewEncoder构造函数用于创建编码器，

for 循环用于将每个值编码为 JSON 格式。数据被写入一个 Builder，调用它的 String 方法可以显示 JSON。编译并执行该项目，你将看到以下输出结果：

```
true
"Hello"
99.99
200
200
```

注意，我使用了 fmt.Print 函数产生代码清单 21-2 中的输出。JSON 编码器会在每个值被编码后添加一个换行符。

1. 编码数组和切片

Go 语言的切片和数组可以被编码为 JSON 数组，而字节切片被表示为 base64 编码的字符串。但是字节数组被编码为 JSON 的数字数组。代码清单 21-3 展示了对数组和切片的支持，包括对字节的支持。

代码清单 21-3 在 readersandwriters/main.go 文件中对切片和数组进行编码

```
package main

import (
    "strings"
    "fmt"
    "encoding/json"
)

func main() {

    names := []string {"Kayak", "Lifejacket", "Soccer Ball"}
    numbers := [3]int { 10, 20, 30}
    var byteArray [5]byte
    copy(byteArray[0:], []byte(names[0]))
    byteSlice := []byte(names[0])

    var writer strings.Builder
    encoder := json.NewEncoder(&writer)

    encoder.Encode(names)
    encoder.Encode(numbers)
    encoder.Encode(byteArray)
    encoder.Encode(byteSlice)

    fmt.Print(writer.String())
}
```

编码器用 JSON 语法表示每个数组，除了字节切片。编译并执行该项目，你将看到以下输出结果：

```
["Kayak","Lifejacket","Soccer Ball"]
[10,20,30]
[75,97,121,97,107]
"S2F5YWs="
```

请注意，字节数组和字节切片的处理方式不同，即使它们的内容相同。

2. 编码map

Go语言map类型也可以被编码为JSON对象，map键被用作对象键。包含在map中的值根据它们的类型进行编码。代码清单21-4编码了一个包含float64值的map。

提示　map对于创建自定义的JSON格式表示的Go语言数据也很有用。

代码清单21-4　在readersandwriters/main.go文件中对map进行编码

```
package main

import (
    "strings"
    "fmt"
    "encoding/json"
)

func main() {

    m := map[string]float64 {
        "Kayak": 279,
        "Lifejacket": 49.95,
    }

    var writer strings.Builder
    encoder := json.NewEncoder(&writer)

    encoder.Encode(m)

    fmt.Print(writer.String())
}
```

编译并执行该项目，你将看到以下输出结果，这演示了如何将map中的键和值编码为JSON对象：

```
{"Kayak":279,"Lifejacket":49.95}
```

3. 编码结构

编码器将结构值表示为JSON对象，使用导出的结构字段名作为对象的键，字段值作为对象的值，如代码清单21-5所示。未导出的字段将被忽略。

代码清单21-5　在readersandwriters/main.go文件中对结构进行编码

```
package main

import (
    "strings"
    "fmt"
    "encoding/json"
)
func main() {

    var writer strings.Builder
    encoder := json.NewEncoder(&writer)
    encoder.Encode(Kayak)
    fmt.Print(writer.String())
}
```

这个示例编码了名为 Kayak 的 Product 结构值，它在第 20 章中已定义。Product 结构定义了导出的 Name、Category 和 Price 字段，这些可以在编译和执行项目产生的输出中看到：

```
{"Name":"Kayak","Category":"Watersports","Price":279}
```

提升对 JSON 编码过程的影响

当结构定义的嵌入字段也是结构时，嵌入结构的字段被提升和编码，就像它们是由封装类型定义的一样。将一个名为 discount.go 的文件添加到 readersandwriters 文件夹，其内容如代码清单 21-6 所示。

代码清单 21-6 readersandwriters/discount.go 文件的内容

```
package main

type DiscountedProduct struct {
    *Product
    Discount float64
}
```

DiscountedProduct 结构类型定义了一个嵌入的 Product 字段。代码清单 21-7 创建了一个 DiscountedProduct 并将其编码为 JSON。

代码清单 21-7 在 readersandwriters/main.go 文件中对含有嵌入字段的结构进行编码

```
package main

import (
    "strings"
    "fmt"
    "encoding/json"
)

func main() {

    var writer strings.Builder
    encoder := json.NewEncoder(&writer)
    dp := DiscountedProduct {
        Product: &Kayak,
        Discount: 10.50,
    }
    encoder.Encode(&dp)
    fmt.Print(writer.String())
}
```

编码器在 JSON 输出中提升了 Product 的字段，如编译和执行项目产生的输出所示：

```
{"Name":"Kayak","Category":"Watersports","Price":279,"Discount":10.5}
```

注意，代码清单 21-7 编码了一个指向结构值的指针。Encode 函数跟随指针并在其位置对值进行编码，这意味着代码清单 21-7 中的代码对 DiscountedProduct 值进行编码，而不创建副本。

4. 自定义结构的 JSON 编码方式

使用结构标签可以自定义结构的编码方式，结构标签（struct tag）是字段后面的字符串文字。结构标签是Go语言对反射的支持的一部分，我将在第28章中介绍反射，但是对于本章来说，知道标签跟在字段后面就足够了，它可以用来改变字段JSON编码的两个方面，如代码清单21-8所示。

代码清单21-8 在readersandwriters/discount.go文件中使用结构标签

```
package main

type DiscountedProduct struct {
    *Product `json:"product"`
    Discount float64
}
```

结构标签遵循特定的格式，如图21-1所示。json后面是一个冒号，再后面是字段编码时应该使用的名称，用双引号括起来。整个标签都用反引号括起来。

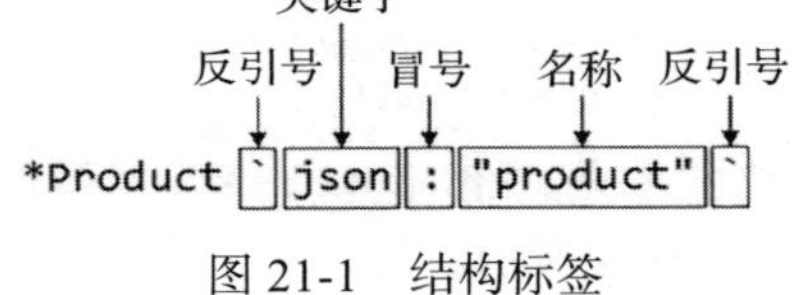

图21-1 结构标签

代码清单21-8中的标签为嵌入字段指定了名称product。编译并执行该项目，你将看到以下输出结果，这表明使用标签会阻止字段提升：

```
{"product":{"Name":"Kayak","Category":"Watersports","Price":279},"Discount":10.5}
```

忽略字段

编码器跳过用标签修饰的字段，该标签用连字符指定名称，如代码清单21-9所示。

代码清单21-9 在readersandwriters/discount.go文件中忽略字段

```
package main

type DiscountedProduct struct {
    *Product `json:"product"`
    Discount float64 `json:"-"`
}
```

新标签告诉编码器在创建JSON格式的DiscountedProduct值时跳过Discount字段。编译并执行该项目，你将看到以下输出结果：

```
{"product":{"Name":"Kayak","Category":"Watersports","Price":279}}
```

忽略未赋值的字段

默认情况下，JSON编码器会处理结构字段，哪怕它们没有被赋值，如代码清单21-10所示。

代码清单21-10 readersandwriters/main.go文件中未赋值的字段

```
package main

import (
    "strings"
    "fmt"
    "encoding/json"
)

func main() {
```

```
    var writer strings.Builder
    encoder := json.NewEncoder(&writer)

    dp := DiscountedProduct {
        Product: &Kayak,
        Discount: 10.50,
    }
    encoder.Encode(&dp)

    dp2 := DiscountedProduct { Discount: 10.50 }
    encoder.Encode(&dp2)

    fmt.Print(writer.String())
}
```

编译并执行代码，你可以看到对 nil 字段的默认处理：

```
{"product":{"Name":"Kayak","Category":"Watersports","Price":279}}
{"product":null}
```

如果想忽略 nil 字段，可以将 omitempty 关键字添加到该字段的标签中，如代码清单 21-11 所示。

代码清单 21-11 在 readersandwriters/discount.go 文件中忽略 nil 字段

```
package main

type DiscountedProduct struct {
    *Product `json:"product,omitempty"`
    Discount float64 `json:"-"`
}
```

omitempty 关键字与字段名称之间用逗号分隔，但不能有任何空格。编译并执行代码，你将看到没有空字段的输出结果：

```
{"product":{"Name":"Kayak","Category":"Watersports","Price":279}}
{}
```

要跳过 nil 字段而不改变名称或提升字段，指定不带名称的 omitempty 关键字，如代码清单 21-12 所示。

代码清单 21-12 在 readersandwriters/discount.go 文件中忽略字段

```
package main

type DiscountedProduct struct {
    *Product `json:",omitempty"`
    Discount float64 `json:"-"`
}
```

如果为嵌入字段赋了值，编码器将提升 Product 字段，如果没有赋值，则忽略该字段。编译并执行该项目，你将看到以下输出结果：

```
{"Name":"Kayak","Category":"Watersports","Price":279}
{}
```

强制将字段编码为字符串

结构标签可用于强制将字段值编码为字符串，替代字段类型原本的正常编码，如代码清单21-13所示。

代码清单21-13 在readersandwriters/discount.go文件中强制对字符串求值

```
package main

type DiscountedProduct struct {
    *Product `json:",omitempty"`
    Discount float64 `json:",string"`
}
```

添加的string关键字会重写默认编码，并为Discount字段生成一个字符串，你可以在项目编译和执行产生的输出中看到最终效果：

```
{"Name":"Kayak","Category":"Watersports","Price":279,"Discount":"10.5"}
{"Discount":"10.5"}
```

5. 编码接口

JSON编码器可以用在赋给接口变量的值上，但是编码的是动态类型。请将一个名为interface.go的文件添加到readersandwriters文件夹，其内容如代码清单21-14所示。

代码清单21-14 readersandwriters/interface.go文件的内容

```
package main

type Named interface { GetName() string }

type Person struct { PersonName string}
func (p *Person) GetName() string { return p.PersonName}

func (p *DiscountedProduct) GetName() string { return p.Name}
```

该文件定义了一个简单的接口和一个实现了该接口的结构，并为DiscountedProduct结构定义了一个方法，以便它也能实现该接口。代码清单21-15使用JSON编码器来编码接口切片。

代码清单21-15 在readersandwriters/main.go文件中对接口切片进行编码

```
package main

import (
    "strings"
    "fmt"
    "encoding/json"
)

func main() {

    var writer strings.Builder
    encoder := json.NewEncoder(&writer)
    dp := DiscountedProduct {
        Product: &Kayak,
        Discount: 10.50,
    }
```

```
    namedItems := []Named { &dp, &Person{ PersonName: "Alice"}}
    encoder.Encode(namedItems)

    fmt.Print(writer.String())
}
```

Named 值切片包含不同的动态类型，可以通过编译和执行项目来查看：

```
[{"Name":"Kayak","Category":"Watersports","Price":279,"Discount":"10.5"},
 {"PersonName":"Alice"}]
```

接口的任何方面都不用适配 JSON，切片内每个值的所有导出字段都包含在 JSON 中。这也许是一个很有用的特性，但是在解码这种 JSON 时必须小心，因为每个值可以有一组不同的字段。

6. 创建完全自定义的 JSON 编码

编码器检查结构是否实现了 Marshaler 接口，该接口表示具有自定义编码的类型，并定义了表 21-7 中列出的方法。

表 21-7 Marshaler 方法

方法	描述
MarshalJSON()	此方法可以创建一个 JSON 格式的值，返回结果是一个包含 JSON 的字节切片和一个指示编码问题的错误

代码清单 21-16 实现了指向 DiscountedProduct 结构类型的指针的 Marshaler 接口。

代码清单 21-16 在 readersandwriters/discount.go 文件中实现 Marshaler 接口

```
package main

import "encoding/json"

type DiscountedProduct struct {
    *Product `json:",omitempty"`
    Discount float64 `json:",string"`
}

func (dp *DiscountedProduct) MarshalJSON() (jsn []byte, err error) {
    if (dp.Product != nil) {
        m := map[string]interface{} {
            "product": dp.Name,
            "cost": dp.Price - dp.Discount,
        }
        jsn, err = json.Marshal(m)
    }
    return
}
```

MarshalJSON 方法可以以任何适合项目的方式生成 JSON，但是我发现最可靠的方法是使用对 map 编码的支持。我用 string 键定义一个 map，并对值使用空接口。这允许我通过向 map 添加键值对，然后将 map 传递给 Marshal 函数来构建 JSON，如表 21-7 所示。该函数使用内置支持来编码 map 中包含的每个值。编译并执行该项目，你将看到以下输出结果：

```
[{"cost":268.5,"product":"Kayak"},{"PersonName":"Alice"}]
```

21.2.2　解码 JSON 数据

NewDecoder 构造函数创建解码器，该解码器使用表 21-8 中列出的方法解码从读取器获得的 JSON 数据。

表 21-8　解码器的方法

方法	描述
Decode(value)	此方法读取并解码用于创建指定值的数据。此方法返回一个错误，指示将数据解码为所需的类型时出现的问题或 EOF
DisallowUnknownFields()	默认情况下，解码结构类型时，解码器会忽略没有对应结构字段的 JSON 数据的键。而调用此方法则会触发 Decode 返回错误，而不是忽略键
UseNumber()	默认情况下，JSON 的数字被解码成 float64 值。而调用此方法会使用 Number 类型

代码清单 21-17 演示了基本数据类型的解码。

代码清单 21-17　在 readersandwriters/main.go 文件中解码基本数据类型

```go
package main

import (
    "strings"
    //"fmt"
    "encoding/json"
    "io"
)
func main() {

    reader := strings.NewReader(`true "Hello" 99.99 200`)

    vals := []interface{} { }

    decoder := json.NewDecoder(reader)

    for {
        var decodedVal interface{}
        err := decoder.Decode(&decodedVal)
        if (err != nil) {
            if (err != io.EOF) {
                Printfln("Error: %v", err.Error())
            }
            break
        }
        vals = append(vals, decodedVal)
    }

    for _, val := range vals {
        Printfln("Decoded (%T): %v", val, val)
    }
}
```

我创建了一个读取器，它将从包含由空格分隔的一系列值的字符串中产生数据（JSON 规范允许值由空格或换行符分隔）。

解码数据的第一步是创建接受读取器的解码器。我想解码多个值，所以在 for 循环内部调用了 Decode 方法。解码器能够为 JSON 值选择适当的 Go 语言数据类型，这是通过提供一个指向空接口的指针作为 Decode 方法的参数来实现的，如下所示：

```
...
var decodedVal interface{}
err := decoder.Decode(&decodedVal)
...
```

Decode 方法返回一个错误，该错误指示解码问题，但也用于发出 io.EOF 错误作为指示数据结束的信号。for 循环重复解码值，直到出现 EOF，然后我使用另一个 for 循环，用第 17 章中介绍的格式化谓词写出每个解码的类型和值。编译并执行项目，你将看到解码后的值：

```
Decoded (bool): true
Decoded (string): Hello
Decoded (float64): 99.99
Decoded (float64): 200
```

1. 解码数字

JSON 使用单一数据类型来表示浮点值和整数值。解码器将这些数字解码为 float64 值，如前面的示例所示。

可以通过调用解码器的 UseNumber 方法来更改此行为，这将导致 JSON 数字被解码为 Number 类型，它由 encoding/json 包提供。Number 类型定义了表 21-9 中描述的方法。

表 21-9 Number 类型定义的方法

方法	描述
Int64()	该方法将解码后的值作为 int64 返回，并返回一个指示该值是否无法转换的错误
Float64()	该方法将解码后的值作为 float64 返回，并返回一个指示该值是否无法转换的错误
String()	该方法从 JSON 数据中返回未转换的字符串

表 21-9 中的方法会按顺序使用。并不是所有的 JSON 数字都可以表示为 Go 语言的 int64 值，所以这通常是首先被调用的方法。如果转换整数的尝试失败，则可以调用 Float64 方法。如果数字不能转换成任何一种 Go 类型，那么可以使用 String 方法从 JSON 数据中获取未转换的字符串。这个调用顺序如代码清单 21-18 所示。

代码清单 21-18 在 readersandwriters/main.go 文件中对数字进行解码

```
package main

import (
    "strings"
    //"fmt"
    "encoding/json"
    "io"
)

func main() {
```

```
    reader := strings.NewReader(`true "Hello" 99.99 200`)

    vals := []interface{} { }

    decoder := json.NewDecoder(reader)
    decoder.UseNumber()

    for {
        var decodedVal interface{}
        err := decoder.Decode(&decodedVal)
        if (err != nil) {
            if (err != io.EOF) {
                Printfln("Error: %v", err.Error())
            }
            break
        }
        vals = append(vals, decodedVal)
    }

    for _, val := range vals {
        if num, ok := val.(json.Number); ok {
            if ival, err := num.Int64(); err == nil {
                Printfln("Decoded Integer: %v", ival)
            } else if fpval, err := num.Float64(); err == nil {
                Printfln("Decoded Floating Point: %v", fpval)
            } else {
                Printfln("Decoded String: %v", num.String())
            }
        } else {
            Printfln("Decoded (%T): %v", val, val)
        }
    }
}
```

编译并执行代码，你将看到其中一个JSON值已经被转换为一个`int64`值：

```
Decoded (bool): true
Decoded (string): Hello
Decoded Floating Point: 99.99
Decoded Integer: 200
```

2. 指定解码类型

前面的示例向`Decode`方法传递了一个空接口变量，如下所示：

```
...
var decodedVal interface{}
err := decoder.Decode(&decodedVal)
...
```

这允许解码器为被解码的JSON值选择Go数据类型。如果你知道正在解码的JSON数据的结构，则可以使用特定Go类型的变量来接收解码值，从而指导解码器使用该类型，如代码清单21-19所示。

代码清单21-19　在readersandwriters/main.go文件中指定解码类型

```
package main
```

```
import (
    "strings"
    //"fmt"
    "encoding/json"
    //"io"
)

func main() {

    reader := strings.NewReader(`true "Hello" 99.99 200`)

    var bval bool
    var sval string
    var fpval float64
    var ival int

    vals := []interface{} { &bval, &sval, &fpval, &ival }

    decoder := json.NewDecoder(reader)

    for i := 0; i < len(vals); i++ {
        err := decoder.Decode(vals[i])
        if err != nil {
            Printfln("Error: %v", err.Error())
            break
        }
    }

    Printfln("Decoded (%T): %v", bval, bval)
    Printfln("Decoded (%T): %v", sval, sval)
    Printfln("Decoded (%T): %v", fpval, fpval)
    Printfln("Decoded (%T): %v", ival, ival)
}
```

代码清单 21-19 指定了应该用于解码的数据类型，为了方便起见，我将它们组合在一个切片中。这些值被解码成目标类型，这可以在编译和执行项目时显示的输出结果中看到：

```
Decoded (bool): true
Decoded (string): Hello
Decoded (float64): 99.99
Decoded (int): 200
```

如果解码器无法将 JSON 值解码成指定的类型，它将返回一个错误。只有当你确信理解了将要解码的 JSON 数据时，才应该使用这种方法。

3. 解码数组

解码器会自动处理数组，但必须小心，因为 JSON 允许数组包含不同类型的值，这与 Go 强制执行的严格类型规则相冲突。代码清单 21-20 演示了如何解码一个数组。

代码清单 21-20 在 readersandwriters/main.go 文件中解码数组

```
package main

import (
    "strings"
    //"fmt"
```

```
    "encoding/json"
    "io"
)

func main() {

    reader := strings.NewReader(`[10,20,30]["Kayak","Lifejacket",279]`)

    vals := []interface{} { }

    decoder := json.NewDecoder(reader)

    for {
        var decodedVal interface{}
        err := decoder.Decode(&decodedVal)
        if (err != nil) {
            if (err != io.EOF) {
                Printfln("Error: %v", err.Error())
            }
            break
        }
        vals = append(vals, decodedVal)
    }

    for _, val := range vals {
        Printfln("Decoded (%T): %v", val, val)
    }
}
```

源JSON数据包含两个数组，其中一个只包含数字，另一个混合了数字和字符串。解码器并不尝试判断JSON数组是否可以用单个Go类型来表示，而是将每个数组解码成一个空的接口切片：

```
Decoded ([]interface {}): [10 20 30]
Decoded ([]interface {}): [Kayak Lifejacket 279]
```

每个值都基于JSON值判断Go语言类型，但是切片的类型是空接口。如果预先知道JSON数据的结构，并且正在解码一个包含单一JSON数据类型的数组，那么可以向Decode方法传递一个所需类型的Go切片，如代码清单21-21所示。

代码清单21-21　在readersandwriters/main.go文件中指定解码后的数组类型

```
package main

import (
    "strings"
    //"fmt"
    "encoding/json"
    //"io"
)

func main() {

    reader := strings.NewReader(`[10,20,30]["Kayak","Lifejacket",279]`)

    ints := []int {}
    mixed := []interface{} {}

    vals := []interface{} { &ints, &mixed}
```

```
    decoder := json.NewDecoder(reader)

    for i := 0; i < len(vals); i++ {
        err := decoder.Decode(vals[i])
        if err != nil {
            Printfln("Error: %v", err.Error())
            break
        }
    }

    Printfln("Decoded (%T): %v", ints, ints)
    Printfln("Decoded (%T): %v", mixed, mixed)
}
```

我可以指定一个 `int` 切片来解码 JSON 数据中的第一个数组，因为所有的值都可以表示为的 Go 的 `int` 值。第二个数组包含混合值，这意味着我必须将空接口指定为目标类型。使用空接口时，切片文字语法需要使用两组大括号：

```
...
mixed := []interface{} {}
...
```

空接口类型包括空大括号（`interface{}`），指定的空切片也使用空大括号（`{}`）。编译并执行项目，你会看到第一个 JSON 数组已经被解码成一个 `int` 切片：

```
Decoded ([]int): [10 20 30]
Decoded ([]interface {}): [Kayak Lifejacket 279]
```

4. 解码 map

如果 JavaScript 对象被表示为键值对，它们更容易被解码成 Go 语言 map，如代码清单 21-22 所示。

代码清单 21-22 在 readersandwriters/main.go 文件中解码 map

```
package main

import (
    "strings"
    //"fmt"
    "encoding/json"
    //"io"
)

func main() {

    reader := strings.NewReader(`{"Kayak" : 279, "Lifejacket" : 49.95}`)

    m := map[string]interface{} {}

    decoder := json.NewDecoder(reader)

    err := decoder.Decode(&m)
    if err != nil {
        Printfln("Error: %v", err.Error())
    } else {
```

```
        Println("Map: %T, %v", m, m)
        for k, v := range m {
            Println("Key: %v, Value: %v", k, v)
        }
    }
}
```

最安全的方法是定义一个具有字符串键和空接口值的map，这样可以确保JSON数据中的所有键值对都可以被解码成map，如代码清单21-22所示。JSON解码后，将使用`for`循环来枚举map内容，在编译和执行项目时将生成以下输出结果：

```
Map: map[string]interface {}, map[Kayak:279 Lifejacket:49.95]
Key: Kayak, Value: 279
Key: Lifejacket, Value: 49.95
```

单个JSON对象可以将多种数据类型作为值，但是如果预先知道将解码具有单个值类型的JSON对象，那么在定义将数据解码到的map类型时可以更加具体，如代码清单21-23所示。

代码清单21-23　在readersandwriters/main.go文件中使用特定的值类型

```
package main

import (
    "strings"
    //"fmt"
    "encoding/json"
    //"io"
)

func main() {

    reader := strings.NewReader(`{"Kayak" : 279, "Lifejacket" : 49.95}`)

    m := map[string]float64 {}

    decoder := json.NewDecoder(reader)

    err := decoder.Decode(&m)
    if err != nil {
        Println("Error: %v", err.Error())
    } else {
        Println("Map: %T, %v", m, m)
        for k, v := range m {
            Println("Key: %v, Value: %v", k, v)
        }
    }
}
```

本示例中JSON对象中的值都可以用Go语言`float64`类型来表示，所以代码清单21-23将map类型改为`map[string]float64`。编译并执行该项目，你将看到map类型的变化：

```
Map: map[string]float64, map[Kayak:279 Lifejacket:49.95]
Key: Kayak, Value: 279
Key: Lifejacket, Value: 49.95
```

5. 解码结构

JSON 对象的键值结构可以被解码成 Go 语言结构值，如代码清单 21-24 所示，尽管这需要比将数据解码成 map 时了解更多的 JSON 数据知识。

> **解码为接口类型**
>
> 正如我在前面几节介绍的，JSON 编码器使用动态类型的导出字段对值进行编码，以处理接口。这是因为 JSON 处理的是键值对，没有办法表达方法。因此，你不能直接将 JSON 解码为接口变量。相反，你必须解码为结构或 map，然后将创建的值赋给接口变量。

代码清单 21-24 在 readersandwriters/main.go 文件中将 JSON 解码为结构

```
package main

import (
    "strings"
    //"fmt"
    "encoding/json"
    "io"
)

func main() {

    reader := strings.NewReader(`
        {"Name":"Kayak","Category":"Watersports","Price":279}
        {"Name":"Lifejacket","Category":"Watersports" }
        {"name":"Canoe","category":"Watersports", "price": 100, "inStock": true }
    `)

    decoder := json.NewDecoder(reader)

    for {
        var val Product
        err := decoder.Decode(&val)
        if err != nil {
            if err != io.EOF {
                Printfln("Error: %v", err.Error())
            }
            break
        } else {
            Printfln("Name: %v, Category: %v, Price: %v",
                val.Name, val.Category, val.Price)
        }
    }
}
```

解码器对 JSON 对象进行解码，并使用键来设置导出的结构字段的值。字段和 JSON 键的大小写不必匹配，解码器将忽略没有结构字段的 JSON 键，并忽略没有 JSON 键的结构字段。代码清单 21-24 中的 JSON 对象包含不同的大小写，并且具有比 Product 结构字段更多或更少的键。解码器尽可能地处理数据，在编译和执行项目时产生以下输出结果：

```
Name: Kayak, Category: Watersports, Price: 279
Name: Lifejacket, Category: Watersports, Price: 0
Name: Canoe, Category: Watersports, Price: 100
```

禁用未使用的键

默认情况下，解码器将忽略没有相应结构字段的JSON键。这种行为可以通过调用DisallowUnknownFields方法来改变，如代码清单21-25所示，当遇到这样的键时，该方法会触发一个错误。

代码清单21-25　在readersandwriters/main.go文件中禁用未使用的键

```
...
decoder := json.NewDecoder(reader)
decoder.DisallowUnknownFields()
...
```

代码清单21-25中定义的一个JSON对象包含一个inStock键，它没有相应的Product字段。通常，该键会被忽略，但是由于调用了DisallowUnknownFields方法，解码该对象时会产生一个错误，这可以在下面的输出结果中看到：

```
Name: Kayak, Category: Watersports, Price: 279
Name: Lifejacket, Category: Watersports, Price: 0
Error: json: unknown field "inStock"
```

使用结构标签控制解码

JSON对象中使用的键并不总是与Go项目中结构定义的字段完全一致。当这种情况发生时，可以使用结构标签在JSON数据和结构之间进行映射，如代码清单21-26所示。

代码清单21-26　在readersandwriters/discount.go文件中使用结构标签

```
package main

import "encoding/json"

type DiscountedProduct struct {
    *Product `json:",omitempty"`
    Discount float64 `json:"offer,string"`
}

func (dp *DiscountedProduct) MarshalJSON() (jsn []byte, err error) {
    if (dp.Product != nil) {
        m := map[string]interface{} {
            "product": dp.Name,
            "cost": dp.Price - dp.Discount,
        }
        jsn, err = json.Marshal(m)
    }
    return
}
```

应用于Discount字段的标签告诉解码器，该字段的值应该从名为offer的JSON键中获得，并且该值将从字符串中解析，而不是从Go float64值通常预期的JSON数字中解析。代码清单21-27将一个JSON字符串解码成一个DiscountedProduct结构值。

代码清单21-27　在readersandwriters/main.go文件中对带有标签的结构进行解码

```
package main
```

```
import (
    "strings"
    //"fmt"
    "encoding/json"
    "io"
)

func main() {

    reader := strings.NewReader(`
        {"Name":"Kayak","Category":"Watersports","Price":279, "Offer": "10"}`)

    decoder := json.NewDecoder(reader)

    for {
        var val DiscountedProduct
        err := decoder.Decode(&val)
        if err != nil {
            if err != io.EOF {
                Printfln("Error: %v", err.Error())
            }
            break
        } else {
            Printfln("Name: %v, Category: %v, Price: %v, Discount: %v",
                val.Name, val.Category, val.Price, val.Discount)
        }
    }
}
```

编译并执行该项目，你将看到结构标签是如何用于控制 JSON 数据的解码的：

```
Name: Kayak, Category: Watersports, Price: 279, Discount: 10
```

6. 创建完全自定义的 JSON 解码器

解码器检查结构是否实现了 Unmarshaler 接口，如果实现了，那它就是一个具有自定义编码的类型，并定义了表 21-10 中列出的方法。

表 21-10 Unmarshaler 方法

方法	描述
UnmarshalJSON(byteSlice)	该方法解码指定字节切片的 JSON 数据，返回一个指示该字节切片存在的编码错误

代码清单 21-28 实现了指向 DiscountedProduct 结构类型的指针的接口。

代码清单 21-28 在 readersandwriters/discount.go 文件中定义自定义解码器

```
package main

import (
    "encoding/json"
    "strconv"
)

type DiscountedProduct struct {
    *Product `json:",omitempty"`
```

```
    Discount float64 `json:"offer,string"`
}

func (dp *DiscountedProduct) MarshalJSON() (jsn []byte, err error) {
    if (dp.Product != nil) {
        m := map[string]interface{} {
            "product": dp.Name,
            "cost": dp.Price - dp.Discount,
        }
        jsn, err = json.Marshal(m)
    }
    return
}

func (dp *DiscountedProduct) UnmarshalJSON(data []byte) (err error) {

    mdata := map[string]interface{} {}
    err = json.Unmarshal(data, &mdata)

    if (dp.Product == nil) {
        dp.Product = &Product{}
    }

    if (err == nil) {
        if name, ok := mdata["Name"].(string); ok {
            dp.Name = name
        }
        if category, ok := mdata["Category"].(string); ok {
            dp.Category = category
        }
        if price, ok := mdata["Price"].(float64); ok {
            dp.Price = price
        }
        if discount, ok := mdata["Offer"].(string); ok {
            fpval, fperr := strconv.ParseFloat(discount, 64)
            if (fperr == nil) {
                dp.Discount = fpval
            }
        }
    }
    return
}
```

UnmarshalJSON 方法的这个实现使用 Unmarshal 方法将 JSON 数据解码成一个 map 并检查 DiscountedProduct 结构所需的每个值的类型。编译并执行该项目，你将看到自定义解码的输出结果：

```
Name: Kayak, Category: Watersports, Price: 279, Discount: 10
```

21.3 小结

在这一章中，我介绍了 Go 语言对 JSON 格式的支持，它依赖于第 20 章中描述的读取器和书写器接口。这些接口在整个标准库中被一致地使用，正如你将在下一章看到的读写文件那样。

Chapter 22 第 22 章

使用文件

在这一章中，我将介绍 Go 语言标准库提供的处理文件和目录的特性。Go 语言可以运行在多种平台上，标准库采用平台无关的方法，这样就可以编写统一的代码而不需要了解不同操作系统使用的文件系统详细细节。表 22-1 是关于使用文件的一些基本问题。

表 22-1　关于使用文件的一些基本问题

问题	答案
它们是什么	这些特性提供了对文件系统的访问方式，以便读写文件
它们为什么有用	文件可以用于从日志记录到配置文件的所有场合
它们是如何使用的	这些特性是通过 os 包获得的，它们提供了对文件系统的平台无关的访问方式
有什么陷阱或限制吗	有时，必须考虑底层文件系统，尤其是在处理路径时
有其他选择吗	Go 语言还支持存储数据的替代方案，比如数据库，但是没有访问文件的替代机制

表 22-2 是本章内容概要。

表 22-2　章节内容概要

问题	解决方案	代码清单
读取文件内容	使用 ReadFile 函数	22-6～22-8
控制读取文件的方式	获取 File 结构并使用它提供的特性	22-9、22-10
写入文件内容	使用 WriteFile 函数	22-11
控制文件的写入方式	获取 File 结构并使用它提供的特性	22-12、22-13
创建新文件	使用 Create 或 CreateTemp 函数	22-14
使用文件路径	使用 path/filepath 包中的函数或者 os 包中的函数访问的公共位置	22-15
管理文件和目录	使用 os 包提供的函数	22-16、22-17、22-19、22-20
确定文件是否存在	检查 Stat 函数返回的错误	22-18

22.1　为本章做准备

请打开一个新的命令行窗口，导航到一个方便的位置，并创建一个名为 `files` 的文件夹。导航到 `files` 文件夹，运行代码清单 22-1 所示的命令来初始化项目。

代码清单 22-1　初始化项目

```
go mod init files
```

将一个名为 `printer.go` 的文件添加到 `files` 文件夹，其内容如代码清单 22-2 所示。

代码清单 22-2　files/printer.go 文件的内容

```
package main

import "fmt"

func Printfln(template string, values ...interface{}) {
    fmt.Printf(template + "\n", values...)
}
```

将一个名为 `product.go` 的文件添加到 `files` 文件夹，其内容如代码清单 22-3 所示。

代码清单 22-3　files/product.go 文件的内容

```
package main

type Product struct {
    Name, Category string
    Price float64
}

var Products = []Product {
    { "Kayak", "Watersports", 279 },
    { "Lifejacket", "Watersports", 49.95 },
    { "Soccer Ball", "Soccer", 19.50 },
    { "Corner Flags", "Soccer", 34.95 },
    { "Stadium", "Soccer", 79500 },
    { "Thinking Cap", "Chess", 16 },
    { "Unsteady Chair", "Chess", 75 },
    { "Bling-Bling King", "Chess", 1200 },
}
```

将一个名为 `main.go` 的文件添加到 `files` 文件夹，其内容如代码清单 22-4 所示。

代码清单 22-4　files/main.go 文件的内容

```
package main

func main() {
    for _, p := range Products {
        Printfln("Product: %v, Category: %v, Price: $%.2f",
            p.Name, p.Category, p.Price)
    }
}
```

使用命令行窗口在 files 文件夹中运行代码清单 22-5 所示的命令。

代码清单 22-5 运行示例项目

```
go run .
```

main.go 文件中的代码将被编译并执行，产生以下输出结果：

```
Product: Kayak, Category: Watersports, Price: $279.00
Product: Lifejacket, Category: Watersports, Price: $49.95
Product: Soccer Ball, Category: Soccer, Price: $19.50
Product: Corner Flags, Category: Soccer, Price: $34.95
Product: Stadium, Category: Soccer, Price: $79500.00
Product: Thinking Cap, Category: Chess, Price: $16.00
Product: Unsteady Chair, Category: Chess, Price: $75.00
Product: Bling-Bling King, Category: Chess, Price: $1200.00
```

22.2 读取文件

处理文件所需的关键包是 os 包。该包提供了对操作系统功能（包括文件系统）的访问，并且隐藏了大多数的实现细节，所以无论使用什么操作系统，都可以使用相同的函数来实现相同的结果。

os 包采用的平台无关的方式也需要一些折中，它更加倾向于 UNIX/Linux 系统，而不是其他操作系统，如 Windows。但是，即便如此，os 包提供的特性也是坚实可靠的，这使得编写无须修改即可在不同平台上使用的 Go 语言代码成为可能。表 22-3 描述了 os 包提供的读取文件的函数。

表 22-3 os 包用于读取文件的函数

函数	描述
ReadFile(name)	该函数打开指定的文件并读取其内容。返回结果是一个包含文件内容的字节切片和一个指示打开或读取文件时出现的问题的错误
Open(name)	该函数打开指定的文件进行读取。返回结果是 File 结构和指示打开文件时出现的问题的错误

请将一个名为 config.json 的文件添加到 files 文件夹，其内容如代码清单 22-6 所示。

代码清单 22-6 files/config.json 文件的内容

```
{
    "Username": "Alice",
    "AdditionalProducts": [
        {"name": "Hat", "category": "Skiing", "price": 10},
        {"name": "Boots", "category":"Skiing", "price": 220.51 },
        {"name": "Gloves", "category":"Skiing", "price": 40.20 }
    ]
}
```

读取文件的一个常见原因是加载配置数据。JSON 格式非常适合书写配置文件，因为它易于处理，在 Go 语言标准库中得到了很好的支持（如第 21 章所述），并且可以表示复杂的结构。

22.2.1　使用读取便利函数

ReadFile 函数提供了一种简便的方法，可以一步将文件的完整内容读入字节切片。现在将一个名为 readconfig.go 的文件添加到 files 文件夹，其内容如代码清单 22-7 所示。

代码清单 22-7　files/readconfig.go 文件的内容

```
package main

import "os"

func LoadConfig() (err error) {
    data, err := os.ReadFile("config.json")
    if (err == nil) {
        Printfln(string(data))
    }
    return
}

func init() {
    err := LoadConfig()
    if (err != nil) {
        Printfln("Error Loading Config: %v", err.Error())
    }
}
```

LoadConfig 函数使用 ReadFile 函数读取 config.json 文件的内容。当应用程序执行时，文件将从当前工作目录中读取，所以可以只使用文件名打开文件。

文件的内容以字节切片的形式返回，然后被转换成字符串并写出。LoadConfig 函数由初始化函数调用，确保配置文件被读取。编译并执行代码，你将在应用程序生成的输出结果中看到 config.json 文件的内容：

```
{
    "Username": "Alice",
    "AdditionalProducts": [
        {"name": "Hat", "category": "Skiing", "price": 10},
        {"name": "Boots", "category":"Skiing", "price": 220.51 },
        {"name": "Gloves", "category":"Skiing", "price": 40.20 }
    ]
}
Product: Kayak, Category: Watersports, Price: $279.00
Product: Lifejacket, Category: Watersports, Price: $49.95
Product: Soccer Ball, Category: Soccer, Price: $19.50
Product: Corner Flags, Category: Soccer, Price: $34.95
Product: Stadium, Category: Soccer, Price: $79500.00
Product: Thinking Cap, Category: Chess, Price: $16.00
Product: Unsteady Chair, Category: Chess, Price: $75.00
Product: Bling-Bling King, Category: Chess, Price: $1200.00
```

解码 JSON 数据

对于示例的配置文件，以字符串形式接收文件内容并不理想，更有用的方法是将内容解析为 JSON，这可以通过包装字节数据以便可以通过读取器访问来轻松完成，如代码清单 22-8 所示。

代码清单 22-8 在 files/readconfig.go 文件中对 JSON 数据进行解码

```
package main

import (
    "os"
    "encoding/json"
    "strings"
)

type ConfigData struct {
    UserName string
    AdditionalProducts []Product
}

var Config ConfigData

func LoadConfig() (err error) {
    data, err := os.ReadFile("config.json")
    if (err == nil) {
        decoder := json.NewDecoder(strings.NewReader(string(data)))
        err = decoder.Decode(&Config)
    }
    return
}

func init() {
    err := LoadConfig()
    if (err != nil) {
        Printfln("Error Loading Config: %v", err.Error())
    } else {
        Printfln("Username: %v", Config.UserName)
        Products = append(Products, Config.AdditionalProducts...)
    }
}
```

我本可以将 config.json 文件中的 JSON 数据解码成 map，但是我在代码清单 22-8 中采用了一种更结构化的方法，定义了一个字段与配置数据的结构相匹配的结构类型，我发现这使得在实际项目中使用配置数据更加容易。一旦配置数据被解码，就写出 UserName 字段的值，并将 Product 值追加到 product.go 文件中定义的切片。编译并执行该项目，你将看到以下输出结果：

```
Username: Alice
Product: Kayak, Category: Watersports, Price: $279.00
Product: Lifejacket, Category: Watersports, Price: $49.95
Product: Soccer Ball, Category: Soccer, Price: $19.50
Product: Corner Flags, Category: Soccer, Price: $34.95
Product: Stadium, Category: Soccer, Price: $79500.00
Product: Thinking Cap, Category: Chess, Price: $16.00
Product: Unsteady Chair, Category: Chess, Price: $75.00
Product: Bling-Bling King, Category: Chess, Price: $1200.00
Product: Hat, Category: Skiing, Price: $10.00
Product: Boots, Category: Skiing, Price: $220.51
Product: Gloves, Category: Skiing, Price: $40.20
```

22.2.2 使用 File 结构读取文件

Open 函数打开一个文件进行读取，并返回一个代表打开文件的 File 值和一个错误，该错误用于指示打开文件时出现的问题。File 结构实现了读取器接口，这使得读取和处理示例 JSON 数据变得更加简单，不需要将整个文件读入一个字节切片，如代码清单 22-9 所示。

使用标准输入、输出和错误

os 包定义了三个 *File 变量，分别命名为 Stdin、Stdout 和 Stderr，它们提供对标准输入、标准输出和标准错误的访问。

代码清单 22-9 在 files/readconfig.go 文件中读取配置文件

```
package main

import (
    "os"
    "encoding/json"
    //"strings"
)

type ConfigData struct {
    UserName string
    AdditionalProducts []Product
}

var Config ConfigData

func LoadConfig() (err error) {
    file, err := os.Open("config.json")
    if (err == nil) {
        defer file.Close()
        decoder := json.NewDecoder(file)
        err = decoder.Decode(&Config)
    }
    return
}

func init() {
    err := LoadConfig()
    if (err != nil) {
        Printfln("Error Loading Config: %v", err.Error())
    } else {
        Printfln("Username: %v", Config.UserName)
        Products = append(Products, Config.AdditionalProducts...)
    }
}
```

File 结构也实现了第 21 章中介绍的 Closer 接口，它定义了一个 Close 方法。当封装函数完成时，defer 关键字可用于调用 Close 方法，如下所示：

```
...
defer file.Close()
...
```

如果愿意，可以在函数的末尾简单地调用 Close 方法，但是使用 defer 关键字可以确保文件被关闭，即使函数提前返回。输出结果与前面示例的相同，这可以通过编译和执行项目来查看。

```
Username: Alice
Product: Kayak, Category: Watersports, Price: $279.00
Product: Lifejacket, Category: Watersports, Price: $49.95
Product: Soccer Ball, Category: Soccer, Price: $19.50
Product: Corner Flags, Category: Soccer, Price: $34.95
Product: Stadium, Category: Soccer, Price: $79500.00
Product: Thinking Cap, Category: Chess, Price: $16.00
Product: Unsteady Chair, Category: Chess, Price: $75.00
Product: Bling-Bling King, Category: Chess, Price: $1200.00
Product: Hat, Category: Skiing, Price: $10.00
Product: Boots, Category: Skiing, Price: $220.51
Product: Gloves, Category: Skiing, Price: $40.20
```

从特定位置读取数据

File 结构定义的方法远不止读取器接口所要求的方法，它允许在文件的特定位置读取数据，如表 22-4 所示。

表 22-4 由 File 结构定义的用于在特定位置读取数据的方法

方法	描述
ReadAt(slice, offset)	该方法由 ReaderAt 接口定义，在文件中指定的偏移量位置处读取数据并将其放到特定的切片
Seek(offset, how)	该方法由 Seeker 接口定义，并将偏移量移动到文件中以供下一次读取。偏移量由两个参数决定：第一个参数指定要偏移的字节数，第二个参数决定如何应用偏移量，值为 0 表示相对于文件开头的偏移量，值为 1 表示相对于当前读取位置的偏移量，值为 2 表示相对于文件结尾的偏移量

代码清单 22-10 演示了如何使用表 22-4 中的方法从文件中读取特定的数据段，然后将这些数据段组成一个 JSON 字符串并解码。

代码清单 22-10 在 files/readconfig.go 中从文件特定位置读取数据

```go
package main

import (
    "os"
    "encoding/json"
    //"strings"
)

type ConfigData struct {
    UserName string
    AdditionalProducts []Product
}

var Config ConfigData

func LoadConfig() (err error) {
    file, err := os.Open("config.json")
    if (err == nil) {
        defer file.Close()

        nameSlice := make([]byte, 5)
        file.ReadAt(nameSlice, 20)
        Config.UserName = string(nameSlice)
```

```
        file.Seek(55, 0)
        decoder := json.NewDecoder(file)
        err = decoder.Decode(&Config.AdditionalProducts)
    }
    return
}

func init() {
    err := LoadConfig()
    if (err != nil) {
        Printfln("Error Loading Config: %v", err.Error())
    } else {
        Printfln("Username: %v", Config.UserName)
        Products = append(Products, Config.AdditionalProducts...)
    }
}
```

从特定位置读取数据要求我们了解文件结构。在这个示例中，我知道我想要读取的数据的位置，这允许我使用 ReadAt 方法读取用户名，使用 Seek 方法跳转到产品数据的开头。编译并执行该项目，你将看到以下输出结果：

```
Username: Alice
Product: Kayak, Category: Watersports, Price: $279.00
Product: Lifejacket, Category: Watersports, Price: $49.95
Product: Soccer Ball, Category: Soccer, Price: $19.50
Product: Corner Flags, Category: Soccer, Price: $34.95
Product: Stadium, Category: Soccer, Price: $79500.00
Product: Thinking Cap, Category: Chess, Price: $16.00
Product: Unsteady Chair, Category: Chess, Price: $75.00
Product: Bling-Bling King, Category: Chess, Price: $1200.00
Product: Hat, Category: Skiing, Price: $10.00
Product: Boots, Category: Skiing, Price: $220.51
Product: Gloves, Category: Skiing, Price: $40.20
```

如果在编译并执行以上示例时得到一个错误，那么可能的原因是代码清单 22-10 中指定的位置不符合 JSON 文件的结构。首先，尤其是在 Linux 上，请确保你已经保存了带有 CR 和 LR 字符的文件，在 Visual Studio Code 中通过单击窗口底部的 LR 指示器来实现。

22.3　将数据写入文件

os 包还包含将数据写入文件的函数，如表 22-5 所示。这些函数的用法比相关的读取函数更复杂，它们需要更多的配置选项。

表 22-5　os 包用于将数据写入文件的函数

函数	描述
WriteFile(name, slice, modePerms)	该函数创建一个具有指定名称、模式和权限的文件，并在文件中写入指定字节切片的内容。如果文件已经存在，其内容将被替换为给定字节切片内容。返回结果是一个错误，它报告创建文件或写入数据时出现的任何问题
OpenFile(name, flag, modePerms)	该函数使用指定的名称打开文件，并使用标志（flag）来控制文件的打开方式。如果创建新文件，则应用指定的模式和权限。返回结果是提供对文件内容访问的 File 值和指示打开文件时出现问题的错误

22.3.1 使用书写便利函数

WriteFile 函数提供了一种在单个步骤中将数据写入文件的便捷方法，如果文件不存在，它将创建该文件。代码清单 22-11 演示了 WriteFile 函数的用法。

代码清单 22-11 在 files/main.go 中将数据写入文件

```
package main

import (
    "fmt"
    "time"
    "os"
)

func main() {

    total := 0.0
    for _, p := range Products {
        total += p.Price
    }

    dataStr := fmt.Sprintf("Time: %v, Total: $%.2f\n",
        time.Now().Format("Mon 15:04:05"), total)

    err := os.WriteFile("output.txt", []byte(dataStr), 0666)
    if (err == nil) {
        fmt.Println("Output file created")
    } else {
        Printfln("Error: %v", err.Error())
    }
}
```

WriteFile 函数的前两个参数是文件名和包含要写入文件的数据的字节切片。第三个参数结合了文件的两个设置：文件模式和文件权限，如图 22-1 所示。

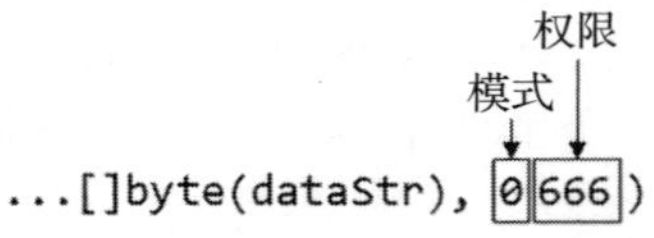

文件模式用于指定文件的特殊特征，但普通文件对应 0 值，如示例所示。你可以在 https://golang.org/pkg/io/fs/#FileMode 找到文件模式值及其设置，但它们在大多数项目中并不是必需的，我也不会在本书中详细讨论它们。

图 22-1 文件模式和文件权限

文件权限则使用更加广泛，它遵循 UNIX 风格的文件权限，由三位数字组成，这三位数字分别用于设置文件所有者、组和其他用户的访问权限。每个数字是应该授予的权限的总和，其中读取权限的值为 4，写入权限的值为 2，执行权限的值为 1。这些值相加在一起，因此读写文件的权限是通过添加值 4 和 2 产生权限 6 来设置的。在代码清单 22-11 中，我想创建一个所有用户都可以读写的文件，所以三个数字都设置为 6，产生了 666 的权限。

如果文件不存在，WriteFile 函数将创建该文件，你可以通过编译和执行项目来查看效果，编译和执行项目会产生以下输出结果：

```
Username: Alice
Output file created
```

检查 files 文件夹的内容，你将看到已经创建了一个名为 output.txt 的文件，其内容类似于以下内容，不过你看到的可能是一个不同的时间戳：

```
Time: Sun 07:05:06, Total: $81445.11
```

如果指定的文件已经存在，WriteFile 方法将替换其内容，这同样可以通过执行编译后的程序来查看。一旦执行完成，原始内容将被替换为新的时间戳：

```
Time: Sun 07:08:21, Total: $81445.11
```

22.3.2　使用 File 结构将数据写入文件

OpenFile 函数打开一个文件并返回一个 File 值。与 Open 函数不同，OpenFile 函数接受一个或多个标志来指定文件打开方式。这些标志被定义为 os 包中的常量，如表 22-6 所示。必须小心使用这些标志，并非每个操作系统都支持所有这些标志。

表 22-6　文件打开方式对应的标志

标志	描述
O_RDONLY	该标志以只读方式打开文件，可以读取该文件，但不能将数据写入该文件
O_WRONLY	该标志以只写方式打开文件，这样文件只能被写入而不能被读取
O_RDWR	该标志以读写方式打开文件，可以对其进行读写操作
O_APPEND	该标志将把要写入的数据追加到文件的末尾
O_CREATE	如果文件不存在，该标志将创建一个新文件
O_EXCL	该标志与 O_CREATE 一起使用，以确保创建一个新文件。如果文件已经存在，这个标志将触发一个错误
O_SYNC	该标志启用同步写入操作，确保写入函数 / 方法返回之前将数据写入存储设备
O_TRUNC	该标志截断文件中的现有内容

标志可以与按位或运算符组合在一起，如代码清单 22-12 所示。

代码清单 22-12　在 files/main.go 文件中将数据写入一个文件

```
package main

import (
    "fmt"
    "time"
    "os"
)

func main() {

    total := 0.0
    for _, p := range Products {
        total += p.Price
    }

    dataStr := fmt.Sprintf("Time: %v, Total: $%.2f\n",
        time.Now().Format("Mon 15:04:05"), total)

    file, err := os.OpenFile("output.txt",
```

```
            os.O_WRONLY | os.O_CREATE | os.O_APPEND, 0666)
    if (err == nil) {
        defer file.Close()
        file.WriteString(dataStr)
    } else {
        Printfln("Error: %v", err.Error())
    }
}
```

我组合 O_WRONLY 标志来打开文件以写入数据，组合 O_CREATE 标志来创建文件（如果它不存在的话）并组合 O_APPEND 标志来将要写入的数据追加到文件的末尾。

File 结构定义了表 22-7 中列出的方法，当文件被打开时，就可以将数据写入文件。

表 22-7 File 结构定义的用于写入数据的方法

方法	描述
Seek(offset, how)	该方法设置后续操作的位置
Write(slice)	该方法将指定字节切片的内容写入文件。返回结果是写入文件的字节数和一个指示数据写入问题的错误
WriteAt(slice, offset)	该方法将切片中数据写入指定位置，与 ReadAt 方法相对应
WriteString(str)	该方法将一个字符串写入文件。这是一个便利方法，它将字符串转换为字节切片，调用 Write 方法，并返回接收到的结果

在代码清单 22-12 中，我使用了 WriteString 便利方法将字符串写入文件。编译并执行项目，一旦程序完成，你将在 output.txt 文件的末尾看到一条附加消息：

```
Time: Sun 07:08:21, Total: $81445.11
Time: Sun 07:49:14, Total: $81445.11
```

22.3.3 将 JSON 数据写入文件

File 结构实现了书写器接口，该接口允许针对文件使用前面章节中描述的格式化和处理字符串的函数。因此，第 21 章中描述的 JSON 特性可以用来将 JSON 数据写入文件，如代码清单 22-13 所示。

代码清单 22-13 在 files/main.go 文件中将 JSON 数据写入文件

```
package main

import (
    // "fmt"
    // "time"
    "os"
    "encoding/json"
)

func main() {

    cheapProducts := []Product {}
    for _, p := range Products {
        if (p.Price < 100) {
            cheapProducts = append(cheapProducts, p)
```

```
        }
    }

    file, err := os.OpenFile("cheap.json", os.O_WRONLY | os.O_CREATE, 0666)
    if (err == nil) {
        defer file.Close()
        encoder := json.NewEncoder(file)
        encoder.Encode(cheapProducts)
    } else {
        Printfln("Error: %v", err.Error())
    }
}
```

此示例选择 Price 值小于 100 的 Product 值，将它们放入一个切片中，并使用 JSON 编码器将该切片写入一个名为 cheap.json 的文件。编译并执行该项目，一旦执行完成，你将在 files 文件夹中看到一个名为 cheap.json 的文件，该文件包含以下内容（我已将其格式化以适合页面）：

```
[{"Name":"Lifejacket","Category":"Watersports","Price":49.95},
 {"Name":"Soccer Ball","Category":"Soccer","Price":19.5},
 {"Name":"Corner Flags","Category":"Soccer","Price":34.95},
 {"Name":"Thinking Cap","Category":"Chess","Price":16},
 {"Name":"Unsteady Chair","Category":"Chess","Price":75},
 {"Name":"Hat","Category":"Skiing","Price":10},
 {"Name":"Gloves","Category":"Skiing","Price":40.2}]
```

22.4　使用便利函数创建新文件

我们可以使用 OpenFile 函数创建新文件，但 os 包也提供了一些有用的便利函数，如表 22-8 所示。

表 22-8　os 包用于创建文件的函数

函数	描述
Create(name)	该函数相当于用 O_RDWR、O_CREATE 和 O_TRUNC 标志调用 OpenFile。返回结果是可用于读写的 File，以及用于指示创建文件时出现问题的错误。请注意，这种标志组合意味着，如果指定名称的文件已存在，它将被打开，其内容将被删除
CreateTemp(dirName, fileName)	该函数在指定的目录下创建一个新文件。如果 dirName 是空字符串，则使用系统临时目录，该目录是使用 TempDir 函数获得的（如表 22-9 所示）。该文件是用包含随机字符序列的名称创建的。文件是用 O_RDWR、O_CREATE 和 O_EXCL 标志打开的。文件在关闭时不会被删除

CreateTemp 函数很有用，但重要的是要理解该函数的目的是生成一个随机文件名，并且创建的文件只是一个常规文件。创建的文件不会自动删除，并且在应用程序执行后会保留在存储设备上。

代码清单 22-14 演示了 CreateTemp 函数的用法，并显示了如何控制名称的随机部分。

代码清单 22-14　在 files/main.go 文件中创建临时文件

```
package main
```

```
import (
    // "fmt"
    // "time"
    "os"
    "encoding/json"
)

func main() {

    cheapProducts := []Product {}
    for _, p := range Products {
        if (p.Price < 100) {
            cheapProducts = append(cheapProducts, p)
        }
    }

    file, err := os.CreateTemp(".", "tempfile-*.json")
    if (err == nil) {
        defer file.Close()
        encoder := json.NewEncoder(file)
        encoder.Encode(cheapProducts)
    } else {
        Printfln("Error: %v", err.Error())
    }
}
```

临时文件的位置用句点指定，表示当前工作目录。如表 22-8 所示，如果使用空字符串，那么文件将被创建在默认的临时目录中，该目录是使用表 22-9 中描述的 `TempDir` 函数获得的。文件名可以包含星号，星号将被随机部分替换。如果文件名不包含星号，那么文件名的随机部分将被添加到名称的末尾。

编译并执行项目，当执行完毕时，你将在 `files` 文件夹中看到一个新文件。在我的项目中，新建的文件被命名为 `tempfile-1732419518.json`，但是你的文件名可能是不同的，每次执行程序的时候你都会看到一个具有不同名称的新文件。

22.5 使用文件路径

到目前为止，本章中的示例都使用当前工作目录中的文件，该目录通常是编译后的可执行文件的启动位置。如果要读写其他位置的文件，则必须指定文件路径。问题是，并不是所有的操作系统都以同样的方式表达文件路径。例如，在 Linux 系统上，我的主目录中名为 `mydata.json` 的文件的路径如下所示：

```
/home/adam/mydata.json
```

我通常将项目部署到 Linux 上，但是我更喜欢在 Windows 上开发。在 Windows 上，我的主目录中相同文件的路径如下所示：

```
C:\Users\adam\mydata.json
```

Windows 比你想象的更灵活，由 Go 语言函数（如 `OpenFile`）调用的底层 API 不区分文件分隔符，可以接受反斜杠和正斜杠。这意味着在编写 Go 语言代码时，我可以将文件的路径表

示为 `c:/users/adam/mydata.json`，甚至是 `/users/adam/mydata.json`，Windows 仍然可以正确打开文件。但是文件分隔符只是平台之间的差异之一。存储卷的处理方式不同，存储文件的默认位置也不同。例如，我可能能够使用 `/home/adam.mydata.json` 或 `/users/mydata.json` 来读取数据文件，但实际应用中的选择将取决于正在使用的操作系统。而且随着 Go 被移植到更多的平台上，可能的情况会更复杂。为了解决这个问题，`os` 包提供了一组返回公共位置路径的函数，如表 22-9 所示。

表 22-9 os 包定义的返回公共位置路径的函数

函数	描述
`Getwd()`	该函数返回当前的工作目录（用字符串表示）和一个指示获取值时出现的问题的错误
`UserHomeDir()`	该函数返回用户的主目录和一个错误，该错误指示获取路径时出现的问题
`UserCacheDir()`	该函数返回特定于用户的缓存数据的默认目录和一个错误，该错误指示获取路径时出现的问题
`UserConfigDir()`	该函数返回特定于用户的配置数据的默认目录和一个错误，该错误指示获取路径时出现的问题
`TempDir()`	该函数返回临时文件的默认目录和一个错误，该错误指示获取路径时出现的问题

一旦获得了一个路径，就可以像对待一个字符串一样对待它，并简单地追加额外字段到它上面，或者为了避免错误，使用 `path/filepath` 包提供的函数来操纵路径，其中最常用的函数见表 22-10。

表 22-10 path/filepath 包中用于操纵路径的函数

函数	描述
`Abs(path)`	该函数返回一个绝对路径，如果你有一个相对路径（比如一个文件名），该函数会很有用
`IsAbs(path)`	如果指定的路径是绝对路径，则该函数返回 `true`
`Base(path)`	该函数返回路径中的最后一个元素
`Clean(path)`	该函数通过删除重复的分隔符和相对引用来整理路径字符串
`Dir(path)`	该函数返回路径中除最后一个元素之外的所有元素
`EvalSymlinks(path)`	该函数计算一个符号链接并返回产生的路径
`Ext(path)`	该函数返回指定路径的文件扩展名，该扩展名假定是路径字符串中最后一个句点后面的后缀
`FromSlash(path)`	该函数用平台的文件分隔符替换每个正斜杠
`ToSlash(path)`	该函数用正斜杠替换平台的文件分隔符
`Join(...elements)`	该函数使用平台的文件分隔符组合多个元素
`Match(pattern,path)`	如果路径与指定的模式匹配，则该函数返回 `true`
`Split(path)`	该函数返回指定路径中最终路径分隔符两侧的组件
`SplitList(path)`	该函数将路径拆分成组件，这些组件作为一个字符串切片返回
`VolumeName(path)`	该函数返回指定路径的卷部分，如果路径不包含卷，则返回空字符串

代码清单 22-15 展示了从表 22-10 中描述的一个便利函数返回路径，到用表 22-9 中的函数操纵路径的过程。

代码清单 22-15 在 files/main.go 文件中使用路径

```
package main

import (
    // "fmt"
    // "time"
    "os"
    //"encoding/json"
    "path/filepath"
)

func main() {
    path, err := os.UserHomeDir()
    if (err == nil) {
        path = filepath.Join(path, "MyApp", "MyTempFile.json")
    }
    Printfln("Full path: %v", path)
    Printfln("Volume name: %v", filepath.VolumeName(path))
    Printfln("Dir component: %v", filepath.Dir(path))
    Printfln("File component: %v", filepath.Base(path))
    Printfln("File extension: %v", filepath.Ext(path))
}
```

该示例从 UserHomeDir 函数返回的路径开始，使用 Join 函数添加附加段，然后写出路径的不同部分。你收到的结果将取决于你的用户名和平台。以下是我在 Windows 机器上收到的输出结果：

```
Username: Alice
Full path: C:\Users\adam\MyApp\MyTempFile.json
Volume name: C:
Dir component: C:\Users\adam\MyApp
File component: MyTempFile.json
File extension: .json
```

以下是我在 Ubuntu 测试机上收到的输出结果：

```
Username: Alice
Full path: /home/adam/MyApp/MyTempFile.json
Volume name:
Dir component: /home/adam/MyApp
File component: MyTempFile.json
File extension: .json
```

22.6 管理文件和目录

上一节介绍了处理路径的函数，但这些路径只是字符串。当我向代码清单 22-15 中的路径添加段时，结果只是产生了另一个字符串，文件系统没有相应的更改。为了进行这些更改，os 包提供了表 22-11 中介绍的函数。

表 22-11　os 包中用于管理文件和目录的函数

函数	描述
Chdir(dir)	该函数将当前工作目录更改为指定的目录。返回结果是一个错误，指示进行更改时出现的问题
Mkdir(name, modePerms)	该函数使用指定的名称和模式 / 权限创建一个目录。返回结果是一个错误，如果成功创建了目录，则该错误为 nil；如果遇到问题，则该错误消息描述此问题
MkdirAll(name, modePerms)	该函数执行与 Mkdir 相同的任务，但是会在指定的路径中创建需要的父目录
MkdirTemp(parentDir, name)	该函数类似于 CreateTemp，但是创建的是目录而不是文件。在指定的父目录中创建新目录，并将随机字符串添加到指定名称的末尾或星号处。返回结果是目录的名称和指示问题的错误
Remove(name)	该函数删除指定的文件或目录。返回结果是一个指示出现的问题的错误
RemoveAll(name)	该函数删除指定的文件或目录。如果名称指定了一个目录，那么它包含的所有子目录也将被删除。返回结果是一个指示出现的问题的错误
Rename(old, new)	该函数重命名指定的文件或文件夹。返回结果是一个指示出现的问题的错误
Symlink(old, new)	该函数创建指定文件的符号链接。返回结果是一个指示出现的问题的错误

代码清单 22-16 使用 MkdirAll 函数来确保创建文件路径所需的目录，这样在试图创建文件时就不会出错。

代码清单 22-16　在 files/main.go 文件中创建目录

```
package main

import (
    // "fmt"
    // "time"
    "os"
    "encoding/json"
    "path/filepath"
)

func main() {
    path, err := os.UserHomeDir()
    if (err == nil) {
        path = filepath.Join(path, "MyApp", "MyTempFile.json")
    }

    Printfln("Full path: %v", path)

    err = os.MkdirAll(filepath.Dir(path), 0766)
    if (err == nil) {
        file, err := os.OpenFile(path, os.O_CREATE | os.O_WRONLY, 0666)
        if (err == nil) {
            defer file.Close()
            encoder := json.NewEncoder(file)
            encoder.Encode(Products)
        }
    }
    if (err != nil) {
        Printfln("Error %v", err.Error())
    }
}
```

为了确保路径中的目录存在，我使用了 filepath.Dir 函数，并将结果传递给 os.MkdirAll 函数。接下来，我使用 OpenFile 函数并指定 O_CREATE 标志来创建文件。将该文件用作 JSON 编码器的书写器，并将代码清单 22-3 中定义的 Product 切片的内容写入新文件。延迟的 Close 语句关闭文件。编译并执行该项目，你将看到在主目录下创建了一个名为 MyApp 的目录，其中包含一个名为 MyTempFile.json 的 JSON 文件。该文件包含以下 JSON 数据（为了适配页面已进行格式化）：

```
[{"Name":"Lifejacket","Category":"Watersports","Price":49.95},
 {"Name":"Soccer Ball","Category":"Soccer","Price":19.5},
 {"Name":"Corner Flags","Category":"Soccer","Price":34.95},
 {"Name":"Thinking Cap","Category":"Chess","Price":16},
 {"Name":"Unsteady Chair","Category":"Chess","Price":75},
 {"Name":"Hat","Category":"Skiing","Price":10},
 {"Name":"Gloves","Category":"Skiing","Price":40.2}]
```

22.7 探索文件系统

如果知道所需文件的位置，则可以使用上一节中介绍的函数创建路径，并使用它们打开文件。如果项目依赖于通过另一个进程创建的文件的处理，那么需要探索文件系统。os 包提供了以下函数，如表 22-12 所示。

表 22-12 os 包用于列出目录的函数

函数	描述
ReadDir(name)	该函数读取指定的目录并返回一个 DirEntry 切片，每个条目描述目录中的一项

ReadDir 函数的结果是实现 DirEntry 接口的值的切片，该接口定义了表 22-13 中描述的方法。

表 22-13 由 DirEntry 接口定义的方法

方法	描述
Name()	该方法返回由 DirEntry 值描述的文件或目录的名称
IsDir()	如果 DirEntry 值代表一个目录，则该方法返回 true
Type()	该方法返回一个 FileMode 值，它是 uint32 的别名，它表示 DirEntry 值所代表的文件或目录的权限
Info()	该方法返回一个 FileInfo 值，该值提供由 DirEntry 值所代表的文件或目录的其他详细信息

FileInfo 接口是 Info 方法的结果，用于获取文件或目录的详细信息。表 22-14 描述了 FileInfo 接口定义的常用方法。

表 22-14 FileInfo 接口定义的常用方法

方法	描述
Name()	该方法返回一个包含文件名或目录名的字符串
Size()	该方法返回文件的大小，用 int64 值表示

（续）

方法	描述
Mode()	该方法返回文件或目录的文件模式和权限设置
ModTime()	该方法返回文件或目录的最后修改时间

也可以使用表 22-15 中描述的函数获得单个文件的 FileInfo 值。

表 22-15　os 包用于检查文件的函数

函数	描述
Stat(path)	该函数接受一个路径字符串。它返回描述文件的 FileInfo 值和指示出现的问题的错误

代码清单 22-17 使用 ReadDir 函数来枚举项目文件夹的内容。

代码清单 22-17　在 files/main.go 文件中枚举文件

```
package main

import (
    // "fmt"
    // "time"
    "os"
    //"encoding/json"
    //"path/filepath"
)

func main() {
    path, err := os.Getwd()
    if (err == nil) {
        dirEntries, err := os.ReadDir(path)
        if (err == nil) {
            for _, dentry := range dirEntries {
                Printfln("Entry name: %v, IsDir: %v", dentry.Name(), dentry.IsDir())
            }
        }
    }
    if (err != nil) {
        Printfln("Error %v", err.Error())
    }
}
```

for 循环用于枚举 ReadDir 函数返回的 DirEntry 值，并写出 Name 和 IsDir 函数的结果。编译并执行该项目，你将看到类似如下的输出结果，其中使用 CreateTemp 函数创建的文件名可能会存在差异：

```
Username: Alice
Entry name: cheap.json, IsDir: false
Entry name: config.go, IsDir: false
Entry name: config.json, IsDir: false
Entry name: go.mod, IsDir: false
Entry name: main.go, IsDir: false
Entry name: output.txt, IsDir: false
Entry name: product.go, IsDir: false
Entry name: tempfile-1732419518.json, IsDir: false
```

22.7.1 确定文件是否存在

os 包定义了一个名为 IsNotExist 的函数，它接受一个错误，如果错误表明文件不存在，则返回 true，如代码清单 22-18 所示。

代码清单 22-18 在 files/main.go 文件中检查文件是否存在

```
package main

import (
    // "fmt"
    // "time"
    "os"
    // "encoding/json"
    // "path/filepath"
)

func main() {

    targetFiles := []string { "no_such_file.txt", "config.json" }
    for _, name := range targetFiles {
        info, err := os.Stat(name)
        if os.IsNotExist(err) {
            Printfln("File does not exist: %v", name)
        } else if err != nil  {
            Printfln("Other error: %v", err.Error())
        } else {
            Printfln("File %v, Size: %v", info.Name(), info.Size())
        }
    }
}
```

Stat 函数返回的错误被传递给 IsNotExist 函数，从而识别不存在的文件。编译并执行该项目，你将收到以下输出结果：

```
Username: Alice
File does not exist: no_such_file.txt
File config.json, Size: 262
```

22.7.2 使用模式定位文件

path/filepath 包定义了 Glob 函数，该函数返回目录中与指定模式匹配的所有名称。表 22-16 列出了相关函数。

表 22-16 path/filepath 包中使用模式定位文件的函数

函数	描述
Match(pattern, name)	该函数根据模式匹配一个路径。返回结果是一个 bool 值（表示是否匹配），以及一个表示模式或执行匹配时出现的问题的错误
Glob(pathPattern)	该函数查找所有与指定模式相匹配的文件。返回结果是一个包含匹配路径的字符串切片和一个指示执行搜索时出现的问题的错误

表 22-16 中函数使用的模式使用表 22-17 中列出的语法。

表 22-17　path/filepath 包中函数的搜索模式语法

项	描述
*	该项匹配任何字符序列，不包括路径分隔符
?	该项匹配任何单个字符，不包括路径分隔符
[a-Z]	该项匹配指定范围内的任何字符

代码清单 22-19 使用 Glob 函数获取当前工作目录中 JSON 文件的路径。

代码清单 22-19　在 files/main.go 文件中查找文件

```
package main

import (
    // "fmt"
    // "time"
    "os"
    // "encoding/json"
    "path/filepath"
)

func main() {

    path, err := os.Getwd()
    if (err == nil) {
        matches, err := filepath.Glob(filepath.Join(path, "*.json"))
        if (err == nil) {
            for _, m := range matches {
                Printfln("Match: %v", m)
            }
        }
    }

    if (err != nil) {
        Printfln("Error %v", err.Error())
    }
}
```

我使用 Getwd 和 Join 函数创建搜索模式，并写出由 Glob 函数返回的路径。编译并执行该项目，你将看到类似以下输出结果，根据项目文件夹的实际位置会稍有不同：

```
Username: Alice
Match: C:\files\cheap.json
Match: C:\files\config.json
Match: C:\files\tempfile-1732419518.json
```

22.7.3　处理目录中的所有文件

模式的替代方法是枚举特定位置的所有文件，这可以使用表 22-18 中介绍的函数来完成，该函数由 path/filepath 包定义。

表 22-18　path/filepath 包提供的函数

函数	描述
WalkDir(directory, func)	该函数为指定目录中的每个文件和目录调用指定的函数

WalkDir 调用的回调函数接收一个包含路径的字符串、一个提供文件或目录详细信息的 DirEntry 值，以及一个指示访问该文件或目录时出现的问题的错误。回调函数的结果是一个错误，它通过返回特殊的 SkipDir 值来阻止 WalkDir 函数进入当前目录。代码清单 22-20 演示了 WalkDir 函数的用法。

代码清单 22-20 在 files/main.go 文件中遍历目录

```
package main

import (
    // "fmt"
    // "time"
    "os"
    //"encoding/json"
    "path/filepath"
)

func callback(path string, dir os.DirEntry, dirErr error) (err error) {
    info, _ := dir.Info()
    Printfln("Path %v, Size: %v", path, info.Size())
    return
}

func main() {

    path, err := os.Getwd()
    if (err == nil) {
        err = filepath.WalkDir(path, callback)
    } else {
        Printfln("Error %v", err.Error())
    }
}
```

此示例使用 WalkDir 函数枚举当前工作目录的内容，并写出找到的每个文件的路径和大小。编译并执行该项目，你将看到类似如下的输出结果：

```
Username: Alice
Path C:\files, Size: 4096
Path C:\files\cheap.json, Size: 384
Path C:\files\config.json, Size: 262
Path C:\files\go.mod, Size: 28
Path C:\files\main.go, Size: 467
Path C:\files\output.txt, Size: 74
Path C:\files\product.go, Size: 679
Path C:\files\readconfig.go, Size: 870
Path C:\files\tempfile-1732419518.json, Size: 384
```

22.8 小结

在这一章中，我介绍了 Go 语言标准库中处理文件的特性，描述了读写文件的便利函数，解释了 File 结构的用法，并演示了如何浏览和管理文件系统。下一章将介绍如何创建并使用 HTML 和文本模板。

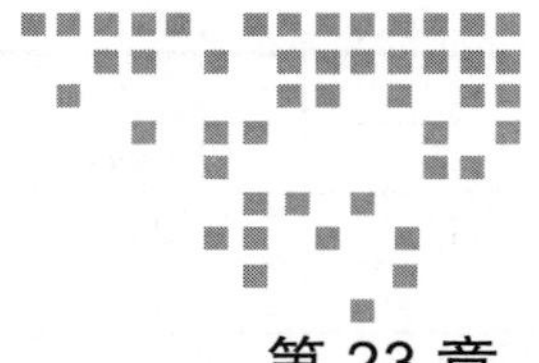

第 23 章 Chapter 23

HTML 和文本模板

在本章中，我将介绍用于从模板中生成 HTML 和文本内容的 Go 语言标准库包。这些模板包在生成大量内容时非常有用，并且广泛支持动态内容生成。表 23-1 给出了与 HTML 和文本模板有关的基本信息。

表 23-1 关于 HTML 和文本模板

问题	答案
它们是什么	这些模板允许从 Go 数据值动态生成 HTML 和文本内容
它们为什么有用	当需要生成大量内容时，模板是非常有用的，直接将内容定义为字符串是难以管理的
它们是如何使用的	模板是 HTML 或文本文件，用模板处理引擎的指令进行注释。当渲染模板时，这些指令会生成 HTML 或文本内容
有什么陷阱或限制吗	模板的语法是反直觉的，并且不被 Go 编译器检查。这意味着你必须小心使用正确的语法，这可能是一个令人沮丧的过程
有其他选择吗	模板是可选的，可以使用字符串生成少量的内容

表 23-2 是本章内容概要。

表 23-2 章节内容概要

问题	解决方案	代码清单
生成 HTML 文档	定义 HTML 模板，将数据值合并到输出中。加载并执行模板，并为其提供数据	23-6 ~ 23-10
枚举加载的模板	枚举 `Templates` 方法返回的结果	23-11
查找特定模板	使用 `Lookup` 方法	23-12
生成动态内容	使用模板动作	23-13、23-21
格式化数据值	使用格式化函数	23-14～23-16
消除空白字符	向模板中添加连字符	23-17～23-19

（续）

问题	解决方案	代码清单
处理切片	使用切片函数	23-22
有条件地执行模板内容	使用条件动作和函数	23-23、23-24
创建嵌套模板	使用 define 和 template 动作	23-25～23-27
定义默认模板	使用 block 和 template 动作	23-28～23-30
创建在模板中使用的函数	定义模板函数	23-31、23-32、23-35、23-36
禁用函数结果的编码	返回一个 html/template 包定义的类型别名	23-33、23-34
将数据值存储在模板中供以后使用	定义模板变量	23-37～23-40
生成文本文档	使用 text/template 包	23-41、23-42

23.1 为本章做准备

请打开一个新的命令行窗口，导航到一个方便的位置，并创建一个名为 htmltext 的文件夹。导航到 htmltext 文件夹，运行代码清单 23-1 所示的命令来初始化项目。

代码清单 23-1 初始化项目

```
go mod init htmltext
```

将一个名为 printer.go 的文件添加到 htmltext 文件夹，其内容如代码清单 23-2 所示。

代码清单 23-2 htmltext/printer.go 文件的内容

```
package main

import "fmt"

func Printfln(template string, values ...interface{}) {
    fmt.Printf(template + "\n", values...)
}
```

将一个名为 product.go 的文件添加到 htmltext 文件夹，其内容如代码清单 23-3 所示。

代码清单 23-3 htmltext/product.go 文件的内容

```
package main

type Product struct {
    Name, Category string
    Price float64
}

var Kayak = Product {
    Name: "Kayak",
    Category: "Watersports",
    Price: 279,
}

var Products = []Product {
    { "Kayak", "Watersports", 279 },
```

```
    { "Lifejacket", "Watersports", 49.95 },
    { "Soccer Ball", "Soccer", 19.50 },
    { "Corner Flags", "Soccer", 34.95 },
    { "Stadium", "Soccer", 79500 },
    { "Thinking Cap", "Chess", 16 },
    { "Unsteady Chair", "Chess", 75 },
    { "Bling-Bling King", "Chess", 1200 },
}

func (p *Product) AddTax() float64 {
    return p.Price * 1.2
}

func (p * Product) ApplyDiscount(amount float64) float64 {
    return p.Price - amount
}
```

将一个名为 main.go 的文件添加到 htmltext 文件夹，其内容如代码清单 23-4 所示。

代码清单 23-4　htmltext/main.go 文件的内容

```
package main

func main() {
    for _, p := range Products {
        Printfln("Product: %v, Category: %v, Price: $%.2f",
            p.Name, p.Category, p.Price)
    }
}
```

使用命令行窗口在 htmltext 文件夹运行代码清单 23-5 中的命令。

代码清单 23-5　运行示例项目

```
go run .
```

以上示例代码将被编译并执行，产生以下输出结果：

```
Product: Kayak, Category: Watersports, Price: $279.00
Product: Lifejacket, Category: Watersports, Price: $49.95
Product: Soccer Ball, Category: Soccer, Price: $19.50
Product: Corner Flags, Category: Soccer, Price: $34.95
Product: Stadium, Category: Soccer, Price: $79500.00
Product: Thinking Cap, Category: Chess, Price: $16.00
Product: Unsteady Chair, Category: Chess, Price: $75.00
Product: Bling-Bling King, Category: Chess, Price: $1200.00
```

23.2　创建 HTML 模板

html/template 包支持创建模板，实现通过处理数据结构生成动态 HTML 输出。创建 htmltext/templates 文件夹，并在其中添加一个名为 template.html 的文件，其内容如代码清单 23-6 所示。

注意　本章中的例子只产生 HTML 片段。有关生成完整 HTML 文档的示例，请参见第三部分。

代码清单 23-6 templates/template.html 文件的内容

```
<h1>Template Value: {{ . }}</h1>
```

模板包含静态内容和用双大括号括起来的表达式，称为动作（action）。代码清单 23-6 中的模板使用了最简单的动作，这是一个句点（.），用于输出执行模板的数据，我将在 23.2.1 节中对此进行说明。

一个项目可以有多个模板文件。我们将一个名为 extras.html 的文件添加到 templates 文件夹，其内容如代码清单 23-7 所示。

代码清单 23-7 templates/extras.html 文件的内容

```
<h1>Extras Template Value: {{ . }}</h1>
```

新模板使用与前一个示例相同的动作，但是具有不同的静态内容，这样可以更清楚地表明在之后的示例中执行了哪个模板。在介绍了使用模板的基本技术后，我还将介绍更复杂的模板 action。

23.2.1 加载和执行模板

使用模板的过程分为两步。首先，加载并处理模板文件以创建 Template 值。表 23-3 介绍了用于加载模板文件的函数。

表 23-3 加载模板文件的 html/template 函数

函数	描述
ParseFiles(...files)	该函数加载一个或多个文件，这些文件由参数指定名称。结果是一个可用于生成内容的 Template 和一个指示加载模板文件时发生问题的 error
ParseGlob(pattern)	该函数加载一个或多个文件，这些文件是用一个模式选择的。结果是一个可用于生成内容的 Template 和一个指示加载模板文件时发生问题的 error

如果模板文件命名一致，那么你可以使用 ParseGlob 函数以一个简单的模式加载它们。如果需要特定的文件，或者文件的命名规则不一致，那么可以使用 ParseFiles 函数指定单个文件。

一旦模板文件被加载，由表 23-3 中的函数返回的 Template 值就被用于选择一个模板并执行它来生成内容，表 23-4 中列出了可用的方法。

表 23-4 选择和执行模板的 Template 方法

方法	描述
Templates()	该函数返回一个切片，其中包含指向已经加载的 Template 值的指针
Lookup(name)	该函数返回指定的已加载模板的 *Template
Name()	该方法返回 Template 的名称
Execute(writer, data)	该函数使用指定的数据执行 Template 并将输出写入指定的 Writer
ExecuteTemplate(writer, templateName, data)	该函数使用指定的名称和数据执行模板，并将输出写入指定的 Writer

在代码清单 23-8 中，我加载并执行了一个模板。

代码清单 23-8　在 htmltext/main.go 文件中加载并执行模板

```
package main

import (
    "html/template"
    "os"
)

func main() {
    t, err := template.ParseFiles("templates/template.html")
    if (err == nil) {
        t.Execute(os.Stdout, &Kayak)
    } else {
        Printfln("Error: %v", err.Error())
    }
}
```

我使用了 ParseFiles 函数来加载单个模板。ParseFiles 函数的结果是一个 Template，并且我对它执行了 Execute 方法，将标准输出指定为 Writer，将 Product 指定为模板要处理的数据。

处理 template.html 文件的内容，并执行其中包含的动作，在发送给 Writer 的输出中插入传递给 Execute 方法的数据参数。编译并执行该项目，你将看到以下输出结果：

```
<h1>Template Value: {Kayak Watersports 279}</h1>
```

模板的输出结果包括 Product 结构的字符串表示。在本章的后面，我将介绍从结构值生成内容的常用方法。

1. 加载多个模板

有两种方法可以帮助我们使用多个模板。第一种是为它们分别创建一个单独的 Template 值，并分别执行它们，如代码清单 23-9 所示。

代码清单 23-9　在 htmltext/main.go 文件中使用单独的模板

```
package main

import (
    "html/template"
    "os"
)

func main() {
    t1, err1 := template.ParseFiles("templates/template.html")
    t2, err2 := template.ParseFiles("templates/extras.html")
    if (err1 == nil && err2 == nil) {
        t1.Execute(os.Stdout, &Kayak)
        os.Stdout.WriteString("\n")
        t2.Execute(os.Stdout, &Kayak)
    } else {
        Printfln("Error: %v %v", err1.Error(), err2.Error())
    }
}
```

注意，我在执行这两个模板之间写了一个换行符。两个模板的输出结果就是文件所包含的内容。因为 templates 目录中的两个文件都不包含换行符，所以我必须在输出中添加一个换行符来分隔这两部分内容。编译并执行该项目，你将收到以下输出结果：

```
<h1>Template Value: {Kayak Watersports 279}</h1>
<h1>Extras Template Value: {Kayak Watersports 279}</h1>
```

使用单独的 Template 值是最简单的方法，还有一种方法是将多个文件加载到一个 Template 值中，然后指定想要执行的模板的名称，如代码清单 23-10 所示。

代码清单 23-10 在 htmltext/main.go 文件中使用组合模板

```
package main

import (
    "html/template"
    "os"
)

func main() {
    allTemplates, err1 := template.ParseFiles("templates/template.html",
        "templates/extras.html")
    if (err1 == nil) {
        allTemplates.ExecuteTemplate(os.Stdout, "template.html", &Kayak)
        os.Stdout.WriteString("\n")
        allTemplates.ExecuteTemplate(os.Stdout, "extras.html", &Kayak)
    } else {
        Printfln("Error: %v %v", err1.Error())
    }
}
```

当用 ParseFiles 加载多个文件时，结果是一个模板值，可以对该模板值调用 ExecuteTemplate 方法来执行指定的模板。文件名被用作模板名，所以本示例中的模板被命名为 template.html 和 extras.html。

注意 可以在 ParseFiles 或 ParseGlob 函数返回的模板上调用 Execute 方法，加载的第一个模板将被选择并用于产生输出。使用 ParseGlob 函数时要小心，因为加载的第一个模板——也就是将要执行的模板——可能不是你期望的文件。

模板文件并不是必须使用文件扩展名，而我这样做是为了将本节中创建的模板与本章后面创建的文本模板区分开来。编译并执行该项目，你将看到以下输出结果：

```
<h1>Template Value: {Kayak Watersports 279}</h1>
<h1>Extras Template Value: {Kayak Watersports 279}</h1>
```

加载多个模板使得内容可以分散在多个文件中，这样一个模板可以依赖另一个模板生成的内容，我将在 23.2.2 节中演示这一点。

2. 枚举加载的模板

枚举已经加载的模板是很常用的，尤其是在使用 ParseGlob 函数时，以确保已经发现了所有预期的文件。代码清单 23-11 使用 Templates 方法获取模板列表，使用 Name 方法获取每个模板的名称。

代码清单 23-11　在 htmltext/main.go 文件中枚举加载的模板

```
package main

import (
    "html/template"
    //"os"
)

func main() {
    allTemplates, err := template.ParseGlob("templates/*.html")
    if (err == nil) {
        for _, t := range allTemplates.Templates() {
            Printfln("Template name: %v", t.Name())
        }
    } else {
        Printfln("Error: %v %v", err.Error())
    }
}
```

传递给 ParseGlob 函数的模式选择了 templates 文件夹下带有 html 扩展名的所有文件。编译并执行该项目，你将看到已经加载的模板列表：

```
Template name: extras.html
Template name: template.html
```

3. 查找特定模板

指定名称的另一种方法是使用 Lookup 方法来选择一个模板，这在你想把一个模板作为参数传递给一个函数时很有用，如代码清单 23-12 所示。

代码清单 23-12　在 htmltext/main.go 文件中查找模板

```
package main

import (
    "html/template"
    "os"
)

func Exec(t *template.Template) error {
    return t.Execute(os.Stdout, &Kayak)
}
func main() {
    allTemplates, err := template.ParseGlob("templates/*.html")
    if (err == nil) {
        selectedTemplated := allTemplates.Lookup("template.html")
        err = Exec(selectedTemplated)
    }
    if (err != nil) {
        Printfln("Error: %v %v", err.Error())
    }
}
```

本示例使用 Lookup 方法从 template.txt 文件中获取模板，并将其用作 Exec 函数的参数，该函数使用标准输出执行模板。编译并执行该项目，你将看到以下输出结果：

```
<h1>Template Value: {Kayak Watersports 279}</h1>
```

23.2.2 模板动作

Go 语言的模板支持的动作非常广泛，这些动作可用于从传递给 `Execute` 或 `ExecuteTemplate` 方法的数据中生成内容。作为快速参考，表 23-5 总结了模板动作，我将在后面的章节中演示其中最常用的部分。

表 23-5 模板动作

<table>
<tr><th>动作</th><th>描述</th></tr>
<tr><td><code>{{ value }}</code>
<code>{{ expr }}</code></td><td>该动作将数据值或表达式的结果插入模板。用句点引用传递给 <code>Execute</code> 或 <code>ExecuteTemplate</code> 函数的数据值</td></tr>
<tr><td><code>{{ value.fieldname }}</code></td><td>该动作插入结构字段的值</td></tr>
<tr><td><code>{{ value.method arg }}</code></td><td>该动作调用方法并将结果插入模板输出。不使用括号，参数用空格分隔</td></tr>
<tr><td><code>{{ func arg }}</code></td><td>该动作调用一个函数并将结果插入模板输出。Go 语言提供了一些常用的内置函数，例如格式化数据值，也可以定义自定义函数</td></tr>
<tr><td><code>{{ expr | value.method }}</code>
<code>{{ expr | func }}</code></td><td>该动作可以使用竖线将表达式链接在一起，这样第一个表达式的结果将用作第二个表达式的最后一个参数</td></tr>
<tr><td><code>{{ range value }}</code>
<code>...</code>
<code>{{ end }}</code></td><td>该动作遍历指定的切片，并为每个元素添加 <code>range</code> 和 <code>end</code> 关键字之间的内容。嵌套内容中的动作会被执行，当前元素仅在当前周期内被访问</td></tr>
<tr><td><code>{{ range value }}</code>
<code>...</code>
<code>{{ else }}</code>
<code>...</code>
<code>{{ end }}</code></td><td>该动作类似于前面的 <code>range/end</code> 组合，但是定义了一个额外的嵌套内容，如果切片不包含元素，则使用该部分</td></tr>
<tr><td><code>{{ if expr }}</code>
<code>...</code>
<code>{{ end }}</code></td><td>该动作对表达式求值，如果结果为 <code>true</code>，则执行嵌套的模板内容。该动作可以与可选的 <code>else</code> 和 <code>else if</code> 子句一起使用</td></tr>
<tr><td><code>{{ with expr }}</code>
<code>...</code>
<code>{{ end }}</code></td><td>如果表达式结果不是 <code>nil</code> 或空字符串，则该动作将计算表达式并执行嵌套模板内容。该动作可以与可选子句一起使用</td></tr>
<tr><td><code>{{ define "name" }}</code>
<code>...</code>
<code>{{ end }}</code></td><td>该动作定义了一个具有指定名称的模板</td></tr>
<tr><td><code>{{ template "name" expr }}</code></td><td>该动作使用指定的名称和数据执行模板，并在输出中插入结果</td></tr>
<tr><td><code>{{ block "name" expr }}</code>
<code>...</code>
<code>{{ end }}</code></td><td>该动作用指定的名称定义一个模板，并用指定的数据调用它。这通常用于定义一个可以被另一个文件加载的模板替换的模板</td></tr>
</table>

1. 插入数据值

模板中最简单的任务是向模板生成的输出结果中插入一个值，这可以通过创建一个动作来完成，该动作包含一个生成你想要插入的值的表达式。表 23-6 介绍了最基本的模板表达式，其中最常用的表达式将在后面的章节中进行演示。

表 23-6 用于将值插入模板的模板表达式

表达式	描述
.	该表达式将传递给 Execute 或 ExecuteTemplate 方法的值插入模板输出
.Field	该表达式将指定字段的值插入模板输出
.Method	该表达式调用指定的方法，不带参数，并将结果插入模板输出
.Method arg	该表达式使用指定的参数调用指定的方法，并将结果插入模板输出
call .Field arg	该表达式使用由空格分隔的指定参数调用结构的函数字段。函数的结果被插入模板输出

我在 23.2.1 节中只使用了句点，它的作用是插入用于执行模板的数据值的字符串表示。大多数实际项目中的模板都包括特定字段的值或调用方法的结果，如代码清单 23-13 所示。

代码清单 23-13 在 templates/template.html 文件中插入数据值

```
<h1>Template Value: {{ . }}</h1>
<h1>Name: {{ .Name }}</h1>
<h1>Category: {{ .Category }}</h1>
<h1>Price: {{ .Price }}</h1>
<h1>Tax: {{ .AddTax }}</h1>
<h1>Discount Price: {{ .ApplyDiscount 10 }}</h1>
```

新动作包含写出 Name、Category 和 Price 字段的值的表达式，以及调用 AddTax 和 ApplyDiscount 方法的结果。访问字段的语法大体上类似于 Go 语言代码，但是调用方法和函数的方式差别很大，很容易出错。与 Go 语言代码不同，方法不是用括号调用的，参数只是在名称后指定，用空格分隔。开发人员有责任确保参数是方法或函数可以使用的类型。编译并执行该项目，你将看到以下输出结果：

```
<h1>Template Value: {Kayak Watersports 279}</h1>
<h1>Name: Kayak</h1>
<h1>Category: Watersports</h1>
<h1>Price: 279</h1>
<h1>Tax: 334.8</h1>
<h1>Discount Price: 269</h1>
```

理解上下文转义

自动对值进行转义，使它们可以安全地包含在 HTML、CSS 和 JavaScript 代码中，并根据上下文应用适当的转义规则。例如，用作 HTML 元素文本内容的字符串值（如 "It was a <big> boat"）将作为 "It was a <big> boat" 插入模板，但在 JavaScript 代码中用作字符串文字值时，将作为 "It was a \u003cbig\u003e boat" 插入。关于值如何转义的完整细节，可以查看 https://golang.org/pkg/html/template。

2. 格式化数据值

模板支持许多内置函数以完成一些常见的任务，包括格式化插入输出的数据值，如表 23-7 所示。其他内置函数将在后面的章节中进行介绍。

表 23-7 用于格式化数据值的内置模板函数

函数	描述
print	这是 fmt.Sprint 函数的别名
printf	这是 fmt.Sprintf 函数的别名
println	这是 fmt.Sprintln 函数的别名
html	这个函数将一个值安全编码为 HTML 文档
js	这个函数将一个值安全编码为 JavaScript 文档
urlquery	这个函数对一个值进行编码，用于 URL 查询字符串

这些函数是通过指定它们的名称来调用的，后面是一个以空格分隔的参数的列表。在代码清单 23-14 中，我使用了 printf 函数来格式化模板输出中包含的一些数据字段。

代码清单 23-14 在 templates/template.html 文件中使用格式化函数

```
<h1>Template Value: {{ . }}</h1>
<h1>Name: {{ .Name }}</h1>
<h1>Category: {{ .Category }}</h1>
<h1>Price: {{ printf "$%.2f" .Price }}</h1>
<h1>Tax: {{ printf "$%.2f" .AddTax }}</h1>
<h1>Discount Price: {{ .ApplyDiscount 10 }}</h1>
```

使用 printf 函数允许我将两个数据值格式化为美元金额，编译并执行该项目会产生以下输出结果：

```
<h1>Extras Template Value: {Kayak Watersports 279}</h1>
<h1>Name: Kayak</h1>
<h1>Category: Watersports</h1>
<h1>Price: $279.00</h1>
<h1>Tax: $334.80</h1>
<h1>Discount Price: 269</h1>
```

3. 链接和括号模板表达式

链接表达式为多个值创建了一个流水线，允许将一个方法或函数的输出用作另一个方法或函数的输入。代码清单 23-15 通过链接 ApplyDiscount 方法的结果创建了一个流水线，将其作为 printf 函数的一个参数。

代码清单 23-15 在 templates/template.html 文件中链接表达式

```
<h1>Template Value: {{ . }}</h1>
<h1>Name: {{ .Name }}</h1>
<h1>Category: {{ .Category }}</h1>
<h1>Price: {{ printf "$%.2f" .Price }}</h1>
<h1>Tax: {{ printf "$%.2f" .AddTax }}</h1>
<h1>Discount Price: {{ .ApplyDiscount 10 | printf "$%.2f" }}</h1>
```

使用竖线（| 字符）链接表达式，最终效果是前一个表达式的结果用作下一个表达式的最终参数。在代码清单 23-15 中，调用 ApplyDiscount 方法的结果被用作调用内置 printf 函数的最终参数。编译并执行该项目，你将在模板生成的输出结果中看到格式化后的值：

```
<h1>Extras Template Value: {Kayak Watersports 279}</h1>
<h1>Name: Kayak</h1>
```

```
<h1>Category: Watersports</h1>
<h1>Price: $279.00</h1>
<h1>Tax: $334.80</h1>
<h1>Discount Price: $269.00</h1>
```

链接只能用于提供给函数的最后一个参数。还有一种方法也可以用来设置其他函数参数，这就是使用括号，如代码清单 23-16 所示。

代码清单 23-16　在 templates/template.html 文件中使用括号

```
<h1>Template Value: {{ . }}</h1>
<h1>Name: {{ .Name }}</h1>
<h1>Category: {{ .Category }}</h1>
<h1>Price: {{ printf "$%.2f" .Price }}</h1>
<h1>Tax: {{ printf "$%.2f" .AddTax }}</h1>
<h1>Discount Price: {{ printf "$%.2f" (.ApplyDiscount 10) }}</h1>
```

调用 ApplyDiscount 方法，并将结果用作 printf 函数的参数。代码清单 23-16 中的模板会产生与代码清单 23-15 相同的输出结果。

4. 修剪空白字符

默认情况下，模板的内容完全按照文件中的定义呈现，包括动作之间的空格。HTML 对元素之间的空格不敏感，但是空格仍然会给文本内容和属性值带来问题，特别是当你想构造一个模板的内容以便于阅读时，如代码清单 23-17 所示。

代码清单 23-17　在 templates/template.html 文件中构建模板内容

```
<h1>
    Name: {{ .Name }}, Category: {{ .Category }}, Price,
        {{ printf "$%.2f" .Price }}
</h1>
```

我在代码清单中添加了换行符和缩进来适应输出页面的内容，并将元素内容与其标签分开。编译和执行项目时，输出结果中就会包含这些空格：

```
<h1>
    Name: Kayak, Category: Watersports, Price,
        $279.00
</h1>
```

减号（-）可以用来修剪这些空格，应用在开始或结束动作的大括号之前或之后。在代码清单 23-18 中，我使用这个特性来修剪代码清单 23-17 中引入的空格。

代码清单 23-18　在 templates/template.html 文件中修剪空格

```
<h1>
    Name: {{ .Name }}, Category: {{ .Category }}, Price,
        {{- printf "$%.2f" .Price -}}
</h1>
```

必须用空格将减号与动作表达式的其余部分隔开。这样做的效果是删除动作之前或之后的所有空白，编译并执行该项目，会产生以下输出结果：

```
<h1>
    Name: Kayak, Category: Watersports, Price,$279.00</h1>
```

最后一个动作前后的空格已经被删除，但是在开始的 h1 标记之后仍然有一个换行符，因为空白修剪只适用于动作。如果这个空白不能从模板中删除，那么可以使用一个在输出中插入一个空字符串的动作来修剪空白，如代码清单 23-19 所示。

代码清单 23-19 在 templates/template.html 文件中修剪额外空白

```
<h1>
    {{- "" -}} Name: {{ .Name }}, Category: {{ .Category }}, Price,
        {{- printf "$%.2f" .Price -}}
</h1>
```

新的动作没有引入任何新的输出，只是修剪了周围的空格，这可以通过编译并执行该项目看到：

```
<h1>Name: Kayak, Category: Watersports, Price,$279.00</h1>
```

即使有了这个特性，在编写易于理解的模板时，也很难控制空格，你将在后面的示例中看到这一点。如果特定的文档结构很重要，那么你必须接受更难阅读和维护的模板。如果可读性和可维护性是优先考虑的，那么你将不得不接受模板产生的输出中有额外的空白。

5. 在模板中使用切片

模板动作可以用来为切片生成内容，如代码清单 23-20 所示，它取代了整个模板。

代码清单 23-20 在 templates/template.html 文件中处理切片

```
{{ range . -}}
    <h1>Name: {{ .Name }}, Category: {{ .Category }}, Price,
        {{- printf "$%.2f" .Price }}</h1>
{{ end }}
```

range 表达式遍历指定的数据，我使用了代码清单 23-20 中的句点来选择用于执行模板的数据值，稍后我将对其进行配置。range 表达式和 end 表达式之间的模板内容将对切片中的每个值重复执行，当前值赋给了当前周期，以便可以用在嵌套动作中。代码清单 23-20 中的效果是：Name、Category 和 Price 字段被插入由 range 表达式枚举的切片的每个元素值的输出中。

注意 range 关键字也可用于枚举 map。

代码清单 23-21 更新了执行模板的代码，使用切片而不是单个 Product 值。

代码清单 23-21 在 htmltext/main.go 文件中使用切片执行模板

```
package main

import (
    "html/template"
    "os"
)

func Exec(t *template.Template) error {
    return t.Execute(os.Stdout, Products)
}

func main() {
```

```
    allTemplates, err := template.ParseGlob("templates/*.html")
    if (err == nil) {
        selectedTemplated := allTemplates.Lookup("template.html")
        err = Exec(selectedTemplated)
    }
    if (err != nil) {
        Printfln("Error: %v %v", err.Error())
    }
}
```

编译并执行示例代码，你将看到以下输出结果：

```
<h1>Name: Kayak, Category: Watersports, Price,$279.00</h1>
<h1>Name: Lifejacket, Category: Watersports, Price,$49.95</h1>
<h1>Name: Soccer Ball, Category: Soccer, Price,$19.50</h1>
<h1>Name: Corner Flags, Category: Soccer, Price,$34.95</h1>
<h1>Name: Stadium, Category: Soccer, Price,$79500.00</h1>
<h1>Name: Thinking Cap, Category: Chess, Price,$16.00</h1>
<h1>Name: Unsteady Chair, Category: Chess, Price,$75.00</h1>
<h1>Name: Bling-Bling King, Category: Chess, Price,$1200.00</h1>
```

请注意，我对包含代码清单 23-20 中的 range 表达式的动作应用了减号。我希望 range 和 end 之间的模板内容在视觉上与众不同，将它们放在新的一行并添加缩进，但这将导致输出中有额外的换行符和间距。将减号放在 range 表达式的末尾会修剪嵌套内容中的所有前导空格。我没有在 end 表达式中添加减号，这样做的效果是保留尾部的换行符，使切片内每个元素的输出都出现在单独的一行上。

6. 内置的切片函数

Go 语言的文本模板支持表 23-8 中列出的用于处理切片的内置函数。

表 23-8　切片的内置模板函数

函数	描述
slice	该函数创建一个新的切片。它的参数是原始切片、起始索引和结束索引
index	该函数返回指定索引处的元素
len	该函数返回指定切片的长度

代码清单 23-22 使用内置函数来报告切片的长度，获取特定索引处的元素，并创建一个新的切片。

代码清单 23-22　在 htmltext/main.go 文件中使用内置函数

```
<h1>There are {{ len . }} products in the source data.</h1>
<h1>First product: {{ index . 0 }}</h1>
{{ range slice . 3 5 -}}
    <h1>Name: {{ .Name }}, Category: {{ .Category }}, Price,
        {{- printf "$%.2f" .Price }}</h1>
{{ end }}
```

编译并执行该项目，你将看到以下输出结果：

```
<h1>There are 8 products in the source data.</h1>
<h1>First product: {Kayak Watersports 279}</h1>
```

```
<h1>Name: Corner Flags, Category: Soccer, Price,$34.95</h1>
<h1>Name: Stadium, Category: Soccer, Price,$79500.00</h1>
```

7. 有条件地执行模板内容

动作还可以用来根据表达式的计算有条件地将内容插入输出，如代码清单 23-23 所示。

代码清单 23-23 在 htmltext/main.go 文件中使用条件动作

```
<h1>There are {{ len . }} products in the source data.</h1>
<h1>First product: {{ index . 0 }}</h1>
{{ range . -}}
    {{ if lt .Price 100.00 -}}
        <h1>Name: {{ .Name }}, Category: {{ .Category }}, Price,
            {{- printf "$%.2f" .Price }}</h1>
    {{ end -}}
{{ end }}
```

if 关键字后跟一个表达式，该表达式确定是否执行嵌套模板内容。为了更好实现这些动作所需的表达式，模板支持表 23-9 中所示的函数。

表 23-9 模板的条件函数

函数	描述
eq arg1 arg2	如果 arg1 == arg2，则该函数返回 true
ne arg1 arg2	如果 arg1 ! = arg2，则该函数返回 true
lt arg1 arg2	如果 arg1 < arg2，则该函数返回 true
le arg1 arg2	如果 arg1 <= arg2，则该函数返回 true
gt arg1 arg2	如果 arg1 > arg2，则该函数返回 true
ge arg1 arg2	如果 arg1 >= arg2，则该函数返回 true
and arg1 arg2	如果 arg1 和 arg2 都是 true，则该函数返回 true
not arg1	如果 arg1 是 false，则该函数返回 true

这些函数的语法与模板的其他特性是一致的，这有点难理解，只能去习惯它。在代码清单 23-23 中，我使用了这个表达式：

```
...
{{ if lt .Price 100.00 -}}
...
```

if 关键字表示有条件的动作，lt 函数执行小于比较，其余参数指定 range 表达式中当前元素值的 Price 字段和 100.00 的文字值。表 23-9 中描述的比较函数没有处理数据类型的复杂方法，这意味着我必须将文字值指定为 100.00，这样它才可以作为 float64 被处理，并且不能依赖于 Go 语言处理无类型常量的方式。

range 表达式枚举 Product 切片中的元素值，并执行嵌套的 if 动作。if 仅当当前元素的 Price 字段的值小于 100 时，才会执行其嵌套的内容。编译并执行该项目，你将看到以下输出结果：

```
<h1>There are 8 products in the source data.</h1>
<h1>First product: {Kayak Watersports 279}</h1>
<h1>Name: Lifejacket, Category: Watersports, Price,$49.95</h1>
```

```
<h1>Name: Soccer Ball, Category: Soccer, Price,$19.50</h1>
<h1>Name: Corner Flags, Category: Soccer, Price,$34.95</h1>
<h1>Name: Thinking Cap, Category: Chess, Price,$16.00</h1>
<h1>Name: Unsteady Chair, Category: Chess, Price,$75.00</h1>
```

尽管使用了减号来修剪空白，但是由于我选择构造模板的方式，输出的格式很奇怪。如前所述，在构造易于阅读的模板和管理输出中的空白之间有一个折中。在本章中，我把重点放在使模板易于理解上，结果是示例的输出格式很笨拙。

8. 使用可选的条件动作

if 表达式可以与可选的 else 和 else if 关键字一起使用，如代码清单 23-24 所示，允许回退内容，当 if 表达式为 false 时执行回退内容，或者仅当第二个表达式为 true 时执行回退内容。

代码清单 23-24　使用 templates/template.html 文件中的可选关键字

```
<h1>There are {{ len . }} products in the source data.</h1>
<h1>First product: {{ index . 0 }}</h1>
{{ range . -}}
    {{ if lt .Price 100.00 -}}
        <h1>Name: {{ .Name }}, Category: {{ .Category }}, Price,
            {{- printf "$%.2f" .Price }}</h1>
    {{ else if gt .Price 1500.00 -}}
        <h1>Expensive Product {{ .Name }} ({{ printf "$%.2f" .Price}})</h1>
    {{ else -}}
        <h1>Midrange Product: {{ .Name }} ({{ printf "$%.2f" .Price}})</h1>
    {{ end -}}
{{ end }}
```

编译并执行该项目，你将看到 if、else if 和 else 操作产生以下输出结果：

```
<h1>There are 8 products in the source data.</h1>
<h1>First product: {Kayak Watersports 279}</h1>
<h1>Midrange Product: Kayak ($279.00)</h1>
    <h1>Name: Lifejacket, Category: Watersports, Price,$49.95</h1>
    <h1>Name: Soccer Ball, Category: Soccer, Price,$19.50</h1>
    <h1>Name: Corner Flags, Category: Soccer, Price,$34.95</h1>
    <h1>Expensive Product Stadium ($79500.00)</h1>
    <h1>Name: Thinking Cap, Category: Chess, Price,$16.00</h1>
    <h1>Name: Unsteady Chair, Category: Chess, Price,$75.00</h1>
    <h1>Midrange Product: Bling-Bling King ($1200.00)</h1>
```

9. 创建命名嵌套模板

define 关键字用于创建一个可以通过名字执行的嵌套模板，它允许内容被定义一次，并与 template 动作一起重复使用，如代码清单 23-25 所示。

代码清单 23-25　在 templates/template.html 文件模板中使用嵌套模板

```
{{ define "currency" }}{{ printf "$%.2f" . }}{{ end }}

{{ define "basicProduct" -}}
    Name: {{ .Name }}, Category: {{ .Category }}, Price,
        {{- template "currency" .Price }}
{{- end }}
```

```
{{ define "expensiveProduct" -}}
    Expensive Product {{ .Name }} ({{ template "currency" .Price }})
{{- end }}

<h1>There are {{ len . }} products in the source data.</h1>
<h1>First product: {{ index . 0 }}</h1>
{{ range . -}}
    {{ if lt .Price 100.00 -}}
        <h1>{{ template "basicProduct" . }}</h1>
    {{ else if gt .Price 1500.00 -}}
        <h1>{{ template "expensiveProduct" . }}</h1>
    {{ else -}}
        <h1>Midrange Product: {{ .Name }} ({{ printf "$%.2f" .Price}})</h1>
    {{ end -}}
{{ end }}
```

define 关键字后接带引号的模板名，模板以 end 关键字结束。template 关键字用于执行命名模板，指定模板名称和数据值：

```
...
{{- template "currency" .Price }}
...
```

该动作执行名为 currency 的模板，并使用 Price 字段的值作为数据值，在命名模板中使用句点来访问该数据值：

```
...
{{ define "currency" }}{{ printf "$%.2f" . }}{{ end }}
...
```

一个命名模板还可以调用其他命名模板，如代码清单 23-25 所示，定义和使用执行 currency 模板的 basicProduct 和 expensiveProduct 模板。

嵌套的命名模板会加剧空格问题，因为模板周围的空格（为了清楚起见，我在代码清单 23-25 中添加了这些空格）会包含在主模板的输出中。解决这个问题的一个方法是在一个单独的文件中定义命名模板，但是这个问题也可以通过只使用命名模板来解决，即使是输出的主要部分，如代码清单 23-26 所示。

代码清单 23-26 在 templates/template.html 文件中添加命名模板

```
{{ define "currency" }}{{ printf "$%.2f" . }}{{ end }}

{{ define "basicProduct" -}}
    Name: {{ .Name }}, Category: {{ .Category }}, Price,
        {{- template "currency" .Price }}
{{- end }}

{{ define "expensiveProduct" -}}
    Expensive Product {{ .Name }} ({{ template "currency" .Price }})
{{- end }}

{{ define "mainTemplate" -}}
    <h1>There are {{ len . }} products in the source data.</h1>
    <h1>First product: {{ index . 0 }}</h1>
    {{ range . -}}
        {{ if lt .Price 100.00 -}}
            <h1>{{ template "basicProduct" . }}</h1>
```

```
        {{ else if gt .Price 1500.00 -}}
            <h1>{{ template "expensiveProduct" . }}</h1>
        {{ else -}}
            <h1>Midrange Product: {{ .Name }} ({{ printf "$%.2f" .Price}})</h1>
        {{ end -}}
    {{ end }}
{{- end}}
```

对主模板内容使用 define 和 end 关键字排除了用于分隔其他命名模板的空格。在代码清单 23-27 中，在选择要执行的模板时，我通过使用名称来完成更改。

代码清单 23-27　在 htmltext/main.go 文件中选择命名模板

```
package main

import (
    "html/template"
    "os"
)

func Exec(t *template.Template) error {
    return t.Execute(os.Stdout, Products)
}
func main() {
    allTemplates, err := template.ParseGlob("templates/*.html")
    if (err == nil) {
        selectedTemplated := allTemplates.Lookup("mainTemplate")
        err = Exec(selectedTemplated)
    }
    if (err != nil) {
        Printfln("Error: %v %v", err.Error())
    }
}
```

任何命名的模板都可以直接执行，在上面的示例中，我选择了 mainTemplate，它会在编译并执行该项目时产生以下输出结果：

```
<h1>There are 8 products in the source data.</h1>
    <h1>First product: {Kayak Watersports 279}</h1>
    <h1>Midrange Product: Kayak ($279.00)</h1>
        <h1>Name: Lifejacket, Category: Watersports, Price,$49.95</h1>
        <h1>Name: Soccer Ball, Category: Soccer, Price,$19.50</h1>
        <h1>Name: Corner Flags, Category: Soccer, Price,$34.95</h1>
        <h1>Expensive Product Stadium ($79500.00)</h1>
        <h1>Name: Thinking Cap, Category: Chess, Price,$16.00</h1>
        <h1>Name: Unsteady Chair, Category: Chess, Price,$75.00</h1>
        <h1>Midrange Product: Bling-Bling King ($1200.00)</h1>
```

10. 定义模板块

模板块用于定义具有默认内容的模板，它可以在另一个模板文件中被覆盖，这需要同时加载和执行多个模板。这通常用于普通内容（例如布局），如代码清单 23-28 所示。

代码清单 23-28　在 templates/template.html 文件中定义模板块

```
{{ define "mainTemplate" -}}
    <h1>This is the layout header</h1>
```

```
    {{ block "body" . }}
        <h2>There are {{ len . }} products in the source data.</h2>
    {{ end }}
    <h1>This is the layout footer</h1>
{{ end }}
```

block 关键字用于为模板指定名称，但是与 define 关键字不同，template 将包含在输出中，而不需要使用模板 template 动作，这可以通过编译并执行该项目来查看（我已经对输出进行了格式化，以消除空格）：

```
<h1>This is the layout header</h1>
    <h2>There are 8 products in the source data.</h2>
<h1>This is the layout footer</h1>
```

在单独使用时，模板文件的输出包括块中的内容。但是这个内容可以由另一个模板文件重新定义。我们将一个名为 list.html 的文件添加到 template 文件夹，其内容如代码清单 23-29 所示。

代码清单 23-29　templates/list.html 文件的内容

```
{{ define "body" }}
    {{ range . }}
        <h2>Product: {{ .Name }} ({{ printf "$%.2f" .Price}})</h2>
    {{ end -}}
{{ end }}
```

要使用这个特性，模板文件必须按顺序加载，如代码清单 23-30 所示。

代码清单 23-30　在 htmltext/main.go 文件中加载模板

```
package main

import (
    "html/template"
    "os"
)

func Exec(t *template.Template) error {
    return t.Execute(os.Stdout, Products)
}

func main() {

    allTemplates, err := template.ParseFiles("templates/template.html",
        "templates/list.html")
    if (err == nil) {
        selectedTemplated := allTemplates.Lookup("mainTemplate")
        err = Exec(selectedTemplated)
    }
    if (err != nil) {
        Printfln("Error: %v %v", err.Error())
    }
}
```

这些模板必须被按顺序加载，包含 block 动作的文件应当先于包含重新定义模板的 define 动作的文件被加载。当加载模板时，list.html 文件中定义的模板重新定义了名为 body 的模板，这样 list.html 文件中的内容将替换 template.html 文件中的内容。编译并执行该项目，你将看到下面的输出，我已经对其进行了格式化以消除空格：

```
<h1>This is the layout header</h1>
    <h2>Product: Kayak ($279.00)</h2>
    <h2>Product: Lifejacket ($49.95)</h2>
    <h2>Product: Soccer Ball ($19.50)</h2>
    <h2>Product: Corner Flags ($34.95)</h2>
    <h2>Product: Stadium ($79500.00)</h2>
    <h2>Product: Thinking Cap ($16.00)</h2>
    <h2>Product: Unsteady Chair ($75.00)</h2>
    <h2>Product: Bling-Bling King ($1200.00)</h2>
<h1>This is the layout footer</h1>
```

11. 定义模板函数

前面几节中描述的内置模板函数可以由特定于 Template 的自定义函数来补充，这些函数是在代码中定义和设置的。代码清单 23-31 展示了设置自定义函数的过程。

代码清单 23-31　在 htmltext/main.go 文件中定义自定义函数

```
package main

import (
    "html/template"
    "os"
)

func GetCategories(products []Product) (categories []string) {
    catMap := map[string]string {}
    for _, p := range products {
        if (catMap[p.Category] == "") {
            catMap[p.Category] = p.Category
            categories = append(categories, p.Category)
        }
    }
    return
}

func Exec(t *template.Template) error {
    return t.Execute(os.Stdout, Products)
}

func main() {
    allTemplates := template.New("allTemplates")
    allTemplates.Funcs(map[string]interface{} {
        "getCats": GetCategories,
    })
    allTemplates, err := allTemplates.ParseGlob("templates/*.html")

    if (err == nil) {
        selectedTemplated := allTemplates.Lookup("mainTemplate")
        err = Exec(selectedTemplated)
    }
    if (err != nil) {
        Printfln("Error: %v %v", err.Error())
    }
}
```

GetCategories 函数接收一个 Product 切片，并返回一组唯一的 Category 值。要设置 GetCategories 函数以便 Template 可以使用它，需要调用 Funcs 方法，将名称 map 传递给函数，如下所示：

```
...
allTemplates.Funcs(map[string]interface{} {
    "getCats": GetCategories,
})
...
```

代码清单 23-31 中的 map 指定 GetCategories 函数将使用名称 getCats 来调用。由于必须在解析模板文件之前调用 Funcs 方法，因此使用 New 函数创建 Template，然后在允许调用 ParseFiles 或 ParseGlob 方法之前注册自定义函数：

```
...
allTemplates := template.New("allTemplates")
allTemplates.Funcs(map[string]interface{} {
    "getCats": GetCategories,
})
allTemplates, err := allTemplates.ParseGlob("templates/*.html")
...
```

在模板中，可以使用与内置函数相同的语法调用自定义函数，如代码清单 23-32 所示。

代码清单 23-32 在 templates/template.html 文件中使用自定义函数

```
{{ define "mainTemplate" -}}
    <h1>There are {{ len . }} products in the source data.</h1>
    {{ range getCats .  -}}
        <h1>Category: {{ . }}</h1>
    {{ end }}
{{- end }}
```

range 关键字用于枚举自定义函数返回的类别，这些类别包含在模板输出中。编译并执行该项目，你将看到下面的输出结果，我已经对其进行了格式化以消除空格：

```
<h1>There are 8 products in the source data.</h1>
<h1>Category: Watersports</h1>
<h1>Category: Soccer</h1>
<h1>Category: Chess</h1>
```

12. 禁用函数结果编码

对函数产生的结果进行编码，以便安全地包含在 HTML 文档中，这可能会给生成 HTML、JavaScript 或 CSS 片段的函数带来问题，如代码清单 23-33 所示。

代码清单 23-33 在 htmltext/main.go 文件中创建 HTML 片段

```
...
func GetCategories(products []Product) (categories []string) {
    catMap := map[string]string {}
    for _, p := range products {
        if (catMap[p.Category] == "") {
            catMap[p.Category] = p.Category
            categories = append(categories, "<b>p.Category</b>")
        }
```

```
    }
    return
}
...
```

GetCategories 函数已经过修改，可以生成包含 HTML 字符串的切片。模板引擎对这些值进行编码，编译并执行该项目的输出结果如下：

```
<h1>There are 8 products in the source data.</h1>
<h1>Category: &lt;b&gt;p.Category&lt;/b&gt;</h1>
<h1>Category: &lt;b&gt;p.Category&lt;/b&gt;</h1>
<h1>Category: &lt;b&gt;p.Category&lt;/b&gt;</h1>
```

这是一个很好的实践，但是当使用函数来生成应该包含在模板中却没有编码的内容时，就会出现问题。对于这些情况，html/template 包定义了一组 string 类型别名，用于表示函数的结果需要特殊处理，如表 23-10 所示。

表 23-10　用于表示内容类型的类型别名

类型别名	描述
CSS	这种类型表示 CSS 内容
HTML	这种类型表示 HTML 的一个片段
HTMLAttr	这种类型表示将用作 HTML 属性的值
JS	这种类型表示 JavaScript 代码的片段
JSStr	这种类型表示 JavaScript 表达式中引号之间的值
Srcset	这种类型表示可以在 img 元素的 srcset 属性中使用的值
URL	这种类型表示一个 URL

为了防止通常的内容处理，产生内容的函数使用了表 23-10 所示的类型之一，如代码清单 23-34 所示。

代码清单 23-34　在 htmltext/main.go 文件中返回 HTML 内容

```
...
func GetCategories(products []Product) (categories []template.HTML) {
    catMap := map[string]string {}
    for _, p := range products {
        if (catMap[p.Category] == "") {
            catMap[p.Category] = p.Category
            categories = append(categories, "<b>p.Category</b>")
        }
    }
    return
}
...
```

这一更改告诉模板系统 GetCategories 函数的结果是 HTML，编译并执行该项目，便会产生以下输出结果：

```
<h1>There are 8 products in the source data.</h1>
<h1>Category: <b>p.Category</b></h1>
<h1>Category: <b>p.Category</b></h1>
<h1>Category: <b>p.Category</b></h1>
```

13. 对标准库函数的访问

模板函数也可以用来访问标准库提供的函数，如代码清单 23-35 所示。

代码清单 23-35 在 htmltext/main.go 文件中添加函数 map

```
package main

import (
    "html/template"
    "os"
    "strings"
)

func GetCategories(products []Product) (categories []string) {
    catMap := map[string]string {}
    for _, p := range products {
        if (catMap[p.Category] == "") {
            catMap[p.Category] = p.Category
            categories = append(categories, p.Category)
        }
    }
    return
}

func Exec(t *template.Template) error {
    return t.Execute(os.Stdout, Products)
}

func main() {
    allTemplates := template.New("allTemplates")
    allTemplates.Funcs(map[string]interface{} {
        "getCats": GetCategories,
        "lower": strings.ToLower,
    })
    allTemplates, err := allTemplates.ParseGlob("templates/*.html")

    if (err == nil) {
        selectedTemplated := allTemplates.Lookup("mainTemplate")
        err = Exec(selectedTemplated)
    }
    if (err != nil) {
        Printfln("Error: %v %v", err.Error())
    }
}
```

新的 map 提供了对 ToLower 函数的访问，该函数将字符串转换成小写，如第 16 章所述。可以在模板中使用 lower 名称访问该函数，如代码清单 23-36 所示。

代码清单 23-36 在 templates/template.html 文件中使用模板函数

```
{{ define "mainTemplate" -}}
    <h1>There are {{ len . }} products in the source data.</h1>
    {{ range getCats .  -}}
        <h1>Category: {{ lower . }}</h1>
    {{ end }}
{{- end }}
```

编译并执行该项目，你将看到以下输出结果：

```
<h1>There are 8 products in the source data.</h1>
<h1>Category: watersports</h1>
<h1>Category: soccer</h1>
<h1>Category: chess</h1>
```

14. 定义模板变量

动作可以在表达式中定义变量，这些变量可以在嵌入的模板内容中访问，如代码清单 23-37 所示。当你需要在表达式中生成计算的值，并且在嵌套内容中需要访问相同的值时，此功能非常有用。

代码清单 23-37　在 templates/template.html 文件中定义和使用模板变量

```
{{ define "mainTemplate" -}}
    {{ $length := len . }}
    <h1>There are {{ $length }} products in the source data.</h1>
    {{ range getCats .  -}}
        <h1>Category: {{ lower . }}</h1>
    {{ end }}
{{- end }}
```

模板变量名以 $ 字符为前缀，并使用短变量声明语法创建。第一个动作创建一个名为 length 的变量，该变量将在下面的动作中使用。编译并执行该项目，你将看到以下输出结果：

```
<h1>There are 8 products in the source data.</h1>
    <h1>Category: watersports</h1>
    <h1>Category: soccer</h1>
    <h1>Category: chess</h1>
```

代码清单 23-38 是一个定义和使用模板变量的更复杂的例子。

代码清单 23-38　在 templates/template.html 文件中定义和使用模板变量

```
{{ define "mainTemplate" -}}
    <h1>There are {{ len . }} products in the source data.</h1>
    {{- range getCats .  -}}
        {{ if ne ($char := slice (lower .) 0 1) "s"  }}
            <h1>{{$char}}: {{.}}</h1>
        {{- end }}
    {{- end }}
{{- end }}
```

在此示例中，if 动作使用 slice 和 lower 函数获取当前类别的第一个字符，并在将其赋给一个名为 $char 的变量后，才将其用于 if 表达式。$char 变量是在嵌套模板内容中访问的，这避免了重复使用 slice 和 lower 函数。编译并执行该项目，你将看到以下输出结果：

```
<h1>There are 8 products in the source data.</h1>
            <h1>w: Watersports</h1>
            <h1>c: Chess</h1>
```

15. 在 range 动作中使用模板变量

变量也可以与 range 动作一起使用，这允许在模板中使用 map。在代码清单 23-39 中，我修改了执行模板的 Go 语言代码，将一个 map 传递给 Execute 方法。

代码清单 23-39 在 htmltext/main.go 文件中使用 map

```
...
func Exec(t *template.Template) error {
    productMap := map[string]Product {}
    for _, p := range Products {
        productMap[p.Name] = p
    }
    return t.Execute(os.Stdout, &productMap)
}
...
```

代码清单 23-40 更新了模板，使用模板变量来枚举地图的内容。

代码清单 23-40 在 templates/template.html 文件中枚举 map

```
{{ define "mainTemplate" -}}
    {{ range $key, $value := . -}}
        <h1>{{ $key }}: {{ printf "$%.2f" $value.Price }}</h1>
    {{ end }}
{{- end }}
```

这个语法有些笨拙，`range` 关键字、变量和赋值运算符以不寻常的顺序出现，但效果是 map 中的键和值可以在模板中使用。编译并执行该项目，你将看到以下输出结果：

```
<h1>Bling-Bling King: $1200.00</h1>
    <h1>Corner Flags: $34.95</h1>
    <h1>Kayak: $279.00</h1>
    <h1>Lifejacket: $49.95</h1>
    <h1>Soccer Ball: $19.50</h1>
    <h1>Stadium: $79500.00</h1>
    <h1>Thinking Cap: $16.00</h1>
    <h1>Unsteady Chair: $75.00</h1>
```

23.3 创建文本模板

`html/template` 包建立在 `text/template` 包提供的特性之上，可以直接用来执行文本模板。HTML 当然是文本，区别在于 `text/template` 包不会自动转义内容。除此之外，使用文本模板和使用 HTML 模板是一样的。将一个名为 `template.txt` 的文件添加到 `templates` 文件夹，其内容如代码清单 23-41 所示。

代码清单 23-41 templates/template.txt 文件的内容

```
{{ define "mainTemplate" -}}
    {{ range $key, $value := . -}}
        {{ $key }}: {{ printf "$%.2f" $value.Price }}
    {{ end }}
{{- end }}
```

这个模板类似于代码清单 23-40 中的模板，只是它不包含 `h1` 元素。模板动作、表达式、变量和空格修剪都是相同的。如代码清单 23-42 所示，甚至用来加载和执行模板的函数的名称也是一样的，只是通过不同的包来访问。

代码清单 23-42　在 htmltext/main.go 文件中加载并执行文本模板

```
package main

import (
    "text/template"
    "os"
    "strings"
)

func GetCategories(products []Product) (categories []string) {
    catMap := map[string]string {}
    for _, p := range products {
        if (catMap[p.Category] == "") {
            catMap[p.Category] = p.Category
            categories = append(categories, p.Category)
        }
    }
    return
}

func Exec(t *template.Template) error {
    productMap := map[string]Product {}
    for _, p := range Products {
        productMap[p.Name] = p
    }
    return t.Execute(os.Stdout, &productMap)
}

func main() {
    allTemplates := template.New("allTemplates")
    allTemplates.Funcs(map[string]interface{} {
        "getCats": GetCategories,
        "lower": strings.ToLower,
    })
    allTemplates, err := allTemplates.ParseGlob("templates/*.txt")

    if (err == nil) {
        selectedTemplated := allTemplates.Lookup("mainTemplate")
        err = Exec(selectedTemplated)
    }
    if (err != nil) {
        Printfln("Error: %v %v", err.Error())
    }
}
```

除了更改包的 `import` 语句和选择扩展名为 `txt` 的文件之外，加载和执行文本模板的过程是相同的。编译并执行该项目，你将看到以下输出结果：

```
Bling-Bling King: $1200.00
    Corner Flags: $34.95
    Kayak: $279.00
    Lifejacket: $49.95
    Soccer Ball: $19.50
    Stadium: $79500.00
    Thinking Cap: $16.00
    Unsteady Chair: $75.00
```

23.4 小结

在本章中，我介绍了创建 HTML 和文本模板的标准库。模板可以包含多种动作，用于在输出中包含内容。模板的语法可能很难理解——必须小心地按照模板引擎的要求准确表达内容——但是模板引擎是灵活的、可扩展的，正如我将在第三部分中演示的，可以很容易地修改它来改变其行为。

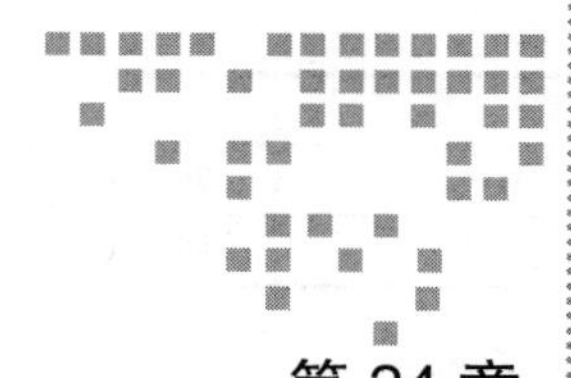

第 24 章 Chapter 24

创建 HTTP 服务器

在本章中，我将描述标准库对创建 HTTP 服务器以及处理 HTTP 和 HTTPS 请求的支持。我将展示如何创建服务器以及处理请求（包括表单请求）的不同方式。表 24-1 是 HTTP 服务器相关的背景信息。

表 24-1　HTTP 服务器相关的背景信息

问题	答案
它们是什么	本章描述的功能可以使 Go 应用程序轻松创建 HTTP 服务器
它们为什么有用	HTTP 是使用最广泛的协议之一，对面向用户的应用程序和 Web 服务都很有用
它们是如何使用的	使用 `net/http` 包的功能创建一个服务器并处理请求
有什么陷阱或限制吗	这些功能都是经过精心设计的且很易于使用
有其他选择吗	标准库包括对其他网络协议的支持以及对打开和使用较低级别网络连接的支持。关于 `net` 包及其子包详见 https://pkg.go.dev/net@go1.17.1，例如 `net/smtp`，它实现了 SMTP 协议

表 24-2 是本章内容概要。

表 24-2　章节内容概要

问题	解决方案	代码清单
创建 HTTP 或 HTTPS 服务器	使用 `ListenAndServe` 或 `ListenAndServeTLS` 函数	24-6、24-7、24-11
检查 HTTP 请求	使用 `Request` 结构	24-8
生成响应	使用 `ResponseWriter` 接口或相关函数	24-9
处理对特定 URL 的请求	使用集成路由	24-10、24-12
提供静态内容	使用 `FileServer` 和 `StripPrefix` 方法	24-13～24-17
使用模板生成响应或生成 JSON 响应	将内容写入 `ResponseWriter`	24-18～24-20

（续）

问题	解决方案	代码清单
处理表单数据	使用 Request 相关方法	24-21、24-25
设置或读取 cookie	使用 Cookie、Cookies 和 SetCookie 方法	24-26

24.1 为本章做准备

打开一个新的命令行窗口，切到一个方便的位置，并创建一个名为 httpserver 的目录。运行代码清单 24-1 所示的命令来创建模块文件。

代码清单 24-1 初始化模块

```
go mod init httpserver
```

将名为 printer.go 的文件添加到 httpserver 文件夹，其内容如代码清单 24-2 所示。

代码清单 24-2 httpserver/printer.go 文件内容

```
package main

import "fmt"

func Printfln(template string, values ...interface{}) {
    fmt.Printf(template + "\n", values...)
}
```

将名为 product.go 的文件添加到 httpserver 文件夹，其内容如代码清单 24-3 所示。

代码清单 24-3 httpserver/product.go 文件内容

```
package main

type Product struct {
    Name, Category string
    Price float64
}

var Products = []Product {
    { "Kayak", "Watersports", 279 },
    { "Lifejacket", "Watersports", 49.95 },
    { "Soccer Ball", "Soccer", 19.50 },
    { "Corner Flags", "Soccer", 34.95 },
    { "Stadium", "Soccer", 79500 },
    { "Thinking Cap", "Chess", 16 },
    { "Unsteady Chair", "Chess", 75 },
    { "Bling-Bling King", "Chess", 1200 },
}
```

将名为 main.go 的文件添加到 httpserver 文件夹，其内容如代码清单 24-4 所示。

代码清单 24-4 httpserver/main.go 文件内容

```
package main
```

```
func main() {
    for _, p := range Products {
        Printfln("Product: %v, Category: %v, Price: $%.2f",
            p.Name, p.Category, p.Price)
    }
}
```

在命令行环境下在 httpserver 文件夹中执行代码清单 24-5 所示的命令。

代码清单 24-5　运行示例项目

```
go run .
```

项目将会被编译和执行，并产生如下输出：

```
Product: Kayak, Category: Watersports, Price: $279.00
Product: Lifejacket, Category: Watersports, Price: $49.95
Product: Soccer Ball, Category: Soccer, Price: $19.50
Product: Corner Flags, Category: Soccer, Price: $34.95
Product: Stadium, Category: Soccer, Price: $79500.00
Product: Thinking Cap, Category: Chess, Price: $16.00
Product: Unsteady Chair, Category: Chess, Price: $75.00
Product: Bling-Bling King, Category: Chess, Price: $1200.00
```

24.2　创建简单的 HTTP 服务器

通过使用 net/http 包可以很容易地创建一个简单的 HTTP 服务器，然后可以对其进行扩展以添加更复杂和有用的功能。代码清单 24-6 演示了一个使用简单字符串响应来响应请求的服务器。

代码清单 24-6　在 httpserver/main.go 文件中创建一个简单的 HTTP 服务器

```
package main

import (
    "net/http"
    "io"
)

type StringHandler struct {
    message string
}

func (sh StringHandler) ServeHTTP(writer http.ResponseWriter,
        request *http.Request) {
    io.WriteString(writer, sh.message)
}

func main() {
    err := http.ListenAndServe(":5000", StringHandler{ message: "Hello, World"})
    if (err != nil) {
        Printfln("Error: %v", err.Error())
    }
}
```

虽然只有短短几行代码，但它们足以创建一个对请求返回 `Hello, World` 响应的 HTTP 服务器。编译并运行项目，然后使用网络浏览器请求 http://localhost:5000，将产生如图 24-1 所示的结果。

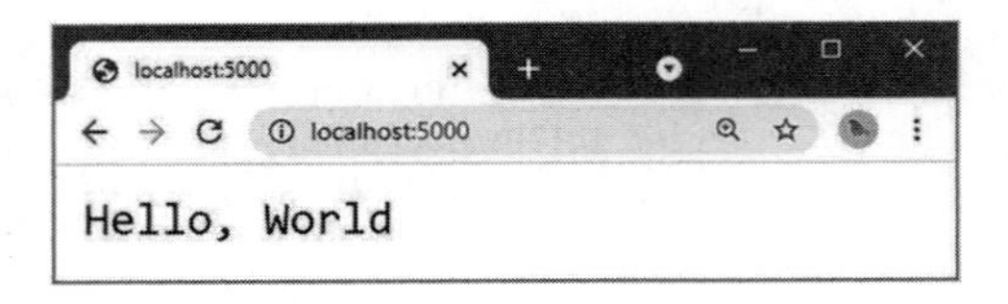

图 24-1 对 HTTP 请求的响应

处理 Windows 防火墙权限请求

Windows 防火墙将在每次编译代码时提示网络访问请求。不幸的是，`go run` 命令每次运行时都会在一个唯一的路径中创建一个可执行文件，这意味着在每次进行更改和执行代码时，Windows 防火墙都会提示你授予访问权限。要解决此问题，请在项目文件夹中创建一个名为 `buildandrun.ps1` 的文件，其中包含以下内容：

```
$file = "./httpserver.exe"

&go build -o $file

if ($LASTEXITCODE -eq 0) {
    &$file
}
```

这个 PowerShell 脚本每次都将项目编译成同一个文件，如果没有错就执行编译后的文件，这意味着你只需授予一次防火墙访问权限。通过在项目文件夹中运行如下命令来执行脚本：

```
./buildandrun.ps1
```

每次构建和执行项目时都必须使用上述命令，以确保将编译后的输出写入同一位置。

尽管代码清单 24-6 中的代码行很少，但也需要一些时间来理解。然而花时间理解 HTTP 服务器是如何创建的是值得的，因为它揭示了 `net/http` 包提供的大量特性。

24.2.1 创建 HTTP 监听器和处理程序

`net/http` 包提供了一组便利函数，可以轻松创建 HTTP 服务器，而无须指定太多细节。表 24-3 描述了设置服务器的便利函数。

表 24-3 `net/http` 包便利函数

函数	描述
`ListenAndServe(addr, handler)`	该函数开始监听指定地址上的 HTTP 请求，并将请求传递到指定的处理程序
`ListenAndServeTLS(addr, cert, key, handler)`	该函数开始监听 HTTPS 请求。参数是地址、证书、证书的私钥和相关的处理程序

`ListenAndServe` 函数开始监听指定网络地址上的 HTTP 请求。`ListenAndServeTLS` 函数对 HTTP 请求执行相同的操作，我将在 24.2.6 节对此进行演示。

表 24-3 中的函数接收的地址可以用来限制 HTTP 服务器，使其只接收特定网络接口[㊀]上的

㊀ network interface，也翻译为网络界面，也就是通常所说的网卡或 IP 地址。——译者注

请求或监听任何接口上的请求。代码清单 24-6 使用后一种方法，即仅指定端口号：

```
...
err := http.ListenAndServe(":5000", StringHandler{ message: "Hello, World"})
...
```

没有指定名称或地址，端口号跟在冒号之后，这意味着该语句创建了一个 HTTP 服务器，它在所有网络接口上监听端口 5000 上的请求。

当请求到达时，它被传递到负责产生响应的处理程序。处理程序必须实现 Handler 接口，该接口定义表 24-4 中描述的方法。

表 24-4 Handler 接口定义的方法

方法	描述
ServeHTTP(writer, request)	调用该方法来处理 HTTP 请求。请求由 Request 结构描述，响应使用 ResponseWriter 写出，两者都作为参数接收

我在后面的章节中会更详细地地描述 Request 和 ResponseWriter 类型，但是 ResponseWriter 接口定义了 Writer 接口所需的 Write 方法，如第 20 章所述，这意味着我可以使用在 io 包中定义的 Write String 函数生成 string 响应：

```
...
io.WriteString(writer, sh.message)
...
```

将这些函数放在一起，结果是一个 HTTP 服务器在所有网络接口上监听端口 5000 上的请求，并通过回写字符串创建响应。打开网络连接和解析 HTTP 请求等细节都在幕后处理。

24.2.2 检查请求

HTTP 请求由 Request 结构表示，定义在 net/http 包中。表 24-5 描述 Request 结构定义的基本字段。

表 24-5 Request 结构定义的基本字段

基本字段	描述
Method	该字段以 string 形式提供 HTTP 方法（GET、POST 等）。net/http 包定义了 HTTP 方法的常量，例如 MethodGet 和 MethodPost
URL	该字段返回请求的 URL，以 URL 类型值表示
Proto	该字段返回一个 string，指示用于请求的 HTTP 版本
Host	该字段返回一个 string，其中包含所请求的主机
Header	该字段返回一个 Header 类型的值，它是 map[string][]string 的别名，包含请求标头。map 键是标头的名称，值是包含标头值的 string 切片
Trailer	该字段返回一个 map[string]string，其中包含请求正文（body）之后包含的任何其他标头
Body	该字段返回一个 ReadCloser 接口，该接口结合了 Reader 接口的 Read 方法和 Closer 接口的 Close 方法，这两个方法在第 22 章中介绍过

代码清单 24-7 将语句添加到请求处理函数中，将基本请求字段的值写到标准输出。

代码清单 24-7 在 httpserver/main.go 文件中写入 Request 字段

```
package main

import (
    "net/http"
    "io"
)

type StringHandler struct {
    message string
}

func (sh StringHandler) ServeHTTP(writer http.ResponseWriter,
        request *http.Request) {
    Printfln("Method: %v", request.Method)
    Printfln("URL: %v", request.URL)
    Printfln("HTTP Version: %v", request.Proto)
    Printfln("Host: %v", request.Host)
    for name, val := range  request.Header {
        Printfln("Header: %v, Value: %v", name, val)
    }
    Printfln("---")
    io.WriteString(writer, sh.message)
}

func main() {
    err := http.ListenAndServe(":5000", StringHandler{ message: "Hello, World"})
    if (err != nil) {
        Printfln("Error: %v", err.Error())
    }
}
```

编译、执行项目并请求 http://localhost:5000。你将在浏览器窗口中看到与前面示例中相同的响应，但这次还会在服务端的命令行窗口处输出相关信息。实际的输出取决于浏览器，下面是我使用谷歌浏览器访问的输出结果：

```
Method: GET
URL: /
HTTP Version: HTTP/1.1
Host: localhost:5000
Header: Upgrade-Insecure-Requests, Value: [1]
Header: Sec-Fetch-Site, Value: [none]
Header: Sec-Fetch-Mode, Value: [navigate]
Header: Sec-Fetch-User, Value: [?1]
Header: Accept-Encoding, Value: [gzip, deflate, br]
Header: Connection, Value: [keep-alive]
Header: Cache-Control, Value: [max-age=0]
Header: User-Agent, Value: [Mozilla/5.0 (Windows NT 10.0; Win64; x64)
    AppleWebKit/537.36 (KHTML, like Gecko) Chrome/91.0.4472.124 Safari/537.36]
Header: Accept, Value: [text/html,application/xhtml+xml,application/xml;q=0.9,
    image/avif,image/webp,image/apng,*/*;q=0.8,application/signedexchange;
    v=b3;q=0.9]
Header: Sec-Fetch-Dest, Value: [document]
Header: Sec-Ch-Ua, Value: [" Not;A Brand";v="99", "Google Chrome";v="91",
    "Chromium";v="91"]
Header: Accept-Language, Value: [en-GB,en-US;q=0.9,en;q=0.8]
```

```
Header: Sec-Ch-Ua-Mobile, Value: [?0]
---
Method: GET
URL: /favicon.ico
HTTP Version: HTTP/1.1
Host: localhost:5000
Header: Sec-Fetch-Site, Value: [same-origin]
Header: Sec-Fetch-Dest, Value: [image]
Header: Referer, Value: [http://localhost:5000/]
Header: Pragma, Value: [no-cache]
Header: Cache-Control, Value: [no-cache]
Header: User-Agent, Value: [Mozilla/5.0 (Windows NT 10.0; Win64; x64)
   AppleWebKit/537.36 (KHTML, like Gecko) Chrome/91.0.4472.124 Safari/537.36]
Header: Accept-Language, Value: [en-GB,en-US;q=0.9,en;q=0.8]
Header: Sec-Ch-Ua, Value: [" Not;A Brand";v="99", "Google Chrome";v="91",
    "Chromium";v="91"]
Header: Sec-Ch-Ua-Mobile, Value: [?0]
Header: Sec-Fetch-Mode, Value: [no-cors]
Header: Accept-Encoding, Value: [gzip, deflate, br]
Header: Connection, Value: [keep-alive]
Header: Accept, Value:[image/avif,image/webp,image/apng,image/svg+xml,
    image/*,*/*;q=0.8]
---
```

浏览器发出两个 HTTP 请求。第一个是 `/`，它是请求的 URL 的路径部分。第二个请求针对 `/favicon.ico`，浏览器发送该请求以获取要显示在窗口或选项卡顶部的图标。

使用请求上下文

`net/http` 包为 `Request` 结构定义了一个 `Context` 方法，它返回 `context.Context` 接口的实现。`Context` 接口用于管理通过应用程序的请求流，将在第 30 章中进行描述。在第三部分中，我将在自定义 Web 平台和在线商店中使用 `Context` 功能。

24.2.3 过滤请求和生成响应

HTTP 服务器以相同的方式响应所有请求，这并不理想。为产生不同的响应，我需要检查 URL 以确定客户端想要请求的内容，并使用 `net/http` 包提供的功能来发送适当的响应。表 24-6 中描述了 URL 结构定义的有用字段和方法。

表 24-6 URL 结构定义的有用字段和方法

字段和方法	描述
`Scheme`	该字段返回 URL 的方案部分
`Host`	该字段返回 URL 的主机部分，其中可能包括端口号
`RawQuery`	该字段返回 URL 中的查询字符串。可以使用 `Query` 方法将查询字符串处理成 map
`Path`	该字段返回 URL 的路径部分
`Fragment`	该字段返回 URL 的主要片段，即 # 之前的部分，不含 # 字符
`Hostname()`	该方法以 `string` 形式返回 URL 的主机名部分
`Port()`	该方法以 `string` 形式返回 URL 的端口组件
`Query()`	该方法返回一个 `map[string][]string`（一个带有 `string` 键和 `string` 切片值的 map），其中包含查询字符串字段

（续）

字段和方法	描述
User()	该方法返回与请求关联的用户信息，参见第 30 章相关内容
String()	该方法返回 URL 的 string 表示形式

ResponseWriter 接口定义了创建响应时可用的方法。如前所述，该接口包含 Write 方法，因此它可以用作 Writer，但 ResponseWriter 还定义了表 24-7 中描述的方法。注意，你必须在使用 Write 方法之前完成响应标头的设置。

表 24-7 ResponseWriter 方法

方法	描述
Header()	该方法返回一个 Header，它是 map[string][]string 的别名，可用于设置响应标头
WriteHeader(code)	该方法设置响应的状态代码，以 int 类型指定。net/http 包为大多数状态代码定义了相关的常量
Write(data)	该方法向响应正文写入数据，实现了 Writer 接口

在代码清单 24-8 中，我更新了 Handler 函数，对网站图标的请求生成 404 Not Found 响应。

代码清单 24-8 在 httpserver/main.go 文件中产生不同的响应

```
package main

import (
    "net/http"
    "io"
)

type StringHandler struct {
    message string
}

func (sh StringHandler) ServeHTTP(writer http.ResponseWriter,
        request *http.Request) {
    if (request.URL.Path == "/favicon.ico") {
        Printfln("Request for icon detected - returning 404")
        writer.WriteHeader(http.StatusNotFound)
        return
    }
    Printfln("Request for %v", request.URL.Path)
    io.WriteString(writer, sh.message)
}

func main() {
    err := http.ListenAndServe(":5000", StringHandler{ message: "Hello, World"})
    if (err != nil) {
        Printfln("Error: %v", err.Error())
    }
}
```

请求 Handler 检查 URL.Path 字段以检测对图标的请求并使用 WriteHeader 方法通过

StatusNotFound 常量设置响应（尽管我也可以简单地指定一个整数文字值 404）。编译并执行项目，使用浏览器请求 http://localhost:5000。浏览器将收到如图 24-1 所示的响应，你将在命令行窗口下看到 Go 应用程序的如下输出：

```
Request for /
Request for icon detected - returning 404
```

你可能会发现浏览器对 http://localhost:5000 的后续请求不会触发对图标文件的第二次请求。那是因为浏览器记住了这个 404 响应并且知道这个 URL 没有图标文件。清空浏览器的缓存，请求 http://localhost:5000 会回到原来的行为。

24.2.4　使用响应便利函数

net/http 包提供了一组便利函数，可用于对 HTTP 请求创建通用响应，如表 24-8 中所述。

表 24-8　Response 便利函数

函数	描述
Error(writer, message, code)	该函数将标头设置为指定代码，将 Content-Type 标头设置为 text/plain，并将错误消息写入响应。它也会设置 X-Content-Type-Options 标头，阻止浏览器将响应解释为文本以外的任何其他内容
NotFound(writer, request)	该函数调用 Error 并指定 404 错误代码
Redirect(writer, request, url, code)	该函数向指定的 URL 发送重定向响应，并带有指定的状态码
ServeFile(writer, request, fileName)	该函数发送包含指定文件内容的响应。Content-Type 标头会依据文件名进行设置，但也可以通过在调用该函数前显式设置该标头来覆盖默认行为。有关提供文件的示例，请参阅 24.3 节

在代码清单 24-9 中，我使用 NotFound 函数实现了一个简单的 URL 处理逻辑。

代码清单 24-9　在 httpserver/main.go 文件中使用便利函数

```
package main

import (
    "net/http"
    "io"
)

type StringHandler struct {
    message string
}

func (sh StringHandler) ServeHTTP(writer http.ResponseWriter,
        request *http.Request) {
    Printfln("Request for %v", request.URL.Path)
    switch request.URL.Path {
        case "/favicon.ico":
            http.NotFound(writer, request)
        case "/message":
```

```
            io.WriteString(writer, sh.message)
        default:
            http.Redirect(writer, request, "/message", http.StatusTemporaryRedirect)
    }
}

func main() {
    err := http.ListenAndServe(":5000", StringHandler{ message: "Hello, World"})
    if (err != nil) {
        Printfln("Error: %v", err.Error())
    }
}
```

代码清单 24-9 使用 `switch` 语句来决定如何响应请求。编译并运行该项目同时使用浏览器请求 http://localhost:5000/message，这将产生之前图 24-1 中所示的响应。如果浏览器请求图标文件，则服务器将返回 404 响应。对于所有其他请求，浏览器将重定向到 `/message`。

24.2.5 使用便利路由 Handler

通过上述方式检查 URL 并选择响应的过程会产生难以阅读和维护的复杂代码。为了简化这个过程，`net/http` 包提供了一个 `Handler` 实现，它允许将匹配 URL 与生成请求分开处理，如代码清单 24-10 所示。

代码清单 24-10 在 `httpserver/main.go` 文件中使用便利路由 `Handler`

```
package main

import (
    "net/http"
    "io"
)

type StringHandler struct {
    message string
}

func (sh StringHandler) ServeHTTP(writer http.ResponseWriter,
        request *http.Request) {
    Printfln("Request for %v", request.URL.Path)
    io.WriteString(writer, sh.message)
}

func main() {
    http.Handle("/message", StringHandler{ "Hello, World"})
    http.Handle("/favicon.ico", http.NotFoundHandler())
    http.Handle("/", http.RedirectHandler("/message", http.StatusTemporaryRedirect))

    err := http.ListenAndServe(":5000", nil)
    if (err != nil) {
        Printfln("Error: %v", err.Error())
    }
}
```

此功能的关键是使用 `nil` 作为 `ListenAndServe` 函数的参数，如下所示：

```
...
err := http.ListenAndServe(":5000", nil)
...
```

上述方法会启用默认的 Handler，通过表 24-9 中描述的方法设置的路由规则将请求路由到相关的 Handler 进行处理。

表 24-9　用于创建路由规则的 net/http 函数

函数	描述
Handler(pattern, handler)	该函数创建一个规则，为匹配模式的请求调用指定 Handler 的指定 ServeHTTP 方法
HandlerFunc(pattern, handlerFunc)	该函数创建一个规则，为匹配模式的请求调用指定的函数。函数调用时使用 ResponseWriter 和 Request 作为参数

为便于设置路由规则，net/http 包提供了表 24-10 中描述的函数，这些函数创建了一些 Handler 实现，其中一些包含了表 24-7 中描述的响应函数。

表 24-10　用于创建请求处理程序的 net/http 函数

函数	描述
FileServer(root)	该函数创建一个使用 ServeFile 函数生成响应的 Handler。有关提供文件的示例，请参阅 24.3 节
NotFoundHandler()	该函数创建一个使用 NotFound 函数生成响应的处理程序
RedirectHandler(url, code)	该函数创建一个 Handler，它使用 Redirect 函数生成响应
StripPrefix(prefix, handler)	该函数创建一个 Handler，它从请求 URL 中删除指定的前缀并将请求传递给指定的 Handler。请参阅 24.3 节查看详细信息
TimeoutHandler(handler, duration, message)	该方法将请求传递给指定的 Handler，但如果在指定的时间内未生成响应，则会返回错误响应

用于匹配请求的模式可以表示为路径字符串形式，例如 /favicon.ico，或表示为带有尾部斜线的目录树，例如 /files/。最长的模式会做先匹配，根路径（"/"）匹配任何请求并在没有任何匹配时用作默认路由。

在代码清单 24-10 中，我使用 Handle 函数设置了三个路由：

```
...
http.Handle("/message", StringHandler{ "Hello, World"})
http.Handle("/favicon.ico", http.NotFoundHandler())
http.Handle("/", http.RedirectHandler("/message", http.StatusTemporaryRedirect))
...
```

其结果是对 /message 的请求被路由到 StringHandler，对 /favicon.ico 的请求用 404 Not Found 响应处理，所有其他请求会产生到 /message 的重定向。这与 24.2.4 节中的配置相同，但 URL 和处理程序之间的 map 与生成响应的代码是分开的。

24.2.6　支持 HTTPS 请求

net/http 包提供了对 HTTPS 的集成支持。要准备 HTTPS，你需要向 httpserver 文件夹添加两个文件：一个证书文件和一个私钥文件。

> **为 HTTP 服务准备证书**
>
> 开始使用 HTTPS 的一个好方法是使用自签名证书，该证书可用于开发和测试。如果你还没有自签名证书，则可以使用 https://getacert.com 或 https://www.selfsignedcertificate 等网站在线创建一个，这两个网站都可以让你轻松免费地创建自签名证书。
>
> 无论你的证书是否是自签名的，都需要两个文件才能使用 HTTPS。第一个是证书文件，通常具有 cer 或 cert 文件扩展名。第二个是私钥文件，通常有一个 key 文件扩展名。
>
> 当你准备好在部署你的应用程序时，你可以使用真实证书。我推荐 https://letsencrypt.org ，它提供免费证书并且（相对）易于使用。我无法帮助读者获取和使用证书，因为这样做需要控制颁发证书的域并访问私钥，而私钥应该自己拿着（才安全）。如果你在使用该示例时遇到问题，那么我建议你先使用自签名证书。

ListenAndServeTLS 函数用于启用 HTTPS，其中的附加参数指定证书和私钥文件，它们在我的项目中名为 certificate.cer 和 certificate.key，如代码清单 24-11 所示。

代码清单 24-11 在 httpserver/main.go 文件中启用 HTTPS

```go
package main

import (
    "net/http"
    "io"
)

type StringHandler struct {
    message string
}

func (sh StringHandler) ServeHTTP(writer http.ResponseWriter,
        request *http.Request) {
    Printfln("Request for %v", request.URL.Path)
    io.WriteString(writer, sh.message)
}

func main() {
    http.Handle("/message", StringHandler{ "Hello, World"})
    http.Handle("/favicon.ico", http.NotFoundHandler())
    http.Handle("/", http.RedirectHandler("/message", http.StatusTemporaryRedirect))

    go func () {
        err := http.ListenAndServeTLS(":5500", "certificate.cer",
            "certificate.key", nil)
        if (err != nil) {
            Printfln("HTTPS Error: %v", err.Error())
        }
    }()

    err := http.ListenAndServe(":5000", nil)
    if (err != nil) {
        Printfln("Error: %v", err.Error())
    }
}
```

ListenAndServeTLS 和 ListenAndServe 函数是阻塞的，所以我不得不使用了goroutine来同时支持HTTP和HTTPS请求，HTTP在端口5000上处理，HTTPS在端口5500上处理。

ListenAndServeTLS 和 ListenAndServe 函数已使用 nil 作为处理程序调用，这意味着两者将使用同一组路由处理HTTP和HTTPS请求。编译并执行项目，使用浏览器请求 http://localhost:5000 和 https://localhost:5500。请求将以相同的方式处理，如图24-2所示。如果你使用的是自签名证书，那么你的浏览器会警告你该证书无效，你必须在浏览器显示内容之前接受安全风险。

图24-2 支持HTTPS请求

将HTTP请求重定向到HTTPS

创建Web服务器时的一个常见做法是将HTTP请求重定向到HTTPS端口。这可以通过创建自定义处理程序来完成，如代码清单24-12所示。

代码清单24-12 在 httpserver/main.go 文件中重定向到HTTPS

```
package main

import (
    "net/http"
    "io"
    "strings"
)

type StringHandler struct {
    message string
}

func (sh StringHandler) ServeHTTP(writer http.ResponseWriter,
        request *http.Request) {
    Printfln("Request for %v", request.URL.Path)
    io.WriteString(writer, sh.message)
}

func HTTPSRedirect(writer http.ResponseWriter,
        request *http.Request) {
    host := strings.Split(request.Host, ":")[0]
    target := "https://" + host + ":5500" + request.URL.Path
    if len(request.URL.RawQuery) > 0 {
        target += "?" + request.URL.RawQuery
    }
    http.Redirect(writer, request, target, http.StatusTemporaryRedirect)
}

func main() {
```

```
    http.Handle("/message", StringHandler{ "Hello, World"})
    http.Handle("/favicon.ico", http.NotFoundHandler())
    http.Handle("/", http.RedirectHandler("/message", http.StatusTemporaryRedirect))

    go func () {
        err := http.ListenAndServeTLS(":5500", "certificate.cer",
            "certificate.key", nil)
        if (err != nil) {
            Printfln("HTTPS Error: %v", err.Error())
        }
    }()

    err := http.ListenAndServe(":5000", http.HandlerFunc(HTTPSRedirect))
    if (err != nil) {
        Printfln("Error: %v", err.Error())
    }
}
```

代码清单 24-12 中的 HTTP 处理程序将客户端请求重定向到 HTTPS URL。编译并执行项目，同时请求 http://localhost:5000。响应会将浏览器重定向到 HTTPS 服务，产生如图 24-3 所示的输出。

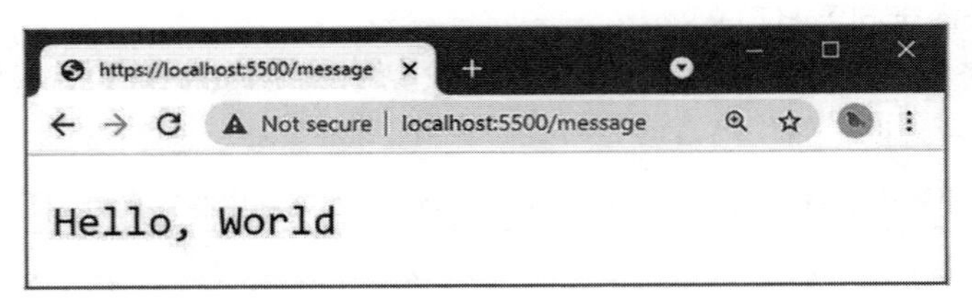

图 24-3 使用 HTTPS

24.3 创建静态 HTTP 服务器

`net/http` 包包含对响应静态文件内容请求的内置支持。要准备静态 HTTP 服务器，请创建 `httpserver/static` 文件夹并向其中添加一个名为 `index.html` 的文件，内容如代码清单 24-13 所示。

注意 本章中的 `html` 文件和模板中的 `class` 属性均应用 Bootstrap CSS 包定义的样式，该包已添加到代码清单 24-15 中的项目中。有关每个类的功能以及 Bootstrap 包提供的其他功能的详细信息，请参阅 https://getbootstrap.com。

代码清单 24-13 static/index.html 文件内容

```
<!DOCTYPE html>
<html>
<head>
    <title>Pro Go</title>
    <meta name="viewport" content="width=device-width" />
    <link href="bootstrap.min.css" rel="stylesheet" />
</head>
<body>
```

```
        <div class="m-1 p-2 bg-primary text-white h2">
            Hello, World
        </div>
    </body>
    </html>
```

接下来，将名为 `store.html` 的文件添加到 `httpserver/static` 文件夹，其内容如代码清单 24-14 所示。

代码清单 24-14　static/store.html 文件内容

```
<!DOCTYPE html>
<html>
<head>
    <title>Pro Go</title>
    <meta name="viewport" content="width=device-width" />
    <link href="bootstrap.min.css" rel="stylesheet" />
</head>
<body>
    <div class="m-1 p-2 bg-primary text-white h2 text-center">
        Products
    </div>
    <table class="table table-sm table-bordered table-striped">
        <thead>
            <tr><th>Name</th><th>Category</th><th>Price</th></tr>
        </thead>
        <tbody>
            <tr><td>Kayak</td><td>Watersports</td><td>$279.00</td></tr>
            <tr><td>Lifejacket</td><td>Watersports</td><td>$49.95</td></tr>
        </tbody>
    </table>
</body>
</html>
```

HTML 文件依赖于 Bootstrap CSS 包来设置 HTML 内容的样式。在 `httpserver` 文件夹中运行代码清单 24-15 所示的命令，将 Bootstrap CSS 文件下载到 `static`（静态）文件夹中（你可能需要先安装 `curl` 命令）。

代码清单 24-15　下载 CSS 文件

```
curl https://cdn.jsdelivr.net/npm/bootstrap@5.0.2/dist/css/bootstrap.min.css --output
static/bootstrap.min.css
```

如果你使用的是 Windows，则可以使用代码清单 24-16 中所示的 PowerShell 命令下载 CSS 文件。

代码清单 24-16　下载 CSS 文件（Windows）

```
Invoke-WebRequest -OutFile static/bootstrap.min.css -Uri https://cdn.jsdelivr.net/npm/
bootstrap@5.0.2/dist/css/bootstrap.min.css
```

创建静态文件路由

有了 HTML 和 CSS 文件，就可以为它们定义路由了，以便响应 HTTP 请求，如代码清单 24-17 所示。

代码清单 24-17 在 httpserver/main.go 文件中定义路由

```
...
func main() {
    http.Handle("/message", StringHandler{ "Hello, World"})
    http.Handle("/favicon.ico", http.NotFoundHandler())
    http.Handle("/", http.RedirectHandler("/message", http.StatusTemporaryRedirect))

    fsHandler := http.FileServer(http.Dir("./static"))
    http.Handle("/files/", http.StripPrefix("/files", fsHandler))

    go func () {
        err := http.ListenAndServeTLS(":5500", "certificate.cer",
            "certificate.key", nil)
        if (err != nil) {
            Printfln("HTTPS Error: %v", err.Error())
        }
    }()

    err := http.ListenAndServe(":5000", http.HandlerFunc(HTTPSRedirect))
    if (err != nil) {
        Printfln("Error: %v", err.Error())
    }
}
...
```

FileServer 函数创建一个处理文件的处理程序，文件的目录使用 Dir 函数指定（也可以直接提供文件，但需要小心，因为那样的话可能很难防止请求选择目标文件夹之外的文件，从而导致安全问题。最安全的选择是使用 Dir 函数，如本例所示）。

我将使用以文件开头的 URL 路径提供 static 文件夹中的内容，以便使用 static/store.html 文件处理例如 /files/store.html 的请求。为此，我使用了 StripPrefix 函数，它创建了一个处理程序来删除路径前缀并将请求传递给另一个处理程序以提供服务。正如我在代码清单 24-17 中所做的那样，组合这些处理程序意味着我可以使用 files 前缀安全地公开 static 文件夹的内容。

请注意，我已经用尾部斜杠指定了路由，如下所示：

```
...
http.Handle("/files/", http.StripPrefix("/files", fsHandler))
...
```

如前所述，内置路由器支持路径和树，目录的路由需要树，用尾部斜杠指定。编译并执行项目，使用浏览器请求 https://localhost:5500/files/store.html，将收到如图 24-4 所示的响应。

图 24-4 提供静态内容

对静态文件的服务支持有一些有用的功能。首先，响应的 `Content-Type` 标头是根据文件扩展名自动设置的。其次，未指定文件的请求使用 `index.html` 处理，你可以通过请求 https://localhost:5500/files 来查看，它会产生如图 24-5 所示的响应。最后，如果请求确实指定了文件但文件不存在，则会自动发送 404 响应，如图 24-5 所示。

图 24-5　备用响应

24.4　使用模板生成响应

Go 没有对使用模板作为 HTTP 请求的响应的内置支持，但是通过我在第 23 章中讲过的 `html/template` 包提供的功能设置一个处理程序是一件简单的事。首先，创建 `httpserver/templates` 文件夹，并向其中添加一个名为 `products.html` 的文件，其内容如代码清单 24-18 所示。

代码清单 24-18　templates/products.html 文件内容

```
<!DOCTYPE html>
<html>
<head>
    <meta name="viewport" content="width=device-width" />
    <title>Pro Go</title>
    <link rel="stylesheet" href="/files/bootstrap.min.css" >
</head>
<body>
    <h3 class="bg-primary text-white text-center p-2 m-2">Products</h3>
    <div class="p-2">
        <table class="table table-sm table-striped table-bordered">
            <thead>
                <tr>
                    <th>Index</th><th>Name</th><th>Category</th>
                    <th class="text-end">Price</th>
                </tr>
            </thead>
            <tbody>
                {{ range $index, $product := .Data }}
                    <tr>
                        <td>{{ $index }}</td>
                        <td>{{ $product.Name }}</td>
                        <td>{{ $product.Category }}</td>
                        <td class="text-end">
                            {{ printf "$%.2f" $product.Price }}
                        </td>
                    </tr>
                {{ end }}
            </tbody>
        </table>
```

```
    </div>
</body>
</html>
```

接下来，将名为 dynamic.go 的文件添加到 httpserver 文件夹，其内容如代码清单 24-19 所示。

代码清单 24-19 httpserver/dynamic.go 文件内容

```
package main

import (
    "html/template"
    "net/http"
    "strconv"
)

type Context struct {
    Request *http.Request
    Data []Product
}

var htmlTemplates *template.Template

func HandleTemplateRequest(writer http.ResponseWriter, request *http.Request) {
    path := request.URL.Path
    if (path == "") {
        path = "products.html"
    }
    t := htmlTemplates.Lookup(path)
    if (t == nil) {
        http.NotFound(writer, request)
    } else {
        err := t.Execute(writer, Context{  request, Products})
        if (err != nil) {
            http.Error(writer, err.Error(), http.StatusInternalServerError)
        }
    }
}

func init() {
    var err error
    htmlTemplates = template.New("all")
    htmlTemplates.Funcs(map[string]interface{} {
        "intVal": strconv.Atoi,
    })
    htmlTemplates, err = htmlTemplates.ParseGlob("templates/*.html")
    if (err == nil) {
        http.Handle("/templates/", http.StripPrefix("/templates/",
            http.HandlerFunc(HandleTemplateRequest)))
    } else {
        panic(err)
    }
}
```

初始化函数加载 templates 文件夹下所有具有 html 扩展名的模板文件，并设置相应的路由。所以，以 /templates/ 开头的请求都由 HandleTemplateRequest 方法处理。该方法查找模板，如果未指定文件路径，则返回到 products.html 文件，执行模板，并发送响应。编译并执行项目并使用浏览器请求 https://localhost:5500/templates，将产生如图 24-6 所示的响应。

注意　我在这里展示的方法的一个局限是传递给模板的数据是硬编码到 HandleTemplateRequest 函数中的。我在将第三部分展示一种更灵活的方法。

Products

Index	Name	Category	Price
0	Kayak	Watersports	$279.00
1	Lifejacket	Watersports	$49.95
2	Soccer Ball	Soccer	$19.50
3	Corner Flags	Soccer	$34.95
4	Stadium	Soccer	$79500.00
5	Thinking Cap	Chess	$16.00
6	Unsteady Chair	Chess	$75.00
7	Bling-Bling King	Chess	$1200.00

图 24-6　使用 HTML 模板生成响应

了解内容类型探查

在使用模板生成响应时，我不必设置 Content-Type 标头。在使用静态文件服务时，Content-Type 标头是根据文件扩展名自动设置的，但在这种情况下这是不可能的，因为我是直接将响应内容直接写入 ResponseWriter 的，这里没有文件扩展名信息。

当响应没有 Content-Type 标头时，写入 ResponseWriter 的前 512 个字节的内容将被传递给 DetectContentType 函数，该函数实现了由 https://mimesniff.spec.whatwg.org 定义的 MIME 探查算法检测文件类型。探查过程并不能检测出所有内容类型，但它可以很好地检测标准 Web 类型，例如 HTML、CSS 和 JavaScript 等。DetectContentType 函数返回一个 MIME 类型，用作 Content-Type 标头的值。在示例中，探查算法检测到内容是 HTML 并将标头设置为 text/html。也可以通过显式设置 Content-Type 标头来禁用内容探查过程。

24.5　响应 JSON 数据

JSON 响应广泛用于 Web 服务，它为不想接收 HTML 的客户端（例如 Angular 或 React 等 JavaScript 客户端）提供对应用程序数据的访问。我将在第三部分中创建一个更复杂的 Web 服务，但对于本章而言，简单了解一下既然我可以提供静态和动态 HTML 内容，那也可以用相同功能生成 JSON 响应就足够了。将名为 json.go 的文件添加到 httpserver 文件夹，其内容如代码清单 24-20 所示。

代码清单 24-20 httpserver/json.go 文件内容

```
package main

import (
    "net/http"
    "encoding/json"
)

func HandleJsonRequest(writer http.ResponseWriter, request *http.Request) {
    writer.Header().Set("Content-Type", "application/json")
    json.NewEncoder(writer).Encode(Products)
}

func init() {
    http.HandleFunc("/json", HandleJsonRequest)
}
```

初始化函数创建一个路由，这意味着对 /json 的请求将由 HandleJsonRequest 函数处理。该函数使用第 21 章中描述的 JSON 功能对代码清单 24-3 中创建的 Product 切片值进行编码。请注意，我在代码清单 24-20 中明确设置了 Content-Type 标头：

```
...
writer.Header().Set("Content-Type", "application/json")
...
```

不能依赖本章前面描述的文件类型探查来识别 JSON 内容，因为它将会返回 text/plain 类型的响应。许多 Web 服务客户端会将响应视为 JSON，而不考虑 Content-Type 标头，但依赖这种行为并不怎么靠谱。编译并运行项目，使用浏览器请求 https://localhost:5500/json。浏览器将显示以下 JSON 内容：

```
[{"Name":"Kayak","Category":"Watersports","Price":279},
 {"Name":"Lifejacket","Category":"Watersports","Price":49.95},
 {"Name":"Soccer Ball","Category":"Soccer","Price":19.5},
 {"Name":"Corner Flags","Category":"Soccer","Price":34.95},
 {"Name":"Stadium","Category":"Soccer","Price":79500},
 {"Name":"Thinking Cap","Category":"Chess","Price":16},
 {"Name":"Unsteady Chair","Category":"Chess","Price":75},
 {"Name":"Bling-Bling King","Category":"Chess","Price":1200}]
```

24.6 处理表单数据

net/http 包支持轻松接收和处理表单数据。在 templates 文件夹中添加一个名为 edit.html 的文件，其内容如代码清单 24-21 所示。

代码清单 24-21 templates/edit.html 文件内容

```
<!DOCTYPE html>
```

```
<html>
<head>
    <meta name="viewport" content="width=device-width" />
    <title>Pro Go</title>
    <link rel="stylesheet" href="/files/bootstrap.min.css" >
</head>
<body>
    {{ $index := intVal (index (index .Request.URL.Query "index") 0) }}
    {{ if lt $index (len .Data)}}
        {{ with index .Data $index}}
            <h3 class="bg-primary text-white text-center p-2 m-2">Product</h3>
            <form method="POST" action="/forms/edit" class="m-2">
                <div class="form-group">
                    <label>Index</label>
                    <input name="index" value="{{$index}}"
                        class="form-control" disabled />
                    <input name="index" value="{{$index}}" type="hidden" />
                </div>
                <div class="form-group">
                    <label>Name</label>
                    <input name="name" value="{{.Name}}" class="form-control"/>
                </div>
                <div class="form-group">
                    <label>Category</label>
                    <input name="category" value="{{.Category}}"
                        class="form-control"/>
                </div>
                <div class="form-group">
                    <label>Price</label>
                    <input name="price" value="{{.Price}}" class="form-control"/>
                </div>
                <div class="mt-2">
                    <button type="submit" class="btn btn-primary">Save</button>
                    <a href="/templates/" class="btn btn-secondary">Cancel</a>
                </div>
            </form>
        {{ end }}
    {{ else }}
        <h3 class="bg-danger text-white text-center p-2">
            No Product At Specified Index
        </h3>
    {{end }}
</body>
</html>
```

上述模板使用模板变量、表达式和函数从请求中获取查询字符串并选择第一个 `index` 值，该 `index` 值将转换为 `int` 类型并用于从提供给模板的数据中检索 `Product` 值：

```
...
{{ $index := intVal (index (index .Request.URL.Query "index") 0) }}
{{ if lt $index (len .Data)}}
    {{ with index .Data $index}}
...
```

这些表达式比我想给你讲的要复杂，我将在第三部分展示一种我认为的更简单靠谱的方法。然而，单就本章来说，我可以用它生成一个 HTML 表单，该表单显示 `input` 元素 `Product` 结构定义的字段，并将其数据提交到 `action` 属性指定的 URL，如下所示：

```
...
<form method="POST" action="/forms/edit" class="m-2">
...
```

24.6.1 从请求中读取表单数据

现在我已将 form（表单）添加到项目中，可以编写代码来接收其中包含的数据了。Request 结构定义了表 24-11 中描述的用于处理表单数据的字段和方法。

表 24-11 Request 表单字段和方法

字段和方法	描述
Form	该字段返回一个 map[string][]string，其中包含已解析的表单数据和查询字符串参数。必须在读取该字段之前调用 ParseForm 方法
PostForm	该字段与 Form 类似，但不包括查询字符串参数，因此 map 中仅包含请求正文中的数据。必须在读取该字段之前调用 ParseForm 方法
MultipartForm	该字段返回使用 mime/multipart 包中定义的 Form 结构表示的多部分表单。必须在读取该字段之前调用 ParseMultipartForm 方法
FormValue(key)	该方法返回指定表单键的第一个值，如果没有值则返回空字符串。该方法的数据源是 Form 字段，调用 FormValue 方法会自动调用 ParseForm 或 ParseMultipartForm 来解析表单
PostFormValue(key)	该方法返回指定表单键的第一个值，如果没有值则返回空字符串。该方法的数据源是 PostForm 字段，调用 PostFormValue 方法会自动调用 ParseForm 或 ParseMultipartForm 来解析表单
FormFile(key)	该方法用于访问表单中具有指定键的第一个文件。返回结果是一个 File 和 FileHeader（两者都在 mime/multipart 包中定义）以及一个 error 值。调用该方法会导致调用 ParseForm 或 ParseMultipartForm 函数来解析表单
ParseForm()	该方法解析表单并填充 Form 和 PostForm 字段。返回结果是描述任何解析问题的 error 值
ParseMultipartForm(max)	该方法解析 MIME 多部分表单并填充 MultipartForm 字段。该参数指定分配给表单数据的最大字节数，返回结果是描述处理表单时出现的任何问题的 error 值

如果你知道正在处理的表单的结构，则 FormValue 和 PostFormValue 方法是访问表单数据最便捷的方式。将名为 forms.go 的文件添加到 httpserver 文件夹，其内容如代码清单 24-22 所示。

代码清单 24-22 httpserver/forms.go 文件内容

```go
package main

import (
    "net/http"
    "strconv"
)
```

```
func ProcessFormData(writer http.ResponseWriter, request *http.Request) {
    if (request.Method == http.MethodPost) {
        index, _ := strconv.Atoi(request.PostFormValue("index"))
        p := Product {}
        p.Name = request.PostFormValue("name")
        p.Category = request.PostFormValue("category")
        p.Price, _ = strconv.ParseFloat(request.PostFormValue("price"), 64)
        Products[index] = p
    }
    http.Redirect(writer, request, "/templates", http.StatusTemporaryRedirect)
}

func init() {
    http.HandleFunc("/forms/edit", ProcessFormData)
}
```

init 函数设置一个新路由，以便 ProcessFormData 函数处理路径为 /forms/edit 的请求。在 ProcessFormData 函数中，检查请求方法，请求中的表单数据用于创建 Product 结构并替换现有数据值。在实际项目中，验证表单中提交的数据是必不可少的，但对于本章，我暂且相信表单包含的全是有效数据。

编译并运行该项目，使用浏览器请求 https://localhost:5500/templates/edit.html?index=2，它会选择代码清单 24-3 中定义的切片中索引 2 处的 Product 值。将 Category 字段的值更改为 Soccer/Football，然后单击 Save 按钮。将会应用表单中的数据，并重定向浏览器，如图 24-7 所示。

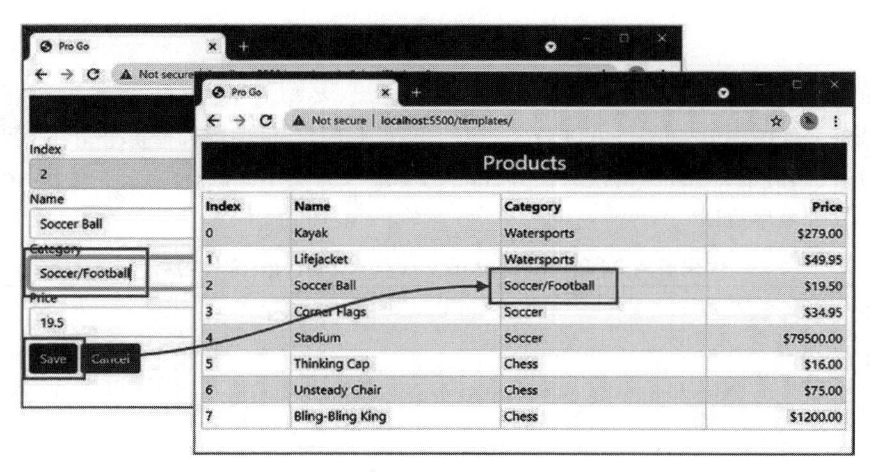

图 24-7　处理表单数据

24.6.2　读取多部分表单

编码为 multipart/form-data 的表单允许将二进制数据（例如文件）安全地发送到服务器。要创建一个允许服务器接收文件的表单，请在静态文件夹中创建一个名为 upload.html 的文件，其内容如代码清单 24-23 所示。

代码清单 24-23 static/upload.html 文件内容

```
<!DOCTYPE html>
<html>
<head>
    <title>Pro Go</title>
    <meta name="viewport" content="width=device-width" />
    <link href="bootstrap.min.css" rel="stylesheet" />
</head>
<body>
    <div class="m-1 p-2 bg-primary text-white h2 text-center">
        Upload File
    </div>
    <form method="POST" action="/forms/upload" class="p-2"
            enctype="multipart/form-data">
        <div class="form-group">
            <label class="form-label">Name</label>
            <input class="form-control" type="text" name="name">
        </div>
        <div class="form-group">
            <label class="form-label">City</label>
            <input class="form-control" type="text" name="city">
        </div>
        <div class="form-group">
            <label class="form-label">Choose Files</label>
            <input class="form-control" type="file" name="files" multiple>
        </div>
        <button type="submit" class="btn btn-primary mt-2">Upload</button>
    </form>
</body>
</html>
```

form 元素的 enctype 属性创建一个多部分表单，类型为 file 的 input 元素创建一个允许用户选择文件的表单控件。multiple 属性告诉浏览器允许用户选择多个文件（我很快就会讲到）。使用代码清单 24-24 中的代码在 httpserver 文件夹中添加一个名为 upload.go 的文件来接收和处理表单数据。

代码清单 24-24 httpserver/upload.go 文件内容

```
package main

import (
    "net/http"
    "io"
    "fmt"
)

func HandleMultipartForm(writer http.ResponseWriter, request *http.Request) {
    fmt.Fprintf(writer, "Name: %v, City: %v\n", request.FormValue("name"),
        request.FormValue("city"))
    fmt.Fprintln(writer, "------")
    file, header, err := request.FormFile("files")
    if (err == nil) {
        defer file.Close()
        fmt.Fprintf(writer, "Name: %v, Size: %v\n", header.Filename, header.Size)
        for k, v := range header.Header {
```

```
            fmt.Fprintf(writer, "Key: %v, Value: %v\n", k, v)
        }
        fmt.Fprintln(writer, "------")
        io.Copy(writer, file)
    } else {
        http.Error(writer, err.Error(), http.StatusInternalServerError)
    }
}

func init() {
    http.HandleFunc("/forms/upload", HandleMultipartForm)
}
```

FormValue 和 PostFormValue 方法可用于访问表单中的字符串值，但文件必须通过 FormFile 方法访问，如下所示：

```
...
file, header, err := request.FormFile("files")
...
```

FormFile 方法返回值的第一个结果是一个 File 类型的值，在 mime/multipart 包中定义，它是一个在第 20 章和第 22 章中描述的结合 Reader、Closer、Seeker 和 ReaderAt 接口的接口。该接口的作用是可以将上传文件的内容作为 Reader 处理，并支持从特定位置查找或读取。在这个例子中，我将上传文件的内容复制到 ResponseWriter 中。

FormFile 方法返回值的第二个结果是一个 FileHeader，它也在 mime/multipart 包中定义。该结构定义表 24-12 中描述的字段和方法。

表 24-12　FileHeader 字段和方法

字段和方法	描述
Name	该字段返回包含文件名称的 string
Size	该字段返回包含文件大小的 int64
Header	该字段返回一个 map[string][]string，其中包括包含该文件的 MIME 部分的标头
Open()	该方法返回一个文件，可用于读取与标头关联的内容，如下文所示

编译并执行项目，使用浏览器请求 https://localhost:5500/files/upload.html。输入你的姓名和城市，单击 Choose Files 按钮，然后选择一个文件（我将在下文讲解如何处理多个文件）。你可以选择系统上的任何文件，但为简单起见，文本文件是最佳选择。单击 Upload 按钮，表单将被提交。响应将包含文件中的姓名和城市值以及标题和内容，如图 24-8 所示。

在表单中接收多个文件

FormFile 方法仅返回具有指定名称的第一个文件，这意味着当允许用户为单个表单元素选择多个文件时该文件不能使用，上述示例中就是这种情况。

request.MultipartForm 字段提供了对多部分表单中数据的完整访问，如代码清单 24-25 所示。

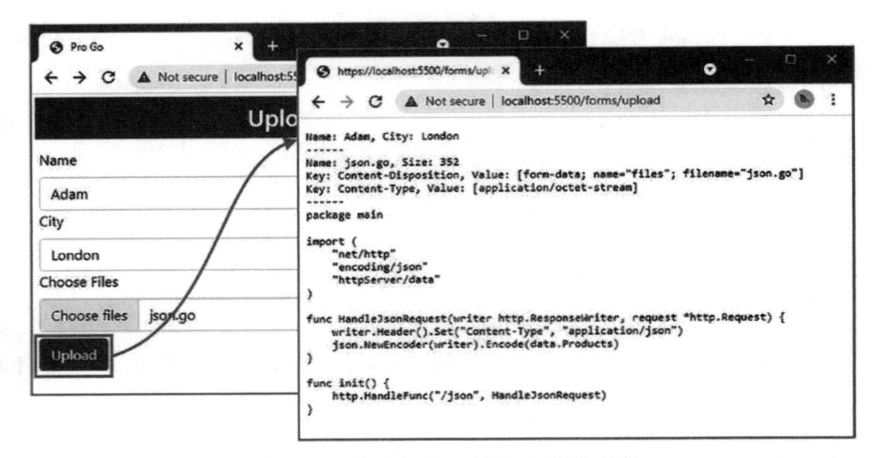

图 24-8 处理包含文件的多部分表单

代码清单 24-25 在 httpserver/upload.go 文件中处理多个文件

```
package main

import (
    "net/http"
    "io"
    "fmt"
)

func HandleMultipartForm(writer http.ResponseWriter, request *http.Request) {
    request.ParseMultipartForm(10000000)
    fmt.Fprintf(writer, "Name: %v, City: %v\n",
        request.MultipartForm.Value["name"][0],
        request.MultipartForm.Value["city"][0])
    fmt.Fprintln(writer, "------")

    for _, header := range request.MultipartForm.File["files"] {
        fmt.Fprintf(writer, "Name: %v, Size: %v\n", header.Filename, header.Size)
        file, err := header.Open()
        if (err == nil) {
            defer file.Close()
            fmt.Fprintln(writer, "------")
            io.Copy(writer, file)
        } else {
            http.Error(writer, err.Error(), http.StatusInternalServerError)
            return
        }
    }
}

func init() {
    http.HandleFunc("/forms/upload", HandleMultipartForm)
}
```

你必须确保在使用 MultipartForm 字段之前调用 ParseMultipartForm 方法。MultipartForm 字段返回一个 Form 结构，它在 mime/multipart 包中定义了表 24-13 中

描述的字段。

表 24-13　Form 字段

字段	描述
Value	该字段返回一个包含表单值的 map[string][]string
File	该字段返回包含文件的 map[string][]*FileHeader

在代码清单 24-25 中，我使用 Value 字段从表单中获取 Name 和 City 值。我使用 File 字段获取表单中名称为 files 的所有文件，这些文件由 FileHeader 值表示，如表 24-13 中所述。编译并执行项目，使用浏览器请求 https://localhost:5500/files/upload.html，并填写表单。这次，单击 Choose Files 按钮时，选择两个或多个文件。提交表单，你会看到你选择的所有文件的内容，如图 24-9 所示。对于本示例，最好上传文本文件以便看到最佳效果。

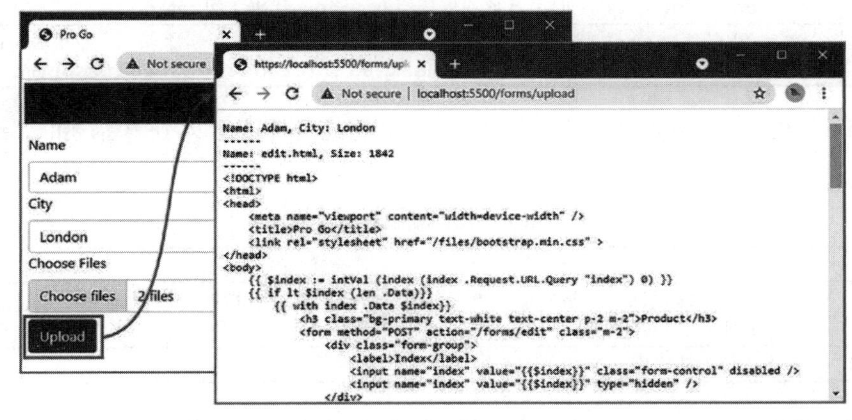

图 24-9　处理多个文件

24.7　读取和设置 Cookie

net/http 包定义了 SetCookie 函数，该函数将 Set-Cookie 标头添加到发送给客户端的响应中。为了快速参考，表 24-14 描述了 SetCookie 函数。

表 24-14　设置 Cookie 的 net/http 函数

函数	描述
SetCookie(writer, cookie)	该函数将 Set-Cookie 标头添加到指定的 ResponseWriter。使用指向 Cookie 结构的指针来描述 cookie

cookie 是使用 Cookie 结构描述的，该结构在 net/http 包中定义，并定义表 24-15 中描述的字段。可以仅使用 Name 和 Value 字段创建基本的 cookie。

注意　cookie 可能很复杂，必须注意正确配置它们。关于 cookie 工作原理的详细信息超出了本书的范围，但是在 https://developer.mozilla.org/en-US/docs/Web/HTTP/Cookies 上有一个很好的描述，关于 cookie 字段的详细解读参见 https://developer.mozilla.org/en-US/docs/Web/HTTP/Headers/Set-Cookie。

表 24-15 Cookie 结构定义的字段

字段	描述
Name	该字段表示 cookie 的名称，以 string 形式表示
Value	该字段表示 cookie 的值，以 string 形式表示
Path	该可选字段指定 cookie 的路径
Domain	该可选字段指定将设置 cookie 的主机 / 域
Expires	该字段指定 cookie 的过期时间，表示为 time.Time 值
MaxAge	该字段指定 cookie 过期之前的秒数，以 int 表示
Secure	当此 bool 字段为 true 时，客户端仅在通过 HTTPS 连接时发送 cookie
HttpOnly	当此 bool 字段为 true 时，客户端将禁止 JavaScript 代码访问 cookie
SameSite	该字段使用 SameSite 常量指定 cookie 的跨源策略，该常量定义了 SameSiteDefaultMode、SameSiteLaxMode、SameSiteStrictMode 和 SameSiteNoneMode

Cookie 结构还用于获取客户端发送的 cookie 集，这是通过表 24-16 中描述的 Request 方法完成的。

表 24-16 Cookie 的请求方法

方法	描述
Cookie(name)	该方法返回一个指向具有指定名称的 Cookie 值的指针和一个 error 值，后者指示没有匹配的 cookie
Cookies()	该方法返回一个 Cookie 指针切片

将名为 cookies.go 的文件添加到 httpserver 文件夹，其内容代码如代码清单 24-26 所示。

代码清单 24-26 httpserver/cookies.go 文件内容

```
package main

import (
    "net/http"
    "fmt"
    "strconv"
)

func GetAndSetCookie(writer http.ResponseWriter, request *http.Request) {

    counterVal := 1
    counterCookie, err := request.Cookie("counter")
    if (err == nil) {
        counterVal, _ = strconv.Atoi(counterCookie.Value)
        counterVal++
    }
    http.SetCookie(writer, &http.Cookie{
        Name: "counter", Value: strconv.Itoa(counterVal),
    })
```

```
    if (len(request.Cookies()) > 0) {
        for _, c := range request.Cookies() {
            fmt.Fprintf(writer, "Cookie Name: %v, Value: %v", c.Name, c.Value)
        }
    } else {
        fmt.Fprintln(writer, "Request contains no cookies")
    }
}

func init() {
    http.HandleFunc("/cookies", GetAndSetCookie)
}
```

上述示例设置一个 `/cookies` 路由，`GetAndSetCookie` 函数为此设置一个名为 `counter` 且初始值为零的 cookie。当请求包含 cookie 时，读取 cookie 值，将其解析为 `int` 并递增，以便可以使用它来设置新的 cookie 值。该函数还遍历请求中所有的 cookie，并将 `Name` 和 `Value` 字段写入响应。

编译并执行项目，使用浏览器请求 https://localhost:5500/cookies。客户端最初不会发送 cookie，但每次你随后重复请求时，cookie 值都会被读取并递增，如图 24-10 所示。

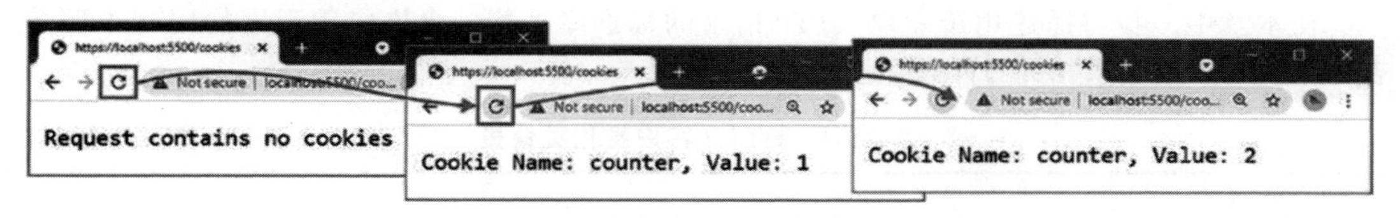

图 24-10　读取和设置 cookie

24.8　小结

在本章中，我描述了用于创建 HTTP 服务器和处理 HTTP 请求的标准库功能。在第 25 章中，我将介绍创建和发送 HTTP 请求的其他功能。

Chapter 25 第 25 章

创建 HTTP 客户端

在本章中，我将描述用于发出 HTTP 请求的标准库功能，允许应用程序使用 Web 服务。表 25-1 是 HTTP 请求相关的背景信息。

表 25-1　HTTP 客户端相关背景

问题	答案
它们是什么	HTTP 请求用于从 HTTP 服务检索数据，例如第 24 章中创建的那些 HTTP 服务
它们为什么有用	HTTP 是使用最广泛的协议之一，通常用于提供数据和内容访问，无论是直接呈现给用户还是以编程方式访问
它们是如何使用的	`net/http` 包的功能用于创建和发送请求以及处理响应
有什么陷阱或限制吗	这些功能经过精心设计的，且易于使用，但有些功能在使用时需要遵循特定的顺序
有其他选择吗	标准库包括对其他网络协议的支持以及对打开和使用更低级别网络连接的支持。有关 `net` 包及其子包（例如 `net/smtp` 实现了 SMTP 协议）的详细信息，请参见 https://pkg.go.dev/net@go1.17.1

表 25-2 是本章内容概要。

表 25-2　章节内容概要

问题	解决方案	代码清单
发送 HTTP 请求	使用特定 HTTP 方法的便利方法	25-8～25-12
配置 HTTP 请求	使用 `Client` 结构定义的字段和方法	25-13
创建预配置请求	使用 `NewRequest` 便利函数	25-14
在请求中使用 cookie	使用 cookie 罐	25-15～25-18
配置重定向的处理方式	使用 `CheckRedirect` 字段注册一个用于处理重定向的函数	25-19～25-21
发送多部分表单	使用 `mime/multipart` 包	25-22、25-23

25.1　为本章做准备

打开一个新的命令行窗口，切换到一个方便的位置，并创建一个名为 httpclient 的目录。运行代码清单 25-1 所示的命令来创建模块文件。

代码清单 25-1　初始化模块

```
go mod init httpclient
```

将名为 printer.go 的文件添加到 httpclient 文件夹，其内容如代码清单 25-2 所示。

代码清单 25-2　httpclient/printer.go 文件内容

```
package main

import "fmt"

func Printfln(template string, values ...interface{}) {
    fmt.Printf(template + "\n", values...)
}
```

将名为 product.go 的文件添加到 httpclient 文件夹，其内容如代码清单 25-3 所示。

代码清单 25-3　httpclient/product.go 文件内容

```
package main

type Product struct {
    Name, Category string
    Price float64
}

var Products = []Product {
    { "Kayak", "Watersports", 279 },
    { "Lifejacket", "Watersports", 49.95 },
    { "Soccer Ball", "Soccer", 19.50 },
    { "Corner Flags", "Soccer", 34.95 },
    { "Stadium", "Soccer", 79500 },
    { "Thinking Cap", "Chess", 16 },
    { "Unsteady Chair", "Chess", 75 },
    { "Bling-Bling King", "Chess", 1200 },
}
```

将名为 index.html 的文件添加到 httpclient 文件夹，其内容如代码清单 25-4 所示。

代码清单 25-4　httpclient/index.html 文件内容

```
<!DOCTYPE html>
<html>
<head>
    <title>Pro Go</title>
    <meta name="viewport" content="width=device-width" />
</head>
<body>
    <h1>Hello, World</div>
</body>
</html>
```

将名为 **server.go** 的文件添加到 **httpclient** 文件夹，其内容如代码清单 25-5 所示。

代码清单 25-5 httpclient/server.go 文件内容

```
package main

import (
    "encoding/json"
    "fmt"
    "io"
    "net/http"
    "os"
)

func init() {

    http.HandleFunc("/html",
        func (writer http.ResponseWriter, request *http.Request) {
            http.ServeFile(writer, request, "./index.html")
        })
    http.HandleFunc("/json",
        func (writer http.ResponseWriter, request *http.Request) {
            writer.Header().Set("Content-Type", "application/json")
            json.NewEncoder(writer).Encode(Products)
        })
    http.HandleFunc("/echo",
        func (writer http.ResponseWriter, request *http.Request) {
            writer.Header().Set("Content-Type", "text/plain")
            fmt.Fprintf(writer, "Method: %v\n", request.Method)
            for header, vals := range request.Header {
                fmt.Fprintf(writer, "Header: %v: %v\n", header, vals)
            }
            fmt.Fprintln(writer, "----")
            data, err := io.ReadAll(request.Body)
            if (err == nil) {
                if len(data) == 0 {
                    fmt.Fprintln(writer, "No body")
                } else {
                    writer.Write(data)
                }
            } else {
                fmt.Fprintf(os.Stdout,"Error reading body: %v\n", err.Error())
            }
        })
}
```

上述代码文件中的初始化函数创建生成 HTML 和 JSON 响应的路由。还有一个路由在响应中回显请求的详细信息。

在 **httpclient** 文件夹中添加一个名为 **main.go** 的文件，其内容如代码清单 25-6 所示。

代码清单 25-6 httpclient/main.go 文件内容

```
package main

import (
    "net/http"
)
```

```
func main() {
    Printfln("Starting HTTP Server")
    http.ListenAndServe(":5000", nil)
}
```

使用命令行窗口在 usingstrings 文件夹中运行如代码清单 25-7 所示的命令。

代码清单 25-7　运行示例项目

```
go run .
```

处理 Windows 防火墙权限请求

如第 24 章所述，Windows 防火墙将在每次编译代码时提示网络访问请求。要解决此问题，请在项目文件夹中创建一个名为 buildandrun.ps1 的文件，其中包含以下内容：

```
$file = "./httpclient.exe"

&go build -o $file

if ($LASTEXITCODE -eq 0) {
    &$file
}
```

这个 PowerShell 脚本每次都将项目编译成同一个文件，如果没有错就执行编译后的文件，这意味着你只需授予一次防火墙访问权限。通过在项目文件夹中运行如下命令来执行脚本：

```
./buildandrun.ps1
```

每次构建和执行项目时都必须使用上述命令，以确保将编译后的输出写入同一位置。

httpclient 文件夹中的代码将被编译并执行。使用 Web 浏览器请求 http://localhost:5000/html 和 http://localhost:5000/json，它们会产生如图 25-1 所示的响应。

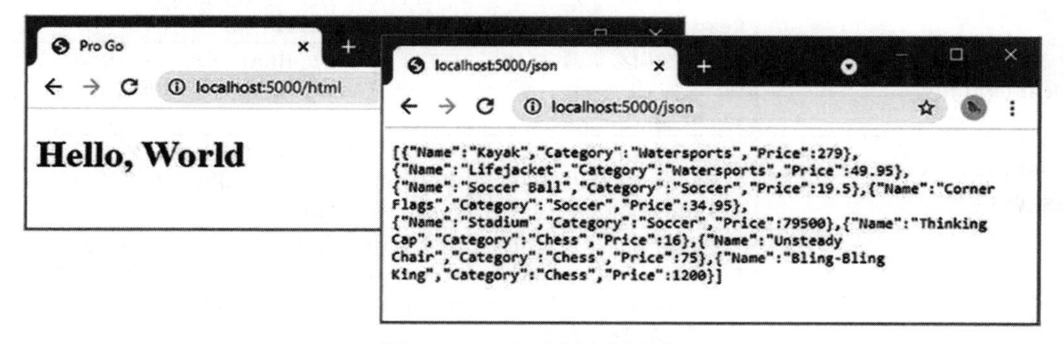

图 25-1　运行示例应用程序

要查看回显结果，请求 http://localhost:5000/echo，它会产生类似于图 25-2 的输出，基于你的操作系统和浏览器，你可能会看到不同的信息。

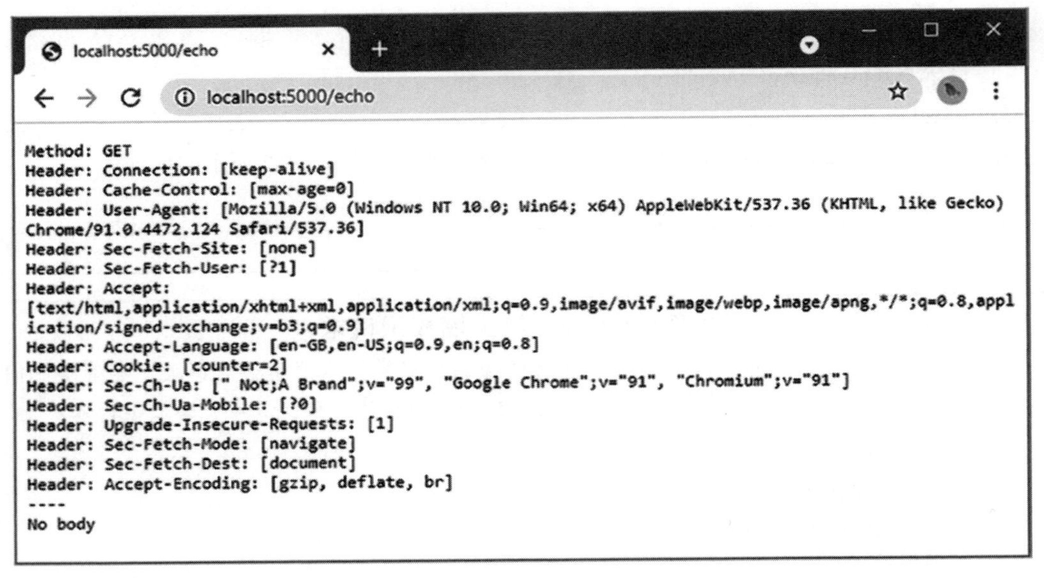

图 25-2 在响应中回显请求详细信息

25.2 发送 HTTP 请求

`net/http` 包提供了一组便利函数，可用于发出基本的 HTTP 请求。这些函数以它们创建的请求的 HTTP 方法命名，如表 25-3 中所述。

表 25-3 用于 HTTP 请求的便利方法

方法	描述
`Get(url)`	该函数向指定的 HTTP 或 HTTPS URL 发送 GET 请求。结果是一个 `Response` 结构和一个用于报告请求错误的 `error` 值
`Head(url)`	该函数向指定的 HTTP 或 HTTPS URL 发送 HEAD 请求。HEAD 请求返回的标头与 GET 一样。返回结果是一个 `Response` 结构和一个报告请求错误的 `error` 值
`Post(url, contentType, reader)`	该函数将 POST 请求发送到指定的 HTTP 或 HTTPS URL，并带有指定的 `Content-Type` 标头值。表单的内容由指定的 `Reader` 提供。结果是一个 `Response` 结构和一个报告请求错误的 `error` 值
`PostForm(url, data)`	该函数向指定的 HTTP 或 HTTPS URL 发送 POST 请求，并将 `Content-Type` 标头设置为 `application/x-www-form-urlencoded`。表单的内容由 `map[string][]string` 提供。结果是一个 `Response` 结构和一个报告请求错误的 `error` 值

代码清单 25-8 使用 `Get` 方法向服务器发送 GET 请求。服务器在 goroutine 中启动，以防止它阻塞并允许在同一应用程序中发送 HTTP 请求。这是我将在本章通篇使用的模式，因为这样可以避免分离客户端和服务器项目。我使用第 19 章中描述的 `time.Sleep` 函数来确保 goroutine 有时间启动服务器。你可能需要根据自己的情况增加系统延迟。

代码清单 25-8 在 httpclient/main.go 文件中发送 GET 请求

```
package main

import (
    "net/http"
    "os"
    "time"
)

func main() {
    go http.ListenAndServe(":5000", nil)
    time.Sleep(time.Second)

    response, err := http.Get("http://localhost:5000/html")
    if (err == nil) {
        response.Write(os.Stdout)
    } else {
        Printfln("Error: %v", err.Error())
    }
}
```

Get 函数的参数是一个字符串，其中包含要请求的 URL。结果是一个 Response 值和一个 error 值，当请求出错时 error 值可以报告出错信息。

注意 由表 25-3 中的函数返回的 error 值用于报告创建和发送请求时遇到的错误，而不是用于处理服务器返回 HTTP 错误状态码。

Response 结构用于描述 HTTP 服务器的返回结果，它定义了表 25-4 中所示的字段和方法。

表 25-4 Response 结构定义的字段和方法

字段和方法	描述
StatusCode	该字段返回响应状态代码，以 int 形式表示
Status	该字段返回一个包含状态描述的 string
Proto	该字段返回包含响应 HTTP 协议的 string
Header	该字段返回包含响应标头的 map[string][]string
Body	该字段返回一个 ReadCloser，它是一个定义了 Close 方法的 Reader，提供对响应正文（body）的访问
Trailer	该字段返回一个包含响应 trailer 的 map[string][]string
ContentLength	该字段返回 Content-Length 标头的值，解析为 int64 值
TransferEncoding	该字段返回一组 Transfer-Encoding 标头值
Close	如果响应包含设置为 close 的 Connection 标头，则此 bool 字段返回 true，这表示应关闭 HTTP 连接
Uncompressed	如果服务器的响应由 net/http 包进行了解压缩，则此字段返回 true
Request	该字段返回用于获取响应的 Request 结构。Request 结构在第 24 章中讲过
TLS	该字段提供 HTTPS 连接的详细信息
Cookies()	该方法返回一个 []*Cookie，其中包含响应中的 Set-Cookie 标头。Cookie 结构在第 24 章中讲过
Location()	该方法返回响应 Location 标头中的 URL 和一个 error 值，error 值指示响应中是否包含该标头
Writer(writer)	该函数将响应摘要信息写入指定的 Writer

我使用了代码清单 25-8 中的 Write 方法，它输出了响应的摘要。编译并执行项目，你将看到如下输出，尽管标头值可能有所不同：

```
HTTP/1.1 200 OK
Content-Length: 182
Accept-Ranges: bytes
Content-Type: text/html; charset=utf-8
Date: Sat, 25 Sep 2021 08:23:21 GMT
Last-Modified: Sat, 25 Sep 2021 06:51:09 GMT
<!DOCTYPE html>
<html>
<head>
    <title>Pro Go</title>
    <meta name="viewport" content="width=device-width" />
</head>
<body>
    <h1>Hello, World</div>
</body>
</html>
```

当你只想查看响应时，Write 方法很方便，但大多数项目会检查状态代码以确保请求成功，然后读取响应 Body（正文），如代码清单 25-9 所示。

代码清单 25-9 在 httpclient/main.go 文件中读取响应正文

```
package main

import (
    "net/http"
    "os"
    "time"
    "io"
)

func main() {
    go http.ListenAndServe(":5000", nil)
    time.Sleep(time.Second)

    response, err := http.Get("http://localhost:5000/html")
    if (err == nil && response.StatusCode == http.StatusOK) {
        data, err := io.ReadAll(response.Body)
        if (err == nil) {
            defer response.Body.Close()
            os.Stdout.Write(data)
        }
    } else {
        Printfln("Error: %v, Status Code: %v", err.Error(), response.StatusCode)
    }
}
```

我使用 io 包中定义的 ReadAll 函数将响应正文读入一个 byte 切片，我将其写入标准输出。编译并执行该项目，你将看到如下输出，其中显示了 HTTP 服务器发送的响应正文：

```
<!DOCTYPE html>
<html>
<head>
    <title>Pro Go</title>
    <meta name="viewport" content="width=device-width" />
```

```
</head>
<body>
    <h1>Hello, World</div>
</body>
</html>
```

当响应包含数据时，例如 JSON，它们可以被解析为 Go 值，如代码清单 25-10 所示。

代码清单 25-10 读取并解析 httpclient/main.go 文件中的数据

```
package main

import (
    "net/http"
    //"os"
    "time"
    //"io"
    "encoding/json"
)

func main() {
    go http.ListenAndServe(":5000", nil)
    time.Sleep(time.Second)

    response, err := http.Get("http://localhost:5000/json")
    if (err == nil && response.StatusCode == http.StatusOK) {
        defer response.Body.Close()
        data := []Product {}
        err = json.NewDecoder(response.Body).Decode(&data)
        if (err == nil) {
            for _, p := range data {
                Printfln("Name: %v, Price: $%.2f", p.Name, p.Price)
            }
        } else {
            Printfln("Decode error: %v", err.Error())
        }
    } else {
        Printfln("Error: %v, Status Code: %v", err.Error(), response.StatusCode)
    }
}
```

JSON 数据使用 `encoding/json` 包解码，这在第 21 章中有描述。数据被解码为 `Product` 切片，使用 `for` 循环对其进行枚举，在编译和执行项目时产生如下输出：

```
Name: Kayak, Price: $279.00
Name: Lifejacket, Price: $49.95
Name: Soccer Ball, Price: $19.50
Name: Corner Flags, Price: $34.95
Name: Stadium, Price: $79500.00
Name: Thinking Cap, Price: $16.00
Name: Unsteady Chair, Price: $75.00
Name: Bling-Bling King, Price: $1200.00
```

25.2.1 发送 POST 请求

`Post` 和 `PostForm` 函数用于发送 POST 请求。`PostForm` 函数编码一个 map 值作为表单数据，如代码清单 25-11 所示。

代码清单 25-11 在 httpclient/main.go 文件中发送一个表单

```
package main

import (
    "net/http"
    "os"
    "time"
    "io"
    //"encoding/json"
)

func main() {
    go http.ListenAndServe(":5000", nil)
    time.Sleep(time.Second)

    formData := map[string][]string {
        "name":  { "Kayak "},
        "category": { "Watersports"},
        "price":  { "279"},
    }

    response, err := http.PostForm("http://localhost:5000/echo", formData)

    if (err == nil && response.StatusCode == http.StatusOK) {
        io.Copy(os.Stdout, response.Body)
        defer response.Body.Close()
    } else {
        Printfln("Error: %v, Status Code: %v", err.Error(), response.StatusCode)
    }
}
```

HTML 表单支持每个键的多个值，这也是 map 中的值是字符串切片的原因。在代码清单 25-11 中，我只为表单中的每个键发送一个值，但我仍然必须将该值括在大括号中以创建一个切片。PostForm 函数对 map 进行编码并将数据添加到请求正文，并将 Content-Type 标头设置为 application/x-www-form-urlencoded。表单被发送到 /echo URL，它只是简单地在响应中发回服务器收到的请求。编译并执行项目，你将看到如下输出：

```
Method: POST
Header: User-Agent: [Go-http-client/1.1]
Header: Content-Length: [42]
Header: Content-Type: [application/x-www-form-urlencoded]
Header: Accept-Encoding: [gzip]
----
category=Watersports&name=Kayak+&price=279
```

25.5.2 使用 Reader POST 表单

Post 函数向服务器发送 POST 请求，并通过从 Reader 读取内容来创建请求正文，如代码清单 25-12 所示。与 PostForm 函数不同，数据不必编码为表单。

代码清单 25-12 在 httpclient/main.go 文件中基于 Reader 发送 POST 请求

```
package main

import (
```

```
        "net/http"
        "os"
        "time"
        "io"
        "encoding/json"
        "strings"
    )

    func main() {
        go http.ListenAndServe(":5000", nil)
        time.Sleep(time.Second)

        var builder strings.Builder
        err := json.NewEncoder(&builder).Encode(Products[0])
        if (err == nil) {
            response, err := http.Post("http://localhost:5000/echo",
                "application/json",
                strings.NewReader(builder.String()))
            if (err == nil && response.StatusCode == http.StatusOK) {
                io.Copy(os.Stdout, response.Body)
                defer response.Body.Close()
            } else {
                Printfln("Error: %v", err.Error())
            }
        } else {
            Printfln("Error: %v", err.Error())
        }
    }
```

上述示例将代码清单25-12中定义的Product值切片中的第一个元素编码为JSON，准备数据以便它可以作为Reader进行处理。Post函数的参数是请求发送到的URL、Content-Type标头的值和Reader。编译并执行项目，你会看到回显的请求数据：

```
Method: POST
Header: User-Agent: [Go-http-client/1.1]
Header: Content-Length: [54]
Header: Content-Type: [application/json]
Header: Accept-Encoding: [gzip]
----
{"Name":"Kayak","Category":"Watersports","Price":279}
```

了解Content-Length标头

如果你检查代码清单25-11和代码清单25-12发送的请求时，你会看到它们都包含一个Content-Length标头。该标头是自动设置的，但只有在可以预先确定主体中包含多少数据时才会包含在请求中。这是通过检查Reader以确定动态类型来完成的。当数据使用string.Reader、bytes.Reader或bytes.Buffer类型存储在内存中时，内置的len函数用于确定数据长度，其结果用于设置Content-Length标头。

对于所有其他类型，未设置Content-Type标头，而是使用“分块编码”（chunked encoding），这意味着正文以数据块的形式写入，其大小被声明为请求正文的一部分。这种方法允许发送请求，而无须事先从Reader读取所有数据来计算有多少字节。分块编码在https://developer.mozilla.org/en-US/docs/Web/HTTP/Headers/Transfer-Encoding中有描述。

25.3 配置 HTTP 客户端请求

当需要对 HTTP 请求进行控制时，可以使用 Client 结构，它定义了表 25-5 中描述的字段和方法。

表 25-5 Client 结构的字段和方法

字段和方法	描述
Transport	该字段用于选择将用于发送 HTTP 请求的传输细节。net/http 包提供默认传输设置
CheckRedirect	该字段用于指定处理重复重定向的自定义策略，如 25.3.3 节所述
Jar	该字段返回一个 CookieJar，用于管理 cookie，如 25.3.2 节所述
Timeout	该字段用于设置请求的超时时间，类型为 time.Duration
Do(request)	该函数发送指定的请求 Request，返回一个 Response 和指示发送请求时出现问题的 error 值
CloseIdleConnections()	该函数关闭所有当前打开且未在使用的空闲 HTTP 请求
Get(url)	该函数由表 25-3 中描述的 Get 函数调用
Head(url)	该函数由表 25-3 中描述的 Head 函数调用
Post(url, contentType, reader)	该函数由表 25-3 中描述的 Post 函数调用
PostForm(url, data)	该函数由表 25-3 中描述的 PostForm 函数调用

net/http 包定义了 DefaultClient 变量，它提供了一个默认的 Client 结构，可以使用表 25-5 中描述的字段和方法，当执行表 25-3 中描述的函数时就是用到了这个变量。

描述 HTTP 请求的 Request 结构与我在第 24 章中用于 HTTP 服务器的相同。表 25-6 描述了对客户端请求最有用的请求字段和方法。

表 25-6 有用的请求字段和方法

字段和方法	描述
Method	该 string 字段指定将用于请求的 HTTP 方法。net/http 包定义了 HTTP 方法的常量，如 MethodGet 和 MethodPost
URL	该 URL 字段指定请求将发送到的 URL。URL 结构在第 24 章中定义
Header	该字段用于指定请求的标头。标头在 map[string][]string 中指定，当使用纯文字结构语法创建 Request 值时，该字段将为 nil
ContentLength	该字段用于使用 int64 值设置 Content-Length 标头
TransferEncoding	该字段用于使用字符串切片设置 Transfer-Encoding 标头
Body	该 ReadCloser 类型字段指定请求正文的来源。如果你有一个未定义 Close 方法的 Reader，则可以使用 io.NopCloser 函数创建一个 ReadCloser，其 Close 方法不执行任何操作

创建 URL 值的最简单方法是使用 net/url 包提供的 Parse 函数，用于解析字符串，表 25-7 对此进行了描述以供快速参考。

表 25-7　解析 URL 值的函数

函数	描述
Parse(string)	该函数将一个 string 值解析为 URL。结果是一个 URL 类型的值和指示解析该 string 时出现问题的 error 值

代码清单 25-13 结合了上面几表中描述的功能来创建一个简单的 HTTP POST 请求。

代码清单 25-13　在 httpclient/main.go 文件中发送请求

```
package main

import (
    "net/http"
    "os"
    "time"
    "io"
    "encoding/json"
    "strings"
    "net/url"
)
func main() {
    go http.ListenAndServe(":5000", nil)
    time.Sleep(time.Second)

    var builder strings.Builder
    err := json.NewEncoder(&builder).Encode(Products[0])
    if (err == nil) {
        reqURL, err := url.Parse("http://localhost:5000/echo")
        if (err == nil) {
            req := http.Request {
                Method: http.MethodPost,
                URL: reqURL,
                Header: map[string][]string {
                    "Content-Type": { "application.json" },
                },
                Body: io.NopCloser(strings.NewReader(builder.String())),
            }
            response, err := http.DefaultClient.Do(&req)
            if (err == nil && response.StatusCode == http.StatusOK) {
                io.Copy(os.Stdout, response.Body)
                defer response.Body.Close()
            } else {
                Printfln("Request Error: %v", err.Error())
            }
        } else {
            Printfln("Parse Error: %v", err.Error())
        }
    } else {
        Printfln("Encoder Error: %v", err.Error())
    }
}
```

上述代码使用文字语法创建一个新请求，然后设置 Method、URL 和 Body 字段。设置 Method 用于发送 POST 请求，使用 Parse 函数创建 URL，使用 io.NopCloser 函数设置 Body 字段，它接受一个 Reader 并返回一个 ReadCloser，这是 Request 结构所需要的类型。Header 字段被赋值为一个定义 Content-Type 标头的 map。指向 Request 的指针被传递给分配给发送请求的 DefaultClient 变量的 Client 的 Do 方法。

上述示例使用在本章开头设置的 /echo URL，它在响应中回显服务器收到的请求。编译并执行项目，你将看到如下输出：

```
Method: POST
Header: Content-Type: [application.json]
Header: Accept-Encoding: [gzip]
Header: User-Agent: [Go-http-client/1.1]
----
{"Name":"Kayak","Category":"Watersports","Price":279}
```

25.3.1 使用便利函数创建请求

前面的示例演示了可以使用结构文字语法创建 Request 值，但 net/http 包还提供了一些简化流程的便利函数，如表 25-8 中所述。

表 25-8 用于创建 Request 的 net/http 包便利函数

函数	描述
NewRequest(method, url, reader)	该函数创建一个新 Reader，为其配置了指定的方法、URL 和请求正文。该函数还返回一个 error 值，指示创建值时出现问题，包括解析以 string 表示的 URL 时的出错信息等
NewRequestWithContext(context, method, url, reader)	该函数创建一个将在指定 context 中发送的新 Reader。context 在第 30 章中描述

代码清单 25-14 使用 NewRequest 函数而不是文字语法来创建 Request。

代码清单 25-14 在 httpclient/main.go 文件中使用便利函数

```
package main

import (
    "net/http"
    "os"
    "time"
    "io"
    "encoding/json"
    "strings"
    //"net/url"
)

func main() {
    go http.ListenAndServe(":5000", nil)
    time.Sleep(time.Second)

    var builder strings.Builder
    err := json.NewEncoder(&builder).Encode(Products[0])
    if (err == nil) {
        req, err := http.NewRequest(http.MethodPost, "http://localhost:5000/echo",
        io.NopCloser(strings.NewReader(builder.String())))
        if (err == nil) {
            req.Header["Content-Type"] = []string{ "application/json" }
```

```
                response, err := http.DefaultClient.Do(req)
                if (err == nil && response.StatusCode == http.StatusOK) {
                    io.Copy(os.Stdout, response.Body)
                    defer response.Body.Close()
                } else {
                    Printfln("Request Error: %v", err.Error())
                }
            } else {
                Printfln("Request Init Error: %v", err.Error())
            }
        } else {
            Printfln("Encoder Error: %v", err.Error())
        }
    }
```

结果是一样的——一个 Request 可以传递给 Client.Do 方法，但我不需要显式地解析 URL。NewRequest 函数初始化 Header 字段，因此我无须先创建 map 即可添加 Content-Type 标头。编译并执行项目，你将看到发送到服务器的请求的详细信息：

```
Method: POST
Header: User-Agent: [Go-http-client/1.1]
Header: Content-Type: [application/json]
Header: Accept-Encoding: [gzip]
----
{"Name":"Kayak","Category":"Watersports","Price":279}
```

25.3.2 使用 Cookie

Client 跟踪它从服务器接收到的 cookie，并自动将它们包含在后续请求中。要准备使用 cookie，请将名为 server_cookie.go 的文件添加到 httpclient 文件夹，其内容如代码清单 25-15 所示。

代码清单 25-15　httpclient/server_cookie.go 文件内容

```
package main

import (
    "net/http"
    "strconv"
    "fmt"
)

func init() {
    http.HandleFunc("/cookie",
    func (writer http.ResponseWriter, request *http.Request) {
        counterVal := 1
        counterCookie, err := request.Cookie("counter")
        if (err == nil) {
            counterVal, _ = strconv.Atoi(counterCookie.Value)
            counterVal++
        }
        http.SetCookie(writer, &http.Cookie{
            Name: "counter", Value: strconv.Itoa(counterVal),
        })
```

```
        if (len(request.Cookies()) > 0) {
            for _, c := range request.Cookies() {
                fmt.Fprintf(writer, "Cookie Name: %v, Value: %v\n",
                    c.Name, c.Value)
            }
        } else {
            fmt.Fprintln(writer, "Request contains no cookies")
        }
    })


}
```

上述代码使用了第 24 章中的一个示例，新路由设置并读取名为 `counter` 的 cookie 。代码清单 25-16 更新了客户端请求以使用新的 URL。

代码清单 25-16 在 httpclient/main.go 文件中更改 URL

```
package main

import (
    "net/http"
    "os"
    "time"
    "io"
    // "encoding/json"
    // "strings"
    //"net/url"
    "net/http/cookiejar"
)

func main() {
    go http.ListenAndServe(":5000", nil)
    time.Sleep(time.Second)

    jar, err := cookiejar.New(nil)
    if (err == nil) {
        http.DefaultClient.Jar = jar
    }

    for i := 0; i < 3; i++ {
        req, err := http.NewRequest(http.MethodGet,
            "http://localhost:5000/cookie", nil)
        if (err == nil) {
            response, err := http.DefaultClient.Do(req)
            if (err == nil && response.StatusCode == http.StatusOK) {
                io.Copy(os.Stdout, response.Body)
                defer response.Body.Close()
            }  else {
                Printfln("Request Error: %v", err.Error())
            }
        } else {
            Printfln("Request Init Error: %v", err.Error())
        }
    }
}
```

默认情况下，Client 值会忽略 cookie，这是一个合理的策略，因为在一个响应中设置的 cookie 将影响后续请求，这可能会导致意外结果。为了选择跟踪 cookie，Jar 字段被分配了 net/http/CookieJar 接口的实现，它定义了表 25-9 中描述的方法。

表 25-9　CookieJar 接口定义的方法

方法	描述
SetCookies(url, cookies)	该方法为指定的 URL 存储一个 *Cookie 切片
Cookies(url)	该方法返回一个 *Cookie 切片，其中包含相应的 cookie，该 cookie 应包含在指定 URL 的请求中

net/http/cookiejar 包包含 CookieJar（cookie 罐）接口的实现，它用于存储内存中的 cookie。cookie 罐是使用构造函数创建的，如表 25-10 中所述。

表 25-10　net/http/cookiejar 包中的 CookieJar 构造函数

函数	描述
New(options)	该函数创建一个新的 CookieJar，其配置通过一个 Options 结构传入，Options 结构如下文所述。该函数还返回一个 error 值，用于报告创建时 cookie 罐出现的问题

New 函数接收一个 net/http/cookiejar/Options 结构，用于配置 cookie 罐。Options 只有一个 PublicSuffixList 字段，用于指定一个同名接口的实现，用于支持防止 cookie 设置范围过大而导致侵犯隐私问题。标准库不包含 PublicSuffixList 接口的实现，但 https://pkg.go.dev/golang/org/x/net/publicsuffix 上提供了一个。

在代码清单 25-16 中，我通过 nil 参数调用了 New 函数，也就是说我没有使用 PublicSuffixList 的实现[㊀]，New 函数返回的结果是一个 CookieJar 结构，我将它赋值给了 DefaultClient 变量的 Client 的 Jar 字段。编译并执行项目，你将看到如下输出：

```
Request contains no cookies
Cookie Name: counter, Value: 1
Cookie Name: counter, Value: 2
```

代码清单 25-16 中的代码发送了三个 HTTP 请求。第一个请求不包含 cookie，但服务器在响应中包含了一个。该 cookie 接着包含在了第二个和第三个请求中，服务器收到后会读取和递增它包含的值。

注意，我不必管理代码清单 25-16 中的 cookie 。只需设置好一个 cookie 罐，Client 就会自动跟踪 cookie。

创建单独的客户端和 cookie 罐

使用 DefaultClient 的结果是所有请求共享相同的 cookie，这会导致问题，尤其是想通过 cookie 罐确保每个请求仅包含每个 URL 所需的 cookie 时。

如果不想共享 cookie，则可以创建一个带有单独 cookie 罐的 Client，如代码清单 25-17 所示。

㊀ 简单起见在此没有考虑隐私问题，而专注于讲解 cookie 的使用。——译者注

代码清单 25-17 在 httpclient/main.go 文件中创建单独的 Client

```
package main

import (
    "net/http"
    "os"
    "time"
    "io"
    //"encoding/json"
    //"strings"
    //"net/url"
    "net/http/cookiejar"
    "fmt"
)

func main() {
    go http.ListenAndServe(":5000", nil)
    time.Sleep(time.Second)

    clients := make([]http.Client, 3)
    for index, client := range clients {
        jar, err := cookiejar.New(nil)
        if (err == nil) {
            client.Jar = jar
        }

        for i := 0; i < 3; i++ {
            req, err := http.NewRequest(http.MethodGet,
                "http://localhost:5000/cookie", nil)
            if (err == nil) {
                response, err := client.Do(req)
                if (err == nil && response.StatusCode == http.StatusOK) {
                    fmt.Fprintf(os.Stdout, "Client %v: ", index)
                    io.Copy(os.Stdout, response.Body)
                    defer response.Body.Close()
                }  else {
                    Printfln("Request Error: %v", err.Error())
                }
            } else {
                Printfln("Request Init Error: %v", err.Error())
            }
        }
    }
}
```

上述示例创建三个单独的 Client 值，每个值都有自己的 CookieJar。每个 Client 发出三个请求，代码在项目编译执行时产生如下输出：

```
Client 0: Request contains no cookies
Client 0: Cookie Name: counter, Value: 1
Client 0: Cookie Name: counter, Value: 2
Client 1: Request contains no cookies
Client 1: Cookie Name: counter, Value: 1
Client 1: Cookie Name: counter, Value: 2
Client 2: Request contains no cookies
Client 2: Cookie Name: counter, Value: 1
Client 2: Cookie Name: counter, Value: 2
```

如果需要多个 Client 值但应该共享 cookie，则可以使用单个 CookieJar，如代码清单 25-18 所示。

代码清单 25-18　在 httpclient/main.go 文件中共享一个 CookieJar

```
package main

import (
    "net/http"
    "os"
    "io"
    "time"
    //"encoding/json"
    //"strings"
    //"net/url"
    "net/http/cookiejar"
    "fmt"
)

func main() {
    go http.ListenAndServe(":5000", nil)
    time.Sleep(time.Second)

    jar, err := cookiejar.New(nil)

    clients := make([]http.Client, 3)
    for index, client := range clients {
        //jar, err := cookiejar.New(nil)
        if (err == nil) {
            client.Jar = jar
        }
        for i := 0; i < 3; i++ {
            req, err := http.NewRequest(http.MethodGet,
                "http://localhost:5000/cookie", nil)
            if (err == nil) {
                response, err := client.Do(req)
                if (err == nil && response.StatusCode == http.StatusOK) {
                    fmt.Fprintf(os.Stdout, "Client %v: ", index)
                    io.Copy(os.Stdout, response.Body)
                    defer response.Body.Close()
                }  else {
                    Printfln("Request Error: %v", err.Error())
                }
            } else {
                Printfln("Request Init Error: %v", err.Error())
            }
        }
    }
}
```

一个 Client 收到的 cookie 用于所有后续请求，编译并执行项目，生成的输出如下所示：

```
Client 0: Request contains no cookies
Client 0: Cookie Name: counter, Value: 1
Client 0: Cookie Name: counter, Value: 2
Client 1: Cookie Name: counter, Value: 3
Client 1: Cookie Name: counter, Value: 4
```

```
Client 1: Cookie Name: counter, Value: 5
Client 2: Cookie Name: counter, Value: 6
Client 2: Cookie Name: counter, Value: 7
Client 2: Cookie Name: counter, Value: 8
```

25.3.3 管理重定向

默认情况下，Client 将在连续跟踪重定向时最多发送 10 次请求，但可以通过自定义策略来更改。将名为 server_redirects.go 的文件添加到 httpclient 文件夹，其内容如代码清单 25-19 所示。

代码清单 25-19 httpclient/server_redirects.go 文件内容

```
package main

import "net/http"

func init() {
    http.HandleFunc("/redirect1",
        func (writer http.ResponseWriter, request *http.Request) {
            http.Redirect(writer, request, "/redirect2",
                http.StatusTemporaryRedirect)
        })
    http.HandleFunc("/redirect2",
        func (writer http.ResponseWriter, request *http.Request) {
            http.Redirect(writer, request, "/redirect1",
                http.StatusTemporaryRedirect)
        })
}
```

重定向将被持续跟踪，直到客户端决定停止它们。代码清单 25-20 创建了一个请求，该请求发送到由代码清单 25-19 中定义的第一个路由处理的 URL 。

代码清单 25-20 在 httpclient/main.go 文件中发送请求

```
package main

import (
    "net/http"
    "os"
    "io"
    "time"
    //"encoding/json"
    //"strings"
    //"net/url"
    //"net/http/cookiejar"
    //"fmt"
)

func main() {
    go http.ListenAndServe(":5000", nil)
    time.Sleep(time.Second)

    req, err := http.NewRequest(http.MethodGet,
        "http://localhost:5000/redirect1", nil)
```

```
        if (err == nil) {
            var response *http.Response
            response, err = http.DefaultClient.Do(req)
            if (err == nil) {
                io.Copy(os.Stdout, response.Body)
            } else {
                Printfln("Request Error: %v", err.Error())
            }
        } else {
            Printfln("Error: %v", err.Error())
        }
    }
```

编译并执行该项目，你将看到一个错误，该错误会导致 Client 在 10 次重定向请求后停止。

```
Request Error: Get "/redirect1": stopped after 10 redirects
```

自定义策略是通过将函数赋值给 Client.CheckRedirect 字段来定义的，如代码清单 25-21 所示。

代码清单 25-21　在 httpclient/main.go 文件中定义自定义重定向策略

```
package main

import (
    "net/http"
    "os"
    "io"
    "time"
    //"encoding/json"
    //"strings"
    "net/url"
    //"net/http/cookiejar"
    //"fmt"
)

func main() {
    go http.ListenAndServe(":5000", nil)
    time.Sleep(time.Second)

    http.DefaultClient.CheckRedirect = func(req *http.Request,
        previous []*http.Request) error {
        if len(previous) == 3 {
            url, _ := url.Parse("http://localhost:5000/html")
            req.URL =   url
        }
        return nil
    }

    req, err := http.NewRequest(http.MethodGet,
        "http://localhost:5000/redirect1", nil)
    if (err == nil) {
        var response *http.Response
        response, err = http.DefaultClient.Do(req)
        if (err == nil) {
            io.Copy(os.Stdout, response.Body)
```

```
        } else {
            Printfln("Request Error: %v", err.Error())
        }
    } else {
        Printfln("Error: %v", err.Error())
    }
}
```

该函数的参数是指向即将执行的 Request 的指针，以及包含导致重定向的请求的 *Request 切片。切片将包含至少一个值，因为 CheckRedirect 仅在服务器返回重定向响应时被调用。

CheckRedirect 函数可以通过返回 error 来阻止请求，然后将 error 作为 Do 方法的结果返回。CheckRedirect 函数也可以改变下一个即将发出的请求，也就是代码清单 25-21 中的情况。当请求导致三个重定向时，自定义策略会变更 URL 字段，因此 Request 是针对本章前面设置的 /html URL 的，并产生一个 HTML 结果。

运行结果是，在策略变更 URL 之前，对 /redirect1 URL 的请求将导致 /redirect2 和 /redirect1 之间的循环重定向，上述示例最终将产生如下输出：

```
<!DOCTYPE html>
<html>
<head>
    <title>Pro Go</title>
    <meta name="viewport" content="width=device-width" />
</head>
<body>
    <h1>Hello, World</div>
</body>
</html>
```

25.4 创建多部分表单

mime/multipart 包可用于创建编码为 multipart/form-data 的请求正文，它允许表单安全地包含二进制数据，例如文件的内容等。将名为 server_forms.go 的文件添加到 httpclient 文件夹，其内容如代码清单 25-22 所示。

代码清单 25-22 httpclient/server_forms.go 文件内容

```
package main

import (
    "net/http"
    "fmt"
    "io"
)

func init() {

    http.HandleFunc("/form",
        func (writer http.ResponseWriter, request *http.Request) {
            err := request.ParseMultipartForm(10000000)
```

```
            if (err == nil) {
                for name, vals := range request.MultipartForm.Value {
                    fmt.Fprintf(writer, "Field %v: %v\n", name, vals)
                }
                for name, files := range request.MultipartForm.File {
                    for _, file := range files {
                        fmt.Fprintf(writer, "File %v: %v\n", name, file.Filename)
                        if f, err := file.Open(); err == nil {
                            defer f.Close()
                            io.Copy(writer, f)
                        }
                    }
                }
            } else {
                fmt.Fprintf(writer, "Cannot parse form %v", err.Error())
            }
        })
}
```

新的处理程序函数使用第 24 章中描述的功能来解析多部分表单并回显它包含的字段和文件。

为了在客户端侧创建表单，使用了 **multipart.Writer** 结构，它是 **io.Writer** 的包装器，使用表 25-11 中描述的构造函数创建。

表 25-11　multipart.Writer 构造函数

函数	描述
NewWriter(writer)	该函数创建一个新的 multipart.Writer，用于将表单数据写入指定的 io.Writer

一旦有了所需的 **multipart.Writer**，就可以使用表 25-12 中描述的方法创建表单内容。

表 25-12　multipart.Writer 的方法

方法	描述
CreateFormField(fieldname)	该方法创建一个具有指定名称的新表单域。结果是一个用于写入字段数据的 io.Writer 和一个报告创建字段问题的 error 值
CreateFormFile(fieldname, filename)	该方法使用指定的字段名和文件名创建一个新的文件字段。结果是一个用于写入字段数据的 io.Writer 和一个报告创建字段问题的 error 值
FormDataContentType()	该方法返回一个 string，用于设置 Content-Type 请求标头，其中包含一个表示表单不同部分之间边界的字符串
Close()	该函数完成表单并写入表示表单数据结束的终止边界

还有其他方法定义可以对表单的构造方式进行细粒度控制，但表 25-12 中的方法对大多数项目而言是最常用和最有用的。代码清单 25-23 使用这些方法创建一个发送到服务器的多部分表单。

代码清单 25-23　在 httpclient/main.go 文件中创建和发送多部分表单

```
package main

import (
```

```
    "net/http"
    "os"
    "io"
    "time"
    //"encoding/json"
    //"strings"
    //"net/url"
    //"net/http/cookiejar"
    //"fmt"
    "mime/multipart"
    "bytes"
)

func main() {
    go http.ListenAndServe(":5000", nil)
    time.Sleep(time.Second)

    var buffer bytes.Buffer
    formWriter := multipart.NewWriter(&buffer)
    fieldWriter, err := formWriter.CreateFormField("name")
    if (err == nil) {
        io.WriteString(fieldWriter, "Alice")
    }
    fieldWriter, err = formWriter.CreateFormField("city")
    if (err == nil) {
        io.WriteString(fieldWriter, "New York")
    }
    fileWriter, err := formWriter.CreateFormFile("codeFile", "printer.go")
    if (err == nil) {
        fileData, err := os.ReadFile("./printer.go")
        if (err == nil) {
            fileWriter.Write(fileData)
        }
    }

    formWriter.Close()

    req, err := http.NewRequest(http.MethodPost,
        "http://localhost:5000/form", &buffer)

    req.Header["Content-Type"] = []string{ formWriter.FormDataContentType()}
    if (err == nil) {
        var response *http.Response
        response, err = http.DefaultClient.Do(req)
        if (err == nil) {
            io.Copy(os.Stdout, response.Body)
        } else {
            Printfln("Request Error: %v", err.Error())
        }
    } else {
        Printfln("Error: %v", err.Error())
    }
}
```

创建表单需要特定的顺序。首先调用 NewWriter 函数得到一个 multipart.Writer：

```
...
var buffer bytes.Buffer
formWriter := multipart.NewWriter(&buffer)
...
```

Reader 需要使用表单数据作为 HTTP 请求的正文，但在此之前需要通过 Writer 来创建表单。这是 bytes.Buffer 结构的理想情况，它提供了 Reader 和 Writer 接口的一个内存实现。

有了 multipart.Writer 后，就可以使用 CreateFormField 和 CreateFormFile 方法向表单添加字段和文件：

```
...
fieldWriter, err := formWriter.CreateFormField("name")
...
fileWriter, err := formWriter.CreateFormFile("codeFile", "printer.go")
...
```

这两种方法都返回一个用于将内容写入表单的 Writer。添加字段和文件后，下一步是使用 FormDataContentType 方法的结果设置 Content-Type 标头：

```
...
req.Header["Content-Type"] = []string{ formWriter.FormDataContentType()}
...
```

该方法的结果包含用于表示表单中各部分之间边界的字符串。最后一步（也是容易忘记的一步）是调用 multipart.Writer 上的 Close 方法，它会将最终边界字符串添加到表单中。

注意　不要在调用 Close 方法时使用 defer 关键字；否则，最终的边界字符串将会在发送请求之后才被添加到表单中，从而生成一个并非所有服务器都能处理的（不完整的）表单。在发送请求之前调用 Close 方法非常重要。

编译并执行项目，可以看到多部分表单的内容回显。

```
Field city: [New York]
Field name: [Alice]
File codeFile: printer.go
package main
import "fmt"
func Printfln(template string, values ...interface{}) {
    fmt.Printf(template + "\n", values...)
}
```

25.5　小结

在本章中，我描述了用于发送 HTTP 请求的标准库功能，解释了如何使用不同的 HTTP 动词（方法）、如何发送表单以及如何处理 cookie 等问题。在第 26 章中，我将展示 Go 语言标准库如何为使用数据库提供支持。

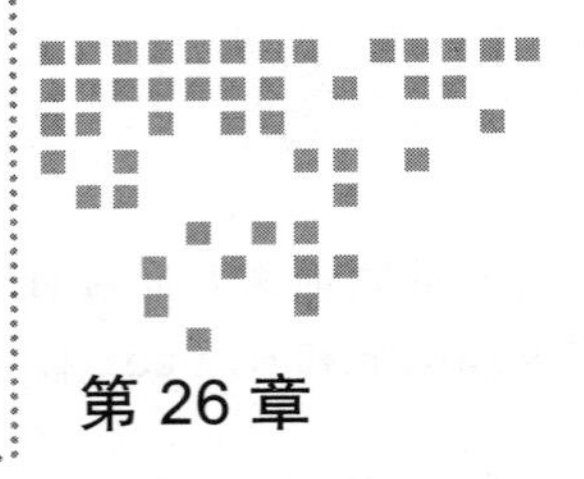

Chapter 26 第 26 章

使用数据库

在本章中，我将介绍用于处理 SQL 数据库的 Go 语言标准库。这些特性提供了数据库所提供功能的抽象表示，并依赖于驱动程序包来处理特定数据库的实现。

Go 有多种数据库驱动程序，你可以在 https://github.com/golang/go/wiki/sqldrivers 找到一个列表。数据库驱动程序以 Go 包的形式分发，大多数数据库都有多个驱动包。有的驱动包依赖 `cgo`，通过 Go 代码调用 C 库，有的则是纯 Go 写的。

我将在本章中使用 SQLite 数据库（在第三部分中，我将使用一个更复杂的数据库）。SQLite 是一个优秀的嵌入式数据库，支持很多不同的平台，免费提供，并且不需要安装和配置服务器组件。表 26-1 是标准库数据库特性的背景描述。

表 26-1　数据库相关背景

问题	答案
它们是什么	`database/sql` 包提供了使用 SQL 数据库的特性
它们为什么有用	关系数据库仍然是存储大量结构化数据的最有效方式，且在大多数大型项目中都有应用
它们是如何使用的	驱动包提供了对特定数据库的支持，而 `database/sql` 包提供了一些通用的类型和操作方法
有什么陷阱或限制吗	这些功能不会自动从数据库运行结果行填充 Go 结构字段
有其他选择吗	有一些基于这些特性构建的第三方包来简化或增强它们的使用

对数据库的抱怨

你可能忍不住想联系我抱怨本书选用的数据库。肯定也有很多人跟你一样想，因为关于数据库的选择，是我收到电子邮件最多的主题。抱怨通常是说我选择了“错误的”数据库，但大多数情况下仅仅是因为这“不是电子邮件发件人使用的数据库”。

> 在联系我之前，请考虑以下两点。首先，这不是一本关于数据库的书，SQLite 采用的零配置方法可以使大多数读者都能够理解这些示例，而无须花时间诊断数据库本身的安装和配置问题。其次，SQLite 是一个被许多项目忽视的优秀数据库，仅仅是因为它没有传统的服务器组件，尽管许多项目并不需要或根本没有受益于拥有独立服务器的数据库。
>
> 如果你是特定的 Oracle/DB2/MySQL/MariaDB 数据库用户并且希望能够直接将数据库连接代码剪切并粘贴到你的项目中，我深表歉意。但无论如何，在此使用 SQLite 让我专注于 Go 本身。如果你需要其他数据库，你可以在你所选的驱动程序文档中找到你所需的代码示例。

表 26-2 是本章内容概要。

表 26-2　章节内容概要

问题	解决方案	代码清单
为项目添加特定类型的数据库支持	使用 `go get` 命令添加数据库驱动包	26-8
打开和关闭数据库	使用 `Open` 函数和 `Close` 方法	26-9、26-10
查询数据库	使用 `Query` 方法并通过 `Scan` 方法处理 `Rows` 结果	26-11～26-16、26-22、26-23
查询数据库中的一行	使用 `QueryRow` 方法并处理 `Row` 结果	26-17
执行不产生行结果的查询或语句	使用 `Exec` 方法并处理它返回的 `Result`	26-18
处理一个语句，以便它可以被重用	创建预编译的语句	26-19、26-20
作为一个工作单元执行多个查询	使用事务	26-21

26.1　为本章做准备

打开一个新的命令行窗口，切换到一个方便的位置，并创建一个名为 `data` 的目录。在数据文件夹中运行代码清单 26-1 所示的命令以创建模块文件。

代码清单 26-1　初始化模块

```
go mod init data
```

将名为 `printer.go` 的文件添加到 `data` 文件夹，其内容如代码清单 26-2 所示。

代码清单 26-2　data/printer.go 文件内容

```
package main

import "fmt"

func Printfln(template string, values ...interface{}) {
    fmt.Printf(template + "\n", values...)
}
```

将名为 `main.go` 的文件添加到 `data` 文件夹，其内容如代码清单 26-3 所示。

代码清单 26-3 data/main.go 文件内容

```
package main

func main() {
    Printfln("Hello, Data")
}
```

使用代码清单 26-4 所示的命令编译并执行该项目。

代码清单 26-4 编译并执行该项目

```
go run .
```

上述命令将产生以下输出：

```
Hello, Data
```

准备数据库

本章中使用的 SQLite 数据库管理器将在稍后安装，但在开始之前，需要一个工具包来从 SQL 文件创建数据库（在第三部分中，我会演示从应用程序中创建数据库的过程）。

要定义将创建数据库的 SQL 文件，请将名为 products.sql 的文件添加到 data 文件夹，其内容如代码清单 26-5 所示。

代码清单 26-5 data/products.sql 文件内容

```
DROP TABLE IF EXISTS Categories;
DROP TABLE IF EXISTS Products;

CREATE TABLE IF NOT EXISTS Categories (
    Id INTEGER NOT NULL PRIMARY KEY,
    Name TEXT
);

CREATE TABLE IF NOT EXISTS Products (
    Id INTEGER NOT NULL PRIMARY KEY,
    Name TEXT,
    Category INTEGER,
    Price decimal(8, 2),
    CONSTRAINT CatRef FOREIGN KEY(Category) REFERENCES Categories (Id)
);

INSERT INTO Categories (Id, Name) VALUES
    (1, "Watersports"),
    (2, "Soccer");

INSERT INTO Products (Id, Name, Category, Price) VALUES
    (1, "Kayak", 1, 279),
    (2, "Lifejacket", 1, 48.95),
    (3, "Soccer Ball", 2, 19.50),
    (4, "Corner Flags", 2, 34.95);
```

到 https://www.sqlite.org/download.html 上查找适用于你的操作系统的预编译二进制文件部分，然后下载工具包。我没有在本章中直接包含下载链接，主要因为 URL 包含包的版本号，在你阅读到本章时它们可能会改变。

解压缩 zip 包并将 sqlite3 或 sqlite3.exe 文件复制到 data 文件夹中。在 data 文件

夹中运行代码清单 26-6 所示的命令来创建数据库。

注意 Linux 上的预编译二进制文件是 32 位的，这在仅支持 64 位的操作系统上可能要安装一些额外的包。

代码清单 26-6 创建数据库

```
./sqlite3 products.db ".read products.sql"
```

要确认数据库已创建并填充了数据，请在 data 文件夹中运行代码清单 26-7 中所示的命令。

代码清单 26-7 测试数据库

```
./sqlite3 products.db "select * from PRODUCTS"
```

如果数据库已正确创建，你将看到如下输出：

```
1|Kayak|1|279
2|Lifejacket|1|48.95
3|Soccer Ball|2|19.5
4|Corner Flags|2|34.95
```

如果在执行本章示例时需要重置数据库，则可以删除 products.db 文件并再次运行代码清单 26-6 中的命令。

26.2 安装数据库驱动程序

Go 语言标准库包括使用数据库的简单通用特性，但依赖于数据库驱动程序包来为每个特定的数据库引擎或服务器实现这些特性。如前所述，我在本章中使用了 SQLite，SQLite 有一个很好的纯 Go 的驱动程序。在 data 文件夹下运行如代码清单 26-8 所示的命令安装驱动包。

代码清单 26-8 安装 SQL 驱动包

```
go get modernc.org/sqlite
```

大多数数据库服务器都是独立运行的，因此数据库驱动程序会打开一个单独的连接来连接数据库进程。SQLite 是嵌入式数据库，所有实现均已包含在驱动包中，不需要任何额外的配置。

26.3 打开数据库

标准库提供了用于处理数据库的 database/sql 包。表 26-3 中描述的函数用于打开数据库，以便它可以在应用程序中使用。

表 26-3 用于打开数据库的 database/sql 函数

函数	描述
Drivers()	该函数返回一个字符串切片，其中每个字符串都包含一个数据库驱动程序的名称
Open(driver, connectionStr)	该函数使用指定的驱动程序和连接字符串打开数据库。结果是一个指向 DB 结构的指针（该结构用于与数据库交互），以及一个指示打开数据库时可能出现问题的 error 值

代码清单 26-9 中所示的代码将名为 database.go 的文件添加到 data 文件夹。

代码清单 26-9 data/database.go 文件内容

```
package main

import (
    "database/sql"
    _ "modernc.org/sqlite"
)

func listDrivers() {
    for _, driver := range sql.Drivers() {
        Printfln("Driver: %v", driver)
    }
}

func openDatabase() (db *sql.DB, err error) {
    db, err = sql.Open("sqlite", "products.db")
    if (err == nil) {
        Printfln("Opened database")
    }
    return
}
```

空白标识符（_）用于导入数据库驱动程序包，它加载驱动程序并允许其注册为 SQL API 的提供者：

```
...
_ "modernc.org/sqlite"
...
```

该包仅需要导入即可，并不需要任何初始化操作，也不需要直接调用，尽管你可能会发现其他数据库驱动程序可能需要一些初始配置。数据库会通过 `database/sql` 包使用，如代码清单 26-9 中定义的函数所示。`listDrivers` 函数会输出已加载的数据库驱动程序，尽管在这个示例项目中只有一个。`openDatabase` 函数使用表 26-3 中描述的 `Open` 函数打开数据库：

```
...
db, err = sql.Open("sqlite", "products.db")
...
```

`Open` 函数的参数是要使用的驱动程序的名称和数据库的连接字符串，具体的连接字符串与所使用的数据库引擎有关。SQLite 使用数据库文件的名称打开数据库。

`Open` 函数的结果是一个指向 `sql.DB` 结构的指针和一个报告打开数据库出现任何问题的 `error`。DB 结构提供对数据库的访问，而不会暴露数据库引擎或其连接的详细信息。

我将在接下来的几节中描述 DB 结构提供的特性。然而，在开始之前，我将只使用一种方法，如代码清单 26-10 所示。

代码清单 26-10 使用 data/main.go 中的 DB 结构

```
package main

func main() {

    listDrivers()
    db, err := openDatabase()
```

```
        if (err == nil) {
            db.Close()
        } else {
            panic(err)
        }
    }
```

main 方法调用 listDrivers 函数并输出加载的驱动程序名称，然后调用 openDatabase 函数打开数据库。我没有对数据库执行任何操作，但调用了 Close 方法。该方法会关闭数据库并阻止对其执行进一步的操作，如表 26-4 所示。

表 26-4　关闭数据库的 DB 方法

方法	描述
Close()	该函数关闭数据库并阻止对数据库执行进一步的操作

虽然调用 Close 方法是个好主意，但你只有在完全完成数据库操作后才需要这样做。一个 DB 结构支持对同一数据库进行重复查询，并且将在后台自动管理与数据库的连接。也就是说，你无须为每一个查询调用 Open 方法获取新的 DB，然后在查询完成后使用 Close 关闭它。

编译并执行该项目，你会看到如下输出，其中显示了数据库驱动程序的名称，并确认数据库已经打开：

```
Driver: sqlite
Opened database
```

26.4　执行语句和查询

DB 结构用于执行 SQL 语句，可以使用表 26-5 中描述的方法，这些方法将在本章后面的部分进行演示。

表 26-5　执行 SQL 语句的 DB 方法

方法	描述
Query(query, ...args)	该方法使用可选的占位符参数执行指定的查询。结果是一个 Rows 结构，其中包含查询结果，以及一个指示执行查询时出现问题的 error 值
QueryRow(query, ...args)	该方法使用可选的占位符参数执行指定的查询。结果是一个 Row 结构，代表查询结果的第一行。请参阅 26.4.3 节
Exec(query, ...args)	该方法执行不返回数据行的语句或查询。该方法返回一个 Result，它描述了来自数据库的响应，以及一个表示执行问题的 error 值。请参阅 26.4.4 节

将 Context 与数据库一起使用

在第 30 章中，我将描述 context 包和它定义的 Context 接口，它被用于服务器处理请求时对请求进行管理。database/sql 包中定义的所有重要方法也有接受 Context 参数的版本，如果你想使用请求处理超时等特性，这将非常有用。我没有在本章中列出这

> 些方法，但我在第三部分中将广泛使用 Context 接口——包括使用接收它们作为参数的 database/sql 方法，我将在其中使用 Go 及其标准库创建一个 Web 应用程序平台和在线商店。

26.4.1 查询多行

Query 方法执行从数据库中检索一行或多行的查询。Query 方法返回一个 Rows 结构，其中包含查询结果和指示问题的 error 值。可以通过表 26-6 中描述的方法访问行数据。

表 26-6 Rows 结构方法

方法	描述
Next()	该方法前进到下一个结果行。结果是一个 bool 值，当后面有数据可读时为 true，当已到达数据末尾时为 false，此时会自动调用 Close 方法
NextResultSet()	当同一数据库响应中有多个结果集时，该方法会前进到下一个结果集。如果还有另一组行要处理，则该方法返回 true
Scan(...targets)	该方法将当前行中的 SQL 结果值分配给指定的变量。这些值是通过指针分配的，并且该方法也会返回一个 error，指示何时无法扫描这些值
Close()	该方法可防止进一步枚举结果，可在不需要所有数据时使用。如果使用 Next 方法前进到下一行数据，则不需要调用此方法，直到返回 false 为止

代码清单 26-11 演示了一个简单的查询，它显示了如何使用 Rows 结构。

代码清单 26-11 在 data/main.go 文件中查询数据库

```
package main

import "database/sql"

func queryDatabase(db *sql.DB) {
    rows, err := db.Query("SELECT * from Products")
    if (err == nil) {
        for (rows.Next()) {
            var id, category int
            var name string
            var price float64
            rows.Scan(&id, &name, &category, &price)
            Printfln("Row: %v %v %v %v", id, name, category, price)
        }
    } else {
        Printfln("Error: %v", err)
    }
}

func main() {

    //listDrivers()
    db, err := openDatabase()
    if (err == nil) {
        queryDatabase(db)
        db.Close()
```

```
    } else {
        panic(err)
    }
}
```

queryDatabase 函数使用 Query 方法对 Products 表执行简单的 SELECT 查询，这会产生一个 Rows 结果和一个 error。如果错误为 nil，则使用 for 循环通过调用 Next 方法遍历结果行，如果有要处理的行则返回 true，当到达数据末尾时返回 false。

Scan 方法用于从结果行中提取值并将它们赋给 Go 变量，如下所示：

```
...
rows.Scan(&id, &name, &category, &price)
...
```

指向变量的指针以从数据库中读取列的相同顺序传递给 Scan 方法。必须注意确保 Go 变量类型能够接收即将分配给它们的 SQL 结果。编译并执行该项目，你会看到如下结果：

```
Opened database
Row: 1 Kayak 1 279
Row: 2 Lifejacket 1 48.95
Row: 3 Soccer Ball 2 19.5
Row: 4 Corner Flags 2 34.95
```

1. 理解扫描方法

Scan 方法对其接收的参数的个数、顺序和类型很敏感。如果参数的个数与结果中的列数不匹配，或者参数无法存储结果值，则会返回错误，如代码清单 26-12 所示。

代码清单 26-12　data/main.go 文件中不匹配的 Scan

```
...
func queryDatabase(db *sql.DB) {
    rows, err := db.Query("SELECT * from Products")
    if (err == nil) {
        for (rows.Next()) {
            var id, category int
            var name int
            var price float64
            scanErr := rows.Scan(&id, &name, &category, &price)
            if (scanErr == nil) {
                Printfln("Row: %v %v %v %v", id, name, category, price)
            } else {
                Printfln("Scan error: %v", scanErr)
                break
            }
        }
    } else {
        Printfln("Error: %v", err)
    }
}
...
```

代码清单 26-12 中对 Scan 方法的调用为数据库中 SQL TEXT 类型的列上的值提供了一个 int 类型的变量。编译并执行该项目，你会看到 Scan 方法返回错误：

```
Scan error: sql: Scan error on column index 1, name "Name": converting driver.Value type
string ("Kayak") to a int: invalid syntax
```

Scan 方法不会跳过导致问题的列，而且如果出现问题，则不会扫描任何值。

2. 了解 SQL 值是如何被扫描的

Scan 方法最常见的问题是 SQL 数据类型与要扫描到的 Go 变量之间的不匹配。在将 SQL 值映射到 Go 值时，Scan 方法确实提供了一些灵活性。以下是对最重要规则的粗略总结：

- SQL 字符串、数字和布尔值可以映射到对应的 Go 类型，但必须注意数字类型以防止溢出。
- SQL 数字和布尔类型可以被扫描到 Go 字符串中。
- SQL 字符串可以被扫描成 Go 数字类型，但前提是该字符串可以使用普通 Go 特性（在第 5 章中描述）进行解析并且没有溢出。
- SQL 时间值可以扫描成 Go 字符串或 *time.Time 值。
- 任何 SQL 值都可以被扫描成一个指向空接口的指针（*interface{}），这允许你将值转换为另一种类型。

这些是最有用的映射规则，但有关 Scan 方法的完整详细信息，请参阅 Go 文档。一般来说，我更喜欢保守地选择类型，我也经常会先扫描到 Go 字符串，然后自己解析值来管理转换过程。代码清单 26-13 将所有结果值扫描成字符串。

代码清单 26-13 在 data/main.go 文件中将结果值扫描成字符串

```
package main

import "database/sql"

func queryDatabase(db *sql.DB) {
    rows, err := db.Query("SELECT * from Products")
    if (err == nil) {
        for (rows.Next()) {
            var id, category string
            var name string
            var price string
            scanErr := rows.Scan(&id, &name, &category, &price)
            if (scanErr == nil) {
                Printfln("Row: %v %v %v %v", id, name, category, price)
            } else {
                Printfln("Scan error: %v", scanErr)
                break
            }

        }
    } else {
        Printfln("Error: %v", err)
    }
}

func main() {

    //listDrivers()
    db, err := openDatabase()
    if (err == nil) {
        queryDatabase(db)
        db.Close()
```

```
    } else {
        panic(err)
    }
}
```

这种方法确保你将 SQL 结果可以读取到 Go 应用程序中，尽管确实还需要额外的工作来解析值以使用它们。编译并执行该项目，你将看到如下输出：

```
Row: 1 Kayak 1 279
Row: 2 Lifejacket 1 48.95
Row: 3 Soccer Ball 2 19.5
Row: 4 Corner Flags 2 34.95
```

3. 将值扫描到结构中

Scan 方法仅适用于单个字段，这意味着不支持自动填充结构的字段。相反，你必须提供指向结果包含值的各个字段的指针，如代码清单 26-14 所示。

注意 在本章末尾，我演示了如何使用 Go reflect（反射）包动态地将行扫描到结构中。请参阅 26.7 节获取详细信息。

代码清单 26-14 在 data/main.go 文件中将数据库结果扫描到一个结构中

```
package main

import "database/sql"

type Product struct {
    Id int
    Name string
    Category int
    Price float64
}

func queryDatabase(db *sql.DB) []Product {
    products := []Product {}
    rows, err := db.Query("SELECT * from Products")
    if (err == nil) {
        for (rows.Next()) {
            p := Product{}
            scanErr := rows.Scan(&p.Id, &p.Name, &p.Category, &p.Price)
            if (scanErr == nil) {
                products = append(products, p)
            } else {
                Printfln("Scan error: %v", scanErr)
                break
            }
        }
    } else {
        Printfln("Error: %v", err)
    }
    return products
}

func main() {
    db, err := openDatabase()
```

```
    if (err == nil) {
        products := queryDatabase(db)
        for i, p := range products {
            Printfln("#%v: %v", i, p)
        }
        db.Close()
    } else {
        panic(err)
    }
}
```

上述示例扫描相同的结果数据，并创建一个 Product 切片。编译并执行该项目，你将收到以下输出：

```
Opened database
#0: {1 Kayak 1 279}
#1: {2 Lifejacket 1 48.95}
#2: {3 Soccer Ball 2 19.5}
#3: {4 Corner Flags 2 34.95}
```

如果你有很多结果类型要解析的话，这种方法写起来可能会很冗长，而且还会有重复代码，但它的优点是简单并且结果可预测，而且即使结果比较复杂也可以很容易地进行调整。例如，代码清单 26-15 修改了发送到数据库的查询，使其包含 Categories 表中的数据。

代码清单 26-15 在 data/main.go 中扫描更复杂的结果

```
package main

import "database/sql"

type Category struct {
    Id int
    Name string
}

type Product struct {
    Id int
    Name string
    Category
    Price float64
}

func queryDatabase(db *sql.DB) []Product {
    products := []Product {}
    rows, err := db.Query(`
        SELECT Products.Id, Products.Name, Products.Price,
                Categories.Id as Cat_Id, Categories.Name as CatName
                FROM Products, Categories
        WHERE Products.Category = Categories.Id`)
    if (err == nil) {
        for (rows.Next()) {
            p := Product{}
            scanErr := rows.Scan(&p.Id, &p.Name, &p.Price,
                &p.Category.Id, &p.Category.Name)
            if (scanErr == nil) {
                products = append(products, p)
            } else {
                Printfln("Scan error: %v", scanErr)
```

```
                break
            }
        }
    } else {
        Printfln("Error: %v", err)
    }
    return products
}

func main() {
    db, err := openDatabase()
    if (err == nil) {
        products := queryDatabase(db)
        for i, p := range products {
            Printfln("#%v: %v", i, p)
        }
        db.Close()
    } else {
        panic(err)
    }
}
```

上述示例中 SQL 查询的结果包括来自 Categories 表的数据，这些数据被扫描到一个嵌套结构字段中。编译并执行该项目，你将看到如下输出，其中包括来自两个表的数据：

```
Opened database
#0: {1 Kayak {1 Watersports} 279}
#1: {2 Lifejacket {1 Watersports} 48.95}
#2: {3 Soccer Ball {2 Soccer} 19.5}
#3: {4 Corner Flags {2 Soccer} 34.95}
```

26.4.2　执行带有占位符的语句

Query 方法的可选参数是查询字符串中占位符的值，它允许用同一个查询字符串进行不同的查询，如代码清单 26-16 所示。

代码清单 26-16　在 data/main.go 文件中使用查询占位符

```
package main

import "database/sql"

type Category struct {
    Id int
    Name string
}

type Product struct {
    Id int
    Name string
    Category
    Price float64
}

func queryDatabase(db *sql.DB, categoryName string) []Product {
    products := []Product {}
    rows, err := db.Query(`
```

```
        SELECT Products.Id, Products.Name, Products.Price,
                Categories.Id as Cat_Id, Categories.Name as CatName
                FROM Products, Categories
        WHERE Products.Category = Categories.Id
            AND Categories.Name = ?`, categoryName)
    if (err == nil) {
        for (rows.Next()) {
            p := Product{}
            scanErr := rows.Scan(&p.Id, &p.Name, &p.Price,
                &p.Category.Id, &p.Category.Name)
            if (scanErr == nil) {
                products = append(products, p)
            } else {
                Printfln("Scan error: %v", scanErr)
                break
            }
        }
    } else {
        Printfln("Error: %v", err)
    }
    return products
}

func main() {
    db, err := openDatabase()
    if (err == nil) {
        for _, cat := range []string { "Soccer", "Watersports"} {
            Printfln("--- %v Results ---", cat)
            products := queryDatabase(db, cat)
            for i, p := range products {
                Printfln("#%v: %v %v %v", i, p.Name, p.Category.Name, p.Price)
            }
        }
        db.Close()
    } else {
        panic(err)
    }
}
```

上述示例中的 SQL 查询字符串包含一个表示占位符的问号（? 字符）。这就避免了为每个不同参数的查询都构建一个字符串，并确保参数值能被正确地转义。编译并执行该项目，你将看到如下输出，显示了 queryDatabase 函数如何使用占位符的不同值调用 Query 方法：

```
Opened database
--- Soccer Results ---
#0: Soccer Ball Soccer 19.5
#1: Corner Flags Soccer 34.95
--- Watersports Results ---
#0: Kayak Watersports 279
#1: Lifejacket Watersports 48.95
```

26.4.3 执行单行查询

QueryRow 方法执行预期返回单行的查询，这可以避免对结果进行枚举，如代码清单 26-17 所示。

代码清单 26-17 在 data/main.go 文件中查询单行

```
package main
```

```
import "database/sql"

type Category struct {
    Id int
    Name string
}

type Product struct {
    Id int
    Name string
    Category
    Price float64
}

func queryDatabase(db *sql.DB, id int) (p Product) {
    row := db.QueryRow(`
        SELECT Products.Id, Products.Name, Products.Price,
                Categories.Id as Cat_Id, Categories.Name as CatName
                FROM Products, Categories
        WHERE Products.Category = Categories.Id
            AND Products.Id = ?`, id)
    if (row.Err() == nil) {
        scanErr := row.Scan(&p.Id, &p.Name, &p.Price,
                &p.Category.Id, &p.Category.Name)
        if (scanErr != nil) {
            Printfln("Scan error: %v", scanErr)
        }
    } else {
        Printfln("Row error: %v", row.Err().Error())
    }
    return
}

func main() {
    db, err := openDatabase()
    if (err == nil) {
        for _, id := range []int { 1, 3, 10 } {
            p := queryDatabase(db, id)
            Printfln("Product: %v", p)
        }
        db.Close()
    } else {
        panic(err)
    }
}
```

QueryRow 方法返回一个 Row 结构，它表示单行结果并定义了表 26-7 中描述的方法。

表 26-7　Row 结构定义的方法

方法	描述
Scan(...targets)	该方法将 SQL 结果的当前行数据赋值给指定的变量列表。变量通过指针赋值，该方法也返回一个 error，指示结果无法被扫描或者结果中没有行。如果 SQL 响应中有多行，则除第一行外的所有行都将被丢弃
Err()	该方法返回一个错误，指示执行查询时出现问题

Row 是 QueryRow 方法的唯一结果，它的 Err 方法返回查询执行相关的错误。Scan 方法将只扫描结果的第一行，如果结果中没有行，则返回一个 error。编译并执行该项目，你会看到如下结果，其中包含了 Scan 方法在结果中没有行时产生的错误：

```
Opened database
Product: {1 Kayak {1 Watersports} 279}
Product: {3 Soccer Ball {2 Soccer} 19.5}
Scan error: sql: no rows in result set
Product: {0  {0 } 0}
```

26.4.4 执行其他查询

Exec 方法用于执行不产生行的语句。Exec 方法的结果是一个 Result 值，它定义了表 26-8 中描述的方法，以及一个指示执行语句时出现问题的 error 值。

表 26-8 结果方法

方法	描述
RowsAffected()	该方法返回受语句影响的行数，以 int64 表示。该方法还会返回一个 error，在解析响应时出现问题或数据库不支持该功能时会返回 error
LastInsertId()	该方法返回一个 int64 值，表示执行语句时数据库生成的值，通常是自动生成的键。该方法也会返回 error，当数据库返回的值无法解析为 Go int 时会返回 error

代码清单 26-18 演示了如何使用 Exec 方法将新行插入 Products 表中。

代码清单 26-18 在 data/main.go 文件中向数据库插入一行

```
package main

import "database/sql"

type Category struct {
    Id int
    Name string
}

type Product struct {
    Id int
    Name string
    Category
    Price float64
}

func queryDatabase(db *sql.DB, id int) (p Product) {
    row := db.QueryRow(`
        SELECT Products.Id, Products.Name, Products.Price,
                Categories.Id as Cat_Id, Categories.Name as CatName
                FROM Products, Categories
        WHERE Products.Category = Categories.Id
            AND Products.Id = ?`, id)
    if (row.Err() == nil) {
        scanErr := row.Scan(&p.Id, &p.Name, &p.Price,
                &p.Category.Id, &p.Category.Name)
        if (scanErr != nil) {
            Printfln("Scan error: %v", scanErr)
```

```
        }
    } else {
        Printfln("Row error: %v", row.Err().Error())
    }
    return
}

func insertRow(db *sql.DB, p *Product) (id int64) {
    res, err := db.Exec(`
        INSERT INTO Products (Name, Category, Price)
        VALUES (?, ?, ?)`, p.Name, p.Category.Id, p.Price)
    if (err == nil) {
        id, err = res.LastInsertId()
        if (err != nil) {
            Printfln("Result error: %v", err.Error())
        }
    } else {
        Printfln("Exec error: %v", err.Error())
    }
    return
}
func main() {
    db, err := openDatabase()
    if (err == nil) {
        newProduct := Product { Name: "Stadium", Category:
            Category{ Id: 2}, Price: 79500 }
        newID := insertRow(db, &newProduct)
        p := queryDatabase(db, int(newID))
        Printfln("New Product: %v", p)
        db.Close()
    } else {
        panic(err)
    }
}
```

Exec 方法支持占位符，代码清单 26-18 中的语句使用 Product 结构中的字段将新行插入 Products 表中。调用 Result.LastInsertId 方法获取数据库分配给新行的键值，用于查询新增行。编译并执行该项目，你将看到如下输出：

```
Opened database
New Product: {5 Stadium {2 Soccer} 79500}
```

如果你重复执行该项目，你将看到不同的结果，因为每个新行都将分配一个新的主键值。

26.5　使用预编译语句

DB 结构也提供预编译语句的支持，以执行预编译的 SQL 语句。表 26-9 描述了创建预编译语句的 DB 方法。

表 26-9　创建预编译语句的 DB 方法

方法	描述
Prepare(query)	该方法为指定的查询创建预编译语句。结果是一个 Stmt 结构和一个指示预编译语句出现问题的 error 值

预编译语句由 Stmt 结构表示，它定义了表 26-10 中描述的方法。

注意 database/sql 包的一个奇怪之处在于表 26-5 中描述的许多方法也为在单个查询后被丢弃的查询创建预编译语句。

表 26-10 Stmt 结构定义的方法

方法	描述
Query(...vals)	该方法使用可选的占位符值执行预编译语句。结果是一个 Rows 结构和一个 error 值。该方法等效于 DB.Query 方法
QueryRow(...vals)	该方法使用可选的占位符值执行预编译语句。结果是一个 Row 结构和一个 error 值。该方法等效于 DB.QueryRow 方法
Exec(...vals)	该方法使用可选的占位符值执行预编译语句。结果是一个 Result 和一个 error。该方法等效于 DB.Exec 方法
Close()	该方法关闭预编译语句。语句关闭后无法再执行

代码清单 26-19 演示了预编译语句的创建。

代码清单 26-19 在 data/database.go 中使用数据库预编译语句

```
package main

import (
    "database/sql"
    _ "modernc.org/sqlite"
)

func listDrivers() {
    for _, driver := range sql.Drivers() {
        Printfln("Driver: %v", driver)
    }
}

var insertNewCategory *sql.Stmt
var changeProductCategory *sql.Stmt

func openDatabase() (db *sql.DB, err error) {
    db, err = sql.Open("sqlite", "products.db")
    if (err == nil) {
        Printfln("Opened database")
        insertNewCategory, _ = db.Prepare("INSERT INTO Categories (Name) VALUES (?)")
        changeProductCategory, _ =
            db.Prepare("UPDATE Products SET Category = ? WHERE Id = ?")
    }
    return
}
```

预编译语句是在数据库打开之后创建的，并且只在 DB.Close 方法调用前有效。代码清单 26-20 使用预编译语句向数据库添加新类别并为其分配产品。

代码清单 26-20 在 data/main.go 文件中使用预编译语句

```
package main

import "database/sql"
```

```
type Category struct {
    Id int
    Name string
}

type Product struct {
    Id int
    Name string
    Category
    Price float64
}

func queryDatabase(db *sql.DB, id int) (p Product) {
    row := db.QueryRow(`
        SELECT Products.Id, Products.Name, Products.Price,
                Categories.Id as Cat_Id, Categories.Name as CatName
                FROM Products, Categories
        WHERE Products.Category = Categories.Id
            AND Products.Id = ?`, id)
    if (row.Err() == nil) {
        scanErr := row.Scan(&p.Id, &p.Name, &p.Price,
                &p.Category.Id, &p.Category.Name)
        if (scanErr != nil) {
            Printfln("Scan error: %v", scanErr)
        }
    } else {
        Printfln("Row error: %v", row.Err().Error())
    }
    return
}

func insertAndUseCategory(name string, productIDs ...int) {
    result, err := insertNewCategory.Exec(name)
    if (err == nil) {
        newID, _ := result.LastInsertId()
        for _, id := range productIDs {
            changeProductCategory.Exec(int(newID), id)
        }
    } else {
        Printfln("Prepared statement error: %v", err)
    }
}

func main() {
    db, err := openDatabase()
    if (err == nil) {
        insertAndUseCategory("Misc Products", 2)
        p := queryDatabase(db, 2)
        Printfln("Product: %v", p)
        db.Close()
    } else {
        panic(err)
    }
}
```

insertAndUseCategory 函数使用预编译语句。编译并执行该项目，你将看到如下输出，其中添加了一个 Misc Products 类别：

```
Opened database
Product: {2 Lifejacket {3 Misc Products} 48.95}
```

26.6 使用事务

事务允许原子性地执行多个语句，它们的执行对数据库或者全部生效，或者全不生效。DB 结构定义了表 26-11 中描述的用于创建新事务的方法。

表 26-11 创建新事务的 DB 方法

方法	描述
Begin()	该方法开始一个新的事务。结果是指向 Tx 值的指针和指示在创建事务时出现问题的 error 值

事务由 Tx 结构表示，它定义了表 26-12 中描述的方法。

表 26-12 Tx 结构定义的方法

方法	描述
Query(query, ...args)	该方法等同于表 26-5 中描述的 DB.Query 方法，但查询是在事务范围内执行的
QueryRow(query, ...args)	该方法等同于表 26-5 中描述的 DB.QueryRow 方法，但查询是在事务范围内执行的
Exec(query, ...args)	该方法等同于表 26-5 中描述的 DB.Exec 方法，但查询和非查询 SQL 语句是在事务范围内执行的
Prepare(query)	该方法等同于表 26-5 中描述的 DB.Query 方法，但它创建的预编译语句是在事务范围内执行的
Stmt(statement)	该方法接收在事务范围之外创建的预编译语句，并返回在事务范围内执行的语句
Commit()	该方法将事务中的修改提交到数据库，并返回一个 error 值，指示提交过程中可能出现的问题
Rollback()	该方法停止并回滚事务，丢弃事务中的变更。该方法返回一个 error，指示在回滚事务时可能出现的问题

26.5 节中定义的 insertAndUseCategory 函数就是一个很好（尽管很简单）的事务候选示例，因为它有两个相关联的操作。代码清单 26-21 引入了一个事务，如果没有与指定 ID 匹配的产品，则事务将回滚。

代码清单 26-21 在 data/main.go 文件中使用事务

```
package main

import "database/sql"

// ...statements omitted for brevity...

func insertAndUseCategory(db *sql.DB, name string, productIDs ...int) (err error) {
    tx, err := db.Begin()
    updatedFailed := false
    if (err == nil) {
```

```
        catResult, err := tx.Stmt(insertNewCategory).Exec(name)
        if (err == nil) {
            newID, _ := catResult.LastInsertId()
            preparedStatement := tx.Stmt(changeProductCategory)
            for _, id := range productIDs {
                changeResult, err := preparedStatement.Exec(newID, id)
                if (err == nil) {
                    changes, _ := changeResult.RowsAffected()
                    if (changes == 0) {
                        updatedFailed = true
                        break
                    }
                }
            }
        }
    }
    if (err != nil || updatedFailed) {
        Printfln("Aborting transaction %v", err)
        tx.Rollback()
    } else {
        tx.Commit()
    }
    return
}

func main() {
    db, err := openDatabase()
    if (err == nil) {
        insertAndUseCategory(db, "Category_1", 2)
        p := queryDatabase(db, 2)
        Printfln("Product: %v", p)
        insertAndUseCategory(db, "Category_2", 100)
        db.Close()
    } else {
        panic(err)
    }
}
```

对 insertAndUseCategory 的第一次调用成功，并将变更应用到数据库。对 insertAndUseCategory 的第二次调用失败，这意味着事务终止，并且第一个语句创建的类别最终不会在数据库中生效。编译并执行该项目，你将看到如下输出：

```
Opened database
Product: {2 Lifejacket {4 Category_1} 48.95}
Aborting transaction <nil>
```

你可能会看到略微不同的结果，特别是当你再次运行该示例时，因为新创建的类别数据库行将被分配一个新的唯一 ID，这会影响你的输出结果。

26.7　使用反射将数据扫描到结构中

反射是一个允许在运行时检查与使用类型和值的特性。反射是一个高级而复杂的特性，在第 27 章～第 29 章中会有详细描述。我不打算在本章中讲解反射，但是 Rows 结构定义的一些方法在使用反射处理数据库响应时很有用，如表 26-13 中所述。你可以等阅读完反射相关的章节后，再返回这个例子。

表 26-13 与反射一起使用的 Rows 方法

方法	描述
Columns()	该方法返回一个字符串切片，其中包含结果列的名称和一个 error 值，error 值在结果已关闭时用到
ColumnTypes()	该方法返回一个 *ColumnType 切片，它描述了结果列的数据类型。该方法也会返回 error 值，它会在结果已关闭时用到

了解反射的缺点

反射是一个高级特性，可以通过我在第 27 章～第 29 章中所讲的内容来学习。本例子只是为了展示 database/sql 包提供的信息的可能性。为了简单起见，本例对结果行的结构方式做了一些固定的假设。

如代码清单 26-14 所示，指定单个字段是扫描结构的最简单和最可靠的方法。如果你决定动态扫描结构，那么请考虑使用经过充分测试的第三方包，例如 SQLX（https://github.com/jmoiron/sqlx）等。

上述这些方法描述了从数据库返回的行的结构。Columns 方法返回一个字符串切片，其中包含所有结果列的名称。ColumnTypes 方法返回一个指向 ColumnType 结构的指针切片，该结构定义了表 26-14 中描述的方法。

表 26-14 ColumnType 的方法

方法	描述
Name()	该方法返回在结果中指定的列名称，以 string 形式表示
DatabaseTypeName()	该方法返回数据库中列类型的名称，以 string 形式表示
Nullable()	该方法返回两个 bool 结果。如果数据库类型可以为空，则第一个结果为 true。如果驱动程序支持可空值，则第二个结果为 true
DecimalSize()	该方法返回有关十进制值大小的详细信息。结果是一个代表精度的 int64、一个代表小数位数的 int64，以及一个对数值类型为 true 而对其他类型为 false 的 bool 值
Length()	该方法返回长度可变的数据库类型的长度。结果是一个代表长度的 int64 和一个 bool 值，后者对于有长度的类型为 true，对于其他类型为 false
ScanType()	该方法返回一个 reflect.Type 结构，指示在使用 Rows.Scan 方法扫描此列时将使用的 Go 类型。有关使用 reflect 包的详细信息，请参阅第 27 章～第 29 章

代码清单 26-22 使用 Columns 方法将结果数据中的列名与结构字段匹配，并使用 ColumnType.ScanType 方法确保结果类型可以安全地赋值给匹配的结构字段。

注意 该示例依赖于后面章节中描述的特性。你应该阅读第 27 章～第 29 章，等你理解了 Go 的反射是如何工作的，再回到这个例子。

代码清单 26-22 在 data/database.go 文件中使用反射将查询结果扫描到结构中

```
package main
```

```
import (
    "database/sql"
    _ "modernc.org/sqlite"
    "reflect"
    "strings"
)

func listDrivers() {
    for _, driver := range sql.Drivers() {
        Printfln("Driver: %v", driver)
    }
}

var insertNewCategory *sql.Stmt
var changeProductCategory *sql.Stmt

func openDatabase() (db *sql.DB, err error) {
    db, err = sql.Open("sqlite", "products.db")
    if (err == nil) {
        Printfln("Opened database")
        insertNewCategory, _ = db.Prepare("INSERT INTO Categories (Name) VALUES (?)")
        changeProductCategory, _ =
            db.Prepare("UPDATE Products SET Category = ? WHERE Id = ?")
    }
    return
}

func scanIntoStruct(rows *sql.Rows, target interface{}) (results interface{},
        err error) {
    targetVal := reflect.ValueOf(target)
    if (targetVal.Kind() == reflect.Ptr) {
        targetVal = targetVal.Elem()
    }
    if (targetVal.Kind() != reflect.Struct) {
        return
    }
    colNames, _ := rows.Columns()
    colTypes, _ := rows.ColumnTypes()
    references := []interface{} {}
    fieldVal := reflect.Value{}
    var placeholder interface{}

    for i, colName := range colNames {
        colNameParts := strings.Split(colName, ".")
        fieldVal = targetVal.FieldByName(colNameParts[0])
        if (fieldVal.IsValid() && fieldVal.Kind() == reflect.Struct &&
            len(colNameParts) > 1 ) {
            var namePart string
            for _, namePart = range colNameParts[1:] {
                compFunction := matchColName(namePart)
                fieldVal = fieldVal.FieldByNameFunc(compFunction)
            }
        }

        if (!fieldVal.IsValid() ||
                !colTypes[i].ScanType().ConvertibleTo(fieldVal.Type())) {
            references = append(references, &placeholder)
```

```
            } else if (fieldVal.Kind() != reflect.Ptr && fieldVal.CanAddr()) {
                fieldVal = fieldVal.Addr()
                references = append(references, fieldVal.Interface())
            }
        }

        resultSlice := reflect.MakeSlice(reflect.SliceOf(targetVal.Type()), 0, 10)
        for rows.Next() {
            err = rows.Scan(references...)
            if (err == nil) {
                resultSlice = reflect.Append(resultSlice, targetVal)
            } else {
                break
            }
        }
        results = resultSlice.Interface()
        return
    }

    func matchColName(colName string) func(string) bool {
        return func(fieldName string) bool {
            return strings.EqualFold(colName, fieldName)
        }
    }
```

scanIntoStruct 函数接收一个 Rows 值和一个将被扫描到的目标值。通过 Go 的反射特性在结构体中查找具有与查询结果相同名称的字段，不区分大小写。对于嵌套结构字段，列名必须对应于以句点分隔的字段名，以方便匹配，例如，Category.Name 字段将从名为 category.name 的结果列中扫描值。

为配合 Scan 方法，创建了一个指针切片，并将每行扫描的结构值添加到切片中，该切片用于生成最终结果。如果没有结构字段与结果列匹配，则使用一个空值作为假数据，这是因为 Scan 方法需要一组完整的指针来扫描数据。代码清单 26-23 使用新函数扫描查询结果。

代码清单 26-23 在 data/main.go 文件中扫描查询结果

```
package main

import "database/sql"

type Category struct {
    Id int
    Name string
}

type Product struct {
    Id int
    Name string
    Category
    Price float64
}

func queryDatabase(db *sql.DB) (products []Product, err error) {
    rows, err := db.Query(`SELECT Products.Id, Products.Name, Products.Price,
            Categories.Id as "Category.Id", Categories.Name as "Category.Name"
```

```
            FROM Products, Categories
            WHERE Products.Category = Categories.Id`)
    if (err != nil) {
        return
    } else {
        results, err := scanIntoStruct(rows, &Product{})
        if err == nil {
            products = (results).([]Product)
        } else {
            Printfln("Scanning error: %v", err)
        }
    }
    return
}

func main() {
    db, err := openDatabase()
    if (err == nil) {
        products, _ := queryDatabase(db)
        for _, p := range products {
            Printfln("Product: %v", p)
        }
        db.Close()
    } else {
        panic(err)
    }
}
```

上述代码中数据库查询指定了列名，以便与 Product 和 Category 结构定义的字段名称相匹配。正如我将在第 27 章中讲的，反射产生的结果需要一个断言来缩小它们的类型。

在上述示例中，扫描是根据将结构字段名称和类型与查询结果列进行匹配而动态完成的。编译并执行该项目，你将看到如下输出：

```
Opened database
Product: {1 Kayak {1 Watersports} 279}
Product: {2 Lifejacket {4 Category_1} 48.95}
Product: {3 Soccer Ball {2 Soccer} 19.5}
Product: {4 Corner Flags {2 Soccer} 34.95}
Product: {5 Stadium {2 Soccer} 79500}
```

26.8　小结

在本章中，我描述了 Go 语言标准库对 SQL 数据库的支持，这些库简单且易于使用，设计和实现都是经过深思熟虑的。在第 27 章中，我将开始讲述 Go 的反射特性，它可以在运行时确定和使用类型。

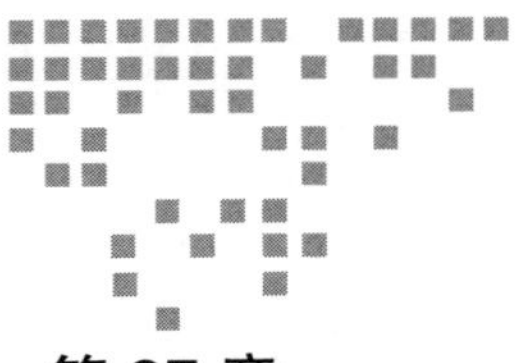

Chapter 27 第 27 章

使用反射：第 1 部分

在本章中，我将讲述 Go 对反射的支持。反射允许应用程序使用在项目编译时未知的数据类型，这对于创建将被其他项目使用的 API 非常有用。例如，你可以在第三部分中看到反射的广泛使用，我在其中创建了一个自定义 Web 应用程序框架。在这种情况下，应用程序框架中的代码不知道它运行的应用程序将定义的数据类型，必须使用反射来获取有关这些类型的信息并使用从它们创建的值。

要谨慎地使用反射。由于正在使用的数据类型是未知的，因此很多编译器通常的保护措施就不起作用了，安全地检查和使用类型就全是程序员的责任了。反射代码往往冗长且难以阅读，并且在编写反射代码时很容易做出错误的假设，这些假设在与真实数据类型一起使用之前不会表现出错误，一旦代码由程序员交付生产，如果反射代码中有错误，则通常会导致程序崩溃。

使用反射的代码比常规的 Go 代码慢，尽管这在大多数项目中都不是问题。除非你对性能有特别苛刻的要求，否则你会发现所有 Go 代码的运行速度都可以接受，不管它是否使用反射。有一些 Go 编程任务只能通过反射来执行，并且整个标准库也都在使用反射。

因为它很难使用而且容易出错，所以你也不要急于使用反射，但有时使用反射也是不可避免的。一旦你理解了它是如何工作的，小心使用 Go 的反射特性可以生成灵活且适应性强的代码，你将会在第三部分中看到相应的示例。表 27-1 描述了反射相关的背景信息。

表 27-1　反射相关的背景信息

问题	答案
它们是什么	反射允许在运行时检查数据类型和值，即使这些类型在编译时没有定义
它们为什么有用	反射在编写依赖于将来定义的类型的代码时很有用，例如当编写将在其他项目中使用的 API 时
它们是如何使用的	`reflect` 包提供了运行时的反射类型和值的功能，这样就可以在没有明确知道所使用的数据类型的情况下使用它们

（续）

问题	答案
有什么陷阱或限制吗	反射是复杂的，需要密切关注细节。很多对数据类型做出的假设看起来可能没什么问题，但在代码用于其他项目之后却可能出现问题
有其他选择吗	仅当项目编译时类型未知时才需要反射。当预先知道数据类型时，应该使用标准的 Go 语言功能

表 27-2 是本章内容概要。

表 27-2　章节内容概要

问题	解决方案	代码清单
获取反射的类型和值	使用 `TypeOf` 和 `ValueOf` 函数	27-8
检查反射类型	使用 `Type` 接口定义的方法	27-9
检查反射值	使用 `Value` 结构定义的方法	27-10
识别反射类型	检查它的种类，并可选地检查它的元素类型	27-11、27-12
获取底层类型	使用 `Interface` 方法	27-13
设置反射值	使用 `Set*` 方法	27-14～27-16
比较反射值	使用 `Comparable` 方法和 Go 比较运算符，或使用 `DeepEqual` 函数	27-17～27-19
将反射值转换为不同的类型	使用 `ConvertibleTo` 和 `Convert` 方法	27-20、27-21
创建一个新的反射值	将 `New` 类型用于基本类型，将 `Make*` 方法用于其他类型	27-22

27.1　为本章做准备

为准备本章的环境，打开一个新的命令行窗口，切换到一个方便的位置，并创建一个名为 `reflection` 的目录。在 `reflection` 文件夹中运行代码清单 27-1 所示的命令以创建模块文件。

代码清单 27-1　初始化模块

```
go mod init reflection
```

将名为 `printer.go` 的文件添加到 `reflection` 文件夹，其内容如代码清单 27-2 所示。

代码清单 27-2　reflection/printer.go 文件内容

```
package main

import "fmt"

func Printfln(template string, values ...interface{}) {
    fmt.Printf(template + "\n", values...)
}
```

将名为 `types.go` 的文件添加到 `reflection` 文件夹，其内容如代码清单 27-3 所示。

代码清单 27-3　reflection/types.go 文件内容

```
package main
```

```
type Product struct {
    Name, Category string
    Price float64
}

type Customer struct {
    Name, City string
}
```

在 reflection 文件夹中添加一个名为 main.go 的文件，其内容如代码清单 27-4 所示。

代码清单 27-4 reflection/main.go 文件内容

```
package main

func printDetails(values ...Product) {
    for _, elem := range values {
        Printfln("Product: Name: %v, Category: %v, Price: %v",
            elem.Name, elem.Category, elem.Price)
    }
}

func main() {

    product := Product {
        Name: "Kayak", Category: "Watersports", Price: 279,
    }
    printDetails(product)
}
```

在 usingstrings 文件夹中运行如代码清单 27-5 所示的命令。

代码清单 27-5 运行示例项目

```
go run .
```

项目中的代码将被编译和执行，产生以下结果：

```
Product: Name: Kayak, Category: Watersports, Price: 279
```

27.2 了解反射的必要性

Go 是严格类型系统，这意味着你不能给一种类型的变量赋不同类型的值。代码清单 27-6 创建了一个 Customer 值并将其传递给 printDetails 函数，该函数定义了一个可变的 Product 参数。

代码清单 27-6 在 reflection/main.go 文件中混合类型

```
package main

func printDetails(values ...Product) {
    for _, elem := range values {
        Printfln("Product: Name: %v, Category: %v, Price: %v",
            elem.Name, elem.Category, elem.Price)
    }
```

```
}

func main() {

    product := Product {
        Name: "Kayak", Category: "Watersports", Price: 279,
    }
    customer := Customer { Name: "Alice", City: "New York" }
    printDetails(product, customer)
}
```

上述代码无法编译，因为它违反了 Go 的类型规则。当你编译项目时，你将看到如下错误：

```
.\main.go:16:17: cannot use customer (type Customer) as type Product in argument to
printDetails
```

我在第 11 章中介绍了接口。接口允许通过方法定义公共特性，无论实现接口的类型如何，都可以调用这些方法。第 11 章还介绍了空接口，它可以用来接收任何类型，如代码清单 27-7 所示。

代码清单 27-7　在 reflection/main.go 文件中使用空接口

```
package main

func printDetails(values ...interface{}) {
    for _, elem := range values {
        switch val := elem.(type) {
            case Product:
                Printfln("Product: Name: %v, Category: %v, Price: %v",
                    val.Name, val.Category, val.Price)
            case Customer:
                Printfln("Customer: Name: %v, City: %v", val.Name, val.City)
        }

    }
}

func main() {

    product := Product {
        Name: "Kayak", Category: "Watersports", Price: 279,
    }
    customer := Customer { Name: "Alice", City: "New York" }
    printDetails(product, customer)
}
```

空接口允许 printDetails 函数接收任何类型，但不允许访问特定的功能，因为该接口未定义任何方法。可以使用类型断言将空接口缩小为特定类型，这样就可以处理每个值了。编译并执行代码，你将看到以下输出：

```
Product: Name: Kayak, Category: Watersports, Price: 279
Customer: Name: Alice, City: New York
```

这种方法的局限性在于 printDetails 函数只能处理预先已知的类型。每次向项目添加类型时，我都必须扩展 printDetails 函数来处理它们。

许多项目都是处理很少的几个类型就够了，因而也不会有什么问题，如果有问题也可以通过定义一个接口，提供对通用功能访问的方法来解决。如果一个项目不是上述情况，或者是因为有大量类型要处理，或者是因为无法编写接口和方法，那么可以用反射来解决问题。

27.3 使用反射的基本特性

reflect 包提供 Go 的反射特性，两个关键函数是 TypeOf 和 ValueOf，这两个函数在表 27-3 中有相关描述以供快速参考。

表 27-3 关键反射函数

函数	描述
TypeOf(val)	该函数返回一个实现 Type 接口的值，该接口描述了指定值的类型
ValueOf(val)	该函数返回一个 Value 结构，它允许检查和操作指定的值

TypeOf 和 ValueOf 函数及其结果背后有很多细节，很容易忽视为什么反射有用。在深入了解细节之前，代码清单 27-8 修改了 printDetails 函数以使用 reflect 包，以便它可以处理任何类型，展示应用反射所需的基本模式。

代码清单 27-8 在 reflection/main.go 文件中使用反射

```
package main

import (
    "reflect"
    "strings"
    "fmt"
)

func printDetails(values ...interface{}) {
    for _, elem := range values {
        fieldDetails := []string {}
        elemType := reflect.TypeOf(elem)
        elemValue := reflect.ValueOf(elem)
        if elemType.Kind() == reflect.Struct {
            for i := 0; i < elemType.NumField(); i++ {
                fieldName := elemType.Field(i).Name
                fieldVal := elemValue.Field(i)
                fieldDetails = append(fieldDetails,
                    fmt.Sprintf("%v: %v", fieldName, fieldVal ))
            }
            Printfln("%v: %v", elemType.Name(), strings.Join(fieldDetails, ", "))
        } else {
            Printfln("%v: %v", elemType.Name(), elemValue)
        }
    }
}

type Payment struct {
    Currency string
    Amount float64
}
```

```
func main() {

    product := Product {
        Name: "Kayak", Category: "Watersports", Price: 279,
    }
    customer := Customer { Name: "Alice", City: "New York" }
    payment := Payment { Currency: "USD", Amount: 100.50 }
    printDetails(product, customer, payment, 10, true)
}
```

使用反射的代码可能很冗长，但是一旦你熟悉了其基础知识，反射的基本模式就会变得很容易理解。要记住的关键点是反射有两个共同作用的方面：反射类型和反射值。

反射类型使你可以访问 Go 类型的详细信息，而无须事先知道它是什么。你可以探查反射类型，通过 Type 接口定义的方法探查其细节和特征。

你可以通过反射值使用提供给你的特定的值。例如，当你不知道正在处理的是什么类型时，你不能像在普通代码中那样读取结构字段或调用方法。

反射类型和反射值的使用会导致代码冗长。例如，如果你知道你正在处理一个 Product 结构时，你可以只读取 Name 字段并获得一个 string 结果。但如果你不知道正在使用什么类型，那么你必须使用反射类型来确定你是否正在处理结构以及它是否具有 Name 字段。一旦确定存在这样的字段，你就可以使用反射值读取该字段并获取它的值。

反射可能会令人困惑，所以我将依次讲解示例 27-8 中的语句并简要描述它们各自的作用，这将为后面的 reflect 包的详细描述提供一些背景信息。

printDetails 函数使用空接口定义可变参数，使用 range 关键字枚举这些参数：

```
...
func printDetails(values ...interface{}) {
    for _, elem := range values {
...
```

如前所述，空接口允许函数接收任何数据类型但不允许访问任何特定类型的功能。reflect 包用于获取每个接收到的值的反射类型和反射值：

```
...
elemType := reflect.TypeOf(elem)
elemValue := reflect.ValueOf(elem)
...
```

TypeOf 函数返回反射类型，由 Type 接口描述。ValueOf 函数返回反射值，由 Value 接口表示。

下一步是确定正在处理哪种类型，这是通过调用 Type.Kind 方法做到的：

```
...
if elemType.Kind() == reflect.Struct {
...
```

reflect 包定义了标识 Go 中不同类型的常量，我在表 27-5 中对此进行了描述。在该语句中，if 语句用于确定反射类型是否为结构。如果它是一个结构，则将 for 循环与 NumField 方法一起使用，该方法返回结构定义的字段数：

```
...
for i := 0; i < elemType.NumField(); i++ {
...
```

在 for 循环中，获取到了字段的名称和值：

```
...
fieldName := elemType.Field(i).Name
fieldVal := elemValue.Field(i)
...
```

在反射类型上调用 Field 方法会返回一个 StructField，它描述单个字段，包括 Name 字段。对反射值调用 Field 方法会返回一个 Value 结构，它表示字段的值。

字段的名称和值被添加到字符串切片中，并构成输出的一部分。fmt 包用于创建字段值的字符串表示形式：

```
...
fieldDetails = append(fieldDetails, fmt.Sprintf("%v: %v", fieldName, fieldVal ))
...
```

处理完所有结构字段后，将输出一个包含反射类型名称的 string（该名称是使用 Name 方法获取的），以及每个字段的详细信息：

```
...
Printfln("%v: %v", elemType.Name(), strings.Join(fieldDetails, ", "))
...
```

如果反射类型不是结构，则会输出一条更简单的消息，包含反射类型的名称和值，其格式由 fmt 包处理：

```
...
Printfln("%v: %v", elemType.Name(), elemValue)
...
```

新代码允许 printDetails 函数接收任何数据类型，包括新定义的 Payment 结构和内置类型，如 int 和 bool 值等。编译并执行项目，你将看到如下输出：

```
Product: Name: Kayak, Category: Watersports, Price: 279
Customer: Name: Alice, City: New York
Payment: Currency: USD, Amount: 100.5
int: 10
bool: true
```

27.3.1 使用基本类型特性

Type 接口通过表 27-4 中描述的方法提供有关类型的基本信息。有专门的方法来处理特定种类的类型（例如数组，这将在下文中描述），但表中的这些方法提供了所有类型的基本细节。

表 27-4 Type 接口定义的基本方法

方法	描述
Name()	该方法返回类型的名称
PkgPath()	该方法返回类型的包路径。对于内置类型，例如 int 和 bool 等，则返回空字符串
Kind()	该方法返回类型的种类，种类值由 reflect 包定义，如表 27-5 中所示

（续）

方法	描述
String()	该方法返回类型名称的字符串表示形式，包括包名称
Comparable()	如果可以使用标准比较运算符比较该类型的值，则此方法返回 true，参见 27.7 节的描述
AssignableTo(type)	如果可以将此类型的值分配给指定反射类型的变量或字段，则该方法返回 true

reflect 包定义了一个名为 Kind 的类型，它是 uint 类型的别名，用于描述不同类型的一系列常量，如表 27-5 中所述。

表 27-5　Kind 常量

常量	描述
Bool	该值表示一个 bool
Int、Int8、Int16、Int32、Int64	这些值表示不同长度的整数类型
Uint、Uint8、Uint16、Uint32、Uint64	这些值表示不同长度的无符号整数类型
Float32、Float64	这些值表示不同长度的浮点类型
String	该值表示一个字符串
Struct	该值表示一个结构
Array	该值表示一个数组
Slice	该值表示一个切片
Map	该值表示一个 map
Chan	该值表示一个通道
Func	该值表示一个函数
Interface	该值表示一个接口
Ptr	该值表示一个指针
Uintptr	该值表示一个不安全的指针，本书对此没有描述

代码清单 27-9 简化了示例，以显示 printDetails 函数接收到的每个值的反射类型的详细信息。

代码清单 27-9　在 reflection/main.go 文件中输出类型详细信息

```
package main

import (
    "reflect"
    // "strings"
    // "fmt"
)

func getTypePath(t reflect.Type) (path string) {
    path = t.PkgPath()
    if (path == "") {
        path = "(built-in)"
    }
    return
}
```

```
func printDetails(values ...interface{}) {
    for _, elem := range values {
        elemType := reflect.TypeOf(elem)
        Printfln("Name: %v, PkgPath: %v, Kind: %v",
            elemType.Name(), getTypePath(elemType), elemType.Kind())
    }
}

type Payment struct {
    Currency string
    Amount float64
}

func main() {

    product := Product {
        Name: "Kayak", Category: "Watersports", Price: 279,
    }
    customer := Customer { Name: "Alice", City: "New York" }
    payment := Payment { Currency: "USD", Amount: 100.50 }
    printDetails(product, customer, payment, 10, true)
}
```

我添加了一个函数来替换空包名称，以便更清楚地描述内置类型。编译并执行项目，你将看到如下输出：

```
Name: Product, PkgPath: main, Kind: struct
Name: Customer, PkgPath: main, Kind: struct
Name: Payment, PkgPath: main, Kind: struct
Name: int, PkgPath: (built-in), Kind: int
Name: bool, PkgPath: (built-in), Kind: bool
```

许多特定于单一类型的反射特性（例如数组）如果在其他类型上调用会导致崩溃，这使得 Kind 方法在使用反射时尤为重要。

27.3.2　使用基本值特性

对于每组反射类型的特性，都有对应的反射值特性。Value 结构定义了表 27-6 中描述的方法，这些方法提供了对基本反射特性的访问，包括访问底层值等。

表 27-6　值结构定义的基本方法

方法	描述
Kind()	该方法返回值的类型的种类，具体如表 27-5 所示
Type()	该方法返回 Value 的 Type
IsNil()	如果值为 nil，则该方法返回 true。如果底层值不是函数、接口、指针、切片或通道，则该方法将导致崩溃
IsZero()	如果底层类型的值是对应类型的零值，则该方法返回 true
Bool()	该方法返回底层类型的 bool 值。如果基础类型值的 Kind 不是 Bool，则会崩溃
Bytes()	该方法返回底层 []byte 值。如果底层值不是 byte 切片，则该方法会导致崩溃。我将在 27.4 节演示如何确定切片的类型

（续）

方法	描述
Int()	该方法将底层值作为 int64 返回。如果底层值的 Kind 不是 Int、Int8、Int16、Int32 或 Int64，则该方法会导致崩溃
Uint()	该方法将底层值作为 uint64 返回。如果底层值的 Kind 不是 Uint、Uint8、Uint16、Uint32 或 Uint64，则该方法会导致崩溃
Float()	该方法将底层值作为 float64 返回。如果底层值的 Kind 不是 Float32 或 Float64，则该方法会导致崩溃
String()	如果底层值的 Kind 是 String，则此方法将底层值作为字符串返回。对于其他 Kind 值，此方法返回字符串 <T Value>，其中 T 是基础类型，例如 <int Value>
Elem()	该方法返回指针引用的 Value。该方法也可以与接口一起使用，如第 29 章所述。如果底层值的 Kind 不是 Ptr，则该方法会导致崩溃
IsValid()	如果 Value 是零值，则该方法返回 false。例如使用 Value{} 而不是使用 ValueOf 创建的值即为零值。该方法与作为其反射类型的零值的反射值无关。如果该方法返回 false，则所有其他 Value 方法都会导致崩溃

使用返回底层值的方法时，检查 Kind 结果以避免崩溃是很重要的。代码清单 27-10 演示了表中描述的一些方法。

代码清单 27-10　在 reflection/main.go 文件中使用基本的 Value 方法

```
package main

import (
    "reflect"
    // "strings"
    // "fmt"
)
func printDetails(values ...interface{}) {
    for _, elem := range values {
        elemValue := reflect.ValueOf(elem)
        switch elemValue.Kind() {
            case reflect.Bool:
                var val bool = elemValue.Bool()
                Printfln("Bool: %v", val)
            case reflect.Int:
                var val int64 = elemValue.Int()
                Printfln("Int: %v", val)
            case reflect.Float32, reflect.Float64:
                var val float64 = elemValue.Float()
                Printfln("Float: %v", val)
            case reflect.String:
                var val string = elemValue.String()
                Printfln("String: %v", val)
            case reflect.Ptr:
                var val reflect.Value = elemValue.Elem()
                if (val.Kind() == reflect.Int) {
                    Printfln("Pointer to Int: %v", val.Int())
                }
            default:
                Printfln("Other: %v", elemValue.String())
        }
    }
}
```

```
func main() {

    product := Product {
        Name: "Kayak", Category: "Watersports", Price: 279,
    }
    number := 100
    printDetails(true, 10, 23.30, "Alice", &number, product)
}
```

上述示例使用带有 Kind 方法结果的 switch 语句来确定值的类型，并调用适当的方法来获取底层值。编译并执行项目，你将看到如下输出：

```
Bool: true
Int: 10
Float: 23.3
String: Alice
Pointer to Int: 100
Other: <main.Product Value>
```

String 方法的行为与其他方法不同，在调用不是 string 的值时不会崩溃。相反，该方法返回如下 string：

```
...
Other: <main.Product Value>
...
```

这不是在 Go 语言标准库中看到的 String 方法的典型用法，在标准库中该方法通常返回值的 string 表示形式。使用反射时，你可以使用后面将要讲到的技术，也可以使用与格式包中相同的技术创建值的 string 表示形式。

27.4 识别类型

注意，在处理代码清单 27-10 中的指针时需要两个步骤。第一步使用 Kind 方法识别 Ptr 值，第二步使用 Elem 方法获取代表指针所指向数据的 Value：

```
...
case reflect.Ptr:
    var val reflect.Value = elemValue.Elem()
    if (val.Kind() == reflect.Int) {
        Printfln("Pointer to Int: %v", val.Int())
}
...
```

上面第一步告诉我正在处理一个指针，第二步告诉我它指向一个 int 值。可以通过对反射类型进行比较来简化此过程。如果两个值具有相同的 Go 数据类型，那么比较运算符在应用于 reflect.TypeOf 函数的结果时将返回 true，如代码清单 27-11 所示。

代码清单 27-11 比较 reflection/main.go 文件中的类型

```
package main

import (
    "reflect"
```

```
    // "strings"
    // "fmt"
)

var intPtrType = reflect.TypeOf((*int)(nil))

func printDetails(values ...interface{}) {
    for _, elem := range values {
        elemValue := reflect.ValueOf(elem)
        elemType := reflect.TypeOf(elem)
        if (elemType == intPtrType) {
            Printfln("Pointer to Int: %v", elemValue.Elem().Int())
        } else {
            switch elemValue.Kind() {
                case reflect.Bool:
                    var val bool = elemValue.Bool()
                    Printfln("Bool: %v", val)
                case reflect.Int:
                    var val int64 = elemValue.Int()
                    Printfln("Int: %v", val)
                case reflect.Float32, reflect.Float64:
                    var val float64 = elemValue.Float()
                    Printfln("Float: %v", val)
                case reflect.String:
                    var val string = elemValue.String()
                    Printfln("String: %v", val)
                // case reflect.Ptr:
                //     var val reflect.Value = elemValue.Elem()
                //     if (val.Kind() == reflect.Int) {
                //         Printfln("Pointer to Int: %v", val.Int())
                //     }
                default:
                    Printfln("Other: %v", elemValue.String())
            }
        }
    }
}

func main() {

    product := Product {
        Name: "Kayak", Category: "Watersports", Price: 279,
    }
    number := 100
    printDetails(true, 10, 23.30, "Alice", &number, product)
}
```

该技术以 `nil` 值开始并将其转换为指向 `int` 值的指针，然后将其传递到 `TypeOf` 函数以获得可用于比较的类型：

```
...
var intPtrType = reflect.TypeOf((*int)(nil))
...
```

执行该操作所需的括号使其难以阅读，但通过使用这种方法可以避免仅仅为了获取其类型而定义一个变量。`Type` 可以与普通的 Go 比较运算符一起使用：

```
...
if (elemType == intPtrType) {
    Printfln("Pointer to Int: %v", elemValue.Elem().Int())
} else {
...
```

像这样比较类型比起检查指针 Kind 和它指向的值而言要简单得多。编译并执行代码，你将看到如下输出：

```
Bool: true
Int: 10
Float: 23.3
String: Alice
Pointer to Int: 100
Other: <main.Product Value>
```

识别字节切片

使用比较运算符也是一种安全使用 Bytes 方法的好方法。这是因为，如果在除字节切片之外的任何类型上调用 Bytes 方法，它会导致崩溃，但 Kind 方法仅指示切片的种类而不指示其内容。代码清单 27-12 为字节切片定义了一个类型变量，并将其与比较运算符一起使用来确定何时可以安全地调用 Bytes 方法。

代码清单 27-12 在 reflection/main.go 文件中识别字节切片

```
package main

import (
    "reflect"
    // "strings"
    // "fmt"
)

var intPtrType = reflect.TypeOf((*int)(nil))
var byteSliceType = reflect.TypeOf([]byte(nil))

func printDetails(values ...interface{}) {
    for _, elem := range values {
        elemValue := reflect.ValueOf(elem)
        elemType := reflect.TypeOf(elem)
        if (elemType == intPtrType) {
            Printfln("Pointer to Int: %v", elemValue.Elem().Int())
        } else if (elemType == byteSliceType) {
            Printfln("Byte slice: %v", elemValue.Bytes())
        } else {
            switch elemValue.Kind() {
                case reflect.Bool:
                    var val bool = elemValue.Bool()
                    Printfln("Bool: %v", val)
                case reflect.Int:
                    var val int64 = elemValue.Int()
                    Printfln("Int: %v", val)
                case reflect.Float32, reflect.Float64:
                    var val float64 = elemValue.Float()
                    Printfln("Float: %v", val)
```

```
            case reflect.String:
                var val string = elemValue.String()
                Printfln("String: %v", val)
            default:
                Printfln("Other: %v", elemValue.String())
            }
        }
    }
}

func main() {

    product := Product {
        Name: "Kayak", Category: "Watersports", Price: 279,
    }
    number := 100
    slice := []byte("Alice")
    printDetails(true, 10, 23.30, "Alice", &number, product, slice)
}
```

编译并执行项目，你会看到如下输出，其中包含对 byte 切片的检测：

```
Bool: true
Int: 10
Float: 23.3
String: Alice
Pointer to Int: 100
Other: <main.Product Value>
Byte slice: [65 108 105 99 101]
```

27.5　获取底层值

Value 结构定义了表 27-7 中描述的用于获取底层值的方法。

表 27-7　获取底层值的 Value 方法

方法	描述
Interface()	该方法使用空接口返回底层值。如果在未导出的结构字段上使用此方法，则会导致崩溃
CanInterface()	如果可以在不导致崩溃的情况下使用 Interface 方法，则该方法返回 true

Interface 方法允许你跳出反射，获取一个可以被普通 Go 代码使用的值，如代码清单 27-13 所示。

代码清单 27-13　在 reflection/main.go 文件中获取底层值

```
package main

import (
    "reflect"
    // "strings"
    // "fmt"
)

func selectValue(data interface{}, index int) (result interface{}) {
```

```
    dataVal := reflect.ValueOf(data)
    if (dataVal.Kind() == reflect.Slice) {
        result = dataVal.Index(index).Interface()
    }
    return
}

func main() {

    names := []string {"Alice", "Bob", "Charlie"}
    val := selectValue(names, 1).(string)
    Printfln("Selected: %v", val)
}
```

selectValue 函数在不知道切片的元素类型的情况下从切片中选择一个值。该值是使用第 28 章中描述的 Index 方法从切片中获取到的。在本章中，重要的是要知道 Index 方法返回一个 Value，该值只对使用反射的代码有用。Interface 方法用于获取可用作函数结果的值：

```
...
result = dataVal.Index(index).Interface()
...
```

使用反射的一个缺点是函数和方法结果必须进行处理。如果结果的类型不固定，则函数或方法的调用者必须负责将结果转换为特定类型，这就是代码清单 27-13 中的语句所做的事情：

```
...
val := selectValue(names, 1).(string)
...
```

selectValue 函数的结果与切片元素具有相同的类型，但在 Go 中无法表达这一点，这就是为什么该函数使用空接口作为结果以及 Interface 方法返回空接口的原因。

它带来的问题是调用代码需要深入了解函数是如何处理数据并返回结果的。当函数的行为发生变化时，这种变化必须反映在调用该函数的所有代码中，这需要一定程度的努力，而且通常也很难做到。

使用反射并不理想——这也是应该谨慎使用反射的原因之一。编译并执行项目，你将看到如下输出：

```
Selected: Bob
```

27.6 使用反射设置值

Value 结构定义了通过反射设置值的方法，如表 27-8 中所述。

表 27-8 设置值的 Value 方法

方法	描述
CanSet()	如果可以设置值，则此方法返回 true，否则返回 false
SetBool(val)	该方法将底层值设置为指定的 bool
SetBytes(slice)	该方法将底层值设置为指定的 byte 切片
SetFloat(val)	该方法将底层值设置为指定的 float64

（续）

方法	描述
SetInt(val)	该方法将底层值设置为指定的 int64
SetUint(val)	该方法将底层值设置为指定的 uint64
SetString(val)	该方法将底层值设置为指定的 string
Set(val)	该方法将底层值设置为指定 Value 的底层值

如果 CanSet 方法的结果为 false 或如果它们用于设置不是预期类型的值，表 27-8 中的 Set 方法将导致崩溃。代码清单 27-14 演示了通过 CanSet 方法来解决问题。

代码清单 27-14　在 reflection/main.go 文件中创建不可设置的值

```
package main

import (
    "reflect"
    "strings"
    // "fmt"
)

func incrementOrUpper(values ...interface{}) {
    for _, elem := range values {
        elemValue := reflect.ValueOf(elem)
        if (elemValue.CanSet()) {
            switch (elemValue.Kind()) {
                case reflect.Int:
                    elemValue.SetInt(elemValue.Int() + 1)
                case reflect.String:
                    elemValue.SetString(strings.ToUpper( elemValue.String()))
            }
            Printfln("Modified Value: %v", elemValue)
        } else {
            Printfln("Cannot set %v: %v", elemValue.Kind(), elemValue)
        }
    }
}

func main() {

    name := "Alice"
    price := 279
    city := "London"

    incrementOrUpper(name, price, city)
    for _, val := range []interface{} { name, price, city }  {
        Printfln("Value: %v", val)
    }
}
```

incrementOrUpper 函数递增 int 值并将字符串值转换为 upper。编译并执行代码，你将收到以下输出，表明无法设置 incrementOrUpper 函数接收到的任何值：

```
Cannot set string: Alice
Cannot set int: 279
```

```
Cannot set string: London
Value: Alice
Value: 279
Value: London
```

CanSet 方法可能会令人疑惑，但记住一点，值在用作函数和函数的参数时会被复制。当值传递给 incrementOrUpper 时，它们会被复制：

```
...
incrementOrUpper(name, price, city)
...
```

通过将值复制传递以供在函数内部使用，可以防止值被改变。代码清单 27-15 通过使用指针解决了这个问题。

代码清单 27-15 在 reflection/main.go 文件中设置值

```
package main

import (
    "reflect"
    "strings"
    // "fmt"
)
func incrementOrUpper(values ...interface{}) {
    for _, elem := range values {
        elemValue := reflect.ValueOf(elem)
        if (elemValue.Kind() == reflect.Ptr) {
            elemValue = elemValue.Elem()
        }
        if (elemValue.CanSet()) {
            switch (elemValue.Kind()) {
                case reflect.Int:
                    elemValue.SetInt(elemValue.Int() + 1)
                case reflect.String:
                    elemValue.SetString(strings.ToUpper( elemValue.String()))
            }
            Printfln("Modified Value: %v", elemValue)
        } else {
            Printfln("Cannot set %v: %v", elemValue.Kind(), elemValue)
        }
    }
}

func main() {

    name := "Alice"
    price := 279
    city := "London"

    incrementOrUpper(&name, &price, &city)
    for _, val := range []interface{} { name, price, city }  {
        Printfln("Value: %v", val)
    }
}
```

因此，就像常规代码一样，反射只有在可以访问原始存储位置时才能更改值。在代码清单 27-15

中，指针用于调用 incrementOrUpper 函数，这需要更改反射代码以检测指针类型，并在找到指针时使用 Elem 方法沿指针找到它的值。编译并运行项目，你将看到如下输出：

```
Modified Value: ALICE
Modified Value: 280
Modified Value: LONDON
Value: ALICE
Value: 280
Value: LONDON
```

通过一个值设置另一个值

Set 方法允许使用一个值设置另一个值，这是一种用反射接收到的值修改值的便捷方法，如代码清单 27-16 所示。

代码清单 27-16　在 reflection/main.go 文件中通过一个值设置另一个值

```
package main

import (
    "reflect"
    //"strings"
    // "fmt"
)

func setAll(src interface{}, targets ...interface{}) {
    srcVal := reflect.ValueOf(src)
    for _, target := range  targets {
        targetVal := reflect.ValueOf(target)
        if (targetVal.Kind() == reflect.Ptr &&
                targetVal.Elem().Type() == srcVal.Type() &&
                targetVal.Elem().CanSet()) {
            targetVal.Elem().Set(srcVal)
        }
    }
}

func main() {

    name := "Alice"
    price := 279
    city := "London"

    setAll("New String", &name, &price, &city)
    setAll(10, &name, &price, &city)
    for _, val := range []interface{} { name, price, city }  {
        Printfln("Value: %v", val)
    }
}
```

setAll 函数使用 for 循环来处理其可变参数，并查找指向与 src 参数具有相同类型的值的指针的值。当找到一个匹配的指针时，它所指的值将通过 Set 方法更改。setAll 函数中的大部分代码负责检查值是否兼容并且可以被设置，结果是使用一个 string 作为第一个参数设置所有后续的 string 参数，使用 int 设置所有后续 int 值。编译并执行代码，你将收到以下输出：

```
Value: New String
Value: 10
Value: New String
```

27.7 比较值

并非所有数据类型都可以使用 Go 比较运算符进行比较，这很容易在反射代码中导致崩溃，如代码清单 27-17 所示。

代码清单 27-17 比较 reflection/main.go 文件中的值

```
package main

import (
    "reflect"
    //"strings"
    // "fmt"
)

func contains(slice interface{}, target interface{}) (found bool) {
    sliceVal := reflect.ValueOf(slice)
    if (sliceVal.Kind() == reflect.Slice) {
        for i := 0; i < sliceVal.Len(); i++ {
            if sliceVal.Index(i).Interface() == target {
                found = true
            }
        }
    }
    return
}

func main() {

    // name := "Alice"
    // price := 279
    city := "London"

    citiesSlice := []string { "Paris", "Rome", "London"}
    Printfln("Found #1: %v", contains(citiesSlice, city))

    sliceOfSlices := [][]string {
        citiesSlice,  { "First", "Second", "Third"}}
    Printfln("Found #2: %v", contains(sliceOfSlices, citiesSlice))
}
```

contains 函数接受一个切片，如果它包含指定值，则返回 true。使用将在第 28 章中讲到的 Len 和 Index 方法枚举切片，但对于本节来说重要的语句是：

```
...
if sliceVal.Index(i).Interface() == target {
...
```

该语句将比较运算符应用于切片中特定索引处的值以及目标值。但是，由于 contains 函数接收任何类型，因此如果该函数接收到无法比较的类型，则应用程序将崩溃。编译并运行项目，你将看到如下输出：

```
Found #1: true
panic: runtime error: comparing uncomparable type []string
goroutine 1 [running]:
main.contains(0x243640, 0xc000114078, 0x243f00, 0xc000153f60, 0xc000153f40)
        C:/reflection/main.go:13 +0x1a5
main.main()
        C:/reflection/main.go:33 +0x2e5
exit status 2
```

main 函数在代码清单 27-17 中对 contains 函数进行了两次调用。第一次调用有效，因为切片包含字符串值，可以与比较运算符一起使用。第二次调用失败，因为该切片包含无法对其应用比较运算符的其他切片。为避免此问题，Type 接口定义了表 27-9 中描述的方法。

表 27-9　判断类型是否可以比较的类型方法

方法	描述
Comparable()	如果反射类型可以与 Go 比较运算符一起使用，则该方法返回 true，否则返回 false

代码清单 27-18 显示了 Comparable 方法的使用，以避免执行会导致崩溃的比较操作

代码清单 27-18　安全地比较 reflection/main.go 文件中的值

```
...
func contains(slice interface{}, target interface{}) (found bool) {
    sliceVal := reflect.ValueOf(slice)
    targetType := reflect.TypeOf(target)
    if (sliceVal.Kind() == reflect.Slice &&
            sliceVal.Type().Elem().Comparable() &&
            targetType.Comparable()) {
        for i := 0; i < sliceVal.Len(); i++ {
            if sliceVal.Index(i).Interface() == target {
                found = true
            }
        }
    }
    return
}
...
```

这些修改确保比较运算符仅应用于可比较的类型。编译并执行项目，你将看到如下输出：

```
Found #1: true
Found #2: false
```

使用便利的比较功能

reflect 包定义了一个函数，它提供了标准 Go 比较运算符的替代方法，如表 27-10 中所述。

表 27-10　用于比较值的 reflect 包函数

函数	描述
DeepEqual(val, val)	该函数比较任意两个值，如果相同则返回 true

DeepEqual 函数不会崩溃，并可以执行 == 运算符无法执行的其他比较。该函数的所有比较规则都列在 https://pkg.go.dev/reflect@go1.17.1#DeepEqual 中，但一般来说，DeepEqual 函数通过递归检查所有值的字段或元素来执行比较。这类比较最有用的方面之一是，如果切片的所有值都相等，则切片相等，这解决了标准比较运算符最常遇到的限制之一，如代码清单 27-19 所示。

代码清单 27-19 在 reflection/main.go 文件中执行比较

```
package main

import (
    "reflect"
    //"strings"
    // "fmt"
)

func contains(slice interface{}, target interface{}) (found bool) {
    sliceVal := reflect.ValueOf(slice)
    if (sliceVal.Kind() == reflect.Slice) {
        for i := 0; i < sliceVal.Len(); i++ {
            if reflect.DeepEqual(sliceVal.Index(i).Interface(), target) {
                found = true
            }
        }
    }
    return
}
func main() {

    // name := "Alice"
    // price := 279
    city := "London"

    citiesSlice := []string { "Paris", "Rome", "London"}
    Printfln("Found #1: %v", contains(citiesSlice, city))

    sliceOfSlices := [][]string {
        citiesSlice,  { "First", "Second", "Third"}}

    Printfln("Found #2: %v", contains(sliceOfSlices, citiesSlice))
}
```

对 contains 函数的简化可以不必检查类型是否可比较，并在编译和执行项目时产生如下输出：

```
Found #1: true
Found #2: true
```

该示例可以比较切片，两次对 contains 函数的调用的结果都是 true。

27.8 转换值

如我将在第三部分中讲到的，Go 支持类型转换，允许将定义为一种类型的值表示为一种不同类型的值。Type 接口定义了表 27-11 中描述的方法，用于确定某个反射类型是否可以转换。

表 27-11　用于评估类型转换的 Type 接口方法

方法	描述
ConvertibleTo(type)	如果调用该方法的 Type 可以转换为指定的 Type，则该方法返回 true

Type 接口定义的方法用于检查类型的可转换性。而表 27-12 则描述了用于执行转换的 Value 结构定义的方法。

表 27-12　转换类型的 Value 方法

方法	描述
Convert(type)	该方法执行类型转换并返回具有新类型和原始值的 Value

代码清单 27-20 演示了使用反射执行的简单类型转换。

代码清单 27-20　在 reflection/main.go 文件中执行类型转换

```
package main

import (
    "reflect"
    //"strings"
    // "fmt"
)

func convert(src, target interface{}) (result interface{}, assigned bool) {
    srcVal := reflect.ValueOf(src)
    targetVal := reflect.ValueOf(target)
    if (srcVal.Type().ConvertibleTo(targetVal.Type())) {
        result = srcVal.Convert(targetVal.Type()).Interface()
        assigned = true
    } else {
        result = src
    }
    return
}

func main() {

    name := "Alice"
    price := 279
    //city := "London"

    newVal, ok := convert(price, 100.00)
    Printfln("Converted %v: %v, %T", ok, newVal, newVal)
    newVal, ok = convert(name, 100.00)
    Printfln("Converted %v: %v, %T", ok, newVal, newVal)
}
```

convert 函数尝试将一个值从一个类型转换为另一个值的类型，它使用 ConvertibleTo 和 Convert 方法进行转换。对 convert 函数的第一次调用尝试将 int 值转换为 float64，这成功了，第二次调用尝试将 string 转换为 float64，但失败了。编译并执行项目，你将看到如下输出：

```
Converted true: 279, float64
Converted false: Alice, string
```

转换数值类型

Value 结构定义了表 27-13 中所示的方法，用于检查以目标类型表示的数据值是否会导致溢出。当从一种数值类型转换为另一种数值类型时，这些方法很有用。

表 27-13 检查溢出的值方法

方法	描述
OverflowFloat(val)	如果指定的 float64 值转换为调用该方法的 Value 的类型会导致溢出，则该方法返回 true。除非 Value.Kind 方法返回 Float32 或 Float64，否则该方法会导致崩溃
OverflowInt(val)	如果指定的 int64 值转换为调用该方法的 Value 的类型会导致溢出，则该方法返回 true。除非 Value.Kind 方法返回一种有符号整数类型，否则该方法会导致崩溃
OverflowUint(val)	如果指定的 uint64 值转换为调用该方法的 Value 的类型会导致溢出，则该方法返回 true。除非 Value.Kind 方法返回一种无符号整数类型，否则该方法会导致崩溃

如第 5 章所述，Go 数值在溢出时会回卷。表 27-13 中描述的方法可用于确定转换何时会导致溢出，那样可能会产生意外结果，如代码清单 27-21 所示。

代码清单 27-21 在 reflection/main.go 文件中防止溢出

```
package main

import (
    "reflect"
    //"strings"
    // "fmt"
)

func IsInt(v reflect.Value) bool {
    switch v.Kind() {
        case reflect.Int, reflect.Int8, reflect.Int16, reflect.Int32, reflect.Int64:
            return true
    }
    return false
}

func IsFloat(v reflect.Value) bool {
    switch v.Kind() {
    case reflect.Float32, reflect.Float64:
        return true
    }
    return false
}

func convert(src, target interface{}) (result interface{}, assigned bool) {
```

```
    srcVal := reflect.ValueOf(src)
    targetVal := reflect.ValueOf(target)
    if (srcVal.Type().ConvertibleTo(targetVal.Type())) {
        if (IsInt(targetVal) && IsInt(srcVal)) &&
                targetVal.OverflowInt(srcVal.Int()) {
            Printfln("Int overflow")
            return src, false
        } else if (IsFloat(targetVal) && IsFloat(srcVal) &&
                targetVal.OverflowFloat(srcVal.Float())) {
            Printfln("Float overflow")
            return src, false
        }
        result = srcVal.Convert(targetVal.Type()).Interface()
        assigned = true
    } else {
        result = src
    }
    return
}

func main() {

    name := "Alice"
    price := 279
    //city := "London"

    newVal, ok := convert(price, 100.00)
    Printfln("Converted %v: %v, %T", ok, newVal, newVal)
    newVal, ok = convert(name, 100.00)
    Printfln("Converted %v: %v, %T", ok, newVal, newVal)

    newVal, ok = convert(5000, int8(100))
    Printfln("Converted %v: %v, %T", ok, newVal, newVal)
}
```

代码清单 27-21 中的新代码增加了一些防止溢出的保护——当从一种整数类型转换为另一种整数类型以及从一种浮点值转换为另一种浮点值时的保护。编译并运行项目，你将看到如下输出：

```
Converted true: 279, float64
Converted false: Alice, string
Int overflow
Converted false: 5000, int
```

代码清单 27-21 中对 `convert` 函数的最后一次调用尝试将值 5000 转换为 `int8`，这会导致溢出。`OverflowInt` 方法返回 `true`，因此不会执行转换。

27.9 创建新值

`reflect` 包定义了用于创建新值的函数，如表 27-14 中所示。对于特定于特定数据结构（例如切片和映射）的函数，我将留到后面的章节中演示。

表 27-14 用于创建新值的函数

函数	描述
New(type)	该函数创建一个指向特定值的新 Value，并初始化为该类型的零值
Zero(type)	该函数对于指定的类型，创建一个代表该类型零值的 Value
MakeMap(type)	该函数创建一个新 map，将在第 28 章讲到
MakeMapWithSize(type, size)	该函数创建一个指定大小的新 map，将在第 28 章讲到
MakeSlice(type, capacity)	该函数创建一个新切片，将在第 28 章讲到
MakeFunc(type, args, results)	该函数使用指定的参数和结果创建一个新函数，将在第 29 章讲到
MakeChan(type, buffer)	该函数创建一个指定大小的通道，将在第 29 章讲到

必须小心使用 New 函数，因为它返回一个指向指定类型的新值的指针，这意味着很容易创建指向指针的指针。代码清单 27-22 使用 New 函数创建了一个临时值，用于交换函数的参数。

代码清单 27-22 在 reflection/main.go 文件中创建一个值

```
package main

import (
    "reflect"
    //"strings"
    // "fmt"
)

func swap(first interface{}, second interface{}) {
    firstValue, secondValue := reflect.ValueOf(first), reflect.ValueOf(second)
    if firstValue.Type() == secondValue.Type() &&
            firstValue.Kind() == reflect.Ptr &&
            firstValue.Elem().CanSet() && secondValue.Elem().CanSet() {

        temp :=  reflect.New(firstValue.Elem().Type())
        temp.Elem().Set(firstValue.Elem())
        firstValue.Elem().Set(secondValue.Elem())
        secondValue.Elem().Set(temp.Elem())
    }
}
func main() {

    name := "Alice"
    price := 279
    city := "London"

    swap(&name, &city)
    for _, val := range []interface{} { name, price, city }  {
        Printfln("Value: %v", val)
    }
}
```

执行交换需要一个新值，它是使用 New 函数创建的：

```
...
temp :=  reflect.New(firstValue.Elem().Type())
...
```

传递给 `New` 函数的 `Type` 是从参数值之一的 `Elem` 结果中获得的，这避免了创建指向指针的指针。`Set` 方法用于设置临时值并执行交换。编译并执行项目，你将收到以下输出，表明 `name` 和 `city` 变量的值已被交换：

```
Value: London
Value: 279
Value: Alice
```

27.10　小结

在本章中，我介绍了基本的 Go 反射特性并演示了如何使用它们。我解释了如何获取反射的类型和值、如何确定已反射的类型、如何设置反射值以及如何使用 `reflect` 包提供的便利功能。在第 28 章中，我将继续描述反射，展示如何处理指针、切片、map 和结构。

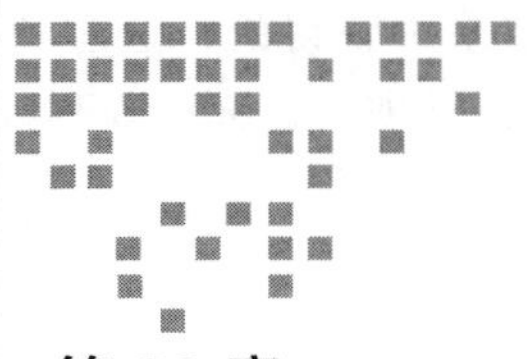

Chapter 28 第 28 章

使用反射：第 2 部分

除第 27 章描述的基本功能外，reflect 包还提供了在处理特定类型（例如 map 或结构）时其他有用的功能。接下来，我将描述这些功能并演示它们的使用方法。这里描述的一些方法和函数可用于不止一种类型，我也会多次列出它们以供快速参考。表 28-1 是本章内容概要。

表 28-1　章节内容概要

问题	解决方案	代码清单
创建或跟随指针类型	使用 PtrTo 和 Elem 方法	28-3
创建或跟随指针值	使用 Addr 和 Elem 方法	28-4
检查或创建切片	对切片使用 Type 和 Value 方法	28-5～28-8
创建、复制及追加到切片	对切片使用 reflect 函数	28-9
检查或创建 map	对 map 使用 Type 和 Value 方法	28-10～28-14
检查或创建结构	对结构使用 reflect 函数	28-15～28-17、28-19～28-21
检查结构标签	使用由 StructTag 定义的方法	28-18

28.1　为本章做准备

在本章中，我继续使用第 27 章中创建的 reflection 项目。为准备本章的环境，将代码清单 28-1 中所示的类型添加到 reflection 文件夹中的 types.go 文件中。

代码清单 28-1　在 reflection/types.go 文件中定义一个类型

```
package main

type Product struct {
    Name, Category string
    Price float64
}
```

```
type Customer struct {
    Name, City string
}

type Purchase struct {
    Customer
    Product
    Total float64
    taxRate float64
}
```

执行代码清单 28-2 所示的命令来编译并执行项目。

代码清单 28-2　编译并执行项目

```
go run .
```

上述命令将产生如下输出：

```
Value: London
Value: 279
Value: Alice
```

28.2　使用指针

reflect 包提供表 28-2 中所示的用于处理指针类型的函数和方法。

表 28-2　reflect 包为指针提供的函数和方法

函数和方法	描述
PtrTo(type)	该函数返回一个 Type，它是指向作为参数接收到的 Type 的指针
Elem()	该方法在指针类型上调用，会返回底层 Type。该方法在用于非指针类型时会导致崩溃

PtrTo 函数创建一个指针类型，Elem 方法则返回指针指向的类型，如代码清单 28-3 所示。

代码清单 28-3　在 reflection/main.go 文件中使用指针类型

```
package main

import (
    "reflect"
    //"strings"
    // "fmt"
)

func createPointerType(t reflect.Type) reflect.Type {
    return reflect.PtrTo(t)
}

func followPointerType(t reflect.Type) reflect.Type {
    if t.Kind() == reflect.Ptr {
        return t.Elem()
    }
    return t
}
```

```
func main() {

    name := "Alice"

    t := reflect.TypeOf(name)
    Printfln("Original Type: %v", t)
    pt := createPointerType(t)
    Printfln("Pointer Type: %v", pt)
    Printfln("Follow pointer type: %v", followPointerType(pt))
}
```

PtrTo 函数是从 reflect 包中导出的。它可以在任何类型上调用，包括指针类型，它的结果是指向原始类型的类型，因此 string 类型将产生 *string 类型，而 *string 将产生 **string 类型。

Elem 是 Type 接口定义的方法，只能用于指针类型，这就是为什么代码清单 28-3 中的 followPointerType 函数在调用 Elem 方法之前要检查 Kind 方法的结果。编译并执行项目，你将看到如下输出：

```
Original Type: string
Pointer Type: *string
Follow pointer type: string
```

使用指针值

Value 结构定义了表 28-3 中显示的用于处理指针值的方法，这与上文中描述的类型相反。

表 28-3 使用指针类型的 Value 方法

方法	描述
Addr()	该方法返回一个 Value，它是指向调用它的 Value 的指针。如果后者的 CanAddr 方法返回 false，则该方法会导致崩溃
CanAddr()	如果 Value 可以与 Addr 方法一起使用，则该方法返回 true
Elem()	该方法跟随指针并返回其 Value。如果在非指针值上调用该方法，则会导致崩溃

Elem 方法用于跟随指针获取其底层的值，如代码清单 28-4 所示。其他方法在处理结构字段时最有用，参考 28.8 节的描述。

代码清单 28-4 在 reflection/main.go 文件中跟随一个指针

```
package main

import (
    "reflect"
    "strings"
    // "fmt"
)

var stringPtrType = reflect.TypeOf((*string)(nil))

func transformString(val interface{}) {
    elemValue := reflect.ValueOf(val)
    if (elemValue.Type() == stringPtrType) {
```

```
            upperStr := strings.ToUpper(elemValue.Elem().String())
            if (elemValue.Elem().CanSet()) {
                elemValue.Elem().SetString(upperStr)
            }
        }
}

func main() {

    name := "Alice"

    transformString(&name)
    Printfln("Follow pointer value: %v", name)
}
```

transformString 函数识别 *string 值并使用 Elem 方法获取 string 值，以便将其传递给 strings.ToUpper 函数。编译并执行项目，你将收到如下输出：

```
Follow pointer value: ALICE
```

28.3　使用数组和切片类型

Type 结构定义了可用于检查数组和切片类型的方法，如表 28-4 中所述。

表 28-4　数组和切片的 Type 方法

方法	描述
Elem()	该方法返回数组或切片元素的 Type
Len()	该方法返回数组类型的长度。如果在其他类型（包括切片）上调用该方法，则会导致崩溃

除了这些方法之外，reflect 包还提供表 28-5 中描述的用于创建数组和切片类型的函数。

注意　数组和切片的反射特性也可用于字符串值，尽管我发现测试字符串更容易。为直接测试字符串，使用 String 方法获取底层值，然后使用常规标准库函数即可。

表 28-5　用于创建数组和切片类型的 reflect 函数

函数	描述
ArrayOf(len, type)	该函数返回一个 Type，该 Type 描述一个具有指定大小和元素类型的数组
SliceOf(type)	该函数返回一个 Type，该 Type 描述一个具有指定元素类型的数组

代码清单 28-5 使用 Elem 方法检查数组和切片的类型。

代码清单 28-5　在 reflection/main.go 文件中检查数组和切片类型

```
package main

import (
    "reflect"
    //"strings"
    // "fmt"
)
```

```
func checkElemType(val interface{}, arrOrSlice interface{}) bool {
    elemType := reflect.TypeOf(val)
    arrOrSliceType := reflect.TypeOf(arrOrSlice)
    return (arrOrSliceType.Kind() == reflect.Array ||
        arrOrSliceType.Kind() == reflect.Slice) &&
         arrOrSliceType.Elem() == elemType
}

func main() {
    name := "Alice"
    city := "London"
    hobby := "Running"

    slice := []string { name, city, hobby }
    array := [3]string { name, city, hobby}

    Printfln("Slice (string): %v",  checkElemType("testString", slice))
    Printfln("Array (string): %v",  checkElemType("testString", array))
    Printfln("Array (int): %v",  checkElemType(10, array))
}
```

checkElemType 使用 Kind 方法来识别数组和切片，并使用 Elem 方法获取元素的 Type。将它们与第一个参数的类型进行比较，以查看该值是否可以作为元素添加到数组中。编译并执行项目，你会看到如下结果：

```
Slice (string): true
Array (string): true
Array (int): false
```

28.4 使用数组和切片值

Value 接口定义了表 28-6 中描述的用于处理数组和切片值的方法。

表 28-6 用于数组和切片值的 Value 方法

方法	描述
Index(index)	该方法返回一个 Value，表示指定索引处的元素
Len()	该方法返回数组或切片的长度
Cap()	该方法返回数组或切片的容量
SetLen()	该方法设置切片的长度。不能用于数组
SetCap()	该方法设置切片的容量。不能用于数组
Slice(lo, hi)	该方法创建一个具有指定低值和高值的新切片
Slice3(lo, hi, max)	该方法使用指定的低值、高值和最大值创建一个新切片

Index 方法返回一个 Value，它可以与第 27 章中描述的 Set 方法一起使用，以更改切片或数组中的值，如代码清单 28-6 所示。

代码清单 28-6 在 reflection/main.go 文件中更改切片元素的值

```
package main
```

```
import (
    "reflect"
    //"strings"
    // "fmt"
)

func setValue(arrayOrSlice interface{}, index int, replacement interface{}) {
    arrayOrSliceVal := reflect.ValueOf(arrayOrSlice)
    replacementVal := reflect.ValueOf(replacement)
    if (arrayOrSliceVal.Kind() == reflect.Slice) {
        elemVal := arrayOrSliceVal.Index(index)
        if (elemVal.CanSet()) {
            elemVal.Set(replacementVal)
        }
    } else if (arrayOrSliceVal.Kind() == reflect.Ptr &&
        arrayOrSliceVal.Elem().Kind() == reflect.Array &&
        arrayOrSliceVal.Elem().CanSet()) {
            arrayOrSliceVal.Elem().Index(index).Set(replacementVal)
    }
}

func main() {

    name := "Alice"
    city := "London"
    hobby := "Running"

    slice := []string { name, city, hobby }
    array := [3]string { name, city, hobby}

    Printfln("Original slice: %v", slice)
    newCity := "Paris"
    setValue(slice, 1, newCity)
    Printfln("Modified slice: %v", slice)

    Printfln("Original slice: %v", array)
    newCity = "Rome"
    setValue(&array, 1, newCity)
    Printfln("Modified slice: %v", array)
}
```

setValue 函数更改切片或数组中元素的值，但每种类型都必须区别对待。切片是最容易使用的，可以作为值传递，如下所示：

```
...
setValue(slice, 1, newCity)
...
```

正如我在第 7 章中讲过的那样，切片是引用，当它们用作函数参数时不会被复制。在代码清单 28-6 中，setValue 方法使用 Kind 方法检测切片，使用 Index 方法获取指定位置元素的值，并使用 Set 方法更改元素的值。数组必须作为指针传递，如下所示：

```
...
setValue(&array, 1, newCity)
...
```

如果不使用指针，则无法设置新值，且 CanSet 方法将返回 false。Kind 方法用于检测指针，Elem 方法用于确认指针指向的是一个数组：

```
...
} else if (arrayOrSliceVal.Kind() == reflect.Ptr &&
    arrayOrSliceVal.Elem().Kind() == reflect.Array &&
    arrayOrSliceVal.Elem().CanSet()) {
...
```

要设置元素值，指针后跟 Elem 方法获取反射 Value，使用 Index 方法获取指定索引处元素的值，并使用 Set 方法设置新值：

```
...
arrayOrSliceVal.Elem().Index(index).Set(replacementVal)
...
```

总体效果是 setValue 函数可以在不知道具体元素使用什么特定类型的情况下操作切片和数组。编译并执行项目，你将看到如下输出：

```
Original slice: [Alice London Running]
Modified slice: [Alice Paris Running]
Original slice: [Alice London Running]
Modified slice: [Alice Rome Running]
```

28.4.1 遍历切片和数组

Len 方法可用于在 for 循环中设置循环次数以遍历数组或切片中的元素，如代码清单 28-7 所示。

代码清单 28-7 在 reflection/main.go 文件中遍历枚举数组和切片

```
package main

import (
    "reflect"
    //"strings"
    // "fmt"
)

func enumerateStrings(arrayOrSlice interface{}) {
    arrayOrSliceVal := reflect.ValueOf(arrayOrSlice)
    if (arrayOrSliceVal.Kind() == reflect.Array ||
            arrayOrSliceVal.Kind() == reflect.Slice) &&
            arrayOrSliceVal.Type().Elem().Kind() == reflect.String {
        for i := 0; i < arrayOrSliceVal.Len(); i++ {
            Printfln("Element: %v, Value: %v", i, arrayOrSliceVal.Index(i).String())
        }
    }
}

func main() {

    name := "Alice"
    city := "London"
    hobby := "Running"

    slice := []string { name, city, hobby }
    array := [3]string { name, city, hobby}
```

```
    enumerateStrings(slice)
    enumerateStrings(array)
}
```

enumerateStrings 函数检查 Kind 结果以确保它正在处理一个数组或一个字符串切片。在这个过程中很容易混淆使用哪种 Elem 方法，因为 Type 和 Value 都定义了 Kind 和 Elem 方法。Kind 方法执行相同的任务，但在切片或数组 Value 上调用 Elem 方法会导致崩溃，而在切片或数组 Type 上调用 Elem 方法则会返回元素的 Type：

```
...
arrayOrSliceVal.Type().Elem().Kind() == reflect.String {
...
```

一旦函数确认它正在处理一个数组或字符串片段，就会使用一个 for 循环，循环次数由 Len 方法的结果设置：

```
...
for i := 0; i < arrayOrSliceVal.Len(); i++ {
...
```

在 for 循环中使用 Index 方法获取当前索引处的元素，其值通过 String 方法获取：

```
...
Printfln("Element: %v, Value: %v", i, arrayOrSliceVal.Index(i).String())
...
```

注意，在枚举其内容时没必要使用指针引用数组，只有在进行更改时才需要这样做。编译并执行项目，你会看到如下输出，这是切片和数组的遍历结果：

```
Element: 0, Value: Alice
Element: 1, Value: London
Element: 2, Value: Running
Element: 0, Value: Alice
Element: 1, Value: London
Element: 2, Value: Running
```

28.4.2　从现有切片创建新切片

Slice 方法用于从一个切片创建另一个切片，如代码清单 28-8 所示。

代码清单 28-8　在 reflection/main.go 文件中新建一个切片

```
package main

import (
    "reflect"
    //"strings"
    // "fmt"
)

func findAndSplit(slice interface{}, target interface{}) interface{} {
    sliceVal := reflect.ValueOf(slice)
    targetType := reflect.TypeOf(target)
    if (sliceVal.Kind() == reflect.Slice && sliceVal.Type().Elem() == targetType) {
        for i := 0; i < sliceVal.Len(); i++ {
            if sliceVal.Index(i).Interface() == target {
```

```
                return sliceVal.Slice(0, i +1)
            }
        }
    }
    return slice
}

func main() {

    name := "Alice"
    city := "London"
    hobby := "Running"

    slice := []string { name, city, hobby }
    //array := [3]string { name, city, hobby}
    Printfln("Strings: %v", findAndSplit(slice, "London"))

    numbers := []int {1, 3, 4, 5, 7}
    Printfln("Numbers: %v", findAndSplit(numbers, 4))
}
```

findAndSplit 函数遍历切片，寻找指定的元素，这是使用 Interface 方法完成的，它可以比较切片元素而不需要处理特定类型。找到目标元素后，将使用 Slice 方法创建并返回一个新切片。编译并执行项目，你将看到如下输出：

```
Strings: [Alice London]
Numbers: [1 3 4]
```

28.4.3 创建、复制和附加元素到切片

reflect 包定义了表 28-7 中描述的函数，这些函数允许将值复制并附加到切片，而无须处理底层类型。

表 28-7 将元素附加到切片的函数

函数	描述
MakeSlice(type, len, cap)	该函数创建一个反映新切片的 Value，使用 Type 来表示元素类型并具有指定的长度和容量
Append(sliceVal, ...val)	该函数将一个或多个值追加到指定的切片，所有这些值都使用 Value 接口表示。结果是修改后的切片。当用于除切片以外的任何类型或值的类型与切片元素类型不匹配时，该函数会崩溃
AppendSlice(sliceVal, sliceVal)	该函数将一个切片附加到另一个切片。如果 Value 不是切片或切片类型不兼容，则函数会崩溃
Copy(dst, src)	该函数将元素从 src Value 反射的切片或数组复制到 dst Value 反射的切片或数组。所有元素都会被复制，直到目标切片已满或所有源元素都被复制完毕。源和目标必须具有相同的元素类型

这些函数接收 Type 或 Value 参数，这可能有违直觉并需要一些适应。MakeSlice 函数采用指定切片类型的 Type 参数，并返回代表新切片的 Value。还有一些函数运算符可用于 Value 参数，如代码清单 28-9 所示。

代码清单 28-9　在 reflection/main.go 文件中创建一个新切片

```
package main

import (
    "reflect"
    //"strings"
    //"fmt"
)

func pickValues(slice interface{}, indices ...int) interface{} {
    sliceVal := reflect.ValueOf(slice)
    if (sliceVal.Kind() == reflect.Slice) {
        newSlice := reflect.MakeSlice(sliceVal.Type(), 0, 10)
        for _, index := range indices {
            newSlice = reflect.Append(newSlice, sliceVal.Index(index))
        }
        return newSlice
    }
    return nil
}

func main() {

    name := "Alice"
    city := "London"
    hobby := "Running"

    slice := []string { name, city, hobby, "Bob", "Paris", "Soccer" }
    picked := pickValues(slice, 0, 3, 5)
    Printfln("Picked values: %v", picked)
}
```

pickValues 函数使用从现有切片反射的 Type 创建一个新切片，并使用 Append 函数将值添加到新切片。编译并执行项目，你将看到如下输出：

```
Picked values: [Alice Bob Soccer]
```

28.5　使用 map 类型

Type 结构定义了可用于检查 map 的类型的方法，如表 28-8 中所述。

表 28-8　map 的 Type 方法

方法	描述
Key()	该方法返回 map 键的类型
Elem()	该方法返回 map 值的类型

除了这些方法之外，reflect 包还提供了表 28-9 中描述的用于创建 map 类型的函数。

表 28-9　用于创建 map 类型的 reflect 函数

函数	描述
MapOf(keyType, valType)	该函数返回一个新的 Type，它代表具有指定键和值类型的 map 类型，这两种类型都使用 Type 描述

代码清单 28-10 定义了一个函数，它接收一个 map 并报告其类型。

注意 map 的反射讲起来有些难，因为 value 常用于指代 map 中包含的键值对（key-value）以及由 Value 接口表示的反射值。我在讲解时会尽力保持一致，但你可能会发现你必须多次阅读本节的某些部分才能理解它们。

代码清单 28-10 在 reflection/main.go 文件中使用 map 类型

```
package main

import (
    "reflect"
    //"strings"
    //"fmt"
)

func describeMap(m interface{}) {
    mapType := reflect.TypeOf(m)
    if (mapType.Kind() == reflect.Map) {
        Printfln("Key type: %v, Val type: %v", mapType.Key(), mapType.Elem())
    } else {
        Printfln("Not a map")
    }
}

func main() {

    pricesMap := map[string]float64 {
        "Kayak": 279, "Lifejacket": 48.95, "Soccer Ball": 19.50,
    }
    describeMap(pricesMap)
}
```

Kind 方法用于确认 describeMap 函数收到的参数是 map，Key 和 Elem 方法用于输出键和值类型。编译并执行项目，你将看到如下输出：

```
Key type: string, Val type: float64
```

28.6 使用 map 值

Value 接口定义了表 28-10 中描述的用于处理 map 值的方法。

表 28-10 使用 map 的 Value 方法

方法	描述
MapKeys()	该方法返回一个 []Value，包含 map 的键
MapIndex(key)	该方法返回指定键对应的 Value，也以 Value 表示。如果 map 不包含指定键，则返回零值，这可以通过调用 IsValid 方法检测到，该方法将返回 false，如第 27 章所述
MapRange()	该方法返回一个 *MapIter，它允许迭代 map 内容
SetMapIndex(key, val)	该方法设置指定的键和值，这两者均使用 Value 接口表示
Len()	该方法返回映射中包含的键值对的个数

reflect 包提供了两种不同的方式来遍历 map 的内容。第一种是使用 MapKeys 方法获取包含反射键值的切片，并使用 MapIndex 方法获取每个反射 map 值，如代码清单 28-11 所示。

代码清单 28-11　遍历 reflection/main.go 文件中的 map 内容

```
package main

import (
    "reflect"
    //"strings"
    //"fmt"
)

func printMapContents(m interface{}) {
    mapValue := reflect.ValueOf(m)
    if (mapValue.Kind() == reflect.Map) {
        for _, keyVal := range mapValue.MapKeys() {
            reflectedVal := mapValue.MapIndex(keyVal)
            Printfln("Map Key: %v, Value: %v", keyVal, reflectedVal)
        }
    } else {
        Printfln("Not a map")
    }
}

func main() {

    pricesMap := map[string]float64 {
        "Kayak": 279, "Lifejacket": 48.95, "Soccer Ball": 19.50,
    }
    printMapContents(pricesMap)
}
```

使用 MapRange 方法可以实现相同的效果，该方法返回一个指向 MapIter 的指针值，它定义了表 28-11 中描述的方法。

表 28-11　MapIter 结构定义的方法

方法	描述
Next()	该方法将迭代器指向 map 中的下一个键值对。该方法的结果是一个布尔值，指示是否还有要读取的其他键值对。该方法必须在 Key 或 Value 方法之前调用
Key()	该方法返回表示当前位置的 map 键的 Value
Value()	该方法返回表示当前位置的 map 值的 Value

MapIter 结构提供了一种基于游标的方法来遍历 map，其中 Next 方法遍历 map 内容，而 Key 和 Value 方法提供对当前位置的键和值的访问。Next 方法的结果指示是否有剩余值要读取，这样与 for 循环一起使用就很方便，如代码清单 28-12 所示。

代码清单 28-12　在 reflection/main.go 文件中使用一个 MapIter

```
package main

import (
    "reflect"
```

```
    //"strings"
    //"fmt"
)

func printMapContents(m interface{}) {
    mapValue := reflect.ValueOf(m)
    if (mapValue.Kind() == reflect.Map) {
        iter := mapValue.MapRange()
        for iter.Next() {
            Printfln("Map Key: %v, Value: %v", iter.Key(), iter.Value())
        }
    } else {
        Printfln("Not a map")
    }
}

func main() {

    pricesMap := map[string]float64 {
        "Kayak": 279, "Lifejacket": 48.95, "Soccer Ball": 19.50,
    }
    printMapContents(pricesMap)
}
```

切记，应该在调用 Key 和 Value 方法之前调用 Next 方法，并避免在 Next 方法返回 false 时调用这些方法。代码清单 28-11 和代码清单 28-12 在编译并运行时产生如下输出：

```
Map Key: Kayak, Value: 279
Map Key: Lifejacket, Value: 48.95
Map Key: Soccer Ball, Value: 19.5
```

28.6.1 设置和删除 map 值

SetMapIndex 方法用于添加、修改或删除 map 中的键值对。代码清单 28-13 定义了修改 map 的函数。

代码清单 28-13 在 reflection/main.go 文件中修改一个 map

```
package main

import (
    "reflect"
    //"strings"
    //"fmt"
)

func setMap(m interface{}, key interface{}, val interface{}) {
    mapValue := reflect.ValueOf(m)
    keyValue := reflect.ValueOf(key)
    valValue := reflect.ValueOf(val)
    if (mapValue.Kind() == reflect.Map &&
        mapValue.Type().Key() == keyValue.Type() &&
        mapValue.Type().Elem() == valValue.Type()) {
            mapValue.SetMapIndex(keyValue, valValue)
    } else {
        Printfln("Not a map or mismatched types")
```

```
    }
}

func removeFromMap(m interface{}, key interface{}) {
    mapValue := reflect.ValueOf(m)
    keyValue := reflect.ValueOf(key)
    if (mapValue.Kind() == reflect.Map &&
        mapValue.Type().Key() == keyValue.Type()) {
            mapValue.SetMapIndex(keyValue, reflect.Value{})
    }
}

func main() {

    pricesMap := map[string]float64 {
        "Kayak": 279, "Lifejacket": 48.95, "Soccer Ball": 19.50,
    }
    setMap(pricesMap, "Kayak", 100.00)
    setMap(pricesMap, "Hat", 10.00)
    removeFromMap(pricesMap, "Lifejacket")
    for k, v := range pricesMap {
        Printfln("Key: %v, Value: %v", k, v)
    }
}
```

如第 7 章中提到的，map 在用作参数时不会被复制，因此修改 map 的内容时不需要使用指针。在使用 `SetMapIndex` 方法设置值之前，`setMap` 函数检查它接收到的值以确认它已接收到一个 map 并且键和值参数具有预期的类型。

如果值参数是 map 值类型的零值，则 `SetMapIndex` 方法将从 map 中删除对应的键。在处理 `int` 和 `float64` 等内置类型时，这是一个问题，因为其零值是有效的 map 条目，键不会被删除。在这种情况下，为了防止 `SetMapIndex` 将值设置为零而不是删除相应的键，`removeFromMap` 函数创建了一个 `Value` 结构的实例，如下所示：

```
...
mapValue.SetMapIndex(keyValue, reflect.Value{})
...
```

这是一个好用的小技巧，可确保从 map 中删除 `float64` 值。编译并执行项目，你将看到如下输出：

```
Key: Kayak, Value: 100
Key: Soccer Ball, Value: 19.5
Key: Hat, Value: 10
```

28.6.2　创建新 map

`reflect` 包定义了表 28-12 中描述的函数，用于使用反射类型创建新 map。

表 28-12　创建 map 的函数

函数	描述
`MakeMap(type)`	该函数返回一个 `Value`，该 `Value` 表示使用指定 `Type` 创建的 map
`MakeMapWithSize(type, size)`	该函数返回一个 `Value`，该 `Value` 表示使用指定 `Type` 和大小创建的 map

创建 map 时，表 28-9 中描述的 MapOf 函数可用于创建 Type 值，如代码清单 28-14 所示。

代码清单 28-14 在 reflection/main.go 文件中创建 map

```
package main

import (
    "reflect"
    "strings"
    //"fmt"
)
func createMap(slice interface{}, op func(interface{}) interface{}) interface{} {
    sliceVal := reflect.ValueOf(slice)
    if (sliceVal.Kind() == reflect.Slice) {
        mapType := reflect.MapOf(sliceVal.Type().Elem(), sliceVal.Type().Elem())
        mapVal := reflect.MakeMap(mapType)
        for i := 0; i < sliceVal.Len(); i++ {
            elemVal := sliceVal.Index(i)
            mapVal.SetMapIndex(elemVal, reflect.ValueOf(op(elemVal.Interface())))
        }
        return mapVal.Interface()
    }
    return nil
}

func main() {

    names := []string { "Alice", "Bob", "Charlie"}
    reverse := func(val interface{}) interface{} {
        if str, ok := val.(string); ok {
            return strings.ToUpper(str)
        }
        return val
    }

    namesMap := createMap(names, reverse).(map[string]string)
    for k, v := range namesMap {
        Printfln("Key: %v, Value:%v", k, v)
    }
}
```

createMap 函数接收一个切片值和一个函数。遍历切片，并在每个元素上调用该函数，原始值被转换后用于填充 map，然后作为函数的结果返回。

调用代码必须对 createMap 代码的结果执行断言以便缩小到特定 map 类型（本例中为 map[string]string）。本例中的转换函数必须实现为接收并返回空接口，以便 createMap 函数可以使用它。我将在第 29 章解释如何使用反射来改进函数的处理。编译并执行项目，你将看到如下输出：

```
Key: Alice, Value:ALICE
Key: Bob, Value:BOB
Key: Charlie, Value:CHARLIE
```

28.7 使用结构类型

Type 结构定义了可用于检查结构类型的方法，如表 28-13 中所述。

表 28-13　结构的 Type 方法

方法	描述
NumField()	该方法返回结构类型定义的字段个数
Field(index)	该方法返回指定索引处的字段，用 StructField 描述
FieldByIndex(indices)	该方法接收一个 int 切片，它用于定位一个嵌套字段，用 StructField 表示
FieldByName(name)	该方法返回具有指定名称的字段，该字段由 StructField 表示。结果是一个表示字段的 StructField 和一个指示是否找到匹配项的 bool 值
FieldByNameFunc(func)	该方法将每个字段（包括嵌套字段）的名称传递给指定的函数，并返回使函数返回 true 的第一个字段。结果是一个表示字段的 StructField 和一个指示是否找到匹配项的 bool 值

reflect 包通过 StructField 结构表示反射字段，该结构定义的字段如表 28-14 所示。

表 28-14　StructField 的字段

字段	描述
Name	该字段存储反射字段的名称
PkgPath	该字段返回包名，用于判断字段是否已经导出。对于导出的反射字段，该字段返回空字符串。对于没有导出的反射字段，该字段返回包的名称，该包是唯一可以使用该字段的包
Type	该字段返回反射字段反射的类型，使用 Type 进行描述
Tag	该字段返回与反射字段关联的结构标签，如 28.7.3 节所述
Index	该字段返回一个 int 切片，用于 FieldByIndex 方法使用的字段索引，参见表 28-13
Anonymous	如果反射字段是嵌入的，则该字段返回 true，否则返回 false

代码清单 28-15 使用表 28-13 和表 28-14 中描述的方法和字段来检查结构类型。

代码清单 28-15　在 reflection/main.go 文件中检查结构类型

```
package main

import (
    "reflect"
    // "strings"
    // "fmt"
)

func inspectStructs(structs ...interface{}) {
    for _, s := range structs {
        structType := reflect.TypeOf(s)
        if (structType.Kind() == reflect.Struct) {
            inspectStructType(structType)
        }
    }
}

func inspectStructType(structType reflect.Type) {
    Printfln("--- Struct Type: %v", structType)
    for i := 0; i < structType.NumField(); i++ {
        field := structType.Field(i)
        Printfln("Field %v: Name: %v, Type: %v, Exported: %v",
```

```
            field.Index, field.Name, field.Type, field.PkgPath == "")
    }
    Println("--- End Struct Type: %v", structType)
}

func main() {
    inspectStructs( Purchase{} )
}
```

inspectStructs 函数定义了一个可变参数，用于接收值。TypeOf 函数用于获取反射类型，Kind 方法用于确保每个类型是一个结构体。反射的 Type 被传递给 inspectStructType 函数，其中 NumField 方法用于 for 循环，这允许通过使用 Field 方法遍历结构字段。编译并执行项目，你将看到 Purchase 结构类型的详细信息：

```
--- Struct Type: main.Purchase
Field [0]: Name: Customer, Type: main.Customer, Exported: true
Field [1]: Name: Product, Type: main.Product, Exported: true
Field [2]: Name: Total, Type: float64, Exported: true
Field [3]: Name: taxRate, Type: float64, Exported: false
--- End Struct Type: main.Purchase
```

28.7.1 处理嵌套字段

代码清单 28-15 的输出包括 StructField.Index 字段，该字段用于标识结构类型定义的每个字段的位置，如下所示：

```
...
Field [2]: Name: Total, Type: float64, Exported: true
...
```

Total 字段位于索引 2。字段的索引由它们在源代码中定义的顺序决定，这意味着更改源代码中字段的顺序将改变其在反射结构类型中的索引。

当结构中有嵌套的字段时，检查字段会变得更加复杂，如代码清单 28-16 所示。

代码清单 28-16 检查 reflection/main.go 文件中的嵌套结构字段

```
package main

import (
    "reflect"
    // "strings"
    // "fmt"
)

func inspectStructs(structs ...interface{}) {
    for _, s := range structs {
        structType := reflect.TypeOf(s)
        if (structType.Kind() == reflect.Struct) {
            inspectStructType([]int {}, structType)
        }
    }
}

func inspectStructType(baseIndex []int, structType reflect.Type) {
    Println("--- Struct Type: %v", structType)
```

```
    for i := 0; i < structType.NumField(); i++ {
        fieldIndex := append(baseIndex, i)
        field := structType.Field(i)
        Printfln("Field %v: Name: %v, Type: %v, Exported: %v",
            fieldIndex, field.Name, field.Type, field.PkgPath == "")
        if (field.Type.Kind() == reflect.Struct) {
            field := structType.FieldByIndex(fieldIndex)
            inspectStructType(fieldIndex, field.Type)
        }
    }
    Printfln("--- End Struct Type: %v", structType)
}

func main() {
    inspectStructs( Purchase{} )
}
```

新代码检测结构字段并通过递归调用 inspectStructType 函数来处理它们。

提示 可以使用相同的方法检查作为指向结构类型的指针的字段，使用 Type.Elem 方法获取指针所指的类型。

编译并执行项目，你会看到如下输出，我在其中添加了缩进，使字段之间的关系更加明显：

```
--- Struct Type: main.Purchase
Field [0]: Name: Customer, Type: main.Customer, Exported: true
  --- Struct Type: main.Customer
  Field [0 0]: Name: Name, Type: string, Exported: true
  Field [0 1]: Name: City, Type: string, Exported: true
 --- End Struct Type: main.Customer
Field [1]: Name: Product, Type: main.Product, Exported: true
  --- Struct Type: main.Product
  Field [1 0]: Name: Name, Type: string, Exported: true
  Field [1 1]: Name: Category, Type: string, Exported: true
  Field [1 2]: Name: Price, Type: float64, Exported: true
 --- End Struct Type: main.Product
Field [2]: Name: Total, Type: float64, Exported: true
Field [3]: Name: taxRate, Type: float64, Exported: false
--- End Struct Type: main.Purchase
```

你可以看到对 Purchase 结构类型的检查现在包括嵌套的 Product 和 Customer 字段，并显示由这些嵌套类型定义的字段。你可以从输出结果中看到，我使用了定义它们的类型和父类型中的索引标记了每个字段，如下所示：

```
...
Field [1 2]: Name: Price, Type: float64, Exported: true
...
```

Price 字段在其 Product 结构中位于索引 2，而在 Purchase 结构中位于索引 1。

reflect 包在处理嵌套结构字段时有些不同的处理方式。FieldByIndex 方法用于定位嵌套字段，如果我知道索引顺序，我可以直接请求一个字段，这样我就可以通过 FieldByIndex 方法 []int {1, 2} 直接获取 Price 字段。问题是 FieldByIndex 方法返回的 StructField 的 Index 字段仅返回一个元素，它只代表它直接所属的结构中的索引。

这意味着 FieldByIndex 方法的结果不能简单用于对同一方法的后续调用，正是出于这个原因，我需要使用我自己的 int 切片跟踪索引并将其用作代码清单 28-16 中的 FieldByIndex

方法的参数：

```
...
fieldIndex := append(baseIndex, i)
...
field := structType.FieldByIndex(fieldIndex)
...
```

这个问题让探查结构类型有点复杂，但是一旦你知道了这个问题，就很容易绕过它，并且大多数项目也不会尝试以这种方式遍历字段树。

28.7.2 按名称查找字段

28.7.1 节中描述的问题不会影响 FieldByName 方法，该方法会搜索具有特定名称的字段并正确设置它返回的 StructField 的 Index 字段，如代码清单 28-17 所示。

代码清单 28-17 在 reflection/main.go 文件中按名称查找结构字段

```go
package main

import (
    "reflect"
    //"strings"
    //"fmt"
)

func describeField(s interface{}, fieldName string) {
    structType := reflect.TypeOf(s)
    field, found := structType.FieldByName(fieldName)
    if (found) {
        Printfln("Found: %v, Type: %v, Index: %v",
            field.Name, field.Type, field.Index)
        index := field.Index
        for len(index) > 1 {
            index = index[0: len(index) -1]
            field = structType.FieldByIndex(index)
            Printfln("Parent : %v, Type: %v, Index: %v",
                field.Name, field.Type, field.Index)
        }
        Printfln("Top-Level Type: %v" , structType)
    } else {
        Printfln("Field %v not found", fieldName)
    }
}

func main() {
    describeField( Purchase{}, "Price" )
}
```

describeField 函数使用 FieldByName 方法，该方法查找具有指定名称的第一个字段，设置好 StructField 的 Index 字段并返回。for 循环用于反向回溯类型层次结构，依次检查每个父级结构。编译并执行项目，你会看到如下结果：

```
Found: Price, Type: float64, Index: [1 2]
Parent : Product, Type: main.Product, Index: [1]
Top-Level Type: main.Purchase
```

注意，我必须使用 FieldByName 方法返回的 StructField 中的 Index 值，因为如果使用 FieldByIndex 方法处理层次结构会导致 28.7.1 节中描述的问题。

28.7.3　检查结构标签

StructField.Tag 字段提供与字段关联的结构标签的详细信息。结构标签只能使用反射来检查，这限制了它们的使用场景。由于这个限制，因此很多项目只会在定义结构时使用标签来为其他包提供提示信息，例如在第 21 章使用 JSON 数据所演示的那样。

Tag 字段返回一个 StructTag 值，它是 string 的别名。结构标签本质上是一个含有编码键值对的字符串，创建 StructTag 别名类型的原因是允许定义表 28-15 中描述的方法。

表 28-15　StructTag 类型定义的方法

方法	描述
Get(key)	该方法返回一个包含指定键值的 string，如果键上未定义值，则返回空字符串
Lookup(key)	该方法返回一个 string，其中包含指定键的值（如果未定义值，则返回空字符串）以及一个 bool 值，如果找到定义的键，则 bool 值为 true，否则为 false

表 28-15 中的两个方法类似，不同之处在于 Lookup 方法可以区分未定义值的键和定义了空字符串作为值的键。

代码清单 28-18 定义了一个带有标签的结构并演示了这些方法的使用。

代码清单 28-18　在 reflection/main.go 文件中检查结构标签

```go
package main

import (
    "reflect"
    //"strings"
    //"fmt"
)

func inspectTags(s interface{}, tagName string) {
    structType := reflect.TypeOf(s)
    for i := 0; i < structType.NumField(); i++ {
        field := structType.Field(i)
        tag := field.Tag
        valGet := tag.Get(tagName)
        valLookup, ok := tag.Lookup(tagName)
        Printfln("Field: %v, Tag %v: %v", field.Name, tagName, valGet)
        Printfln("Field: %v, Tag %v: %v, Set: %v",
            field.Name, tagName, valLookup, ok)
    }
}

type Person struct {
    Name string `alias:"id"`
    City string `alias:""`
    Country string
}

func main() {
    inspectTags(Person{}, "alias")
}
```

inspectTags 函数遍历由结构类型定义的字段，并使用 Get 和 Lookup 方法获取指定的标签。该函数应用于 Person 类型，该类型在其某些字段上定义了 alias 标记。编译并执行项目，你将看到如下输出：

```
Field: Name, Tag alias: id
Field: Name, Tag alias: id, Set: true
Field: City, Tag alias:
Field: City, Tag alias: , Set: true
Field: Country, Tag alias:
Field: Country, Tag alias: , Set: false
```

Lookup 方法返回的附加结果可以区分 alias 标记定义为空字符串的 City 字段和根本没有 alias 标记的 Country 字段。

28.7.4 创建结构类型

reflect 包提供了表 28-16 中描述的用于创建结构类型的函数。该功能并不常用，因为结果是一个只能与反射一起使用的类型。

表 28-16 用于创建结构类型的 reflect 函数

函数	描述
StructOf(fields)	该函数创建一个新的结构类型，使用指定的 StructField 切片来定义字段。只能指定导出的字段

代码清单 28-19 创建一个结构类型，然后检查它的标签。

代码清单 28-19 在 reflection/main.go 文件中创建结构类型

```go
package main

import (
    "reflect"
    //"strings"
    //"fmt"
)

func inspectTags(s interface{}, tagName string) {
    structType := reflect.TypeOf(s)
    for i := 0; i < structType.NumField(); i++ {
        field := structType.Field(i)
        tag := field.Tag
        valGet := tag.Get(tagName)
        valLookup, ok := tag.Lookup(tagName)
        Printfln("Field: %v, Tag %v: %v", field.Name, tagName, valGet)
        Printfln("Field: %v, Tag %v: %v, Set: %v",
            field.Name, tagName, valLookup, ok)
    }
}

func main() {

    stringType := reflect.TypeOf("this is a string")

    structType := reflect.StructOf([] reflect.StructField {
```

```
        { Name: "Name", Type: stringType, Tag: `alias:"id"` },
        { Name: "City", Type: stringType,Tag: `alias:""`},
        { Name: "Country", Type: stringType },
    })

    inspectTags(reflect.New(structType), "alias")
}
```

上述示例创建一个结构，该结构与28.7.3节中的Person结构具有相同的特征，具有Name、City和Country字段。这些字段通过创建StructField值来描述，这些值只是常规的Go结构。New函数用于从结构中创建一个新值，该值将传递给inspectTags函数。编译并执行项目，你将收到如下输出：

```
Field: typ, Tag alias:
Field: typ, Tag alias: , Set: false
Field: ptr, Tag alias:
Field: ptr, Tag alias: , Set: false
Field: flag, Tag alias:
Field: flag, Tag alias: , Set: false
```

28.8　使用结构值

Value接口定义了表28-17中描述的用于处理结构值的方法。

表28-17　用于处理结构值的Value方法

方法	描述
NumField()	该方法返回由结构值类型定义的字段个数
Field(index)	该方法返回一个Value，该值表示指定索引处的字段
FieldByIndex(indices)	该方法返回一个Value，该值表示指定索引处的嵌套字段
FieldByName(name)	该方法返回一个Value，该值表示具有指定名称的第一个字段
FieldByNameFunc(func)	该方法将每个字段（包括嵌套字段）的名称传递给指定的函数，并返回一个使函数返回true的第一个字段的Value，以及一个指示是否找到匹配项的bool值

表28-17中的方法对与28.7节中描述的使用结构类型的方法相对应。一旦理解了结构类型的组成，就可以为每个感兴趣的字段获取一个Value并应用基本的反射功能，如代码清单28-20所示。

代码清单28-20　读取reflection/main.go文件中的结构字段值

```
package main

import (
    "reflect"
    //"strings"
    //"fmt"
)

func getFieldValues(s interface{}) {
    structValue := reflect.ValueOf(s)
```

```
    if structValue.Kind() == reflect.Struct {
        for i := 0; i < structValue.NumField(); i++ {
            fieldType := structValue.Type().Field(i)
            fieldVal := structValue.Field(i)
            Printfln("Name: %v, Type: %v, Value: %v",
                fieldType.Name, fieldType.Type, fieldVal)
        }
    } else {
        Printfln("Not a struct")
    }
}

func main() {
    product := Product{ Name: "Kayak", Category: "Watersports", Price: 279 }
    customer := Customer{ Name: "Acme", City: "Chicago" }
    purchase := Purchase { Customer: customer, Product: product, Total: 279,
        taxRate: 10 }

    getFieldValues(purchase)
}
```

getFieldValues 函数枚举一个结构体定义的所有字段，并输出字段类型和值的详细信息。编译并执行项目，你将看到如下输出：

```
Name: Customer, Type: main.Customer, Value: {Acme Chicago}
Name: Product, Type: main.Product, Value: {Kayak Watersports 279}
Name: Total, Type: float64, Value: 279
Name: taxRate, Type: float64, Value: 10
```

设置结构字段值

一旦获得结构字段的 Value，就可以像任何其他反射一样修改该它，如代码清单 28-21 所示。

代码清单 28-21 在 reflection/main.go 文件中设置结构字段值

```
package main

import (
    "reflect"
    //"strings"
    //"fmt"
)

func setFieldValue(s interface{}, newVals map[string]interface{}) {
    structValue := reflect.ValueOf(s)
    if (structValue.Kind() == reflect.Ptr &&
            structValue.Elem().Kind() == reflect.Struct) {
        for name, newValue := range newVals {
            fieldVal := structValue.Elem().FieldByName(name)
            if (fieldVal.CanSet()) {
                fieldVal.Set(reflect.ValueOf(newValue))
            } else if (fieldVal.CanAddr()) {
                ptr := fieldVal.Addr()
                if (ptr.CanSet()) {
                    ptr.Set(reflect.ValueOf(newValue))
```

```
                } else {
                    Println("Cannot set field via pointer")
                }
            } else {
                Println("Cannot set field")
            }
        }
    } else {
        Println("Not a pointer to a struct")
    }
}

func getFieldValues(s interface{}) {
    structValue := reflect.ValueOf(s)
    if structValue.Kind() == reflect.Struct {
        for i := 0; i < structValue.NumField(); i++ {
            fieldType := structValue.Type().Field(i)
            fieldVal := structValue.Field(i)
            Println("Name: %v, Type: %v, Value: %v",
                fieldType.Name, fieldType.Type, fieldVal)
        }
    } else {
        Println("Not a struct")
    }
}

func main() {
    product := Product{ Name: "Kayak", Category: "Watersports", Price: 279 }
    customer := Customer{ Name: "Acme", City: "Chicago" }
    purchase := Purchase { Customer: customer, Product: product, Total: 279,
        taxRate: 10 }

    setFieldValue(&purchase, map[string]interface{} {
        "City": "London", "Category": "Boats", "Total": 100.50,
    })

    getFieldValues(purchase)
}
```

与其他数据类型一样，只能通过反射改变指针指向的结构的值。Elem 方法用于跟随指针，以便可以使用表 28-17 中描述的方法之一获取反射字段的 Value。CanSet 方法用于确定字段是否可以被设置。

非嵌套结构的字段需要一个额外的步骤，即使用 Addr 方法创建一个指向字段值的指针，如下所示：

```
...
} else if (fieldVal.CanAddr()) {
    ptr := fieldVal.Addr()
    if (ptr.CanSet()) {
        ptr.Set(reflect.ValueOf(newValue))
...
```

如果没有这个额外的步骤，则无法修改非嵌套字段的值。代码清单 28-21 中的修改改变了 City、Category 和 Total 字段的值，在编译并运行项目时产生如下输出：

```
Name: Customer, Type: main.Customer, Value: {Acme London}
Name: Product, Type: main.Product, Value: {Kayak Boats 279}
Name: Total, Type: float64, Value: 100.5
Name: taxRate, Type: float64, Value: 10
```

注意，在代码清单 28-21 中，即使在调用了 `Addr` 方法创建了指针值之后，我还是使用了 `CanSet` 方法。反射不能用于设置未导出的结构字段，因此我需要执行额外的检查以避免尝试去设置一个永远无法设置的字段而导致崩溃。实际上，也可以通过一些变通的方法设置未导出字段，但这是不好的编程手段，我也不建议使用它们。如果你需要设置未导出的字段，可以自行上网搜索。

28.9 小结

在本章中，我继续讲述了 Go 的反射功能，解释了它们如何与指针、数组、切片、map 和结构一起使用。反射重要且复杂，我将在第 29 章完成对它的描述。

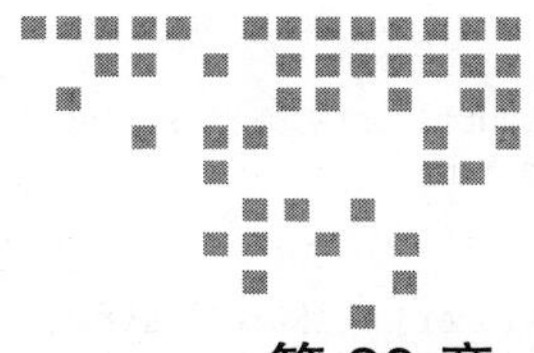

第 29 章 Chapter 29

使用反射：第 3 部分

在本章中，我将继续完成第 27 章～第 28 章对 Go 反射的讲述。在本章中，我将解释如何将反射用于函数、方法、接口和通道。表 29-1 是本章内容概要。

表 29-1 章节内容概要

问题	解决方案	代码清单
检查并调用反射函数	使用函数的 Type 和 Value 方法	29-5～29-7
创建新函数	使用 FuncOf 和 MakeFunc 函数	29-8、29-9
检查和调用反射方法	对方法使用 Type 和 Value 方法	29-10～29-12
检查反射接口	对接口使用 Type 和 Value 方法	29-13～29-15
检查和使用反射通道	对通道使用 Type 和 Value 方法	29-16～29-19

29.1 为本章做准备

在本章中，我继续使用第 28 章中的反射项目。为准备本章的环境，将一个名为 `interfaces.go` 的文件添加到 `reflection` 项目中，其内容如代码清单 29-1 所示。

代码清单 29-1 reflection/interfaces.go 文件内容

```
package main

import "fmt"

type NamedItem interface {
    GetName() string
    unexportedMethod()
}
type CurrencyItem interface {
    GetAmount() string
    currencyName() string
```

```
}

func (p *Product) GetName() string {
    return p.Name
}

func (c *Customer) GetName() string {
    return c.Name
}

func (p *Product) GetAmount() string {
    return fmt.Sprintf("$%.2f", p.Price)
}

func (p *Product) currencyName() string {
    return "USD"
}

func (p *Product) unexportedMethod() {}
```

将名为 `functions.go` 的文件添加到 `reflection` 文件夹，其内容如代码清单 29-2 所示。

代码清单 29-2 reflection/functions.go 文件内容

```
package main

func Find(slice []string, vals... string) (matches bool) {
    for _, s1 := range slice {
        for _, s2 := range vals {
            if s1 == s2 {
                matches = true
                return
            }
        }
    }
    return
}
```

将名为 `methods.go` 的文件添加到 `reflection` 文件夹，其内容如代码清单 29-3 所示。

代码清单 29-3 reflection/methods.go 文件内容

```
package main

func (p Purchase) calcTax(taxRate float64) float64 {
    return p.Price * taxRate
}
func (p Purchase) GetTotal() float64 {
    return p.Price + p.calcTax(.20)
}
```

在 `reflection` 目录中使用代码清单 29-4 所示的命令来编译和执行项目。

代码清单 29-4 编译并执行项目

```
go run .
```

上述命令产生如下输出：

```
Name: Customer, Type: main.Customer, Value: {Acme London}
Name: Product, Type: main.Product, Value: {Kayak Boats 279}
Name: Total, Type: float64, Value: 100.5
Name: taxRate, Type: float64, Value: 10
```

29.2　使用函数类型

如第 9 章所述，在 Go 中函数也是一个类型，如你所料，函数可以通过反射进行检查和使用。Type 结构也定义了可用于检查函数类型的方法，如表 29-2 中所述。

表 29-2　Type 结构用于检查函数类型的方法

方法	描述
NumIn()	该方法返回函数定义的入口参数个数
In(index)	该方法返回反映指定索引处参数的 Type
IsVariadic()	如果最后一个参数是可变参数，则该方法返回 true
NumOut()	该方法返回函数定义的返回结果的个数
Out(index)	该方法返回一个表示指定索引处返回结果的 Type

代码清单 29-5　使用反射来描述一个函数。

代码清单 29-5　在 reflection/main.go 文件中反射一个函数

```go
package main

import (
    "reflect"
    //"strings"
    //"fmt"
)
func inspectFuncType(f interface{}) {
    funcType := reflect.TypeOf(f)
    if (funcType.Kind() == reflect.Func) {
        Printfln("Function parameters: %v", funcType.NumIn())
        for i := 0 ; i < funcType.NumIn(); i++ {
            paramType := funcType.In(i)
            if (i < funcType.NumIn() -1) {
                Printfln("Parameter #%v, Type: %v", i, paramType)
            } else {
                Printfln("Parameter #%v, Type: %v, Variadic: %v", i, paramType,
                    funcType.IsVariadic())
            }
        }
        Printfln("Function results: %v", funcType.NumOut())
        for i := 0 ; i < funcType.NumOut(); i++ {
            resultType := funcType.Out(i)
            Printfln("Result #%v, Type: %v", i, resultType)
        }
    }
}
```

```
func main() {
    inspectFuncType(Find)
}
```

inspectFuncType 函数使用表 29-2 中描述的方法来检查函数类型，并报告其参数和结果。编译并执行该项目，你将看到如下输出，它描述了代码清单 29-2 中定义的 Find 函数：

```
Parameter #0, Type: []string
Parameter #1, Type: []string, Variadic: true
Function results: 1
Result #0, Type: bool
```

输出显示 Find 函数有两个输入参数，最后一个参数是可变的，该函数只返回一个结果。

29.3 使用函数值

Value 接口定义了表 29-3 中描述的调用函数的方法。

表 29-3 调用函数的 Value 方法

方法	描述
Call(params)	该函数使用 []Value 作为参数调用反射函数。结果是包含函数结果的 []Value。调用时提供的作为参数的值必须与函数定义的参数匹配

Call 方法调用一个函数并返回一个包含结果的切片。函数的参数使用 Value 切片指定，Call 方法自动检测可变参数。结果作为另一个 Value 切片返回，如代码清单 29-6 所示。

代码清单 29-6 在 reflection/main.go 文件中调用一个函数

```
package main

import (
    "reflect"
    //"strings"
    //"fmt"
)

func invokeFunction(f interface{}, params ...interface{}) {
    paramVals := []reflect.Value {}
    for _, p := range params {
        paramVals = append(paramVals, reflect.ValueOf(p))
    }
    funcVal := reflect.ValueOf(f)
    if (funcVal.Kind() == reflect.Func) {
        results := funcVal.Call(paramVals)
        for i, r := range results {
            Printfln("Result #%v: %v", i, r)
        }
    }
}

func main() {
    names := []string { "Alice", "Bob", "Charlie" }
    invokeFunction(Find, names, "London", "Bob")
}
```

编译并执行该项目，你将看到如下输出：

```
Result #0: true
```

以这种方式调用函数不常用，因为调用代码本身可以直接调用函数而无须多此一举。但该示例主要用于清楚地说明 Call 方法的使用，并着重说明参数和结果均使用 Value 切片表示。代码清单 29-7 提供了一个更现实的例子。

代码清单 29-7　在 reflection/main.go 文件中的 Slice 元素上调用函数

```
package main

import (
    "reflect"
    "strings"
    //"fmt"
)
func mapSlice(slice interface{}, mapper interface{}) (mapped []interface{}) {
    sliceVal := reflect.ValueOf(slice)
    mapperVal := reflect.ValueOf(mapper)
    mapped = []interface{} {}
    if sliceVal.Kind() == reflect.Slice && mapperVal.Kind() == reflect.Func &&
            mapperVal.Type().NumIn() == 1 &&
            mapperVal.Type().In(0) == sliceVal.Type().Elem() {
        for i := 0; i < sliceVal.Len(); i++ {
            result := mapperVal.Call([]reflect.Value {sliceVal.Index(i)})
            for _, r := range result {
                mapped = append(mapped, r.Interface())
            }
        }
    }
    return
}

func main() {
    names := []string { "Alice", "Bob", "Charlie" }
    results := mapSlice(names, strings.ToUpper)
    Printfln("Results: %v", results)
}
```

mapSlice 函数接受切片和函数，将每个切片元素传递给函数，并返回结果。直接通过函数参数指定参数数量是可行的，但会令人难以理解，如下代码所示：

```
...
mapper func(interface{}) interface{}
...
```

这种方法的问题是它会限制某些函数的使用，比如那些将输入参数和返回结果都定义为空接口的函数。相反，可以将整个函数指定为单个空接口值，如下所示：

```
...
func mapSlice(slice interface{}, mapper interface{}) (mapped []interface{}) {
...
```

这样就可以使用任何函数，但在使用时需要检查相关函数以确保它是按预期的方式使用的：

```
...
if sliceVal.Kind() == reflect.Slice && mapperVal.Kind() == reflect.Func &&
    mapperVal.Type().NumIn() == 1 &&
    mapperVal.Type().In(0) == sliceVal.Type().Elem() {
...
```

上述这些检查确保函数定义了单个参数并且参数类型与切片元素类型相匹配。编译并执行项目，你会看到如下结果：

```
Results: [ALICE BOB CHARLIE]
```

创建和调用新函数类型和值

reflect 包定义了表 29-4 中描述的用于创建新函数类型和值的函数。

表 29-4 用于创建新函数类型和值的 reflect 包函数

函数	描述
FuncOf(params, results, variadic)	该函数创建一个新 Type，该 Type 代表具有指定参数和结果的函数类型。最后一个参数指定函数类型是否具有可变参数。参数和结果都是 Type 切片
MakeFunc(type, fn)	该函数返回一个 Value，该 Value 代表一个新函数，该函数是函数 fn 的包装器。该函数必须接收一个 Value 切片作为其唯一参数，并返回一个 Value 切片作为其唯一结果

FuncOf 函数的一个用途是创建一个类型原型，并用它来检查函数值的原型。如代码清单 29-8 所示，替换 29.2 节中执行的检查。

代码清单 29-8 在 reflection/main.go 文件中创建函数类型

```
package main

import (
    "reflect"
    "strings"
    //"fmt"
)

func mapSlice(slice interface{}, mapper interface{}) (mapped []interface{}) {
    sliceVal := reflect.ValueOf(slice)
    mapperVal := reflect.ValueOf(mapper)
    mapped = []interface{} {}

    if sliceVal.Kind() == reflect.Slice && mapperVal.Kind() == reflect.Func {
        paramTypes := []reflect.Type { sliceVal.Type().Elem() }
        resultTypes := []reflect.Type {}
        for i := 0; i < mapperVal.Type().NumOut(); i++ {
            resultTypes = append(resultTypes, mapperVal.Type().Out(i))
        }
        expectedFuncType := reflect.FuncOf(paramTypes,
            resultTypes, mapperVal.Type().IsVariadic())
        if (mapperVal.Type() == expectedFuncType) {
            for i := 0; i < sliceVal.Len(); i++ {
                result := mapperVal.Call([]reflect.Value {sliceVal.Index(i)})
                for _, r := range result {
                    mapped = append(mapped, r.Interface())
                }
```

```
            }
        } else {
            Println("Function type not as expected")
        }
    }
    return
}

func main() {
    names := []string { "Alice", "Bob", "Charlie" }
    results := mapSlice(names, strings.ToUpper)
    Println("Results: %v", results)
}
```

这种方法的代码同样冗长，尤其是当我想接收与切片元素类型具有相同参数类型但可以返回任何结果类型的函数时。获取切片元素类型很简单，但我必须做一些必要的工作来创建一个表示映射器函数结果的 Type 切片，以确保我创建的类型能被正确地比较。编译并运行项目，你将看到如下输出：

```
Results: [ALICE BOB CHARLIE]
```

FuncOf 函数通过 MakeFunc 函数得到补充，后者可以使用函数类型作为模板创建新函数。代码清单 29-9 演示了使用 MakeFunc 函数创建可重用的类型化映射函数。

代码清单 29-9 在 reflection/main.go 文件中创建一个函数

```
package main

import (
    "reflect"
    "strings"
    "fmt"
)

func makeMapperFunc(mapper interface{}) interface{} {
    mapVal := reflect.ValueOf(mapper)
    if mapVal.Kind() == reflect.Func && mapVal.Type().NumIn() == 1 &&
            mapVal.Type().NumOut() == 1  {
        inType := reflect.SliceOf( mapVal.Type().In(0))
        inTypeSlice := []reflect.Type { inType }
        outType := reflect.SliceOf( mapVal.Type().Out(0))
        outTypeSlice := []reflect.Type { outType }
        funcType := reflect.FuncOf(inTypeSlice, outTypeSlice, false)
        funcVal := reflect.MakeFunc(funcType,
                func (params []reflect.Value) (results []reflect.Value) {
            srcSliceVal := params[0]
            resultsSliceVal := reflect.MakeSlice(outType, srcSliceVal.Len(), 10)
            for i := 0; i < srcSliceVal.Len(); i++ {
                r := mapVal.Call([]reflect.Value { srcSliceVal.Index(i)})
                resultsSliceVal.Index(i).Set(r[0])
            }
            results = []reflect.Value { resultsSliceVal }
            return
        })
        return funcVal.Interface()
```

```
    }
    Printfln("Unexpected types")
    return nil
}

func main() {

    lowerStringMapper := makeMapperFunc(strings.ToLower).(func([]string)[]string)
    names := []string { "Alice", "Bob", "Charlie" }
    results := lowerStringMapper(names)
    Printfln("Lowercase Results: %v", results)

    incrementFloatMapper := makeMapperFunc(func (val float64) float64 {
        return val + 1
    }).(func([]float64)[]float64)
    prices := []float64 { 279, 48.95, 19.50}
    floatResults := incrementFloatMapper(prices)
    Printfln("Increment Results: %v", floatResults)

    floatToStringMapper := makeMapperFunc(func (val float64) string {
        return fmt.Sprintf("$%.2f", val)
    }).(func([]float64)[]string)
    Printfln("Price Results: %v", floatToStringMapper(prices))
}
```

makeMapperFunc 函数展示了反射的灵活性，但也展示了反射的冗长和密集。理解这个函数的最好方法是聚焦在输入和输出上。makeMapperFunc 接收一个将一个值转换为另一个值的函数，函数原型如下：

```
...
func mapper(int) string
...
```

这个假想的函数接收一个 int 值并产生一个 string 结果。makeMapperFunc 使用这个函数的类型来生成一个函数，在常规 Go 代码中会像下面这样表达：

```
...
func useMapper(slice []int) []string {
    results := []string {}
    for _, val := range slice {
        results = append(results, mapper(val))
    }
    return results
}
...
```

useMapper 函数是 mapper 函数的包装器。mapper 和 useMapper 函数很容易在常规 Go 代码中定义，但它们只能特定于一组类型。makeMapperFunc 使用反射，以便它可以接收任何映射函数并生成适当的包装器，然后它们就可以像其他函数那样在编译时执行标准的 Go 类型安全检查。

第一步是识别映射函数的类型：

```
...
inType := reflect.SliceOf( mapVal.Type().In(0))
inTypeSlice := []reflect.Type { inType }
```

```
outType := reflect.SliceOf( mapVal.Type().Out(0))
outTypeSlice := []reflect.Type { outType }
...
```

然后使用这些类型为包装器创建函数类型：

```
...
funcType := reflect.FuncOf(inTypeSlice, outTypeSlice, false)
...
```

一旦我有了函数类型，我就可以使用它来使用 MakeFunc 函数创建包装函数：

```
...
funcVal := reflect.MakeFunc(funcType,
    func (params []reflect.Value) (results []reflect.Value) {
...
```

MakeFunc 函数接收描述函数的类型和新函数将调用的函数。在代码清单 29-9 中，函数枚举切片中的元素，为每个元素调用映射器函数，并构建结果切片。

结果是一个类型安全的函数，尽管它还是需要类型断言：

```
...
lowerStringMapper := makeMapperFunc(strings.ToLower).(func([]string)[]string)
...
```

makeMapperFunc 被传递给 strings.ToLower 函数并生成一个接收字符串切片并返回字符串切片的函数。对 makeMapperFunc 的其他调用创建将 float64 值转换为其他 float64 值以及将 float64 值转换为货币格式字符串的函数。编译并执行项目，你将看到如下输出：

```
Lowercase Results: [alice bob charlie]
Increment Results: [280 49.95 20.5]
Price Results: [$279.00 $48.95 $19.50]
```

29.4　使用方法

Type 结构定义了表 29-5 中描述的方法，用于检查一个结构定义的方法。

表 29-5　用于方法的 Type 方法

方法	描述
NumMethod()	该方法返回为反射的结构类型定义的导出方法的个数
Method(index)	该方法返回指定索引处的反射方法，用 Method 结构表示
MethodByName(name)	该方法返回具有指定名称的反射方法。结果是一个 Method 结构和一个 bool 值，后者指示是否存在具有指定名称的方法

注意　反射不支持创建新方法。它只能用于检查和调用现有方法。

方法用 Method 结构表示，它定义表 29-6 中描述的字段。

表 29-6　Method 结构定义的字段

字段	描述
Name	该字段以 string 形式返回方法的名称

（续）

字段	描述
PkgPath	如 29.5 节所述，该字段用于接口，而不用于通过结构类型访问的方法。该字段返回一个包含包路径的 string。对于导出字段将返回空字符串，对于未导出字段，将返回结构包名称
Type	该字段返回描述方法函数类型的 Type
Func	该字段返回一个代表方法函数值的 Value。调用方法时，第一个参数必须是调用方法对应的结构
Index	该字段返回一个指定方法索引的 int 值，用于表 29-5 中描述的 Method 方法

注意 在检查结构时，本节中描述的方法产生的结果包含从嵌入式字段提升的方法。

Value 接口还定义了作用于反射方法的方法，如表 29-7 所述。

表 29-7 作用于反射方法的 Value 方法

方法	描述
NumMethod()	该方法返回为反映的结构类型定义的导出方法的个数。通过调用 Type.NumMethod 方法实现
Method(index)	该方法返回一个 Value，该 Value 代表指定索引处的方法函数，调用函数时不会将接收者作为第一个参数提供
MethodByName(name)	该方法返回一个 Value，该 Value 代表具有指定名称的方法函数，调用函数时不会将接收者作为第一个参数提供

表 29-7 中的方法是一些很便利的方法，它们提供对与表 29-5 中的方法相同的底层功能的访问，尽管调用方法的方式有所不同，我将在 29.5 节继续讲解这一点。

代码清单 29-10 定义了一个函数，该函数使用 Type 结构提供的方法来获取和显示结构定义的方法。

代码清单 29-10 在 reflection/main.go 文件中获取和显示方法

```
package main

import (
    "reflect"
    //"strings"
    //"fmt"
)

func inspectMethods(s interface{}) {
    sType := reflect.TypeOf(s)
    if sType.Kind() == reflect.Struct || (sType.Kind() == reflect.Ptr &&
            sType.Elem().Kind() == reflect.Struct) {
        Printfln("Type: %v, Methods: %v", sType, sType.NumMethod())
        for i := 0; i < sType.NumMethod(); i++ {
            method := sType.Method(i)
            Printfln("Method name: %v, Type: %v",
                method.Name, method.Type)
        }
    }
}
func main() {

    inspectMethods(Purchase{})
```

```
    inspectMethods(&Purchase{})
}
```

在 Go 中可以很容易地调用方法，可以通过结构指针调用为结构定义的方法，反之亦然。然而，当使用反射检查类型时，结果却有些差异，你可以在项目编译和执行时的输出中看到这一点：

```
Type: main.Purchase, Methods: 1
Method name: GetTotal, Type: func(main.Purchase) float64
Type: *main.Purchase, Methods: 2
Method name: GetAmount, Type: func(*main.Purchase) string
Method name: GetTotal, Type: func(*main.Purchase) float64
```

当在 Purchase 类型上使用反射时，只会列出为 Product 定义的方法。但是当在 *Purchase 类型上使用反射时，为 Product 和 *Product 定义的方法都会列出。请注意，只有导出的方法可以通过反射访问——无法检查或调用未导出的方法。

调用方法

Method 结构定义了一个 Func 字段，通过使用与本章前面描述相同的方法，返回一个可用于调用方法的 Value，如代码清单 29-11 所示。

代码清单 29-11　在 reflection/main.go 文件中调用方法

```
package main

import (
    "reflect"
    //"strings"
    //"fmt"
)

func executeFirstVoidMethod(s interface{}) {
    sVal := reflect.ValueOf(s)
    for i := 0; i < sVal.NumMethod(); i++ {
        method := sVal.Type().Method(i)
        if method.Type.NumIn() == 1 {
            results := method.Func.Call([]reflect.Value{ sVal })
            Printfln("Type: %v, Method: %v, Results: %v",
                sVal.Type(), method.Name, results)
            break
        } else {
            Printfln("Skipping method %v %v", method.Name, method.Type.NumIn())
        }
    }
}
func main() {
    executeFirstVoidMethod(&Product { Name: "Kayak", Price: 279})
}
```

executeFirstVoidMethod 函数遍历参数的类型上定义的方法并调用只定义了一个参数的第一个方法。通过 Method.Func 字段调用方法时，第一个参数必须是接收者，即调用该方法的结构的实例的值：

```
...
results := method.Func.Call([]reflect.Value{ sVal })
...
```

这意味着在类型上寻找一个只有一个参数（parameter[㊀]）的方法会找到一个不带参数（argument）的方法，这可以在项目编译和执行时产生的结果中看到：

```
Type: *main.Product, Method: GetAmount, Results: [$279.00]
```

executeFirstVoidMethod 选择了 GetAmount 方法。当该方法通过 Value 接口调用时，无须指定接收者，如代码清单 29-12 所示。

代码清单 29-12 在 reflection/main.go 文件中通过 Value 调用方法

```
package main

import (
    "reflect"
    //"strings"
    //"fmt"
)

func executeFirstVoidMethod(s interface{}) {
    sVal := reflect.ValueOf(s)
    for i := 0; i < sVal.NumMethod(); i++ {
        method := sVal.Method(i)
        if method.Type().NumIn() == 0 {
            results := method.Call([]reflect.Value{})
            Printfln("Type: %v, Method: %v, Results: %v",
                sVal.Type(), sVal.Type().Method(i).Name, results)
            break
        } else {
            Printfln("Skipping method %v %v",
                sVal.Type().Method(i).Name, method.Type().NumIn())
        }
    }
}

func main() {
    executeFirstVoidMethod(&Product { Name: "Kayak", Price: 279})
}
```

要找到无须提供额外参数即可调用的方法，我必须寻找零参数的方法，由于没有明确指定接收者，因此会根据调用 Call 方法的 Value 确定接收者：

```
...
results := method.Call([]reflect.Value{})
...
```

上述代码与代码清单 29-11 中的代码有相同的输出。

29.5 使用接口

Type 结构定义了可用于检查接口类型的方法，如表 29-8 中所述。如 29.4 节所示，这些方

㊀ 此处的 parameter 和后面 argument 中文都译为参数，但前者在此指函数的接收者。——译者注

法中的大多数也可以应用于结构，但行为略有不同。

表 29-8　接口的类型方法

方法	描述
Implements(type)	如果被反射的 Value 实现了指定的接口（也由 Value 表示），则该方法返回 true
Elem()	该方法返回反射接口包含的值的 Value
NumMethod()	该方法返回为被反射的结构类型定义的导出方法的个数
Method(index)	该方法返回指定索引处的反射方法，使用 Method 结构表示
MethodByName(name)	该方法返回具有指定名称的反射方法。结果是一个 Method 结构和一个 bool 值，指示是否存在具有指定名称的方法

对接口使用反射时必须小心，因为 reflect 包总是从一个值开始，并试图使用该值的底层类型。解决这个问题最简单的方法是转换一个 nil 值，如代码清单 29-13 所示。

代码清单 29-13　在 reflection/main.go 文件中反射一个接口

```
package main

import (
    "reflect"
    //"strings"
    //"fmt"
)
func checkImplementation(check interface{}, targets ...interface{}) {
    checkType := reflect.TypeOf(check)
    if (checkType.Kind() == reflect.Ptr &&
            checkType.Elem().Kind() == reflect.Interface) {
        checkType := checkType.Elem()
        for _, target := range targets {
            targetType := reflect.TypeOf(target)
            Printfln("Type %v implements %v: %v",
                targetType, checkType, targetType.Implements(checkType))
        }
    }
}

func main() {
    currencyItemType := (*CurrencyItem)(nil)
    checkImplementation(currencyItemType, Product{}, &Product{}, &Purchase{})
}
```

为了指定我要检查的接口，我将一个 nil 转换为接口的指针，如下所示：

```
...
currencyItemType := (*CurrencyItem)(nil)
...
```

这必须通过一个指针完成，然后使用 Elem 方法在 checkImplementation 函数中跟随该指针，以获取被反射的接口的 Type，在此示例中为 CurrencyItem：

```
...
if (checkType.Kind() == reflect.Ptr &&
        checkType.Elem().Kind() == reflect.Interface) {
    checkType := checkType.Elem()
...
```

后面，就很容易通过 Implements 方法检查一个类型是否实现了某个接口了。编译并执行项目，你将看到如下输出：

```
Type main.Product implements main.CurrencyItem: false
Type *main.Product implements main.CurrencyItem: true
Type *main.Purchase implements main.CurrencyItem: true
```

输出显示 Product 结构未实现接口，但 *Product 实现了，因为 *Product 是用于实现 CurrencyItem 所需方法的接收者类型。*Purchase 类型也实现了该接口，因为在它的嵌套结构字段中定义了所需的方法。

29.5.1 从接口获取底层值

尽管反射通常会返回具体的类型，但有时候不能直接在接口上使用 Elem 方法，而是转移到具体实现该接口的类型上，如代码清单 29-14 所示。

代码清单 29-14 在 reflection/main.go 文件中获取底层接口值

```
package main

import (
    "reflect"
    //"strings"
    //"fmt"
)

type Wrapper struct {
    NamedItem
}

func getUnderlying(item Wrapper, fieldName string) {
    itemVal := reflect.ValueOf(item)
    fieldVal := itemVal.FieldByName(fieldName)
    Printfln("Field Type: %v", fieldVal.Type())
    if (fieldVal.Kind() == reflect.Interface) {
        Printfln("Underlying Type: %v", fieldVal.Elem().Type())
    }
}

func main() {
    getUnderlying(Wrapper{NamedItem: &Product{}}, "NamedItem")
}
```

Wrapper 类型定义了一个嵌套的 NamedItem 字段。getUnderlying 函数通过反射获取字段，将字段类型和通过 Elem 方法获取的底层类型全部输出。编译并执行项目，你会看到如下结果：

```
Field Type: main.NamedItem
Underlying Type: *main.Product
```

字段类型是 NamedItem 接口，但 Elem 方法显示赋值给 NamedItem 字段的底层值是 *Product。

29.5.2 检查接口方法

NumMethod、Method 和 MethodByName 方法可用于接口类型，但结果中包含未导出的方法，而这在直接检查结构类型时却并非如此，如代码清单 29-15 所示。

代码清单 29-15　在 reflection/main.go 文件中检查接口方法

```
package main

import (
    "reflect"
    //"strings"
    //"fmt"
)

type Wrapper struct {
    NamedItem
}

func getUnderlying(item Wrapper, fieldName string) {
    itemVal := reflect.ValueOf(item)
    fieldVal := itemVal.FieldByName(fieldName)
    Printfln("Field Type: %v", fieldVal.Type())
    for i := 0; i < fieldVal.Type().NumMethod(); i++ {
        method := fieldVal.Type().Method(i)
        Printfln("Interface Method: %v, Exported: %v",
            method.Name, method.PkgPath == "")
    }
    Printfln("--------")
    if (fieldVal.Kind() == reflect.Interface) {
        Printfln("Underlying Type: %v", fieldVal.Elem().Type())
        for i := 0; i < fieldVal.Elem().Type().NumMethod(); i++ {
            method := fieldVal.Elem().Type().Method(i)
            Printfln("Underlying Method: %v", method.Name)
        }
    }
}

func main() {
    getUnderlying(Wrapper{NamedItem: &Product{}}, "NamedItem")
}
```

上述修改输出了从接口和底层类型获得的方法的详细信息。编译并执行项目，你将看到如下输出：

```
Field Type: main.NamedItem
Interface Method: GetName, Exported: true
Interface Method: unexportedMethod, Exported: false
--------
Underlying Type: *main.Product
Underlying Method: GetAmount
Underlying Method: GetName
```

NamedItem 接口的方法列表包含 unexportedMethod，它并不包含在 *Product 的列表中。除了接口所需的方法之外，还为 *Product 定义了其他方法，这也是 GetAmount 方法出现在输出中的原因。

可以通过接口调用方法，但你必须确保在使用 Call 方法之前导出它们。如果你尝试调用未导出的方法，Call 将会导致崩溃。

29.6 使用通道类型

Type 结构定义了可用于检查通道类型的方法，如表 29-9 中所述。

表 29-9 Type 结构用于检查通道类型的方法

方法	描述
ChanDir()	该方法通过调用表 29-10 中描述的方法返回一个 ChanDir 值，用于描述通道的方向
Elem()	该方法返回一个 Type，表示通道上承载的类型

ChanDir 方法返回的 ChanDir 结果表示通道的方向，可以与表 29-10 中描述的 reflect 包中的常量相比较。

表 29-10 ChanDir 值

值	描述
RecvDir	该值表示该通道可用于接收数据。当表示为字符串时，将返回 <-chan
SendDir	该值表示该通道可用于发送数据。当表示为字符串时，将返回 chan<-
BothDir	该值表示该通道可用于发送和接收数据。当表示为字符串时，将返回 chan

代码清单 29-16 演示了如何使用表 29-9 中的方法来检查通道类型。

代码清单 29-16 检查 reflection/main.go 文件中的通道类型

```
package main

import (
    "reflect"
    //"strings"
    //"fmt"
)
func inspectChannel(channel interface{}) {
    channelType := reflect.TypeOf(channel)
    if (channelType.Kind() == reflect.Chan) {
        Printfln("Type %v, Direction: %v",
            channelType.Elem(), channelType.ChanDir())
    }
}

func main() {
    var c chan<- string
    inspectChannel(c)
}
```

上述示例中检查的通道是单发类型的，编译和执行项目时会产生如下输出：

```
Type string, Direction: chan<-
```

29.7　使用通道值

Value 接口定义了表 29-11 中描述的用于处理通道的方法。

表 29-11　通道的 Value 方法

名称	描述
Send(val)	该方法发送由通道上的 Value 参数代表的值。该方法会阻塞，直到值被发送
Recv()	该方法从通道接收一个值，该值将作为一个反射 Value 返回。该方法还返回一个 bool 值，它指示是否收到一个值，如果通道已关闭则为 false。该方法会阻塞，直到收到值或通道关闭
TrySend(val)	该方法发送指定值但不会阻塞。bool 结果表示值是否被发送
TryRecv()	该方法尝试从通道接收值但不会阻塞。结果是一个反射接收值的 Value，以及指示是否已接收到值的 bool 值
Close()	该方法关闭通道

代码清单 29-17 定义了一个函数，它接收一个通道和一个包含将通过通道发送的值的切片。

代码清单 29-17　在 reflection/main.go 文件中使用通道值

```
package main

import (
    "reflect"
    //"strings"
    //"fmt"
)

func sendOverChannel(channel interface{}, data interface{}) {
    channelVal := reflect.ValueOf(channel)
    dataVal := reflect.ValueOf(data)
    if (channelVal.Kind() == reflect.Chan &&
            dataVal.Kind() == reflect.Slice &&
            channelVal.Type().Elem() == dataVal.Type().Elem()) {
        for i := 0; i < dataVal.Len(); i++ {
            val := dataVal.Index(i)
            channelVal.Send(val)
        }
        channelVal.Close()
    } else {
        Printfln("Unexpected types: %v, %v", channelVal.Type(), dataVal.Type())
    }
}

func main() {

    values := []string { "Alice", "Bob", "Charlie", "Dora"}
    channel := make(chan string)

    go sendOverChannel(channel, values)
    for {
        if val, open := <- channel; open {
            Printfln("Received value: %v", val)
```

```
        } else {
            break
        }
    }
}
```

sendOverChannel 检查它接收到的类型，枚举切片中的值，并通过通道依次发送。发送完所有值后，通道将关闭。编译并执行项目，你将看到如下输出：

```
Received value: Alice
Received value: Bob
Received value: Charlie
Received value: Dora
```

29.8 创建新的通道类型和值

reflect 包定义了表 29-12 中描述的用于创建新通道类型和值的函数。

表 29-12 用于创建通道类型和值的 reflect 包函数

函数	描述
ChanOf(dir, type)	该函数返回一个 Type，它代表具有指定方向和数据类型的通道，使用 ChanDir 和 Value 表示
MakeChan(type, buffer)	该函数返回一个代表新通道的 Value，该通道是使用指定的 Type 和 int 缓冲区大小创建的

代码清单 29-18 定义了一个接收切片并使用它创建通道的函数，然后使用该通道发送切片中的元素。

代码清单 29-18 在 reflection/main.go 文件中创建一个通道

```
package main

import (
    "reflect"
    //"strings"
    //"fmt"
)

func createChannelAndSend(data interface{}) interface{} {
    dataVal := reflect.ValueOf(data)
    channelType := reflect.ChanOf(reflect.BothDir, dataVal.Type().Elem())
    channel := reflect.MakeChan(channelType, 1)
    go func() {
        for i := 0; i < dataVal.Len(); i++ {
            channel.Send(dataVal.Index(i))
        }
        channel.Close()
    }()
    return channel.Interface()
}

func main() {
```

```
    values := []string { "Alice", "Bob", "Charlie", "Dora"}
    channel := createChannelAndSend(values).(chan string)
    for {
        if val, open := <- channel; open {
            Printfln("Received value: %v", val)
        } else {
            break
        }
    }
}
```

createChannelAndSend 函数使用切片的元素类型创建通道类型，然后使用该类型创建通道。启动一个 goroutine 将切片中的元素发送到通道，通道作为函数结果返回。编译并运行项目，你将看到如下输出：

```
Received value: Alice
Received value: Bob
Received value: Charlie
Received value: Dora
```

29.9　从多个通道中选择接收

可以使用 reflect 包中定义的 Select 函数在反射代码中使用第 14 章中描述的通道选择功能，表 29-13 中对此进行了描述以供快速参考。

表 29-13　用于选择通道的 reflect 包函数

函数	描述
Select(cases)	该函数接收一个 SelectCase 切片，其中每个元素描述一组发送或接收操作。返回的结果是已执行的 SelectCase 的 int 索引、接收到的 Value（如果所选的 case 是读取操作），以及一个指示值是否已读取或通道是否被阻塞或关闭的 bool 值

SelectCase 结构用于表示单个 case 语句，使用表 29-14 中描述的字段。

表 29-14　SelectCase 结构字段

字段	描述
Chan	该字段被分配一个代表通道的 Value。
Dir	该字段被分配一个 SelectDir 值，指定该通道操作的类型（方向）
Send	该字段被分配一个 Value，它代表发送操作中将通过通道发送的值

SelectDir 类型是 int 的别名，reflect 包定义了表 29-15 中描述的常量，用于指定 select case 的类型。

表 29-15　SelectDir 常量

常量	描述
SelectSend	该常量表示通过通道发送值的操作
SelectRecv	该常量表示从通道接收值的操作
SelectDefault	该常量表示选择的默认子句

使用反射定义 select 语句比较冗长，但结果却很灵活的，并且可以接收比常规 Go 代码更广泛的类型。代码清单 29-19 使用 Select 函数从多个通道读取值。

代码清单 29-19 在 reflection/main.go 文件中使用 Select 函数

```
package main

import (
    "reflect"
    //"strings"
    //"fmt"
)

func createChannelAndSend(data interface{}) interface{} {
    dataVal := reflect.ValueOf(data)
    channelType := reflect.ChanOf(reflect.BothDir, dataVal.Type().Elem())
    channel := reflect.MakeChan(channelType, 1)
    go func() {
        for i := 0; i < dataVal.Len(); i++ {
            channel.Send(dataVal.Index(i))
        }
        channel.Close()
    }()
    return channel.Interface()
}

func readChannels(channels ...interface{}) {
    channelsVal := reflect.ValueOf(channels)
    cases := []reflect.SelectCase {}
    for i := 0; i < channelsVal.Len(); i++ {
        cases = append(cases, reflect.SelectCase{
            Chan: channelsVal.Index(i).Elem(),
            Dir: reflect.SelectRecv,
        })
    }
    for {
        caseIndex, val, ok := reflect.Select(cases)
        if (ok) {
            Printfln("Value read: %v, Type: %v", val, val.Type())
        } else {
            if len(cases) == 1 {
                Printfln("All channels closed.")
                return
            }
            cases = append(cases[:caseIndex], cases[caseIndex+1:]... )
        }
    }
}

func main() {

    values := []string { "Alice", "Bob", "Charlie", "Dora"}
    channel := createChannelAndSend(values).(chan string)

    cities := []string { "London", "Rome", "Paris"}
    cityChannel := createChannelAndSend(cities).(chan string)
```

```
    prices := []float64 { 279, 48.95, 19.50}
    priceChannel := createChannelAndSend(prices).(chan float64)

    readChannels(channel, cityChannel, priceChannel)
}
```

上述示例使用 createChannelAndSend 函数创建 3 个通道，并将它们传递给 readChannels 函数，该函数使用 Select 函数读取值，直到所有通道关闭。为确保只在打开的通道上执行读取操作，当它们表示的通道关闭时，SelectCase 值将从传递给 Select 函数的切片中删除。编译并执行项目，你将看到如下输出：

```
Value read: London, Type: string
Value read: Alice, Type: string
Value read: Rome, Type: string
Value read: Bob, Type: string
Value read: Paris, Type: string
Value read: Charlie, Type: string
Value read: 279, Type: float64
Value read: Dora, Type: string
Value read: 48.95, Type: float64
Value read: 19.5, Type: float64
All channels closed.
```

你看到的显示顺序可能会有不同，这主要是因为我使用了 goroutine ，值是并行发送的。

29.10　小结

在本章中，我描述了使用函数、方法、接口和通道的反射特性，完成了从第 27 章～第 28 章的 Go 反射功能的描述。在第 30 章中，我将描述协调 goroutine 的标准库功能。

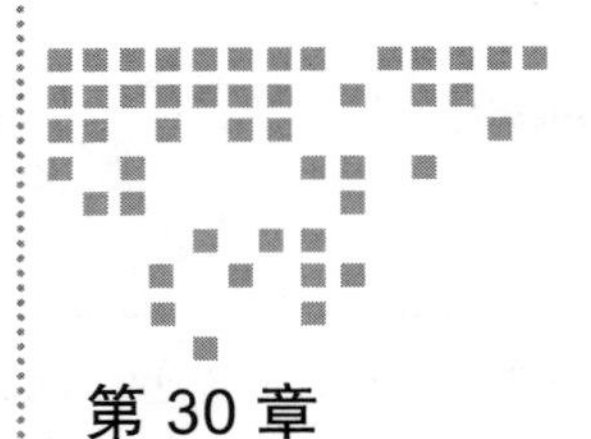

Chapter 30 第 30 章

协调 goroutine

在本章中，我将描述 Go 语言标准库包以及用于协调 goroutine 的特性。表 30-1 给出了本章所描述的特性的相关背景。

表 30-1 协调 goroutine 特性相关背景

问题	答案
它们是什么	当应用程序使用多个 goroutine 时，这些特性很有用
它们为什么有用	当共享数据或使用 goroutine 处理跨越服务中多个 API 组件的请求时，goroutine 的使用可能会很复杂
它们是如何使用的	`sync` 包提供了用于管理 goroutine 的类型和函数，如确保对数据的独占访问等。`context` 包提供用于支持服务器处理请求的特性，这通常是使用 goroutine 完成的
有什么陷阱或限制吗	这些是高级功能，应谨慎使用
有其他选择吗	并非所有应用程序都需要这些特性，尤其是当它们使用不共享数据的 goroutine 时

表 30-2 是本章内容概要。

表 30-2 章节内容概要

问题	解决方案	代码清单
等待一个或多个 goroutine 完成	使用等待组	30-5、30-6
防止多个 goroutine 同时访问数据	使用互斥	30-7～30-10
等待事件发生	使用条件	30-11、30-12
确保函数仅执行一次	使用 `Once` 结构	30-13
为在服务器中跨 API 边界处理的请求提供背景信息	使用 `context`	30-14～30-17

30.1 为本章做准备

打开一个新的命令行窗口，切换到一个方便的位置，并创建一个名为 coordination 的目录。在 coordination 文件夹中运行代码清单 30-1 所示的命令以创建模块文件。

代码清单 30-1 初始化模块

```
go mod init coordination
```

将名为 printer.go 的文件添加到 coordination 文件夹，其内容如代码清单 30-2 所示。

代码清单 30-2 coordination/printer.go 文件内容

```
package main

import "fmt"

func Printfln(template string, values ...interface{}) {
    fmt.Printf(template + "\n", values...)
}
```

将名为 main.go 的文件添加到 coordination 文件夹，其内容如代码清单 30-3 所示。

代码清单 30-3 coordination/main.go 文件内容

```
package main

func doSum(count int, val *int)  {
    for i := 0; i < count; i++ {
        *val++
    }
}

func main() {
    counter := 0
    doSum(5000, &counter)
    Printfln("Total: %v", counter)
}
```

在 coordination 文件夹中执行代码清单 30-4 所示的命令，编译并执行该项目。

代码清单 30-4 编译并执行该项目

```
go run .
```

上述命令将产生如下输出：

```
Total: 5000
```

30.2 使用等待组

一个常见的问题是确保 main 函数不会在它启动的 goroutine 完成之前完成，否则的话整个程序就会终止。至少对我而言，这通常发生在将 goroutine 引入现有代码时，如代码清单 30-5 所示。

代码清单 30-5 在 coordination/main.go 文件中引入一个 goroutine

```
package main

func doSum(count int, val *int)  {
    for i := 0; i < count; i++ {
        *val++
    }
}

func main() {
    counter := 0
    go doSum(5000, &counter)
    Printfln("Total: %v", counter)
}
```

goroutine 的创建非常简单，以至于很容易忘记它们带来的影响。在这种情况下，main 函数与 goroutine 并行继续执行，这意味着 main 函数中最后一个语句可能在 goroutine 执行完 doSum 函数之前执行[⊖]，编译并执行项目将产生如下输出：

```
Total: 0
```

sync 包提供 WaitGroup 结构，可用于等待一个或多个 goroutine 完成，参见表 30-3 中描述的相关方法。

表 30-3 WaitGroup 结构定义的方法

方法	描述
Add(num)	该方法将 WaitGroup 正在等待的 goroutine 数量增加指定的 int 值
Done()	该方法将 WaitGroup 正在等待的 goroutine 数量减少一个
Wait()	该方法会阻塞，直到通过调用 Add 方法指定的 goroutine 中 Done 方法被调用一次

WaitGroup 充当计数器。当 goroutine 创建时，调用 Add 方法来指定启动的 goroutine 的数量，这会增加计数器。之后调用 Wait 方法会阻塞。当每个 goroutine 完成时，会调用 Done 方法，该方法会递减计数器。当计数器为零时，Wait 方法停止阻塞，完成等待过程。代码清单 30-6 向示例中添加了一个 WaitGroup。

代码清单 30-6 在 coordination/main.go 文件中使用 WaitGroup

```
package main

import (
    "sync"
)

var waitGroup = sync.WaitGroup{}

func doSum(count int, val *int)  {
    for i := 0; i < count; i++ {
        *val++
```

⊖ 然后整个程序就终止了。——译者注

```
    }
    waitGroup.Done()
}

func main() {
    counter := 0

    waitGroup.Add(1)
    go doSum(5000, &counter)
    waitGroup.Wait()
    Printfln("Total: %v", counter)
}
```

如果计数器变为负值，则 WaitGroup 将会崩溃，因此在启动 goroutine 之前调用 Add 方法以防止提前调用 Done 方法就非常重要。确保传递给 Add 方法的值的总数等于将来调用 Done 方法的次数也很重要。如果对 Done 的调用太少，那么 Wait 方法将永远阻塞，但是如果 Done 方法被调用太多次，那么 WaitGroup 就会发生崩溃。示例中只有一个 goroutine，但如果你编译并执行该项目，则会看到它防止了 main 函数提前完成并产生如下输出：

```
Total: 5000
```

避免复制陷阱

一个非常重要的事是不要复制 WaitGroup 值，因为这将使得 goroutine 在不同的值上调用 Done 和 Wait，这通常意味着应用程序会出现死锁。如果你想将 WaitGroup 作为函数参数传递，你需要使用指针，如下所示：

```
package main

import (
    "sync"
)

    func doSum(count int, val *int, waitGroup * sync.WaitGroup)  {
    for i := 0; i < count; i++ {
        *val++
    }
    waitGroup.Done()
}

func main() {
    counter := 0

    waitGroup := sync.WaitGroup{}

    waitGroup.Add(1)
    go doSum(5000, &counter, &waitGroup)
    waitGroup.Wait()
    Printfln("Total: %v", counter)
}
```

这适用于本节描述的所有结构。就经验来说，协调要求所有 goroutine 使用相同的结构值。

30.3 使用互斥

如果多个 goroutine 要访问同一个数据，那么有可能两个 goroutine 同时访问该数据，从而导致意想不到的结果。作为一个简单的演示，代码清单 30-7 增加了该示例使用的 goroutine 的数量。

代码清单 30-7 在 coordination/main.go 文件中使用更多 goroutine

```
package main

import (
    "sync"
    "time"
)

var waitGroup = sync.WaitGroup{}
func doSum(count int, val *int)  {
    time.Sleep(time.Second)
    for i := 0; i < count; i++ {
        *val++
    }
    waitGroup.Done()
}

func main() {
    counter := 0

    numRoutines := 3
    waitGroup.Add(numRoutines)
    for i := 0; i < numRoutines; i++ {
        go doSum(5000, &counter)
    }
    waitGroup.Wait()
    Printfln("Total: %v", counter)
}
```

上述代码清单增加了执行 doSum 函数的 goroutine 的数量，所有 goroutine 都在同时访问同一个变量。这里对 time.Sleep 函数的调用是为了确保所有的 goroutine 能同时运行，这有助于强调本节所要解决的问题，而在实际项目中不应该这样做。编译并执行该项目，你将看到如下输出：

```
Total: 12129
```

你可能会看到不同的结果，重复运行该项目每次都会产生不同的结果。你也可能会得到正确的结果——15 000，因为有 3 个 goroutine，每个 goroutine 执行 5000 次操作——但这种情况在我的机器上很少发生。具体的行为可能因操作系统而异。在我的简单测试中，我一直在 Windows 上遇到问题，而在 Linux 就好得多。

这里的问题在于递增运算符不是原子的，这意味着它需要几个步骤才能完成：counter 变量被读取、递增和写入。这是一种简化的描述，但问题是这些步骤是由多个 goroutine 并行执行的，所以它们会交叉重叠，如图 30-1 所示。

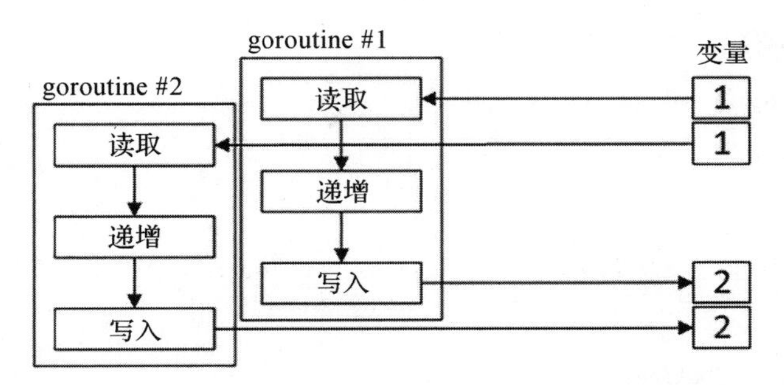

图 30-1　多个 goroutine 访问同一个变量

第二个 goroutine 在第一个 goroutine 更新它之前读取变量值，这意味着两个 goroutine 都读到相同的值，并分别递增以后返回。结果是两个 goroutine 产生相同的结果并写入相同的值。这只是 goroutine 之间共享数据可能导致的潜在问题之一，但所有这些问题的出现都是因为操作需要时间来执行，而在此期间其他 goroutine 也在尝试使用数据。

解决这种问题的一种方法是使用互斥，互斥会确保一个 goroutine 可以独占访问它需要的数据，防止其他 goroutine 同时访问。

互斥就像从图书馆借书一样。在任何给定时间，只有一个人可以借出一本书，所有其他想要这本书的人都必须等到第一个人读完并还回。

sync 包提供了 Mutex 结构——用于互斥，它定义了表 30-4 中描述的方法。

表 30-4　Mutex 结构定义的方法

方法	描述
Lock()	该方法锁定 Mutex。如果 Mutex 已被锁定，则该方法将阻塞，直到它被解锁
Unlock()	该方法解锁 Mutex

代码清单 30-8 使用 Mutex 来解决示例中的问题。

注意　标准库包括 sync/atomic 包，它以原子方式定义了用于低级操作的函数，例如递增整数，这意味着它们不受图 30-1 所示的那种问题的影响。我没有描述这些功能，因为它们很难正确使用，而且 Go 开发团队也建议使用本章中描述的功能。

代码清单 30-8　在 coordination/main.go 文件中使用 Mutex

```
package main

import (
    "sync"
    "time"
)

var waitGroup = sync.WaitGroup{}
var mutex = sync.Mutex{}

func doSum(count int, val *int)  {
    time.Sleep(time.Second)
    for i := 0; i < count; i++ {
```

```
        mutex.Lock()
        *val++
        mutex.Unlock()
    }
    waitGroup.Done()
}

func main() {
    counter := 0

    numRoutines := 3
    waitGroup.Add(numRoutines)
    for i := 0; i < numRoutines; i++ {
        go doSum(5000, &counter)
    }
    waitGroup.Wait()
    Printfln("Total: %v", counter)
}
```

Mutex 在创建时是无锁的，这样调用 Lock 方法的第一个 goroutine 就不会阻塞并且能够递增计数器变量。在一个 goroutine 获得锁以后，调用 Lock 方法的任何其他 goroutine 都将阻塞，直到原来的 goroutine 调用 Unlock 方法，即释放锁。此时另一个调用 Lock 的 goroutine 就能够获取锁并继续访问计数器变量。结果是一次只有一个 goroutine 可以递增变量，如图 30-2 所示。

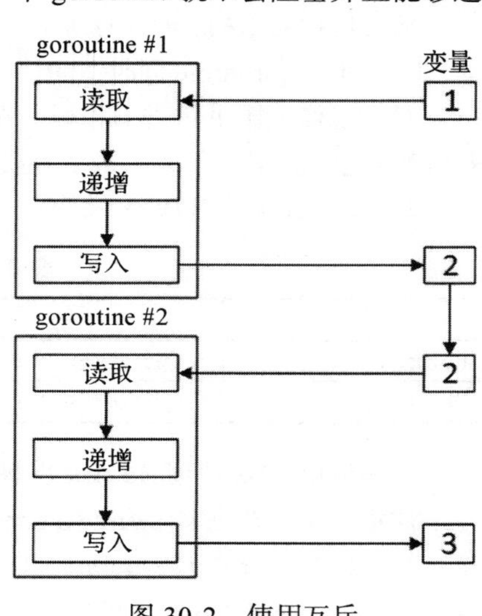

图 30-2 使用互斥

编译并执行该项目，你会看到如下输出，表明 goroutine 能够正确地递增 counter 变量：

```
Total: 15000
```

使用互斥时必须小心，重要的是要考虑如何使用互斥带来的影响。例如，在代码清单 30-8 中，每次变量递增时我都会锁定和解锁互斥。大量使用互斥锁会有性能损失，另一种实现思路是减少互斥的使用，比如加锁后执行 for 循环以尽可能多地执行计算，如代码清单 30-9 所示。

代码清单 30-9 在 coordination/main.go 文件中执行更少的互斥操作

```
...
func doSum(count int, val *int)  {
    time.Sleep(time.Second)
    mutex.Lock()
    for i := 0; i < count; i++ {
        *val++
    }
    mutex.Unlock()
    waitGroup.Done()
}
...
```

对于该简单示例而言，这是一种更明智的方法，但实际情况通常更复杂，并且锁定较大的代码段也会使应用程序的响应速度降低并降低整体性能。我的建议是最开始只锁定访问共享数据的语句。

> **避免 Mutex 隐患**
>
> 恰当使用互斥的最佳方法是谨慎和保守。你必须确保访问共享数据的所有代码都使用相同的 Mutex 执行操作，并且对 Lock 方法的每次调用都必须有对应的 Unlock 方法以保持平衡。尝试对代码进行巧妙的改进或优化可能很诱人，但这样做也可能会导致性能下降或应用程序死锁。

使用读写互斥锁

Mutex 将所有 goroutine 视为平等的，并且只允许一个 goroutine 获取锁。而 RWMutex 结构更灵活，它支持两类 goroutine：读取器和书写器。任意数量的读取器可以同时获取锁，或者单个书写器可以获取锁。这种设计源于读取器其实只可能会与书写器冲突，而与其他读取器并发执行读操作不会有任何问题。RWMutex 结构定义了表 30-5 中描述的方法。

表 30-5　RWMutex 定义的方法

名称	描述
RLock()	该方法尝试获取读锁并将阻塞直到获取锁
RUnlock()	该方法释放读锁
Lock()	该方法尝试获取写锁并将阻塞直到获取锁
Unlock()	该方法释放写锁
RLocker()	该方法返回一个指向 Locker 的指针，指向获取和释放读锁的 goroutine，参见 30.4 节的描述

RWMutex 并不像看起来那么复杂。以下是 RWMutex 遵循的规则：

- 如果 RWMutex 已解锁，则读取器（通过调用 RLock 方法）或书写器（通过调用 Lock 方法）可以获取锁。
- 如果锁被一个读取器获取，那么其他读取器也可以通过调用 RLock 方法获取锁，而不会阻塞。调用 Lock 方法将阻塞，直到所有读取器通过调用 RUnlock 方法释放锁。
- 如果锁被书写器获取，那么 RLock 和 Lock 方法都将阻塞以防止其他 goroutine 获取锁，直到 Unlock 方法被调用。
- 如果锁由读取器获取，此时书写器调用 Lock 方法，则 Lock 和后续的 RLock 方法都将阻塞，直到调用 Unlock 方法。这可以防止锁不停地被大量读取器锁定而书写器没有机会获取写锁。

代码清单 30-10 演示了 RWMutex 的使用。

代码清单 30-10　在 coordination/main.go 文件中使用 RWMutex

```
package main
```

```
import (
    "sync"
    "time"
    "math"
    "math/rand"
)

var waitGroup = sync.WaitGroup{}
var rwmutex = sync.RWMutex{}

var squares = map[int]int {}

func calculateSquares(max, iterations int) {
    for i := 0; i < iterations; i++ {
        val := rand.Intn(max)
        rwmutex.RLock();
        square, ok := squares[val]
        rwmutex.RUnlock()
        if (ok) {
            Printfln("Cached value: %v = %v", val, square)
        } else {
            rwmutex.Lock()
            if _, ok := squares[val]; !ok {
                squares[val] = int(math.Pow(float64(val), 2))
                Printfln("Added value: %v = %v", val, squares[val])
            }
            rwmutex.Unlock()
        }
    }
    waitGroup.Done()
}

func main() {
    rand.Seed(time.Now().UnixNano())
    //counter := 0
    numRoutines := 3
    waitGroup.Add(numRoutines)
    for i := 0; i < numRoutines; i++ {
        go calculateSquares(10, 5)
    }
    waitGroup.Wait()
    Printfln("Cached values: %v", len(squares))
}
```

calculateSquares 函数获取读锁以检查 map 是否包含随机选择的键。如果 map 确实包含键，则读取其关联的值，并释放读锁。如果 map 不包含对应的键，则获取写锁，在 map 中为键添加一个值，然后释放写锁。

通过使用 RWMutex，当一个 goroutine 拥有读锁时，其他 goroutine 也可以获取锁并进行读取。除非同时修改数据，否则读取数据不会导致任何并发问题。如果一个 goroutine 调用了 Lock 方法获取写锁，那么所有读锁在被获得它们的 goroutine 释放之前，是无法获得的。

注意代码清单 30-10 中在写锁获取之前释放了读锁。RWMutex 不支持从读锁升级到写锁（你可能用过其他支持锁升级的语言），因此必须在调用 Lock 方法获取写锁之前释放读锁，以避免死锁。释放读锁和获取写锁之间可能会有一个延迟，在此期间其他 goroutine 可能会获取写锁并进行更改，因此在获取到写锁以后，再次检查数据的状态是否发生过改变是很重要的，如下所示：

```
...
rwmutex.Lock()
if _, ok := squares[val]; !ok {
    squares[val] = int(math.Pow(float64(val), 2))
...
```

编译并执行该项目，你会看到类似下面的输出，具体结果因随机选择的键而异：

```
Added value: 6 = 36
Added value: 2 = 4
Added value: 7 = 49
Cached value: 7 = 49
Added value: 8 = 64
Cached value: 6 = 36
Added value: 1 = 1
Cached value: 1 = 1
Added value: 3 = 9
Cached value: 8 = 64
Cached value: 8 = 64
Cached value: 1 = 1
Cached value: 1 = 1
Added value: 5 = 25
Cached values: 7
```

30.4　使用条件来协调 goroutine

上一个示例中的 goroutine 只是共享相同的数据，但在其他方面彼此独立。当 goroutine 需要协调时，比如等待某个事件发生时，可以使用 Cond 结构。sync 包提供表 30-6 中描述的用于创建 Cond 结构类型值的函数。

表 30-6　用于创建 Cond 值的 sync 包函数

函数	描述
NewCond(*locker)	该函数使用指向指定 Locker 的指针创建一个 Cond

NewCond 函数的参数是一个 Locker，它是一个接口，其方法定义如表 30-7 所示。

表 30-7　Locker 接口定义的方法

方法	描述
Lock()	该方法获取由 Locker 管理的锁
Unlock()	该方法释放由 Locker 管理的锁

Mutex 和 RWMutex 结构定义了 Locker 接口所需的方法。在 RWMutex 的情况下，Lock 和 Unlock 方法对写锁进行操作，而 RLocker 方法可用于获取对读锁进行操作的 Locker。表 30-8 描述了 Cond 结构定义的字段和方法。

表 30-8 Cond 结构定义的字段和方法

字段和方法	描述
L	该字段返回传递给 NewCond 函数并用于获取锁的 Locker
Wait()	该方法释放锁并挂起 goroutine
Signal()	该方法唤醒一个等待的 goroutine
Broadcast()	该方法唤醒所有等待的 goroutine

代码清单 30-11 演示了使用 Cond 来通知等待事件的 goroutine。

代码清单 30-11 在 coordination/main.go 文件中使用 Cond

```
package main

import (
    "sync"
    "time"
    "math"
    "math/rand"
)

var waitGroup = sync.WaitGroup{}
var rwmutex = sync.RWMutex{}
var readyCond = sync.NewCond(rwmutex.RLocker())

var squares = map[int]int {}
func generateSquares(max int) {
    rwmutex.Lock()
    Printfln("Generating data...")
    for val := 0; val < max; val++ {
        squares[val] = int(math.Pow(float64(val), 2))
    }
    rwmutex.Unlock()
    Printfln("Broadcasting condition")
    readyCond.Broadcast()
    waitGroup.Done()
}

func readSquares(id, max, iterations int) {
    readyCond.L.Lock()
    for len(squares) == 0 {
        readyCond.Wait()
    }
    for i := 0; i < iterations; i++ {
        key := rand.Intn(max)
        Printfln("#%v Read value: %v = %v", id, key, squares[key])
        time.Sleep(time.Millisecond * 100)
    }
    readyCond.L.Unlock()
    waitGroup.Done()
}

func main() {
    rand.Seed(time.Now().UnixNano())
    numRoutines := 2
```

```
        waitGroup.Add(numRoutines)
        for i := 0; i < numRoutines; i++ {
            go readSquares(i, 10, 5)
        }

        waitGroup.Add(1)
        go generateSquares(10)
        waitGroup.Wait()
        Printfln("Cached values: %v", len(squares))
    }
```

上述示例需要在 goroutine 之间进行协调，这在没有 Cond 的情况下是很难实现的。一个 goroutine 负责用数据值填充 map，然后由其他 goroutine 读取。读取器需要在收到数据生成完成的通知后才能运行。

读取器通过获取 Cond 锁并调用 Wait 方法来等待，如下所示：

```
...
readyCond.L.Lock()
for len(squares) == 0 {
    readyCond.Wait()
}
...
```

调用 Wait 方法会暂停 goroutine 并释放锁，以便它可以被其他 goroutine 获取。对 Wait 方法的调用通常在 for 循环内执行，该循环检查 goroutine 正在等待的条件是否已经发生，以确保数据处于预期的状态。

当 Wait 方法解除阻塞时，无须再次获取锁，goroutine 可以再次调用 Wait 方法，也可以访问共享数据。当完成对共享数据访问后，必须释放锁：

```
...
readyCond.L.Unlock()
...
```

生成数据的 goroutine 使用 RWMutex 获取写锁，修改数据，释放写锁，然后调用 Cond.Broadcast 方法，唤醒所有等待的 goroutine。编译并执行该项目，你将看到类似如下的输出，选择到了随机的键值：

```
Generating data...
Broadcasting condition
#0 Read value: 4 = 16
#1 Read value: 1 = 1
#1 Read value: 5 = 25
#0 Read value: 6 = 36
#0 Read value: 2 = 4
#1 Read value: 2 = 4
#1 Read value: 6 = 36
#0 Read value: 6 = 36
#0 Read value: 6 = 36
#1 Read value: 8 = 64
Cached values: 10
```

readSquares 函数中对 time.Sleep 函数的调用减慢了读取数据的过程，因此会有两个读取器 goroutine 同时处理数据，你可以在上述输出行中第一个数字的交错中看出这一点。由于这些 goroutine 获取了一个 RWMutex 读锁，因此两者都获取了锁并可以同时读取数据。代码清单 30-12 修改了 Cond 使用的锁类型。

代码清单 30-12 在 coordination/main.go 文件中更改锁类型

```
...
var waitGroup = sync.WaitGroup{}
var rwmutex = sync.RWMutex{}
var readyCond = sync.NewCond(&rwmutex)
...
```

上述修改使得所有的 goroutine 都使用写锁，这意味着只有一个 goroutine 能够获取锁。编译并执行该项目，你会看到输出不再交错：

```
Generating data...
Broadcasting condition
#0 Read value: 5 = 25
#0 Read value: 8 = 64
#0 Read value: 9 = 81
#0 Read value: 0 = 0
#0 Read value: 4 = 16
#1 Read value: 7 = 49
#1 Read value: 8 = 64
#1 Read value: 5 = 25
#1 Read value: 8 = 64
#1 Read value: 5 = 25
Cached values: 10
```

30.5 确保函数仅执行一次

前面示例的另一种实现方法是使用 sync.Once 结构确保 generateSquares 函数仅执行一次。Once 结构定义了一种方法，如表 30-9 所示。

表 30-9 Once 方法

方法	描述
Do(func)	该方法执行指定的函数，但前提是该函数从未执行过

代码清单 30-13 演示了 Once 结构的使用。

代码清单 30-13 在 coordination/main.go 文件中执行 Once 函数

```
package main

import (
    "sync"
    "time"
    "math"
    "math/rand"
)

var waitGroup = sync.WaitGroup{}
//var rwmutex = sync.RWMutex{}
//var readyCond = sync.NewCond(rwmutex.RLocker())
```

```
var once = sync.Once{}

var squares = map[int]int {}

func generateSquares(max int) {
    //rwmutex.Lock()
    Printfln("Generating data...")
    for val := 0; val < max; val++ {
        squares[val] = int(math.Pow(float64(val), 2))
    }
    // rwmutex.Unlock()
    // Printfln("Broadcasting condition")
    // readyCond.Broadcast()
    // waitGroup.Done()
}

func readSquares(id, max, iterations int) {
    once.Do(func () {
        generateSquares(max)
    })
    // readyCond.L.Lock()
    // for len(squares) == 0 {
    //     readyCond.Wait()
    // }
    for i := 0; i < iterations; i++ {
        key := rand.Intn(max)
        Printfln("#%v Read value: %v = %v", id, key, squares[key])
        time.Sleep(time.Millisecond * 100)
    }
    //readyCond.L.Unlock()
    waitGroup.Done()
}

func main() {
    rand.Seed(time.Now().UnixNano())
    numRoutines := 2
    waitGroup.Add(numRoutines)
    for i := 0; i < numRoutines; i++ {
        go readSquares(i, 10, 5)
    }
    // waitGroup.Add(1)
    // go generateSquares(10)
    waitGroup.Wait()
    Printfln("Cached values: %v", len(squares))
}
```

使用 Once 结构简化了示例，因为 Do 方法会阻塞，直到它接收的函数执行完毕，之后它会返回而不会再次执行该函数。由于此示例中对共享数据的唯一更改是由 generateSquares 函数进行的，因此使用 Do 方法执行此函数可确保安全地进行更改。并非所有代码都适合使用 Once 模型，但在此示例中，我可以删除 RWMutex 和 Cond。编译并执行该项目，你会看到类似下面的输出：

```
Generating data...
#1 Read value: 0 = 0
#0 Read value: 0 = 0
```

```
#0 Read value: 4 = 16
#1 Read value: 9 = 81
#1 Read value: 2 = 4
#0 Read value: 9 = 81
#0 Read value: 8 = 64
#1 Read value: 3 = 9
#1 Read value: 7 = 49
#0 Read value: 3 = 9
Cached values: 10
```

30.6 使用 Context

Go 非常适合创建服务器应用程序，这些应用程序接收来自不同客户端的请求并在独立的 goroutine 中处理它们。context 包提供了 Context 接口，通过它来管理请求就很容易，其实现方法如表 30-10 所示。

表 30-10 Context 接口定义的方法

方法	描述
Value(key)	该方法返回与指定键关联的值
Done()	该方法返回一个通道，用于接收取消通知
Deadline()	该方法返回表示请求截止时间的 time.Time 和一个 bool 值，如果未指定截止时间，则 bool 值为 false
Err()	该方法返回一个 error，指示 Done 通道收到信号的原因。context 包定义了两个变量可以用来比较错误：Canceled 表示请求被取消；DeadlineExeeded 表示请求超时

context 包提供表 30-11 中描述的用于创建 Context 值的函数。

表 30-11 用于创建 Context 值的 context 包函数

函数	描述
Background()	该方法返回默认 Context，从中可派生其他 Context
WithCancel(ctx)	该方法返回一个 Context 和一个取消函数，如 30.6.1 节所述
WithDeadline(ctx, time)	该方法返回带有截止时间的 Context，该截止时间使用 time.Time 类型表示。将在 30.6.2 节描述
WithTimeout(ctx, duration)	该方法返回带有截止时间的 Context，该截止时间使用 time.Duration 类型表示。将在 30.6.2 节描述
WithValue(ctx, key, val)	该方法返回包含指定键值对的 Context，将在 30.6.3 节描述

为了对本节的内容做一些准备，代码清单 30-14 定义了一个模拟请求处理的函数。

代码清单 30-14 在 coordination/main.go 文件中模拟请求处理

```
package main

import (
    "sync"
    "time"
```

```
    // "math"
    // "math/rand"
)

func processRequest(wg *sync.WaitGroup, count int) {
    total := 0
    for i := 0; i < count; i++ {
        Printfln("Processing request: %v", total)
        total++
        time.Sleep(time.Millisecond * 250)
    }
    Printfln("Request processed...%v", total)
    wg.Done()
}

func main() {
    waitGroup := sync.WaitGroup {}
    waitGroup.Add(1)
    Printfln("Request dispatched...")
    go processRequest(&waitGroup, 10)
    waitGroup.Wait()
}
```

processRequest 函数通过调用递增计数器来模拟请求处理，里面有一个 time.Sleep 函数用于减慢请求的处理，以便进行观察。main 函数使用 goroutine 调用 processRequest 函数，代替来自客户端的请求。有关处理实际请求的示例，请参见第三部分。本节仅介绍 Context 的工作原理。编译并运行项目，你将看到如下输出：

```
Request dispatched...
Processing request: 0
Processing request: 1
Processing request: 2
Processing request: 3
Processing request: 4
Processing request: 5
Processing request: 6
Processing request: 7
Processing request: 8
Processing request: 9
Request processed...10
```

30.6.1　取消请求

Context 的第一个用途是在请求被取消时给处理该请求的代码发送通知，如代码清单 30-15 所示。

代码清单 30-15　在 coordination/main.go 文件中取消请求

```
package main

import (
    "sync"
    "time"
    // "math"
    // "math/rand"
```

```
    "context"
)

func processRequest(ctx context.Context, wg *sync.WaitGroup, count int) {
    total := 0
    for i := 0; i < count; i++ {
        select {
            case <- ctx.Done():
                Printfln("Stopping processing - request cancelled")
                goto end
            default:
                Printfln("Processing request: %v", total)
                total++
                time.Sleep(time.Millisecond * 250)
        }
    }
    Printfln("Request processed...%v", total)
    end:
    wg.Done()
}

func main() {
    waitGroup := sync.WaitGroup {}
    waitGroup.Add(1)
    Printfln("Request dispatched...")
    ctx, cancel := context.WithCancel(context.Background())
    go processRequest(ctx, &waitGroup, 10)

    time.Sleep(time.Second)
    Printfln("Canceling request")
    cancel()

    waitGroup.Wait()
}
```

Background 函数返回了默认的 Context，它不起任何作用，只是为表 30-11 中描述的其他函数派生新的 Context 值提供了一个起点。

WithCancel 函数返回一个 Context 和一个可以取消执行的函数，调用取消函数就可以终止当前 Context 上正在执行的函数。

```
...
ctx, cancel := context.WithCancel(context.Background())
go processRequest(ctx, &waitGroup, 10)
...
```

派生的 Context 被传递给 processRequest 函数。main 函数调用 time.Sleep 函数以等待 processRequest 函数做一些工作并带来一些变化，然后调用取消函数：

```
...
time.Sleep(time.Second)
Printfln("Canceling request")
cancel()
...
```

调用取消函数会向上下文的 Done 方法返回的通道发送一条消息，该方法使用 select 语句进行监视：

```
...
case <- ctx.Done():
    Printfln("Stopping processing - request cancelled")
    goto end
default:
    Printfln("Processing request: %v", total)
    total++
    time.Sleep(time.Millisecond * 250)
}
...
```

如果请求未被取消，则 Done 通道会阻塞，因此将执行 default 子句，从而处理实际的请求。在每次循环后检查通道，如果执行被取消，则会进入 ctx.Done() 对应的分支并使用 goto 语句跳出处理循环，然后向 WaitGroup 发出信号并结束函数。编译并执行该项目，你会看到模拟的请求处理提前终止了，如下所示：

```
Request dispatched...
Processing request: 0
Processing request: 1
Processing request: 2
Processing request: 3
Canceling request
Stopping processing - request cancelled
```

30.6.2 设置截止时间

在创建 Context 时可以指定一个截止时间，届时将会自动在 Done 通道发送信号，就像取消请求一样。可以使用 WithDeadline 函数指定绝对时间，它接收 time.Time 值，或者使用 WithTimeout 函数，它接收一个 time.Duration 值，指定相对于当前时间的截止时间，如代码清单 30-16 所示。Context.Deadline 方法可用于在请求处理期间检查截止时间。

代码清单 30-16 在 coordination/main.go 文件中指定截止时间

```
package main

import (
    "sync"
    "time"
    // "math"
    // "math/rand"
    "context"
)

func processRequest(ctx context.Context, wg *sync.WaitGroup, count int) {
    total := 0
    for i := 0; i < count; i++ {
        select {
            case <- ctx.Done():
                if (ctx.Err() == context.Canceled) {
                    Printfln("Stopping processing - request cancelled")
                } else {
```

```
                Printfln("Stopping processing - deadline reached")
            }
            goto end
        default:
            Printfln("Processing request: %v", total)
            total++
            time.Sleep(time.Millisecond * 250)
        }
    }
    Printfln("Request processed...%v", total)
    end:
    wg.Done()
}

func main() {
    waitGroup := sync.WaitGroup {}
    waitGroup.Add(1)
    Printfln("Request dispatched...")
    ctx, _ := context.WithTimeout(context.Background(), time.Second * 2)
    go processRequest(ctx, &waitGroup, 10)
    // time.Sleep(time.Second)
    // Printfln("Canceling request")
    // cancel()

    waitGroup.Wait()
}
```

WithDeadline 和 WithTimeout 函数返回派生的 Context 和一个取消函数，允许在截止时间到期之前取消请求。在此示例中，processRequest 函数执行所需的时间量超过了截止时间，这意味着 Done 通道将会终止函数的执行。编译并执行该项目，你会看到类似下面的输出：

```
Request dispatched...
Processing request: 0
Processing request: 1
Processing request: 2
Processing request: 3
Processing request: 4
Processing request: 5
Processing request: 6
Processing request: 7
Stopping processing - deadline reached
```

30.6.3 提供请求数据

WithValue 函数可以创建一个带有键值对的派生 Context，可以在请求处理期间读取，如代码清单 30-17 所示。

代码清单 30-17 在 coordination/main.go 文件中使用请求数据

```
package main

import (
    "sync"
    "time"
```

```
    // "math"
    // "math/rand"
    "context"
)

const (
    countKey  = iota
    sleepPeriodKey
)
func processRequest(ctx context.Context, wg *sync.WaitGroup) {
    total := 0
    count := ctx.Value(countKey).(int)
    sleepPeriod := ctx.Value(sleepPeriodKey).(time.Duration)
    for i := 0; i < count; i++ {
        select {
            case <- ctx.Done():
                if (ctx.Err() == context.Canceled) {
                    Printfln("Stopping processing - request cancelled")
                } else {
                    Printfln("Stopping processing - deadline reached")
                }
                goto end
            default:
                Printfln("Processing request: %v", total)
                total++
                time.Sleep(sleepPeriod)
        }
    }
    Printfln("Request processed...%v", total)
    end:
    wg.Done()
}

func main() {
    waitGroup := sync.WaitGroup {}
    waitGroup.Add(1)
    Printfln("Request dispatched...")
    ctx, _ := context.WithTimeout(context.Background(), time.Second * 2)
    ctx = context.WithValue(ctx, countKey, 4)
    ctx = context.WithValue(ctx, sleepPeriodKey, time.Millisecond * 250)
    go processRequest(ctx, &waitGroup)

    // time.Sleep(time.Second)
    // Printfln("Canceling request")
    // cancel()

    waitGroup.Wait()
}
```

WithValue 函数只接收单个键值对，但表 30-11 中的函数可以被反复调用以创建所需的特性组合。在代码清单 30-17 中，WithTimeout 函数用于派生一个带有截止时间的 Context，并将派生的 Context 作为 WithValue 函数的参数来添加两个键值对数据。这些数据通过 Value 方法访问，这样一来请求处理函数就不必为它们需要的所有数据值都定义参数。编译并执行该项目，你将看到如下输出：

```
Request dispatched...
Processing request: 0
Processing request: 1
Processing request: 2
Processing request: 3
Request processed...4
```

30.7 小结

在本章中，我描述了协调 goroutine 的标准库功能，其中包括使用等待组（它允许一个 goroutine 等待其他 goroutine 完成），以及互斥（它防止多个 goroutine 同时修改相同的数据）。我还描述了 Context 特性，它使得服务程序可以更一致地处理请求。这是我将在本书第三部分中重复使用的一个特性，到时候我会创建一个自定义 Web 应用程序框架和一个使用它的在线商店。在第 31 章中，我将描述标准库对单元测试的支持。

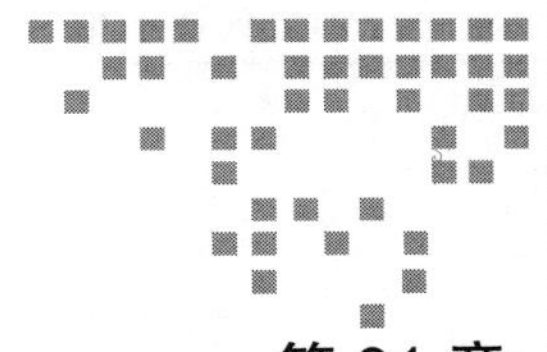

第 31 章 Chapter 31

单元测试、基准测试和日志

在本章中，我将讲述单元测试、基准测试和日志，并借此完成对最有用的标准库的描述。Go 的日志功能已经挺不错了，但是，如果你觉得它的功能还不够强大，那么有很多第三方包可用于将日志消息输出到不同的目的地。单元测试和基准测试功能已集成到 go 命令中，但正如我前面说过的，我对这两个功能都不是特别热衷。表 31-1 是本章内容概要。

表 31-1 章节内容概要

问题	解决方案	代码清单
创建单元测试	添加一个以 _test.go 结尾的文件，定义一个以 Test 开头，后跟大写字母和其他字符的函数，使用 testing 包提供的功能	31-4、31-6、31-7、31-10、31-11
运行单元测试	使用 go test 命令	31-5、31-8、31-9
创造基准测试	定义一个函数，其名称以 Benchmark 开头，后跟一个大写字母和其他字符	31-12、31-14、31-15
运行基准测试	使用带有 -bench 参数的 go test 命令	31-13
日志数据	使用 log 包提供的功能	31-16、31-17

31.1 为本章做准备

要打开一个新的命令行窗口，切换到一个方便的位置，并创建一个名为 tests 的目录。在 tests 文件夹中运行代码清单 31-1 所示的命令以创建模块文件。

代码清单 31-1 初始化模块

```
go mod init tests
```

将名为 main.go 的文件添加到 tests 文件夹，其内容如代码清单 31-2 所示。

代码清单 31-2 tests/main.go 文件内容

```
package main

import (
    "sort"
    "fmt"
)

func sortAndTotal(vals []int) (sorted []int, total int) {
    sorted = make([]int, len(vals))
    copy(sorted, vals)
    sort.Ints(sorted)
    for _, val := range sorted {
        total += val
        total++
    }
    return
}

func main() {
    nums := []int { 100, 20, 1, 7, 84 }
    sorted, total := sortAndTotal(nums)
    fmt.Println("Sorted Data:", sorted)
    fmt.Println("Total:", total)
}
```

sortAndTotal 函数包含一个故意留下的错误，这将有助于演示 31.2 节中的测试功能。在 tests 文件夹中运行如代码清单 31-3 所示的命令来编译并执行项目。

代码清单 31-3 编译并执行项目

```
go run .
```

此命令产生如下输出：

```
Sorted Data: [1 7 20 84 100]
Total: 217
```

31.2 使用测试

单元测试被定义在名称以 _test.go 结尾的文件中。要创建一个简单的测试，请将名为 simple_test.go 的文件添加到 tests 文件夹，其内容如代码清单 31-4 所示。

代码清单 31-4 tests/simple_test.go 文件内容

```
package main

import "testing"

func TestSum(t *testing.T) {
    testValues := []int{ 10, 20, 30 }
    _, sum := sortAndTotal(testValues)
    expected := 60
    if (sum != expected) {
```

```
        t.Fatalf("Expected %v, Got %v", expected, sum)
    }
}
```

Go 语言标准库提供了通过 **testing** 包编写单元测试的支持。单元测试查找名称以 **Test** 开头的函数，后跟以大写字母开头的函数名，例如 **TestSum**。大写字母很重要，测试工具不会将 **Testsum** 等函数名称识别为单元测试。

决定是否使用测试工具

我喜欢集成测试的创意，但我发现并没有大量使用 Go 的测试功能，而且当我使用时，也没有按既定的设计的思路用它们。

我喜欢单元测试，但我仅在尝试解决复杂问题的代码时或在编写我知道很难正确完成的功能时才编写测试。这可能只是我看待测试的方式，也可能是我已习惯了经典的 **arrange/act/assert** 测试工具模式，但是 Go 测试工具中有一些我不喜欢的地方。

我最终使用了单元测试，以便我可以创建一些特定包的简单入口点，以确保它们能正常工作。但是，即便如此，我也只是创建了一个在包中用于创建类型实例的测试。通过创建测试，我可以访问包中定义的字段、函数和方法，而无须更改我的 **main** 函数。这些测试中的代码总是乱七八糟，我使用 **println** 语句作为输出，而不是表 31-2 中描述的方法。一旦我确认代码没问题后，我就会删除测试文件。

我承认这是我自己的问题，但我实在是对 Go 的测试工具没有任何热情。这并不意味着你也应该像我这样觉得它不是那么有用，说不定你是一个比我更勤奋的测试人员。但是，如果你确实发现本节中描述的功能并不能激励你编写测试代码，那么你也并不孤单。

单元测试函数接收一个指向 T 结构的指针，该结构定义了管理测试和报告测试结果的方法。Go 测试不依赖于断言，而是使用常规代码语句编写。测试工具只关心测试是否失败，表 31-2 中描述了报告测试结果的方法。

表 31-2 报告测试结果的 T 方法

方法	描述
`Log(...vals)`	该方法将指定的值写入测试错误日志
`Logf(template, ...vals)`	该方法使用指定的模板和值将消息写入测试错误日志
`Fail()`	调用该方法将测试标记为失败但继续执行测试
`FailNow()`	调用该方法将测试标记为失败并停止执行测试
`Failed()`	如果测试失败，则该方法返回 **true**
`Error(...errs)`	调用该方法相当于调用 **Log** 方法，然后调用 **Fail** 方法
`Errorf(template, ...vals)`	调用该方法相当于调用 **Logf** 方法，然后调用 **Fail** 方法
`Fatal(...vals)`	调用该方法相当于调用 **Log** 方法，然后调用 **FailNow** 方法
`Fatalf(template, ...vals)`	调用该方法相当于调用 **Logf** 方法，然后调用 **FailNow** 方法

代码清单 31-4 中的测试用一组值调用 **sumAndTotal** 函数并比较结果。对预期结果的比较是使用标准的 Go 比较运算符进行的。如果结果不等于预期值，则调用 **Fatalf** 方法，该方法报

告测试失败并停止执行单元测试中的任何其他语句（尽管此示例中没有其他语句）。

理解测试包访问

代码清单 31-4 中的测试文件使用 `package` 关键字指定 `main` 包。由于测试是用标准 Go 编写的，因此此文件中的测试可以访问 `main` 包中定义的所有函数，包括那些未导出的函数。

如果你想编写只能访问导出功能的测试，那么你可以使用 `package` 语句指定 `main_test` 包。`_test` 后缀不会引起编译器问题，并允许编写只能访问正在被测试的包中导出的函数的测试。

31.2.1 运行单元测试

要找到并运行项目中的单元测试，请在 `tests` 文件夹中运行代码清单 31-5 中所示的命令。

为单元测试编写 Mock 实现

为单元测试创建 Mock 实现的唯一方法是创建接口实现，通过它定义一些自定义方法来产生测试所需的结果。如果你想为你的单元测试使用 Mock，那么你应该让你编写的 API 接收接口类型。

但是，即使 Mock 的使用仅限于接口，通常也可以创建结构值，其字段可以赋值为你可以用于测试的特定的值。这有时会显得有点尴尬，但大多数函数和方法都可以通过这样或那样的方式进行测试，即便有时需要一些坚持才能弄清楚问题的细节。

代码清单 31-5 执行单元测试

```
go test
```

如前所述，代码清单 31-2 中定义的代码存在错误，导致单元测试失败：

```
tests > go test
--- FAIL: TestSum (0.00s)
    simple_test.go:10: Expected 60, Got 63
FAIL
exit status 1
FAIL    tests   0.090s
```

测试的输出结果会报告错误以及测试运行的总体输出。代码清单 31-6 修复了 `sortAndTotal` 函数中的错误。

代码清单 31-6 修复 tests/main.go 文件中的错误

```
...
func sortAndTotal(vals []int) (sorted []int, total int) {
    sorted = make([]int, len(vals))
    copy(sorted, vals)
    sort.Ints(sorted)
    for _, val := range sorted {
        total += val
        //total++
```

```
    }
    return
}
...
```

保存更改并运行 go test 命令，输出将显示测试通过：

```
PASS
ok      tests   0.102s
```

一个测试文件可以包含多个测试，这些测试可以被自动发现和执行。代码清单 31-7 在 simple_test.go 文件中添加了第二个测试函数。

代码清单 31-7　在 tests/simple_test.go 文件中定义一个测试

```
package main

import (
    "testing"
    "sort"
)

func TestSum(t *testing.T) {
    testValues := []int{ 10, 20, 30 }
    _, sum := sortAndTotal(testValues)
    expected := 60
    if (sum != expected) {
        t.Fatalf("Expected %v, Got %v", expected, sum)
    }
}

func TestSort(t *testing.T) {
    testValues := []int{ 1, 279, 48, 12, 3}
    sorted, _ := sortAndTotal(testValues)
    if (!sort.IntsAreSorted(sorted)) {
        t.Fatalf("Unsorted data %v", sorted)
    }
}
```

TestSort 测试验证 sortAndTotal 函数对数据进行排序的正确性。请注意，我可以在单元测试中依赖 Go 语言标准库提供的特性，使用 sort.IntsAreSorted 函数来执行测试。运行 go test 命令，你将看到如下结果：

```
ok      tests   0.087s
```

go test 命令默认不报告任何细节，但在 tests 文件夹中运行代码清单 31-8 中所示的命令可以生成更多信息。

代码清单 31-8　执行详细测试

```
go test  -v
```

-v 参数启用详细模式，报告每个测试的执行情况：

```
=== RUN   TestSum
--- PASS: TestSum (0.00s)
=== RUN   TestSort
```

```
--- PASS: TestSort (0.00s)
PASS
ok      tests   0.164s
```

运行指定的测试

go test 命令可用于运行指定名称的测试。在 tests 文件夹中运行代码清单 31-9 所示的命令。

代码清单 31-9 在 tests/main.go 文件中选择测试

```
go test -v -run "um"
```

测试使用正则表达式来选择，代码清单 31-9 中的命令选择函数名称包含 um 的测试（不需要包括函数名称的 Test 部分）。名称与表达式匹配的唯一测试是 TestSum，该命令产生如下输出：

```
=== RUN   TestSum
--- PASS: TestSum (0.00s)
PASS
ok      tests   0.123s
```

31.2.2 控制测试的执行

T 结构也提供了一系列的方法用于控制测试的执行，如表 31-3 所示。

表 31-3 控制测试执行的 T 方法

方法	描述
Run(name, func)	调用该方法可以将指定的函数作为一个子测试运行，该方法会阻塞，测试会在一个独立的 goroutine 中执行并返回一个 bool，指示测试是否成功
SkipNow()	调用该方法将停止测试的执行并标记测试已被跳过
Skip(...args)	该方法相当于调用 Log 方法，然后调用 SkipNow 方法
Skipf(template, ...args)	该方法相当于调用 Logf 方法，然后调用 SkipNow 方法
Skipped	如果测试被跳过，则该方法返回 true

Run 方法用于执行一个子测试，这是在单个函数中运行一系列相关测试的一种便捷方法，如代码清单 31-10 所示。

代码清单 31-10 在 tests/simple_test.go 文件中运行子测试

```
package main

import (
    "testing"
    "sort"
    "fmt"
)

func TestSum(t *testing.T) {
    testValues := []int{ 10, 20, 30 }
    _, sum := sortAndTotal(testValues)
```

```
    expected := 60
    if (sum != expected) {
        t.Fatalf("Expected %v, Got %v", expected, sum)
    }
}

func TestSort(t *testing.T) {
    slices := [][]int {
        { 1, 279, 48, 12, 3 },
        { -10, 0, -10 },
        { 1, 2, 3, 4, 5, 6, 7 },
        { 1 },
    }
    for index, data := range slices {
        t.Run(fmt.Sprintf("Sort #%v", index), func(subT *testing.T) {
            sorted, _ := sortAndTotal(data)
            if (!sort.IntsAreSorted(sorted)) {
                subT.Fatalf("Unsorted data %v", sorted)
            }
        })
    }
}
```

Run 方法的参数是测试的名称和一个函数，该函数接收一个 T 结构的参数并执行测试。在代码清单 31-10 中，Run 方法用于测试一组不同的 int 切片是否正确排序。使用 go test -v 命令运行带有详细输出的测试，你将看到如下输出：

```
=== RUN   TestSum
--- PASS: TestSum (0.00s)
=== RUN   TestSort
=== RUN   TestSort/Sort_#0
=== RUN   TestSort/Sort_#1
=== RUN   TestSort/Sort_#2
=== RUN   TestSort/Sort_#3
--- PASS: TestSort (0.00s)
    --- PASS: TestSort/Sort_#0 (0.00s)
    --- PASS: TestSort/Sort_#1 (0.00s)
    --- PASS: TestSort/Sort_#2 (0.00s)
    --- PASS: TestSort/Sort_#3 (0.00s)
PASS
ok      tests   0.112s
```

跳过测试

可以使用表 31-3 中描述的方法跳过测试，这有时候会很有用，比如当一个测试失败时，与之相关的其他测试也不再有实际意义。跳过测试的代码如代码清单 31-11 所示。

代码清单 31-11　在 tests/simple_test.go 文件中跳过测试

```
package main

import (
    "testing"
    "sort"
    "fmt"
)
```

```
type SumTest struct {
    testValues []int
    expectedResult int
}

func TestSum(t *testing.T) {
    testVals := []SumTest {
        { testValues: []int{10, 20, 30}, expectedResult:  10},
        { testValues: []int{ -10, 0, -10 }, expectedResult:  -20},
        { testValues: []int{ -10, 0, -10 }, expectedResult:  -20},
    }
    for index, testVal := range testVals {
        t.Run(fmt.Sprintf("Sum #%v", index), func(subT *testing.T) {
            if (t.Failed()) {
                subT.SkipNow()
            }
            _, sum := sortAndTotal(testVal.testValues)
            if (sum != testVal.expectedResult) {
                subT.Fatalf("Expected %v, Got %v", testVal.expectedResult, sum)
            }
        })
    }
}

func TestSort(t *testing.T) {
    slices := [][]int {
        { 1, 279, 48, 12, 3 },
        { -10, 0, -10 },
        { 1, 2, 3, 4, 5, 6, 7 },
        { 1 },
    }
    for index, data := range slices {
        t.Run(fmt.Sprintf("Sort #%v", index), func(subT *testing.T) {
            sorted, _ := sortAndTotal(data)
            if (!sort.IntsAreSorted(sorted)) {
                subT.Fatalf("Unsorted data %v", sorted)
            }
        })
    }
}
```

TestSum 函数已被重写以运行子测试。使用子测试时，如果任何单个测试失败，则整体测试也会失败。在代码清单 31-11 中，我通过调用 T 结构上的 Failed 方法进行整体测试并在失败后使用 SkipNow 方法跳过子测试。为 TestSum 执行的第一个子测试定义的预期结果不正确，导致测试失败，使用 go test -v 命令时会产生如下输出：

```
=== RUN   TestSum
=== RUN   TestSum/Sum_#0
    simple_test.go:27: Expected 10, Got 60
=== RUN   TestSum/Sum_#1
=== RUN   TestSum/Sum_#2
--- FAIL: TestSum (0.00s)
    --- FAIL: TestSum/Sum_#0 (0.00s)
    --- SKIP: TestSum/Sum_#1 (0.00s)
    --- SKIP: TestSum/Sum_#2 (0.00s)
```

```
=== RUN   TestSort
=== RUN   TestSort/Sort_#0
=== RUN   TestSort/Sort_#1
=== RUN   TestSort/Sort_#2
=== RUN   TestSort/Sort_#3
--- PASS: TestSort (0.00s)
    --- PASS: TestSort/Sort_#0 (0.00s)
    --- PASS: TestSort/Sort_#1 (0.00s)
    --- PASS: TestSort/Sort_#2 (0.00s)
    --- PASS: TestSort/Sort_#3 (0.00s)
FAIL
exit status 1
FAIL    tests   0.138s
```

31.3 基准代码

名称以 Benchmark 开头，后跟以大写字母开头的函数名（例如 Sort）的函数是基准测试函数，其执行是有相关定时器的。基准函数接收指向 testing.B 结构的指针，该结构定义表 31-4 中描述的字段。

表 31-4 B 结构定义的字段

字段	描述
N	该 int 字段指定基准函数应执行要测试的代码的次数

N 的值在基准测试函数内的 for 循环中使用，以重复执行性能相关的代码。基准工具可能会使用不同的 N 值重复调用基准函数，以便建立一个稳定的测量环境。将名为 benchmark_test.go 的文件添加到 tests 文件夹，其内容如代码清单 31-12 所示。

决定何时进行基准测试

代码性能调优就像汽车性能调整一样：它可能很有趣，但通常代价也很高昂，而且几乎每次都会出一些问题，甚至比要解决的问题还要多。

任何项目中最昂贵的部分是程序员的时间，无论是在初始开发阶段还是在维护阶段。性能调优不仅需要花费本可以用于完成项目的时间，而且通常会产生更难理解的代码，将来，当其他开发人员试图理解你的巧妙优化时，这将占用他们更多的时间。

我承认有很多项目对性能有特别的要求，但很可能你的项目并不是其中之一。不过不用担心，因为我的项目也没有这些要求。对于普通项目来说，购买更多的服务器或存储容量比让昂贵的开发人员进行调优要便宜得多。

基准测试具有教育意义，通过了解项目代码的执行方式你可以学到很多。但是基准测试的教育时间是在部署上线和第一个缺陷报告到达之间的短暂窗口中，反正到那时候你除了“整理不同颜色的打印纸[⊖]”也没有其他事情要做。但在那之前，我建议专注于编写易于理解和易于维护的代码。

⊖ 原文为 organizing the printer paper by color，意为没有什么重要的事情可做。——译者注

代码清单 31-12 tests/benchmark_test.go 文件内容

```
package main

import (
    "testing"
    "math/rand"
    "time"
)

func BenchmarkSort(b *testing.B) {
    rand.Seed(time.Now().UnixNano())
    size := 250
    data := make([]int, size)
    for i := 0; i < b.N; i++ {
        for j := 0; j < size; j++ {
            data[j] = rand.Int()
        }
        sortAndTotal(data)
    }
}
```

BenchmarkSort 函数创建一个包含随机数据的切片，并将其传递给代码清单 31-2 中定义的 sortAndTotal 函数。要执行基准测试，请在 tests 文件夹中运行代码清单 31-13 中所示的命令。

代码清单 31-13 执行基准测试

```
go test -bench . -run notest
```

-bench 参数后面的句点会导致执行 go test 工具发现的所有基准测试。可以将句点替换为正则表达式以选择特定的基准测试。默认情况下，还会执行单元测试，但由于我在代码清单 31-12 中的 TestSum 函数中故意引入了一个错误，因此我使用 -run 参数来指定一个不匹配任何测试函数名称的项目，结果将只执行基准测试。

代码清单 31-13 中的命令查找并执行 BenchmarkSort 函数并产生类似于如下的输出，具体内容因你的系统而异：

```
goos: windows
goarch: amd64
pkg: tests
BenchmarkSort-12            23853              42642 ns/op
PASS
ok      tests   1.577s
```

基准函数的名称后面跟的是 CPU 或核的数量，在我的系统上是 12，但不会对测试结果产生影响，因为代码没有使用 goroutine：

```
...
BenchmarkSort-12            23853              42642 ns/op
...
```

该行显示的下一个字段是传递给基准测试函数的 N 值，它代表运行被测函数的次数。

```
...
BenchmarkSort-12            23853              42642 ns/op
...
```

在我的系统上，该测试工具执行了 N 值为 23 853 次的 BenchmarkSort 函数。这个数字会随着测试和系统的不同而变化。最后一个值报告执行基准循环一次迭代所花费的时间（以纳秒为单位）：

```
...
BenchmarkSort-12            23853              42642 ns/op
...
```

对于这次测试，基准测试用了 42 642 纳秒才完成。

31.3.1　从基准测试中去除初始化时间

对于 for 循环的每次迭代，BenchmarkSort 函数必须生成随机数据，而生成这些数据所花费的时间也包含在基准测试结果中。B 结构定义了表 31-5 中描述的方法，这些方法是为控制用于基准测试的计时器而准备的。

表 31-5　用于时间控制的 B 方法

方法	描述
StopTimer()	该方法停止计时器
StartTimer()	该方法启动计时器
ResetTimer()	该方法重置计时器

当基准测试需要一些初始设置时，ResetTimer 方法很有用，而当每个基准测试都有开销时，其他两个方法很有用。代码清单 31-14 使用这些方法从基准测试结果中排除测试前的准备工作。

代码清单 31-14　在 tests/benchmark_test.go 文件中控制计时器

```go
package main

import (
    "testing"
    "math/rand"
    "time"
)

func BenchmarkSort(b *testing.B) {
    rand.Seed(time.Now().UnixNano())
    size := 250
    data := make([]int, size)
    b.ResetTimer()
    for i := 0; i < b.N; i++ {
        b.StopTimer()
        for j := 0; j < size; j++ {
            data[j] = rand.Int()
        }
        b.StartTimer()
        sortAndTotal(data)
    }
}
```

在设置随机种子并初始化切片后，计时器会被重置。在 for 循环中，StopTimer 方法用于在用随机数据填充切片之前停止计时器，而 StartTimer 方法用于在调用 sortAndTotal

函数之前启动计时器。在 tests 文件夹中运行代码清单 31-14 所示的命令，将执行修改后的基准测试。在我的系统上，产生了如下结果：

```
goos: windows
goarch: amd64
pkg: tests
BenchmarkSort-12            35088            32095 ns/op
PASS
ok      tests   4.133s
```

在排除了准备基准测试所需的工作时间后，可以更准确地评估执行 sortAndTotal 函数所花费的时间。

31.3.2 执行子基准测试

基准测试函数可以执行子基准测试，就像测试函数可以运行子测试一样。作为一个快速参考，表 31-6 描述了用于运行子基准测试的方法。

表 31-6 执行子基准测试的 B 方法

方法	描述
Run(name, func)	调用该方法将作为子基准执行指定的函数。该方法会在执行基准测试时阻塞

代码清单 31-15 更新了 BenchmarkSort 函数，以便执行一系列针对不同数组长度的基准测试。

代码清单 31-15 在 tests/benchmark_test.go 文件中执行子基准测试

```go
package main

import (
    "testing"
    "math/rand"
    "time"
    "fmt"
)

func BenchmarkSort(b *testing.B) {
    rand.Seed(time.Now().UnixNano())
    sizes := []int { 10, 100, 250 }
    for _, size := range sizes {
        b.Run(fmt.Sprintf("Array Size %v", size), func(subB *testing.B) {
            data := make([]int, size)
            subB.ResetTimer()
            for i := 0; i < subB.N; i++ {
                subB.StopTimer()
                for j := 0; j < size; j++ {
                    data[j] = rand.Int()
                }
                subB.StartTimer()
                sortAndTotal(data)
            }
        })
    }
}
```

这些基准可能需要运行一些时间才能完成。以下是在我的系统上的结果，它们是使用代码清单31-13中所示的命令生成的：

```
goos: windows
goarch: amd64
pkg: tests
BenchmarkSort/Array_Size_10-12          753120          1984 ns/op
BenchmarkSort/Array_Size_100-12         110248         10953 ns/op
BenchmarkSort/Array_Size_250-12          34369         31717 ns/op
PASS
ok      tests   61.453s
```

31.4 写日志

log 包提供了一个简单的日志 API，它创建日志条目并将它们发送到 io.Writer，允许应用程序生成日志数据而无须知道数据最终会存储在哪里。表31-7中描述了 log 包定义的最有用的函数。

表31-7 有用的 log 包函数

函数	描述
Output()	该函数返回日志消息将传递到的 Writer。默认情况下，日志消息写入标准输出
SetOutput(writer)	该函数使用指定的 Writer 进行日志记录
Flags()	该函数返回用于格式化日志消息的标志
SetFlags(flags)	该函数使用指定的标志来格式化日志消息
Prefix()	该函数返回应用于日志消息的前缀。默认没有前缀
SetPrefix(prefix)	该函数使用指定的 string 作为日志消息的前缀
Output(depth, message)	该函数将指定的消息写入 Output 函数返回的 Writer，Output 函数使用指定的调用深度，默认为 2。调用深度用于控制代码文件的选择，通常不会改变
Print(...vals)	该函数通过调用 fmt.Sprint 并将结果传递给 Output 函数来创建日志消息
Printf(template, ...vals)	该函数通过调用 fmt.Sprintf 并将结果传递给 Output 函数来创建日志消息
Fatal(...vals)	该函数通过调用 fmt.Sprint 创建日志消息，将结果传递给 Output 函数，然后终止应用程序
Fatalf(template, ...vals)	该函数通过调用 fmt.Sprintf 创建日志消息，将结果传递给 Output 函数，然后终止应用程序
Panic(...vals)	该函数通过调用 fmt.Sprint 创建日志消息，然后将结果传递给 Output 函数，然后传递给 panic 函数
Panicf(template, ...vals)	该函数通过调用 fmt.Sprintf 创建日志消息，并将结果传递给 Output 函数，然后传递给 panic 函数

日志消息的格式由 SetFlags 函数控制，为此 log 包定义了表31-8中描述的常量。

表 31-8 log 包中定义的常量

常量	描述
Ldate	选择标志包括日志输出中的日期
Ltime	选择标志包括日志输出中的时间
Lmicroseconds	选择标志包括时间中的微秒
Llongfile	选择标志包括代码文件名、目录和产生日志消息的行号
Lshortfile	选择标志包括代码文件名（不包括目录）和产生日志消息的行号
LUTC	选择标志使用 UTC 日期和时间，而不是本地时区
Lmsgprefix	选择标志会将前缀从其默认位置（通常在日志信息最前面）移动到传递给 Output 函数的字符串之前
LstdFlags	该常量表示默认格式，包含 Ldate 和 Ltime

代码清单 31-16 使用表 31-7 中的函数来执行简单的日志记录。

代码清单 31-16 在 tests/main.go 文件中记录日志消息

```
package main

import (
    "sort"
    //"fmt"
    "log"
)

func sortAndTotal(vals []int) (sorted []int, total int) {
    sorted = make([]int, len(vals))
    copy(sorted, vals)
    sort.Ints(sorted)
    for _, val := range sorted {
        total += val
        //total++
    }
    return
}

func main() {
    nums := []int { 100, 20, 1, 7, 84 }
    sorted, total := sortAndTotal(nums)
    log.Print("Sorted Data: ", sorted)
    log.Print("Total: ", total)
}
func init() {
    log.SetFlags(log.Lshortfile | log.Ltime)
}
```

初始化函数使用 SetFlags 函数来选择 Lshortfile 和 Ltime 标志，这将包括日志输出中的文件名和时间。在 main 函数中，日志消息是使用 Print 函数创建的。使用 go run. 命令编译并执行项目，你将看到类似于以下内容的输出：

```
08:51:25 main.go:26: Sorted Data: [1 7 20 84 100]
08:51:25 main.go:27: Total: 212
```

创建自定义日志记录器

log 包可用于设置不同的日志记录选项，以便应用程序的不同部分可以将日志消息写入不同的目的地或使用不同的格式化选项。表 31-9 中描述的函数用于创建自定义日志记录目标。

表 31-9 用于自定义日志记录的 log 包函数

函数	描述
New(writer, prefix, flags)	该函数返回一个 Logger，它将消息写入指定的 writer，并配置了指定的前缀和标志

New 函数创建一个 Logger，logger 是一个结构，该结构定义了一些与表 31-7 中所描述的对应的方法。表 31-7 中的方法只是简单地调用默认 Logger 上同名的方法。代码清单 31-17 使用 New 函数创建一个 Logger。

代码清单 31-17 在 tests/main.go 文件中创建自定义 Logger

```
package main

import (
    "sort"
    //"fmt"
    "log"
)

func sortAndTotal(vals []int) (sorted []int, total int) {
    var logger = log.New(log.Writer(), "sortAndTotal: ",
        log.Flags() | log.Lmsgprefix)
    logger.Printf("Invoked with %v values", len(vals))
    sorted = make([]int, len(vals))
    copy(sorted, vals)
    sort.Ints(sorted)
    logger.Printf("Sorted data: %v", sorted)
    for _, val := range sorted {
        total += val
        //total++
    }
    logger.Printf("Total: %v", total)
    return
}

func main() {
    nums := []int { 100, 20, 1, 7, 84 }
    sorted, total := sortAndTotal(nums)
    log.Print("Sorted Data: ", sorted)
    log.Print("Total: ", total)
}

func init() {
    log.SetFlags(log.Lshortfile | log.Ltime)
}
```

上述代码通过一个新前缀和 Lmsgprefix 标志创建了一个 Logger 结构，其 Writer 从表 31-7 所描述的 Output 函数获得。最终日志消息仍然写入相同的目的地，但会带有一个额外的前缀，表示它是来自 sortAndTotal 函数的消息。编译并执行项目，你将看到额外的日志消息：

```
09:12:37 main.go:11: sortAndTotal: Invoked with 5 values
09:12:37 main.go:15: sortAndTotal: Sorted data: [1 7 20 84 100]
09:12:37 main.go:20: sortAndTotal: Total: 212
09:12:37 main.go:27: Sorted Data: [1 7 20 84 100]
09:12:37 main.go:28: Total: 212
```

31.5 小结

在本章中，我完成了对 Go 中最有用的标准库包的描述，其中包括单元测试、基准测试和日志记录。正如我前面讲过的，我发现测试功能对我并没有什么吸引力，并且我对基准测试持强烈保留意见，但这两组功能都很好地集成在了 Go 工具中，因而很容易使用，尤其是当你对这些主题与我有不同的看法时，你应该使用它们。日志记录功能的争议较小，我在第三部分中创建的自定义 Web 应用程序平台中也会使用它们。

第三部分 Part 3

应用 Go 语言

Chapter 32 第 32 章

创建 Web 平台

在本章中我将开始开发一个自创的 Web 应用平台，并将在接下来的第 33 章和第 34 章继续开发。在第 35 章～第 38 章，我将使用这个平台创建一个名为 SportsStore 的应用，里面会以某种形式放上我所有的书。

本部分将展示如何使用 Go 解决各种在实际项目开发中的问题。对 Web 应用平台来说，这意味着要开发日志、会话、HTML 模板、鉴权等功能。而对 SportsStore 应用来说，则意味着要使用一个产品数据库、跟踪用户的产品选择、对用户输入进行校验，以及出库等。

请注意，本章的代码是专为本书的示例而写的，只是为了能方便支持后面章节中的各种功能，仅在本书的代码环境中验证过。在实际开发中，有很多第三方的包可以提供本部分的部分或全部功能，如果你要创建一个新项目，则可以从这些第三方的包开始。在此我推荐 Gorilla Web Toolkit（www.gorillatoolkit.org），它提供了一些有用的包，并且我会也在第 34 章用到其中一个。

注意 本部分的这些章节的内容比较高级且复杂，请严格按书里描述的示例和步骤学习，以免出错。如果你在学习中遇到困难，可以检查本书的 GitHub 仓库（https://github.com/apress/pro-go），我将会在那里列出后续出现的问题。

32.1 创建项目

打开命令行窗口并切换到一个方便的位置，创建一个名为 `platform` 的目录。进入 `platform` 目录并执行代码清单 32-1 中的命令。

代码清单 32-1 项目初始化

```
go mod init platform
```

在 `platform` 文件夹中创建一个名为 `main.go` 的文件，写入代码清单 32-2 所示的内容。

代码清单 32-2　platform/main.go 文件内容

```
package main

import (
    "fmt"
)

func writeMessage() {
    fmt.Println("Hello, Platform")
}

func main() {
    writeMessage()
}
```

在 platform 文件夹中执行代码清单 32-3 中的命令。

代码清单 32-3　编译并执行项目

```
go run .
```

项目将会被编译并执行，输出内容如下：

```
Hello, Platform
```

32.2　创建一些基本的平台功能

下面我们就开始定义一些基本的服务，作为运行 Web 应用程序的基石。

32.2.1　创建日志系统

我们要创建的第一个服务器功能是日志。Go 语言标准库中的 log 包提供了一些基本的日志功能，但需要添加一些额外的功能以便过滤一些详细消息。创建 platform/logging 文件夹，并在下面增加一个名为 logging.go 的文件，内容如代码清单 32-4 所示。

代码清单 32-4　logging/logging.go 文件内容

```
package logging

type LogLevel int

const (
    Trace LogLevel = iota
    Debug
    Information
    Warning
    Fatal
    None
)

type Logger interface {

    Trace(string)
    Tracef(string, ...interface{})
```

```
    Debug(string)
    Debugf(string, ...interface{})

    Info(string)
    Infof(string, ...interface{})

    Warn(string)
    Warnf(string, ...interface{})

    Panic(string)
    Panicf(string, ...interface{})
}
```

该文件定义了 Logger 接口，该接口规定了不同级别的服务日志信息的方法，日志级别通过 LogLevel 的值指定，LogLevel 的取值范围从 Trace 到 Fatal。其中有一个 None 级别，在这个级别不输出日志。对于每种级别的日志，Logger 接口都定义了一组对应的方法，其中一个方法仅接收一个简单的字符串参数，而另一个方法则接收一个模板字符串以及一个占位符，该占位符通过 interface() 可以接收多个不同的值。

在此我定义了平台所支持的功能的所有接口，并使用这些接口提供默认实现。通过这种方法，如有需要，应用程序可以很方便地替换掉默认实现，这种方法也可以为应用程序提供作为服务的功能，关于后者我将在本章后面讲到。

接下来添加 Logger 接口的默认实现。在 logging 文件夹中创建 logger_default.go 文件，写入代码清单 32-5 所示的内容。

代码清单 32-5 logging/logger_default.go 文件内容

```
package logging

import (
    "log"
    "fmt"
)
type DefaultLogger struct {
    minLevel LogLevel
    loggers map[LogLevel]*log.Logger
    triggerPanic bool
}

func (l *DefaultLogger) MinLogLevel() LogLevel {
    return l.minLevel
}

func (l *DefaultLogger) write(level LogLevel, message string) {
    if (l.minLevel <= level) {
        l.loggers[level].Output(2, message)
    }
}

func (l *DefaultLogger) Trace(msg string) {
    l.write(Trace, msg)
}
```

```
func (l *DefaultLogger) Tracef(template string, vals ...interface{}) {
    l.write(Trace, fmt.Sprintf(template, vals...))
}

func (l *DefaultLogger) Debug(msg string) {
    l.write(Debug, msg)
}

func (l *DefaultLogger) Debugf(template string, vals ...interface{}) {
    l.write(Debug, fmt.Sprintf(template, vals...))
}

func (l *DefaultLogger) Info(msg string) {
    l.write(Information, msg)
}

func (l *DefaultLogger) Infof(template string, vals ...interface{}) {
    l.write(Information, fmt.Sprintf(template, vals...))
}

func (l *DefaultLogger) Warn(msg string) {
    l.write(Warning, msg)
}

func (l *DefaultLogger) Warnf(template string, vals ...interface{}) {
    l.write(Warning, fmt.Sprintf(template, vals...))
}

func (l *DefaultLogger) Panic(msg string) {
    l.write(Fatal, msg)
    if (l.triggerPanic) {
        panic(msg)
    }
}

func (l *DefaultLogger) Panicf(template string, vals ...interface{}) {
    formattedMsg := fmt.Sprintf(template, vals...)
    l.write(Fatal, formattedMsg)
    if (l.triggerPanic) {
        panic(formattedMsg)
    }
}
```

`DefaultLogger` 结构通过标准库中的 `log` 包（参见第 31 章）实现了 `Logger` 接口。每一个服务级别都指定了一个 `log.Logger`，这意味着日志消息可以发往不同的目的地或格式化为不同的格式。接下来在 `logging` 文件夹中创建一个名为 `default_create.go` 的文件，内容如代码清单 32-6 所示。

代码清单 32-6　logging/default_create.go 文件内容

```
package logging

import (
    "log"
    "os"
)
```

```
func NewDefaultLogger(level LogLevel) Logger {
    flags := log.Lmsgprefix | log.Ltime
    return &DefaultLogger {
        minLevel: level,
        loggers: map[LogLevel]*log.Logger {
            Trace: log.New(os.Stdout, "TRACE ",  flags),
            Debug: log.New(os.Stdout, "DEBUG ",  flags),
            Information: log.New(os.Stdout, "INFO ",  flags),
            Warning: log.New(os.Stdout, "WARN ",  flags),
            Fatal: log.New(os.Stdout, "FATAL ",  flags),
        },
        triggerPanic: true,
    }
}
```

NewDefaultLogger 函数用于创建一个 DefaultLogger，包含一个最低的服务日志级别以及 log.Loggers，后者用于将日志信息输出到标准输出。接下来我们可以做一个简单的测试，在代码清单 32-7 中修改 main 函数，以便可以使用我们的日志功能写日志。

代码清单 32-7 在 platform/main.go 中使用新的日志功能

```
package main

import (
    //"fmt"
    "platform/logging"
)

func writeMessage(logger logging.Logger) {
    logger.Info("Hello, Platform")
}

func main() {
    var logger logging.Logger = logging.NewDefaultLogger(logging.Information)
    writeMessage(logger)
}
```

在此，NewDefaultLogger 将 Logger 的最低日志级别设为 Information，这意味着低于该级别的日志（Trace 和 Debug）将会被丢弃。编译并执行该项目，你将会看到如下输出，当然你看到的时间戳会有所不同：

```
18:28:46 INFO Hello, Platform
```

32.2.2 创建配置系统

下一步是添加配置应用程序的功能，这样可以使用配置文件而不是通过修改代码对应用程序进行配置。创建 platform/config 文件夹并向其中添加一个名为 config.go 的文件，其内容如代码清单 32-8 所示。

代码清单 32-8 config/config.go 文件的内容

```
package config

type Configuration interface {
```

```
    GetString(name string) (configValue string, found bool)
    GetInt(name string) (configValue int, found bool)
    GetBool(name string) (configValue bool, found bool)
    GetFloat(name string) (configValue float64, found bool)

    GetStringDefault(name, defVal string) (configValue string)
    GetIntDefault(name string, defVal int) (configValue int)
    GetBoolDefault(name string, defVal bool) (configValue bool)
    GetFloatDefault(name string, defVal float64) (configValue float64)

    GetSection(sectionName string) (section Configuration, found bool)
}
```

Configuration 接口定义了获取配置设置的方法，支持获取 string、int、float64 以及 bool 值。还有一组方法允许提供默认值。配置数据允许嵌套，可以使用 GetSection 方法获取配置中对应的部分（section）。

1. 定义配置文件

下面我们先来看一下配置文件的格式，这将有助于理解配置系统的实现。将名为 config.json 的文件添加到 platform 文件夹中，其内容如代码清单 32-9 所示。

代码清单 32-9　platform/config.json 文件内容

```
{
    "logging" : {
        "level": "debug"
    },
    "main" : {
        "message" : "Hello from the config file"
    }
}
```

该配置文件定义了两个配置部分（section），分别为 logging 和 main。logging 部分包含一个名为 level 的字符串配置参数。main 部分包含一个名为 message 的字符串配置参数。到后面我们开始处理 SportsStore 应用程序时将会添加新的配置参数，此处仅显示了配置文件的基本结构。当需要添加新的配置参数时，请特别注意其中的双引号和逗号，这两者都是 JSON 所必需的，但很容易被忽略。

2. 实现配置接口

接下来我们要创建 Configuration 接口的实现，在 config 文件夹下创建一个名为 config_default.go 的文件，内容如代码清单 32-10 所示。

代码清单 32-10　config/config_default.go 文件内容

```
package config

import "strings"

type DefaultConfig struct {
    configData map[string]interface{}
}
```

```
func (c *DefaultConfig) get(name string) (result interface{}, found bool) {
    data := c.configData
    for _, key := range strings.Split(name, ":") {
        result, found = data[key]
        if newSection, ok := result.(map[string]interface{}); ok && found {
            data = newSection
        } else {
            return
        }
    }
    return
}
func (c *DefaultConfig) GetSection(name string) (section Configuration, found bool) {
    value, found := c.get(name)
    if (found) {
        if sectionData, ok := value.(map[string]interface{}) ; ok {
            section = &DefaultConfig { configData: sectionData }
        }
    }
    return
}

func (c *DefaultConfig) GetString(name string) (result string, found bool) {
    value, found := c.get(name)
    if (found) { result = value.(string) }
    return
}

func (c *DefaultConfig) GetInt(name string) (result int, found bool) {
    value, found := c.get(name)
    if (found) { result =  int(value.(float64)) }
    return
}

func (c *DefaultConfig) GetBool(name string) (result bool, found bool) {
    value, found := c.get(name)
    if (found) { result = value.(bool) }
    return
}

func (c *DefaultConfig) GetFloat(name string) (result float64, found bool) {
    value, found := c.get(name)
    if (found) { result = value.(float64) }
    return
}
```

DefaultConfig 结构通过一个 map 实现了 Configuration 接口。嵌套的配置部分也以 map 表示。可以通过 section 名称和参数名称的组合来获取单个配置参数，例如 logging:level，也可以直接使用 section 名称获取整个 section 中所有参数组成的 map，例如 logging。下面我们要定义一些接收默认值的方法，在 config 文件夹中创建名为 config_default_fallback.go 的文件，其内容如代码清单 32-11 所示。

代码清单 32-11 config/config_default_fallback.go 文件内容

```
package config
```

```
func (c *DefaultConfig) GetStringDefault(name, val string) (result string) {
    result, ok := c.GetString(name)
    if !ok {
        result = val
    }
    return
}
func (c *DefaultConfig) GetIntDefault(name string, val int) (result int) {
    result, ok := c.GetInt(name)
    if !ok {
        result = val
    }
    return
}

func (c *DefaultConfig) GetBoolDefault(name string, val bool) (result bool) {
    result, ok := c.GetBool(name)
    if !ok {
        result = val
    }
    return
}

func (c *DefaultConfig) GetFloatDefault(name string, val float64) (result float64) {
    result, ok := c.GetFloat(name)
    if !ok {
        result = val
    }
    return
}
```

接着定义从配置文件中加载数据的函数，在 config 文件夹中创建一个名为 config_json.go 的文件，其内容如代码清单 32-12 所示。

代码清单 32-12 config/config_json.go 文件内容

```
package config

import (
    "os"
    "strings"
    "encoding/json"
)

func Load(fileName string) (config Configuration,  err error) {
    var data []byte
    data, err = os.ReadFile(fileName)
    if (err == nil) {
        decoder := json.NewDecoder(strings.NewReader(string(data)))
        m := map[string]interface{} {}
        err = decoder.Decode(&m)
        if (err == nil) {
            config = &DefaultConfig{ configData: m }
        }
    }
    return
}
```

Load 函数读取配置文件的内容，将其中包含的 JSON 解析为 Go 中的一个 map，并使用它创建一个 DefaultConfig 值。

3. 使用配置系统

要从配置系统中获取日志级别，修改 logging 文件夹中的 default_create.go 文件，如代码清单 32-13 所示。

代码清单 32-13 使用 logging/default_create.go 文件中的配置系统

```
package logging

import (
    "log"
    "os"
    "strings"
    "platform/config"
)

func NewDefaultLogger(cfg config.Configuration) Logger {

    var level LogLevel = Debug
    if configLevelString, found := cfg.GetString("logging:level"); found {
        level = LogLevelFromString(configLevelString)
    }

    flags := log.Lmsgprefix | log.Ltime
    return &DefaultLogger {
        minLevel: level,
        loggers: map[LogLevel]*log.Logger {
            Trace: log.New(os.Stdout, "TRACE ",  flags),
            Debug: log.New(os.Stdout, "DEBUG ",  flags),
            Information: log.New(os.Stdout, "INFO ",  flags),
            Warning: log.New(os.Stdout, "WARN ",  flags),
            Fatal: log.New(os.Stdout, "FATAL ",  flags),
        },
        triggerPanic: true,
    }
}

func LogLevelFromString(val string) (level LogLevel) {
    switch strings.ToLower(val) {
        case "debug":
            level = Debug
        case "information":
            level = Information
        case "warning":
            level = Warning
        case "fatal":
            level = Fatal
        case "none":
            level = None
        default:
            level = Debug
    }
    return
}
```

在 JSON 中没有表示 iota 值的好方法，所以我使用了一个字符串并定义了 LogLevelFromString 函数来将配置参数转换为 LogLevel 值。代码清单 32-14 更新了 main 函数以加载和应用配置数据并使用配置系统读取它写入的消息。

代码清单 32-14　在 platform/main.go 文件中读取配置参数

```
package main

import (
        //"fmt"
        "platform/config"
        "platform/logging"
)

func writeMessage(logger logging.Logger, cfg config.Configuration) {
    section, ok := cfg.GetSection("main")
    if (ok) {
        message, ok := section.GetString("message")
        if (ok) {
            logger.Info(message)
        } else {
            logger.Panic("Cannot find configuration setting")
        }
    } else {
        logger.Panic("Config section not found")
    }
}

func main() {

    var cfg config.Configuration
    var err error
    cfg, err = config.Load("config.json")
    if (err != nil) {
        panic(err)
    }

    var logger logging.Logger = logging.NewDefaultLogger(cfg)
    writeMessage(logger, cfg)
}
```

其中，配置从 config.json 文件加载，Configuration 实现传递给 NewDefaultLogger 函数，该函数使用它来读取日志级别设置。

writeMessage 函数演示了如果使用一个配置 section，则这是为组件提供所需设置的一种好方法，尤其是在需要对多个实例进行不同设置时，每个实例都可以在其自己的 section 中被定义。

代码清单 32-14 中的代码在编译和执行时会产生以下输出：

```
18:49:12 INFO Hello from the config file
```

32.3　通过依赖注入管理服务

要获得 Logger 和 Configuration 接口的实现，main 函数中的代码需要知道如何创建实现这些接口的结构实例：

```
...
cfg, err = config.Load("config.json")
...
var logger logging.Logger = logging.NewDefaultLogger(cfg)
...
```

这是一种可行的方法，但它与定义接口的目的相悖——使用这种方法需要非常小心，要确保实例的创建是一致的，并且在日后将一个接口实现替换为另一种方法实现时会很复杂。

我首选的方法是使用依赖注入（Dependency Injection，DI），其中依赖接口的代码可以直接获得一个实现，而无须选择底层类型或创建一个实例。我将从“服务定位”开始，这将为以后更高级的功能奠定基础。

当应用程序启动时，将应用程序定义的接口加入一个注册服务，同时将一个创建实现结构实例的工厂函数加入其中。例如，`platform.logger.Logger` 接口将与一个调用 `NewDefaultLogger` 函数的工厂函数一起被加入注册服务。当一个接口被添加到注册服务中时，它就被称为“服务”。

在执行过程中，需要服务描述的功能的应用程序组件会向注册服务请求他们想要的接口。注册服务调用相关的工厂函数并返回它创建的结构体，通过这种方法，可以使应用程序组件在不知道或不指定使用哪一个实现结构或如何创建它的情况下使用接口功能。如果你被绕晕了，请不要担心——这种方法就是有些难以理解，不过，一旦你实际看到它，就会很容易理解。

32.3.1 定义服务生命周期

服务在注册时要指定生命周期，生命周期指定何时调用工厂函数来创建新的结构值。下面我将使用表 32-1 中描述的三个服务生命周期。

表 32-1 服务生命周期

生命周期	描述
`Transient`（临时）	每个服务请求都会调用工厂函数
`Singleton`（单例）	工厂函数仅被调用一次，并且每个请求都会收到相同的结构实例
`Scoped`（有范围的）	工厂函数会为其相关范围内的第一个请求调用一次，并且该范围内的每个请求都会收到相同的结构实例

创建 `platform/services` 文件夹并向其中添加一个名为 `lifecycles.go` 的文件，其内容如代码清单 32-15 所示。

代码清单 32-15 `services/lifecycles.go` 文件内容

```
package services

type lifecycle int

const (
    Transient lifecycle = iota
    Singleton
    Scoped
)
```

我将使用标准库中的 context 包来实现 Scoped 生命周期，关于 context，我在第 30 章中已经讲过了。服务器对接收到的每个 HTTP 请求都会自动创建一个 Context，这意味着处理该请求的所有请求处理代码可以共享同一组服务。例如，一个提供 session（会话信息）的单个结构可以用于一个请求的整个处理过程中。

为了更容易使用上下文，将名为 context.go 的文件添加到 services 文件夹，其内容如代码清单 32-16 所示。

代码清单 32-16　services/context.go 文件内容

```
package services

import (
    "context"
    "reflect"
)

const ServiceKey = "services"

type serviceMap map[reflect.Type]reflect.Value

func NewServiceContext(c context.Context) context.Context {
    if (c.Value(ServiceKey) == nil) {
        return context.WithValue(c, ServiceKey, make(serviceMap))
    } else {
        return c
    }
}
```

NewServiceContext 函数使用 WithValue 函数派生 Context，将已经解析的服务存到一个 map 中，保存请求与服务的映射关系。请参阅第 30 章以获取有关 Context 的不同的派生方法。

32.3.2　定义内部服务函数

我将通过工厂函数返回的结果来确定它处理的接口来处理服务注册。这是注册新服务时将使用的工厂函数类型的示例：

```
...
func ConfigurationFactory() config.Configuration {
    // TODO create struct that implements Configuration interface
}
...
```

该函数的结果类型是 config.Configuration。通过反射检查函数返回值就可以确定这是哪个工厂的接口。

一些工厂函数会依赖其他服务。下面是另一个示例工厂函数：

```
...
func Loggerfactory(cfg config.Configuration) logging.Logger {
    // TODO create struct that implements Logger interface
}
...
```

这个工厂函数用于响应对 Logger 接口的请求，但它的实现依赖于 Configuration 接口的实现。这就意味着必须先解析 Configuration 接口以提供解析 Logger 接口所需的参数。这是一个依赖注入的例子，其中工厂函数的依赖项“参数”先被解析，以便可以调用该函数。

注意 定义依赖于其他服务的工厂函数可以改变嵌套服务的生命周期。例如，如果你定义一个依赖临时服务的单例服务，那么嵌套的服务只会在单例首次实例化时解析一次。这在大多数项目中不是问题，但需要牢记。

将名为 core.go 的文件添加到 services 文件夹，其内容如代码清单 32-17 所示。

代码清单 32-17 services/core.go 文件内容

```
package services

import (
    "reflect"
    "context"
    "fmt"
)

type BindingMap struct {
    factoryFunc reflect.Value
    lifecycle
}

var services = make(map[reflect.Type]BindingMap)

func addService(life lifecycle, factoryFunc interface{}) (err error) {
    factoryFuncType := reflect.TypeOf(factoryFunc)
    if factoryFuncType.Kind() == reflect.Func && factoryFuncType.NumOut() == 1 {
        services[factoryFuncType.Out(0)] = BindingMap{
            factoryFunc: reflect.ValueOf(factoryFunc),
            lifecycle: life,
        }
    } else {
        err = fmt.Errorf("Type cannot be used as service: %v", factoryFuncType)

    }
    return
}
var contextReference = (*context.Context)(nil)
var contextReferenceType = reflect.TypeOf(contextReference).Elem()

func resolveServiceFromValue(c context.Context, val reflect.Value) (err error ){
    serviceType := val.Elem().Type()
    if serviceType == contextReferenceType {
        val.Elem().Set(reflect.ValueOf(c))
    } else if binding, found := services[serviceType]; found {
        if (binding.lifecycle == Scoped) {
            resolveScopedService(c, val, binding)
        } else {
            val.Elem().Set(invokeFunction(c, binding.factoryFunc)[0])
        }
    } else {
        err = fmt.Errorf("Cannot find service %v", serviceType)
    }
```

```
    return
}

func resolveScopedService(c context.Context, val reflect.Value,
        binding BindingMap) (err error) {
    sMap, ok := c.Value(ServiceKey).(serviceMap)
    if (ok) {
        serviceVal, ok := sMap[val.Type()]
        if (!ok) {
            serviceVal = invokeFunction(c, binding.factoryFunc)[0]
            sMap[val.Type()] = serviceVal
        }
        val.Elem().Set(serviceVal)
    } else {
        val.Elem().Set(invokeFunction(c, binding.factoryFunc)[0])
    }
    return
}

func resolveFunctionArguments(c context.Context,  f reflect.Value,
        otherArgs ...interface{}) []reflect.Value {
    params := make([]reflect.Value, f.Type().NumIn())
    i := 0
    if (otherArgs != nil) {
        for ; i < len(otherArgs); i++ {
            params[i] = reflect.ValueOf(otherArgs[i])
        }
    }
    for ; i < len(params); i++ {
        pType := f.Type().In(i)
        pVal := reflect.New(pType)
        err := resolveServiceFromValue(c, pVal)
        if err != nil {
            panic(err)
        }
        params[i] = pVal.Elem()
    }
    return params
}

func invokeFunction(c context.Context, f reflect.Value,
        otherArgs ...interface{}) []reflect.Value {
    return f.Call(resolveFunctionArguments(c, f, otherArgs...))
}
```

BindingMap结构用于描述工厂函数（表示为reflect.Value）和生命周期的组合。addService函数用于注册服务，它通过创建一个BindingMap结构并添加到分配给services变量的map来实现。

调用resolveServiceFromValue函数来查找对应的服务，它的参数是一个Context和一个指向变量的指针的Value，被指向的变量的类型便是要找的接口（当你在运行程序时看到正在执行的查找流程时，将更有助于理解）。为找到对应的服务，getServiceFromValue函数使用请求的类型作为键，查看服务map中是否存在对应的BindingMap。如果存在BindingMap，则调用其工厂函数，工厂函数的值便将会赋值给传入的指针。

invokeFunction 函数负责调用工厂函数，使用 **resolveFunctionArguments** 函数检查工厂函数的参数并解析每个参数。这些函数接收可选的附加参数，这类参数通常在使用服务和普通参数的混合调用函数时使用（在这种情况下，普通参数必须预先定义）。

有作用域服务需要特殊处理。**resolveScopedService** 检查 **Context** 是否包含来自先前的请求对应的服务。如果找不到的话，则继续查找对应的服务，将服务的值添加到 **Context** 中，以便它可以在后续同一范围内的请求中重用。

32.3.3 定义服务注册函数

代码清单 32-17 中定义的函数均未导出。下面我们将要创建用于注册服务的函数，这些函数就可以在我们应用程序的其余部分中使用。请将名为 **registration.go** 的文件添加到 **services** 文件夹，其内容如代码清单 32-18 所示。

代码清单 32-18 services/registration.go 文件内容

```
package services

import (
    "reflect"
    "sync"
)

func AddTransient(factoryFunc interface{}) (err error) {
    return addService(Transient, factoryFunc)
}

func AddScoped(factoryFunc interface{}) (err error) {
    return addService(Scoped, factoryFunc)
}

func AddSingleton(factoryFunc interface{}) (err error) {
    factoryFuncVal := reflect.ValueOf(factoryFunc)
    if factoryFuncVal.Kind() == reflect.Func && factoryFuncVal.Type().NumOut() == 1 {
        var results []reflect.Value
        once := sync.Once{}
        wrapper := reflect.MakeFunc(factoryFuncVal.Type(),
            func ([]reflect.Value) []reflect.Value {
                once.Do(func() {
                    results = invokeFunction(nil, factoryFuncVal)
                })
                return results
            })
        err = addService(Singleton, wrapper.Interface())
    }
    return
}
```

AddTransient 和 **AddScoped** 函数只是简单地将工厂函数传递给 **addService** 函数。单例生命周期需要做更多的工作，**AddSingleton** 函数围绕工厂函数创建一个包装器，以确保它在首次请求时查找到对应服务时仅执行一次。这确保只创建一个实现结构的实例，并且该结构只有第一次需要时才会被创建。

32.3.4　定义服务解析函数

下面要定义服务的解析（查找）函数。将名为 resolution.go 的文件添加到 services 文件夹，其内容如代码清单 32-19 所示。

代码清单 32-19　services/resolution.go 文件内容

```
package services

import (
    "reflect"
    "errors"
    "context"
)

func GetService(target interface{}) error {
    return GetServiceForContext(context.Background(), target)
}

func GetServiceForContext(c context.Context, target interface{}) (err error) {
    targetValue := reflect.ValueOf(target)
    if targetValue.Kind() == reflect.Ptr &&
            targetValue.Elem().CanSet() {
        err = resolveServiceFromValue(c, targetValue)
    } else {
        err = errors.New("Type cannot be used as target")
    }
    return
}
```

GetServiceForContext 接收 Context 和一个指针，该指针的值可以通过反射设置。为方便起见，GetService 函数使用背景上下文。

32.3.5　注册和使用服务

至此，基本的服务特性都有了。下面，我就可以注册服务，并进行解析了。将名为 services_default.go 的文件添加到 services 文件夹，其内容如代码清单 32-20 所示。

代码清单 32-20　services/services_default.go 文件内容

```
package services

import (
    "platform/logging"
    "platform/config"
)

func RegisterDefaultServices() {

    err := AddSingleton(func() (c config.Configuration) {
        c, loadErr :=  config.Load("config.json")
        if (loadErr != nil) {
            panic(loadErr)
        }
        return
    })
```

```
    err = AddSingleton(func(appconfig config.Configuration) logging.Logger {
        return logging.NewDefaultLogger(appconfig)
    })
    if (err != nil) {
        panic(err)
    }
}
```

RegisterDefaultServices 创建 Configuration 和 Logger 服务。这些服务是使用 AddSingleton 函数创建的，这意味着实现每个接口的结构的单个实例将由整个应用程序共享。代码清单 32-21 更新了 main 函数以使用服务，而不是直接实例化结构。

代码清单 32-21 在 platform/main.go 文件中的服务解析

```
package main

import (
    //"fmt"
    "platform/config"
    "platform/logging"
    "platform/services"
)

func writeMessage(logger logging.Logger, cfg config.Configuration) {

    section, ok := cfg.GetSection("main")
    if (ok) {
        message, ok := section.GetString("message")
        if (ok) {
            logger.Info(message)
        } else {
            logger.Panic("Cannot find configuration setting")
        }
    } else {
        logger.Panic("Config section not found")
    }
}

func main() {

    services.RegisterDefaultServices()

    var cfg config.Configuration
    services.GetService(&cfg)

    var logger logging.Logger
    services.GetService(&logger)

    writeMessage(logger, cfg)
}
```

解析服务是通过将指针传递给类型为接口的变量来完成的。在代码清单 32-21 中，GetService 函数用于获取 Repository 和 Logger 接口的实现，而无须知道将使用哪种结构类型、创建它的进程或服务的生命周期。

创建变量和传递指针这两个步骤都是解析服务所必需的。编译并执行项目，可以看到如下输出：

```
19:17:06 INFO Hello from the config file
```

1. 添加调用函数的支持

现在基本服务功能就位了，就可以很轻松地创建更多增强的功能了，以便使服务解析更简单、更容易。要添加对直接执行函数的支持，将名为 `functions.go` 的文件添加到 `services` 文件夹，其内容如代码清单 32-22 所示。

代码清单 32-22　services/functions.go 文件内容

```go
package services

import (
    "reflect"
    "errors"
    "context"
)

func Call(target interface{}, otherArgs ...interface{}) ([]interface{}, error) {
    return CallForContext(context.Background(), target, otherArgs...)
}

func CallForContext(c context.Context, target interface{}, otherArgs ...interface{})
(results []interface{}, err error) {
    targetValue := reflect.ValueOf(target)
    if (targetValue.Kind() == reflect.Func) {
        resultVals := invokeFunction(c, targetValue, otherArgs...)
        results = make([]interface{}, len(resultVals))
        for i := 0; i < len(resultVals); i++ {
            results[i] = resultVals[i].Interface()
        }
    } else {
        err = errors.New("Only functions can be invoked")
    }
    return
}
```

`CallForContext` 函数接收一个函数以并使用服务来产生一个值，该值将作为该函数的参数在函数调用时传入。当 `Context` 不可用时，可以使用 `Call` 函数。该功能的实现依赖于实际调用工厂函数的代码（在代码清单 32-22 中）。代码清单 32-23 演示了直接调用函数以简化服务的使用。

代码清单 32-23　platform/main.go 文件中直接调用函数

```go
package main

import (
    //"fmt"
    "platform/config"
    "platform/logging"
    "platform/services"
)
```

```
func writeMessage(logger logging.Logger, cfg config.Configuration) {

    section, ok := cfg.GetSection("main")
    if (ok) {
        message, ok := section.GetString("message")
        if (ok) {
            logger.Info(message)
        } else {
            logger.Panic("Cannot find configuration setting")
        }
    } else {
        logger.Panic("Config section not found")
    }
}

func main() {

    services.RegisterDefaultServices()

    // var cfg config.Configuration
    // services.GetService(&cfg)

    // var logger logging.Logger
    // services.GetService(&logger)

    services.Call(writeMessage)
}
```

函数作为参数被传递给 `Call`，`Call` 将检查其参数的类型并通过服务解析对应的接口（请注意，函数名称后面没有括号，因为那样会调用函数而不是将函数本身传递给 `services.Call`）。有了这些代码，我们就不再需要直接调用服务函数，而是可以依靠 `services` 包来处理相关的细节。编译并执行代码，可以看到以下输出：

```
19:19:08 INFO Hello from the config file
```

2. 添加对解析结构字段的支持

最后一个需要添加到 `services` 包中的特性是让它具有解析结构字段依赖关系的能力。将名为 `structs.go` 的文件添加到 `services` 文件夹中，其内容如代码清单 32-24 所示。

代码清单 32-24 services/structs.go 文件内容

```
package services

import (
    "reflect"
    "errors"
    "context"
)

func Populate(target interface{}) error {
    return PopulateForContext(context.Background(), target)
}

func PopulateForContext(c context.Context, target interface{}) (err error) {
    return PopulateForContextWithExtras(c, target,
```

```
        make(map[reflect.Type]reflect.Value))
}

func PopulateForContextWithExtras(c context.Context, target interface{},
        extras map[reflect.Type]reflect.Value) (err error) {
    targetValue := reflect.ValueOf(target)
    if targetValue.Kind() == reflect.Ptr &&
            targetValue.Elem().Kind() == reflect.Struct {
        targetValue = targetValue.Elem()
        for i := 0; i < targetValue.Type().NumField(); i++ {
            fieldVal := targetValue.Field(i)
            if fieldVal.CanSet() {
                if extra, ok := extras[fieldVal.Type()]; ok {
                    fieldVal.Set(extra)
                } else {
                    resolveServiceFromValue(c,  fieldVal.Addr() )
                }
            }

        }
    } else {
        err = errors.New("Type cannot be used as target")
    }
    return
}
```

这些函数通过检查结构定义的字段尝试使用已定义的服务解析它们。任何类型不是接口或者是接口但没有对应服务的字段都将被跳过。PopulateForContextWithExtras 函数允许为结构字段提供更多的参数值。

代码清单 32-25 定义了一个结构体，其字段声明依赖其他服务。

代码清单 32-25　在 platform/main.go 文件中注入结构依赖

```
package main

import (
    //"fmt"
    "platform/config"
    "platform/logging"
    "platform/services"
)

func writeMessage(logger logging.Logger, cfg config.Configuration) {

    section, ok := cfg.GetSection("main")
    if (ok) {
        message, ok := section.GetString("message")
        if (ok) {
            logger.Info(message)
        } else {
            logger.Panic("Cannot find configuration setting")
        }
    } else {
        logger.Panic("Config section not found")
    }
}
```

```
func main() {

    services.RegisterDefaultServices()

    services.Call(writeMessage)

    val := struct {
        message string
        logging.Logger
    }{
        message: "Hello from the struct",
    }
    services.Populate(&val)
    val.Logger.Debug(val.message)
}
```

main 函数定义了一个匿名结构，并通过将指针传递给 Populate 函数来解析它所需的服务。结果是通过服务填充了内嵌的 Logger 字段。Populate 函数会跳过消息字段，但它的值会在结构初始化时定义。编译并执行项目，可以看到以下输出：

```
19:21:43 INFO Hello from the config file
19:21:43 DEBUG Hello from the struct
```

32.4 小结

在本章中，我开始了自定义 Web 应用程序平台的开发。我创建了日志和配置功能，并添加了对服务和依赖注入的支持。在第 33 章中，我将继续开发，包括创建请求处理流水线和自定义模板系统。

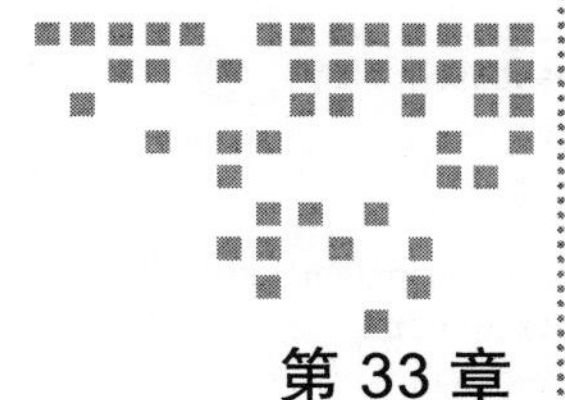

第 33 章 Chapter 33

中间件、模板和处理程序

在本章中，我将继续开发第 32 章中开始的 Web 应用程序平台，添加对处理 HTTP 请求的支持。

33.1 创建请求处理流水线

构建平台的下一步是创建一个 Web 服务，用于处理来自浏览器的 HTTP 请求。为此，我将创建一个简单的处理流水线，其中包含可以检查和修改请求的中间件组件。

当一个 HTTP 请求到达时，它将被传递给流水线中每个注册的中间件组件，让每个组件都有机会处理请求并做出响应。组件也将能够终止请求处理，防止请求被转发到流水线中的其余组件。

一旦请求到达处理流水线的末端，它就会原路返回，以便组件有机会进行进一步的更改或做进一步的工作，如图 33-1 所示。

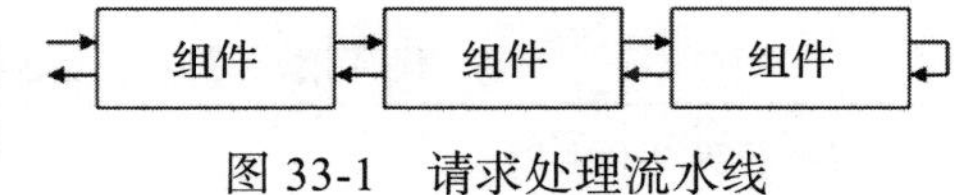

图 33-1 请求处理流水线

33.1.1 定义中间件组件接口

创建 platform/pipeline 文件夹并向其中添加一个名为 component.go 的文件，其内容如代码清单 33-1 所示。

代码清单 33-1 pipeline/component.go 文件内容

```
package pipeline

import (
    "net/http"
)

type ComponentContext struct {
```

```
        *http.Request
        http.ResponseWriter
        error
    }

    func (mwc *ComponentContext) Error(err error) {
        mwc.error = err
    }

    func (mwc *ComponentContext) GetError() error {
        return mwc.error
    }

    type MiddlewareComponent interface {

        Init()

        ProcessRequest(context *ComponentContext, next func(*ComponentContext))
    }
```

顾名思义，`MiddlewareComponent` 接口描述了中间件组件所需的功能。`Init` 方法用于执行任意“一次性”设置，另一个名为 `ProcessRequest` 的方法负责处理 HTTP 请求。`ProcessRequest` 方法定义的参数是指向 `ComponentContext` 结构体的指针和一个将请求传递给流水线中下一个组件的函数。

组件处理请求所需的一切都由 `ComponentContext` 结构体提供，可以通过它来访问 `http.Request` 和 `http.ResponseWriter`。`ComponentContext` 结构体还定义了一个未导出的 `error` 字段，用于指示处理请求时出现的问题，并使用 `Error` 方法设置。

33.1.2 创建请求流水线

要创建处理请求的流水线，请将名为 `pipeline.go` 的文件添加到 `pipeline` 文件夹中，内容如代码清单 33-2 所示。

代码清单 33-2 pipeline/pipeline.go 文件内容

```
package pipeline

import (
    "net/http"
)

type RequestPipeline func(*ComponentContext)

var emptyPipeline RequestPipeline = func(*ComponentContext) { /* do nothing */ }

func CreatePipeline(components ...MiddlewareComponent) RequestPipeline {
    f := emptyPipeline
    for i := len(components) -1 ; i >= 0; i-- {
        currentComponent := components[i]
        nextFunc := f
        f = func(context *ComponentContext) {
            if (context.error == nil) {
                currentComponent.ProcessRequest(context, nextFunc)
```

```
            }
        }
        currentComponent.Init()
    }
    return f
}

func (pl RequestPipeline) ProcessRequest(req *http.Request,
        resp http.ResponseWriter) error {
    ctx := ComponentContext {
        Request: req,
        ResponseWriter: resp,
    }
    pl(&ctx)
    return ctx.error
}
```

CreatePipeline 函数是此代码清单中最重要的部分，因为它接收一系列组件并将它们连接起来以生成一个函数，该函数接收一个指向 ComponentContext 结构的指针。该函数调用流水线中第一个组件的 ProcessRequest 方法，该方法有一个 next 参数用于调用下一个组件的 ProcessRequest 方法。这就组成一个链，该链将 ComponentContext 结构依次传递给所有组件，除非其中一个组件调用 Error 方法。请求都通过 ProcessRequest 方法处理，该方法创建 ComponentContext 值并使用它开始请求处理。

33.1.3　创建基本组件

组件接口和流水线的定义虽然简单，但它们为编写组件提供了一个灵活的基础。应用程序可以定义和选择自己的组件，但我将把一些基本功能作为平台的一部分包含在内。

1. 创建服务中间件组件

创建 platform/pipeline/basic 文件夹并向其中添加一个名为 services.go 的文件，其内容如代码清单 33-3 所示。

代码清单 33-3　pipeline/basic/services.go 文件内容

```
package basic

import (
    "platform/pipeline"
    "platform/services"
)

type ServicesComponent struct {}

func (c *ServicesComponent) Init() {}

func (c *ServicesComponent)  ProcessRequest(ctx *pipeline.ComponentContext,
        next func(*pipeline.ComponentContext))  {
    reqContext := ctx.Request.Context()
    ctx.Request.WithContext(services.NewServiceContext(reqContext))
    next(ctx)
}
```

该中间件组件修改与请求关联的 Context，以便在请求处理期间可以使用上下文范围内的服务。http.Request.Context 方法用于获取随请求创建的标准 Context，该 Context 是为服务准备的，然后使用 WithContext 方法进行更新。

准备好上下文后，调用通过名为 next 的参数接收的函数来沿处理流水线传递请求：

```
...
next(ctx)
...
```

该参数赋予中间件组件对请求处理的控制权，并允许它修改后续组件接收的上下文数据。它还允许组件对请求进行“短路”处理——只要不调用 next 函数就可以停止后续的处理逻辑。

2. 创建日志中间件组件

接下来，将名为 logging.go 的文件添加到 basic 文件夹，其内容如代码清单 33-4 所示。

代码清单 33-4 basic/logging.go 文件内容

```
package basic

import (
    "net/http"
    "platform/logging"
    "platform/pipeline"
    "platform/services"
)

type LoggingResponseWriter struct {
    statusCode int
    http.ResponseWriter
}

func (w *LoggingResponseWriter) WriteHeader(statusCode int) {
    w.statusCode = statusCode
    w.ResponseWriter.WriteHeader(statusCode)
}

func (w *LoggingResponseWriter) Write(b []byte) (int, error) {
    if (w.statusCode == 0) {
        w.statusCode = http.StatusOK
    }
    return w.ResponseWriter.Write(b)
}

type LoggingComponent struct {}

func (lc *LoggingComponent) Init() {}

func (lc *LoggingComponent) ProcessRequest(ctx *pipeline.ComponentContext,
        next func(*pipeline.ComponentContext))  {

    var logger logging.Logger
    err := services.GetServiceForContext(ctx.Request.Context(), &logger)
    if (err != nil) {
        ctx.Error(err)
        return
```

```
    }

    loggingWriter := LoggingResponseWriter{ 0, ctx.ResponseWriter}
    ctx.ResponseWriter = &loggingWriter

    logger.Infof("REQ --- %v - %v", ctx.Request.Method, ctx.Request.URL)
    next(ctx)
    logger.Infof("RSP %v %v", loggingWriter.statusCode, ctx.Request.URL )
}
```

我们在第 32 章中创建的 Logger 服务记录请求和响应的基本细节。ResponseWriter 接口不提供对响应中发送的状态代码的访问，因此会创建 LoggingResponseWriter 并将其传递给处理流水线中的下一个组件。

该组件在调用下一个函数之前和之后执行操作，在传递请求之前写一条日志，并在处理完请求后写另一条日志，该日志会包含请求被处理后的状态码。

该组件在处理每个请求时都会获取一个 Logger 服务。理论上讲，我可以仅获取一次，并记住获取到的 Logger。这是需要在我已经知道 Logger 已注册为单例服务的前提下进行。在此，我不希望对 Logger 生命周期做出假设。即使将来 Logger 的生命周期有变，我也不会得到意想不到的结果。

3. 创建错误处理组件

请求处理流水线允许组件在出现错误时终止处理。要定义处理错误的组件，请将名为 errors.go 的文件添加到 platform/pipeline/basic 文件夹，其内容如代码清单 33-5 所示。

代码清单 33-5　basic/errors.go 文件内容

```
package basic

import (
    "fmt"
    "net/http"
    "platform/logging"
    "platform/pipeline"
    "platform/services"
)

type ErrorComponent struct {}

func recoveryFunc (ctx *pipeline.ComponentContext, logger logging.Logger) {
    if arg := recover(); arg != nil {
        logger.Debugf("Error: %v", fmt.Sprint(arg))
        ctx.ResponseWriter.WriteHeader(http.StatusInternalServerError)
    }
}

func (c *ErrorComponent) Init() {}

func (c *ErrorComponent) ProcessRequest(ctx *pipeline.ComponentContext,
        next func(*pipeline.ComponentContext))  {
```

```
        var logger logging.Logger
        services.GetServiceForContext(ctx.Context(), &logger)
        defer recoveryFunc(ctx, logger)
        next(ctx)
        if (ctx.GetError() != nil) {
            logger.Debugf("Error: %v", ctx.GetError())
            ctx.ResponseWriter.WriteHeader(http.StatusInternalServerError)
        }
    }
```

该组件可以从后续组件处理请求时发生的任何崩溃中恢复，并处理所有预期的错误。在这两种情况下，都会记录错误日志，并设置响应状态代码以指示发生了错误。

4. 创建静态文件组件

几乎所有 Web 应用程序都需要支持提供静态文件，即使它只是用于 CSS 样式表等简单场景。Go 语言 HTTP 标准库对服务静态文件有内置的支持。这对我们很有帮助，否则的话我们就需要自己实现，而这是一项充满潜在问题的任务。幸运的是，将标准库特性集成到我们示例项目的请求处理流水线中是一件很简单的事情。将名为 **files.go** 的文件添加到 **basic** 文件夹，其内容如代码清单 33-6 所示。

代码清单 33-6 basic/files.go 文件内容

```
package basic

import (
    "net/http"
    "platform/config"
    "platform/pipeline"
    "platform/services"
    "strings"
)

type StaticFileComponent struct {
    urlPrefix string
    stdLibHandler http.Handler
}

func (sfc *StaticFileComponent) Init() {
    var cfg config.Configuration
    services.GetService(&cfg)
    sfc.urlPrefix = cfg.GetStringDefault("files:urlprefix", "/files/")
    path, ok := cfg.GetString("files:path")
    if (ok) {
        sfc.stdLibHandler = http.StripPrefix(sfc.urlPrefix,
            http.FileServer(http.Dir(path)))
    } else {
        panic ("Cannot load file configuration settings")
    }
}

func (sfc *StaticFileComponent) ProcessRequest(ctx *pipeline.ComponentContext,
    next func(*pipeline.ComponentContext)) {

    if  !strings.EqualFold(ctx.Request.URL.Path, sfc.urlPrefix) &&
            strings.HasPrefix(ctx.Request.URL.Path, sfc.urlPrefix) {
```

```
        sfc.stdLibHandler.ServeHTTP(ctx.ResponseWriter, ctx.Request)
    } else {
        next(ctx)
    }
}
```

上述处理程序代码中使用 Init 方法读取配置设置，这些配置用于指定文件请求的前缀对应的本地目录，并使用 net/http 包提供的处理程序来提供静态文件。

5. 创建占位符响应组件

该项目不包含任何生成响应的中间件组件，这些组件通常在应用程序中实现。但是，目前我需要一个占位符组件，以便在我开发其他功能时能生成简单的响应。创建 platform/placeholder 文件夹并向其中添加一个名为 message_middleware.go 的文件，其内容如代码清单 33-7 所示。

代码清单 33-7　placeholder/message_middleware.go 文件内容

```
package placeholder

import (
    "io"
    "errors"
    "platform/pipeline"
    "platform/config"
    "platform/services"
)

type SimpleMessageComponent struct {}

func (c *SimpleMessageComponent) Init() {}

func (c *SimpleMessageComponent) ProcessRequest(ctx *pipeline.ComponentContext,
        next func(*pipeline.ComponentContext))  {

    var cfg config.Configuration
    services.GetService(&cfg)
    msg, ok := cfg.GetString("main:message")
    if (ok) {
        io.WriteString(ctx.ResponseWriter, msg)
    } else {
        ctx.Error(errors.New("Cannot find config setting"))
    }
    next(ctx)
}
```

该组件生成一个简单的文本响应，刚好能确保处理流水线按预期工作。接下来，创建 platform/placeholder/files 文件夹并向其中添加一个名为 hello.json 的文件，内容如代码清单 33-8 所示。

代码清单 33-8　placeholder/files/hello.json 文件内容

```
{
    "message": "Hello from the JSON file"
}
```

要设置静态文件在本地文件系统上的位置，请将代码清单 33-9 中所示的设置添加到 platform 文件夹的 config.json 文件中。

代码清单 33-9 在 platform/config.json 文件中添加配置设置

```
{
    "logging" : {
        "level": "debug"
    },
    "main" : {
        "message" : "Hello from the config file"
    },
    "files": {
        "path": "placeholder/files"
    }
}
```

33.1.4 创建 HTTP 服务器

接下来可以创建 HTTP 服务器并使用我们编写的处理流水线来处理它接收到的请求了。创建 platform/http 文件夹，并向其中添加一个名为 server.go 的文件，其内容如代码清单 33-10 所示。

代码清单 33-10 http/server.go 文件内容

```
package http

import (
    "fmt"
    "sync"
    "net/http"
    "platform/config"
    "platform/logging"
    "platform/pipeline"
)

type pipelineAdaptor struct {
    pipeline.RequestPipeline
}

func (p pipelineAdaptor) ServeHTTP(writer http.ResponseWriter,
    request *http.Request) {
        p.ProcessRequest(request, writer)
}

func Serve(pl pipeline.RequestPipeline, cfg config.Configuration, logger logging.Logger )
*sync.WaitGroup {
    wg := sync.WaitGroup{}

    adaptor := pipelineAdaptor { RequestPipeline: pl }

    enableHttp := cfg.GetBoolDefault("http:enableHttp", true)
    if (enableHttp) {
        httpPort := cfg.GetIntDefault("http:port", 5000)
        logger.Debugf("Starting HTTP server on port %v", httpPort)
```

```
        wg.Add(1)
        go func() {
            err := http.ListenAndServe(fmt.Sprintf(":%v", httpPort), adaptor)
            if (err != nil) {
                panic(err)
            }
        }()
    }
    enableHttps := cfg.GetBoolDefault("http:enableHttps", false)
    if (enableHttps) {
        httpsPort := cfg.GetIntDefault("http:httpsPort", 5500)
        certFile, cfok := cfg.GetString("http:httpsCert")
        keyFile, kfok := cfg.GetString("http:httpsKey")
        if cfok && kfok {
            logger.Debugf("Starting HTTPS server on port %v", httpsPort)
            wg.Add(1)
            go func() {
                err := http.ListenAndServeTLS(fmt.Sprintf(":%v", httpsPort),
                    certFile, keyFile, adaptor)
                if (err != nil) {
                    panic(err)
                }
            }()
        } else {
            panic("HTTPS certificate settings not found")
        }
    }
    return &wg
}
```

Serve 函数使用 Configuration 服务来读取 HTTP 和 HTTPS 的设置，使用标准库提供的特性来接收请求并将它们传递给我们的处理流水线进行处理。后续在实际服务器上部署时，我将在第 38 章启用 HTTPS 支持，但在那之前，我将使用默认的设置在端口 5000 上监听 HTTP 请求。

33.1.5　配置应用程序

最后一步是配置应用程序所需的处理流水线，并使用它来配置和启动 HTTP 服务器。这是我在第 35 章开始开发后应用程序将执行的任务。不过，在此，我们先将一个名为 startup.go 的文件添加到 placeholder 文件夹中，其内容如代码清单 33-11 所示。

代码清单 33-11　placeholder/startup.go 文件内容

```
package placeholder

import (
    "platform/http"
    "platform/pipeline"
    "platform/pipeline/basic"
    "platform/services"
```

```
    "sync"
)

func createPipeline() pipeline.RequestPipeline {
    return pipeline.CreatePipeline(
        &basic.ServicesComponent{},
        &basic.LoggingComponent{},
        &basic.ErrorComponent{},
        &basic.StaticFileComponent{},
        &SimpleMessageComponent{},
    )
}

func Start() {
    results, err := services.Call(http.Serve, createPipeline())
    if (err == nil) {
        (results[0].(*sync.WaitGroup)).Wait()
    } else {
        panic(err)
    }
}
```

`createPipeline` 函数使用之前创建的中间件组件创建处理流水线。`Start` 函数调用 `createPipeline` 并使用其结果来配置和启动 HTTP 服务器。代码清单 33-12 使用 `main` 函数完成设置并启动 HTTP 服务器。

代码清单 33-12 在 platform/main.go 文件中完成 HTTP 服务器启动

```
package main

import (
    "platform/services"
    "platform/placeholder"
)

func main() {
    services.RegisterDefaultServices()
    placeholder.Start()
}
```

编译并执行该项目，使用 Web 浏览器请求 http://localhost:5000。

处理 Windows 平台上的防火墙权限请求

前面章节讲过，每次用 `go run` 命令编译项目时，Windows 都会提示需要开通一些防火墙权限。可以使用简单的 PowerShell 脚本代替 `go run` 命令来消除这些提示。使用以下内容创建名为 `buildandrun.ps1` 的文件：

```
$file = "./platform.exe"
&go build -o $file
if ($LASTEXITCODE -eq 0) {
```

```
        &$file
    }
```

要构建并执行该项目，请使用 platform 文件夹中的命令 ./buildandrun.ps1。

HTTP 请求将被服务器接收并沿着流水线传递，产生如图 33-2 所示的响应。请求 http://localhost:5000/files/hello.json，你会看到静态文件的内容，如图 33-2 所示。

在服务器的标准输出上可以看到以下类似内容，说明服务器接收和处理了请求（你可能还会看到对 /favicon.ico 的请求，具体取决于你的浏览器）：

```
20:10:12 DEBUG Starting HTTP server on port 5000
20:10:23 INFO REQ --- GET - /
20:10:23 INFO RSP 200 /
20:10:33 INFO REQ --- GET - /files/hello.json
20:10:33 INFO RSP 200 /files/hello.json
```

服务器现在以相同方式响应所有非静态文件请求，这也是日志显示对 /favicon.ico 文件的请求生成 200 OK 响应的原因。

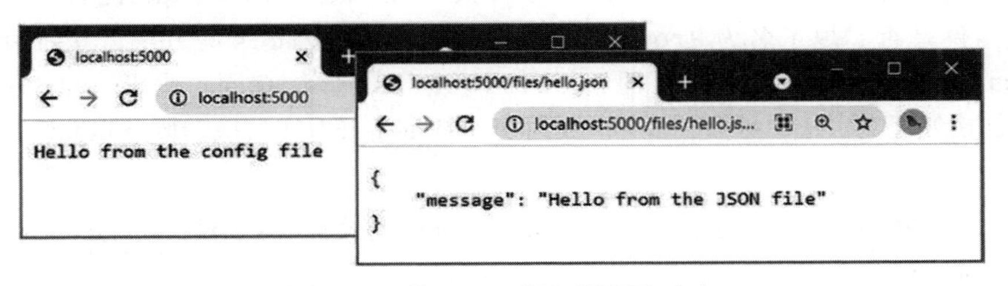

图 33-2 从 HTTP 服务器获取响应

33.1.6 流水线化服务解析

目前，中间件组件必须直接解析它们需要的服务。但是，由于依赖注入系统可以调用函数并填充结构，因此只需做一点额外的工作就可以让组件声明它们所依赖的服务并自动获取它们。首先，需要一个接口来允许组件指示它们需要依赖注入来处理请求，如代码清单 33-13 所示。

代码清单 33-13 在 pipeline/component.go 文件中定义一个接口

```
package pipeline

import (
    "net/http"
)

type ComponentContext struct {
    *http.Request
    http.ResponseWriter
    error
}

func (mwc *ComponentContext) Error(err error) {
    mwc.error = err
```

```
}

func (mwc *ComponentContext) GetError() error {
    return mwc.error
}

type MiddlewareComponent interface {

    Init()
    ProcessRequest(context *ComponentContext, next func(*ComponentContext))
}

type ServicesMiddlewareComponent interface {
    Init()
    ImplementsProcessRequestWithServices()
}
```

通过实现名为 ImplementsProcessRequestWithServices 的方法，组件可以指示它们需要服务。在此，我们不能在接口中包含需要服务的方法，因为每个组件都需要针对其所需服务的不同方法签名。相反，我将检测 ServicesMiddlewareComponent，然后通过反射判断该组件是否实现了名为 ProcessRequestWithServices 的方法，其前两个参数与 MiddlewareComponent 接口定义的 ProcessRequest 方法相同。代码清单 33-14 将新特性添加到创建处理流水线的函数中，并在处理流水线准备好时用对应的服务填充组件结构相关字段。

代码清单 33-14 在 pipeline/pipeline.go 文件中添加对服务的支持

```
package pipeline

import (
    "net/http"
    "platform/services"
    "reflect"
)

type RequestPipeline func(*ComponentContext)

var emptyPipeline RequestPipeline = func(*ComponentContext) { /* do nothing */ }

func CreatePipeline(components ...interface{}) RequestPipeline {
    f := emptyPipeline
    for i := len(components) -1 ; i >= 0; i-- {
        currentComponent := components[i]
        services.Populate(currentComponent)
        nextFunc := f
        if servComp, ok := currentComponent.(ServicesMiddlewareComponent ); ok {
            f = createServiceDependentFunction(currentComponent, nextFunc)
            servComp.Init()
        } else if stdComp, ok := currentComponent.(MiddlewareComponent ); ok {
            f = func(context *ComponentContext) {
                if (context.error == nil) {
                    stdComp.ProcessRequest(context, nextFunc)
                }
            }
```

```
            stdComp.Init()
        } else {
            panic("Value is not a middleware component")
        }
    }
    return f
}

func createServiceDependentFunction(component interface{},
        nextFunc RequestPipeline) RequestPipeline {
    method := reflect.ValueOf(component).MethodByName("ProcessRequestWithServices")
    if (method.IsValid()) {
        return  func(context *ComponentContext) {
            if (context.error == nil) {
                _, err := services.CallForContext(context.Request.Context(),
                    method.Interface(), context, nextFunc)
                if (err != nil) {
                    context.Error(err)
                }
            }
        }
    } else {
        panic("No ProcessRequestWithServices method defined")
    }
}

func (pl RequestPipeline) ProcessRequest(req *http.Request,
        resp http.ResponseWriter) error {
    ctx := ComponentContext {
        Request: req,
        ResponseWriter: resp,
    }
    pl(&ctx)
    return ctx.error
}
```

这些改动允许中间件组件利用依赖注入，以便将对服务的依赖声明为参数，如代码清单 33-15 所示。

代码清单 33-15　在 pipeline/basic/logging.go 文件中使用依赖注入

```
package basic

import (
    "net/http"
    "platform/logging"
    "platform/pipeline"
    //"platform/services"
)

type LoggingResponseWriter struct {
    statusCode int
    http.ResponseWriter
}

func (w *LoggingResponseWriter) WriteHeader(statusCode int) {
    w.statusCode = statusCode
```

```
        w.ResponseWriter.WriteHeader(statusCode)
    }

    func (w *LoggingResponseWriter) Write(b []byte) (int, error) {
        if (w.statusCode == 0) {
            w.statusCode = http.StatusOK
        }
        return w.ResponseWriter.Write(b)
    }

    type LoggingComponent struct {}

    func (lc *LoggingComponent) ImplementsProcessRequestWithServices() {}

    func (lc *LoggingComponent) Init() {}
    func (lc *LoggingComponent) ProcessRequestWithServices(
        ctx *pipeline.ComponentContext,
        next func(*pipeline.ComponentContext),
        logger logging.Logger)  {

        // var logger logging.Logger
        // err := services.GetServiceForContext(ctx.Request.Context(), &logger)
        // if (err != nil) {
        //     ctx.Error(err)
        //     return
        // }

        loggingWriter := LoggingResponseWriter{ 0, ctx.ResponseWriter}
        ctx.ResponseWriter = &loggingWriter

        logger.Infof("REQ --- %v - %v", ctx.Request.Method, ctx.Request.URL)
        next(ctx)
        logger.Infof("RSP %v %v", loggingWriter.statusCode, ctx.Request.URL )
    }
```

定义 `ImplementsProcessRequestWithServices` 方法可实现处理流水线使用的接口，以指示会有需要依赖注入的 `ProcessRequestWithServices` 方法。组件还可以依赖通过其结构字段解析的服务，如代码清单 33-16 所示。

代码清单 33-16 在 pipeline/basic/files.go 文件中使用依赖注入

```
package basic

import (
    "net/http"
    "platform/config"
    "platform/pipeline"
    //"platform/services"
    "strings"
)

type StaticFileComponent struct {
    urlPrefix string
    stdLibHandler http.Handler
    Config config.Configuration
}
```

```
func (sfc *StaticFileComponent) Init() {
    // var cfg config.Configuration
    // services.GetService(&cfg)
    sfc.urlPrefix = sfc.Config.GetStringDefault("files:urlprefix", "/files/")
    path, ok := sfc.Config.GetString("files:path")
    if (ok) {
        sfc.stdLibHandler = http.StripPrefix(sfc.urlPrefix,
            http.FileServer(http.Dir(path)))
    } else {
        panic ("Cannot load file configuration settings")
    }
}

func (sfc *StaticFileComponent) ProcessRequest(ctx *pipeline.ComponentContext,
    next func(*pipeline.ComponentContext)) {

    if  !strings.EqualFold(ctx.Request.URL.Path, sfc.urlPrefix) &&
            strings.HasPrefix(ctx.Request.URL.Path, sfc.urlPrefix) {
        sfc.stdLibHandler.ServeHTTP(ctx.ResponseWriter, ctx.Request)
    } else {
        next(ctx)
    }
}
```

编译并执行该项目，使用浏览器请求 http://localhost:5000 和 http://localhost:5000/files/hello.json，结果与 33.1.5 节相同。在请求 JSON 文件时，你可能会看到 304 结果，这是因为它自 33.1.5 节中的请求以来没有被修改过。

33.2 创建 HTML 响应

我在第 23 章中描述了 HTML 模板处理特性，但它们的工作方式与我对 HTML 内容的看法不同。我希望能够定义一个 HTML 模板并指定将在该模板中使用的共享布局。这与 `html/template` 包采用的标准方法相反，不过很容易修改其默认行为以获得我想要的效果。

注意 由于我颠倒了处理模板的顺序，所以模板不能使用阻塞功能为被另一个模板覆盖的模板提供默认内容。

33.2.1 创建布局和模板

当你知道模板的结构应该呈现的样子时，调整模板引擎就是一件很容易的事。将名为 `simple_message.html` 的文件添加到 `platform/placeholder` 文件夹，其内容如代码清单 33-17 所示。

代码清单 33-17 placeholder/simple_message.html 文件内容

```
{{ layout "layout.html" }}

<h3>
    Hello from the template
</h3>
```

该模板使用 layout 表达式指定它依赖的布局，但除此之外它仍然是使用第 23 章中描述的功能的标准模板。该模板包含一个 h3 元素，全部内容都将作为一个数据值插入布局。下面我们来看一下如何定义这个布局。

要定义布局，请将名为 layout.html 的文件添加到 placeholder 文件夹，其内容如代码清单 33-18 所示。

代码清单 33-18 placeholder/layout.html 文件内容

```
<!DOCTYPE html>
<html>
<head>
    <meta name="viewport" content="width=device-width" />
    <title>Pro Go</title>
</head>
<body>
    <h2>Hello from the layout</h2>
    {{ body }}
</body>
</html>
```

该布局包含定义 HTML 文档所需的元素，并添加了一个包含 body 表达式的操作，该操作会将所选模板的内容插入此处，进而包含在最后的输出中。

为了呈现内容，将选择并执行相应的模板，进而找到它所依赖的布局。布局也将被呈现，并与模板中的内容组合以生成完整的 HTML 响应。我更喜欢这种方法，一是因为它避免了在选择模板时需要知道先选用哪种布局，二是因为我在其他语言和平台中已经习惯了这种方法。

33.2.2 实现模板执行

内置的模板包非常好，足以轻松支持模板指定布局的模型。创建 platform/templates 文件夹并向其中添加一个名为 template_executor.go 的文件，其内容如代码清单 33-19 所示。

代码清单 33-19 templates/template_executor.go 文件内容

```
package templates

import "io"

type TemplateExecutor interface {

    ExecTemplate(writer io.Writer, name string, data interface{}) (err error)
}
```

TemplateProcessor 接口定义了一个名为 ExecTemplate 的方法，该方法使用提供的数据值处理模板并将内容写入 Writer。要创建接口的实现，请将名为 layout_executor.go 的文件添加到 templates 文件夹，其内容如代码清单 33-20 所示。

代码清单 33-20 templates/layout_executor.go 文件内容

```
package templates
```

```
import (
    "io"
    "strings"
    "html/template"
)

type LayoutTemplateProcessor struct {}

func (proc *LayoutTemplateProcessor) ExecTemplate(writer io.Writer,
        name string, data interface{}) (err error) {
    var sb strings.Builder
    layoutName := ""
    localTemplates := getTemplates()
    localTemplates.Funcs(map[string]interface{} {
        "body": insertBodyWrapper(&sb),
        "layout": setLayoutWrapper(&layoutName),
    })
    err = localTemplates.ExecuteTemplate(&sb, name, data)
    if (layoutName != "") {
        localTemplates.ExecuteTemplate(writer, layoutName, data)
    } else {
        io.WriteString(writer, sb.String())
    }
    return
}

var getTemplates func() (t *template.Template)

func insertBodyWrapper(body *strings.Builder) func() template.HTML {
    return func() template.HTML {
        return template.HTML(body.String())
    }
}

func setLayoutWrapper(val *string) func(string) string {
    return func(layout string) string {
        *val = layout
        return ""
    }
}
```

ExecTemplate 方法的实现模板执行并将内容存储在一个 strings.Builder 中。为了支持 33.2.1 节中描述的 layout 和 body 表达式，创建自定义模板函数，如下所示：

```
...
localTemplates.Funcs(map[string]interface{} {
    "body": insertBodyWrapper(&sb),
    "layout": setLayoutWrapper(&layoutName),
})
...
```

当内置模板引擎遇到 template 表达式时，它会调用 setLayoutWrapper 创建的函数，该函数设置一个变量的值，然后用于执行指定的布局模板。在布局执行期间，body 表达式调用由 insertBodyWrapper 函数创建的函数，该函数将原始模板生成的内容插入布局生成的输出。为了防止内置模板引擎转义 HTML 字符，该操作的结果返回一个 template.HTML 值：

```
...
func insertBodyWrapper(body *strings.Builder) func() template.HTML {
    return func() template.HTML {
        return template.HTML(body.String())
    }
}
...
```

如第 23 章所述，Go 模板系统自动对内容进行编码以使其安全地包含在 HTML 文档中。这通常是一个有用的功能，但在我们这种情况下，如果在将内容插入布局时从模板中转义，则不会得到正确的 HTML。

通过调用 getTemplates 函数，ExecTemplate 方法可以获取到已加载的模板，代码清单 33-20 中将 getTemplates 函数的结果放入了一个 localTemplates 变量中。接着我们需要添加对加载模板和创建函数的支持，它们将作为 getTemplates 函数的返回结果赋值给 localTemplates 变量。请将名为 template_loader.go 的文件添加到模板文件夹，其内容如代码清单 33-21 所示。

代码清单 33-21 templates/template_loader.go 文件内容

```
package templates

import (
    "html/template"
    "sync"
    "errors"
    "platform/config"
)

var once = sync.Once{}

func LoadTemplates(c config.Configuration) (err error) {
    path, ok := c.GetString("templates:path")
    if !ok {
        return errors.New("Cannot load template config")
    }

    reload := c.GetBoolDefault("templates:reload", false)
    once.Do(func() {
        doLoad := func() (t *template.Template) {
            t = template.New("htmlTemplates")
            t.Funcs(map[string]interface{} {
                "body": func() string { return "" },
                "layout": func() string { return "" },
            })
            t, err = t.ParseGlob(path)
            return
        }
        if (reload) {
            getTemplates = doLoad
        } else {
            var templates *template.Template
            templates = doLoad()
            getTemplates = func() *template.Template {
                t, _ := templates.Clone()
```

```
                return t
            }
        }
    })
    return
}
```

LoadTemplates 函数从配置文件中指定的位置加载模板。还有一个配置设置可以为每个请求启用重新加载，这种方法不应该在生产环境启用，但在开发过程中很有用，因为这意味着对模板的修改无须重新启动应用程序即可生效。代码清单 33-22 将在配置文件中添加新的配置项。

代码清单 33-22 在 platform/config.json 文件中添加配置项

```
{
    "logging" : {
        "level": "debug"
    },
    "main" : {
        "message" : "Hello from the config file"
    },
    "files": {
        "path": "placeholder/files"
    },
    "templates": {
        "path": "placeholder/*.html",
        "reload": true
    }
}
```

reload 选项的值决定了分配给 getTemplates 变量的函数。如果 reload 为 true，则调用 getTemplates 从文件系统加载模板；如果它是 false，则之前加载的模板将在内存中被自我复制。

直接从内存中复制或重新加载模板是为了确保自定义 body 和 layout 函数能正常工作。LoadTemplates 函数定义了占位符函数，以便可以在加载模板时对其进行解析。

33.2.3 创建和使用模板服务

我们自定义的模板引擎将作为服务提供。将代码清单 33-23 中所示的语句添加到 platform/services 文件夹中的 services_default.go 文件。

代码清单 33-23 在 services/services_default.go 文件中创建模板服务

```
package services

import (
    "platform/logging"
    "platform/config"
    "platform/templates"
)

func RegisterDefaultServices() {
```

```
    err := AddSingleton(func() (c config.Configuration) {
        c, loadErr :=  config.Load("config.json")
        if (loadErr != nil) {
            panic(loadErr)
        }
        return
    })

    err = AddSingleton(func(appconfig config.Configuration) logging.Logger {
        return logging.NewDefaultLogger(appconfig)
    })
    if (err != nil) {
        panic(err)
    }

    err = AddSingleton(
        func(c config.Configuration) templates.TemplateExecutor {
            templates.LoadTemplates(c)
            return &templates.LayoutTemplateProcessor{}
        })
    if (err != nil) {
        panic(err)
    }
}
```

为确保模板引擎能正常工作，请对本章前面创建的占位符中间件组件进行如代码清单 33-24 所示的更改，以便它返回一个 HTML 响应而不是简单的字符串。

代码清单 33-24 在 placeholder/message_middleware.go 文件中使用模板

```
package placeholder

import (
    //"io"
    //"errors"
    "platform/pipeline"
    "platform/config"
    //"platform/services"
    "platform/templates"
)

type SimpleMessageComponent struct {
    Message string
    config.Configuration
}

func (lc *SimpleMessageComponent) ImplementsProcessRequestWithServices() {}

func (c *SimpleMessageComponent) Init() {
    c.Message = c.Configuration.GetStringDefault("main:message",
        "Default Message")
}

func (c *SimpleMessageComponent) ProcessRequestWithServices(
    ctx *pipeline.ComponentContext,
    next func(*pipeline.ComponentContext),
    executor templates.TemplateExecutor)  {
```

```
        err := executor.ExecTemplate(ctx.ResponseWriter,
            "simple_message.html", c.Message)
        if (err != nil) {
            ctx.Error(err)
        } else {
            next(ctx)
        }
    }
```

该组件现在实现了 ProcessRequestWithServices 方法并通过依赖注入接收服务。请求的服务之一是 TemplateExecutor 接口的实现，它用于显示 simple_message.html 模板。编译并执行该项目，使用浏览器请求 http://localhost:5000，你会看到如图 33-3 所示的 HTML 响应。

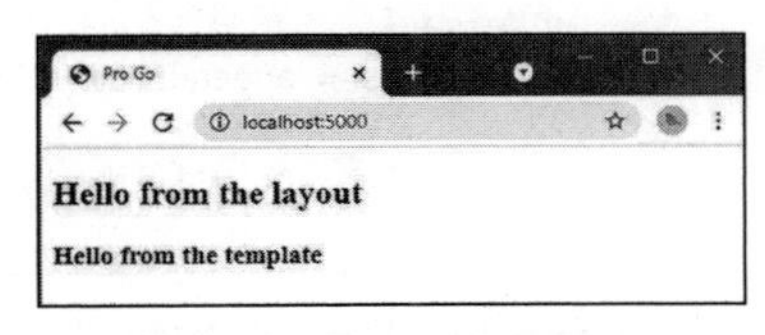

图 33-3 创建一个 HTML 响应

33.3 引入请求处理程序

下一步是引入对 HTTP 服务的逻辑支持，定义一些逻辑用于处理 HTTP 请求并生成适当的响应。通过这些逻辑，我将可以对特定的 URL 请求进行处理，而无须写太多重复的处理代码。为了更好地理解这些逻辑，我写了一些请求处理程序的示例代码。在示例代码中首先定义一个类型，它包含一组用于处理请求的方法。将名为 name_handler.go 的文件添加到 placeholder 文件夹，其内容如代码清单 33-25 所示。

代码清单 33-25 placeholder/name_handler.go 文件内容

```
package placeholder

import (
    "fmt"
    "platform/logging"
)

var names = []string{"Alice", "Bob", "Charlie", "Dora"}

type NameHandler struct {
        logging.Logger
}

func (n NameHandler) GetName(i int) string {
    n.Logger.Debugf("GetName method invoked with argument: %v", i)
    if (i < len(names)) {
        return fmt.Sprintf("Name #%v: %v", i, names[i])
    } else {
        return fmt.Sprintf("Index out of bounds")
    }
}
func (n NameHandler) GetNames() string {
    n.Logger.Debug("GetNames method invoked")
    return fmt.Sprintf("Names: %v", names)
}
```

```
type NewName struct {
    Name string
    InsertAtStart bool
}

func (n NameHandler) PostName(new NewName) string {
    n.Logger.Debugf("PostName method invoked with argument %v", new)
    if (new.InsertAtStart) {
        names = append([] string { new.Name}, names... )
    } else {
        names = append(names, new.Name)
    }
    return fmt.Sprintf("Names: %v", names)
}
```

NameHandler 结构定义了三个方法：GetName、GetNames 和 PostName。当应用程序启动时，将检查已注册的处理程序，并根据处理程序定义的方法的名称创建相应的路由，以匹配 HTTP 请求。

每个方法名称的第一部分指定路由将匹配的 HTTP 方法，如 GetName 方法中的 Get 将匹配 GET 请求。方法名称的其余部分将用作路由匹配的 URL 路径中的第一段，其余部分将作为参数传入，如 GET 请求的参数。

表 33-1 显示了将由代码清单 33-25 中定义的方法处理的请求的详细信息。

表 33-1 示例方法与匹配的请求

方法	HTTP 方法	示例 URL
GetName	GET	/name/1
GetNames	GET	/names
PostName	POST	/names

当有请求到达且匹配到一个方法路由时，处理程序将从请求 URL 和查询字符串以及请求表单（如果存在的话）中获取参数值。如果方法的参数类型是结构体，那么结构体的字段将使用与请求参数名称相同的数据填充。

处理请求所需的服务被声明为处理程序结构定义的字段。在代码清单 33-25 中，NameHandler 结构定义了一个声明对 logging.Logger 服务的依赖的字段。当请求到达时，将创建该结构的一个新实例，以填充该字段，然后将调用用于处理该请求的方法。

33.3.1 生成 URL 路由

首先添加对从请求处理程序方法生成的 URL 路由的支持。创建 platform/http/handling 文件夹并向其中添加一个名为 routes.go 的文件，其内容如代码清单 33-26 所示。

代码清单 33-26 http/handling/routes.go 文件内容

```
package handling

import (
```

```
    "reflect"
    "regexp"
    "strings"
    "net/http"
)

type HandlerEntry struct {
    Prefix string
    Handler interface{}
}

type Route struct {
    httpMethod string
    prefix string
    handlerName string
    actionName string
    expression regexp.Regexp
    handlerMethod reflect.Method
}

var httpMethods = []string { http.MethodGet, http.MethodPost,
    http.MethodDelete, http.MethodPut }

func generateRoutes(entries ...HandlerEntry) []Route {
    routes := make([]Route, 0, 10)
    for _, entry := range entries {
        handlerType := reflect.TypeOf(entry.Handler)
        promotedMethods := getAnonymousFieldMethods(handlerType)

        for i := 0; i < handlerType.NumMethod(); i++ {
            method := handlerType.Method(i)
            methodName := strings.ToUpper(method.Name)
            for _, httpMethod := range httpMethods {
                if strings.Index(methodName, httpMethod) == 0 {
                    if (matchesPromotedMethodName(method, promotedMethods)) {
                        continue
                    }
                    route := Route{
                        httpMethod: httpMethod,
                        prefix: entry.Prefix,
                        handlerName: strings.Split(handlerType.Name(), "Handler")[0],
                        actionName: strings.Split(methodName, httpMethod)[1],
                        handlerMethod: method,
                    }
                    generateRegularExpression(entry.Prefix, &route)
                    routes = append(routes, route)
                }
            }
        }
    }
    return routes
}

func matchesPromotedMethodName(method reflect.Method,
       methods []reflect.Method) bool {
    for _, m := range methods {
        if m.Name == method.Name {
```

```
                return true
            }
        }
        return false
    }

    func getAnonymousFieldMethods(target []reflect.Type) reflect.Method {
        methods := []reflect.Method {}
        for i := 0; i < target.NumField(); i++ {
            field := target.Field(i)
            if (field.Anonymous && field.IsExported()) {
                for j := 0; j < field.Type.NumMethod(); j++ {
                    method := field.Type.Method(j)
                    if (method.IsExported()) {
                        methods = append(methods, method)
                    }
                }
            }
        }
        return methods
    }

    func generateRegularExpression(prefix string, route *Route) {
        if (prefix != "" && !strings.HasSuffix(prefix, "/")) {
            prefix += "/"
        }
        pattern := "(?i)" + "/" + prefix + route.actionName
        if (route.httpMethod == http.MethodGet) {
            for i := 1; i < route.handlerMethod.Type.NumIn(); i++ {
                if route.handlerMethod.Type.In(i).Kind() == reflect.Int {
                    pattern += "/([0-9]*)"
                } else {
                    pattern += "/([A-z0-9]*)"
                }
            }
        }
        pattern = "^" + pattern + "[/]?$"
        route.expression = *regexp.MustCompile(pattern)
    }
```

路由将配置一个可选的前缀，这将使我可以为应用程序的不同部分（例如，我在第 34 章介绍访问控制）创建不同的 URL。HandlerEntry 结构描述了处理程序及其前缀，而 Route 结构定义了单个路由的处理结果。generateRoutes 函数为处理程序定义的方法创建 Route 值，依赖于 generateRegularExpression 函数来创建和编译将用于匹配 URL 路径的正则表达式。

注意 如第 28 章所述，在结构上使用反射时，包含从匿名嵌入字段提升的方法。代码清单 33-26 中的代码过滤掉了这些提升方法，以防止生成允许这些方法成为 HTTP 请求目标的路由。

33.3.2 为处理程序方法准备参数值

当接收到 HTTP 请求并通过路由匹配时，必须从请求中提取值，以便将它们用作处理程序方法的参数。所有可以从请求中获取的值都使用 Go string 类型表示，因为 HTTP 不支持在

URL 或表单数据中包含类型信息。理论上，我可以将请求中的字符串值直接传递给处理程序的方法，但是，这意味着每个处理程序的方法都需要将字符串值解析为所需的类型的代码。所以，在此我将根据处理程序方法参数类型自动解析相应的值，这样就可以仅在代码中定义一次。创建 **http/handling/params** 文件夹并向其中添加一个名为 **parser.go** 的文件，其内容如代码清单 33-27 所示。

代码清单 33-27 http/handling/params/parser.go 文件内容

```
package params

import (
    "reflect"
    "fmt"
    "strconv"
)

func parseValueToType(target reflect.Type, val string) (result reflect.Value,
        err error) {
    switch target.Kind() {
        case reflect.String:
            result = reflect.ValueOf(val)
        case reflect.Int:
            iVal, convErr := strconv.Atoi(val)
            if convErr == nil {
                result = reflect.ValueOf(iVal)
            } else {
                return reflect.Value{}, convErr
            }
        case reflect.Float64:
            fVal, convErr := strconv.ParseFloat(val, 64)
            if (convErr == nil) {
                result = reflect.ValueOf(fVal)
            } else {
                return reflect.Value{}, convErr
            }
        case reflect.Bool:
            bVal, convErr := strconv.ParseBool(val)
            if (convErr == nil) {
                result = reflect.ValueOf(bVal)
            } else {
                return reflect.Value{}, convErr
            }
        default:
            err = fmt.Errorf("Cannot use type %v as handler method parameter",
                target.Name())
        }
    return
}
```

parseValueToType 函数检查所需的类型，并使用 **strconv** 包定义的函数将值解析为预期类型。我将支持 4 种基本类型：**string**、**float64**、**int** 和 **bool**。后面我还将支持包含这 4 种类型字段的结构。如果参数定义为不同类型或无法解析请求中收到的值，则 **parseValueToType** 函数返回 **error**。

接下来是使用 parseValueToType 函数去处理那些定义了这 4 种支持类型的处理程序方法，如代码清单 33-25 中定义的 GetName 方法：

```
...
func (n NameHandler) GetName(i int) string {
...
```

此类参数的值将从注册处理程序时生成的正则表达式中获取。将名为 simple_params.go 的文件添加到 http/handling/params 文件夹，其内容如代码清单 33-28 所示。

代码清单 33-28 http/handling/params/simple_params.go 文件内容

```
package params

import (
    "reflect"
    "errors"
)

func getParametersFromURLValues(funcType reflect.Type,
        urlVals []string) (params []reflect.Value, err error) {
    if (len(urlVals) == funcType.NumIn() -1) {
        params = make([]reflect.Value, funcType.NumIn() -1)
        for i := 0; i < len(urlVals); i++ {
            params[i], err = parseValueToType(funcType.In(i + 1), urlVals[i])
            if (err != nil) {
                return
            }
        }
    } else {
        err = errors.New("Parameter number mismatch")
    }
    return
}
```

getParametersFromURLValues 函数检查处理程序方法定义的参数，并调用 parseValueToType 函数尝试为每个参数获取一个值。请注意，我跳过了该方法定义的第一个参数。如第 28 章所述，使用反射时，第一个参数是调用方法的接收器。

如果需要从 URL 查询字符串或表单数据提取参数值，则可以通过在处理程序方法中定义一个参数来实现。参数的类型是一个结构，其字段名称与请求参数的名称相匹配，如代码清单 33-25 中定义的这个方法：

```
...
type NewName struct {
    Name string
    InsertAtStart bool
}

func (n NameHandler) PostName(new NewName) string {
...
```

上述参数指示处理程序方法需要来自请求的 name 和 insertAtStart 值。要从请求中填充结构字段，请将名为 struct_params.go 的文件添加到 http/handling/params 文件夹，其内容如代码清单 33-29 所示。

代码清单 33-29　http/handling/params/struct_params.go 文件内容

```
package params

import (
    "reflect"
    "encoding/json"
    "io"
    "strings"
)

func populateStructFromForm(structVal reflect.Value,
        formVals map[string][]string) (err error) {
    for i := 0; i < structVal.Elem().Type().NumField(); i++ {
        field := structVal.Elem().Type().Field(i)
        for key, vals := range formVals {
            if strings.EqualFold(key, field.Name) && len(vals) > 0 {
                valField := structVal.Elem().Field(i)
                if (valField.CanSet()) {
                    valToSet, convErr := parseValueToType(valField.Type(), vals[0])
                    if (convErr == nil) {
                        valField.Set(valToSet)
                    } else {
                        err = convErr
                    }
                }
            }
        }
    }
    return
}

func populateStructFromJSON(structVal reflect.Value,
        reader io.ReadCloser) (err error) {
    return json.NewDecoder(reader).Decode(structVal.Interface())
}
```

populateStructFromForm 函数将用于需要结构并从 map 设置结构字段值的任何处理程序方法。populateStructFromJSON 函数使用 JSON 解码器读取请求正文，并将在请求数据为 JSON 类型时使用。要应用这些函数，请将名为 processor.go 的文件添加到 http/handling/params 文件夹，其内容如代码清单 33-30 所示。

代码清单 33-30　http/handling/params/processor.go 文件内容

```
package params

import (
    "net/http"
    "reflect"
)

func GetParametersFromRequest(request *http.Request, handlerMethod reflect.Method,
        urlVals []string) (params []reflect.Value, err error) {
    handlerMethodType := handlerMethod.Type
    params = make([]reflect.Value, handlerMethodType.NumIn() -1)
    if (handlerMethodType.NumIn() == 1) {
```

```
        return []reflect.Value {}, nil
    } else if handlerMethodType.NumIn() == 2 &&
            handlerMethodType.In(1).Kind() == reflect.Struct {
        structVal := reflect.New(handlerMethodType.In(1))
        err = request.ParseForm()
        if err == nil && getContentType(request) == "application/json" {
            err = populateStructFromJSON(structVal, request.Body)
        }
        if err == nil {
            err = populateStructFromForm(structVal, request.Form)
        }
        return []reflect.Value { structVal.Elem() }, err
    } else {
        return getParametersFromURLValues(handlerMethodType, urlVals)
    }
}

func getContentType(request *http.Request) (contentType string) {
    headerSlice := request.Header["Content-Type"]
    if headerSlice != nil && len(headerSlice) > 0 {
        contentType = headerSlice[0]
    }
    return
}
```

GetParametersFromRequest 函数被导出以便在项目的其他地方使用。它接收一个请求、一个反射处理程序方法和一个包含与路由匹配的值的切片。检查该方法以查看是否需要结构参数，且该方法所需的参数是使用先前的函数创建的。

33.3.3 将请求匹配到路由

本章的最后一个步骤是将传入的 HTTP 请求与路由匹配，并执行处理程序方法以生成响应。将名为 request_dispatch.go 的文件添加到 http/handling 文件夹，其内容如代码清单 33-31 所示。

代码清单 33-31 http/handling/request_dispatch.go 文件内容

```
package handling

import (
    "platform/http/handling/params"
    "platform/pipeline"
    "platform/services"
    "net/http"
    "reflect"
    "strings"
    "io"
    "fmt"
)

func NewRouter(handlers ...HandlerEntry) *RouterComponent {
    return &RouterComponent{ generateRoutes(handlers...) }
}

type RouterComponent struct {
```

```
    routes []Route
}

func (router *RouterComponent) Init() {}

func (router *RouterComponent) ProcessRequest(context *pipeline.ComponentContext,
        next func(*pipeline.ComponentContext)) {
    for _, route := range router.routes {
        if (strings.EqualFold(context.Request.Method, route.httpMethod)) {
            matches := route.expression.FindAllStringSubmatch(context.URL.Path, -1)
            if len(matches) > 0 {
                rawParamVals := []string {}
                if len(matches[0]) > 1 {
                    rawParamVals = matches[0][1:]
                }
                err := router.invokeHandler(route, rawParamVals, context)
                if (err == nil) {
                    next(context)
                } else {
                    context.Error(err)
                }
                return
            }
        }
    }
    context.ResponseWriter.WriteHeader(http.StatusNotFound)
}

func (router *RouterComponent) invokeHandler(route Route, rawParams []string,
        context *pipeline.ComponentContext) error {
    paramVals, err := params.GetParametersFromRequest(context.Request,
        route.handlerMethod, rawParams)
    if (err == nil) {
        structVal := reflect.New(route.handlerMethod.Type.In(0))
        services.PopulateForContext(context.Context(), structVal.Interface())
        paramVals = append([]reflect.Value { structVal.Elem() }, paramVals...)
        result := route.handlerMethod.Func.Call(paramVals)
        io.WriteString(context.ResponseWriter, fmt.Sprint(result[0].Interface()))
    }
    return err
}
```

NewRouter 函数用于创建一个新的中间件组件，该组件使用路由处理请求，这些路由是从一系列 HandlerEntry 值生成的。RouterComponent 结构实现了 MiddlewareComponent 接口，其 ProcessRequest 方法使用 HTTP 方法和 URL 路径匹配路由。当找到匹配的路由时，将调用 invokeHandler 函数，该函数为处理程序方法定义的参数提供相应的值，然后调用该方法。

这个中间件组件在编写时就假设它在处理流水线的末尾应用，这意味着如果没有路由与请求匹配，则返回 404 - Not Found 响应。

最后一点要注意的是，处理程序方法产生的响应只是简单地写成一个字符串，如下所示：

```
...
io.WriteString(context.ResponseWriter, fmt.Sprint(result[0].Interface()))
...
```

在此我们并没有用到本章前面介绍的模板，我将在第 34 章中解决这个问题。代码清单 33-32 更改了占位符配置以使用新的路由中间件组件。

代码清单 33-32 在 placeholder/startup.go 文件中配置应用程序

```
package placeholder

import (
    "platform/http"
    "platform/pipeline"
    "platform/pipeline/basic"
    "platform/services"
    "sync"
    "platform/http/handling"
)

func createPipeline() pipeline.RequestPipeline {
    return pipeline.CreatePipeline(
        &basic.ServicesComponent{},
        &basic.LoggingComponent{},
        &basic.ErrorComponent{},
        &basic.StaticFileComponent{},
        //&SimpleMessageComponent{},
        handling.NewRouter(
            handling.HandlerEntry{ "",  NameHandler{}},
        ),
    )
}

func Start() {
    results, err := services.Call(http.Serve, createPipeline())
    if (err == nil) {
        (results[0].(*sync.WaitGroup)).Wait()
    } else {
        panic(err)
    }
}
```

编译并执行该项目，使用浏览器请求 http://localhost:5000/names。该 URL 将与占位符请求处理程序定义的 GetNames 方法的路由相匹配，并将产生如图 33-4 所示的结果。

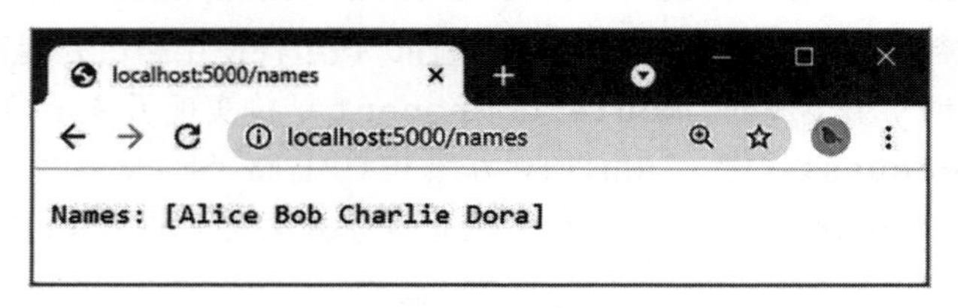

图 33-4 使用请求处理程序生成响应

要测试对简单的处理程序方法参数的支持，请使用浏览器请求 http://localhost:5000/name/0 和 http://localhost:5000/name/100，会产生如图 33-5 所示的响应。请注意，URL 中使用的是单数的 name 而非复数的 names。

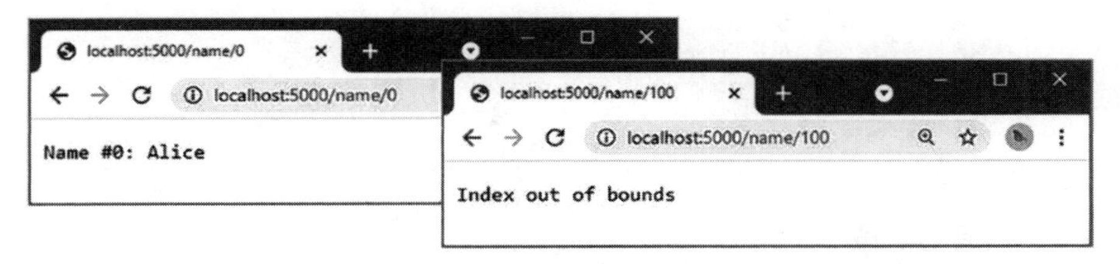

图 33-5　使用简单参数测试请求处理程序

要测试发送 POST 请求，请从命令行窗口运行代码清单 33-33 中所示的命令。

代码清单 33-33　发送带有 JSON 数据的 POST 请求

```
curl --header "Content-Type: application/json" --request POST --data '{"name" :
"Edith","insertatstart" : false}' http://localhost:5000/name
```

如果你使用的是 Windows，请改为在 PowerShell 命令行窗口下运行代码清单 33-34 中所示的命令。

代码清单 33-34　在 Windows 上发送带有 JSON 数据的 POST 请求

```
Invoke-WebRequest http://localhost:5000/name -Method Post -Body `
(@{name="Edith";insertatstart=$false} | ConvertTo-Json) `
-ContentType "application/json"
```

这些命令向服务器发送相同的请求，请求 http://localhost:5000/names 可以看到其效果，如图 33-6 所示。

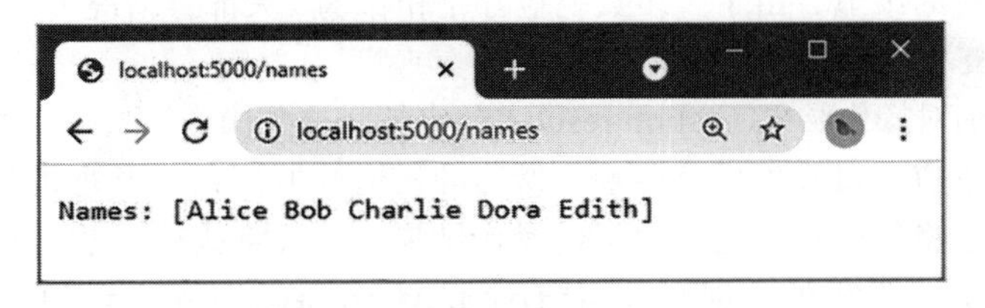

图 33-6　发送 POST 请求的效果

33.4　小结

在本章中，我通过创建一个使用中间件组件来处理请求的处理流水线来继续 Web 应用程序平台的开发。我添加了对可以指定相关布局的模板的支持，并引入了请求处理程序，我将在第 34 章中使用它们。

Chapter 34

第 34 章

操作、会话和授权

在本章中，我将完成从第 32 章开始的自定义 Web 应用程序平台的开发。

34.1 引入操作结果

到目前为止，平台将请求处理程序返回的结果以字符串形式返回。我不想让每个处理程序方法都处理生成响应的细节，由于大多数响应都是相似的（大部分情况下是渲染一个模板），因此我不想每次都重复相同的代码。

所以，我将添加对操作结果（action result）的支持。这些操作结果是一些相关的指令，用于描述需要什么样的响应，以及生成这些响应所需的任何其他信息。当处理程序方法想要渲染模板作为其响应时，它将返回一个选择模板的操作结果，并且将执行一系列操作，而处理程序方法无须了解这些是如何发生的。创建 `platform/http/actionresults` 文件夹并向其中添加一个名为 `actionresult.go` 的文件，其内容如代码清单 34-1 所示。

代码清单 34-1 http/actionresults/actionresult.go 文件内容

```
package actionresults

import (
    "context"
    "net/http"
)

type ActionContext struct {
    context.Context
    http.ResponseWriter
}

type ActionResult interface {
```

```
    Execute(*ActionContext) error
}
```

ActionResult 接口定义了一个 Execute 方法，该方法将使用 ActionContext 结构提供的设施生成响应，这些设施是 Context（用于获取服务）和 ResponseWriter（用于生成响应）。

代码清单 34-2 更新了调用处理程序方法的代码，以便在处理程序返回操作结果时执行相应的渲染指令。

代码清单 34-2　http/handling/request_dispatch.go 文件中执行操作结果的指令

```
package handling

import (
    "platform/http/handling/params"
    "platform/pipeline"
    "platform/services"
    "net/http"
    "reflect"
    "strings"
    "io"
    "fmt"
    "platform/http/actionresults"
)

// ...functions and types omitted for brevity...

func (router *RouterComponent) invokeHandler(route Route, rawParams []string,
      context *pipeline.ComponentContext) error {
    paramVals, err := params.GetParametersFromRequest(context.Request,
        route.handlerMethod, rawParams)
    if (err == nil) {
        structVal := reflect.New(route.handlerMethod.Type.In(0))
        services.PopulateForContext(context.Context(), structVal.Interface())
        paramVals = append([]reflect.Value { structVal.Elem() }, paramVals...)
        result := route.handlerMethod.Func.Call(paramVals)
        if len(result) > 0 {
            if action, ok := result[0].Interface().(actionresults.ActionResult); ok {
                err = services.PopulateForContext(context.Context(), action)
                if (err == nil) {
                    err = action.Execute(&actionresults.ActionContext{
                        context.Context(), context.ResponseWriter  })
                }
            } else {
                io.WriteString(context.ResponseWriter,
                    fmt.Sprint(result[0].Interface()))
            }
        }
    }
    return err
}
```

实现 ActionResult 接口的结构被传递给 services.PopulateForContext 函数，以便其字段可以通过当前服务的参数进行填充，然后调用 Execute 方法生成结果。

34.1.1 定义通用操作结果

我们先来通过渲染模板定义一个最常见的响应类型。将名为 templateresult.go 的文件添加到 platform/http/actionresults 文件夹，其内容如代码清单 34-3 所示。

代码清单 34-3 http/actionresults/templateresult.go 文件内容

```
package actionresults

import (
    "platform/templates"
)

func NewTemplateAction(name string, data interface{}) ActionResult {
    return &TemplateActionResult{ templateName:  name, data: data }
}

type TemplateActionResult struct {
    templateName string
    data interface{}
    templates.TemplateExecutor
}

func (action *TemplateActionResult) Execute(ctx *ActionContext) error {
    return action.TemplateExecutor.ExecTemplate(ctx.ResponseWriter,
        action.templateName, action.data)
}
```

TemplateActionResult 结构是一个在执行时渲染模板的操作。它的字段有模板的名称、将被传递给模板执行器的数据以及模板执行器对应的服务。NewTemplateAction 将创建一个新的 TemplateActionResult 结构实例。

另一个常见的结果是重定向，它通常在处理完 POST 或 PUT 请求后执行。要创建此类结果，请将名为 redirectresult.go 的文件添加到 platform/http/actionresults 文件夹，其内容如代码清单 34-4 所示。

代码清单 34-4 http/actionresults/redirectresult.go 文件内容

```
package actionresults

import "net/http"

func NewRedirectAction(url string) ActionResult {
    return &RedirectActionResult{ url: url}
}

type RedirectActionResult struct {
    url string
}

func (action *RedirectActionResult) Execute(ctx *ActionContext) error {
    ctx.ResponseWriter.Header().Set("Location", action.url)
    ctx.ResponseWriter.WriteHeader(http.StatusSeeOther)
    return nil
}
```

该操作结果生成带有 `303 See Other` 响应的结果。该结果是一个重定向结果，它指向一个新的 URL 并确保浏览器不会重用原始请求中的 HTTP 方法或 URL。

本节要定义的下一个操作结果将允许处理程序方法返回 JSON 结果，这将在第 38 章中创建 Web 服务时用到。在 `platform/http/actionresults` 文件夹中创建一个名为 `jsonresult.go` 的文件，其内容如代码清单 34-5 所示。

代码清单 34-5 http/actionresults/jsonresult.go 文件内容

```
package actionresults

import "encoding/json"

func NewJsonAction(data interface{}) ActionResult {
    return &JsonActionResult{ data: data}
}

type JsonActionResult struct {
    data interface{}
}

func (action *JsonActionResult) Execute(ctx *ActionContext) error {
    ctx.ResponseWriter.Header().Set("Content-Type", "application/json")
    encoder := json.NewEncoder(ctx.ResponseWriter)
    return encoder.Encode(action.data)
}
```

该操作结果设置 `Content-Type` 标头以指示响应内容包含 JSON，并使用来自 `encoding/json` 包的编码器来序列化数据并将其发送到客户端。

最后的内置操作将允许请求处理程序指示已发生错误并且无法创建正常响应。将名为 `errorresult.go` 的文件添加到 `platform/http/actionresults` 文件夹，其内容如代码清单 34-6 所示。

代码清单 34-6 http/actionresults/errorresult.go 文件内容

```
package actionresults

func NewErrorAction(err error) ActionResult {
        return &ErrorActionResult{err}
}
type ErrorActionResult struct {
        error
}

func (action *ErrorActionResult) Execute(*ActionContext) error {
        return action.error
}
```

该操作结果不会生成响应，而只是将错误从请求处理程序方法传递到平台的其余部分。

34.1.2 更新占位符以使用操作结果

为确保操作结果按预期工作，代码清单 34-7 更改了占位符处理程序方法的结果。

代码清单 34-7 在 placeholder/name_handler.go 文件中使用操作结果

```
package placeholder

import (
    "fmt"
    "platform/logging"
    "platform/http/actionresults"
)

var names = []string{"Alice", "Bob", "Charlie", "Dora"}

type NameHandler struct {
        logging.Logger
}

func (n NameHandler) GetName(i int) actionresults.ActionResult {
    n.Logger.Debugf("GetName method invoked with argument: %v", i)
    var response string
    if (i < len(names)) {
        response = fmt.Sprintf("Name #%v: %v", i, names[i])
    } else {
        response =  fmt.Sprintf("Index out of bounds")
    }
    return actionresults.NewTemplateAction("simple_message.html", response)
}

func (n NameHandler) GetNames() actionresults.ActionResult {
    n.Logger.Debug("GetNames method invoked")
    return actionresults.NewTemplateAction("simple_message.html", names)
}

type NewName struct {
    Name string
    InsertAtStart bool
}

func (n NameHandler) PostName(new NewName) actionresults.ActionResult {
    n.Logger.Debugf("PostName method invoked with argument %v", new)
    if (new.InsertAtStart) {
        names = append([] string { new.Name}, names... )
    } else {
        names = append(names, new.Name)
    }
    return actionresults.NewRedirectAction("/names")
}

func (n NameHandler) GetJsonData() actionresults.ActionResult {
    return actionresults.NewJsonAction(names)
}
```

这些修改使得 GetName 和 GetNames 方法返回模板操作结果，PostName 方法返回指向 GetNames 方法的重定向结果，新的 GetJsonData 方法返回 JSON 数据。最后的修改是在占位符模板中添加一个表达式，如代码清单 34-8 所示。

代码清单 34-8 更新 placeholder/simple_message.html 文件中的模板

```
{{ layout "layout.html" }}

<h3>
    {{ . }}
</h3>
```

编译并执行项目，使用浏览器请求 http://localhost:5000/names，收到的响应现在是通过执行模板生成的 HTML 文档，如图 34-1 所示。请求 http://localhost:5000/jsondata，响应是 JSON 数据，如图 34-1 所示。

图 34-1 使用操作结果产生响应

34.2 在模板中调用请求处理程序

在后面的章节中，我将在一个处理程序的输出中包含另一个处理程序的模板内容，以便显示有关购物车的详细信息，例如，作为显示产品列表的模板的一部分。实现这一特性比较难，但通过这种方法可以避免处理程序向模板提供与其目的不直接相关的数据。代码清单 34-9 更改了用于模板服务的接口。

代码清单 34-9 在 templates/template_executor.go 文件中更改模板接口

```
package templates

import "io"

type TemplateExecutor interface {

    ExecTemplate(writer io.Writer, name string, data interface{}) (err error)

    ExecTemplateWithFunc(writer io.Writer, name string,
        data interface{}, handlerFunc InvokeHandlerFunc) (err error)
}

type InvokeHandlerFunc func(handlerName string, methodName string,
    args ...interface{}) interface{}
```

ExecTemplate 方法已经过修改，它定义了一个 ExecTemplateWithFunc 方法，该方法接受一个 InvokeHandlerFunc 参数，该参数将用于调用模板中的处理程序方法。为了支持新特性，代码清单 34-10 定义了一个新的占位符函数，当模板包含执行处理程序的关键字时，它将会解析新的处理程序对应的模板。

代码清单 34-10 在 templates/template_loader.go 文件中添加占位符函数

```
package templates

import (
    "html/template"
    "sync"
    "errors"
    "platform/config"
)

var once = sync.Once{}

func LoadTemplates(c config.Configuration) (err error) {
    path, ok := c.GetString("templates:path")
    if !ok {
        return errors.New("Cannot load template config")
    }
    reload := c.GetBoolDefault("templates:reload", false)
    once.Do(func() {
        doLoad := func() (t *template.Template) {
            t = template.New("htmlTemplates")
            t.Funcs(map[string]interface{} {
                "body": func() string { return "" },
                "layout": func() string { return "" },
                "handler": func() interface{} { return "" },
            })
            t, err = t.ParseGlob(path)
            return
        }
        if (reload) {
            getTemplates = doLoad
        } else {
            var templates *template.Template
            templates = doLoad()
            getTemplates = func() *template.Template {
                t, _ := templates.Clone()
                return t
            }
        }
    })
    return
}
```

如代码清单 34-10 所示，我将使用关键字 handler 从模板中调用处理程序方法。代码清单 34-11 更新了模板执行器以支持 handler 关键字。

代码清单 34-11 在 templates/layout_executor.go 文件中更新模板执行器

```
package templates

import (
    "io"
    "strings"
    "html/template"
)
```

```
type LayoutTemplateProcessor struct {}

var emptyFunc = func(handlerName, methodName string,
    args ...interface{}) interface{} { return "" }

func (proc *LayoutTemplateProcessor) ExecTemplate(writer io.Writer,
        name string, data interface{}) (err error) {
    return proc.ExecTemplateWithFunc(writer, name, data, emptyFunc)
}

func (proc *LayoutTemplateProcessor) ExecTemplateWithFunc(writer io.Writer,
        name string, data interface{},
        handlerFunc InvokeHandlerFunc) (err error) {

    var sb strings.Builder
    layoutName := ""
    localTemplates := getTemplates()
    localTemplates.Funcs(map[string]interface{} {
        "body": insertBodyWrapper(&sb),
        "layout": setLayoutWrapper(&layoutName),
        "handler": handlerFunc,
    })
    err = localTemplates.ExecuteTemplate(&sb, name, data)
    if (layoutName != "") {
        localTemplates.ExecuteTemplate(writer, layoutName, data)
    } else {
        io.WriteString(writer, sb.String())
    }
    return
}

var getTemplates func() (t *template.Template)

func insertBodyWrapper(body *strings.Builder) func() template.HTML {
    return func() template.HTML {
        return template.HTML(body.String())
    }
}

func setLayoutWrapper(val *string) func(string) string {
    return func(layout string) string {
        *val = layout
        return ""
    }
}
```

代码清单 34-12 更新模板操作结果，以便它使用新的参数调用 `ExecTemplate` 方法。

代码清单 34-12　在 `http/actionresults/templateresult.go` 文件中添加参数

```
package actionresults

import (
    "platform/templates"
)
```

```
func NewTemplateAction(name string, data interface{}) ActionResult {
    return &TemplateActionResult{ templateName:  name, data: data }
}

type TemplateActionResult struct {
    templateName string
    data interface{}
    templates.TemplateExecutor
    templates.InvokeHandlerFunc
}

func (action *TemplateActionResult) Execute(ctx *ActionContext) error {
    return action.TemplateExecutor.ExecTemplateWithFunc(ctx.ResponseWriter,
        action.templateName, action.data, action.InvokeHandlerFunc)
}
```

Execute 方法使用服务获取 InvokeHandlerFunc 的值，然后将其传递到模板执行器。

34.2.1 更新请求处理

要完成此功能，我需要为 InvokeHandlerFunc 类型创建一个服务。将名为 handler_func.go 的文件添加到 platform/http 文件夹，其内容如代码清单 34-13 所示。

代码清单 34-13 http/handling/handler_func.go 文件内容

```
package handling

import (
    "context"
    "fmt"
    "html/template"
    "net/http"
    "platform/http/actionresults"
    "platform/services"
    "platform/templates"
    "reflect"
    "strings"
)

func createInvokehandlerFunc(ctx context.Context,
        routes []Route) templates.InvokeHandlerFunc {
    return func(handlerName, methodName string, args ...interface{}) interface{} {
        var err error
        for _, route := range routes {
            if strings.EqualFold(handlerName, route.handlerName) &&
                    strings.EqualFold(methodName, route.handlerMethod.Name) {
                paramVals := make([]reflect.Value, len(args))
                for i := 0; i < len(args); i++ {
                    paramVals[i] = reflect.ValueOf(args[i])
                }
                structVal := reflect.New(route.handlerMethod.Type.In(0))
                services.PopulateForContext(ctx, structVal.Interface())
                paramVals = append([]reflect.Value { structVal.Elem() },
                    paramVals...)
```

```
                result := route.handlerMethod.Func.Call(paramVals)
                if action, ok := result[0].Interface().
                        (*actionresults.TemplateActionResult); ok {
                    invoker := createInvokehandlerFunc(ctx, routes)
                    err = services.PopulateForContextWithExtras(ctx,
                    action,
                    map[reflect.Type]reflect.Value {
                        reflect.TypeOf(invoker): reflect.ValueOf(invoker),
                    })
                    writer := &stringResponseWriter{ Builder: &strings.Builder{} }
                    if err == nil {
                        err = action.Execute(&actionresults.ActionContext{
                            Context: ctx,
                            ResponseWriter: writer,
                        })
                        if err == nil {
                            return (template.HTML)(writer.Builder.String())
                        }
                    }
                } else {
                    return fmt.Sprint(result[0])
                }
            }
        }
        if err == nil {
            err = fmt.Errorf("No route found for %v %v", handlerName, methodName)
        }
        panic(err)
    }
}

type stringResponseWriter struct {
    *strings.Builder
}
func (sw *stringResponseWriter) Write(data []byte) (int, error) {
    return sw.Builder.Write(data)
}
func (sw *stringResponseWriter) WriteHeader(statusCode int) {}
func (sw *stringResponseWriter) Header() http.Header { return http.Header{}}
```

createInvokehandlerFunc 创建一个函数，该函数使用一组路由来查找和执行处理程序方法。处理程序的输出是一个可以用在模板中的字符串。

代码清单 34-14 更新了执行操作结果的代码，以便可以提供一个函数用于调用处理程序。

代码清单 34-14 在 http/handling/request_dispatch.go 文件中更新结果执行

```
...
func (router *RouterComponent) invokeHandler(route Route, rawParams []string,
      context *pipeline.ComponentContext) error {
    paramVals, err := params.GetParametersFromRequest(context.Request,
        route.handlerMethod, rawParams)
    if (err == nil) {
        structVal := reflect.New(route.handlerMethod.Type.In(0))
        services.PopulateForContext(context.Context(), structVal.Interface())
        paramVals = append([]reflect.Value { structVal.Elem() }, paramVals...)
        result := route.handlerMethod.Func.Call(paramVals)
```

```
            if len(result) > 0 {
                if action, ok := result[0].Interface().(actionresults.ActionResult); ok {
                    invoker := createInvokehandlerFunc(context.Context(), router.routes)
                    err = services.PopulateForContextWithExtras(context.Context(),
                        action,
                        map[reflect.Type]reflect.Value {
                            reflect.TypeOf(invoker): reflect.ValueOf(invoker),
                        })
                    if (err == nil) {
                        err = action.Execute(&actionresults.ActionContext{
                            context.Context(), context.ResponseWriter  })
                    }
                } else {
                    io.WriteString(context.ResponseWriter,
                        fmt.Sprint(result[0].Interface()))
                }
            }
        }
        return err
    }
    ...
```

我本可以为调用处理程序的函数创建一个服务，但我想确保操作接收到的函数是来自同一个处理请求的 URL 路由处理程序。正如你将在本章后面看到的那样，我将使用多个 URL 路由来处理不同类型的请求，但我不希望一个路由器管理的处理程序调用另一个路由器管理的处理程序的方法。

34.2.2 配置应用程序

为了确保模板可以调用处理程序的方法，需要对代码做一些修改。首先，通过将名为 day_handler.go 的文件添加到 placeholder 文件夹来创建一个新的请求处理程序，其内容如代码清单 34-15 所示。

代码清单 34-15 placeholder/day_handler.go 文件内容

```
package placeholder

import (
    "platform/logging"
    "time"
    "fmt"
)

type DayHandler struct {
    logging.Logger
}

func (dh DayHandler) GetDay() string {
    return  fmt.Sprintf("Day: %v", time.Now().Day())
}
```

接下来，注册一个新的请求处理程序，如代码清单 34-16 所示。

代码清单 34-16　在 placeholder/startup.go 文件中注册一个新的请求处理程序

```
...
func createPipeline() pipeline.RequestPipeline {
    return pipeline.CreatePipeline(
        &basic.ServicesComponent{},
        &basic.LoggingComponent{},
        &basic.ErrorComponent{},
        &basic.StaticFileComponent{},
        //&SimpleMessageComponent{},
        handling.NewRouter(
            handling.HandlerEntry{ "",  NameHandler{}},
            handling.HandlerEntry{ "",  DayHandler{}},
        ),
    )
}
...
```

最后，增加一个表达式来调用代码清单 34-15 中定义的 GetDay 方法，如代码清单 34-17 所示。

代码清单 34-17　在 placeholder/simple_message.html 文件中添加表达式

```
{{ layout "layout.html" }}

<h3>
    {{ . }}
</h3>

{{ handler "day" "getday"}}
```

编译并执行应用程序，请求 http://localhost:5000/names，你会看到通过渲染 simple_message.html 模板生成的结果也包含 GetDay 方法的结果，如图 34-2 所示，附加的输出也反映了运行该示例的日期。

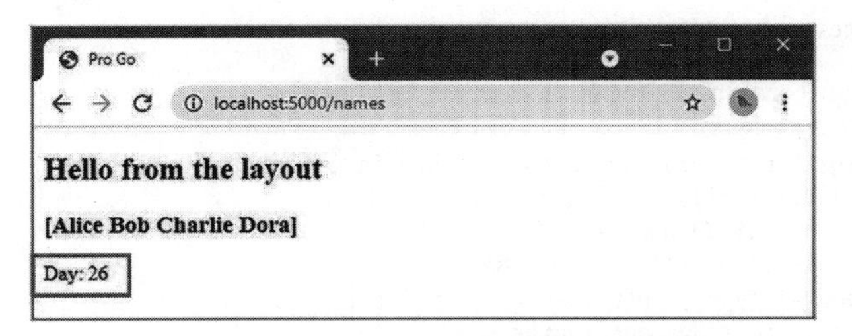

图 34-2　从模板中调用一个处理程序

34.3　从路由中生成 URL

当我想将浏览器重定向到代码清单 34-7 中的新 URL 时，我必须像这样指定 URL：

```
...
return actionresults.NewRedirectAction("/names")
...
```

上述方法并不理想，因为这意味着更改路由配置可能会破坏这种硬编码的 URL。一种更好的方法是添加相应的支持以便可以指定处理程序方法，并根据与其关联的路由配置生成 URL。将名为 **url_generation.go** 的文件添加到 **http/handling** 文件夹，其内容如代码清单 34-18 所示。

代码清单 34-18 http/handling/url_generation.go 文件的内容

```
package handling

import (
    "fmt"
    "net/http"
    "strings"
    "errors"
    "reflect"
)

type URLGenerator interface {

    GenerateUrl(method interface{}, data ...interface{}) (string, error)

    GenerateURLByName(handlerName, methodName string,
        data ...interface{}) (string, error)

    AddRoutes(routes []Route)
}

type routeUrlGenerator struct {
    routes []Route
}

func (gen *routeUrlGenerator) AddRoutes(routes []Route) {
    if gen.routes == nil {
        gen.routes = routes
    } else {
        gen.routes = append(gen.routes, routes...)
    }
}

func (gen *routeUrlGenerator) GenerateUrl(method interface{},
        data ...interface{}) (string, error) {
    methodVal := reflect.ValueOf(method)
    if methodVal.Kind() == reflect.Func &&
            methodVal.Type().In(0).Kind() == reflect.Struct {
        for _, route := range gen.routes {
            if route.handlerMethod.Func.Pointer() == methodVal.Pointer() {
                return generateUrl(route, data...)
            }
        }
    }
    return "", errors.New("No matching route")
}

func (gen *routeUrlGenerator) GenerateURLByName(handlerName, methodName string,
        data ...interface{}) (string, error) {
    for _, route := range gen.routes {
```

```
        if strings.EqualFold(route.handlerName, handlerName) &&
                strings.EqualFold(route.httpMethod + route.actionName, methodName) {
            return generateUrl(route, data...)
        }
    }
    return "", errors.New("No matching route")
}

func generateUrl(route Route, data ...interface{}) (url string, err error) {
    url = "/" + route.prefix
    if (!strings.HasPrefix(url, "/")) {
        url = "/" + url
    }
    if (!strings.HasSuffix(url, "/")) {
        url += "/"
    }
    url+= strings.ToLower(route.actionName)
    if len(data) > 0 && !strings.EqualFold(route.httpMethod, http.MethodGet) {
        err = errors.New("Only GET handler can have data values")
    } else if strings.EqualFold(route.httpMethod, http.MethodGet) &&
            len(data) != route.handlerMethod.Type.NumIn() -1 {
        err = errors.New("Number of data values doesn't match method params")
    } else {
        for _, val := range data {
            url = fmt.Sprintf("%v/%v", url, val)
        }
    }
    return
}
```

URLGenerator 接口定义了名为 GenerateURL 和 GenerateURLByName 的方法。GenerateURL 方法接受一个处理函数并使用它来定位路由，而 GenerateURLByName 方法则使用字符串值定位处理函数。routeUrlGenerator 结构使用路由生成 URL 来实现 URLGenerator 方法。

创建 URL 生成器服务

我想为 URLGenerator 接口创建一个服务，但我希望它仅在请求处理流程配置为使用第 33 章中定义的路由功能时才可用。代码清单 34-19 会在实例化路由中间件组件时设置服务。

代码清单 34-19 在 http/handling/request_dispatch.go 文件中创建服务

```
...
func NewRouter(handlers ...HandlerEntry) *RouterComponent {
    routes := generateRoutes(handlers...)

    var urlGen URLGenerator
    services.GetService(&urlGen)
    if urlGen == nil {
        services.AddSingleton(func () URLGenerator {
            return &routeUrlGenerator { routes: routes }
        })
    } else {
        urlGen.AddRoutes(routes)
    }
```

```
    return &RouterComponent{ routes: routes }
}
...
```

我可以通过新服务动态生成 URL，如代码清单 34-20 所示。

代码清单 34-20 在 placeholder/name_handler.go 文件中生成 URL

```
package placeholder

import (
    "fmt"
    "platform/logging"
    "platform/http/actionresults"
    "platform/http/handling"
)

var names = []string{"Alice", "Bob", "Charlie", "Dora"}

type NameHandler struct {
             logging.Logger
    handling.URLGenerator
}

func (n NameHandler) GetName(i int) actionresults.ActionResult {
    n.Logger.Debugf("GetName method invoked with argument: %v", i)
    var response string
    if (i < len(names)) {
        response = fmt.Sprintf("Name #%v: %v", i, names[i])
    } else {
        response =  fmt.Sprintf("Index out of bounds")
    }
    return actionresults.NewTemplateAction("simple_message.html", response)
}

func (n NameHandler) GetNames() actionresults.ActionResult {
    n.Logger.Debug("GetNames method invoked")
    return actionresults.NewTemplateAction("simple_message.html", names)
}

type NewName struct {
    Name string
    InsertAtStart bool
}

func (n NameHandler) PostName(new NewName) actionresults.ActionResult {
    n.Logger.Debugf("PostName method invoked with argument %v", new)
    if (new.InsertAtStart) {
        names = append([] string { new.Name}, names... )
    } else {
        names = append(names, new.Name)
    }
    return n.redirectOrError(NameHandler.GetNames)
}

func (n NameHandler) GetRedirect() actionresults.ActionResult {
    return n.redirectOrError(NameHandler.GetNames)
}
```

```
func (n NameHandler) GetJsonData() actionresults.ActionResult {
    return actionresults.NewJsonAction(names)
}

func (n NameHandler) redirectOrError(handler interface{},
        data ...interface{}) actionresults.ActionResult {
    url, err := n.GenerateUrl(handler)
    if (err == nil) {
        return actionresults.NewRedirectAction(url)
    } else {
        return actionresults.NewErrorAction(err)
    }
}
```

新服务可以动态生成 URL，这与已定义的路由相关。测试 POST 请求的体验不是很好，因此代码清单 34-20 添加了一个名为 GetRedirect 的新处理程序方法，它接收 GET 请求并执行重定向到通过指定 GetNames 方法创建的 URL：

```
...
return n.redirectOrError(NameHandler.GetNames)
...
```

请注意，在将处理程序方法作为参数使用时不使用括号，因为生成 URL 需要的是方法本身，而不是调用它产生的结果。

编译并执行项目，使用浏览器请求 http://localhost:5000/redirect。浏览器将自动重定向到以 GetNames 方法为目标的 URL，如图 34-3 所示。

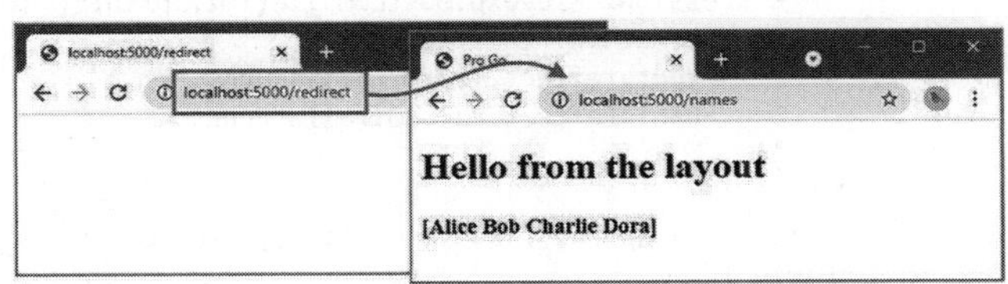

图 34-3　生成重定向 URL

34.4　定义别名路由

除了直接从处理程序生成的路由之外，通过将 URL 与处理程序方法自动匹配动态生成 URL 的支持也简化了路由定义。但此处有一个不足，例如，在占位符路由支持的 URL 列表中，对默认 URL http://localhost:5000/ 的请求会产生 404 - Not Found 结果。在本节中，我将添加对定义其他路由的支持，这些路由不是直接从处理程序结构及其方法派生的，主要是为自动生成的路由做一些补充。

将名为 alias_route.go 的文件添加到 platform/http/handling 文件夹，其内容如代码清单 34-21 所示。

代码清单 34-21　http/handling/alias_route.go 文件内容

```
package handling

import (
    "platform/http/actionresults"
    "platform/services"
    "net/http"
    "reflect"
    "regexp"
```

```
    "fmt"
)

func (rc *RouterComponent) AddMethodAlias(srcUrl string,
        method interface{}, data ...interface{}) *RouterComponent {
    var urlgen URLGenerator
    services.GetService(&urlgen)
    url, err := urlgen.GenerateUrl(method, data...)
    if (err == nil) {
        return rc.AddUrlAlias(srcUrl, url)
    } else {
        panic(err)
    }
}

func (rc *RouterComponent) AddUrlAlias(srcUrl string,
        targetUrl string) *RouterComponent {
    aliasFunc := func(interface{}) actionresults.ActionResult {
        return actionresults.NewRedirectAction(targetUrl)
    }
    alias := Route {
        httpMethod: http.MethodGet,
        handlerName: "Alias",
        actionName: "Redirect",
        expression: *regexp.MustCompile(fmt.Sprintf("^%v[/]?$", srcUrl)),
        handlerMethod: reflect.Method{
            Type: reflect.TypeOf(aliasFunc),
            Func: reflect.ValueOf(aliasFunc),
        },
    }
    rc.routes = append([]Route { alias},  rc.routes... )
    return rc
}
```

该文件为 RouterComponent 结构定义了额外的方法。AddUrlAlias 方法创建一个 Route，但它是通过创建 reflect.Method（该方法调用生成重定向操作结果的函数）来实现的。人们往往忽略 reflect 包定义的类型其实只是常规的 Go 结构和接口，但是 Method 只是一个结构，我可以通过设置 Type 和 Func 字段让别名函数看起来就像一个可以执行路由代码的常规方法。

AddMethodAlias 方法允许使用 URL 和处理程序方法创建路由。URLGenerator 服务用于为处理程序方法生成一个 URL，并将之传递给 AddUrlAlias 方法。

代码清单 34-22 向占位符路由集添加了一个别名，如此一来，对默认 URL 的请求将会被重定向到由 GetNames 处理程序方法进行处理。

代码清单 34-22 在 placeholder/startup.go 文件中定义别名路由

```
package placeholder

import (
    "platform/http"
    "platform/pipeline"
    "platform/pipeline/basic"
```

```
        "platform/services"
        "sync"
        "platform/http/handling"
    )

    func createPipeline() pipeline.RequestPipeline {
        return pipeline.CreatePipeline(
            &basic.ServicesComponent{},
            &basic.LoggingComponent{},
            &basic.ErrorComponent{},
            &basic.StaticFileComponent{},
            //&SimpleMessageComponent{},
            handling.NewRouter(
                handling.HandlerEntry{ "",  NameHandler{}},
                handling.HandlerEntry{ "",  DayHandler{}},
            ).AddMethodAlias("/", NameHandler.GetNames),
        )
    }

    func Start() {
        results, err := services.Call(http.Serve, createPipeline())
        if (err == nil) {
            (results[0].(*sync.WaitGroup)).Wait()
        } else {
            panic(err)
        }
    }
```

编译并执行项目，使用浏览器请求 http://localhost:5000。浏览器将被重定向到一个新页面，而不是产生 404 错误，如图 34-4 所示。

图 34-4　别名路由的效果

34.5　验证请求数据

一旦应用程序开始接受来自用户的数据，就需要进行验证。用户几乎可以在表单字段中输入任何内容，有时可能是因为看到的说明不明确，但有时也可能因为他们在匆匆完成一项工作流程而没有认真思考。通过将验证定义为一项服务，我可以最大限度地共享代码以减少不同处理程序在进行验证时需要实现的代码量。

由于服务不知道处理程序需要什么验证要求，我需要一些方法将它们描述为处理程序需要处理的数据类型的一部分。最简单的方法是使用结构体标签，通过它可以表达一些基本的验证要求。

创建 platform/validation 文件夹并向其中添加一个名为 validator.go 的文件，

其内容如代码清单 34-23 所示。

代码清单 34-23 validation/validator.go 文件内容

```
package validation

type Validator interface {
    Validate(data interface{}) (ok bool, errs []ValidationError)
}

type ValidationError struct {
    FieldName string
    Error error
}

type ValidatorFunc func(fieldName string, value interface{},
    arg string) (bool, error)

func DefaultValidators() map[string]ValidatorFunc {
    return map[string]ValidatorFunc {
        "required": required,
        "min": min,
    }
}
```

Validator 接口将用于提供验证服务，由 ValidatorFunc 函数执行单独的验证检查。我将定义两个验证器（required 和 min），它们将确保提供一个字符串值，并确保 int 和 float64 类型参数为最小值以及字符串值为最小长度。除此之外，也可以根据需要定义额外的验证器，但这两个对于我们这个项目来说就足够了。要定义验证器函数，请将名为 validator_functions.go 的文件值添加到 platform/validation 文件夹，其内容如代码清单 34-24 所示。

代码清单 34-24 validation/validator_functions.go 文件内容

```
package validation

import (
    "errors"
    "fmt"
    "strconv"
)

func required(fieldName string, value interface{},
        arg string) (valid bool, err error) {
    if str, ok := value.(string); ok {
        valid = str != ""
        err = fmt.Errorf("A value is required")
    } else {
        err = errors.New("The required validator is for strings")
    }
    return
}

func min(fieldName string, value interface{}, arg string) (valid bool, err error) {
    minVal, err := strconv.Atoi(arg)
```

```
        if err != nil {
            panic("Invalid arguments for validator: " + arg)
        }
        err = fmt.Errorf("The minimum value is %v", minVal)
        if iVal, iValOk := value.(int); iValOk {
            valid = iVal >= minVal
        } else if fVal, fValOk := value.(float64); fValOk {
            valid = fVal >= float64(minVal)
        } else if strVal, strValOk := value.(string); strValOk {
            err = fmt.Errorf("The minimum length is %v characters", minVal)
            valid = len(strVal) >= minVal
        } else {
            err = errors.New("The min validator is for int, float64, and str values")
        }
        return
    }
```

为了执行验证，每个函数都会接收正在验证的结构字段的名称、从请求中获取的值以及配置验证过程提供的可选参数。要创建相关服务的实现和函数，请将名为 tag_validator.go 的文件添加到 platform/validation 文件夹，其内容如代码清单 34-25 所示。

代码清单 34-25　validation/tag_validator.go 文件内容

```
package validation

import (
    "reflect"
    "strings"
)

func NewDefaultValidator(validators map[string]ValidatorFunc) Validator {
    return &TagValidator{ DefaultValidators() }
}

type TagValidator struct {
    validators map[string]ValidatorFunc
}

func (tv *TagValidator) Validate(data interface{}) (ok bool,
        errs []ValidationError) {
    errs = []ValidationError{}
    dataVal := reflect.ValueOf(data)
    if (dataVal.Kind() == reflect.Ptr) {
        dataVal = dataVal.Elem()
    }
    if (dataVal.Kind() != reflect.Struct) {
        panic("Only structs can be validated")
    }
    for i := 0; i < dataVal.NumField(); i++ {
        fieldType := dataVal.Type().Field(i)
        validationTag, found := fieldType.Tag.Lookup("validation")
        if found {
            for _, v := range strings.Split(validationTag, ",") {
                var name, arg string = "", ""
                if strings.Contains(v, ":") {
                    nameAndArgs := strings.SplitN(v, ":", 2)
```

```
                    name = nameAndArgs[0]
                    arg = nameAndArgs[1]
                } else {
                    name = v
                }
                if validator, ok := tv.validators[name]; ok {
                    valid, err := validator(fieldType.Name,
                        dataVal.Field(i).Interface(), arg )
                    if (!valid) {
                        errs = append(errs, ValidationError{
                            FieldName: fieldType.Name,
                            Error: err,
                        })
                    }
                } else {
                    panic("Unknown validator: " + name)
                }
            }
        }
    }
    ok = len(errs) == 0
    return
}
```

TagValidator 结构通过查找名为 validation 的结构标签并解析它以查看结构的每个字段需要什么（如果有的话）验证来实现 Validator 接口。使用每个指定的验证器，收集错误并将其作为 Validate 方法的结果返回。NewDefaultValidaton 函数实例化该结构并使用它创建验证服务，如代码清单 34-26 所示。

代码清单 34-26　在 services/services_default.go 文件中注册验证服务

```
package services

import (
    "platform/logging"
    "platform/config"
    "platform/templates"
    "platform/validation"
)

func RegisterDefaultServices() {

   // ...statements omitted for brevity...

    err = AddSingleton(
        func() validation.Validator {
            return validation.NewDefaultValidator(validation.DefaultValidators())
        })
    if (err != nil) {
        panic(err)
    }
}
```

在上面的代码中，我使用用 DefaultValidators 返回的验证器将新服务注册成了单例，以方便调用。

执行数据验证

我们需要一些准备工作来检查数据验证是否有效。首先，代码清单 34-27 创建了一个新的处理程序方法并将验证结构标签应用于占位符请求处理程序。

代码清单 34-27 在 placeholder/name_handler.go 文件中准备验证

```
package placeholder

import (
    "fmt"
    "platform/logging"
    "platform/http/actionresults"
    "platform/http/handling"
    "platform/validation"
)

var names = []string{"Alice", "Bob", "Charlie", "Dora"}

type NameHandler struct {
            logging.Logger
    handling.URLGenerator
    validation.Validator
}

func (n NameHandler) GetName(i int) actionresults.ActionResult {
    n.Logger.Debugf("GetName method invoked with argument: %v", i)
    var response string
    if (i < len(names)) {
        response = fmt.Sprintf("Name #%v: %v", i, names[i])
    } else {
        response =  fmt.Sprintf("Index out of bounds")
    }
    return actionresults.NewTemplateAction("simple_message.html", response)
}

func (n NameHandler) GetNames() actionresults.ActionResult {
    n.Logger.Debug("GetNames method invoked")
    return actionresults.NewTemplateAction("simple_message.html", names)
}
type NewName struct {
    Name string `validation:"required,min:3"`
    InsertAtStart bool
}

func (n NameHandler) GetForm() actionresults.ActionResult {
    postUrl, _ := n.URLGenerator.GenerateUrl(NameHandler.PostName)
    return actionresults.NewTemplateAction("name_form.html", postUrl)
}

func (n NameHandler) PostName(new NewName) actionresults.ActionResult {
    n.Logger.Debugf("PostName method invoked with argument %v", new)
    if ok, errs := n.Validator.Validate(&new); !ok {
```

```
        return actionresults.NewTemplateAction("validation_errors.html", errs)
    }
    if (new.InsertAtStart) {
        names = append([] string { new.Name}, names... )
    } else {
        names = append(names, new.Name)
    }
    return n.redirectOrError(NameHandler.GetNames)
}

func (n NameHandler) GetRedirect() actionresults.ActionResult {
    return n.redirectOrError(NameHandler.GetNames)
}

func (n NameHandler) GetJsonData() actionresults.ActionResult {
    return actionresults.NewJsonAction(names)
}

func (n NameHandler) redirectOrError(handler interface{},
        data ...interface{}) actionresults.ActionResult {
    url, err := n.GenerateUrl(handler)
    if (err == nil) {
        return actionresults.NewRedirectAction(url)
    } else {
        return actionresults.NewErrorAction(err)
    }
}
```

验证标签已添加到 Name 字段，包含了 required 和 min 验证器，这意味着 Name 字段需要一个至少包含三个字符的值。为了使验证更易于测试，我添加了一个名为 GetForm 的处理程序方法，它渲染一个名为 name_form.html 的模板。当 PostName 方法接收到数据时，将使用该服务对其进行验证。如果存在验证错误，则使用 validation_errors.html 模板生成响应。

将名为 name_form.html 的文件添加到 placeholder 文件夹，其内容如代码清单 34-28 所示。

代码清单 34-28 placeholder/name_form.html 文件内容

```
{{ layout "layout.html" }}

<form method="POST" action="{{ . }}">
    <div style="padding: 5px;">
        <label>Name:</label>
        <input name="name" />
    </div>
    <div style="padding: 5px;">
        <label>Insert At Front:</label>
        <input name="insertatstart" type="checkbox" value="true" />
    </div>
    <div style="padding: 5px;">
        <button type="submit">Submit</button>
    </div>
</form>
```

该模板生成一个简单的HTML表单，该表单将数据发送到处理程序方法对应的URL。将名为validation_errors.html的文件添加到placeholder文件夹，其内容如代码清单34-29所示。

代码清单 34-29　placeholder/validation_errors.html 文件内容

```
{{ layout "layout.html" }}

<h3>Validation Errors</h3>

<ul>
    {{ range . }}
        <li>{{.FieldName}}: {{ .Error }}</li>
    {{ end }}
</ul>
```

从处理程序方法收到的验证错误切分将会以列表形式显示。编译并执行项目，使用浏览器请求 http://localhost:5000/form。单击“提交”（Submit）按钮而不在Name字段中输入值，你将看到required和min验证器给出的错误，如图34-5所示。

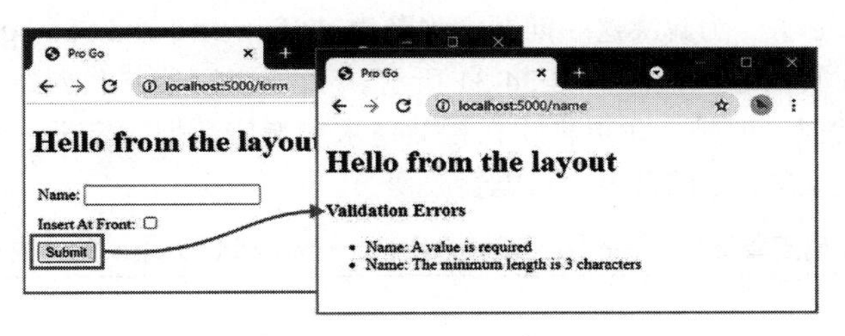

图 34-5　显示验证错误

如果输入的名称少于三个字符，那么你将看到来自min验证器的警告。如果输入的名称包含三个或更多字符，那么它将被添加到名称列表中，如图34-6所示。

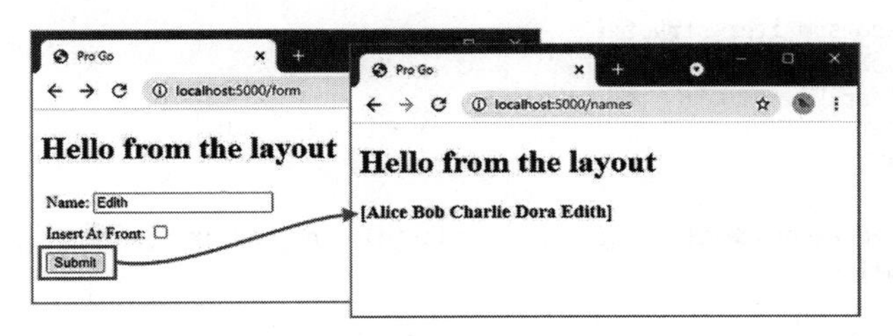

图 34-6　数据验证通过

34.6　添加会话

会话使用cookie来识别相关的HTTP请求，用户操作的结果在后续的操作中会有所反映。在此，我建议通过自己编写代码来了解Go和Go语言标准库，但我们也并没有扩展到与安全相关的功能，即便如此，精心设计和经过全面测试的代码也是必不可少的。cookie和会话可能看起来与安全无关，但它们构成了许多应用程序在验证凭据后识别用户的基础。粗心编写的会话功能可能会允许用户绕过访问控制逻辑或能访问其他用户的数据。

在第 32 章中，我曾推荐使用 Gorilla Web 工具包作为自己编写框架代码的替代方案。Gorilla 工具包提供了一个 **sessions** 包，它支持安全地创建和管理会话。我将在本章中使用这个包来添加会话支持。在 **platform** 文件夹中运行代码清单 34-30 所示的命令以下载并安装 **sessions** 包。

代码清单 34-30 安装 sessions 包

```
go get github.com/gorilla/sessions
```

34.6.1 延迟发送响应数据

使用 cookie 关联会话会给请求处理流程带来一些问题。在执行处理程序方法之前获取会话，在执行处理程序方法期间修改会话，然后在处理程序方法完成后更新会话 cookie。问题是，一旦前面的处理程序将数据写入 **ResponseWriter** 后，后续的处理程序就无法更新 HTTP 标头中的 cookie 了。为解决这一问题，将名为 **deferredwriter.go** 的代码文件添加到 **pipeline** 文件夹，其内容如代码清单 34-31 所示。（这个书写器与我创建的用于在模板中调用处理程序的书写器类似。但是，我更喜欢在拦截请求和响应数据时定义一个单独的类型，因为被拦截数据的使用方式在后续的开发中可能会改变。）

代码清单 34-31 pipeline/deferredwriter.go 文件内容

```
package pipeline

import (
    "net/http"
    "strings"
)

type DeferredResponseWriter struct {
    http.ResponseWriter
    strings.Builder
    statusCode int
}

func (dw *DeferredResponseWriter) Write(data []byte) (int, error) {
    return dw.Builder.Write(data)
}

func (dw *DeferredResponseWriter) FlushData()  {
    if (dw.statusCode == 0) {
        dw.statusCode = http.StatusOK
    }
    dw.ResponseWriter.WriteHeader(dw.statusCode)
    dw.ResponseWriter.Write([]byte(dw.Builder.String()))
}
func (dw *DeferredResponseWriter) WriteHeader(statusCode int) {
    dw.statusCode = statusCode
}
```

DeferredResponseWriter 是 ResponseWriter 的包装器，它在调用 FlushData 方法之前不会发送任何响应，而是先将数据保存在内存中。代码清单 34-32 在创建传递给中间件组件的上下文时使用了 DeferredResponseWriter。

代码清单 34-32　在 pipeline/pipeline.go 文件中使用修改后的书写器

```
...
func (pl RequestPipeline) ProcessRequest(req *http.Request,
        resp http.ResponseWriter) error {
    deferredWriter := &DeferredResponseWriter{ ResponseWriter:  resp }
    ctx := ComponentContext {
        Request: req,
        ResponseWriter: deferredWriter,
    }
    pl(&ctx)
    if (ctx.error == nil) {
        deferredWriter.FlushData()
    }
    return ctx.error
}
...
```

通过上述修改，处于处理流程链上的所有处理程序将要发送的 HTTP 标头都会先被缓存起来，并在最终需要发送响应时一起发送。

34.6.2　创建会话接口、服务和中间件

下面，我将会话相关的代码做成一个服务，通过接口来实现，这样就可以使平台的其他部分不直接依赖于 Gorilla 工具包，日后如有需要可以轻松换成其他的会话包。

创建 platform/sessions 文件夹并添加一个名为 sessions.go 的文件，其内容如代码清单 34-33 所示。

代码清单 34-33　sessions/sessions.go 文件内容

```
package sessions

import (
    "context"
    "platform/services"
    gorilla "github.com/gorilla/sessions"
)

const SESSION__CONTEXT_KEY string = "pro_go_session"

func RegisterSessionService() {
    err := services.AddScoped(func(c context.Context) Session {
        val := c.Value(SESSION__CONTEXT_KEY)

        if s, ok := val.(*gorilla.Session); ok {
            return &SessionAdaptor{ gSession: s}
        } else {
            panic("Cannot get session from context ")
        }
    })
```

```
    if (err != nil) {
        panic(err)
    }
}

type Session interface {
    GetValue(key string) interface{}
    GetValueDefault(key string, defVal interface{}) interface{}
    SetValue(key string, val interface{})
}

type SessionAdaptor struct {
    gSession *gorilla.Session
}

func (adaptor *SessionAdaptor) GetValue(key string) interface{} {
    return adaptor.gSession.Values[key]
}

func (adaptor *SessionAdaptor) GetValueDefault(key string,
        defVal interface{}) interface{} {
    if val, ok := adaptor.gSession.Values[key]; ok {
        return val
    }
    return defVal
}

func (adaptor *SessionAdaptor) SetValue(key string, val interface{}) {
    if val == nil {
        adaptor.gSession.Values[key] = nil
    } else {
        switch typedVal := val.(type) {
            case int, float64, bool, string:
                adaptor.gSession.Values[key] = typedVal
            default:
                panic("Sessions only support int, float64, bool, and string values")
        }
    }
}
```

为了避免命名冲突，我使用 gorilla 名字导入了 Gorilla 工具包。Session 接口定义了获取和设置会话值的方法，该接口由 SessionAdaptor 结构实现并映射到 Gorilla 的功能函数中。RegisterSessionService 函数注册一个单例服务，该服务从当前 Context 中的 Gorilla 包中获取会话并将其包装在 SessionAdaptor 中。

会话中的任何数据都将保存到 cookie 中。为避免结构和切片出现问题，SetValue 方法将仅接受 int、float64、bool 和 string 类型的值，同时支持 nil 以便从会话中删除值。

中间件组件将负责在请求沿处理流程传递时创建会话，并在返回时保存会话。将名为 session_middleware.go 的文件添加到 platform/sessions 文件夹，其内容如代码清单 34-34 所示。

注意 *在此我仅使用了最简单的选项来存储会话，会话数据会存储在发送给浏览器的响应 cookie 中。这对可以安全地存储在会话中的数据类型有些限制，并且也仅适用于存储少量的数*

据。除此之外，还有其他可用的会话存储方式，如将数据存储在数据库中，可以解决我们提到的这些问题。有关可用存储包的列表，请参阅 https://github.com/gorilla/sessions。

代码清单 34-34 sessions/session_middleware.go 文件内容

```
package sessions

import (
    "context"
    "time"
    "platform/config"
    "platform/pipeline"
    gorilla "github.com/gorilla/sessions"
)

type SessionComponent struct {
    store *gorilla.CookieStore
    config.Configuration
}

func (sc *SessionComponent) Init() {
    cookiekey, found := sc.Configuration.GetString("sessions:key")
    if !found {
        panic("Session key not found in configuration")
    }
    if sc.GetBoolDefault("sessions:cyclekey", true) {
        cookiekey += time.Now().String()
    }
    sc.store = gorilla.NewCookieStore([]byte(cookiekey))
}

func (sc *SessionComponent) ProcessRequest(ctx *pipeline.ComponentContext,
        next func(*pipeline.ComponentContext)) {
    session, _ := sc.store.Get(ctx.Request, SESSION__CONTEXT_KEY)
    c := context.WithValue(ctx.Request.Context(), SESSION__CONTEXT_KEY, session)
    ctx.Request = ctx.Request.WithContext(c)
    next(ctx)
    session.Save(ctx.Request, ctx.ResponseWriter)
}
```

Init 方法创建一个 cookie 存储（store），这是 Gorilla 包支持存储会话的方式之一。ProcessRequest 方法会从 store 中获取一个会话数据，使用 next 参数函数将请求沿处理流程传递。当请求的响应沿处理流程原路返回时，会话相关的数据将会保存到 store 中。

如果 sessions:cyclekey 配置为 true，那么会话 cookie 的名称将包括中间件组件初始化的时间。这在开发时很有用，因为这意味着每次重启应用程序时都会重置会话，以防止上一次运行程序时残留的会话数据带来副作用。

34.6.3 创建使用会话的处理程序

为了简单地检查会话功能是否正常工作，将名为 counter_handler.go 的文件添加到 placeholder 文件夹，其内容如代码清单 34-35 所示。

代码清单 34-35 placeholder/counter_handler.go 文件内容

```
package placeholder
```

```
import (
    "fmt"
    "platform/sessions"
)

type CounterHandler struct {
    sessions.Session
}

func (c CounterHandler) GetCounter() string {
    counter := c.Session.GetValueDefault("counter", 0).(int)
    c.Session.SetValue("counter", counter + 1)
    return fmt.Sprintf("Counter: %v", counter)
}
```

处理程序通过定义一个结构字段来声明它对 Session 的依赖性，该字段值将在实例化结构以处理请求时进行填充。GetCounter 方法从会话中获取一个名为 counter 的值，递增它，并在使用该值作为响应之前更新会话。

34.6.4 配置应用程序

要设置会话服务和请求处理流程，按代码清单 34-36 所示修改 placeholder 文件夹中的 startup.go 文件。

代码清单 34-36 在 placeholder/startup.go 文件中配置会话

```
package placeholder

import (
    "platform/http"
    "platform/pipeline"
    "platform/pipeline/basic"
    "platform/services"
    "sync"
    "platform/http/handling"
    "platform/sessions"
)

func createPipeline() pipeline.RequestPipeline {
    return pipeline.CreatePipeline(
        &basic.ServicesComponent{},
        &basic.LoggingComponent{},
        &basic.ErrorComponent{},
        &basic.StaticFileComponent{},
        &sessions.SessionComponent{},
        //&SimpleMessageComponent{},
        handling.NewRouter(
            handling.HandlerEntry{ "",  NameHandler{}},
            handling.HandlerEntry{ "",  DayHandler{}},
            handling.HandlerEntry{ "",  CounterHandler{}},
        ).AddMethodAlias("/", NameHandler.GetNames),
    )
}

func Start() {
```

```
        sessions.RegisterSessionService()
        results, err := services.Call(http.Serve, createPipeline())
        if (err == nil) {
            (results[0].(*sync.WaitGroup)).Wait()
        } else {
            panic(err)
        }
    }
```

最后，将代码清单 34-37 所示的配置添加到 `config.json` 文件中。Gorilla 会话包使用密钥来保护会话数据。理想情况下，这应该存储在项目文件夹之外，以免意外地提交到公共源代码存储库，但在此为了简单起见，我直接将其放到了配置文件中。

代码清单 34-37　在 `platform/config.json` 文件中定义会话密钥

```
{
    "logging" : {
        "level": "debug"
    },
    "main" : {
        "message" : "Hello from the config file"
    },
    "files": {
        "path": "placeholder/files"
    },
    "templates": {
        "path": "placeholder/*.html",
        "reload": true
    },
    "sessions": {
        "key": "MY_SESSION_KEY",
        "cyclekey": true
    }
}
```

编译并执行项目，使用浏览器请求 http://localhost:5000/counter。每当在浏览器中刷新时，存储在会话中的值将递增，如图 34-7 所示。

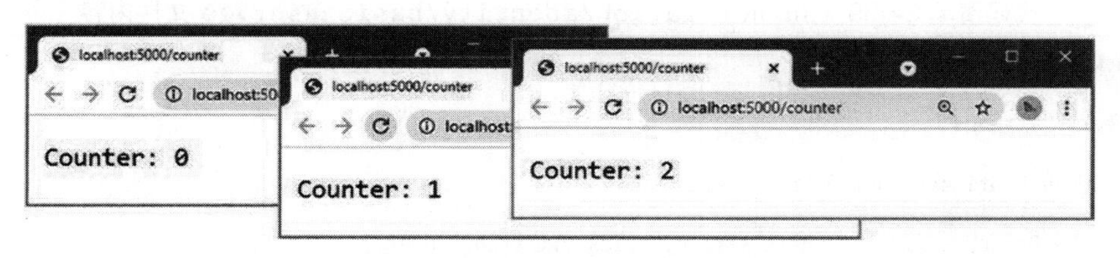

图 34-7　使用会话

34.7　添加用户授权功能

平台所需的最后一个功能是授权功能，即能够限制某些用户访问 URL 的功能。在本节中，我将定义描述用户的接口并支持使用这些接口进行控制访问。

值得一提的是，不要将授权与身份验证和用户管理相混淆。授权是实施访问控制的过程，也是本节的主题。

身份验证是接收和验证用户凭据的过程，并由此识别他们的身份以便进行授权。用户管理是管理用户详细信息（包括密码和其他登录凭据）的过程。

在本书中我只创建了一个用于身份验证的占位符，且完全不涉及用户管理。在实际项目中，身份验证和用户管理应该由经过良好测试的服务提供，而这样的服务已经有很多开源项目了。这些服务提供 HTTP API，可以使用 Go 语言标准库轻松使用，通过 Go 语言标准库特性来发送 HTTP 请求调用这类服务的功能将在第 25 章描述。

34.7.1 定义基本授权类型

创建 `platform/authorization/identity` 文件夹并在其中添加一个名为 `user.go` 的文件，其内容如代码清单 34-38 所示。

代码清单 34-38 authorization/identity/user.go 文件内容

```
package identity

type User interface {

    GetID() int

    GetDisplayName() string

    InRole(name string) bool

    IsAuthenticated() bool
}
```

`User` 接口将代表经过身份验证的用户，可以用于检查对受限资源的请求。要创建一个对应用程序有用的、简单地授权的 `User` 接口的默认实现，将名为 `basic_user.go` 的文件添加到 `authorization/identity` 文件夹，其内容如代码清单 34-39 所示。

代码清单 34-39 authorization/identity/basic_user.go 文件内容

```
package identity

import "strings"

var UnauthenticatedUser User = &basicUser{}

func NewBasicUser(id int, name string, roles ...string) User {
    return &basicUser {
        Id: id,
        Name: name,
        Roles: roles,
        Authenticated: true,
    }
}

type basicUser struct {
    Id int
```

```
    Name string
    Roles []string
    Authenticated bool
}

func (user *basicUser) GetID() int {
    return user.Id
}

func (user *basicUser) GetDisplayName() string {
    return user.Name
}
func (user *basicUser) InRole(role string) bool {
    for _, r := range user.Roles {
        if strings.EqualFold(r, role) {
            return true
        }
    }
    return false
}

func (user *basicUser) IsAuthenticated() bool {
    return user.Authenticated
}
```

NewBasicUser 函数创建一个简单的 User 接口实现，UnauthenticatedUser 变量将用于表示尚未登录的用户。

将名为 signin_mgr.go 的文件添加到 platform/authorization/identity 文件夹，其内容如代码清单 34-40 所示。

代码清单 34-40　authorization/identity/signin_mgr.go 文件内容

```
package identity

type SignInManager interface {

    SignIn(user User) error
    SignOut(user User) error
}
```

SignInManager 接口用于定义应用程序将用于用户登录和注销的服务。关于用户身份验证的细节留给应用程序来实现。

将名为 user_store.go 的文件添加到 platform/authorization/identity 文件夹，其内容如代码清单 34-41 所示。

代码清单 34-41　authorization/identity/user_store.go 文件内容

```
package identity

type UserStore interface {

    GetUserByID(id int) (user User, found bool)

    GetUserByName(name string) (user User, found bool)
}
```

用户 store 提供对应用程序已知用户的访问，这些用户可以通过 ID 或名称找到。

接下来，我需要一个用于描述访问控制要求的接口。将名为 auth_condition.go 的文件添加到 platform/authorization/identity 文件夹，其内容如代码清单 34-42 所示。

代码清单 34-42 platform/authorization/identity/auth_condition.go 文件内容

```
package identity

type AuthorizationCondition interface {

    Validate(user User) bool
}
```

AuthorizationCondition 接口将用于检查登录用户是否有权访问受保护的 URL，并将作为请求处理流程的一部分。

34.7.2 实现平台接口

下一步就是实现平台将提供的授权接口了。将名为 sessionsignin.go 的文件添加到 platform/authorization 文件夹，其内容如代码清单 34-43 所示。

代码清单 34-43 authorization/sessionsignin.go 文件内容

```
package authorization

import (
    "platform/authorization/identity"
    "platform/services"
    "platform/sessions"
    "context"
)

const USER_SESSION_KEY string = "USER"

func RegisterDefaultSignInService() {
    err := services.AddScoped(func(c context.Context) identity.SignInManager {
        return &SessionSignInMgr{ Context : c}
    })
    if (err != nil) {
        panic(err)
    }
}

type SessionSignInMgr struct {
    context.Context
}

func (mgr *SessionSignInMgr) SignIn(user identity.User) (err error) {
    session, err := mgr.getSession()
    if err == nil {
        session.SetValue(USER_SESSION_KEY, user.GetID())
    }
    return
}
```

```
func (mgr *SessionSignInMgr) SignOut(user identity.User) (err error) {
    session, err := mgr.getSession()
    if err == nil {
        session.SetValue(USER_SESSION_KEY, nil)
    }
    return
}

func (mgr *SessionSignInMgr) getSession() (s sessions.Session, err error) {
    err = services.GetServiceForContext(mgr.Context, &s)
    return
}
```

SessionSignInMgr 结构通过在会话中存储登录用户的 ID 并在用户注销时将其删除来实现 SignInManager 接口。依赖会话可以确保用户将保持登录状态，直到他们注销或会话到期。RegisterDefaultSignInService 函数为 SignInManager 接口创建一个有作用域服务，该接口使用 SessionSignInMgr 结构进行解析。

要提供显示登录用户的服务，请将名为 user_service.go 的文件添加到 platform/authorization 文件夹，其内容如代码清单 34-44 所示。

代码清单 34-44　authorization/user_service.go 文件内容

```
package authorization

import (
    "platform/services"
    "platform/sessions"
    "platform/authorization/identity"
)

func RegisterDefaultUserService() {
    err := services.AddScoped(func(session sessions.Session,
            store identity.UserStore) identity.User {
        userID, found := session.GetValue(USER_SESSION_KEY).(int)
        if found {
            user, userFound := store.GetUserByID(userID)
            if (userFound) {
                return user
            }
        }
        return identity.UnauthenticatedUser
    })
    if (err != nil) {
        panic(err)
    }
}
```

RegisterDefaultUserService 函数为 User 接口创建一个有作用域服务，它读取存储在当前会话中的值并使用它来查询 UserStore 服务。

要创建一个简单的访问条件来检查用户是否在某个角色中，请将名为 role_condition.go 的文件添加到 platform/authorization 文件夹，其内容如代码清单 34-45 所示。

代码清单 34-45 authorization/role_condition.go 文件内容

```
package authorization

import ("platform/authorization/identity")

func NewRoleCondition(roles ...string) identity.AuthorizationCondition {
    return &roleCondition{ allowedRoles: roles}
}

type roleCondition struct {
    allowedRoles []string
}

func (c *roleCondition) Validate(user identity.User) bool {
    for _, allowedRole := range c.allowedRoles {
        if user.InRole(allowedRole) {
            return true
        }
    }
    return false
}
```

NewRoleCondition 函数接受一组角色，这些角色用于创建一个条件，如果用户已被赋予其中任何一个角色，该条件将返回 true。

34.7.3 实现访问控制

接下来是添加访问控制的支持，这需要定义访问限制并将其应用于请求。将名为 auth_middleware.go 的文件添加到 platform/authorization 文件夹，其内容如代码清单 34-46 所示。

代码清单 34-46 authorization/auth_middleware.go 文件内容

```
package authorization

import (
    "net/http"
    "platform/authorization/identity"
    "platform/config"
    "platform/http/handling"
    "platform/pipeline"
    "strings"
    "regexp"
)

func NewAuthComponent(prefix string, condition identity.AuthorizationCondition,
        requestHandlers ...interface{}) *AuthMiddlewareComponent {

    entries := []handling.HandlerEntry {}
    for _, handler := range requestHandlers {
        entries = append(entries, handling.HandlerEntry{prefix, handler})
    }
    router := handling.NewRouter(entries...)

    return &AuthMiddlewareComponent{
```

```
        prefix: "/" + prefix ,
        condition:  condition,
        RequestPipeline: pipeline.CreatePipeline(router),
        fallbacks: map[*regexp.Regexp]string {},
    }
}

type AuthMiddlewareComponent struct {
    prefix string
    condition identity.AuthorizationCondition
    pipeline.RequestPipeline
    config.Configuration
    authFailURL string
    fallbacks map[*regexp.Regexp]string
}

func (c *AuthMiddlewareComponent) Init() {
        c.authFailURL, _ = c.Configuration.GetString("authorization:failUrl")
}

func (*AuthMiddlewareComponent) ImplementsProcessRequestWithServices() {}

func (c *AuthMiddlewareComponent) ProcessRequestWithServices(
        context *pipeline.ComponentContext,
        next func(*pipeline.ComponentContext),
        user identity.User) {

    if strings.HasPrefix(context.Request.URL.Path, c.prefix) {
        for expr, target := range c.fallbacks {
            if expr.MatchString(context.Request.URL.Path) {
                http.Redirect(context.ResponseWriter, context.Request,
                    target, http.StatusSeeOther)
                    return
            }
        }
        if c.condition.Validate(user) {
            c.RequestPipeline.ProcessRequest(context.Request, context.ResponseWriter)
        } else {
            if c.authFailURL != "" {
                http.Redirect(context.ResponseWriter, context.Request,
                    c.authFailURL, http.StatusSeeOther)
            } else if user.IsAuthenticated() {
                context.ResponseWriter.WriteHeader(http.StatusForbidden)
            } else {
                context.ResponseWriter.WriteHeader(http.StatusUnauthorized)
            }
        }
    } else {
        next(context)
    }
}

func (c *AuthMiddlewareComponent) AddFallback(target string,
        patterns ...string) *AuthMiddlewareComponent {
    for _, p := range patterns {
        c.fallbacks[regexp.MustCompile(p)] = target
    }
```

```
    return c
}
```

AuthMiddlewareComponent 结构是一个中间件组件，它在请求处理流程中创建一个分支，带有一个 URL 路由器，相关的处理程序仅在满足授权条件时才接收请求。

34.7.4 实施应用程序占位符功能

至此，我们已实现了访问控制所需要的功能。下面我将创建一个基本的鉴权实现来演示和验证平台提供的授权功能，以便其他应用程序可以参照实现。将名为 placeholder_store.go 的文件添加到 platform/placeholder 文件夹，其内容如代码清单 34-47 所示。

代码清单 34-47 placeholder/placeholder_store.go 文件内容

```
package placeholder

import (
    "platform/services"
    "platform/authorization/identity"
    "strings"
)

func RegisterPlaceholderUserStore() {
    err := services.AddSingleton(func () identity.UserStore {
        return &PlaceholderUserStore{}
    })
    if (err != nil) {
        panic(err)
    }
}

var users = map[int]identity.User {
    1: identity.NewBasicUser(1, "Alice", "Administrator"),
    2: identity.NewBasicUser(2, "Bob"),
}

type PlaceholderUserStore struct {}

func (store *PlaceholderUserStore) GetUserByID(id int) (identity.User, bool) {
    user, found := users[id]
    return user, found
}
func (store *PlaceholderUserStore) GetUserByName(name string) (identity.User, bool) {
    for _, user := range users {
        if strings.EqualFold(user.GetDisplayName(), name) {
            return user, true
        }
    }
    return nil, false
}
```

PlaceholderUserStore 结构使用两个用户 Alice 和 Bob 的静态定义数据实现 UserStore 接口，RegisterPlaceholderUserStore 函数使用它来创建单例服务。

34.7.5 创建身份验证处理程序

为了支持一些简单的身份验证功能，将名为 authentication_handler.go 的文件添加到 placeholder 文件夹，其内容如代码清单 34-48 所示。

代码清单 34-48 placeholder/authentication_handler.go 文件内容

```
package placeholder

import (
    "platform/http/actionresults"
    "platform/authorization/identity"
    "fmt"
)

type AuthenticationHandler struct {
    identity.User
    identity.SignInManager
    identity.UserStore
}

func (h AuthenticationHandler) GetSignIn() actionresults.ActionResult {
    return actionresults.NewTemplateAction("signin.html",
    fmt.Sprintf("Signed in as: %v", h.User.GetDisplayName()))
}

type Credentials struct {
    Username string
    Password string
}

func (h AuthenticationHandler) PostSignIn(creds Credentials) actionresults.ActionResult {
    if creds.Password == "mysecret" {
        user, ok := h.UserStore.GetUserByName(creds.Username)
        if (ok) {
            h.SignInManager.SignIn(user)
            return actionresults.NewTemplateAction("signin.html",
                fmt.Sprintf("Signed in as: %v", user.GetDisplayName()))
        }
    }
    return actionresults.NewTemplateAction("signin.html", "Access Denied")
}

func (h AuthenticationHandler) PostSignOut() actionresults.ActionResult {
    h.SignInManager.SignOut(h.User)
    return actionresults.NewTemplateAction("signin.html", "Signed out")
}
```

这个处理程序有一个硬编码的密码——mysecret，供所有用户使用。GetSignIn 方法显示用于收集用户名和密码的模板。PostSignIn 方法将在用户登录到应用程序之前检查密码并确保存储中有指定名称的用户。PostSignOut 方法将用户从应用程序中注销。要创建处理程序使用的模板，将名为 signin.html 的文件添加到 placeholder 文件夹，其内容如代码清单 34-49 所示。

代码清单 34-49 placeholder/signin.html 文件内容

```
{{ layout "layout.html" }}

{{ if ne . "" }}
    <h3 style="padding: 10px;">{{. }}</h3>
{{ end }}

<form method="POST" action="/signin">
    <div style="padding: 5px;">
        <label>Username:</label>
        <input name="username" />
    </div>
    <div style="padding: 5px;">
        <label>Password:</label>
        <input name="password" />
    </div>
    <div style="padding: 5px;">
        <button type="submit">Sign In</button>
        <button type="submit" formaction="/signout">Sign Out</button>
    </div>
</form>
```

该模板显示一个基本的 HTML 表单，其中包含渲染它的处理程序提供的数据。

34.7.6 配置应用程序

剩下的就是配置应用程序以创建一个受保护的处理程序并设置相应的授权功能，如代码清单 34-50 所示。

代码清单 34-50 在 placeholder/startup.go 文件中配置应用程序

```
package placeholder

import (
    "platform/http"
    "platform/pipeline"
    "platform/pipeline/basic"
    "platform/services"
    "sync"
    "platform/http/handling"
    "platform/sessions"
    "platform/authorization"
)

func createPipeline() pipeline.RequestPipeline {
    return pipeline.CreatePipeline(
        &basic.ServicesComponent{},
        &basic.LoggingComponent{},
        &basic.ErrorComponent{},
        &basic.StaticFileComponent{},
        &sessions.SessionComponent{},
        //&SimpleMessageComponent{},
        authorization.NewAuthComponent(
            "protected",
            authorization.NewRoleCondition("Administrator"),
            CounterHandler{},
```

```
        ),
        handling.NewRouter(
            handling.HandlerEntry{ "",  NameHandler{}},
            handling.HandlerEntry{ "",  DayHandler{}},
            //handling.HandlerEntry{ "",  CounterHandler{}},
            handling.HandlerEntry{ "", AuthenticationHandler{}},
        ).AddMethodAlias("/", NameHandler.GetNames),
    )
}

func Start() {
    sessions.RegisterSessionService()
    authorization.RegisterDefaultSignInService()
    authorization.RegisterDefaultUserService()
    RegisterPlaceholderUserStore()
    results, err := services.Call(http.Serve, createPipeline())
    if (err == nil) {
        (results[0].(*sync.WaitGroup)).Wait()
    } else {
        panic(err)
    }
}
```

上述代码修改在处理流程中创建了一个具有 /protected 前缀的分支，该分支仅限于已赋予 Administrator 角色的用户访问。本章前面定义的 CounterHandler 是该分支上唯一的处理程序。AuthenticationHandler 被添加到处理流程的主分支上。

编译并执行应用程序，使用浏览器请求 http://localhost:5000/protected/counter。这是一个受保护的处理程序方法，由于没有登录用户，将显示图 34-8 所示的结果。

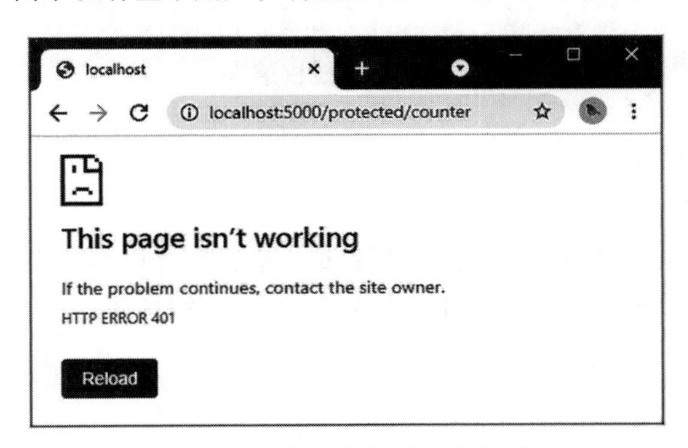

图 34-8　未经身份验证的请求

当未经身份验证的用户请求受保护的资源时，会收到 401 响应，这被称为挑战（challenge）响应，通常用于向用户提供登录机会。

接下来请求 http://localhost:5000/signin，在 Username 处输入 bob，在 Password 处输入 mysecret，点击 Sign In，如图 34-9 所示。请求 http://localhost:5000/protected/counter，你将收到 403 响应。当已经登录的用户请求访问受保护（但未被授权的）资源时发送该响应。

最后请求 http://localhost:5000/signin，在 Username 处输入 alice，在 Password 处输入 mysecret，

点击 Sign In，如图 34-10 所示。请求 http://localhost:5000/protected/counter，你将收到处理程序的正确响应，因为 Alice 具有 Administrator 角色。

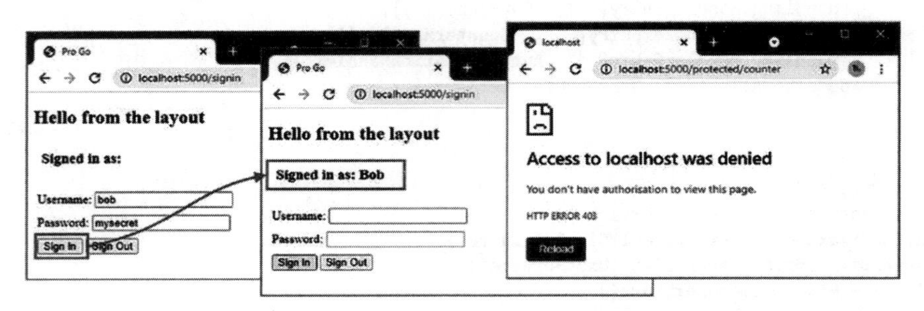

图 34-9 未经授权的请求

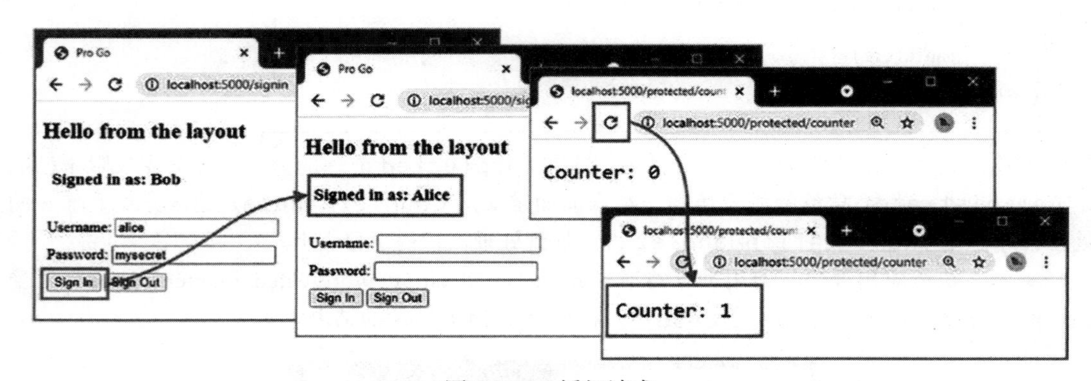

图 34-10 授权请求

34.8 小结

在本章中，我通过添加对操作结果、数据验证、会话和授权的支持，完成了自定义 Web 应用程序框架的开发。从下一章开始，我将使用该平台创建在线商店。

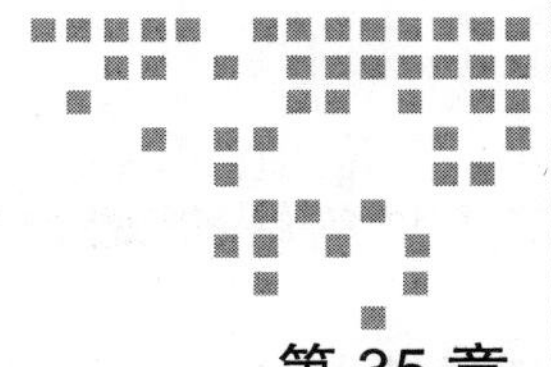

第 35 章 Chapter 35

SportsStore：一个真正的应用程序

从本章起，我将开始开发一个名为 SportsStore 的应用程序，这是一个运动产品在线商店。我在我的很多书中都包含了这个示例，用于演示如何在不同的语言和框架中实现一些同样的功能。

35.1 创建 SportsStore 项目

我将基于第 32～34 章中创建的 `platform` 项目来创建一个应用程序，为此我定义了一个新的项目。打开命令行窗口并在包含 `platform` 文件夹的同一文件夹中创建一个名为 `sportsstore` 的文件夹。进入 `sportsstore` 文件夹并运行代码清单 35-1 所示的命令。

代码清单 35-1 初始化项目

```
go mod init sportsstore
```

该命令创建 `go.mod` 文件。要声明对 `Platform` 项目的依赖，在 `sportsstore` 文件夹中运行代码清单 35-2 所示的命令。

代码清单 35-2 创建依赖项

```
go mod edit -require="platform@v1.0.0"
go mod edit -replace="platform@v1.0.0"="../platform"
go get -d "platform@v1.0.0"
```

打开 `go.mod` 文件，你将看到这些命令的效果，如代码清单 35-3 所示。

代码清单 35-3 sportsstore/go.mod 文件中 go 命令生成的文件内容

```
module sportsstore

go 1.17
```

```
require platform v1.0.0

require (
        github.com/gorilla/securecookie v1.1.1 // indirect
        github.com/gorilla/sessions v1.2.1 // indirect
)

replace platform v1.0.0 => ../platform
```

其中，require 指令声明了对 platform 模块的依赖。在实际项目中，这可以指定为版本控制存储库的 URL，例如 GitHub URL。为了简单起见，本项目不涉及版本控制，所以我只是使用了本地的 platform 名称。

replace 指令提供了可以找到 platform 模块的本地路径。当 Go 工具解析对 platform 模块中包的依赖时，它们将使用与 sportsstore 文件夹处于同一级别的 platform 文件夹来执行此操作。

platform 项目依赖一些第三方包，因而必须取得这些第三方包后才能使用。上述 go get 命令也完成了这项操作，该命令生成 require 指令，该指令声明对第 34 章中讲过的用于实现会话的包的间接依赖。

配置应用程序

将名为 config.json 的文件添加到 sportsstore 文件夹并使用它来定义系统配置，如代码清单 35-4 所示。

代码清单 35-4 sportsstore/config.json 文件内容

```
{
    "logging" : {
        "level": "debug"
    },
    "files": {
        "path": "files"
    },
    "templates": {
        "path": "templates/*.html",
        "reload": true
    },
    "sessions": {
        "key": "MY_SESSION_KEY",
        "cyclekey": true
    }
}
```

接下来，在 sportsstore 文件夹中添加一个名为 main.go 的文件，其内容如代码清单 35-5 所示。

代码清单 35-5 sportsstore/main.go 文件内容

```
package main

import (
```

```
        "platform/services"
    "platform/logging"
)

func writeMessage(logger logging.Logger) {
    logger.Info("SportsStore")
}

func main() {
    services.RegisterDefaultServices()
    services.Call(writeMessage)
}
```

在 sportsstore 文件夹中使用代码清单 35-6 所示的命令编译并执行项目。

代码清单 35-6　编译并执行项目

```
go run .
```

其中，main 方法设置默认 platform 服务并调用 writeMessage，产生以下输出：

```
07:55:03 INFO SportsStore
```

35.2　启动数据模型

几乎所有项目都有某种数据模型，这也是我通常最开始开发的地方。我喜欢从一些简单的数据类型开始，然后再扩展它们并将之应用于项目的其余部分。当以后我向应用程序添加功能时，我会返回到数据模型继续扩展它的功能。

创建 sportsstore/models 文件夹并向其中添加一个名为 product.go 的文件，其内容如代码清单 35-7 所示。

代码清单 35-7　models/product.go 文件内容

```
package models

type Product struct {
    ID int
    Name string
    Description string
    Price float64
    *Category
}
```

我习惯在每个文件中定义一种类型，以及与该类型关联的相关构造函数或方法。要为嵌入的 Category 字段创建数据类型，在 models 文件夹中添加一个名为 category.go 的文件，其内容如代码清单 35-8 所示。

代码清单 35-8　models/category.go 文件内容

```
package models

type Category struct {
    ID int
```

```
    CategoryName string
}
```

当为嵌入字段定义类型时，我通常选择在提升（promote）字段时有意义的字段名称。在此，我选择 CategoryName 作为字段名称，以免它与外层的 Product 类型定义的字段冲突，而我在为独立类型选择名称时通常不这么做。

35.2.1 定义存储库接口

我喜欢使用存储库作为应用程序中的数据源并与使用它的代码分开。在 sportsstore/models 文件夹中添加一个名为 repository.go 的文件，其内容如代码清单 35-9 所示。

代码清单 35-9 models/repository.go 文件内容

```
package models

type Repository interface {

    GetProduct(id int) Product

    GetProducts() []Product

    GetCategories() []Category

    Seed()
}
```

我将为 Repository 接口创建一个服务，以便我能轻松更改应用程序中使用的数据源。

注意代码清单 35-9 中定义的 GetProduct、GetProducts 和 GetCategories 方法都不返回指针。我更喜欢使用值而不是指针传递参数，以防止使用数据的代码通过指针修改 Repository 管理的数据。这种方法需要对数据值进行复制，但能确保不会因对共享引用的意外更改而产生奇怪的影响。换句话说，我不希望 Repository 在不与使用该数据的代码共享引用的情况下提供对数据的访问。

35.2.2 实现（临时）存储库

我会将 SportsStore 数据存储在关系数据库中，但在此我想从一个简单的基于内存的存储库开始，先完成一些基本的应用程序功能，再考虑使用数据库。

随着项目的开发，数据结构和实现方法不可避免地会发生变化。如果我从一开始就使用数据库，那么后面就不可避免地会对 SQL 查询进行修改。这意味着我最终会调整应用程序代码以解决 SQL 的限制，我知道这没什么实际意义，但始终是绕不开的。也许你不认同这种做法，但使用简单的基于内存的存储库，我可以等到了解数据的最终结构和形式时再编写 SQL 语句，以获得最佳结果。

创建 sportsstore/models/repo 文件夹并向其中添加一个名为 memory_repo.go 的文件，其内容如代码清单 35-10 所示。

代码清单 35-10　models/repo/memory_repo.go 文件内容

```
package repo

import (
    "platform/services"
    "sportsstore/models"
)

func RegisterMemoryRepoService() {
    services.AddSingleton(func() models.Repository {
        repo := &MemoryRepo{}
        repo.Seed()
        return repo
    })
}

type MemoryRepo struct {
    products []models.Product
    categories []models.Category
}

func (repo *MemoryRepo) GetProduct(id int) (product models.Product) {
    for _, p := range repo.products {
        if (p.ID == id) {
            product = p
            return
        }
    }
    return
}

func (repo *MemoryRepo) GetProducts() (results []models.Product) {
    return repo.products
}

func (repo *MemoryRepo) GetCategories() (results []models.Category) {
    return repo.categories
}
```

MemoryRepo 结构定义了实现 Repository 接口所需的大部分功能，将值存储在切片中。要实现 Seed 方法，将名为 memory_repo_seed.go 的文件添加到 repo 文件夹，其内容如代码清单 35-11 所示。

代码清单 35-11　models/repo/memory_repo_seed.go 文件内容

```
package repo

import (
    "fmt"
    "math/rand"
    "sportsstore/models"
)

func (repo *MemoryRepo) Seed() {
    repo.categories = make([]models.Category, 3)
    for i := 0; i < 3; i++ {
```

```
        catName := fmt.Sprintf("Category_%v", i + 1)
        repo.categories[i]= models.Category{ID: i + 1, CategoryName: catName}
    }

    for i := 0; i < 20; i++ {
        name := fmt.Sprintf("Product_%v", i + 1)
        price := rand.Float64() * float64(rand.Intn(500))
        cat := &repo.categories[rand.Intn(len(repo.categories))]
        repo.products = append(repo.products, models.Product{
            ID: i + 1,
            Name: name, Price: price,
            Description: fmt.Sprintf("%v (%v)", name, cat.CategoryName),
            Category: cat,
        })
    }
}
```

我单独定义了这个方法，这样当我向存储库添加新功能时就不用重复列出这些代码了。

35.3 显示产品列表

显示内容的第一步是显示待售产品列表。创建 `sportsstore/store` 文件夹并向其中添加一个名为 `product_handler.go` 的文件，其内容如代码清单 35-12 所示。

代码清单 35-12 store/product_handler.go 文件内容

```
package store

import (
    "sportsstore/models"
    "platform/http/actionresults"
)
type ProductHandler struct {
    Repository models.Repository
}

type ProductTemplateContext struct {
    Products []models.Product
}

func (handler ProductHandler) GetProducts() actionresults.ActionResult {
    return actionresults.NewTemplateAction("product_list.html",
        ProductTemplateContext {
            Products: handler.Repository.GetProducts(),
        })
}
```

`GetProducts` 方法渲染一个名为 `product_list.html` 的模板，传入一个 `ProductTemplateContext` 值，稍后我将使用该值向模板提供附加信息。

注意 从匿名嵌入结构字段提升的方法不会生成路由，以免意外创建路由并将请求处理程序的内部工作暴露给 HTTP 请求。使用这种方法会带来一个问题，那就是它还会排除与提升的方法同名的结构定义的方法。出于这个原因，我为 `ProductHandler` 结构定义的 `Repository`

字段指定了一个名称，否则的话，GetProducts 方法就不会生成路由，因为它与 models.Repository 接口定义的方法名称相匹配。

35.3.1 创建模板和布局

要定义模板，创建 sportsstore/templates 文件夹并向其中添加名为 product_list.html 的文件，其内容如代码清单 35-13 所示。

代码清单 35-13 templates/product_list.html 文件内容

```
{{ layout "store_layout.html" }}

{{ range .Products }}
    <div>
        {{.ID}}, {{ .Name }}, {{ printf "$%.2f" .Price }}, {{ .CategoryName }}
    </div>
{{ end }}
```

该布局在处理程序提供的结构的 Product 字段上使用 range 表达式，为 Repository 中的每个 Product 生成一个 div 元素。

要创建代码清单 35-13 中指定的布局，请将名为 store_layout.html 的文件添加到 sportsstore/templates 文件夹，其内容如代码清单 35-14 所示。

代码清单 35-14 templates/store_layout.html 文件内容

```
<!DOCTYPE html>
<html>
<head>
    <meta name="viewport" content="width=device-width" />
    <title>SportsStore</title>
</head>
<body>
    {{ body }}
</body>
</html>
```

35.3.2 配置应用程序

要注册服务并创建 SportsStore 应用程序所需的处理流程，将 main.go 文件内容替换为代码清单 35-15 中所示的内容。

代码清单 35-15 替换 sportsstore/main.go 文件内容

```
package main

import (
    "sync"
    "platform/http"
    "platform/http/handling"
    "platform/services"
    "platform/pipeline"
    "platform/pipeline/basic"
    "sportsstore/store"
```

```
    "sportsstore/models/repo"
)

func registerServices() {
    services.RegisterDefaultServices()
    repo.RegisterMemoryRepoService()
}

func createPipeline() pipeline.RequestPipeline {
    return pipeline.CreatePipeline(
        &basic.ServicesComponent{},
        &basic.LoggingComponent{},
        &basic.ErrorComponent{},
        &basic.StaticFileComponent{},
        handling.NewRouter(
            handling.HandlerEntry{ "",  store.ProductHandler{}},
        ).AddMethodAlias("/", store.ProductHandler.GetProducts),
    )
}

func main() {
    registerServices()
    results, err := services.Call(http.Serve, createPipeline())
    if (err == nil) {
        (results[0].(*sync.WaitGroup)).Wait()
    } else {
        panic(err)
    }
}
```

默认服务与内存存储库一起注册。处理流程包含第 34 章中创建的基本组件，以及使用 `ProductHandler` 设置的路由器。

编译并执行项目，使用浏览器请求 http://localhost:5000，将产生如图 35-1 所示的响应。

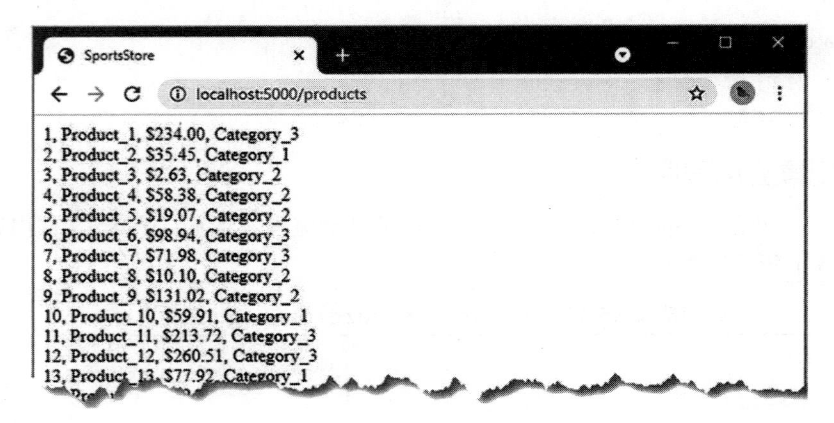

图 35-1 显示产品列表

处理 Windows 防火墙权限请求

如前几章所述，每次使用 `go run` 命令编译项目时，Windows 都会提示防火墙权限，这可以通过简单的 PowerShell 脚本来避免。提醒一下，这里是脚本的内容，我将其保存为 `buildandrun.ps1`：

```
$file = "./sportsstore.exe"
&go build -o $file
if ($LASTEXITCODE -eq 0) {
    &$file
}
```

要构建并执行项目，请使用 `sportsstore` 文件夹中的命令 `./buildandrun.ps1`。

35.4　添加分页

图 35-1 中的输出将存储库中的所有产品都显示在一个列表中。下一步是添加对分页的支持，以便向用户展示少量产品并可以在不同页面之间切换。我将在存储库代码中进行更改，逐步到达显示数据的模板。代码清单 35-16 向 `Repository` 接口添加了一个方法，允许浏览器请求一页 `Product` 的结果。

代码清单 35-16　在 models/repository.go 文件中添加一个方法

```
package models

type Repository interface {

    GetProduct(id int) Product

    GetProducts() []Product

    GetProductPage(page, pageSize int) (products []Product, totalAvailable int)

    GetCategories() []Category

    Seed()
}
```

`GetProductPage` 方法返回一个 `Product` 切片和存储库中的总项数。代码清单 35-17 在内存存储库中实现了这个新方法。

代码清单 35-17　在 models/repo/memory_repo.go 文件中实现一个新方法

```
package repo

import (
    "platform/services"
    "sportsstore/models"
    "math"
)

func RegisterMemoryRepoService() {
    services.AddSingleton(func() models.Repository {
        repo := &MemoryRepo{}
```

```
        repo.Seed()
        return repo
    })
}

type MemoryRepo struct {
    products []models.Product
    categories []models.Category
}
func (repo *MemoryRepo) GetProduct(id int) (product models.Product) {
    for _, p := range repo.products {
        if (p.ID == id) {
            product = p
            return
        }
    }
    return
}

func (repo *MemoryRepo) GetProducts() (results []models.Product) {
    return repo.products
}

func (repo *MemoryRepo) GetCategories() (results []models.Category) {
    return repo.categories
}

func (repo *MemoryRepo) GetProductPage(page, pageSize int) ([]models.Product, int) {
    return getPage(repo.products, page, pageSize), len(repo.products)
}

func getPage(src []models.Product, page, pageSize int) []models.Product {
    start := (page -1) * pageSize
    if page > 0 && len(src) > start {
        end := (int)(math.Min((float64)(len(src)), (float64)(start + pageSize)))
        return src[start : end]
    }
    return []models.Product{}
}
```

代码清单 35-18 更新了请求处理程序，以便它选择一页数据以及支持分页所需要的额外字段并将它们传递给模板。

代码清单 35-18 在 store/product_handler.go 文件中更新处理程序方法

```
package store

import (
    "sportsstore/models"
    "platform/http/actionresults"
    "platform/http/handling"
    "math"
)

const pageSize = 4

type ProductHandler struct {
```

```
    Repository models.Repository
    URLGenerator handling.URLGenerator
}
type ProductTemplateContext struct {
    Products []models.Product
    Page int
    PageCount int
    PageNumbers []int
    PageUrlFunc func(int) string
}

func (handler ProductHandler) GetProducts(page int) actionresults.ActionResult {
    prods, total := handler.Repository.GetProductPage(page, pageSize)
    pageCount := int(math.Ceil(float64(total) / float64(pageSize)))
    return actionresults.NewTemplateAction("product_list.html",
        ProductTemplateContext {
            Products: prods,
            Page: page,
            PageCount: pageCount,
            PageNumbers: handler.generatePageNumbers(pageCount),
            PageUrlFunc: handler.createPageUrlFunction(),
        })
}

func (handler ProductHandler) createPageUrlFunction() func(int) string {
    return func(page int) string {
        url, _ := handler.URLGenerator.GenerateUrl(ProductHandler.GetProducts, page)
        return url
    }
}

func (handler ProductHandler) generatePageNumbers(pageCount int) (pages []int) {
    pages = make([]int, pageCount)
    for i := 0; i < pageCount; i++ {
        pages[i] = i + 1
    }
    return
}
```

代码清单 35-18 中有很多新语句，因为处理程序必须向模板提供更多信息以支持分页。修改后的 GetProducts 方法可以接受一个参数，该参数用于获取一页数据。传递给模板的结构定义的附加字段包括所选页面、用于生成导航到页面的 URL 的函数，以及包含一系列数字（页码）的切片（这是必需的，因为模板可以使用范围但不能使用 for 循环来生成内容）。代码清单 35-19 更新了模板以使用这些新信息。

代码清单 35-19　在 templates/product_list.html 文件中支持分页

```
{{ layout "store_layout.html" }}
{{ $context := . }}
{{ range .Products }}
    <div>
        {{.ID}}, {{ .Name }}, {{ printf "$%.2f" .Price }}, {{ .CategoryName }}
    </div>
{{ end }}
```

```
{{ range .PageNumbers}}
    {{ if eq $context.Page .}}
        {{ . }}
    {{ else }}
        <a href="{{ call $context.PageUrlFunc . }}">{{ . }}</a>
    {{ end }}
{{ end }}
```

我定义了一个 `$context` 变量，以便我总是可以轻松访问通过处理程序方法传递给模板的结构值。新的 `range` 表达式枚举页码列表并显示除当前选定页面之外的所有页码的导航链接。链接的 URL 是通过调用赋给 `context` 结构的 `PageUrlFunc` 字段的函数来创建的。

接下来，需要修改一下为路由系统设置的别名，以便默认 URL 和 `/products` URL 都触发重定向到产品页的第一页，如代码清单 35-20 所示。

代码清单 35-20 在 sportsstore/main.go 文件中更新别名

```
...
func createPipeline() pipeline.RequestPipeline {
    return pipeline.CreatePipeline(
        &basic.ServicesComponent{},
        &basic.LoggingComponent{},
        &basic.ErrorComponent{},
        &basic.StaticFileComponent{},
        handling.NewRouter(
            handling.HandlerEntry{ "",  store.ProductHandler{}},
        ).AddMethodAlias("/", store.ProductHandler.GetProducts, 1).
            AddMethodAlias("/products", store.ProductHandler.GetProducts, 1),
    )
}
...
```

编译并执行项目，使用浏览器请求 http://localhost:5000。你将看到产品被分为 4 页，以及切换到其他页面的导航链接，如图 35-2 所示。

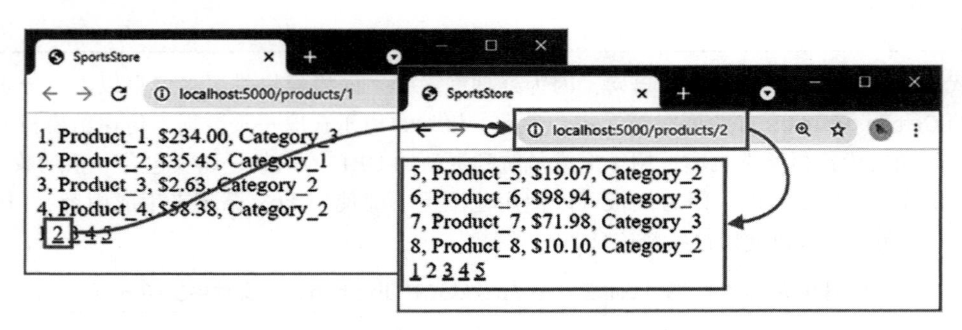

图 35-2 添加对分页的支持

35.5 为模板内容添加样式

在向应用程序添加更多功能之前，我需要先来解决列表中产品的外观问题。我将使用

Bootstrap，这是一个流行的 CSS 框架，也是我比较喜欢使用的框架。Bootstrap 使用 HTML 元素的 `class` 属性应用样式，详见 https://getbootstrap.com 。

35.5.1 安装 Bootstrap CSS 文件

Go 没有很好的方法来安装 Go 生态系统之外的包。要将 CSS 文件添加到项目中，请创建 `sportsstore/files` 文件夹并使用命令行窗口在 `sportsstore` 文件夹中运行代码清单 35-21 所示的命令。

代码清单 35-21 下载 CSS 样式表

```
curl https://cdnjs.cloudflare.com/ajax/libs/bootstrap/5.1.1/css/bootstrap.min.css --output
files/bootstrap.min.css
```

如果你使用的是 Windows，请改用代码清单 35-22 所示的 PowerShell 命令。

代码清单 35-22 在 Windows 上下载 CSS 样式表

```
Invoke-WebRequest -Uri ` "https://cdnjs.cloudflare.com/ajax/libs/bootstrap/5.1.1/css/
bootstrap.min.css" `
-OutFile "files/bootstrap.min.css"
```

35.5.2 更新布局

将代码清单 35-23 中所示的元素添加到 `templates/store_layout.html` 文件中。

代码清单 35-23 在 `templates/store_layout.html` 文件中添加 Bootstrap

```
<!DOCTYPE html>
<html>
<head>
    <meta name="viewport" content="width=device-width" />
    <title>SportsStore</title>
    <link href="/files/bootstrap.min.css" rel="stylesheet" />
</head>
<body>
    <div class="bg-dark text-white p-2">
        <span class="navbar-brand ml-2">SPORTS STORE</span>
    </div>
    <div class="row m-1 p-1">
        <div id="sidebar" class="col-3">
            {{ template "left_column" . }}
        </div>
        <div class="col-9">
            {{ template "right_column" . }}
        </div>
    </div>
</body>
</html>
```

新元素为 Bootstrap CSS 文件添加了一个 `link` 标签，并使用 Bootstrap 功能创建标题和两列布局。列的内容是从名为 `left_column` 和 `right_column` 的模板中获得的。

35.5.3 向模板内容添加样式

product_list.html 模板的角色要改变以遵循布局的期望，并定义布局中左右列的模板，如代码清单 35-24 所示。

代码清单 35-24 在 templates/product_list.html 文件中创建"列"内容

```
{{ layout "store_layout.html" }}

{{ define "left_column" }}
    Put something useful here
{{end}}

{{ define "right_column" }}
    {{ $context := . }}
    {{ range $context.Products }}
        <div class="card card-outline-primary m-1 p-1">
            <div class="bg-faded p-1">
                <h4>
                    {{ .Name }}
                    <span class="badge rounded-pill bg-primary" style="float:right">
                        <small>{{ printf "$%.2f" .Price }}</small>
                    </span>
                </h4>
            </div>
            <div class="card-text p-1">{{ .Description }}</div>
        </div>
    {{ end }}
    {{ template "page_buttons.html" $context }}
{{end}}
```

新结构为左边的列定义了一个占位符，并在右边的列中生成了样式化的产品列表。

我为分页按钮定义了一个单独的模板。将名为 page_buttons.html 的文件添加到 templates 文件夹，其内容如代码清单 35-25 所示。

代码清单 35-25 templates/page_buttons.html 文件内容

```
{{ $context := . }}
<div class="btn-group pull-right m-1">
    {{ range .PageNumbers}}
        {{ if eq $context.Page .}}
        <a class="btn btn-primary">{{ . }}</a>
        {{ else }}
            <a href="{{ call $context.PageUrlFunc . }}"
                class="btn btn-outline-primary">{{ . }}</a>
        {{ end }}
    {{ end }}
</div>
```

编译并执行项目，请求 http://localhost:5000。你将看到样式化的内容，如图 35-3 所示。

35.6 添加类别过滤支持

下一步是将左列中的占位符替换为允许用户选择一个类别以过滤产品列表的按钮。首先，将代码清单 35-26 中所示的方法添加到 Repository 接口。

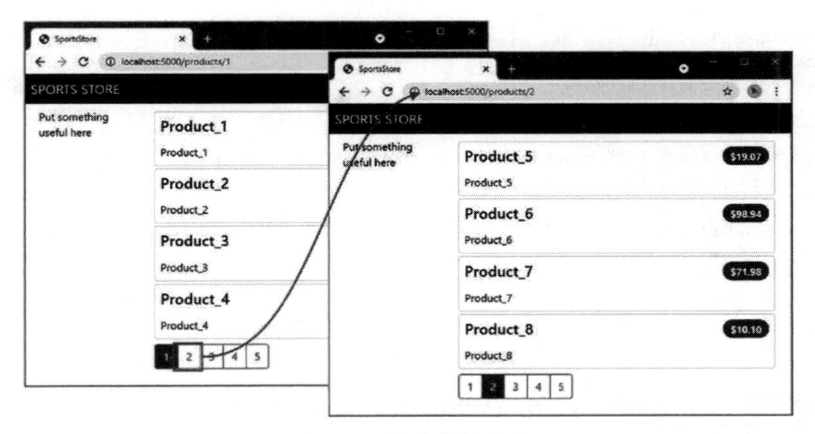

图 35-3　样式化的内容

代码清单 35-26　在 models/repository.go 文件中添加一个方法

```
package models

type Repository interface {

    GetProduct(id int) Product

    GetProducts() []Product

    GetProductPage(page, pageSize int) (products []Product, totalAvailable int)

    GetProductPageCategory(categoryId int, page, pageSize int) (products []Product,
        totalAvailable int)

    GetCategories() []Category

    Seed()
}
```

新方法允许在请求页面时指定类别。代码清单 35-27 实现存储库中的新方法。

代码清单 35-27　在 models/memory_repository.go 文件中实现新方法

```
package repo

import (
    "platform/services"
    "sportsstore/models"
    "math"
)

func RegisterMemoryRepoService() {
    services.AddSingleton(func() models.Repository {
        repo := &MemoryRepo{}
        repo.Seed()
        return repo
    })
}
```

```
type MemoryRepo struct {
    products []models.Product
    categories []models.Category
}

func (repo *MemoryRepo) GetProduct(id int) (product models.Product) {
    for _, p := range repo.products {
        if (p.ID == id) {
            product = p
            return
        }
    }
    return
}

func (repo *MemoryRepo) GetProducts() (results []models.Product) {
    return repo.products
}

func (repo *MemoryRepo) GetCategories() (results []models.Category) {
    return repo.categories
}

func (repo *MemoryRepo) GetProductPage(page, pageSize int) ([]models.Product, int) {
    return getPage(repo.products, page, pageSize), len(repo.products)
}

func (repo *MemoryRepo) GetProductPageCategory(category int, page,
        pageSize int) (products []models.Product, totalAvailable int) {
    if category == 0 {
        return repo.GetProductPage(page, pageSize)
    } else {
        filteredProducts := make([]models.Product, 0, len(repo.products))
        for _, p := range repo.products {
            if p.Category.ID == category {
                filteredProducts = append(filteredProducts, p)
            }
        }
        return getPage(filteredProducts, page, pageSize), len(filteredProducts)
    }
}

func getPage(src []models.Product, page, pageSize int) []models.Product {
    start := (page -1) * pageSize
    if page > 0 && len(src) > start {
        end := (int)(math.Min((float64)(len(src)), (float64)(start + pageSize)))
        return src[start : end]
    }
    return []models.Product{}
}
```

新方法枚举产品数据，过滤选择的类别，然后选择指定页面的数据。

35.6.1 更新请求处理程序

下一步是修改请求处理程序方法，使其接收一个类别参数并通过它来获取过滤后的数据，然后将这些数据连同生成允许选择不同类别的导航按钮所需的其他上下文数据一起传递给模板，如代码清单 35-28 所示。

代码清单 35-28　在 store/product_handler.go 文件中添加对类别过滤的支持

```
package store

import (
    "sportsstore/models"
    "platform/http/actionresults"
    "platform/http/handling"
    "math"
)

const pageSize = 4

type ProductHandler struct {
    Repository models.Repository
    URLGenerator handling.URLGenerator
}
type ProductTemplateContext struct {
    Products []models.Product
    Page int
    PageCount int
    PageNumbers []int
    PageUrlFunc func(int) string
    SelectedCategory int
}

func (handler ProductHandler) GetProducts(category,
        page int) actionresults.ActionResult {
    prods, total := handler.Repository.GetProductPageCategory(category,
        page, pageSize)
    pageCount := int(math.Ceil(float64(total) / float64(pageSize)))
    return actionresults.NewTemplateAction("product_list.html",
        ProductTemplateContext {
            Products: prods,
            Page: page,
            PageCount: pageCount,
            PageNumbers: handler.generatePageNumbers(pageCount),
            PageUrlFunc: handler.createPageUrlFunction(category),
            SelectedCategory: category,
        })
}

func (handler ProductHandler) createPageUrlFunction(category int) func(int) string {
    return func(page int) string {
        url, _ := handler.URLGenerator.GenerateUrl(ProductHandler.GetProducts,
            category, page)
        return url
    }
}

func (handler ProductHandler) generatePageNumbers(pageCount int) (pages []int) {
    pages = make([]int, pageCount)
    for i := 0; i < pageCount; i++ {
        pages[i] = i + 1
    }
    return
}
```

在上面的代码中，我还更新了生成选择页面的 URL 的函数，并引入了一个生成选择新类别的 URL 的函数。

35.6.2 创建类别处理程序

前面我添加从模板中调用处理程序的支持的原因是我可以显示“自包含”的内容，如类别按钮。将名为 `category_handler.go` 的文件添加到 `sportsstore/store` 文件夹，其内容如代码清单 35-29 所示。

代码清单 35-29 store/category_handler.go 文件内容

```
package store

import (
    "sportsstore/models"
    "platform/http/actionresults"
    "platform/http/handling"
)

type CategoryHandler struct {
    Repository models.Repository
    URLGenerator handling.URLGenerator
}

type categoryTemplateContext struct {
    Categories []models.Category
    SelectedCategory int
    CategoryUrlFunc func(int) string
}

func (handler CategoryHandler) GetButtons(selected int) actionresults.ActionResult {
    return actionresults.NewTemplateAction("category_buttons.html",
        categoryTemplateContext {
            Categories: handler.Repository.GetCategories(),
            SelectedCategory: selected,
            CategoryUrlFunc: handler.createCategoryFilterFunction(),
        })
}

func (handler CategoryHandler) createCategoryFilterFunction() func(int) string {
    return func(category int) string {
        url, _ := handler.URLGenerator.GenerateUrl(ProductHandler.GetProducts,
            category, 1)
        return url
    }
}
```

处理程序通过存储库服务获取需要按钮的类别集合，通过处理程序方法的一个参数接收所选类别。

要创建由 `GetButtons` 处理程序方法渲染的模板，请将名为 `category_buttons.html` 的文件添加到 `templates` 文件夹，其内容如代码清单 35-30 所示。

代码清单 35-30 templates/category_buttons.html 文件内容

```
{{ $context := . }}
```

```
<div class="d-grid gap-2">
        <a
    {{ if eq $context.SelectedCategory 0}}
        class="btn btn-primary"
    {{ else }}
        class="btn btn-outline-primary"
    {{ end }}
        href="{{ call $context.CategoryUrlFunc 0 }}">All</a>
    {{ range $context.Categories }}
            <a
        {{ if eq $context.SelectedCategory .ID}}
            class="btn btn-primary"
        {{ else }}
            class="btn btn-outline-primary"
        {{ end }}
            href="{{ call $context.CategoryUrlFunc .ID }}">{{ .CategoryName }}</a>
    {{ end }}
</div>
```

我通常更喜欢将完整的元素放在 `if/else/end` 块的子句中，但是，正如上面这个模板所示，你可以使用条件来选择元素中不同的部分，在本例中是 `class` 属性。虽然这样代码重复较少，但我觉得这样可读性比较差，但在此这些代码也可以算作一个“可以按照个人喜好使用模板系统”的实例吧。

35.6.3　在产品列表模板中显示类别导航

代码清单 35-31 显示了为包含类别过滤功能而对产品列表模板所需的更改。

代码清单 35-31　templates/product_list.html 文件中显示类别

```
{{ layout "store_layout.html" }}

{{ define "left_column" }}
    {{ $context := . }}
    {{ handler "category" "getbuttons" $context.SelectedCategory}}
{{end}}

{{ define "right_column" }}
    {{ $context := . }}
    {{ range $context.Products }}
        <div class="card card-outline-primary m-1 p-1">
            <div class="bg-faded p-1">
                <h4>
                    {{ .Name }}
                    <span class="badge rounded-pill bg-primary" style="float:right">
                        <small>{{ printf "$%.2f" .Price }}</small>
                    </span>
                </h4>
            </div>
            <div class="card-text p-1">{{ .Description }}</div>
        </div>
    {{ end }}
    {{ template "page_buttons.html" $context }}
{{end}}
```

上述修改将占位符替换为在代码清单 35-30 中定义的 GetButtons 方法的响应。

35.6.4 注册处理程序并更新别名

最后是修改将 URL 映射到处理程序方法的别名，如代码清单 35-32 所示。

代码清单 35-32 在 sportsstore/main.go 文件中更新路由别名

```
...
func createPipeline() pipeline.RequestPipeline {
    return pipeline.CreatePipeline(
        &basic.ServicesComponent{},
        &basic.LoggingComponent{},
        &basic.ErrorComponent{},
        &basic.StaticFileComponent{},
        handling.NewRouter(
            handling.HandlerEntry{ "",  store.ProductHandler{}},
            handling.HandlerEntry{ "",  store.CategoryHandler{}},
        ).AddMethodAlias("/", store.ProductHandler.GetProducts, 0, 1).
            AddMethodAlias("/products[/]?[A-z0-9]*?",
                store.ProductHandler.GetProducts, 0, 1),
    )
}
...
```

编译并执行项目，请求 http://localhost:5000，你会看到类别按钮，点击它可以选择一类产品，如图 35-4 所示。

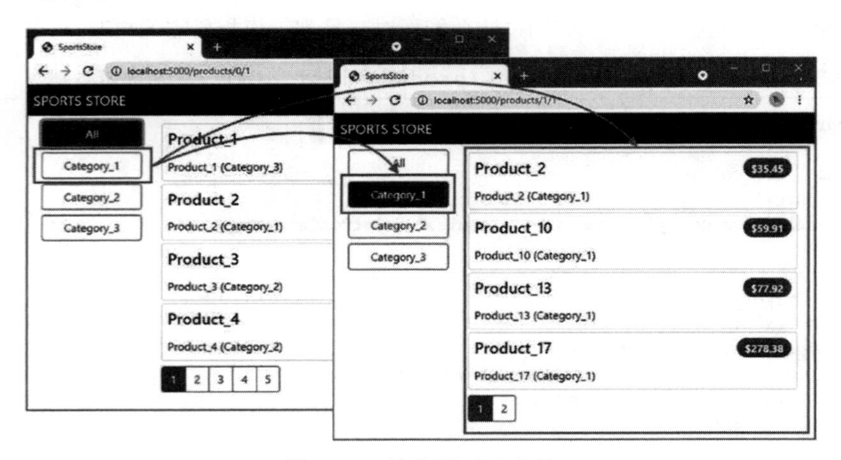

图 35-4 按类别过滤产品

35.7 小结

在本章中，我使用第 32～34 章中创建的平台开始了 SportsStore 应用程序的开发。我从一个基本的数据模型和存储库开始，创建了一个显示产品的处理程序，支持分页和按类别过滤。我将在下一章继续开发 SportsStore 应用程序。

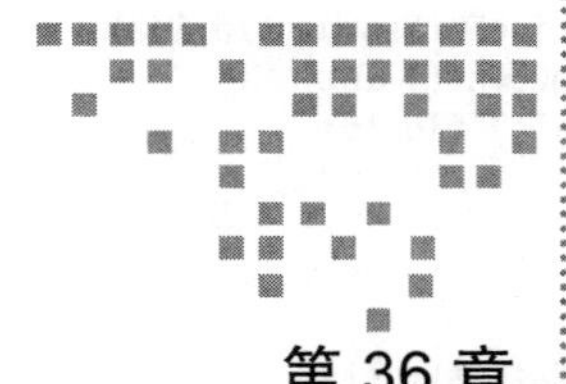

第 36 章 Chapter 36

SportsStore：购物车和数据库

在本章中，我将继续开发 SportsStore 应用程序，添加对购物车的支持并引入一个数据库来替换我在第 35 章中创建的临时存储库。

36.1 构建购物车

SportsStore 应用程序进展颇为顺利，但在实现购物车之前，我无法销售任何产品。购物车用于在用户结账前将他们选择的产品集中在一起。

36.1.1 定义购物车模型和存储库

要定义购物车数据类型，创建 `sportsstore/store/cart` 文件夹并向其中添加一个名为 `cart.go` 的文件，其内容如代码清单 36-1 所示。

代码清单 36-1 store/cart/cart.go 文件内容

```
package cart

import "sportsstore/models"

type CartLine struct {
    models.Product
    Quantity int
}

func (cl *CartLine) GetLineTotal() float64 {
    return cl.Price * float64(cl.Quantity)
}

type Cart interface {
    AddProduct(models.Product)
    GetLines() []*CartLine
```

```
    RemoveLineForProduct(id int)
    GetItemCount() int
    GetTotal() float64

    Reset()
}

type BasicCart struct {
    lines []*CartLine
}

func (cart *BasicCart) AddProduct(p models.Product) {
    for _, line := range cart.lines {
        if (line.Product.ID == p.ID) {
            line.Quantity++
            return
        }
    }
    cart.lines = append(cart.lines, &CartLine{
        Product: p, Quantity: 1,
    })
}

func (cart *BasicCart) GetLines() []*CartLine {
    return cart.lines
}

func (cart *BasicCart) RemoveLineForProduct(id int) {
    for index, line := range cart.lines {
        if (line.Product.ID == id) {
            cart.lines = append(cart.lines[0: index], cart.lines[index + 1:]...)
        }
    }
}

func (cart *BasicCart) GetItemCount() (total int) {
    for _, l := range cart.lines {
        total += l.Quantity
    }
    return
}

func (cart *BasicCart) GetTotal() (total float64) {
    for _, line := range cart.lines {
        total += float64(line.Quantity) * line.Product.Price
    }
    return
}
func (cart *BasicCart) Reset() {
    cart.lines = []*CartLine{}
}
```

Cart 接口将作为服务提供，我定义了一个使用切片实现 Cart 方法的 BasicCart 结构。要定义该服务，将名为 cart_service.go 的文件添加到 sportsstore/store/cart 文件夹，其内容如代码清单 36-2 所示。

代码清单 36-2　store/cart/cart_service.go 文件内容

```
package cart

import (
    "platform/services"
    "platform/sessions"
    "sportsstore/models"
    "encoding/json"
    "strings"
)

const CART_KEY string = "cart"

func RegisterCartService() {
    services.AddScoped(func(session sessions.Session) Cart {
        lines := []*CartLine {}
        sessionVal := session.GetValue(CART_KEY)
        if strVal, ok := sessionVal.(string); ok {
            json.NewDecoder(strings.NewReader(strVal)).Decode(&lines)
        }
        return &sessionCart{
            BasicCart: &BasicCart{ lines: lines},
            Session: session,
        }
    })
}

type sessionCart struct {
    *BasicCart
    sessions.Session
}

func (sc *sessionCart) AddProduct(p models.Product) {
    sc.BasicCart.AddProduct(p)
    sc.SaveToSession()
}

func (sc *sessionCart) RemoveLineForProduct(id int) {
    sc.BasicCart.RemoveLineForProduct(id)
    sc.SaveToSession()
}

func (sc *sessionCart) SaveToSession() {
    builder := strings.Builder{}
    json.NewEncoder(&builder).Encode(sc.lines)
    sc.Session.SetValue(CART_KEY, builder.String())
}

func (sc *sessionCart) Reset() {
    sc.lines = []*CartLine{}
    sc.SaveToSession()
}
```

sessionCart 结构用于对修改做出响应，这是通过将其 CartLine 值的 JSON 表示添加到会话来实现的。RegisterCartService 函数创建一个有作用域 Cart 服务，该服务创建一个 sessionCart 并从会话 JSON 中获取数据。

36.1.2 创建购物车请求 Handler

将名为 cart_handler.go 的文件添加到 sportsstore/store 文件夹，其内容如代码清单 36-3 所示。

代码清单 36-3 store/cart_handler.go 文件内容

```
package store

import (
    "platform/http/actionresults"
    "platform/http/handling"
    "sportsstore/models"
    "sportsstore/store/cart"
)

type CartHandler struct {
    models.Repository
    cart.Cart
    handling.URLGenerator
}

type CartTemplateContext struct {
    cart.Cart
    ProductListUrl string
    CartUrl string
    CheckoutUrl string
    RemoveUrl string
}

func (handler CartHandler) GetCart() actionresults.ActionResult {
    return actionresults.NewTemplateAction("cart.html", CartTemplateContext {
        Cart: handler.Cart,
        ProductListUrl: handler.mustGenerateUrl(ProductHandler.GetProducts, 0, 1),
        RemoveUrl: handler.mustGenerateUrl(CartHandler.PostRemoveFromCart),
    })
}

type CartProductReference struct {
    ID int
}

func (handler CartHandler) PostAddToCart(ref CartProductReference) actionresults.
ActionResult {
    p := handler.Repository.GetProduct(ref.ID)
    handler.Cart.AddProduct(p)
    return actionresults.NewRedirectAction(
        handler.mustGenerateUrl(CartHandler.GetCart))
}

func (handler CartHandler) PostRemoveFromCart(ref CartProductReference) actionresults.
ActionResult {
    handler.Cart.RemoveLineForProduct(ref.ID)
    return actionresults.NewRedirectAction(
        handler.mustGenerateUrl(CartHandler.GetCart))
}
```

```
func (handler CartHandler) mustGenerateUrl(method interface{}, data ...interface{}) string {
    url, err := handler.URLGenerator.GenerateUrl(method, data...)
    if (err != nil) {
        panic(err)
    }
    return url
}
```

GetCart 方法将渲染一个显示用户购物车内容的模板。调用 PostAddToCart 方法会将产品添加到购物车，之后浏览器将重定向到 GetCart 方法。要创建 GetCart 方法使用的模板，请将名为 cart.html 的文件添加到 templates 文件夹，其内容如代码清单 36-4 所示。

代码清单 36-4 templates/cart.html 文件内容

```
{{ layout "simple_layout.html" }}
{{ $context := . }}

<div class="p-1">
    <h2>Your cart</h2>
    <table class="table table-bordered table-striped">
        <thead>
            <tr>
                <th>Quantity</th><th>Item</th>
                <th class="text-end">Price</th>
                <th class="text-end">Subtotal</th>
                <th />
            </tr>
        </thead>
        <tbody>
            {{ range $context.Cart.GetLines }}
                <tr>
                    <td class="text-start">{{ .Quantity }}</td>
                    <td class="text-start">{{ .Name }}</td>
                    <td class="text-end">{{ printf "$%.2f" .Price }}</td>
                    <td class="text-end">
                        {{ printf "$%.2f" .GetLineTotal }}
                    </td>
                    <td>
                        <form method="POST" action="{{  $context.RemoveUrl }}">
                            <input type="hidden" name="id" value="{{ .ID }}" />
                            <button class="btn btn-sm btn-danger" type="submit">
                                Remove
                            </button>
                        </form>
                    </td>
                </tr>

            {{ end }}
        </tbody>
        <tfoot>
            <tr>
                <td colspan="3" class="text-end">Total:</td>
                <td class="text-end">
                    {{ printf "$%.2f" $context.Cart.GetTotal }}
```

```
                </td>
            </tr>
        </tfoot>
    </table>
    <div class="text-center">
        <a class="btn btn-secondary" href="{{ $context.ProductListUrl }}">
            Continue shopping
        </a>
    </div>
</div>
```

该模板生成一个 HTML 表格，其中每一行显示用户选择的一个产品。还有一个按钮可以让用户返回产品列表，以便让用户可以选择更多的产品。要创建用于该模板的布局，请将名为 `simple_layout.html` 的文件添加到 `templates` 文件夹，其内容如代码清单 36-5 所示。

代码清单 36-5 `templates/simple_layout.html` 文件内容

```
<!DOCTYPE html>
<html>
<head>
    <meta name="viewport" content="width=device-width" />
    <title>SportsStore</title>
    <link href="/files/bootstrap.min.css" rel="stylesheet" />
</head>
<body>
    <div class="bg-dark text-white p-2">
        <div class="container-fluid">
            <div class="row">
                <div class="col navbar-brand">SPORTS STORE</div>
            </div>
        </div>
    </div>
    {{ body }}
</body>
</html>
```

以上布局显示 SportsStore 标题，但没有使用产品列表的列式布局。

36.1.3 将产品添加到购物车

每个产品都将显示一个“添加到购物车”（Add To Cart）的按钮，该按钮将向代码清单 36-3 中创建的 `PostAddToCart` 方法发送请求。首先，添加代码清单 36-6 所示的元素，这些元素定义按钮及其要提交的表单。

代码清单 36-6 在 `templates/product_list.html` 文件中添加表单

```
{{ layout "store_layout.html" }}

{{ define "left_column" }}
    {{ $context := . }}
    {{ handler "category" "getbuttons" $context.SelectedCategory}}
{{end}}

{{ define "right_column" }}
```

```
    {{ $context := . }}
    {{ range $context.Products }}
        <div class="card card-outline-primary m-1 p-1">
            <div class="bg-faded p-1">
                <h4>
                    {{ .Name }}
                    <span class="badge rounded-pill bg-primary" style="float:right">
                        <small>{{ printf "$%.2f" .Price }}</small>
                    </span>
                </h4>
            </div>
            <div class="card-text p-1">
                <form method="POST" action="{{ $context.AddToCartUrl }}">
                    {{ .Description }}
                    <input type="hidden" name="id" value="{{.ID}}" />
                    <button type="submit"class="btn btn-success btn-sm pull-right"
                        style="float:right">
                            Add To Cart
                    </button>
                </form>
            </div>
        </div>
    {{ end }}
    {{ template "page_buttons.html" $context }}
{{end}}
```

要为模板提供表单中使用的 URL，请按代码清单 36-7 所示对处理程序代码进行修改。

代码清单 36-7 在 store/product_handler.go 文件中添加上下文数据

```
package store

import (
    "sportsstore/models"
    "platform/http/actionresults"
    "platform/http/handling"
    "math"
)

const pageSize = 4

type ProductHandler struct {
    Repository models.Repository
    URLGenerator handling.URLGenerator
}

type ProductTemplateContext struct {
    Products []models.Product
    Page int
    PageCount int
    PageNumbers []int
    PageUrlFunc func(int) string
    SelectedCategory int
    AddToCartUrl string
}

func (handler ProductHandler) GetProducts(category,
```

```
        page int) actionresults.ActionResult {
    prods, total := handler.Repository.GetProductPageCategory(category,
        page, pageSize)
    pageCount := int(math.Ceil(float64(total) / float64(pageSize)))
    return actionresults.NewTemplateAction("product_list.html",
        ProductTemplateContext {
            Products: prods,
            Page: page,
            PageCount: pageCount,
            PageNumbers: handler.generatePageNumbers(pageCount),
            PageUrlFunc: handler.createPageUrlFunction(category),
            SelectedCategory: category,
            AddToCartUrl: mustGenerateUrl(handler.URLGenerator,
                CartHandler.PostAddToCart),
        })
}

func (handler ProductHandler) createPageUrlFunction(category int) func(int) string {
    return func(page int) string {
        url, _ := handler.URLGenerator.GenerateUrl(ProductHandler.GetProducts,
            category, page)
        return url
    }
}

func (handler ProductHandler) generatePageNumbers(pageCount int) (pages []int) {
    pages = make([]int, pageCount)
    for i := 0; i < pageCount; i++ {
        pages[i] = i + 1
    }
    return
}

func mustGenerateUrl(generator handling.URLGenerator, target interface{}) string {
    url, err := generator.GenerateUrl(target)
    if (err != nil) {
        panic(err)
    }
    return url;
}
```

上述修改向用于将数据传递给模板的上下文结构添加了一个新属性，以便处理程序提供可在 HTML 表单中使用的 URL。

36.1.4 配置应用程序

要完成基本购物车功能，最后一步是配置会话和购物车需要的服务、中间件和处理程序，如代码清单 36-8 所示。

代码清单 36-8 在 sportsstore/main.go 文件中对购物车进行配置

```
package main

import (
    "sync"
```

```
        "platform/http"
        "platform/http/handling"
        "platform/services"
        "platform/pipeline"
        "platform/pipeline/basic"
        "sportsstore/store"
        "sportsstore/models/repo"
        "platform/sessions"
        "sportsstore/store/cart"
)

func registerServices() {
    services.RegisterDefaultServices()
    repo.RegisterMemoryRepoService()
    sessions.RegisterSessionService()
    cart.RegisterCartService()
}

func createPipeline() pipeline.RequestPipeline {
    return pipeline.CreatePipeline(
        &basic.ServicesComponent{},
        &basic.LoggingComponent{},
        &basic.ErrorComponent{},
        &basic.StaticFileComponent{},
        &sessions.SessionComponent{},
        handling.NewRouter(
            handling.HandlerEntry{ "",  store.ProductHandler{}},
            handling.HandlerEntry{ "",  store.CategoryHandler{}},
            handling.HandlerEntry{ "", store.CartHandler{}},
            ).AddMethodAlias("/", store.ProductHandler.GetProducts, 0, 1).
            AddMethodAlias("/products[/]?[A-z0-9]*?",
                store.ProductHandler.GetProducts, 0, 1),
    )
}

func main() {
    registerServices()
    results, err := services.Call(http.Serve, createPipeline())
    if (err == nil) {
        (results[0].(*sync.WaitGroup)).Wait()
    } else {
        panic(err)
    }
}
```

编译并运行项目，使用浏览器请求 http://localhost:5000。显示的产品会带有“添加到购物车”按钮，单击该按钮后，会将产品添加到购物车并重定向浏览器以显示购物车的内容，如图 36-1 所示。

36.1.5 添加购物车小计组件

当用户在浏览可选的产品列表时，通常希望看到他们已选择的产品的小计信息。要实现小计组件，将代码清单 36-9 中所示的方法添加到 `CartHandler` 请求处理程序。

图 36-1 创建购物车

代码清单 36-9 在 store/cart_handler.go 文件中添加方法

```
package store

import (
    "platform/http/actionresults"
    "platform/http/handling"
    "sportsstore/models"
    "sportsstore/store/cart"
)

type CartHandler struct {
    models.Repository
    cart.Cart
    handling.URLGenerator
}

type CartTemplateContext struct {
    cart.Cart
    ProductListUrl string
    CartUrl string
}

func (handler CartHandler) GetCart() actionresults.ActionResult {
    return actionresults.NewTemplateAction("cart.html", CartTemplateContext {
        Cart: handler.Cart,
        ProductListUrl: handler.mustGenerateUrl(ProductHandler.GetProducts, 0, 1),
    })
}

func (handler CartHandler) GetWidget() actionresults.ActionResult {
    return actionresults.NewTemplateAction("cart_widget.html", CartTemplateContext {
        Cart: handler.Cart,
        CartUrl: handler.mustGenerateUrl(CartHandler.GetCart),
    })
}

// ...statements omitted for brevity...
```

要为新方法定义模板，将名为 cart_widget.html 的文件添加到 templates 文件夹，其内容如代码清单 36-10 所示。

代码清单 36-10　templates/cart_widget.html 文件内容

```
{{ $context := . }}
{{ $count := $context.Cart.GetItemCount }}
    <small class="navbar-text">
        {{ if gt $count 0 }}
            <b>Your cart:</b>
            {{ $count }} item(s)
            {{ printf "$%.2f" $context.Cart.GetTotal }}
        {{ else }}
            <span class="px-2 text-secondary">(empty cart)</span>
        {{ end }}
    </small>
<a href={{ $context.CartUrl }}
        class="btn btn-sm btn-secondary navbar-btn">
    <i class="fa fa-shopping-cart"></i>
</a>
```

调用处理程序并添加 CSS 图标样式表

代码清单 36-10 调用 GetWidget 方法将购物车组件插入布局中。购物车组件模板需要一个购物车图标，在此我使用了优秀的 Font Awesome 包。在第 35 章中，我将 Bootstrap CSS 文件复制到了本地，直接通过 Web 平台静态文件特性提供给浏览器，但是 Font Awesome 包需要多个文件，因此代码清单 36-11 添加了一个带有 URL 的链接元素，直接从 CDN（内容分发网络）获取这些文件（在 CDN 上被打包成了一个）。使用这种方法意味着你必须联网才能看到图标。有关如何下载文件的详细信息，请参阅 https://fontawesome.com ，这些文件也可以安装在 sportsstore/files 文件夹中。

代码清单 36-11　在 templates/store_layout.html 文件中添加样式表链接

```
<!DOCTYPE html>
<html>
<head>
    <meta name="viewport" content="width=device-width" />
    <title>SportsStore</title>
    <link href="/files/bootstrap.min.css" rel="stylesheet" />
    <link rel="stylesheet"
href="https://cdnjs.cloudflare.com/ajax/libs/font-awesome/5.15.4/css/all.min.css"  />
</head>
<body>
    <div class="bg-dark text-white p-2">
        <div class="container-fluid">
            <div class="row">
                <div class="col navbar-brand">SPORTS STORE</div>
                <div class="col-6 navbar-text text-end">
                    {{ handler "cart" "getwidget" }}
                </div>
            </div>
        </div>
    </div>
    <div class="row m-1 p-1">
```

```
        <div id="sidebar" class="col-3">
            {{ template "left_column" . }}
        </div>
        <div class="col-9">
            {{ template "right_column" . }}
        </div>
    </div>
</body>
</html>
```

编译并执行该项目，你将看到该组件显示在页面顶部。最开始该组件将显示购物车是空的。单击其中一个“添加到购物车”按钮，然后单击“继续购物”(Continue Shopping）按钮便可以看到产品选择结果，如图 36-2 所示。

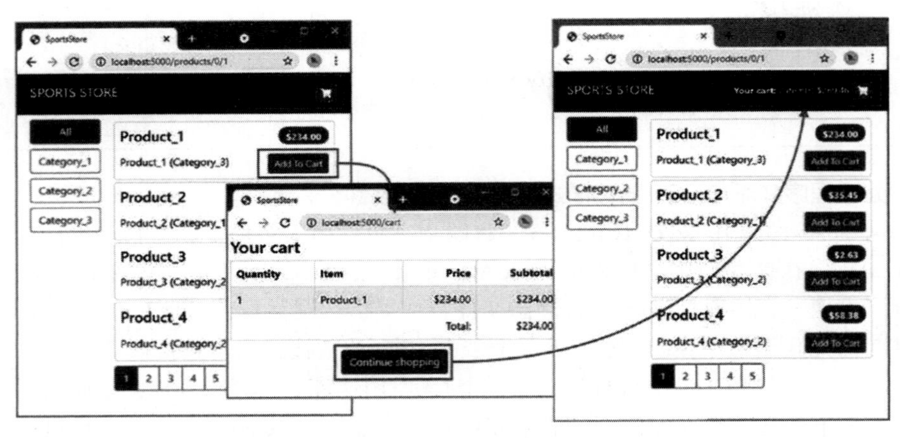

图 36-2 显示购物车组件

36.2 使用数据库存储

至此，大部分基本特性都已准备就绪，可以淘汰第 35 章中创建的临时存储库了。下面我将使用持久化的 SQLite 数据库取代临时存储库。使用命令行窗口在 `sportsstore` 文件夹中运行代码清单 36-12 所示的命令来下载和安装 SQLite Go 语言驱动程序，其中还包括 SQLite 运行时。

代码清单 36-12 安装 SQLite 驱动程序和数据库包

```
go get modernc.org/sqlite
```

36.2.1 创建存储库类型

将名为 `sql_repo.go` 的文件添加到 `models/repo` 文件夹，其内容如代码清单 36-13 所示，它定义了 SQL 存储库的基本类型。

代码清单 36-13 models/repo/sql_repo.go 文件内容

```
package repo
```

```
import (
    "database/sql"
    "platform/config"
    "platform/logging"
    "context"
)

type SqlRepository struct {
    config.Configuration
    logging.Logger
    Commands SqlCommands
    *sql.DB
    context.Context
}

type SqlCommands struct {
    Init,
    Seed,
    GetProduct,
    GetProducts,
    GetCategories,
    GetPage,
    GetPageCount,
    GetCategoryPage,
    GetCategoryPageCount *sql.Stmt
}
```

SqlRepository 结构将用于实现 Repository 接口，并作为服务被提供给应用程序的其余部分。该结构定义了一个提供数据库访问的 *sql.DB 字段和一个 Commands 字段，Commands 字段是 *sql.Stmt 字段的集合，这些字段将被填充实现 Repository 接口特性所需的预编译语句（prepared statement）。

36.2.2　打开数据库并加载 SQL 命令

在第 26 章中，我将 SQL 命令定义为 Go 字符串。在实际项目中，我更喜欢在文件扩展名为 .sql 的文本文件中定义 SQL 命令，好处是编辑器可以执行一些语法检查。下面我需要打开一个数据库，然后定位并处理与代码清单 36-13 中定义的 SqlCommands 结构定义的字段相对应的 SQL 文件。将名为 sql_loader.go 的文件添加到 models/repo 文件夹，其内容如代码清单 36-14 所示。

代码清单 36-14　models/repo/sql_loader.go 文件内容

```
package repo

import (
    "os"
    "database/sql"
    "reflect"
    "platform/config"
    "platform/logging"
    _ "modernc.org/sqlite"
)

func openDB(config config.Configuration, logger logging.Logger) (db *sql.DB,
```

```
        commands *SqlCommands, needInit bool) {
    driver := config.GetStringDefault("sql:driver_name", "sqlite")
    connectionStr, found := config.GetString("sql:connection_str")
    if !found {
        logger.Panic("Cannot read SQL connection string from config")
        return
    }
    if _, err := os.Stat(connectionStr); os.IsNotExist(err) {
        needInit = true
    }
    var err error
    if db, err = sql.Open(driver, connectionStr); err == nil {
        commands = loadCommands(db, config, logger)
    } else {
        logger.Panic(err.Error())
    }
    return
}

func loadCommands(db *sql.DB, config config.Configuration,
        logger logging.Logger) (commands *SqlCommands)  {
    commands = &SqlCommands {}
    commandVal := reflect.ValueOf(commands).Elem()
    commandType := reflect.TypeOf(commands).Elem()
    for i := 0; i < commandType.NumField(); i++ {
        commandName := commandType.Field(i).Name
        logger.Debugf("Loading SQL command: %v", commandName)
        stmt := prepareCommand(db, commandName, config, logger)
        commandVal.Field(i).Set(reflect.ValueOf(stmt))
    }
    return commands
}

func prepareCommand(db *sql.DB, command string, config config.Configuration,
        logger logging.Logger) *sql.Stmt {
    filename, found := config.GetString("sql:commands:" + command)
    if !found {
        logger.Panicf("Config does not contain location for SQL command: %v",
            command)
    }
    data, err := os.ReadFile(filename)
    if err != nil {
        logger.Panicf("Cannot read SQL command file: %v", filename)
    }
    statement, err := db.Prepare(string(data))
    if (err != nil) {
        logger.Panicf(err.Error())
    }
    return statement
}
```

openDB 函数从配置系统中读取数据库驱动程序名称和连接字符串，打开数据库并调用 loadCommands 函数。loadCommands 函数使用反射获取 SqlCommands 结构定义的字段列表，并为每个字段调用 prepareCommand。prepareCommand 函数从配置系统中获取包含命令 SQL 的文件名称，读取文件的内容，并创建一个预编译语句，将之赋给 SqlCommands 字段。

36.2.3　定义种子和初始化语句

对于 Repository 接口所需的每个特性，我都需要定义一个包含查询的 SQL 文件，以及一个将用于执行文件中 SQL 语句的 Go 方法。我将从 Seed 和 Init 命令开始。Repository 接口需要 Seed 命令，但 Init 函数仅针对 SqlRepository 结构，用于创建数据库模式。将名为 sql_initseed.go 的文件添加到 models/repo 文件夹，其内容如代码清单 36-15 所示。

请注意，存储库使用的所有查询都使用接受 context.Context 参数（ExecContext、QueryContext 等）的方法。第 32～34 章中创建的平台将 Context 值传递给中间件组件和请求处理程序，因此我在查询数据库时使用了它们。

代码清单 36-15　models/repo/sql_initseed.go 文件内容

```
package repo

func (repo *SqlRepository) Init() {
    if _, err := repo.Commands.Init.ExecContext(repo.Context); err != nil {
        repo.Logger.Panic("Cannot exec init command")
    }
}

func (repo *SqlRepository) Seed() {
    if _, err := repo.Commands.Seed.ExecContext(repo.Context); err != nil {
        repo.Logger.Panic("Cannot exec seed command")
    }
}
```

要创建这些方法使用的 SQL 命令，请创建 sportsstore/sql 文件夹并向其中添加一个名为 init_db.sql 的文件，其内容如代码清单 36-16 所示。

代码清单 36-16　sql/init_db.sql 文件内容

```
DROP TABLE IF EXISTS Products;
DROP TABLE IF EXISTS Categories;

CREATE TABLE IF NOT EXISTS Categories (
    Id INTEGER NOT NULL PRIMARY KEY,        Name TEXT
);

CREATE TABLE IF NOT EXISTS Products (
    Id INTEGER NOT NULL PRIMARY KEY,
    Name TEXT, Description TEXT,
    Category INTEGER, Price decimal(8, 2),
    CONSTRAINT CatRef FOREIGN KEY(Category) REFERENCES Categories (Id)
);
```

该文件包含删除和重新创建 Categories 和 Products 表的语句。将名为 seed_db.sql 的文件添加到 sportsstore/sql 文件夹，其内容如代码清单 36-17 所示。

代码清单 36-17　sql/seed_db.sql 文件内容

```
INSERT INTO Categories(Id, Name) VALUES
        (1, "Watersports"), (2, "Soccer"), (3, "Chess");
```

```
INSERT INTO Products(Id, Name, Description, Category, Price) VALUES
        (1, "Kayak", "A boat for one person", 1, 275),
        (2, "Lifejacket", "Protective and fashionable", 1, 48.95),
        (3, "Soccer Ball", "FIFA-approved size and weight", 2, 19.50),
        (4, "Corner Flags", "Give your playing field a professional touch", 2, 34.95),
        (5, "Stadium", "Flat-packed 35,000-seat stadium", 2, 79500),
        (6, "Thinking Cap", "Improve brain efficiency by 75%", 3, 16),
        (7, "Unsteady Chair", "Secretly give your opponent a disadvantage", 3, 29.95),
        (8, "Human Chess Board", "A fun game for the family", 3, 75),
        (9, "Bling-Bling King", "Gold-plated, diamond-studded King", 3, 1200);
```

该文件包含创建三个类别和九个产品的 INSERT 语句，其中的内容对于阅读过我的其他书籍的人来说都是熟悉的。

36.2.4 定义基本查询

要完成存储库，我必须完成 Repository 接口所需的方法，定义该方法的 Go 实现以及它将使用的 SQL 查询。将名为 sql_basic_methods.go 的文件添加到 models/repo 文件夹，其内容如代码清单 36-18 所示。

代码清单 36-18 models/repo/sql_basic_methods.go 文件内容

```go
package repo

import "sportsstore/models"

func (repo *SqlRepository) GetProduct(id int) (p models.Product) {
    row := repo.Commands.GetProduct.QueryRowContext(repo.Context, id)
    if row.Err() == nil {
        var err error
        if p, err = scanProduct(row); err != nil {
            repo.Logger.Panicf("Cannot scan data: %v", err.Error())
        }
    } else {
        repo.Logger.Panicf("Cannot exec GetProduct command: %v", row.Err().Error())
    }
    return
}

func (repo *SqlRepository) GetProducts() (results []models.Product) {
    rows, err := repo.Commands.GetProducts.QueryContext(repo.Context)
    if err == nil {
        if results, err = scanProducts(rows); err != nil {
            repo.Logger.Panicf("Cannot scan data: %v", err.Error())
            return
        }
    } else {
        repo.Logger.Panicf("Cannot exec GetProducts command: %v", err)
    }
    return
}

func (repo *SqlRepository) GetCategories() []models.Category {
    results := make([]models.Category, 0, 10)
    rows, err := repo.Commands.GetCategories.QueryContext(repo.Context)
```

```
    if err == nil {
        for rows.Next() {
            c := models.Category{}
            if err := rows.Scan(&c.ID, &c.CategoryName); err != nil {
                repo.Logger.Panicf("Cannot scan data: %v", err.Error())
            }
            results = append(results, c)
        }
    } else {
        repo.Logger.Panicf("Cannot exec GetCategories command: %v", err)
    }
    return results
}
```

代码清单 36-18 实现了 `GetProduct`、`GetProducts` 和 `GetCategories` 方法。要定义从 SQL 结果获取 `Product` 值的函数，请将名为 `sql_scan.go` 的文件添加到 `models/repo` 文件夹，其内容如代码清单 36-19 所示。

代码清单 36-19　models/repo/sql_scan.go 文件内容

```
package repo

import (
    "database/sql"
    "sportsstore/models"
)

func scanProducts(rows *sql.Rows) (products []models.Product, err error) {
    products = make([]models.Product, 0, 10)
    for rows.Next() {
        p := models.Product{ Category: &models.Category{}}
        err = rows.Scan(&p.ID, &p.Name, &p.Description, &p.Price,
            &p.Category.ID, &p.Category.CategoryName)
        if (err == nil) {
            products = append(products, p)
        } else {
            return
        }
    }
    return
}

func scanProduct(row *sql.Row) (p models.Product, err error) {
    p = models.Product{ Category: &models.Category{}}
    err = row.Scan(&p.ID, &p.Name, &p.Description, &p.Price, &p.Category.ID,
        &p.Category.CategoryName)
    return p, err
}
```

`scanProducts` 函数从多行中获取结果，而 `scanProduct` 函数则对单行结果做同样的事情。

为基本查询定义 SQL 文件

下面是为每个查询定义 SQL 文件的过程。将名为 `get_product.sql` 的文件添加到

sportsstore/sql 文件夹，其内容如代码清单 36-20 所示。

代码清单 36-20 sql/get_product.sql 文件内容

```
SELECT Products.Id, Products.Name, Products.Description, Products.Price,
    Categories.Id, Categories.Name
FROM Products, Categories
WHERE Products.Category = Categories.Id
AND Products.Id = ?
```

上述查询生成一行，其中包含具有指定 ID 的产品的详细信息。将名为 get_products.sql 的文件添加到 sportsstore/sql 文件夹，其内容如代码清单 36-21 所示。

代码清单 36-21 sql/get_products.sql 文件内容

```
SELECT Products.Id, Products.Name, Products.Description, Products.Price,
    Categories.Id, Categories.Name
FROM Products, Categories
WHERE Products.Category = Categories.Id
ORDER BY Products.Id
```

上述查询为数据库中的所有产品生成行。接下来，将名为 get_categories.sql 的文件添加到 sportsstore/sql 文件夹，其内容如代码清单 36-22 所示。

代码清单 36-22 sql/get_categories.sql 文件内容

```
SELECT Categories.Id, Categories.Name
FROM Categories ORDER BY Categories.Id
```

上述查询选择 Categories 中的所有行。

36.2.5 定义分页查询

分页数据对应的方法比较复杂，因为它们必须执行一次查询获取一页数据，然后再查询一次以获得可用结果的总数。将名为 sql_page_methods.go 的文件添加到 sportsstore/models/repo 文件夹，其内容如代码清单 36-23 所示。

代码清单 36-23 models/repo/sql_page_methods.go 文件内容

```
package repo

import "sportsstore/models"

func (repo *SqlRepository) GetProductPage(page,
        pageSize int) (products []models.Product, totalAvailable int) {
    rows, err := repo.Commands.GetPage.QueryContext(repo.Context,
        pageSize, (pageSize * page) - pageSize)
    if err == nil {
        if products, err = scanProducts(rows); err != nil {
            repo.Logger.Panicf("Cannot scan data: %v", err.Error())
            return
        }
    } else {
        repo.Logger.Panicf("Cannot exec GetProductPage command: %v", err)
        return
```

```
    }
    row := repo.Commands.GetPageCount.QueryRowContext(repo.Context)
    if row.Err() == nil {
        if err := row.Scan(&totalAvailable); err != nil {
            repo.Logger.Panicf("Cannot scan data: %v", err.Error())
        }
    } else {
        repo.Logger.Panicf("Cannot exec GetPageCount command: %v", row.Err().Error())
    }
    return
}

func (repo *SqlRepository) GetProductPageCategory(categoryId int, page,
        pageSize int) (products []models.Product, totalAvailable int) {
    if (categoryId == 0) {
        return repo.GetProductPage(page, pageSize)
    }
    rows, err := repo.Commands.GetCategoryPage.QueryContext(repo.Context, categoryId,
        pageSize, (pageSize * page) - pageSize)
    if err == nil {
        if products, err = scanProducts(rows); err != nil {
            repo.Logger.Panicf("Cannot scan data: %v", err.Error())
            return
        }
    } else {
        repo.Logger.Panicf("Cannot exec GetProductPage command: %v", err)
        return
    }
    row := repo.Commands.GetCategoryPageCount.QueryRowContext(repo.Context,
        categoryId)
    if row.Err() == nil {
        if err := row.Scan(&totalAvailable); err != nil {
            repo.Logger.Panicf("Cannot scan data: %v", err.Error())
        }
    } else {
        repo.Logger.Panicf("Cannot exec GetCategoryPageCount command: %v",
            row.Err().Error())
    }
    return
}
```

要定义 `GetProductPage` 方法使用的 SQL 主查询，请将名为 `get_product_page.sql` 的文件添加到 `sportsstore/sql` 文件夹，其内容如代码清单 36-24 所示。

代码清单 36-24 sql/get_product_page.sql 文件内容

```
SELECT Products.Id, Products.Name, Products.Description, Products.Price,
    Categories.Id, Categories.Name
FROM Products, Categories
WHERE Products.Category = Categories.Id
ORDER BY Products.Id
LIMIT ? OFFSET ?
```

要定义用于获取数据库中产品总数的查询，请将名为 `get_page_count.sql` 的文件添加到 `sportsstore/sql` 文件夹，其内容如代码清单 36-25 所示。

代码清单 36-25 sql/get_page_count.sql 文件内容

```
SELECT COUNT (Products.Id)
FROM Products, Categories
WHERE Products.Category = Categories.Id;
```

要定义 GetProductPageCategory 方法使用的主查询，请将名为 get_category_product_page.sql 的文件添加到 sportsstore/sql 文件夹，其内容如代码清单 36-26 所示。

代码清单 36-26 sql/get_category_product_page.sql 文件内容

```
SELECT Products.Id, Products.Name, Products.Description, Products.Price,
    Categories.Id, Categories.Name
FROM Products, Categories
WHERE Products.Category = Categories.Id AND        Products.Category = ?
ORDER BY Products.Id
LIMIT ? OFFSET ?
```

要定义确定特定类别中有多少产品的查询，请将名为 get_category_product_page_count.sql 的文件添加到 sportsstore/sql 文件夹，其内容如代码清单 36-27 所示。

代码清单 36-27 sql/get_category_product_page_count.sql 文件内容

```
SELECT COUNT (Products.Id)
FROM Products, Categories
WHERE Products.Category = Categories.Id AND Products.Category = ?
```

36.2.6 定义 SQL 存储库服务

要定义将注册存储库服务的函数，请将名为 sql_service.go 的文件添加到 sportsstore/models/repo 文件夹，其内容如代码清单 36-28 所示。

代码清单 36-28 models/repo/sql_service.go 文件内容

```
package repo

import (
    "sync"
    "context"
    "database/sql"
    "platform/services"
    "platform/config"
    "platform/logging"
    "sportsstore/models"
)

func RegisterSqlRepositoryService() {
    var db *sql.DB
    var commands *SqlCommands
    var needInit bool
    loadOnce := sync.Once {}
    resetOnce := sync.Once {}
    services.AddScoped(func (ctx context.Context, config config.Configuration,
```

```
        logger logging.Logger) models.Repository {
    loadOnce.Do(func () {
        db, commands, needInit = openDB(config, logger)
    })
    repo := &SqlRepository{
        Configuration: config,
        Logger: logger,
        Commands: *commands,
        DB: db,
        Context: ctx,
    }
    resetOnce.Do(func() {
        if needInit || config.GetBoolDefault("sql:always_reset", true) {
            repo.Init()
            repo.Seed()
        }
    })
    return repo
  })
}
```

当 Repository 接口依赖数据库时，只有第一次使用会打开数据库，这样只需要对命令做一次解析。可以在配置文件中设置是否应在每次应用程序启动时重置数据库，这在开发过程中很有用，通过执行 Init 方法，然后执行 Seed 方法就可以完成。

36.2.7 配置应用程序以使用 SQL 存储库

代码清单 36-29 定义了指定 SQL 文件位置的配置设置。如果无法加载这些文件，加载这些文件的代码将崩溃，因此确保指定的路径与已有的文件路径相匹配非常重要。

代码清单 36-29　在 sportsstore/config.json 文件中定义配置设置

```
{
    "logging" : {
        "level": "debug"
    },
    "files": {
        "path": "files"
    },
    "templates": {
        "path": "templates/*.html",
        "reload": true
    },
    "sessions": {
        "key": "MY_SESSION_KEY",
        "cyclekey": true
    },
    "sql": {
        "connection_str": "store.db",
        "always_reset": true,
        "commands": {
            "Init":              "sql/init_db.sql",
            "Seed":              "sql/seed_db.sql",
            "GetProduct":        "sql/get_product.sql",
            "GetProducts":       "sql/get_products.sql",
```

```
                "GetCategories":        "sql/get_categories.sql",
                "GetPage":              "sql/get_product_page.sql",
                "GetPageCount":         "sql/get_page_count.sql",
                "GetCategoryPage":      "sql/get_category_product_page.sql",
                "GetCategoryPageCount": "sql/get_category_product_page_count.sql"
            }
        }
}
```

最后需要修改的是注册 SQL 存储库，以便可以解析对 Repository 接口的依赖关系，同时可以注释掉注册临时存储库的语句，如代码清单 36-30 所示。

代码清单 36-30 在 sportsstore/main.go 文件中更改存储库服务

```
...
func registerServices() {
    services.RegisterDefaultServices()
    //repo.RegisterMemoryRepoService()
    repo.RegisterSqlRepositoryService()
    sessions.RegisterSessionService()
    cart.RegisterCartService()
}
...
```

编译并执行项目，使用浏览器请求 http://localhost:5000，即可查看从数据库中读取的数据，如图 36-3 所示。

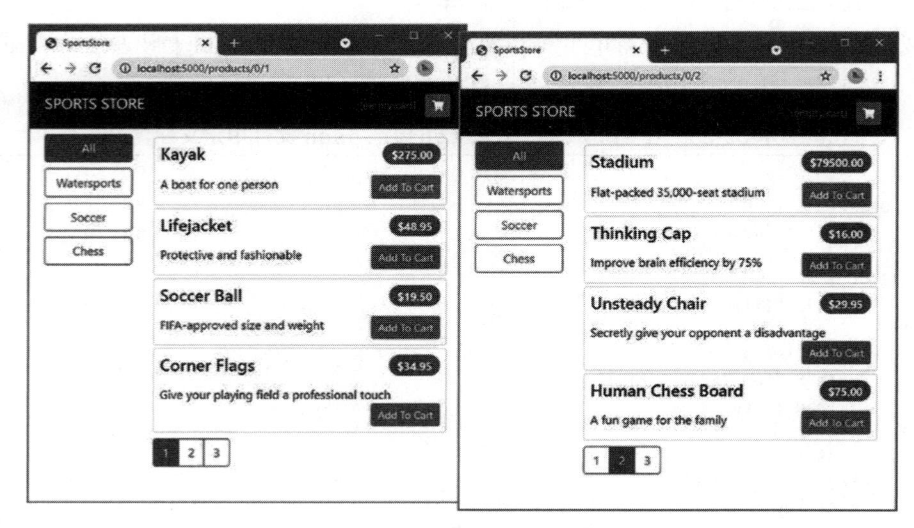

图 36-3 使用数据库中的数据

36.3 小结

在本章中，我通过添加对购物车的支持并将临时存储库替换为 SQL 数据库来继续开发 SportsStore 应用程序。下一章将继续开发 SportsStore 应用程序。

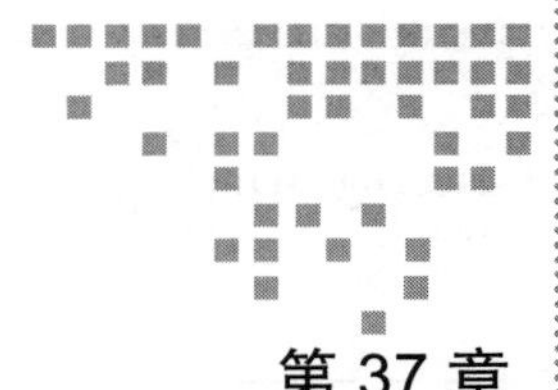

第 37 章 Chapter 37

SportsStore：结账和管理

在本章中，我将继续开发 SportsStore 应用程序，添加结账流程和处理管理功能。

37.1 创建结账流程

为了实现完整的商店购物体验，我需要让用户能结账并完成订单。在本节中，我将扩展数据模型以描述发货细节，并创建相应的处理程序来捕获这些细节，从而将订单存储在数据库中。当然，大多数电子商务网站不会就此止步，在此，我也没有提供处理信用卡或其他付款方式的支持。但我想把精力集中在 Go 上，所以一个简单的数据库条目就够用了。

37.1.1 定义模型

要定义表示客户详细发货信息和已选产品的类型，请将一个名为 `order.go` 的文件添加到 `models` 文件夹，其内容如代码清单 37-1 所示。

代码清单 37-1 models/order.go 文件内容

```
package models

type Order struct {
    ID int
    ShippingDetails
    Products []ProductSelection
    Shipped bool
}
type ShippingDetails struct {
    Name string `validation:"required"`
    StreetAddr string `validation:"required"`
    City string `validation:"required"`
    State string `validation:"required"`
    Zip string `validation:"required"`
```

```
    Country string `validation:"required"`
}

type ProductSelection struct{
    Quantity int
    Product
}
```

Order 类型定义了一个 ShippingDetails 字段，该字段将用于表示客户的详细发货信息，同时也使用了结构标签以便使用平台的验证功能。还有一个 Products 字段，用于存储客户订购的产品和数量。

37.1.2 扩展存储库

下一步是扩展存储库，以便它可以用于存储和检索订单。将代码清单 37-2 所示的方法添加到 sportsstore/models 文件夹中的 repository.go 文件中即可。

代码清单 37-2 在 models/repository.go 文件中添加接口方法

```
package models

type Repository interface {

    GetProduct(id int) Product

    GetProducts() []Product

    GetProductPage(page, pageSize int) (products []Product, totalAvailable int)

    GetProductPageCategory(categoryId int, page, pageSize int) (products []Product,
        totalAvailable int)

    GetCategories() []Category

    GetOrder(id int) Order
    GetOrders() []Order
    SaveOrder(*Order)

    Seed()
}
```

代码清单 37-3 显示了为创建用于存储订单数据的新表所需对 SQL 文件进行的更改。

代码清单 37-3 在 sql/init_db.sql 文件中添加表

```
DROP TABLE IF EXISTS OrderLines;
DROP TABLE IF EXISTS Orders;
DROP TABLE IF EXISTS Products;
DROP TABLE IF EXISTS Categories;

CREATE TABLE IF NOT EXISTS Categories (
    Id INTEGER NOT NULL PRIMARY KEY,        Name TEXT
);

CREATE TABLE IF NOT EXISTS Products (
```

```
    Id INTEGER NOT NULL PRIMARY KEY,
    Name TEXT, Description TEXT,
    Category INTEGER, Price decimal(8, 2),
    CONSTRAINT CatRef FOREIGN KEY(Category) REFERENCES Categories (Id)
);

CREATE TABLE IF NOT EXISTS OrderLines (
    Id INTEGER NOT NULL PRIMARY KEY,
    OrderId INT, ProductId INT, Quantity INT,
    CONSTRAINT OrderRef FOREIGN KEY(ProductId) REFERENCES Products (Id)
    CONSTRAINT OrderRef FOREIGN KEY(OrderId) REFERENCES Orders (Id)
);

CREATE TABLE IF NOT EXISTS Orders (
    Id INTEGER NOT NULL PRIMARY KEY,
    Name TEXT NOT NULL,
    StreetAddr TEXT NOT NULL,
    City TEXT NOT NULL,
    Zip TEXT NOT NULL,
    Country TEXT NOT NULL,
    Shipped BOOLEAN
);
```

要定义种子数据，请将代码清单 37-4 所示的语句添加到 `sportsstore/sql` 文件夹中的 `seed_db.sql` 文件中。

代码清单 37-4　在 sql/seed_db.sql 文件中添加种子数据

```
INSERT INTO Categories(Id, Name) VALUES
        (1, "Watersports"), (2, "Soccer"), (3, "Chess");

INSERT INTO Products(Id, Name, Description, Category, Price) VALUES
        (1, "Kayak", "A boat for one person", 1, 275),
        (2, "Lifejacket", "Protective and fashionable", 1, 48.95),
        (3, "Soccer Ball", "FIFA-approved size and weight", 2, 19.50),
        (4, "Corner Flags", "Give your playing field a professional touch", 2, 34.95),
        (5, "Stadium", "Flat-packed 35,000-seat stadium", 2, 79500),
        (6, "Thinking Cap", "Improve brain efficiency by 75%", 3, 16),
        (7, "Unsteady Chair", "Secretly give your opponent a disadvantage", 3, 29.95),
        (8, "Human Chess Board", "A fun game for the family", 3, 75),
        (9, "Bling-Bling King", "Gold-plated, diamond-studded King", 3, 1200);
INSERT INTO Orders(Id, Name, StreetAddr, City, Zip, Country, Shipped) VALUES
        (1, "Alice", "123 Main St", "New Town", "12345", "USA", false),
        (2, "Bob", "The Grange", "Upton", "UP12 6YT", "UK", false);

INSERT INTO OrderLines(Id, OrderId, ProductId, Quantity) VALUES
        (1, 1, 1, 1), (2, 1, 2, 2), (3, 1, 8, 1), (4, 2, 5, 2);
```

37.1.3　禁用临时存储库

第 35 章中创建的临时存储库已不再像以前那样能定义 `Repository` 接口指定的所有方法。在实际项目中，我通常在添加新功能（如订单）时切换回内存存储库，然后在了解了所需的数据和数据类型后再切换回 SQL。但是，对于这个项目，我直接将基于内存的服务的存储代码注释掉了，如代码清单 37-5 所示，以免它导致编译器错误。

代码清单 37-5 在 models/repo/memory_repo.go 文件中注释代码

```
package repo

import (
//    "platform/services"
    "sportsstore/models"
    "math"
)

// func RegisterMemoryRepoService() {
//     services.AddSingleton(func() models.Repository {
//         repo := &MemoryRepo{}
//         repo.Seed()
//         return repo
//     })
// }

type MemoryRepo struct {
    products []models.Product
    categories []models.Category
}

// ...other statements omitted for brevity...
```

37.1.4 定义存储库方法和命令

下一步是定义和实现新的 Repository 方法以及它们依赖的 SQL 文件。代码清单 37-6 用于向为数据库加载 SQL 文件的结构添加新命令。

代码清单 37-6 在 models/repo/sql_repo.go 文件中添加命令

```
package repo

import (
    "database/sql"
    "platform/config"
    "platform/logging"
    "context"
)

type SqlRepository struct {
    config.Configuration
    logging.Logger
    Commands SqlCommands
    *sql.DB
    context.Context
}

type SqlCommands struct {
    Init,
    Seed,
    GetProduct,
    GetProducts,
    GetCategories,
    GetPage,
```

```
        GetPageCount,
        GetCategoryPage,
        GetCategoryPageCount,
        GetOrder,
        GetOrderLines,
        GetOrders,
        GetOrdersLines,
        SaveOrder,
        SaveOrderLine *sql.Stmt
    }
```

1. 定义 SQL 文件

将名为 get_order.sql 的文件添加到 sportsstore/sql 文件夹，其内容如代码清单 37-7 所示。

代码清单 37-7 sql/get_order.sql 文件内容

```
SELECT Orders.Id, Orders.Name, Orders.StreetAddr, Orders.City, Orders.Zip,
    Orders.Country, Orders.Shipped
FROM Orders
WHERE Orders.Id = ?
```

上述查询检索订单的详细信息。要定义获取所订购产品详细信息的查询，请将名为 get_order_lines.sql 的文件添加到 sportsstore/sql 文件夹，其内容如代码清单 37-8 所示。

代码清单 37-8 sql/get_order_lines.sql 文件内容

```
SELECT OrderLines.Quantity, Products.Id, Products.Name, Products.Description,
    Products.Price, Categories.Id, Categories.Name
FROM Orders, OrderLines, Products, Categories
WHERE Orders.Id = OrderLines.OrderId
    AND OrderLines.ProductId = Products.Id
    AND Products.Category = Categories.Id
    AND Orders.Id = ?
ORDER BY Products.Id
```

要定义获取数据库中所有订单的查询，请将名为 get_orders.sql 的文件添加到 sportsstore/sql 文件夹，其内容如代码清单 37-9 所示。

代码清单 37-9 sql/get_orders.sql 文件内容

```
SELECT Orders.Id, Orders.Name, Orders.StreetAddr, Orders.City, Orders.Zip, Orders.Country,
Orders.Shipped
FROM Orders
ORDER BY Orders.Shipped, Orders.Id
```

要定义获取与所有订单关联的所有产品详细信息的查询，请将名为 get_orders_lines.sql 的文件添加到 sportsstore/sql 文件夹，其内容如代码清单 37-10 所示。

代码清单 37-10 sql/get_orders_lines.sql 文件内容

```
SELECT Orders.Id, OrderLines.Quantity, Products.Id, Products.Name,
    Products.Description, Products.Price, Categories.Id, Categories.Name
FROM Orders, OrderLines, Products, Categories
WHERE Orders.Id = OrderLines.OrderId
```

```
    AND OrderLines.ProductId = Products.Id
    AND Products.Category = Categories.Id
ORDER BY Orders.Id
```

要定义存储订单的语句，请将名为 save_order.sql 的文件添加到 sportsstore/sql 文件夹，其内容如代码清单 37-11 所示。

代码清单 37-11 sql/save_order.sql 文件内容

```
INSERT INTO Orders(Name, StreetAddr, City, Zip, Country, Shipped)
VALUES (?, ?, ?, ?, ?, ?)
```

要定义存储与订单相关的产品选择详细信息的语句，请将名为 save_order_line.sql 的文件添加到 sportsstore/sql 文件夹，其内容如代码清单 37-12 所示。

代码清单 37-12 sql/save_order_line.sql 文件内容

```
INSERT INTO OrderLines(OrderId, ProductId, Quantity)
VALUES (?, ?, ?)
```

代码清单 37-13 添加了新 SQL 文件的配置项。

代码清单 37-13 在 sportsstore/config.json 文件中添加配置项

```
...
"sql": {
    "connection_str": "store.db",
    "always_reset": true,
    "commands": {
        "Init":                 "sql/init_db.sql",
        "Seed":                 "sql/seed_db.sql",
        "GetProduct":           "sql/get_product.sql",
        "GetProducts":          "sql/get_products.sql",
        "GetCategories":        "sql/get_categories.sql",
        "GetPage":              "sql/get_product_page.sql",
        "GetPageCount":         "sql/get_page_count.sql",
        "GetCategoryPage":      "sql/get_category_product_page.sql",
        "GetCategoryPageCount": "sql/get_category_product_page_count.sql",
        "GetOrder": "sql/get_order.sql",
        "GetOrderLines": "sql/get_order_lines.sql",
        "GetOrders": "sql/get_orders.sql",
        "GetOrdersLines": "sql/get_orders_lines.sql",
        "SaveOrder": "sql/save_order.sql",
        "SaveOrderLine": "sql/save_order_line.sql"
    }
}
...
```

2. 实现存储库方法

将名为 sql_orders_one.go 的文件添加到 sportsstore/models/repo 文件夹，其内容如代码清单 37-14 所示。

代码清单 37-14 models/repo/sql_orders_one.go 文件内容

```
package repo
```

```
import "sportsstore/models"

func (repo *SqlRepository) GetOrder(id int) (order models.Order) {
    order = models.Order { Products: []models.ProductSelection {}}
    row := repo.Commands.GetOrder.QueryRowContext(repo.Context, id)
    if row.Err() == nil {
        err := row.Scan(&order.ID, &order.Name, &order.StreetAddr, &order.City,
            &order.Zip, &order.Country, &order.Shipped)
        if (err != nil) {
            repo.Logger.Panicf("Cannot scan order data: %v", err.Error())
            return
        }
        lineRows, err := repo.Commands.GetOrderLines.QueryContext(repo.Context, id)
        if (err == nil) {
            for lineRows.Next() {
                ps := models.ProductSelection {
                    Product: models.Product{ Category: &models.Category{}},
                }
                err = lineRows.Scan(&ps.Quantity, &ps.Product.ID, &ps.Product.Name,
                    &ps.Product.Description,&ps.Product.Price,
                    &ps.Product.Category.ID, &ps.Product.Category.CategoryName)
                if err == nil {
                    order.Products = append(order.Products, ps)
                } else {
                    repo.Logger.Panicf("Cannot scan order line data: %v",
                        err.Error())
                }
            }
        } else {
            repo.Logger.Panicf("Cannot exec GetOrderLines command: %v", err.Error())
        }
    } else {
        repo.Logger.Panicf("Cannot exec GetOrder command: %v", row.Err().Error())
    }
    return
}
```

上述方法在数据库中查询订单，然后再次查询与该订单关联的产品选择的详细信息。接下来，在 sportsstore/models/repo 文件夹中添加一个名为 sql_orders_all.go 的文件，其内容如代码清单 37-15 所示。

代码清单 37-15　models/repo/sql_orders_all.go 文件内容

```
package repo

import "sportsstore/models"

func (repo *SqlRepository) GetOrders() []models.Order {
    orderMap := make(map[int]*models.Order, 10)
    orderRows, err := repo.Commands.GetOrders.QueryContext(repo.Context)
    if err != nil {
        repo.Logger.Panicf("Cannot exec GetOrders command: %v", err.Error())
    }
    for orderRows.Next() {
        order := models.Order { Products: []models.ProductSelection {}}
        err := orderRows.Scan(&order.ID, &order.Name, &order.StreetAddr, &order.City,
```

```
            &order.Zip, &order.Country, &order.Shipped)
        if (err != nil) {
            repo.Logger.Panicf("Cannot scan order data: %v", err.Error())
            return  []models.Order {}
        }
        orderMap[order.ID] = &order
    }
    lineRows, err := repo.Commands.GetOrdersLines.QueryContext(repo.Context)
    if (err != nil) {
        repo.Logger.Panicf("Cannot exec GetOrdersLines command: %v", err.Error())
    }
    for lineRows.Next() {
        var order_id int
        ps := models.ProductSelection {
            Product: models.Product{ Category: &models.Category{} },
        }
        err = lineRows.Scan(&order_id, &ps.Quantity, &ps.Product.ID,
            &ps.Product.Name, &ps.Product.Description, &ps.Product.Price,
            &ps.Product.Category.ID, &ps.Product.Category.CategoryName)
        if err == nil {
            orderMap[order_id].Products = append(orderMap[order_id].Products, ps)
        } else {
            repo.Logger.Panicf("Cannot scan order line data: %v", err.Error())
        }
    }
    orders := make([]models.Order, 0, len(orderMap))
    for _, o := range orderMap {
        orders = append(orders, *o)
    }
    return orders
}
```

上述方法在数据库中查询所有订单及相关产品选择。要实现最后一个方法，请将名为 sql_orders_save.go 的文件添加到 sportsstore/models/repo 文件夹，其内容如代码清单 37-16 所示。

代码清单 37-16 models/repo/sql_orders_save.go 文件内容

```
package repo

import "sportsstore/models"

func (repo *SqlRepository) SaveOrder(order *models.Order) {
    tx, err := repo.DB.Begin()
    if err != nil {
        repo.Logger.Panicf("Cannot create transaction: %v", err.Error())
        return
    }
    result, err :=  tx.StmtContext(repo.Context,
        repo.Commands.SaveOrder).Exec(order.Name, order.StreetAddr, order.City,
            order.Zip, order.Country, order.Shipped)
    if err != nil {
        repo.Logger.Panicf("Cannot exec SaveOrder command: %v", err.Error())
        tx.Rollback()
        return
    }
```

```
        id, err := result.LastInsertId()
        if err != nil {
            repo.Logger.Panicf("Cannot get inserted ID: %v", err.Error())
            tx.Rollback()
            return
        }
        statement := tx.StmtContext(repo.Context, repo.Commands.SaveOrderLine)
        for _, sel := range order.Products {
            _, err := statement.Exec(id, sel.Product.ID, sel.Quantity)
            if err != nil {
                repo.Logger.Panicf("Cannot exec SaveOrderLine command: %v", err.Error())
                tx.Rollback()
                return
            }
        }
        err = tx.Commit()
        if err != nil {
            repo.Logger.Panicf("Transaction cannot be committed: %v", err.Error())
            err = tx.Rollback()
            if err != nil {
                repo.Logger.Panicf("Transaction cannot be rolled back: %v", err.Error())
            }
        }
        order.ID = int(id)
    }
```

上述方法使用事务来确保将新订单及其相关产品选择添加到数据库中。如果事务失败，则会回滚所做的更改。

37.1.5 创建请求处理程序和模板

下一步是定义请求处理程序，允许用户提供他们的详细发货信息并结账。如本章开头所述，存储订单即表示完成了结账过程，尽管真正的在线商店会提示用户付款。将名为 `order_handler.go` 的文件添加到 `sportsstore/store` 文件夹，其内容如代码清单 37-17 所示。

代码清单 37-17 store/order_handler.go 文件内容

```
package store

import (
    "encoding/json"
    "platform/http/actionresults"
    "platform/http/handling"
    "platform/sessions"
    "platform/validation"
    "sportsstore/models"
    "sportsstore/store/cart"
    "strings"
)
type OrderHandler struct {
    cart.Cart
    sessions.Session
    Repository models.Repository
    URLGenerator handling.URLGenerator
    validation.Validator
}
```

```
type OrderTemplateContext struct {
    models.ShippingDetails
    ValidationErrors [][]string
    CancelUrl string
}

func (handler OrderHandler) GetCheckout() actionresults.ActionResult {
    context := OrderTemplateContext {}
    jsonData := handler.Session.GetValueDefault("checkout_details", "")
    if jsonData != nil {
        json.NewDecoder(strings.NewReader(jsonData.(string))).Decode(&context)
    }
    context.CancelUrl = mustGenerateUrl(handler.URLGenerator, CartHandler.GetCart)
    return actionresults.NewTemplateAction("checkout.html", context)
}

func (handler OrderHandler) PostCheckout(details models.ShippingDetails) actionresults.
ActionResult {
    valid, errors := handler.Validator.Validate(details)
    if (!valid) {
        ctx := OrderTemplateContext {
            ShippingDetails: details,
            ValidationErrors: [][]string {},
        }
        for _, err := range errors {
            ctx.ValidationErrors = append(ctx.ValidationErrors,
                []string { err.FieldName, err.Error.Error()})
        }

        builder := strings.Builder{}
        json.NewEncoder(&builder).Encode(ctx)
        handler.Session.SetValue("checkout_details", builder.String())
        redirectUrl := mustGenerateUrl(handler.URLGenerator,
            OrderHandler.GetCheckout)
        return actionresults.NewRedirectAction(redirectUrl)
    } else {
        handler.Session.SetValue("checkout_details", "")
    }
    order := models.Order {
        ShippingDetails: details,
        Products: []models.ProductSelection {},
    }
    for _, cl := range handler.Cart.GetLines() {
        order.Products = append(order.Products, models.ProductSelection {
            Quantity: cl.Quantity,
            Product: cl.Product,
        })
    }
    handler.Repository.SaveOrder(&order)
    handler.Cart.Reset()
    targetUrl, _ := handler.URLGenerator.GenerateUrl(OrderHandler.GetSummary,
        order.ID)
    return actionresults.NewRedirectAction(targetUrl)
}

func (handler OrderHandler) GetSummary(id int) actionresults.ActionResult {
    targetUrl, _ := handler.URLGenerator.GenerateUrl(ProductHandler.GetProducts,
        0, 1)
```

```
    return actionresults.NewTemplateAction("checkout_summary.html", struct {
        ID int
        TargetUrl string
    }{ ID: id, TargetUrl: targetUrl})
}
```

这个处理程序定义了三个方法。GetCheckout 方法显示一个 HTML 表单，允许用户输入他们的详细发货信息，在结账时出现的任何验证错误也都会显示出来。

PostCheckout 方法是 GetCheckout 方法渲染的表单的目标。该方法验证用户提供的数据，如果有错误，它将浏览器重定向回 GetCheckout 方法。我使用会话将数据从 PostCheckout 方法传递到 GetCheckout 方法，将数据编码为 JSON 并解码，以便它可以存储在会话 cookie 中。

如果没有验证错误，PostCheckout 方法将使用用户提供的详细发货信息和从购物车中获取的产品详细信息创建一个订单，处理程序将其作为服务获取。Order 使用存储库存储，浏览器被重定向到 GetSummary 方法，该方法渲染一个显示摘要的模板。

要创建详细发货信息的模板，请将名为 checkout.html 的文件添加到 sportsstore/templates 文件夹，其内容如代码清单 37-18 所示。

代码清单 37-18 templates/checkout.html 文件内容

```
{{ layout "simple_layout.html" }}
{{ $context := .}}
{{ $details := .ShippingDetails }}

<div class="p-2">
    <h2>Check out now</h2>
    Please enter your details, and we'll ship your goods right away!
</div>

{{ if gt (len $context.ValidationErrors) 0}}
    <ul class="text-danger mt-3">
        {{ range $context.ValidationErrors }}
            <li>
                {{ index . 0 }}: {{ index . 1 }}
            </li>
        {{ end }}
    </ul>
{{ end }}

<form method="POST" class="p-2">
    <h3>Ship to</h3>
    <div class="form-group">
        <label class="form-label">Name:</label>
        <input name="name" class="form-control" value="{{ $details.Name }}" />
    </div>
    <div class="form-group">
        <label>Street Address:</label>
        <input name="streetaddr" class="form-control"
            value="{{ $details.StreetAddr }}" />
    </div>
    <div class="form-group">
        <label>City:</label>
        <input name="city" class="form-control" value="{{ $details.City }}" />
    </div>
```

```
    <div class="form-group">
        <label>State:</label>
        <input name="state" class="form-control" value="{{ $details.State }}" />
    </div>
    <div class="form-group">
        <label>Zip:</label>
        <input name="zip" class="form-control" value="{{ $details.Zip }}" />
    </div>
    <div class="form-group">
        <label>Country:</label>
        <input name="country" class="form-control" value="{{ $details.Country }}" />
    </div>
    <div class="text-center py-1">
        <a class="btn btn-secondary m-1" href="{{ $context.CancelUrl }}">Cancel</a>
        <button class="btn btn-primary m-1" type="submit">Submit</button>
    </div>
</form>
```

要创建在结账流程结束时显示的模板，请将名为 checkout_summary.html 的文件添加到 sportsstore/templates 文件夹，其内容如代码清单 37-19 所示。

代码清单 37-19 templates/checkout_summary.html 文件内容

```
{{ layout "simple_layout.html" }}
{{ $context := . }}

<div class="text-center m-3">
    <h2>Thanks!</h2>
    <p>Thanks for placing order #{{ $context.ID }} </p>
    <p>We'll ship your goods as soon as possible.</p>
    <a class="btn btn-primary" href="{{ $context.TargetUrl }}">
        Return to Store
    </a>
</div>
```

上述模板包含一个链接，可使用户返回到产品列表。PostCheckout 方法重置用户的购物车，允许用户重新开始购物过程。

1. 整合结账流程

要让用户从购物车小计页进入结账流程，请进行代码清单 37-20 所示的更改。

代码清单 37-20 在 store/cart_handler.go 文件中添加 ontext 属性

```
...
func (handler CartHandler) GetCart() actionresults.ActionResult {
    return actionresults.NewTemplateAction("cart.html", CartTemplateContext {
        Cart: handler.Cart,
        ProductListUrl: handler.mustGenerateUrl(ProductHandler.GetProducts, 0, 1),
        RemoveUrl: handler.mustGenerateUrl(CartHandler.PostRemoveFromCart),
        CheckoutUrl: handler.mustGenerateUrl(OrderHandler.GetCheckout),
    })
}
...
```

上述更改设置 context 属性的值，为模板提供一个指向结账处理程序的 URL。代码清单 37-21 添加了使用 URL 的链接。

代码清单 37-21 在 templates/cart.html 文件中添加一个元素

```
...
<div class="text-center">
    <a class="btn btn-primary" href="{{ $context.ProductListUrl }}">
        Continue shopping
    </a>
    <a class="btn btn-danger" href="{{ $context.CheckoutUrl }}">Checkout</a>
</div>
...
```

2. 注册请求处理程序

代码清单 37-22 注册了请求处理程序，以便它可以接收请求。

代码清单 37-22 在 sportsstore/main.go 文件中注册一个新的处理程序

```
...
func createPipeline() pipeline.RequestPipeline {
    return pipeline.CreatePipeline(
        &basic.ServicesComponent{},
        &basic.LoggingComponent{},
        &basic.ErrorComponent{},
        &basic.StaticFileComponent{},
        &sessions.SessionComponent{},
        handling.NewRouter(
            handling.HandlerEntry{ "",  store.ProductHandler{}},
            handling.HandlerEntry{ "",  store.CategoryHandler{}},
            handling.HandlerEntry{ "", store.CartHandler{}},
            handling.HandlerEntry{ "", store.OrderHandler{}},
        ).AddMethodAlias("/", store.ProductHandler.GetProducts, 0, 1).
            AddMethodAlias("/products[/]?[A-z0-9]*?",
                store.ProductHandler.GetProducts, 0, 1),
    )
}
...
```

编译并执行项目，使用浏览器请求 http://localhost:5000。将产品添加到购物车并单击“结账”（Checkout）按钮，这将显示图 37-1 所示的表单。

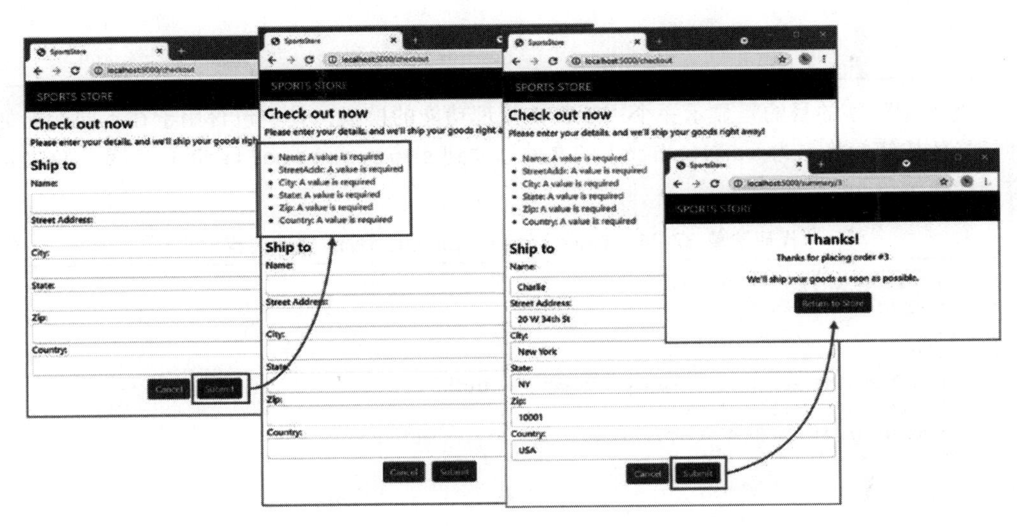

图 37-1 结账流程

37.2 创建管理功能

至此，SportsStore 应用程序已经有了基本的产品列表和结账流程，接下来就该创建管理功能了。我将从一些生成占位符内容的基本模板和处理程序开始。

创建 `sportsstore/admin` 文件夹并向其中添加一个名为 `main_handler.go` 的文件，其内容如代码清单 37-23 所示。

代码清单 37-23 admin/main_handler.go 文件内容

```
package admin

import (
    "platform/http/actionresults"
    "platform/http/handling"
)

var sectionNames = []string { "Products", "Categories", "Orders", "Database"}

type AdminHandler struct {
    handling.URLGenerator
}

type AdminTemplateContext struct {
    Sections []string
    ActiveSection string
    SectionUrlFunc func(string) string
}

func (handler AdminHandler) GetSection(section string) actionresults.ActionResult {
    return actionresults.NewTemplateAction("admin.html", AdminTemplateContext {
        Sections: sectionNames,
        ActiveSection: section,
        SectionUrlFunc: func(sec string) string {
            sectionUrl, _ := handler.GenerateUrl(AdminHandler.GetSection, sec)
            return sectionUrl
        },
    })
}
```

上述处理程序的目的是显示一个用于整体管理功能的模板，其中包含用于在不同功能部分之间切换的按钮。将名为 `admin.html` 的文件添加到 `sportsstore/templates` 文件夹，其内容如代码清单 37-24 所示。

代码清单 37-24 templates/admin.html 文件内容

```
{{ $context := . }}
<!DOCTYPE html>
<html>
<head>
    <meta name="viewport" content="width=device-width" />
    <title>SportsStore</title>
    <link href="/files/bootstrap.min.css" rel="stylesheet" />
</head>
<body>
```

```
    <div class="bg-info text-white p-2">
        <div class="container-fluid">
            <div class="row">
                <div class="col navbar-brand">SPORTS STORE Administration</div>
            </div>
        </div>
    </div>
    <div class="row m-1 p-1">
        <div id="sidebar" class="col-3">
            <div class="d-grid gap-2">
                {{ range $context.Sections }}
                    <a href="{{ call $context.SectionUrlFunc . }}"
                        {{ if eq . $context.ActiveSection }}
                            class="btn btn-info">
                        {{ else }}
                            class="btn btn-outline-info">
                        {{ end }}
                        {{ . }}
                    </a>
                {{ end }}
            </div>
        </div>
        <div class="col-9">
            {{ if eq $context.ActiveSection ""}}
                <h6 class="p-2">
                    Welcome to the SportsStore Administration Features
                </h6>
            {{ else }}
                {{ handler $context.ActiveSection "getdata" }}
            {{ end }}
        </div>
    </div>
</body>
</html>
```

上述模板使用不同的配色方案来表示管理功能，并显示为两列布局，一列是用于切换不同管理功能的按钮，另一列则是选定的管理功能。使用 handler 函数展示所选功能。

将名为 products_handler.go 的文件添加到 sportsstore/admin 文件夹，其内容如代码清单 37-25 所示。

代码清单 37-25 admin/products_handler.go 文件内容

```
package admin

type ProductsHandler struct {}

func (handler ProductsHandler) GetData() string {
    return "This is the products handler"
}
```

将名为 categories_handler.go 的文件添加到 sportsstore/admin 文件夹，其内容如代码清单 37-26 所示。

代码清单 37-26 admin/categories_handler.go 文件内容

```
package admin
```

```
type CategoriesHandler struct {}

func (handler CategoriesHandler) GetData() string {
    return "This is the categories handler"
}
```

将名为 orders_handler.go 的文件添加到 sportsstore/admin 文件夹，其内容如代码清单 37-27 所示。

代码清单 37-27 admin/orders_handler.go 文件内容

```
package admin

type OrdersHandler struct {}

func (handler OrdersHandler) GetData() string {
    return "This is the orders handler"
}
```

要完成一组处理程序，请将名为 database_handler.go 的文件添加到 sportsstore/admin 文件夹，其内容如代码清单 37-28 所示。

代码清单 37-28 admin/database_handler.go 文件内容

```
package admin

type OrdersHandler struct {}

func (handler OrdersHandler) GetData() string {
    return "This is the orders handler"
}
```

我将在第 38 章中为管理功能添加访问控制，但现在，我将注册新的处理程序，以便任何人都可以访问它们，如代码清单 37-29 所示。

代码清单 37-29 在 sportsstore/main.go 文件中注册管理处理程序

```
package main

import (
    "sync"
    "platform/http"
    "platform/http/handling"
    "platform/services"
    "platform/pipeline"
    "platform/pipeline/basic"
    "sportsstore/store"
    "sportsstore/models/repo"
    "platform/sessions"
    "sportsstore/store/cart"
    "sportsstore/admin"
)

func registerServices() {
    services.RegisterDefaultServices()
    //repo.RegisterMemoryRepoService()
```

```
        repo.RegisterSqlRepositoryService()
        sessions.RegisterSessionService()
        cart.RegisterCartService()
    }

    func createPipeline() pipeline.RequestPipeline {
        return pipeline.CreatePipeline(
            &basic.ServicesComponent{},
            &basic.LoggingComponent{},
            &basic.ErrorComponent{},
            &basic.StaticFileComponent{},
            &sessions.SessionComponent{},
            handling.NewRouter(
                handling.HandlerEntry{ "",  store.ProductHandler{}},
                handling.HandlerEntry{ "",  store.CategoryHandler{}},
                handling.HandlerEntry{ "", store.CartHandler{}},
                handling.HandlerEntry{ "", store.OrderHandler{}},
                handling.HandlerEntry{ "admin", admin.AdminHandler{}},
                handling.HandlerEntry{ "admin", admin.ProductsHandler{}},
                handling.HandlerEntry{ "admin", admin.CategoriesHandler{}},
                handling.HandlerEntry{ "admin", admin.OrdersHandler{}},
                handling.HandlerEntry{ "admin", admin.DatabaseHandler{}},
                ).AddMethodAlias("/", store.ProductHandler.GetProducts, 0, 1).
    AddMethodAlias("/products[/]?[A-z0-9]*?", store.ProductHandler.GetProducts, 0, 1).
                    AddMethodAlias("/admin[/]?", admin.AdminHandler.GetSection, ""),
        )
    }

    func main() {
        registerServices()
        results, err := services.Call(http.Serve, createPipeline())
        if (err == nil) {
            (results[0].(*sync.WaitGroup)).Wait()
        } else {
            panic(err)
        }
    }
```

编译并执行该项目，使用浏览器请求 http://localhost:5000/admin，这将产生如图 37-2 所示的响应。单击左侧列中的导航按钮会调用右侧列中的不同的处理程序进行处理。

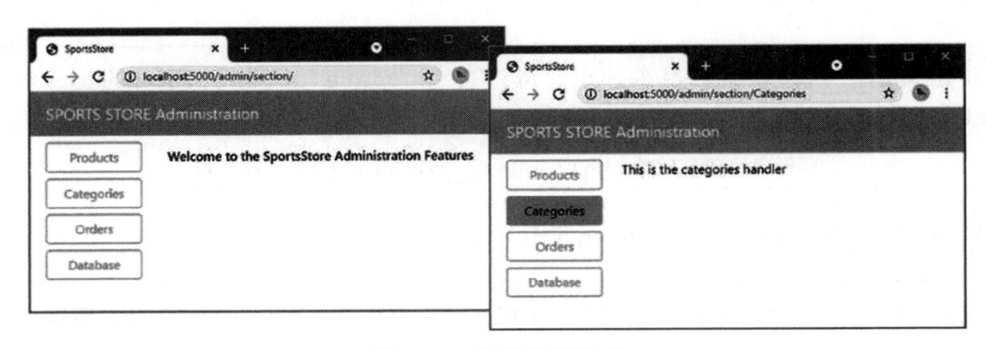

图 37-2　实现管理功能

37.2.1 创建产品管理功能

产品管理功能主要是将新产品添加到商店并修改现有产品。为了简单起见，不允许从数据库中删除产品，这是通过表之间的外键关系约束的。

1. 扩展存储库

第一步是扩展存储库，以便对数据库进行修改。代码清单 37-30 向 `Repository` 接口添加了一个新方法。

代码清单 37-30 在 models/repository.go 文件中定义一个方法

```
package models

type Repository interface {

    GetProduct(id int) Product
    GetProducts() []Product
    SaveProduct(*Product)

    GetProductPage(page, pageSize int) (products []Product, totalAvailable int)

    GetProductPageCategory(categoryId int, page, pageSize int) (products []Product,
        totalAvailable int)

    GetCategories() []Category

    GetOrder(id int) Order
    GetOrders() []Order
    SaveOrder(*Order)

    Seed()
}
```

要定义用于存储新产品的 SQL，请将名为 `save_product.sql` 的文件添加到 `sportsstore/sql` 文件夹，其内容如代码清单 37-31 所示。

代码清单 37-31 sql/save_product.sql 文件内容

```
INSERT INTO Products(Name, Description, Category, Price)
VALUES (?, ?, ?, ?)
```

要定义用于修改现有产品的 SQL，请将名为 `update_product.sql` 的文件添加到 `sportsstore/sql` 文件夹，其内容如代码清单 37-32 所示。

代码清单 37-32 sql/update_product.sql 文件内容

```
UPDATE Products
SET Name = ?, Description = ?, Category = ?, Price =?
WHERE Id == ?
```

代码清单 37-33 添加了新命令，这些命令将提供对 SQL 文件的访问以修改产品数据。

代码清单 37-33 在 models/repo/sql_repo.go 文件中添加命令

```
package repo
```

```
import (
    "database/sql"
    "platform/config"
    "platform/logging"
    "context"
)

type SqlRepository struct {
    config.Configuration
    logging.Logger
    Commands SqlCommands
    *sql.DB
    context.Context
}

type SqlCommands struct {
    Init,
    Seed,
    GetProduct,
    GetProducts,
    GetCategories,
    GetPage,
    GetPageCount,
    GetCategoryPage,
    GetCategoryPageCount,
    GetOrder,
    GetOrderLines,
    GetOrders,
    GetOrdersLines,
    SaveOrder,
    SaveOrderLine,
    SaveProduct,
    UpdateProduct *sql.Stmt
}
```

代码清单 37-34 添加了新的配置项，用于指定提供新命令的 SQL 文件的位置。

代码清单 37-34　在 sportsstore/config.json 文件中添加配置项

```
...
"sql": {
    "connection_str": "store.db",
    "always_reset": true,
    "commands": {
        "Init":                 "sql/init_db.sql",
        "Seed":                 "sql/seed_db.sql",
        "GetProduct":           "sql/get_product.sql",
        "GetProducts":          "sql/get_products.sql",
        "GetCategories":        "sql/get_categories.sql",
        "GetPage":              "sql/get_product_page.sql",
        "GetPageCount":         "sql/get_page_count.sql",
        "GetCategoryPage":      "sql/get_category_product_page.sql",
        "GetCategoryPageCount": "sql/get_category_product_page_count.sql",
        "GetOrder":             "sql/get_order.sql",
        "GetOrderLines":        "sql/get_order_lines.sql",
        "GetOrders":            "sql/get_orders.sql",
        "GetOrdersLines":       "sql/get_orders_lines.sql",
        "SaveOrder":            "sql/save_order.sql",
```

```
            "SaveOrderLine":         "sql/save_order_line.sql",
            "SaveProduct":           "sql/save_product.sql",
            "UpdateProduct":         "sql/update_product.sql"
        }
    }
...
```

要使用 SQL 命令来实现存储库方法，在 `sportsstore/models/repo` 文件夹中添加一个名为 `sql_products_save.go` 的文件，其内容如代码清单 37-35 所示。

代码清单 37-35 models/repo/sql_products_save.go 文件内容

```
package repo

import "sportsstore/models"

func (repo *SqlRepository) SaveProduct(p *models.Product) {

    if (p.ID == 0) {
        result, err := repo.Commands.SaveProduct.ExecContext(repo.Context, p.Name,
            p.Description, p.Category.ID, p.Price)
        if err == nil {
            id, err := result.LastInsertId()
            if err == nil {
                p.ID = int(id)
                return
            } else {
                repo.Logger.Panicf("Cannot get inserted ID: %v", err.Error())
            }
        } else {
            repo.Logger.Panicf("Cannot exec SaveProduct command: %v", err.Error())
        }
    } else {
        result, err := repo.Commands.UpdateProduct.ExecContext(repo.Context, p.Name,
            p.Description, p.Category.ID, p.Price, p.ID)
        if err == nil {
            affected, err := result.RowsAffected()
            if err == nil && affected != 1 {
                repo.Logger.Panicf("Got unexpected rows affected: %v", affected)
            } else if err != nil {
                repo.Logger.Panicf("Cannot get rows affected: %v", err)
            }
        } else {
            repo.Logger.Panicf("Cannot exec Update command: %v", err.Error())
        }
    }
}
```

如果上述方法接收到的 `Product` 的 `ID` 属性为零，则将数据添加到数据库；否则，执行更新操作。

2. 实现产品请求处理程序

下一步是从请求处理程序中删除占位符，并添加支持管理员查看和编辑 `Product` 数据的实际功能。将 `sportsstore/admin` 文件夹中 `products_handler.go` 文件的内容替换为代码清单 37-36 所示的内容。确保你编辑的是 `admin` 文件夹中的文件，而不是 `store` 文件夹中名称相似的文件。

代码清单 37-36 在 admin/products_handler.go 文件中添加功能

```
package admin

import (
    "sportsstore/models"
    "platform/http/actionresults"
    "platform/http/handling"
    "platform/sessions"
)

type ProductsHandler struct {
    models.Repository
    handling.URLGenerator
    sessions.Session
}
type ProductTemplateContext struct {
    Products []models.Product
    EditId int
    EditUrl string
    SaveUrl string
}

const PRODUCT_EDIT_KEY string = "product_edit"

func (handler ProductsHandler) GetData() actionresults.ActionResult {
    return actionresults.NewTemplateAction("admin_products.html",
            ProductTemplateContext {
        Products: handler.GetProducts(),
        EditId: handler.Session.GetValueDefault(PRODUCT_EDIT_KEY, 0).(int),
        EditUrl: mustGenerateUrl(handler.URLGenerator,
            ProductsHandler.PostProductEdit),
        SaveUrl: mustGenerateUrl(handler.URLGenerator,
            ProductsHandler.PostProductSave),
    })
}

type EditReference struct {
    ID int
}

func (handler ProductsHandler) PostProductEdit(ref EditReference) actionresults.
ActionResult {
    handler.Session.SetValue(PRODUCT_EDIT_KEY, ref.ID)
    return actionresults.NewRedirectAction(mustGenerateUrl(handler.URLGenerator,
        AdminHandler.GetSection, "Products"))
}

type ProductSaveReference struct {
    Id int
    Name, Description string
    Category int
    Price float64
}

func (handler ProductsHandler) PostProductSave(
```

```
        p ProductSaveReference) actionresults.ActionResult {

    handler.Repository.SaveProduct(&models.Product{
        ID: p.Id, Name: p.Name, Description: p.Description,
        Category: &models.Category{ ID: p.Category },
        Price: p.Price,
    })
    handler.Session.SetValue(PRODUCT_EDIT_KEY, 0)
    return actionresults.NewRedirectAction(mustGenerateUrl(handler.URLGenerator,
        AdminHandler.GetSection, "Products"))
}
func mustGenerateUrl(gen handling.URLGenerator, target interface{},
        data ...interface{}) string {
    url, err := gen.GenerateUrl(target, data...)
    if (err != nil) {
        panic(err)
    }
    return url
}
```

GetData 方法渲染一个名为 **admin_products.html** 的模板，其中包含数据库中的 **Product** 值的上下文数据、一个用于表示用户要编辑的 **Product** 的 **ID** 的 **int** 值，以及用于导航的 URL。要创建模板，请将名为 **admin_products.html** 的文件添加到 **sportsstore/templates** 文件夹，其内容如代码清单 37-37 所示。

代码清单 37-37 templates/admin_products.html 文件内容

```
{{ $context := . }}
<table class="table table-sm table-striped table-bordered">
    <thead>
        <tr>
            <th>ID</th><th>Name</th><th>Description</th>
            <th>Category</th><th class="text-end">Price</th><th></th>
        </tr>
    </thead>
    <tbody>
        {{ range $context.Products }}
            {{ if ne $context.EditId .ID}}
                <tr>
                    <td>{{ .ID }}</td>
                    <td>{{ .Name }}</td>
                    <td>
                        <span class="d-inline-block text-truncate"
                            style="max-width: 200px;">
                               {{ .Description }}
                        </span>
                    </td>
                    <td>{{ .CategoryName }}</td>
                    <td class="text-end">{{ printf "$%.2f" .Price }}</td>
                    <td class="text-center">
                        <form method="POST" action="{{ $context.EditUrl }}">
                            <input type="hidden" name="id" value="{{ .ID }}" />
                            <button class="btn btn-sm btn-warning" type="submit">
                                Edit
                            </button>
                        </form>
```

```
                </td>
            </tr>
        {{ else }}
            <tr>
                <form method="POST" action="{{ $context.SaveUrl }}" >
                    <input type="hidden" name="id" value="{{ .ID }}" />
                    <td>
                            <input class="form-control" disabled value="{{.ID}}"
                                size="3"/>
                        </td>
                        <td><input name="name" class="form-control" size=12
                            value="{{ .Name }}" /></td>
                        <td><input name="description" class="form-control"
                             size=15 value="{{ .Description }}" /></td>
                        <td>{{ handler "categories" "getselect" .Category.ID }}</td>
                        <td><input name="price" class="form-control text-end"
                            size=7 value="{{ .Price }}"/></td>
                        <td>
                            <button class="btn btn-sm btn-danger" type="submit">
                                Save
                            </button>
                        </td>
                    </form>
                </tr>
            {{ end }}
        {{ end }}
    </tbody>
    {{ if eq $context.EditId 0}}
        <tfoot>
            <tr><td colspan="6" class="text-center">Add New Product</td></tr>
            <tr>
                <form method="POST" action="{{ $context.SaveUrl }}" >
                    <td>-</td>
                    <td><input name="name" class="form-control" size=12 /></td>
                    <td><input name="description" class="form-control"
                        size=15 /></td>
                    <td>{{ handler "categories" "getselect" 0 }}</td>
                    <td><input name="price" class="form-control" size=7 /></td>
                    <td>
                        <button class="btn btn-sm btn-danger" type="submit">
                            Save
                        </button>
                    </td>
                </form>
            </tr>
        </tfoot>
    {{ end }}
</table>
```

上述模板生成一个包含所有产品的 HTML 模板，以及一个用于修改现有产品和另一个用于创建新产品的内联编辑器。这两个任务都需要一个 `select` 元素，以便用户能选择一个类别，该元素是通过调用 CategoriesHandler 定义的方法生成的。代码清单 37-38 将此方法添加到请求处理程序中。

代码清单 37-38 在 admin/categories_handler.go 文件中添加对 select 元素的支持

```
package admin

import (
    "platform/http/actionresults"
    "sportsstore/models"
)

type CategoriesHandler struct {
    models.Repository
}

func (handler CategoriesHandler) GetData() string {
    return "This is the categories handler"
}

func (handler CategoriesHandler) GetSelect(current int) actionresults.ActionResult {
    return actionresults.NewTemplateAction("select_category.html", struct {
        Current int
        Categories []models.Category
    }{ Current: current, Categories: handler.GetCategories()})
}
```

要定义 GetSelect 方法使用的模板，请将名为 select_category.html 的文件添加到 sportsstore/templates 文件夹，其内容如代码清单 37-39 所示。

代码清单 37-39 templates/select_category.html 文件内容

```
{{ $context := . }}

<select class="form-select" name="category" value="{{ $context.Current }}">
    <option value="0">Select a category</option>
    {{ range $context.Categories }}
        <option value="{{.ID}}" {{ if eq $context.Current .ID }}selected{{end}}>
            {{.CategoryName}}
        </option>
    {{ end }}
</select>
```

编译并执行项目，使用浏览器请求 http://localhost:5000/admin，然后单击“产品”(Products)按钮。你将看到已从数据库中读取的产品列表。单击其中一个“编辑”（Edit）按钮选择要编辑的产品，在表单字段中输入新值，然后单击“提交”（Submit）按钮将更改保存到数据库中，如图 37-3 所示。

注意 SportsStore 应用程序现在的配置为在每次启动时重置数据库，这意味着你对数据库所做的任何修改都将被丢弃。当在第 38 章准备部署应用程序时，我将禁用该设置。

当没有选择产品进行编辑时，可使用表格底部的表单在数据库中添加新产品，如图 37-4 所示。

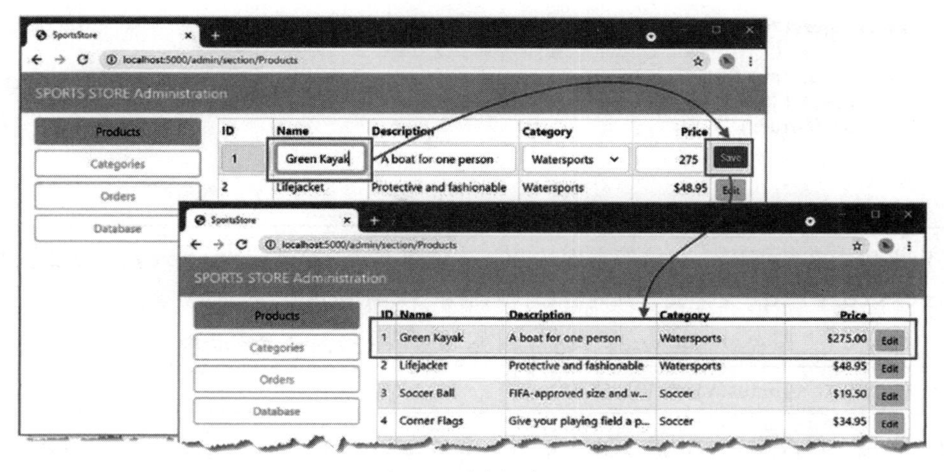

图 37-3　编辑产品

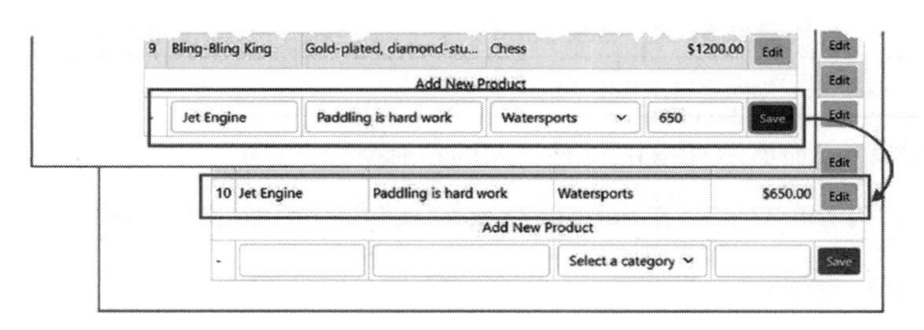

图 37-4　添加产品

37.2.2　创建类别管理功能

下面，我将应用上一小节中建立的基本模式来实现其他管理功能。

1. 扩展存储库

代码清单 37-40 向 `Repository` 接口添加了一个方法，用于存储类别。

代码清单 37-40　在 models/repository.go 文件中添加方法

```
package models

type Repository interface {

    GetProduct(id int) Product
    GetProducts() []Product
    SaveProduct(*Product)

    GetProductPage(page, pageSize int) (products []Product, totalAvailable int)

    GetProductPageCategory(categoryId int, page, pageSize int) (products []Product,
        totalAvailable int)

    GetCategories() []Category
```

```
    SaveCategory(*Category)

    GetOrder(id int) Order
    GetOrders() []Order
    SaveOrder(*Order)

    Seed()
}
```

要定义用于在数据库中存储新类别的 SQL，请将名为 `save_category.sql` 的文件添加到 `sportsstore/sql` 文件夹，其内容如代码清单 37-41 所示。

代码清单 37-41 sql/save_category.sql 文件内容

```
INSERT INTO Categories(Name) VALUES (?)
```

要定义用于修改现有类别的 SQL，请将一个名为 `update_category.sql` 的文件添加到 `sportsstore/sql` 文件夹，其内容如代码清单 37-42 所示。

代码清单 37-42 sql/update_category.sql 文件内容

```
UPDATE Categories SET Name = ? WHERE Id == ?
```

代码清单 37-43 添加提供对 SQL 文件访问的新命令。

代码清单 37-43 在 models/repo/sql_repo.go 文件中添加命令

```
...
type SqlCommands struct {
    Init,
    Seed,
    GetProduct,
    GetProducts,
    GetCategories,
    GetPage,
    GetPageCount,
    GetCategoryPage,
    GetCategoryPageCount,
    GetOrder,
    GetOrderLines,
    GetOrders,
    GetOrdersLines,
    SaveOrder,
    SaveOrderLine,
    SaveProduct,
    UpdateProduct,
    SaveCategory,
    UpdateCategory *sql.Stmt
}
...
```

代码清单 37-44 添加指定新命令的 SQL 文件位置的配置项。

代码清单 37-44 在 sportsstore/config.json 文件中添加配置项

```
...
"sql": {
```

```
        "connection_str": "store.db",
        "always_reset": true,
        "commands": {
            "Init":                 "sql/init_db.sql",
            "Seed":                 "sql/seed_db.sql",
            "GetProduct":           "sql/get_product.sql",
            "GetProducts":          "sql/get_products.sql",
            "GetCategories":        "sql/get_categories.sql",
            "GetPage":              "sql/get_product_page.sql",
            "GetPageCount":         "sql/get_page_count.sql",
            "GetCategoryPage":      "sql/get_category_product_page.sql",
            "GetCategoryPageCount": "sql/get_category_product_page_count.sql",
            "GetOrder":             "sql/get_order.sql",
            "GetOrderLines":        "sql/get_order_lines.sql",
            "GetOrders":            "sql/get_orders.sql",
            "GetOrdersLines":       "sql/get_orders_lines.sql",
            "SaveOrder":            "sql/save_order.sql",
            "SaveOrderLine":        "sql/save_order_line.sql",
            "SaveProduct":          "sql/save_product.sql",
            "UpdateProduct":        "sql/update_product.sql",
            "SaveCategory":         "sql/save_category.sql",
            "UpdateCategory":       "sql/update_category.sql"
        }
    }
    ...
```

要实现新接口方法，请将名为 `sql_category_save.go` 的文件添加到 `sportsstore/models/repo` 文件夹，其内容如代码清单 37-45 所示。

代码清单 37-45　models/repo/sql_category_save.go 文件内容

```go
package repo

import "sportsstore/models"

func (repo *SqlRepository) SaveCategory(c *models.Category) {
    if (c.ID == 0) {
        result, err := repo.Commands.SaveCategory.ExecContext(repo.Context,
            c.CategoryName)
        if err == nil {
            id, err := result.LastInsertId()
            if err == nil {
                c.ID = int(id)
                return
            } else {
                repo.Logger.Panicf("Cannot get inserted ID: %v", err.Error())
            }
        } else {
            repo.Logger.Panicf("Cannot exec SaveCategory command: %v", err.Error())
        }
    } else {
        result, err := repo.Commands.UpdateCategory.ExecContext(repo.Context,
            c.CategoryName, c.ID)
        if err == nil {
            affected, err := result.RowsAffected()
            if err == nil && affected != 1 {
                repo.Logger.Panicf("Got unexpected rows affected: %v", affected)
```

```
            } else if err != nil {
                repo.Logger.Panicf("Cannot get rows affected: %v", err)
            }
        } else {
            repo.Logger.Panicf("Cannot exec UpdateCategory command: %v", err.Error())
        }
    }
}
```

如果上述方法接收到的 `Category` 的 `ID` 属性为零，则将数据添加到数据库；否则，更新已有数据。

2. 实现类别请求处理程序

将 `sportsstore/admin` 文件夹中 `categories_handler.go` 文件的内容替换为代码清单 37-46 所示的代码。

代码清单 37-46　替换 admin/categories_handler.go 文件的内容

```
package admin

import (
    "sportsstore/models"
    "platform/http/actionresults"
    "platform/http/handling"
    "platform/sessions"
)

type CategoriesHandler struct {
    models.Repository
    handling.URLGenerator
    sessions.Session
}

type CategoryTemplateContext struct {
    Categories []models.Category
    EditId int
    EditUrl string
    SaveUrl string
}

const CATEGORY_EDIT_KEY string = "category_edit"

func (handler CategoriesHandler) GetData() actionresults.ActionResult {
    return actionresults.NewTemplateAction("admin_categories.html",
        CategoryTemplateContext {
            Categories: handler.Repository.GetCategories(),
            EditId: handler.Session.GetValueDefault(CATEGORY_EDIT_KEY, 0).(int),
            EditUrl: mustGenerateUrl(handler.URLGenerator,
                CategoriesHandler.PostCategoryEdit),
            SaveUrl: mustGenerateUrl(handler.URLGenerator,
                CategoriesHandler.PostCategorySave),
        })
}

func (handler CategoriesHandler) PostCategoryEdit(ref EditReference) actionresults.
ActionResult {
```

```
    handler.Session.SetValue(CATEGORY_EDIT_KEY, ref.ID)
    return actionresults.NewRedirectAction(mustGenerateUrl(handler.URLGenerator,
         AdminHandler.GetSection, "Categories"))
}

func (handler CategoriesHandler) PostCategorySave(
        c models.Category) actionresults.ActionResult {
    handler.Repository.SaveCategory(&c)
    handler.Session.SetValue(CATEGORY_EDIT_KEY, 0)
    return actionresults.NewRedirectAction(mustGenerateUrl(handler.URLGenerator,
        AdminHandler.GetSection, "Categories"))
}

func (handler CategoriesHandler) GetSelect(current int) actionresults.ActionResult {
    return actionresults.NewTemplateAction("select_category.html", struct {
        Current int
        Categories []models.Category
    }{ Current: current, Categories: handler.GetCategories()})
}
```

要定义该处理程序使用的模板，请将名为 `admin_categories.html` 的文件添加到 `sportsstore/templates` 文件夹，其内容如代码清单 37-47 所示。

代码清单 37-47 templates/admin_categories.html 文件内容

```
{{ $context := . }}
<table class="table table-sm table-striped table-bordered">
    <thead><tr><th>ID</th><th>Name</th><th></th></tr></thead>
    <tbody>
        {{ range $context.Categories }}
            {{ if ne $context.EditId .ID}}
                <tr>
                    <td>{{ .ID }}</td>
                    <td>{{ .CategoryName }}</td>
                    <td class="text-center">
                        <form method="POST" action="{{ $context.EditUrl }}">
                            <input type="hidden" name="id" value="{{ .ID }}" />
                            <button class="btn btn-sm btn-warning" type="submit">
                                Edit
                            </button>
                        </form>
                    </td>
                </tr>
            {{ else }}
                <tr>
                    <form method="POST" action="{{ $context.SaveUrl }}" >
                        <input type="hidden" name="id" value="{{ .ID }}" />
                        <td>
                            <input class="form-control" disabled
                                value="{{.ID}}" size="3"/>
                        </td>
                        <td><input name="categoryname" class="form-control" size=12
                            value="{{ .CategoryName }}" /></td>
                    <td class="text-center">
                            <button class="btn btn-sm btn-danger" type="submit">
                                Save
                            </button>
```

```
                        </td>
                    </form>
                </tr>
            {{end }}
        {{ end }}
    </tbody>
    {{ if eq $context.EditId 0}}
        <tfoot>
            <tr><td colspan="6" class="text-center">Add New Category</td></tr>
            <tr>
                <form method="POST" action="{{ $context.SaveUrl }}" >
                    <td>-</td>
                    <td><input name="categoryname" class="form-control"
                        size=12 /></td>
                    <td class="text-center">
                        <button class="btn btn-sm btn-danger" type="submit">
                            Save
                        </button>
                    </td>
                </form>
            </tr>
        </tfoot>
    {{ end }}
</table>
```

编译并执行项目，使用浏览器请求 http://localhost:5000/admin，单击“类别”（Categories）按钮，你将看到已从数据库中读取的类别列表，并且可以编辑和创建类别，如图 37-5 所示。

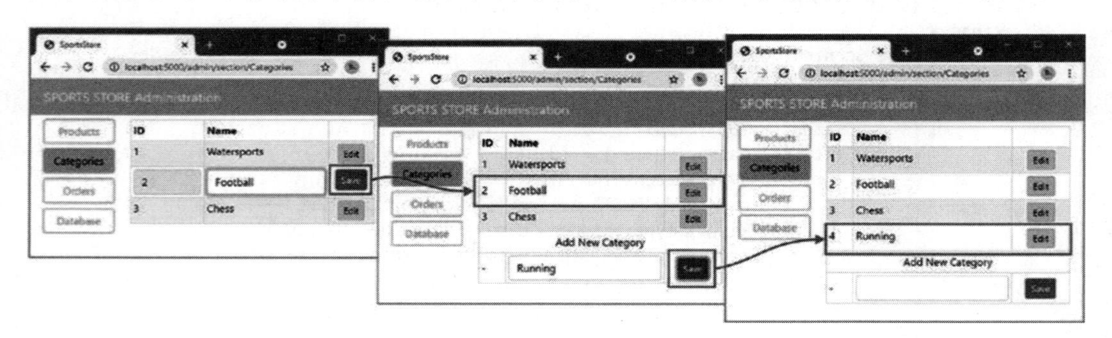

图 37-5 管理类别

37.3 小结

在本章中，我通过添加结账流程并实现管理功能来继续开发 SportsStore 应用程序。下一章将完成这些功能，添加对访问控制的支持，并准备部署应用程序。

第 38 章 Chapter 38

SportsStore：完成与部署

在本章中，我将完成 SportsStore 应用程序的开发并为最终部署做好准备。

38.1 完成管理功能

至此，第 37 章中定义的四个管理部分中的两个尚未实现。我将在本章同时实现这两个功能，大家也会看到它们比产品和类别功能实现起来更简单。

38.1.1 扩展存储库

需要两个新的存储库方法来完成管理功能，如代码清单 38-1 所示。

代码清单 38-1 在 models/repository.go 文件中添加接口

```
package models

type Repository interface {

    GetProduct(id int) Product
    GetProducts() []Product
    SaveProduct(*Product)

    GetProductPage(page, pageSize int) (products []Product, totalAvailable int)
    GetProductPageCategory(categoryId int, page, pageSize int) (products []Product,
        totalAvailable int)

    GetCategories() []Category
    SaveCategory(*Category)

    GetOrder(id int) []Order
    GetOrders() Order
    SaveOrder(*Order)
    SetOrderShipped(*Order)
```

```
    Seed()
    Init()
}
```

SetOrderShipped 方法将用于更新现有订单以指示何时发货。Init 方法对应接口 SQL 实现已定义的方法名，用于让系统管理员准备数据库以供部署后初次使用。

要定义用于更新现有订单的 SQL，请将名为 update_order.sql 的文件添加到 sportsstore/sql 文件夹，其内容如代码清单 38-2 所示。

代码清单 38-2 sql/update_order.sql 文件内容

```
UPDATE Orders SET Shipped = ? WHERE Id == ?
```

代码清单 38-3 添加了一个新命令，以便可以像访问其他 SQL 语句一样访问代码清单 38-2 中定义的 SQL。

代码清单 38-3 在 models/repo/sql_repo.go 文件中添加新命令

```
...
type SqlCommands struct {
    Init,
    Seed,
    GetProduct,
    GetProducts,
    GetCategories,
    GetPage,
    GetPageCount,
    GetCategoryPage,
    GetCategoryPageCount,
    GetOrder,
    GetOrderLines,
    GetOrders,
    GetOrdersLines,
    SaveOrder,
    SaveOrderLine,
    UpdateOrder,
    SaveProduct,
    UpdateProduct,
    SaveCategory,
    UpdateCategory *sql.Stmt
}
...
```

代码清单 38-4 添加了一个配置项，用于指定新命令所需的 SQL 的位置。

代码清单 38-4 在 sportsstore/config.json 文件中添加配置项

```
...
"sql": {
    "connection_str": "store.db",
    "always_reset": true,
    "commands": {
        "Init": "sql/init_db.sql",
        "Seed": "sql/seed_db.sql",
        "GetProduct": "sql/get_product.sql",
        "GetProducts": "sql/get_products.sql",
```

```
            "GetCategories": "sql/get_categories.sql",
            "GetPage": "sql/get_product_page.sql",
            "GetPageCount": "sql/get_page_count.sql",
            "GetCategoryPage": "sql/get_category_product_page.sql",
            "GetCategoryPageCount": "sql/get_category_product_page_count.sql",
            "GetOrder": "sql/get_order.sql",
            "GetOrderLines": "sql/get_order_lines.sql",
            "GetOrders": "sql/get_orders.sql",
            "GetOrdersLines": "sql/get_orders_lines.sql",
            "SaveOrder": "sql/save_order.sql",
            "SaveOrderLine": "sql/save_order_line.sql",
            "SaveProduct":          "sql/save_product.sql",
            "UpdateProduct":        "sql/update_product.sql",
            "SaveCategory":         "sql/save_category.sql",
            "UpdateCategory":       "sql/update_category.sql",
            "UpdateOrder":          "sql/update_order.sql"
        }
    }
...
```

要实现存储库方法，请在 sportsstore/models/repo 文件夹中添加一个名为 sql_order_update.go 的文件，其内容如代码清单 38-5 所示。

代码清单 38-5 models/repo/sql_order_update.go 文件内容

```
package repo

import "sportsstore/models"

func (repo *SqlRepository) SetOrderShipped(o *models.Order) {
    result, err := repo.Commands.UpdateOrder.ExecContext(repo.Context,
        o.Shipped, o.ID)
    if err == nil {
        rows, err :=result.RowsAffected()
        if err != nil {
            repo.Logger.Panicf("Cannot get updated ID: %v", err.Error())
        } else if rows != 1 {
            repo.Logger.Panicf("Got unexpected rows affected: %v", rows)
        }
    } else {
        repo.Logger.Panicf("Cannot exec UpdateOrder command: %v", err.Error())
    }
}
```

38.1.2 实现请求处理程序

要添加对订单管理的支持，请将 sportsstore/admin 文件夹中 orders_handler.go 文件的内容替换为代码清单 38-6 所示的内容。

代码清单 38-6 admin/orders_handler.go 文件的新内容

```
package admin

import (
    "platform/http/actionresults"
```

```
    "platform/http/handling"
    "sportsstore/models"
)

type OrdersHandler struct {
    models.Repository
    handling.URLGenerator
}

func (handler OrdersHandler) GetData() actionresults.ActionResult {
    return actionresults.NewTemplateAction("admin_orders.html", struct {
        Orders []models.Order
         CallbackUrl string
    }{
        Orders: handler.Repository.GetOrders(),
        CallbackUrl: mustGenerateUrl(handler.URLGenerator,
            OrdersHandler.PostOrderToggle),
    })
}

func (handler OrdersHandler) PostOrderToggle(ref EditReference) actionresults.ActionResult {
    order := handler.Repository.GetOrder(ref.ID)
    order.Shipped = !order.Shipped
    handler.Repository.SetOrderShipped(&order)
    return actionresults.NewRedirectAction(mustGenerateUrl(handler.URLGenerator,
        AdminHandler.GetSection, "Orders"))
}
```

订单上唯一允许修改的是 Shipped 字段的值，表示订单已发货。将 database_handler.go 文件的内容替换为代码清单 38-7 所示的内容。

代码清单 38-7 admin/database_handler.go 文件的新内容

```
package admin

import (
    "platform/http/actionresults"
    "platform/http/handling"
    "sportsstore/models"
)

type DatabaseHandler struct {
    models.Repository
    handling.URLGenerator
}

func (handler DatabaseHandler) GetData() actionresults.ActionResult {
    return actionresults.NewTemplateAction("admin_database.html", struct {
        InitUrl, SeedUrl string
    }{
        InitUrl: mustGenerateUrl(handler.URLGenerator,
            DatabaseHandler.PostDatabaseInit),
        SeedUrl: mustGenerateUrl(handler.URLGenerator,
            DatabaseHandler.PostDatabaseSeed),
    })
}
```

```
func (handler DatabaseHandler) PostDatabaseInit() actionresults.ActionResult {
    handler.Repository.Init()
    return actionresults.NewRedirectAction(mustGenerateUrl(handler.URLGenerator,
        AdminHandler.GetSection, "Database"))
}

func (handler DatabaseHandler) PostDatabaseSeed() actionresults.ActionResult {
    handler.Repository.Seed()
    return actionresults.NewRedirectAction(mustGenerateUrl(handler.URLGenerator,
        AdminHandler.GetSection, "Database"))
}
```

对数据库执行的每个操作都有对应的处理程序方法，可以帮助系统管理员在准备好部署应用程序后快速启动和初始化应用程序。

38.1.3　创建模板

要创建用于管理订单的模板，请将名为 **admin_orders.html** 的文件添加到 **sportsstore/templates** 文件夹，其内容如代码清单 38-8 所示。

代码清单 38-8　templates/admin_orders.html 文件内容

```
{{ $context := .}}

<table class="table table-sm table-striped table-bordered">
    <tr><th>ID</th><th>Name</th><th>Address</th><th/></tr>
    <tbody>
        {{ range $context.Orders }}
            <tr>
                <td>{{ .ID }}</td>
                <td>{{ .Name }}</td>
                <td>{{ .StreetAddr }}, {{ .City }}, {{ .State }},
                     {{ .Country }}, {{ .Zip }}</td>
                <td>
                    <form method="POST" action="{{$context.CallbackUrl}}">
                        <input type="hidden" name="id" value="{{.ID}}" />
                        {{ if .Shipped }}
                            <button class="btn-btn-sm btn-warning" type="submit">
                                Ship Order
                            </button>
                        {{ else }}
                            <button class="btn-btn-sm btn-danger" type="submit">
                                Mark Unshipped
                            </button>
                        {{ end }}
                    </form>
                </td>
            </tr>
            <tr><th colspan="2"/><th>Quantity</th><th>Product</th></tr>
            {{ range .Products }}
                <tr>
                    <td colspan="2"/>
                    <td>{{ .Quantity }}</td>
                    <td>{{ .Product.Name }}</td>
                </tr>
            {{ end }}
```

```
        {{ end }}
    </tbody>
</table>
```

上述模板在表格中显示订单，以及每个订单包含的产品的详细信息。要创建用于管理数据库的模板，请将名为 `admin_database.html` 的文件添加到 `sportsstore/templates` 文件夹，其内容如代码清单 38-9 所示。

代码清单 38-9 `templates/admin_database.html` 文件内容

```
{{ $context := . }}

<form method="POST">
    <button class="btn btn-danger m-3 p-2" type="submit"
            formaction="{{ $context.InitUrl}}">
        Initialize Database
    </button>
    <button class="btn btn-warning m-3 p-2" type="submit"
            formaction="{{ $context.SeedUrl}}">
        Seed Database
    </button>
</form>
```

编译并执行项目，使用浏览器请求 http://localhost:5000/admin，单击“订单”（Orders）按钮可以看到数据库中的订单并更改其发货状态，如图 38-1 所示。单击“数据库”（Database）按钮，你将能够重置数据库并将其设置为出厂设置，如图 38-1 所示。

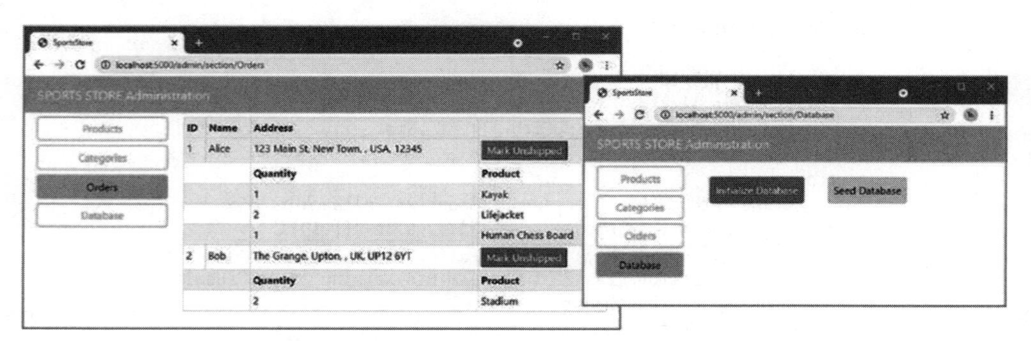

图 38-1 完成管理功能

38.2 限制对管理功能的访问

授予对管理功能的开放访问权限可以简化开发，但绝不允许在生产中这样做。现在管理功能已经完成，可以添加权限管理了，以便只有授权用户可以访问这些功能。

38.2.1 创建用户存储和请求处理程序

正如我之前讲的那样，我没有实现真正的身份验证系统，因为它很难安全地完成并且超出了本书的讨论范围。相反，我将采用与 `platform` 项目中采用的类似的方法，并依靠硬编码的凭据来验证用户身份。创建 sportsstore/admin/auth 文件夹并向其中添加一个名为 user_store.go 的文件，其内容如代码清单 38-10 所示。

代码清单 38-10 admin/auth/user_store.go 文件内容

```
package auth

import (
    "platform/services"
    "platform/authorization/identity"
    "strings"
)
func RegisterUserStoreService() {
    err := services.AddSingleton(func () identity.UserStore {
        return &userStore{}
    })
    if (err != nil) {
        panic(err)
    }
}

var users = map[int]identity.User {
    1: identity.NewBasicUser(1, "Alice", "Administrator"),
}

type userStore struct {}

func (store *userStore) GetUserByID(id int) (identity.User, bool) {
    user, found := users[id]
    return user, found
}

func (store *userStore) GetUserByName(name string) (identity.User, bool) {
    for _, user := range users {
        if strings.EqualFold(user.GetDisplayName(), name) {
            return user, true
        }
    }
    return nil, false
}
```

要为身份验证请求创建处理程序，请将名为 auth_handler.go 的文件添加到 sportsstore/admin 文件夹，其内容如代码清单 38-11 所示。

代码清单 38-11 admin/auth_handler.go 文件内容

```
package admin

import (
    "platform/authorization/identity"
    "platform/http/actionresults"
    "platform/http/handling"
    "platform/sessions"
)

type AuthenticationHandler struct {
    identity.User
```

```
    identity.SignInManager
    identity.UserStore
    sessions.Session
    handling.URLGenerator
}
const SIGNIN_MSG_KEY string = "signin_message"

func (handler AuthenticationHandler) GetSignIn() actionresults.ActionResult {
    message := handler.Session.GetValueDefault(SIGNIN_MSG_KEY, "").(string)
    return actionresults.NewTemplateAction("signin.html", message)
}

type Credentials struct {
    Username string
    Password string
}

func (handler AuthenticationHandler) PostSignIn(creds Credentials) actionresults.
ActionResult {
    if creds.Password == "mysecret" {
        user, ok := handler.UserStore.GetUserByName(creds.Username)
        if (ok) {
            handler.Session.SetValue(SIGNIN_MSG_KEY, "")
            handler.SignInManager.SignIn(user)
            return actionresults.NewRedirectAction("/admin/section/")
        }
    }
    handler.Session.SetValue(SIGNIN_MSG_KEY, "Access Denied")
    return actionresults.NewRedirectAction(mustGenerateUrl(handler.URLGenerator,
        AuthenticationHandler.GetSignIn))
}

func (handler AuthenticationHandler) PostSignOut(creds Credentials) actionresults.
ActionResult {
        handler.SignInManager.SignOut(handler.User)
    return actionresults.NewRedirectAction("/")
}
```

GetSignIn 方法渲染一个模板，该模板将提示用户输入其凭据并显示存储在会话中的消息。PostSignIn 方法从表单接收凭据并让用户登录到应用程序，或向会话添加提示信息并重定向浏览器以便用户可以重试。

要创建让用户登录应用程序的模板，请将名为 signin.html 的文件添加到 sportsstore/templates 文件夹，其内容如代码清单 38-12 所示。

代码清单 38-12 templates/signin.html 文件内容

```
{{ layout "simple_layout.html" }}

{{ if ne . "" }}
    <h3 class="text-danger p-2">{{ . }}</h3>
{{ end }}

<form method="POST" class="m-2">
    <div class="form-group">
        <label>Username:</label>
```

```
            <input class="form-control"  name="username" />
        </div>
        <div class="form-group">
            <label>Password:</label>
            <input class="form-control" name="password" type="password" />
        </div>
        <div class="my-2">
            <button class="btn btn-secondary" type="submit">Sign In</button>
        </div>
    </form>
```

上述模板提示用户输入他们的账户名和密码，这些信息将回传给请求处理程序。

要允许用户退出应用程序，请将名为 `signout_handler.go` 的文件添加到 `sportsstore/admin` 文件夹，其内容如代码清单 38-13 所示。

代码清单 38-13 admin/signout_handler.go 文件内容

```
package admin

import (
        "platform/authorization/identity"
        "platform/http/actionresults"
    "platform/http/handling"
)

type SignOutHandler struct {
    identity.User
    handling.URLGenerator
}

func (handler SignOutHandler) GetUserWidget() actionresults.ActionResult {
        return actionresults.NewTemplateAction("user_widget.html", struct {
            identity.User
            SignoutUrl string}{
                handler.User,
                mustGenerateUrl(handler.URLGenerator,
                    AuthenticationHandler.PostSignOut),
            })
    }
```

要创建支持用户注销的模板，请将名为 `user_widget.html` 的文件添加到 `sportsstore/templates` 文件夹，其内容如代码清单 38-14 所示。

代码清单 38-14 templates/user_widget.html 文件内容

```
{{ $context := . }}

{{ if $context.User.IsAuthenticated }}
    <form method="POST" action="{{$context.SignoutUrl}}">
        <button class="btn btn-sm btn-outline-secondary text-white" type="submit">
            Sign Out
        </button>
    </form>
{{ end }}
```

代码清单 38-15 将用户组件（widget）添加到用于管理功能的布局中。

代码清单 38-15 在 templates/admin.html 文件中添加一个组件

```
...
<div class="bg-info text-white p-2">
    <div class="container-fluid">
        <div class="row">
            <div class="col navbar-brand">SPORTS STORE Administration</div>
            <div class="col-6 navbar-text text-end">
                {{ handler "signout" "getuserwidget" }}
            </div>
        </div>
    </div>
</div>
...
```

38.2.2 配置应用程序

代码清单 38-16 添加了一个配置项，用于指定在对受限 URL 发出请求，验证失败时使用的 URL，这提供了一种比返回状态代码更有用的替代方法。

代码清单 38-16 在 sportsstore/config.json 文件中添加配置项

```
{
    "logging" : {
        "level": "debug"
    },
    "files": {
        "path": "files"
    },
    "templates": {
        "path": "templates/*.html",
        "reload": true
    },
    "sessions": {
        "key": "MY_SESSION_KEY",
        "cyclekey": true
    },
    "sql": {
        // ...setting omitted for brevity...

    },
    "authorization": {
        "failUrl": "/signin"
    }
}
```

指定的 URL 将提示用户输入其验证凭据。代码清单 38-17 重新配置了请求处理程序，对管理功能的访问将受到保护。

代码清单 38-17 在 sportsstore/main.go 文件中配置应用程序

```
package main

import (
    "sync"
    "platform/http"
```

```
    "platform/http/handling"
    "platform/services"
    "platform/pipeline"
    "platform/pipeline/basic"
    "sportsstore/store"
    "sportsstore/models/repo"
    "platform/sessions"
    "sportsstore/store/cart"
    "sportsstore/admin"
    "platform/authorization"
    "sportsstore/admin/auth"
)

func registerServices() {
    services.RegisterDefaultServices()
    //repo.RegisterMemoryRepoService()
    repo.RegisterSqlRepositoryService()
    sessions.RegisterSessionService()
    cart.RegisterCartService()
    authorization.RegisterDefaultSignInService()
    authorization.RegisterDefaultUserService()
    auth.RegisterUserStoreService()
}

func createPipeline() pipeline.RequestPipeline {
    return pipeline.CreatePipeline(
        &basic.ServicesComponent{},
        &basic.LoggingComponent{},
        &basic.ErrorComponent{},
        &basic.StaticFileComponent{},
        &sessions.SessionComponent{},
        authorization.NewAuthComponent(
            "admin",
            authorization.NewRoleCondition("Administrator"),
            admin.AdminHandler{},
            admin.ProductsHandler{},
            admin.CategoriesHandler{},
            admin.OrdersHandler{},
            admin.DatabaseHandler{},
            admin.SignOutHandler{},
        ).AddFallback("/admin/section/", "^/admin[/]?$"),

        handling.NewRouter(
            handling.HandlerEntry{ "",  store.ProductHandler{}},
            handling.HandlerEntry{ "",  store.CategoryHandler{}},
            handling.HandlerEntry{ "", store.CartHandler{}},
            handling.HandlerEntry{ "", store.OrderHandler{}},
            // handling.HandlerEntry{ "admin", admin.AdminHandler{}},
            // handling.HandlerEntry{ "admin", admin.ProductsHandler{}},
            // handling.HandlerEntry{ "admin", admin.CategoriesHandler{}},
            // handling.HandlerEntry{ "admin", admin.OrdersHandler{}},
            // handling.HandlerEntry{ "admin", admin.DatabaseHandler{}},
            handling.HandlerEntry{ "", admin.AuthenticationHandler{}},
        ).AddMethodAlias("/", store.ProductHandler.GetProducts, 0, 1).
            AddMethodAlias("/products[/]?[A-z0-9]*?",
                store.ProductHandler.GetProducts, 0, 1),    )
}
```

```
func main() {
    registerServices()
    results, err := services.Call(http.Serve, createPipeline())
    if (err == nil) {
        (results[0].(*sync.WaitGroup)).Wait()
    } else {
        panic(err)
    }
}
```

编译并执行应用程序，使用浏览器请求 http://localhost:5000/admin。出现提示时，以用户名 alice 和密码 mysecret 进行身份验证，你将被授予访问管理功能的权限，如图 38-2 所示。

图 38-2 登录应用程序

38.3 创建 Web 服务

我要添加的最后一个功能是一个简单的 Web 服务。在此，我只是向大家展示一下实现的过程，不会使用授权来保护 Web 服务，因为根据预期需要访问的客户端类型，授权保护可能是一个复杂的过程。没有授权保护意味着任何用户都可以通过 Web 服务修改数据库。如果你正在部署一个真正的 Web 服务，那么你可以像我在本示例中所做的那样使用 cookie。如果你的客户端不支持 cookie，也可以使用 JSON Web 令牌（JSON Web Token，JWT），详见 https://jwt.io 上的相关信息。

要创建 Web 服务，请将名为 rest_handler.go 的文件添加到 sportsstore/store 文件夹，其内容如代码清单 38-18 所示。

代码清单 38-18 store/rest_handler.go 文件内容

```
package store

import (
    "sportsstore/models"
    "platform/http/actionresults"
    "net/http"
)
```

```
type StatusCodeResult struct {
    code int
}

func (action *StatusCodeResult) Execute(ctx *actionresults.ActionContext) error {
    ctx.ResponseWriter.WriteHeader(action.code)
    return nil
}
type RestHandler struct {
    Repository models.Repository
}

func (h RestHandler) GetProduct(id int) actionresults.ActionResult {
    return actionresults.NewJsonAction(h.Repository.GetProduct(id))
}

func (h RestHandler) GetProducts() actionresults.ActionResult {
    return actionresults.NewJsonAction(h.Repository.GetProducts())
}

type ProductReference struct {
    models.Product
    CategoryID int
}

func (h RestHandler) PostProduct(p ProductReference) actionresults.ActionResult {
    if p.ID == 0 {
        return actionresults.NewJsonAction(h.processData(p))
    } else {
        return &StatusCodeResult{ http.StatusBadRequest }
    }
}

func (h RestHandler) PutProduct(p ProductReference) actionresults.ActionResult {
    if p.ID > 0 {
        return actionresults.NewJsonAction(h.processData(p))
    } else {
        return &StatusCodeResult{ http.StatusBadRequest }
    }
}

func (h RestHandler) processData(p ProductReference) models.Product {
    product := p.Product
    product.Category = &models.Category {
        ID: p.CategoryID,
    }
    h.Repository.SaveProduct(&product)
    return h.Repository.GetProduct(product.ID)
}
```

`StatusCodeResult` 结构是发送 HTTP 状态代码的操作结果，这对 Web 服务很有用。请求处理程序定义了相关方法，允许使用 GET 请求检索产品、使用 POST 请求创建新产品，以及使用 PUT 请求修改现有产品。代码清单 38-19 注册了前缀为 /api 的新处理程序。

代码清单 38-19　在 sportsstore/main.go 文件中注册处理程序

```
...
handling.NewRouter(
```

```
        handling.HandlerEntry{ "",  store.ProductHandler{}},
        handling.HandlerEntry{ "",  store.CategoryHandler{}},
        handling.HandlerEntry{ "", store.CartHandler{}},
        handling.HandlerEntry{ "", store.OrderHandler{}},
        handling.HandlerEntry{ "", admin.AuthenticationHandler{}},
        handling.HandlerEntry{ "api", store.RestHandler{}},
    ).AddMethodAlias("/", store.ProductHandler.GetProducts, 0, 1).
        AddMethodAlias("/products[/]?[A-z0-9]*?",
        store.ProductHandler.GetProducts, 0, 1),
...
```

编译并执行项目。打开一个新的命令行窗口并执行代码清单 38-20 所示的命令，将新产品添加到数据库。

代码清单 38-20 添加新产品

```
curl --header "Content-Type: application/json" --request POST --data '{"name" : "Jet
Engine","description": "Paddling is hard work", "price":650, "categoryid":1}' http://
localhost:5000/api/product
```

如果使用的是 Windows，请打开一个新的 PowerShell 窗口并运行代码清单 38-21 所示的命令。

代码清单 38-21 在 Windows 中添加新产品

```
Invoke-RestMethod http://localhost:5000/api/product -Method POST -Body  (@{ Name="Jet
Engine"; Description="Paddling is hard work"; Price=650; CategoryId=1 } | ConvertTo-Json)
-ContentType "application/json"
```

运行代码清单 38-22 所示的命令，查看以上修改的效果。

代码清单 38-22 请求数据

```
curl http://localhost:5000/api/product/10
```

如果使用的是 Windows，则在 PowerShell 窗口执行代码清单 38-23 所示的命令。

代码清单 38-23 在 Windows 中请求数据

```
Invoke-RestMethod http://localhost:5000/api/product/10
```

还可以使用浏览器来查看修改的效果。请求 http://localhost:5000/admin。使用密码 `mysecret` 对用户 `alice` 进行身份验证，然后单击“产品”按钮。表格的最后一行就是刚刚使用 Web 服务创建的产品，如图 38-3 所示。

38.4 准备部署

在本节中，我将准备 SportsStore 应用程序并创建一个可以部署到生产环境中的容器。这不是部署 Go 应用程序的唯一方式，但在此我选择了 Docker 容器，因为它已被广泛使用并且适合 Web 应用程序。这不是一份完整的部署指南，但可以帮助你大致了解准备应用程序的过程。

38.4.1 安装证书

第一步是添加将用于 HTTPS 的证书。如第 24 章所述，如果没有可用的真实证书，可以创建一个自签名证书，或者使用本书 GitHub 存储库中的证书文件（其中包含我创建的自签名证书）。

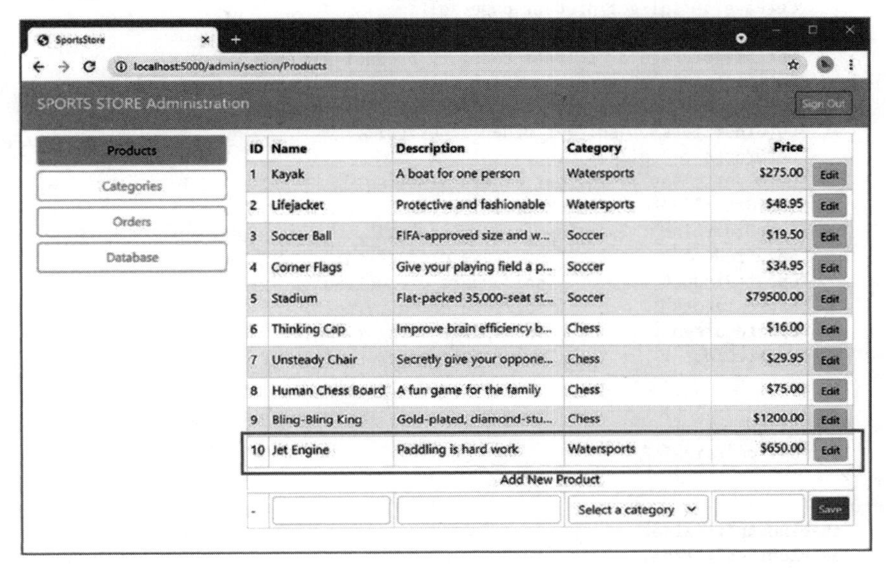

图 38-3　查看数据库更改效果

38.4.2　配置应用程序

在生产环境中部署应用程序最重要的是修改应用程序配置以禁用在开发期间方便但不应在生产环境中使用的功能，并启用 HTTPS，如代码清单 38-24 所示。

代码清单 38-24　在 sportsstore/config.json 文件中更改配置

```
{
    "logging" : {
        "level": "information"
    },
    "files": {
        "path": "files"
    },
    "templates": {
        "path": "templates/*.html",
        "reload": false
    },
    "sessions": {
        "key": "MY_SESSION_KEY",
        "cyclekey": false
    },
    "sql": {
        "connection_str": "store.db",
        "always_reset": false,
        "commands": {
            "Init": "sql/init_db.sql",
            "Seed": "sql/seed_db.sql",
```

```
            "GetProduct": "sql/get_product.sql",
            "GetProducts": "sql/get_products.sql",
            "GetCategories": "sql/get_categories.sql",
            "GetPage": "sql/get_product_page.sql",
            "GetPageCount": "sql/get_page_count.sql",
            "GetCategoryPage": "sql/get_category_product_page.sql",
            "GetCategoryPageCount": "sql/get_category_product_page_count.sql",
            "GetOrder": "sql/get_order.sql",
            "GetOrderLines": "sql/get_order_lines.sql",
            "GetOrders": "sql/get_orders.sql",
            "GetOrdersLines": "sql/get_orders_lines.sql",
            "SaveOrder": "sql/save_order.sql",
            "SaveOrderLine": "sql/save_order_line.sql",
            "SaveProduct":          "sql/save_product.sql",
            "UpdateProduct":        "sql/update_product.sql",
            "SaveCategory":         "sql/save_category.sql",
            "UpdateCategory":       "sql/update_category.sql",
            "UpdateOrder":          "sql/update_order.sql"
        }
    },
    "authorization": {
        "failUrl": "/signin"
    },
    "http": {
        "enableHttp": false,
        "enableHttps": true,
        "httpsPort": 5500,
        "httpsCert": "certificate.cer",
        "httpsKey": "certificate.key"
    }
}
```

确保为 httpsCert 和 httpsKey 属性指定的值及位于 sportsstore 文件夹中的证书文件路径相匹配。

38.4.3 构建应用程序

Docker 容器中运行的是 Linux 操作系统。如果你运行的是 Windows，则必须在 PowerShell 窗口中运行代码清单 38-25 所示的命令来选择 Linux 作为构建目标，以配置 Go 构建工具。如果你运行的是 Linux，则无须额外处理。

代码清单 38-25 将 Linux 设置为构建目标

```
$Env:GOOS = "linux"; $Env:GOARCH = "amd64"
```

在 sportsstore 文件夹中运行代码清单 38-26 所示的命令来构建应用程序。

代码清单 38-26 构建应用程序

```
go build
```

注意 如果你是 Windows 用户，你可以使用以下命令返回到正常的 Windows 构建目标：$Env:GOOS = "windows"; $Env:GOARCH = "amd64"。但在完成部署过程之前不要运行此命令。

38.4.4 安装 Docker Desktop

到 docker.com 下载并安装 Docker Desktop。按照网站上指示的安装过程安装，重新启动机器（如果需要的话），并运行代码清单 38-27 所示的命令来检查 Docker 是否已安装并且在你的路径中。Docker 安装过程似乎经常变化，这也是我没有具体地说明该过程的原因。

注意 你必须在 docker.com 上创建一个账户才能下载安装程序。

代码清单 38-27 检查 Docker Desktop 安装结果

```
docker --version
```

38.4.5 创建 Docker 配置文件

要为应用程序创建 Docker 配置，请在 `sportsstore` 文件夹中创建一个名为 `Dockerfile` 的文件，其内容如代码清单 38-28 所示。

代码清单 38-28 sportsstore/Dockerfile 文件内容

```
FROM alpine:latest

COPY sportsstore /app/
COPY templates /app/templates
COPY sql/* /app/sql/
COPY files/* /app/files/
COPY config.json /app/
COPY certificate.* /app/

EXPOSE 5500
WORKDIR /app
ENTRYPOINT ["./sportsstore"]
```

上述文件中的指令将应用程序及其支持文件复制到 Docker 镜像中并配置将要执行的程序。下一步是使用代码清单 38-28 中定义的指令创建镜像。在 `sportsstore` 文件夹中运行代码清单 38-29 所示的命令来创建 Docker 镜像。

代码清单 38-29 创建镜像

```
docker build  --tag go_sportsstore .
```

确保已停止该应用程序的所有其他实例，运行代码清单 38-30 所示的命令以从该镜像创建一个新容器并执行它。

代码清单 38-30 创建并启动容器

```
docker run -p 5500:5500 go_sportsstore
```

等待容器启动，然后使用浏览器请求 https://localhost:5500，这将产生如图 38-4 所示的响应。如果你使用的是自签名证书，那么你可能需要自行绕过安全警告。

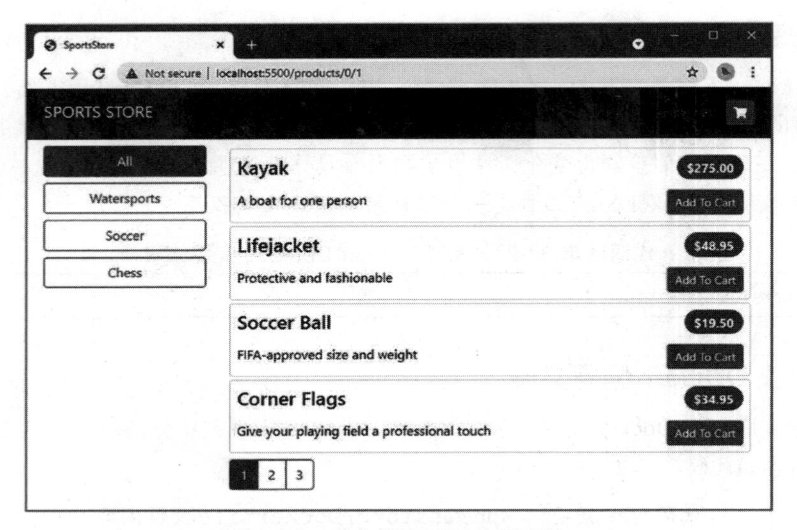

图 38-4 在容器中运行应用程序

该应用程序现在可以部署了。要停止容器，以及任何其他正在运行的容器，执行代码清单 38-31 所示的命令。

代码清单 38-31 停止容器

```
docker kill $(docker ps -q)
```

38.5 小结

在本章中，我通过完成管理功能、配置授权和创建基本 Web 服务完成了 SportsStore 应用程序，然后构建好 Docker 容器准备应用程序在生产环境中的部署。

这就是本书关于 Go 的全部内容。希望你喜欢阅读这本书，就像我喜欢写这本书一样。祝你在以后所有的 Go 项目中都取得圆满成功。